U0302741

国家科学技术学术著作出版基金资助出版

农业重大科学研究成果专著

小麦温光发育与分子基础

Wheat Thermo-photoperiod Development and Its Molecular Basis

尹 钧 苗果园 尹 飞 著

Jun Yin Guoyuan Miao Fei Yin

科 学 出 版 社

北 京

内 容 简 介

本书系统总结了自 20 世纪 70 年代以来，作者及其团队围绕普通小麦温光发育开展的研究工作及所取得的系列成果，阐明了普通小麦的春化发育和光周期发育特性、发育类型，揭示了不同类型品种的基因组成、表达特性及表现型与基因型的对应关系，提出了适用不同生态条件下小麦壮苗丰产技术指标，在主产区小麦多年连续增产中发挥了重要作用。全书共 10 章，主要内容包括小麦温光发育研究进展，小麦的春化发育、光周期发育与温光互作效应，小麦器官建成的温光效应，中国小麦发育生态类型与种植区划，中国各麦区气候生态条件变异规律与小麦生产发展分析，小麦春化相关基因发掘与组成分析，小麦春化相关基因的克隆与表达分析，小麦春化响应转录组分析与候选基因发掘，小麦光周期相关基因与转录组分析等。

本书是一部小麦温光发育研究专著，涵盖了小麦春化和光周期发育及其从宏观表现特性到微观分子遗传学基础，可供农学类科技、教育、推广、管理人员及研究生等参考。

图书在版编目（CIP）数据

小麦温光发育与分子基础/尹钧，苗果园，尹飞著. —北京：科学出版社, 2017.3

（农业重大科学研究成果专著）

ISBN 978-7-03-051664-0

Ⅰ. ①小…　Ⅱ. ①尹…　②苗…　③尹…　Ⅲ. ①小麦–生长发育–研究　Ⅳ. ①S512.1

中国版本图书馆 CIP 数据核字(2017)第 021651 号

责任编辑：李秀伟　田明霞 / 责任校对：钟　洋
责任印制：肖　兴 / 封面设计：北京铭轩堂广告设计有限公司

科学出版社 出版
北京东黄城根北街 16 号
邮政编码: 100717
http://www.sciencep.com

北京通州皇家印刷厂 印刷

科学出版社发行　各地新华书店经销

*

2017 年 3 月第 一 版　开本：787×1092　1/16
2017 年 3 月第一次印刷　印张：25　插页：10
字数：593 000

定价：180.00 元

(如有印装质量问题，我社负责调换)

作 者 简 介

尹钧，博士、教授、博士生导师，1957 年 10 月生，山西运城市人，1982 年 1 月本科毕业，1984 年获得硕士学位，1999 年获得博士学位，1991～1994 年留学英国 Wales 大学和澳大利亚 Adelaide 大学，1991 年越级晋升为教授，1994 年和 1998 年分别被聘为硕士生导师、博士生导师。现任国家小麦工程技术研究中心常务副主任，国家粮食丰产科技工程河南项目区首席专家，教育部科技创新团队带头人，小麦玉米作物学国家重点实验室副主任等；为国家自然科学基金委生命科学部会议评审专家，国家重点实验室评审专家，河南省科学技术协会委员，河南省农学会、作物学会常务理事，河南省小麦学会副理事长等。先后获得全国优秀科技工作者、国务院特殊津贴专家、中共中央组织部联系专家、中原学者、河南省特聘教授、河南省优秀专家、河南省劳动模范、河南省杰出人才、河南省科技领军人物、河南省十大科技英才等荣誉称号。

30 多年来，一直从事小麦发育生态、作物高产栽培和作物生物技术领域的教学与研究工作。主持完成了“十五”、“十一五”和“十二五”国家科技支撑计划重大项目“粮食丰产科技工程”、国家 863、国家 948、国家自然科学基金、转基因植物研究与产业化专项等科研项目 40 余项。先后获得国家科技进步奖二等奖、国家自然科学奖三等奖和省部级科技进步奖一等奖、二等奖共 11 项，获国家发明专利 2 项。在 *Molecular Plant*、*PLoS ONE*、*Biochim Biophys Acta*、《作物学报》、《中国农业科学》等国内外学术期刊发表论文 300 余篇，其中小麦温光发育相关研究论文 60 余篇，编著《中国小麦产业化》、《小麦生态栽培》等学术著作 15 部。先后培养博士后、博士研究生和硕士研究生 70 余名，其中小麦温光发育相关研究生 20 名。主笔完成本书整理撰写工作。

苗果园，教授、博士生导师，1934 年 9 月生，享受国务院特殊津贴专家。曾任国务院学位委员会学科评议组成员，农业部全国小麦专家顾问组成员，中国作物学会常务理事、小麦学组领导成员，山西省小麦专家顾问组首席顾问，《作物学报》编委、副主编，山西农业大学黄土高原作物所所长；曾获山西省模范教师、优秀科技工作者及国家教委、农业部、林业部支农扶贫先进工作者称号。

长期从事作物栽培、旱作农业、农业生态及作物生态的教学与研究工作。先后获国家自然科学奖三等奖，省科技进步奖一等奖、二等奖、三等奖共 7 项。应邀撰写《中国小麦学》、《中国农业百科全书（作物卷）》、《作物生理学导论》和《作物栽培学》；以副主编撰写《中国小麦生态》、《小麦生态理论与应用》和《小麦生态研究》；主笔撰写《小麦栽培》、《东官庄旱地小麦》等著作共 11 部。在《作物学报》等期刊发表论文 70 余篇，多篇论文被 SCI、ISTP 收录。培养博士研究生 9 名、硕士研究生 14 名。

尹飞，博士、特聘教授、硕士生导师，1983 年 6 月生，2005 年南京理工大学毕业，同年出国留学，2007 年、2011 年先后获得英国华威大学（University of Warwick，UK）和金斯顿大学（Kingston University，UK）硕士学位和博士学位，2011～2012 年在金斯顿大学从事博士后工作，2013 年受聘河南农业大学特聘教授和硕士生导师。先后承担完成英国、比利时和中国的“小麦智能化群体苗情监控识别技术研究”等科研项目 5 项，在 *IET Computer Vision*、*Electronics Letters*、《核农学报》等国内外刊物发表“冬前积温对小麦光能利用率的调控效应”等学术论文 10 余篇，在科学出版社出版学术专著 1 部。培养硕士生 7 名。完成本书的英文翻译等工作。

序

小麦是我国的主要粮食作物，播种面积和总产量均占到全国粮食作物的22%左右。发展小麦生产对满足人民的食物需求、提高人民的生活水平、保证社会稳定和促进国民经济发展都具有十分重要的意义。

我国小麦种植遍及全国各地。小麦的一生要经历春化与光周期发育两个质变过程，小麦在长期适应各地不同的温光条件中，形成了多样化的发育生态类型。而且随着小麦品种资源的不断丰富、新品种的育成和广泛交流，小麦温光发育类型更加多样化。小麦的温光发育特性与类型，不仅影响小麦品种种植区域分布、引种范围与品种利用，而且决定小麦的生育进程，是小麦生育期遭受自然灾害而减产的重要原因。因此，小麦的温光发育特性一直是小麦研究中的重要科学问题之一。

早在20世纪70年代末，著名小麦专家李焕章先生、苗果园教授就带领研究室成员率先开展了小麦温光发育生态研究；20世纪90年代以来，尹钧教授继续带领团队开展了国内外小麦品种发育特性的比较研究，以及小麦温光发育的遗传基础和分子机制的深化研究。三十多年来，该团队围绕小麦温光发育研究领域，紧密结合品种更新与生产实际，从宏观到微观，从表现型到基因型，连续不断、步步深入，在小麦品种温光发育规律、全国小麦品种区划、小麦春化与光周期发育相关基因等方面取得了一批重要研究成果，在小麦生产上发挥了重要作用，并在 *Biochemical and Biophysical Research Communications*、*Biochim Biophys Acta*、*Biologia Plantarum*、*Journal of Integrative Agriculture*、*Chinese Journal of Biotechnology*、《作物学报》等国内外刊物上发表相关学术论文60篇，完成博士、硕士研究论文20篇。

尹钧教授主笔系统总结了团队三十多年来的研究成果，完成了《小麦温光发育与分子基础》一书。全书从小麦温光发育研究进展，小麦的春化、光周期发育与温光互作效应，小麦器官建成的温光效应，中国小麦发育生态类型与种植区划，全国各麦区温光等生态因子变异规律与小麦生产发展分析，小麦春化相关基因发掘、克隆与组成、表达分析，小麦春化响应转录组分析，小麦光周期相关基因与转录组分析等方面进行了系统论述，阐明了小麦发育特性与温光因子的生态关系、温光发育表现型到基因型调控机制，具有系统性、完整性、学术性、创新性和实践性，是一部高水平的学术专著，得到了2015年国家科学技术学术著作出版基金的资助，为全国小麦品种的合理布局和引种用种与小麦发育特性的遗传改良奠定了重要理论基础，对小麦科学研究、教学和技术推广都具有重要的应用价值。相信该书的出版将会对小麦发育特性的遗传改良、小麦栽培技术改进和小麦生产发展发挥重要作用。

中国工程院院士 于振文

2015年11月

前　言

小麦是重要的粮食作物，全世界有1/3以上人口以小麦作为主食。中国是小麦生产和消费第一大国，小麦总产与消费量均占世界的16%左右。小麦是世界分布极广的作物，从67°N（挪威、芬兰）到45°S（阿根廷），从低地到高原，均有小麦种植。中国小麦种植遍及全国各地，北至黑龙江黑河地区（53°N）和新疆阿勒泰地区（48°N），南至海南（18°N），西至新疆喀什地区（75°E），东至黑龙江东部（134°E）；海拔高至西藏浪卡子（4460m），低至吐鲁番盆地（–150～–100m），南北纵跨35个纬度，东西横跨59个经度，海拔高低差异约达4600m。小麦一生中要经历春化发育与光周期发育两个阶段的质变过程，并分别受温度和日长的影响，世界各地温光条件差异与小麦长期的生态适应，决定了小麦具有多样化的发育生态类型。小麦的阶段发育特性不仅影响小麦品种的种植区域、引种范围与品种利用，而且决定小麦的生育进程，是小麦生育期间遭受自然灾害包括霜冻害、干热风、穗发芽等而减产的重要原因。研究小麦温光发育特性及其分子遗传基础，对小麦种植区划、品种改良利用与栽培调控等都具有重要的指导意义。

小麦的春化发育与光周期发育是小麦一生中受温度和日长影响的两个重要发育阶段，也称为小麦的温光发育或阶段发育，这一直是小麦研究中的重要科学问题之一。早在1918年德国人Gassner就研究发现，春麦发育与温度无关，而冬麦正常抽穗需要一定的低温；1928年苏联学者李森科（T. Д. ЛЫсенко）提出"冬播禾谷类作物必须在发芽时经受低温，才能抽穗、开花、结实"，1935年他发表了"春化现象与阶段发育理论"；20世纪30年代Melchers提出"春化素"假说，认为植物受到低温处理后，可产生某种特殊物质——春化素。20世纪50年代我国学者就提出春性小麦品种的春化温度是0～12℃，3～5d；冬性品种0～7℃，30d以上；强冬性品种0～3℃，40～50d，而8～12℃处理不能抽穗；半冬性品种3～15℃，20～30d。

20世纪70年代末，著名小麦专家李焕章先生首次提出小麦栽培生态研究方向，苗果园教授带领本研究团队率先开展了山西小麦温光发育生态研究，其研究成果对全国小麦生态研究工作的启动起到了重要的推动作用。20世纪80年代初，由中国农业科学院金善宝先生主持的全国小麦生态试验开始实施，项目采用统一设计、全国42个单位分工协作的方法，研究了全国62个代表性小麦品种的温光发育特性。本研究团队承担了全国小麦温光发育室内模拟与田间试验研究任务，研究成果于1992～1994年在《作物学报》连续发表系列论文《小麦品种温光效应与主茎叶数的关系》［1992，18（5）：322-329］、《光温互作对不同生态型小麦品种发育效应的研究Ⅰ. 品种最长最短苗穗期及温光敏感性分析》［1993，19（6）：489-496］和《光温互作对不同生态型小麦品种发育效应的研究Ⅱ. 温光对品种苗穗期作用力及回归分析》［1994，20（2）：136-143］，以及《中国小麦品种温光生态区划》等研究论文10篇（见附录1本团队发表论文1～10）。

围绕小麦温光发育的研究虽然已近一个世纪，涉及发育进程、器官建成、遗传控制等各个领域，但随着世界范围内小麦品种资源的不断丰富、小麦新品种的育成和广泛交流，以及作物遗传改良手段的进步，小麦温光发育类型更加多样化，小麦品种在温光反应特性上的差异，在分子水平上的机制还悬而未决。因此，更广泛深入地开展小麦发育研究对丰富小麦发育理论和解决生产实际问题都具有十分重要的价值。20 世纪 90 年代中期，在前期小麦温光发育研究的基础上，为了更广泛地研究小麦温光发育特性，尹钧教授从英国、美国、澳大利亚等国家引进冬小麦、春小麦品种，开展了国内外小麦品种发育特性的比较研究。通过对山西小麦发育生态研究、全国小麦生态研究和国内外小麦品种的比较研究等 3 个阶段的系统研究，明确了小麦品种的温光反应特性、温光发育类型、区域生态特征、器官建成规律等，在全国小麦引种育种、生态区划、栽培调控等方面发挥了重要作用。

在宏观研究的基础上，为了揭示小麦温光发育的遗传基础和分子机制，实现小麦发育特性的分子操作和基因改良，进而打破小麦品种的区域种植隔离，扩大优良品种的利用范围，21 世纪以来，尹钧教授带领本团队开展了春化相关蛋白质、同工酶变化规律及春化相关基因的分子标记研究，小麦春化与光周期发育相关基因的发掘、克隆与表达分析，确定了春化相关基因 *VRN1* 在不同小麦品种类型中显隐组成，揭示了小麦春化发育表现型与基因型的对应关系；克隆了 *VRN1*、*VRN2*、*VRN3* 春化基因，明确了 3 个春化基因在不同类型品种中、不同春化处理下的表达特性及它们之间的相互作用关系；克隆了光周期基因 *Ppd-1*，明确了 *Ppd-1* 及相关基因 *TaGI*、*TaCO* 和 *FT* 在不同类型品种中、不同光周期下的表达特性；“十二五”以来，又利用 Illumina 高通量测序技术，通过对春化和光周期响应的转录组分析，发掘了一批春化和光周期相关新基因，为揭示小麦温光发育分子机制奠定了重要基础。21 世纪以来，团队成员先后在 *Biochemical and Biophysical Research Communications*、*Biochim Biophys Acta*、*Biologia Plantarum*、*Journal of Integrative Agriculture*、*Chinese Journal of Biotechnology*、《作物学报》、《麦类作物学报》等国内外学术刊物上发表论文 50 篇（见附录 1 本团队发表论文 11～64）。尹钧教授先后指导培养小麦温光发育研究领域的博士后、博士研究生和硕士研究生 20 名，指导完成博士后出站报告 2 篇，博士学位论文 5 篇，硕士学位论文 13 篇（见附录 1 本团队发表论文 65～84），他主持完成的“小麦春化发育特性与分子标记的研究”成果 2003 年获河南省科技进步奖二等奖，他领衔的“小麦生长发育分子调控研究团队”2011 年被确定为教育部科技创新团队。

三十多年来，本研究团队围绕小麦温光发育研究领域，从 3 个方面开展了系统的研究：一是从小麦的春化发育、光周期发育到温光互作效应；二是从不同时期国内小麦主栽品种到国内外小麦品种的比较研究；三是从小麦温光发育相关蛋白质、同工酶到基因组、转录组。研究工作体现出 4 个明显特点：一是研究工作从宏观到微观，从表现型到基因型，连续不断、步步深入；二是研究内容紧密结合生产实际，明确了从 20 世纪 70 年代到 21 世纪以来不同时期生产上小麦主栽品种的温光发育特性与相关栽培技术，在小麦生产上发挥了重要作用；三是研究与科学技术进步紧密结合，率先将分子标记技术、基因工程技术和高通量测序技术等不同时期的前沿先进技术应用于小麦温光发育研究，引领本领域研究不断深入；四是研究团队建设与人才培养紧密结合，培养了一批以博士、硕士为骨干的人才队伍，为学科领域和小麦生产的不断发展提供了人才和技术支撑。

尹钧教授主笔全面总结本研究团队三十多年来在小麦温光发育领域的研究成果，完成了《小麦温光发育与分子基础》一书。全书以20世纪70年代到21世纪、国内品种到国外品种、宏观到微观研究进展为主线，分为小麦温光发育研究进展综述，小麦的春化发育、光周期发育与温光互作效应，小麦器官建成的温光效应，中国小麦发育生态类型与种植区划，中国各麦区气候生态条件变异规律与小麦生产发展分析，小麦春化相关基因发掘与组成分析，小麦春化相关基因的克隆与表达分析，小麦春化响应转录组分析，小麦光周期相关基因与转录组分析等10章进行论述，为避免各章引文重复，将本团队研究论文统一列为附录1。为了便于广泛地进行国际学术交流，特邀留英博士尹飞翻译了全书的主要内容，包括目录、各章内容提要、全书图表等。

本书的出版是苗果园教授的意愿，也是对恩师李焕章先生105华诞的纪念。在本书出版之际，感谢团队成员张云亭教授、王士英博士、侯跃生博士、高志强教授和杨武德教授等在20世纪八九十年代对本领域研究所做的贡献，感谢近20年来对本领域研究成果作出贡献的团队成员及博士研究生、硕士研究生：任江萍研究员、李永春研究员、王翔副研究员、孟凡荣教授、卫丽研究员、牛洪斌副研究员、周苏玫副教授、李磊副研究员、李巧云副研究员、姜玉梅硕士、王圆荣硕士、董爱香博士、杨宗渠博士、袁秀云博士、赵永英博士、冯雅岚博士、曹云博士、谷冬艳硕士、周冉硕士、阎延涛硕士、马丽娟硕士、李如意硕士、年力硕士、郭总总硕士、曹玲珑硕士、白润英硕士、王静轩硕士等；感谢尹飞博士为本书英文翻译所付出的辛劳与作出的奉献。本书的出版得到了国家小麦工程技术研究中心、科学出版社和有关同志的大力支持与帮助，多年来的研究工作得到了国家自然科学基金、国家科技支撑计划、教育部创新团队发展计划等立项资助，在此表示衷心的感谢。特别欣慰的是本书得到了2015年国家科学技术学术著作出版基金委员会的批准与资助。评审专家意见认为“本书明显的创新之处，是全面系统地细化了以现代育成品种为研究材料的冬春小麦发育特性，并阐述了分子机制，是一部内容系统、学术性强、应用价值大的小麦发育研究专著。对目前小麦遗传育种、栽培技术措施，特别是高产优质都具有重要的应用价值。对小麦科研工作者、大专院校师生和小麦产业体系专家及工作人员都具有一定参考价值”。

本书可供农学类科技、教育、推广、管理人员及研究生等阅读参考。由于作者水平有限，不足之处在所难免，恳请广大读者、专家、学者热忱指正。

作　者

2016年2月

目　录

Contents

第一章　绪　　论
Chapter 1　Introduction

内容提要：本章总结了自 20 世纪 30 年代以来小麦（*Triticum aestivum* L.）阶段发育方面前人的研究进展，主要包括小麦的温光发育概念，小麦春化发育和光周期反应特点，小麦的品种类型和中国小麦种植区划，小麦品种的温光反应与器官建成，春化发育相关基因，光周期反应相关基因等方面的研究进展，为小麦温光发育研究奠定了基础。近一个世纪以来，虽然前人在小麦阶段发育方面做了大量的研究工作，但随着品种的不断更换、品种多样性更加丰富，要求小麦发育研究也要不断深入，特别是在小麦发育进程的调控和分子机制等方面，这样才能解决生产上遇到的多种问题。

Abstract: This chapter summarizes the former study about wheat development since 1930s. The research mainly includes wheat vernalization development and photoperiod response, development type of wheat varieties and ecological regionalization in China, the thermo-photoperiod response and the organ formations of wheat, the genes related to vernalization and photoperiod response. Although there were a lot of works on wheat development for the last few decades, further diversification of wheat varieties has led to further problems on control of development process and its molecular mechanism.

我国是世界小麦总产最高、消费量最大的国家，小麦总产与消费量均占世界的 16%左右；小麦是我国重要的粮食作物，常年播种面积 2300 万 hm^2、总产量 1 亿 t 左右，均占全国粮食作物的 22%左右，是我国重要的商品粮、战略储备粮品种，在国家粮食安全中占有举足轻重的地位。

小麦从种子萌发到成熟的生活周期为小麦的一生，小麦一生内必须经过几个循序渐进的质变阶段，才能开始进行生殖生长，完成生活周期。这种阶段性质变发育过程称为小麦的阶段发育。小麦的阶段发育包括春化发育与光周期发育两个阶段，分别受温度和日长的影响，是小麦生育过程中重要的质变过程。小麦的阶段发育特性不仅影响小麦品种的种植区域、引种范围与品种利用，而且决定小麦的生育进程，是小麦生育期遭受自然灾害包括霜冻害、干热风、穗发芽等而减产的重要原因。通过研究小麦的阶段发育特性，从分子水平上改进小麦的生育进程，能充分利用季节性气候资源优势、避免不利的自然灾害，对小麦实现高产、优质、高效生产具有重要意义。

第一节 小麦的生育期与生育时期

一、小麦的生育期

小麦一生的长短，一般以生育期（d）表示。不同地区、不同小麦类型生育期有较大的差异，冬小麦因为要度过漫长的冬季，一般生育期较长，多在200d以上，最长的青藏麦区达到340d以上；春小麦的生育期较短，多在100d左右，全国各麦区小麦播种、成熟和生育期见表1-1。

表1-1 全国各麦区小麦生育期

Table 1-1 The growing period of wheat in whole country

麦区名称	纬度	播种/（旬/月）	成熟/（旬/月）	生育期/d
东北春麦区	41°N～46°N	中/4	中/7	90
北部春麦区	36°N～40°N	下/3	中/7	110
西北春麦区	35°N～38°N	中/3	下/7	125
新疆春麦区	40°N～44°N	上/4	上/8	125
新疆冬麦区	36°N～40°N	中/9	下/7	280
青藏春麦区	29°N～36°N	下/3	上/9	160
青藏冬麦区	29°N～36°N	下/9	下/8	345
北部冬麦区	37°N～39°N	中/9	下/6	270
黄淮冬麦区	32°N～36°N	中/10	上/6	230
长江中下游冬麦区	28°N～32°N	上/11	下/5	205
西南冬麦区	25°N～30°N	上/11	中/5	200
华南冬麦区	20°N～26°N	下/11	上/4	120

二、小麦的生育时期

小麦的生育期内要经过一系列器官建成、生育特性和形态特征的变化，这些变化都是小麦内部遗传特性和外界栽培生态条件相互作用的结果。为了准确把握小麦的生长发育过程，国内外学者依据研究与生产的需要，把小麦的一生分为若干个阶段，即不同的生育时期。长期以来，对小麦发育时期的划分有繁有简，有动有静，形成不同的生育时期划分方法。

1. 依据外部器官形态特征出现划分

将小麦一生划分为10个生育时期，即萌发（胚根胚芽突破种皮2mm以上）、出苗（田间第一叶露出胚芽鞘50%）、分蘖（分蘖第一叶由主茎第一叶鞘伸出1cm）、返青（越冬心叶转青生长）、起身（也为生理拔节，第一节开始伸长在1cm之内未露出地面，鞘叶由匍匐向45°角直立）、拔节（第一节间露出地面1cm）、孕穗［旗叶与倒二叶叶耳距等于（0±1）cm］、抽穗（麦穗露出叶鞘1/2）、开花（麦穗中部开花，花药伸出）、成熟（茎叶变黄，籽粒变硬，芒颖炸开）。上述划分特征都以群体达50%以上为准，该划分方法由于以短暂的明显特征为依据，便于进行田间记录和比较。

2. 依据器官形成过程或生长特征时期划分

将小麦一生划分为 5 个生育时期，即幼苗时期（出苗至三叶）、分蘖时期（分蘖始期至高峰期）、越冬时期（越冬始期至返青）、拔节时期（由第一节伸长到最后一节生长停止）、籽粒形成时期（开花受精至成熟）。这些生育时期也可依据需要将每个时期进一步划分，如幼穗分化时期可划分为生长期、单棱期、二棱期……各个时期；拔节时期可依各节伸长过程划分；籽粒形成时期又可进一步划分为乳熟期、腊熟期、完熟期等时期。这种划分以了解某一器官形成过程、持续时间为目的。

3. 生育时期的十进位百分法阶段连续记载法

小麦生育阶段是生长的质性量性表现，由于小麦器官发生的连续性，简单地划分为 10 余个生育时期，往往不能表现器官产生过程的交错性、连续性、并存性的特点，特别是在个体取样观察中，由于某时期被取样的株体并不是前一时期株体生长的继续，因而常出现数量（甚至质的方面）随时间增长而减少的取样误差现象，如在分蘖期单株调查结果比上一取样时期减少等。为了能更好地反映小麦器官形成的连续性，国外不少专家采用小麦十进位生育时期划分法。该方法是首先将整个生育期划分为 10 个时期，为第一级生育阶段，分别为一位数（与我国现行 10 期划分基本一致），即：

0. 种子萌发（germination）；
1. 幼苗生长（seedling growth）；
2. 分蘖（tillering）；
3. 茎节伸长（stem elongation）；
4. 孕穗（booting）；
5. 抽穗（inflorescence emergence）；
6. 开花（anthesis）；
7. 灌浆（milk development）；
8. 腊熟（dough development）；
9. 完熟（ripening）。

在每个时期下，再分若干等级（一般为 10 等级，也可小于 10 等级），这样就形成十进位二级百分记录，生育阶段划分如表 1-2 所示。

表 1-2　小麦十进位生育阶段的划分

Table 1-2　Growth stages of wheat according the decimal system

一级数	二级数	生长描述	一级数	二级数	生长描述
0 种子萌发	00	干种子	1 幼苗生长	10	第一叶伸出胚芽鞘
	01	开始吸水		11	第一叶展开
	02	吸水		12	第二叶展开
	03	膨胀		13	第三叶展开
	04	膨胀完成		14	第四叶展开
	05	胚根出现		15	第五叶展开
	06	胚芽鞘出现		16	第六叶展开
	07	胚芽鞘停伸		17	第七叶展开
	08	叶片刚达芽鞘顶端		18	第八叶展开
				19	第九叶或更多叶展开

续表

一级数	二级数	生长描述	一级数	二级数	生长描述
2 分蘖	20	只有主茎	4 孕穗	47	旗叶叶鞘开始开裂
	21	主茎+1 蘖		48	旗叶叶鞘开裂
	22	主茎+2 蘖		49	芒最初出现
	23	主茎+3 蘖	5 抽穗	50	第一小穗开始露出
	24	主茎+4 蘖		51	第一小穗露出
	25	主茎+5 蘖		52	1/4 小穗抽出
	26	主茎+6 蘖		53	1/3 小穗抽出
	27	主茎+7 蘖		54	1/2 穗抽出
	28	主茎+8 蘖		55	2/3 穗抽出
	29	主茎+9 蘖或更多分蘖		56	3/4 穗抽出
3 茎节伸长	30	蘖茎直立		57	4/5 穗抽出
	31	第一节可见		58	整穗抽出
	32	第二节可见		59	抽穗完成
	33	第三节可见	6 开花	60	始花
	34	第四节可见		61	一半开花
	35	第五节可见		62	全部开花
	36	第六节可见	7 灌浆	70	籽粒主要为水分
	37	旗叶刚刚可见		71	乳熟早期
	38	旗叶生长		72	乳熟中期
	39	旗叶叶枕或叶舌开始可见		73	乳熟后期
4 孕穗	40	旗叶叶枕或叶舌可见	8 腊熟	80	腊熟早期
	41	旗叶叶鞘开始伸长		81	柔腊
	42	旗叶叶鞘伸长		82	硬腊
	43	穗节开始膨大	9 完熟	90	籽粒变硬*
	44	穗节膨大		91	籽粒变硬（指甲划不出痕迹）**
	45	穗苞开始膨大		92	白天籽粒与颖壳松散
	46	穗苞膨大		93	过分成熟、炸芒、禾秆干死、收缩、倒伏

* 割捆收获期籽粒含水 16%

** 机械收获期含水低于 16%

* 16% grain water content in artificial harvest stage

** less than 16% grain water content in mechanical harvesting stage

十进位法的优点如下。

（1）反映了小麦生长的连续性与生育节律，易于比较品种与处理的差异。

（2）便于多种学科应用，以往 1～10 生育时期的划分只适用于农学，而十进位法萌发阶段 00～08 可用在杂草控制、种子病理、辐射生物学、种子实验工作。幼苗阶段 10～19 可用于田间流行病研究及温室抗病接种。30～39 是节间伸长过程，其中代号 30 为蘖茎直立（起身），是小麦温室内接种诱病的时期。代号 39 为旗叶叶枕或叶舌开始可见，此时旗叶叶耳和倒二叶叶耳处于同样高度（叶枕距为 0），是四分体减数分裂的重要时期。

（3）反映了器官发生的重叠性、交错性的客观事实，可同时记入叶蘖生长、叶节生长的数量进度，便于分析叶蘖生长的数量进度，也可只记高限的数字，如在幼苗第四叶出现时，主茎第一蘖同时出现（不包括胚芽鞘蘖），此时既可记代号 14、21，表明主茎第四叶展开，第一蘖同伸，也可只记代号 14 或只记 21。

三、小麦的生育阶段

由于在生产实践上技术措施往往是针对一个器官性质相同的生长阶段而进行的，因而又可将小麦众多的生育时期划分为几个大的生育阶段，国内外关于生育阶段的划分主要有两种。

（1）两段划分法，即把小麦一生根据器官生长的性质划分为：营养生长阶段（从种子萌发到幼穗分化开始）和生殖生长阶段（从幼穗分化到成熟）。

（2）三段划分法，考虑到营养生长到生殖生长的衔接过渡而划分为 3 个阶段：营养生长阶段（从种子萌发到幼穗分化开始）、营养生长与生殖生长并进阶段（从幼穗分化到抽穗）和生殖生长阶段（从抽穗到成熟）。

四、生育期、生育阶段和生育时期的关系

从反映小麦器官形成、产量结构及生产实践的可行性来看，将小麦分为三大生长阶段较为合理，3 个阶段与各生育期的器官形成和生长特征的对应关系如下。

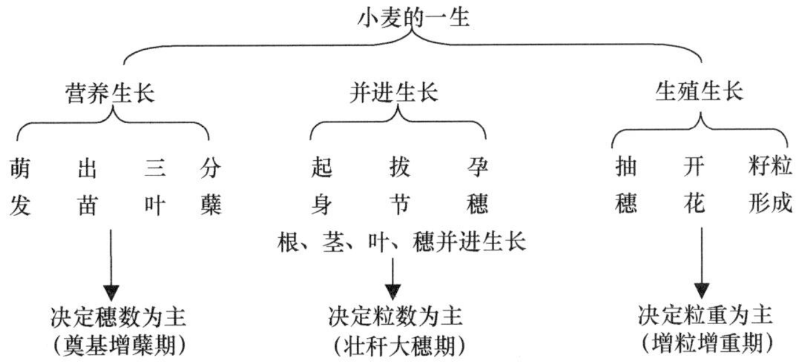

从以上关系看出，营养生长阶段冬麦主要是分蘖、长叶、长根（初生根和次生根），春麦则是分化茎叶、蘖芽和形成初生根系；并进生长阶段是根、蘖、叶继续生长，幼穗也开始分化，春小麦则是分蘖、次生根和幼穗同时并进；生殖生长阶段是开花受精、籽粒形成和灌浆成熟。通过上述不同阶段与生育时期，形成了小麦完整的株体基本结构，包括：根——吸收部分；茎——支持部分；叶——光合同化部分；蘖——储藏分枝部分；穗——生殖结实部分。前一阶段是后一阶段的基础，后一阶段是前一阶段的发展，3 个阶段决定着穗数、粒数、粒重的形成。

第二节 小麦阶段发育研究进展

1928 年苏联学者李森科（Т. Д. ЛЫсенко）创立了植物阶段发育理论，揭示了小麦个体发育的阶段性，并明确了春化阶段和光照阶段（李森科，1956）。此后各国学者在

小麦春化发育、光周期反应、品种生态、形态建成、春化发育机制及遗传规律等方面都做了大量的研究。20 世纪 50 年代我国学者就提出春性小麦品种的春化温度是 0～12℃，3～5d；冬性品种 0～7℃，30d 以上；强冬性品种 0～3℃，40～50d，而 8～12℃处理不能抽穗；半冬性品种 3～15℃，20～30d（崔继林，1955a；黄季芳，1956）。国外学者认为冬麦在 3～8℃处理 42～56d 才能通过春化，春麦则需在 4℃以下处理 15～20d（Kirby，1992）。也有学者认为日均温 0～15℃都可成为冬性小麦田间春化的条件，0～3℃和 3～5℃的温度是主要条件，5～8℃和 8～15℃为补充条件（孟惠英，1990）。春麦前期对低温无要求，相对较高温度可缩短播种至生理拔节之间的天数；半冬性过渡型品种生育前期需要相对较低的温度条件和低温天数（季书勤，1995）。研究同时发现，未抽穗植株幼穗发育一般停留在伸长期及单棱期，二棱期是幼穗通过春化的形态指标（何立人，1988；胡承霖，1988；黄敬芳，1988）。在人工控制的生长室中试验发现，将种子直接播种在 20℃和 24h 光照条件下小麦能够抽穗（胡承霖，1988）。小麦播种到抽穗的生育进程可在长日条件下实现，也可在短日条件下完成，拔节后也能在短日条件下抽穗，即存在短日春化现象（曹广才，1990a）。不少学者认为各类型品种对低温的要求并没有一个截然的质的界限，而是量的积累。在不满足低温诱导的条件下，不论小麦冬性强弱与否，在经历一定的生长时间以后，均能最后抽穗（苗果园等，1990）。

20 世纪 30 年代 Melchers 曾依据只有春化枝条嫁接到烟草上才能使其开花的现象得出一种假说：植物受到低温处理后，可产生某种特殊物质——春化素。它可通过嫁接传导，诱导未春化的植物开花，但这种春化素至今未被分离出来。50 年代，有许多学者发现赤霉素与小麦春化有关，猜测它与春化素之间可能存在某种联系，但它并不是春化素本身。此外，小麦萌芽时，进行低温或短日处理，幼苗生长锥内脱落酸（ABA）含量高于对照。因此，脱落酸或脱落酸与其他内源激素间比例的变化可能是冬小麦感受低温和短日信息而启动幼穗分化的桥梁（罗春梅，1988）。冬小麦幼苗在春化过程中过氧化物同工酶有显著变化，春化处理 21d 后，冬小麦幼苗可溶性蛋白质含量迅速增加，逐渐接近未春化处理的春小麦（杨肇驯，1981）。还有人认为春化过程可分成代谢方式上各不相同的若干分过程，而且至少存在着分别以糖的氧化过程、核酸代谢及蛋白质代谢为主的 3 个分过程，其中蛋白质代谢过程似乎是决定春化通过与否的重要一步（谭克辉，1981）。春化时幼芽中有新的蛋白质组分出现，分子质量分别为 51kDa、21kDa 和 17kDa。高温脱春化处理后可使新出现的蛋白质组分消失，可能是低温促进了体内某些基因开始表达（李秀珍，1987a，1987b）。另外，在研究冬小麦春化过程与花芽分化相关的 mRNA 和蛋白质合成的关系中发现，低温诱导与开花相关的 mRNA 出现一定的顺序性（逯斌，1992）。

第三节　小麦品种发育类型与生态区划研究进展

小麦品种由于对温光反应的特性不同，可分为不同的类型。据统计，世界范围内约有 15 万份品种材料，我国收集到的品种已达 2.5 万余份。我国学者在小麦品种发育类型方面也做了大量的工作。崔继林（1955b）根据小麦种子春化处理时对温度的不同反应，确定了春性、半冬性、冬性的划分标准及各类型的地理分布。黄季芳（1956）根据全国秋播小麦品种在春播的自然条件下抽穗日期比充分春化处理条件下春播的抽穗日期延长的日数，划分为春性、弱冬性、冬性、强冬性 4 类。在将国外两个分类体系结合的基础上，苗果园等（1988）对 40 个小麦品种进行春化反应与田间周年播种反应研究，以不同春化处理的平均抽穗期及其变异幅度、临界负积温（0～12℃积温）为指标，用系统聚类法将 40 个供试小麦品种分为两大集团、3 个分支和 6 个较明显的类型，包括强春型、春型、冬春型、冬型、强冬型和超强冬型。曹广才（1990b）将 40 个参试品种从播种到生理拔节期间≥0℃积温、从播种到成熟的生育天数和主茎总叶数分别作为生态指标、生育指标和形态指标，用离差平方和法进行聚类分析，将普通小麦品种确定为从春性逐渐减弱到冬性逐渐增强的生态型连续系列，即分为春型、过渡型和冬型三大生态型类群，又可细分为春型强春性、春型春性、过渡型偏春性、过渡型偏冬性、冬型冬性、冬型强冬性 6 个生态型组。全国小麦生态研究确定小麦品种生态型为 9 个生态型等级，分别为春型超强春性、春型强春性、春型春性、春型弱春性、过渡型、冬型弱冬性、冬型冬性、冬型强冬性和冬型超强冬性品种生态型。田良才（1995）将普通小麦划分为 4 种类型和 9 个生态型春冬性等级。总的来说，小麦品种生态型研究的分类指标尚不一致，但春化反应生态型分类已初步达成共识。

黄季芳（1956）在对我国秋播小麦品种连续 3 年观察分析的基础上，根据其对光照长度反应的程度，将我国小麦划分为反应迟钝、反应中等、反应灵敏 3 种类型，并确定了不同光照反应品种的地区分布。

不同的小麦品种类型适应不同的生态环境条件，根据小麦品种类型、生态环境条件对小麦进行区域划分，可为小麦品种布局、引种育种、栽培技术提供依据。关于小麦区划，早在 20 世纪 60 年代初，《中国小麦栽培学》中就将我国小麦区划为 3 个主区 10 个栽培亚区，基本反映了我国小麦种植的气候特点与栽培特点。其后又有新的发展，以中国小麦气候生态条件和小麦对气候环境的反应为基础，根据光、温、水等气候条件和小麦冬春性、成熟期、生育期等特性确定气候生态指标，将中国小麦分为 5 个小麦气候区（春麦区、北方冬麦区、南方冬麦区、西北冬麦区、青藏高原冬春麦区）、14 个气候带、28 个地区三级（崔读昌，1993）。还有人认为分为五大气候区和 20 个地理生态区，即北方温带春麦气候生态区，包括华北、东北和西北 3 个春麦地理生态区；黄淮海暖温带冬麦气候生态区，包括海河主流域、黄土高原、胶东沿海、华北平原、黄河中游丘陵山地和淮北平原 6 个冬麦地理生态区；南方亚热带热带秋冬播春麦气候生态区，包括长江中下游平原、秦巴山地、南方山地、四川盆地、云南高原、川贵高原 6 个秋播春麦地理生态区和华南冬播春麦地理生态区；新疆内陆冬春麦气候生态区，包括北疆春冬麦和南疆冬春麦 2 个地理生态区；青藏高原春冬麦气候生态区，包括青海春麦和西藏冬春麦 2 个地理生态区（余华盛，1995）。

苗果园等（1993）把我国小麦区划为 4 个温光生态区和 9 个温光生态亚区。正积温长日型品种生态区包括松辽平原春播正积温长日型亚区和华南沿海秋冬播及云贵高原秋播正积温长日型亚区，弱负积温长日型品种生态区为“三北”——东北、华北、西北春播弱负积温长日型亚区、长江流域及云贵秋播弱负积温长日型亚区，负积温长日型品种生态区为黄淮流域秋播负积温长日型亚区、华北平原南部秋播负积温长短日型亚区，强负积温长短日型生态区为华北中部秋播强负积温长短日型亚区、南疆秋播强负积温长短日型亚区、西藏高原超强负积温长短日型亚区。

这些研究为我国小麦生态条件和生态表现的时空分布相似性或相异性的划分，以及各种小麦区划和育种、栽培提供了区域性生态学依据，但具体到各地应用时，不仅是个涉及小麦品种生长发育和品种选育的理论问题，也是一个引种、用种和充分发挥种性的重大实践问题，应因地制宜，理论与实践相结合，使各地小麦布局合理化。

第四节 小麦器官建成的温光效应研究进展

温光条件影响着小麦的阶段发育，进而影响小麦的幼穗分化、叶龄分化等器官的建成。

一、幼穗分化的温光效应

早期的研究认为，冬小麦生长需要一定时间的低温条件，无此低温条件，春化阶段不能通过，茎生长锥便不能进行幼穗分化，生长锥伸长是小麦通过春化发育的标志（Trione et al.，1968）。在全国小麦生态研究过程中，由于某些品种在未能完成春化发育的情况下，幼穗分化全部顺利通过了伸长期，多数停滞在单棱期，故认为二棱期才是小麦通过春化的标志（胡承霖和罗春梅，1990；黄敬芳，1990；单玉珊，2001）。

近年来，随着小麦幼穗分化温光反应关系研究的不断深入，认为生长锥的伸长是积温效应，高温能促进生长锥的伸长（郝照，1983；何立人，1983；曹广才等，1989）。生长早期的低温条件不仅不能促进发育，反而会延迟生长锥的出现日期（何立人，1983；郝照，1983）。一般认为，小麦的春化发生在茎端的生长锥部分，实际上在受精卵发育到 8 个细胞时就可产生对低温春化的反应（赵微平，1993）。低温春化作用到小穗原基分化时即消失，且小穗分化以后的幼穗发育进程不再受早期有无低温春化的影响。小麦播种后日均温的高低是支配茎生长锥伸长发生早晚的主导因素（张敬贤和毕恒武，1986）。但多数研究认为，小麦的幼穗分化过程中仍需要一定的低温时期，才能使其通过春化阶段，而单棱期到二棱期是品种通过春化阶段对低温反应最敏感的时期。单棱期、二棱期之前较低的温度均有利于缩短单棱期的持续天数，使小穗原基提早出现。但也有研究认为，小麦在二棱期之前的低温不促进幼穗分化，高温也不能使发育加快，二棱期之前的发育主要是“渡过”一定的时间（郝照，1983）。二棱期后分化的小穗数与穗分化持续时间密切相关，穗分化持续时期越长，每穗分化的小穗数越多（Hay and Kiby，1991）。至顶小穗形成，小穗原基分化结束，每穗总小穗数基本确定。穗分化持续时间长短主要受二棱期至顶小穗形成期日均温的影响，低温能延缓小穗分化持续时间（米国华和李文雄，1998，1999），且不同品种类型对温度效应的反应不同，冬性品种穗分化过程对温度变化的反应比春性品种更为敏感（Hay and Kiby，1991）。同时二棱期后分化的小穗数还受到光周期变化的影响，二棱期后处于短日照条件下会推迟顶小穗出现的时间，从而增加小穗数（米国华和李文雄，1998；1999）。关于小麦顶端发育过程的生理研究表明，每穗小穗的形成不仅取决于二棱期以前叶原基分化的小穗数，也取决于二棱期以前叶原基的分化过程（米国华和李文雄，1999；Li et al.，2002）。二棱期以前分化的叶原基可转化参与小穗原基分化的过程十分复杂，取决于叶原基分化过程的温度与日长条件，并且受到温光互作效应的影响（米国华和李文雄，1999；Miglietta，1991）。决定每小穗可孕小花数和结实小花数的时期分别为小花分化期至四分体形成期和开花期（Miglietta，1991），此阶段肥水供应不足是减少小花分化及导致小花退化的主要内因，温度条件是决定小花发育、退化与败育的主要外因（Li et al.，2002）。

不同类型小麦品种对低温的反应有很大不同，随冬性增强，对低温要求更严格，分化历程更长，高温滞留效应更突出（路季梅和张国泰，1992）。二棱期通过之后，各种类型品种都较快地完成以后的各分化时期，对温度要求都完全表现为“积温效应”（郝照，1983；何立人，1983），但二棱期至护颖原基分化的时间与所需积温随品种冬性的增强而相应增加（路季梅和张国泰，1992）。小麦幼穗分化发育的下限温度一般与生长起点温度相一致，为 2～3℃，而幼穗分化发育的上限温度则随品种冬、春性的不同有高有低（马健翎和何蓓如，1999）。河南省小麦幼穗分化开始早，延续时间长，一般经历 160～170 d，占小麦全生育期的 60%以上；共需积温 1000℃左右，占总积温 2200～2300℃的 45%左右，有利于形成大穗多粒，能发挥大穗品种的穗部潜力（胡廷积，1976）。有研究认为，在小麦幼穗分化过程中，有利于小穗、小花分化的日平均温度指标为，单棱至二棱阶段≤7. 0℃；单棱至护颖阶段≤7. 5℃；护颖至顶端小穗形成阶段≤10. 5℃；小花至顶端小穗形成阶段≤11. 5℃，这种温度指标的天数越多，分化的时间越长，则有利于小穗、小花的分化，能形成大穗多粒的产量结构（高翔等，1995）。崔金梅等（2000）观察表明，在日均温 10℃左右时小花发育加快；10～13℃时有利于雌雄蕊分化；药隔形成期在 10～16℃内随温度升高分化速度加快。在小麦幼穗分化发育过程中，有两个对温度要求较严格的时期，一是小穗原基分化形成期，二是花粉母细胞到花粉粒形成期。前者对低温敏感，后者则要求有一定的高温条件（曲曼丽和王云变，1984）。在其他条件相同的情况下，温度降低到 10℃以下，光照阶段的发育速度减慢，从而延长幼穗分化的时间，不同程度地延长了单棱期、二棱期、护颖原基形成期和小花分化期的持续日数，可增加小穗数和小花数目。温度增高，光照阶段发育加速，则形成较少的小穗和小花。因此，春季温度回升慢的年份，往往形成大穗。而冬小麦播种晚的，由于其光照阶段是在温度较高的条件下进行的，发育加速，麦穗常常较小（余松烈，1980）。

关于光周期反应和幼穗分化的研究，一种观点是光照阶段结束于小花分化后、雌雄蕊原基分化和形成期（夏镇澳，1955）；另一类是光照阶段结束后小穗分化开始进行，因此，二棱期和小穗突起是光照阶段完成的指标（张锦熙等，1986）。但光照阶段的始期一般认为是单棱期（马健翎和何蓓如，1999）。大量的人工遮光试验表明，光照不足使幼穗分化各期延迟，降低分化速度，减少每穗小穗及小花，增加不孕小穗及小花，导致穗粒数减少。短日照能延缓光照阶段发育和幼穗分化进程，使穗长、每穗小穗数及小花数都有所增加；而随着日照长度的增长，小穗小花数则有所减少。在生长锥伸长期，光照强度减弱会延缓光照阶段发育，从而增加每穗小穗数，有时甚至会产生分枝穗（庄巧生，1961；余松烈，1990）。一般来说，秋播小麦在苗期要求短日照，在生长后期则需要长日照（赵微平，1993）。光周期效应主要是诱导小穗原基的分化。不同的日照长度对茎生长锥分化的影响都是以伸长期到小穗突起期为最大。连续光照加速其分化，短日照抑制其分化，随品种冬性增强，长日照的促进效应显著（夏镇澳，1955）。但也有研究认为，二棱期至雌雄蕊分化期是光照反应最敏感的时期，高温长日照加速这一阶段穗分化的进程（Halse and Weir，1974；郝照，1983）。在雌雄蕊形成阶段以其花粉四分体形成，特别需要强的光照，这时光照不足就会产生不孕的花粉和不正常的子房（庄巧生，1961）。关于小麦光照阶段的开始、结束时间和不同品种的临界日长的研究表明，小麦的光照阶段开始于二棱期，结束于小花分化期或雌雄蕊分化期（吴兰佩，1959），光照阶段结束的早晚与营养体大小有关，且以营养体较大者结束的时期早些。夏镇澳（1955）、吴兰佩（1959）研究了阶段发育与小麦器官建成的关系，确定了以生长锥分化进程作为小麦感温阶段与感光阶段的发育标准。在此之后，我国许多科技工作者对小麦的温光反应进行了更加深入细致的研究，特别是在金善宝主持下进行的全国性小麦生态研究，使我们对小麦的温光反应又有了许多新的认识。例如，发现了对低温反应极不敏感的强春性类型（胡承霖等，1988；苗果园等，1988；曹广才等，1989），可以代替低温的"短日春化"类型（曹广才，1987；曹广才等，1989）。此外，还发现了在一定温光组合下，不一定需要低温长日即可通过温光发育的阶段要求（王士英，1986；胡承霖，1988）。对于通过春化阶段的形态指标，也有新的发展（何立人，1988；胡承霖，1988；黄敬芳，1988）。根据上述研究结果，胡承霖（1988）、苗果园等（1988）曾对小麦品种的冬春性进行了重新划分，使其更加符合我国小麦品种的实际情况。

二、主茎叶龄的温光效应

小麦主茎叶数变异受品种遗传及温光环境影响。一般小麦主茎叶数为春性＜弱冬性＜冬性＜强冬性品种；不同播期和地区间叶片数变异趋势为春型品种＜过渡型品种＜冬型品种，年度间差异不明显。小麦播种越早叶片越多，冬麦叶片在9～16片变动，春麦为10～13片（Kirby，1992）。幼穗原锥体伸长至单棱期的温光条件决定主茎叶片数多少（蒋代章，1990）。开花期春小麦主茎叶数随光周期延长而减少，与积累生长积温呈线性相关（R=0.99）（Masood，1995）。春化减少主茎叶片数，而未春化则可长出多达18片叶（Cao，1991；Craigon，1994）。主茎出叶速度与光周期和品种有关，与积温显著相关（Cao and Moss，1989；Slafer，1994），而有人则认为出叶速度与温度和主茎叶数有关，与日长无关（Evans，1994；Brooking，1995；Jamieson，1995）。有研究表明，各品种主茎每长一片叶需70～80℃·d的积温。也有人认为长叶与所需积温因品种和节位而异，不是固定的，而是随节位的升高，每长一片叶所需积温逐渐增大（曹广才，1990b；Cao and Moss，1991）。

三、小麦器官的同伸关系

在一定的生态区，小麦主茎的叶片数一般是比较稳定的，以主茎叶片的出生为依据或以叶龄为指标可以判断幼穗分化的进程。李焕章等（1964）首先提出了不同穗分化期的叶龄指数法，指出以叶龄指数及叶龄余数作为植株内部幼穗发育情况的诊断指标。McMaster 等（1992）的研究表明，出苗期至二棱期叶原基的分化速率为叶片出现速率的 2～3 倍，二棱期前分化的叶原基数与叶龄有显著的线性相关关系，且这种线性关系不随基因型和环境条件而改变（Kirby，1974）。张锦熙等（1981）系统研究了小麦幼穗分化与主茎叶数的对应关系，提出了小麦“叶龄指标促控法”，并指出北方麦区适时播种的冬性品种在越冬后，春生第一片叶露尖前后是穗分化的单棱期，以后穗分化全过程的各阶段基本上与依此增长的叶龄相互对应，即用叶龄余数法表示，N-6、N-5、N-4、N-3、N-2、N-1、N 与 N 展开分别对应着小麦穗分化的伸长期、单棱期、二棱初期、二棱末期至护颖原基分化期、小花原基分化期、雌雄蕊原基分化期、药隔形成期、四分体形成期。梅楠（1980）先后根据冬小麦春季出生 1～6 叶的顺序分别与幼穗分化的单棱期、二棱期、小花原基分化期、雌雄蕊原基分化期、药隔形成期和四分体形成期相对应，这种对应关系在播期不同时，变化也不大。研究表明郑引一号幼穗分化与出叶数和节间长度的对应关系为：伸长期不同苗情均为三叶一心；单棱期壮苗的叶龄为 4.5；二棱期的叶龄为 5.6～7.6；护颖分化期的叶龄为 8.3；小花原基分化期的叶龄为 8.5；雌雄蕊分化期的叶龄约为 9.2，基部第一节间伸长达 3.5cm；药隔形成期的叶龄为 9.7，基部第一节间长达 4.5cm，第二节间长 2.3cm；四分体期的叶龄为 11.6，第一、二节间固定，第三节伸长 10.2cm，第四节刚露头（崔金梅等，2008）。曹广才等（1989）通过对全国小麦生态试验北京试点进行连续 3 年的秋、冬、春、夏每年 8 个播期的试验数据分析，得出不同类型品种进入伸长期其主茎叶数不同的结论，即强春性品种、过渡型品种和冬性品种分别于 3 叶时、4～7 叶时和 5～9 叶时进入伸长期。根据山东省的研究，冬性小麦品种越冬后心叶伸长转绿为返青期，此时幼穗开始分化，生长锥伸长；年后长出第一片叶时，穗分化为单棱期；年后长出第二片叶时，正与起身期相吻合，此时幼穗分化至二棱期；年后长出第三片叶时，为小花原基分化期；年后长出第四片叶时为拔节期，穗分化正值雌雄蕊原基分化期；年后出现第五片叶时，穗分化进入药隔期；年后长出最后一片叶（旗叶）时为挑旗期，雌雄蕊分化出大孢子母细胞、小孢子母细胞，当旗叶叶鞘抽出 3～5cm 时，形成四分体（余松烈，1990）。根据作物器官的同伸关系，李焕章等（1964）、张锦熙等（1981）在冬小麦，王荣栋（1989）在春小麦曾用叶龄余数作为诊断幼穗分化的指标。李焕章等（1964）曾利用叶龄系数来指示冬小麦幼穗分化进程的探索，对于小麦来说，采用叶龄指数似乎不如用叶龄余数或直接用叶龄来指示更为适用（郑丕尧，1992）。据观察，当主茎第一节间开始伸长（在地表以下节间）时，幼穗分化开始进入护颖原基分化期；主茎第二节间开始伸长（露出地面节间）时为小花原基分化期；第三节间开始伸长时为雌雄蕊原基分化期；而第四、五节间伸长，则分别是药隔形成期和四分体形成期。所以可借助于地上茎节间伸长数来判断自护颖分化至四分体形成期的穗分化进程。至于护颖分化期以前的几个时期，可结合生育时期加以判断，如幼穗伸长期与分蘖期相吻合，二棱期与适期早播的越冬期相吻合，单棱期与偏晚播种的越冬期相吻合（胡承霖和张华建，1998）。由于受播期、温度、营养、水分和管理等多种因素的影响，小麦幼穗分化与外部形态之间的关系有时表现得不够规范。

小麦产量性状既受本身遗传因子的控制，又受环境条件影响，而且环境造成的差异比品种间的差异更大。有学者认为，春化时间延长，植株分蘖增多，则茎秆长度增加，小穗数减少（Blandon，1990）。幼穗分化过程中，提高单棱分化数目，延长二棱分化时期，是形成大穗（多小穗）的发育基础。单株穗数与三叶期至抽穗期间日均温 5～8℃的积温成正比，低温利于分蘖与成穗。小麦孕穗开花期适宜的温度为 18～20℃，温度过高会增加无效小花数，温度过低会造成冻害，此期如降水过多，则不利于小麦增加穗粒数。灌浆期均温 15～20℃和较高日照时数有利于提高千粒重（刘淑贞，1990；赵世平，1990）。

第五节 小麦春化基因研究进展

早期研究证明小麦春化特性受 5 对隐性基因 *Vrn1*、*Vrn2*、*Vrn3*、*Vrn4* 和 *Vrn5* 控制。其中，*Vrn1* 位于 5A 染色体长臂上，*Vrn2* 位于 2B 染色体上，*Vrn3* 位于 5D 染色体上，*Vrn4* 位于 5B 染色体上，*Vrn5* 位于 7B 染色体的短臂上，不同基因可单独或共同作用，决定着某一品种的春化特性（Law，1976；Pugsley，1972）。

近年来，利用限制性片段长度多态性（restriction fragment length polymorphism，RFLP）（Galiba et al.，1995；Dubcovsky et al.，1998）、dCAPS（derived cleaved amplified polymorphic sequence）（Iwakik et al.，2002）、扩增片段长度多态性（amplified fragment length polymorphism，AFLP）（Barrett et al.，2002）等分子标记技术将 *Vrn1*、*Vrn2*、*Vrn3* 分别定位于小麦 5A、5B 和 5D 染色体上，并证明 *Vrn1*、*Vrn2*、*Vrn3* 是开花促进因子。McIntosh 等（1998）将 *VRN1* 的 3 个等位基因分别命名为 *VRN-A1*、*VRN-B1* 和 *VRN-D1*。进一步研究表明，*VRN-A1*、*VRN-B1* 和 *VRN-D1* 3 个基因中任何一个为显性，小麦的发育特性即为春性，在生长过程中，不需要低温春化，或者需要短时间的春化作用就能开花；若 3 个基因全部为隐性，则其发育特性为冬性，在生长过程中，需要较长时间的较低温度的春化作用才能开花（Stelmakh，1987）。Pugsley（1972）研究发现，在小麦（*Triticum aestivum* L.）材料'Gabo'中存在第 4 个春化基因 *Vrn4*，随后他创造了继 Triple Dirk C（TDC）（含 3 个隐性基因 *vrnA1*、*vrnB1*、*vrnD1*）、Triple Dirk B（TDB）（含显性基因 *VrnB1*）、Triple Dirk D（TDD）（含显性基因 *VrnA1*）、Triple Dirk E（TDE）（含显性基因 *VrnD1*）之后的近等基因系 Triple Dirk F（TDF）（含显性基因 *Vrn4*）。Maystrenko（1974）和 Zharkov（1984）均将 *Vrn4* 定位于 5B 染色体上。2003 年，Goncharov 的研究又证明了 *Vrn4* 的存在。1966 年最早由 Law 和 Wolfe 提出 *Vrn5*，1998 年被统一命名为 *Vrn-B4*（McIntosh et al.，1998）。Yan 等（2006）研究发现 *Vrn-B4* 与大麦 *Vrn-H3* 同源，故重新命名为 *VRN3*。*VRN2* 基因是一开花抑制因子，Dubcovsky 等（1998）在二倍体小麦（*Triticum monococcum* L.）中发现 *VRN-Am2* 与大麦 *VRN-H2* 同源，且距 *VRN-A m1* 50 cM。Yan 等（2004）对 *VRN2* 进行了图位克隆及功能验证。Fu 等（2007）在二倍体小麦中发现了类似于拟南芥与春化有关的 *VIN3* 和 *VIN32Like*（*VIL*）基因，受春化作用诱导表达，同时也受光周期的影响，其作用方式可能与拟南芥的 *VIN3* 相似，并分别命名为 *Tm2VIL1*、*TmVIL2* 和 *TmVIL3*。

对不同春化基因的调控机制研究表明，显性 *Vrn1* 控制春性发育特性，隐性 *vrn1* 控制冬性发育特性；而显性 *Vrn2* 控制冬性发育特性，隐性 *vrn2* 控制春性发育特性（Dubcovsky et al.，1998），*Vrn1* 对 *Vrn2* 具有上位作用。在二倍体中，春性小麦的基因型是 *vrn-A1*/*vrn-A2*、*Vrn-A1*/*vrn-A2* 和 *Vrn-A1*/*Vrn-A2*（Dubcovsky et al.，2006）。目前已知的研究结果显示，*VRN1* 的启动子区和第一内含子是其控制春化发育特性的调节位点（Yan et al.，2004；Fu et al.，2005）。通过等位序列差异分析发现，一些春小麦 *VRN-A1*

的启动子区有一个重复片段，这种等位差异类型为 *Vrn-A1a*；另一种类型是 *Vrn-A1b*，其等位差异类型是在启动子区的 5′端有 20bp 的缺失，但这种等位类型发生频率较低（Yan et al.，2004）。还有一些春小麦与冬小麦 *VRN1* 的启动子区没有区别。例如，一些 *VRN-A1* 及 *VRN-B1* 和 *VRN-D1* 在春小麦和冬小麦之间，其启动子区没有差异，其调控发育特性的位点在第一内含子，这种等位差异为 *Vrn-A 1c*（Fu et al.，2005）。研究发现，小麦 *VRN1* 和大麦 *VRN-H1* 启动子区序列在春性品种与冬性品种间没有差异，在其第一内含子中，显性基因都有大片段的缺失，这个缺失在内含子 4kb 的区域内，其中 *VRN-A1*、*VRN-B1*、*VRN-D1* 相应的隐性基因有 2.8kb 的保守区域（Fu et al.，2005）。Yan 等（2004）和 Fu 等（2005）研究认为，*VRN1* 基因的启动子区和第一内含子区的序列差异可能是春化基因之间调控的作用位点，如 *VRN2* 对 *VRN1* 的作用模式中，*VRN2* 可以直接或间接地作用于 *VRN1* 的启动子区或第一内含子。显性基因启动子区的插入或缺失及第一内含子缺失的片段，破坏了 *VRN2* 基因的识别位点，使 *VRN2* 不能识别，故 *VRN2* 对显性 *Vrn1* 基因不能发挥抑制作用（Dubcovsky et al.，2006）；而隐性 *vrn1* 基因，由于 *VRN2* 能够识别其作用位点，其抑制开花作用得以发挥（Dubcovsky et al.，2006）。二倍体小麦的研究结果表明，*VRN1* 基因启动子区的 CarG2box 可能是 *VRN1* 与另一个光周期调节抑制子有关的识别位点（Fu et al.，2005）。Yan 等（2006）基于对 *VRN1*、*VRN2* 和 *VRN3* 及其对春化作用和光周期响应的研究认为，*VRN1* 能够促进开花，其转录能被 *VRN3* 促进，被 *VRN2* 抑制；*VRN2* 被低温春化和短日照所抑制，同时直接或间接抑制 *VRN3* 的表达，当 *VRN1* 转录时，*VRN2* 的转录即被抑制；*VRN3* 的转录能被春化作用和长日照所促进（图 1-1）。春化相关基因的互作模式表明，小麦开花是由低温春化和光周期影响的、由多个基因调控的复杂过程。

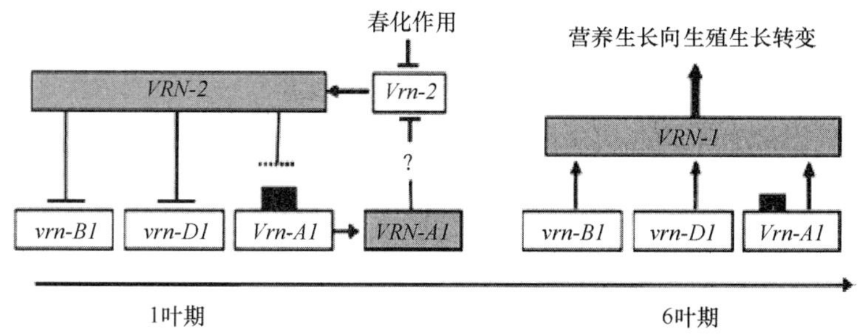

图 1-1 *VRN1* 和 *VRN2* 在普通小麦生殖发育中的作用模式（Loukoianov et al.，2005）

Figure 1-1 Hypothetical model to explain the developmental progress in transcription initiation of *VRN1* and *VRN2* alleles in polyploid wheat (Loukoianov et al., 2005)

□基因；■蛋白质；■ *VRN2* 抑制位点的缺失；→表示转录；⊥表示抑制

□Gene; ■Protein; ■Depressing site of *VRN2*; →Transcription; ⊥Depressing

第六节 小麦光周期反应基因研究进展

Law（1978）曾研究了普通六倍体小麦对光周期的敏感性，以及对日长敏感的基因在染色体上的定位，结果表明，3 个控制光周期的基因 *Ppd1*、*Ppd2* 和 *Ppd3*（*Photoperiod*）分别位于 2A、2B 和 2D 染色体短臂上。

光周期也是影响植物从营养生长向生殖生长转变的重要因素，依据对光周期的敏感程度，可将植物分为敏感型和不敏感型。对光周期敏感型植物而言，长日照条件可以促进开花，而不敏感型植物则可在长日和短日条件下正常开花。一般来说，小麦属于长日植物，而且光周期调控与低温春化作用存在一定的互作效应（崔金梅等，2008）。目前发现控制小麦光周期的基因有 3 个，对光周期不敏感基因 *Ppd1*、*Ppd2* 和 *Ppd3* 分别位于小麦第 2 组 A、B 和 D 染色体的短臂上，目前统一命名为 *Ppd-A1*、*Ppd-B1* 和 *Ppd-D1*（Cockram et al.，2007）。携带显性 *Ppd* 基因的小麦对光周期不敏感，在长日或短日下开花时间差异不大，但这 3 个基因对光周期的不敏感性效应不同，敏感性效应的大小关系为：*Ppd-D1*＞*Ppd-B1*＞*Ppd-A1*（Worland et al.，1998），其相应的隐性基因 *ppd-D1*、*ppd-B1* 和 *ppd-A1* 对光周期敏感，需要长日条件诱导表达促进开花（Hay and Ellis，1998）。通过对小麦光周期基因研究发现，小麦 *Ppd-D1* 的序列在编码区上游有约 2kb 的缺失，而 *Ppd-A1* 和 *Ppd-B1* 没有这一缺失，这一缺失可能是 *Ppd-D1* 基因响应光周期的调控位点（Beales et al.，2007）。

Trevaskis 等（2006）对大麦的研究发现，在长日照条件下，春化作用能促进大麦 *HvVRN1* 的表达，抑制 *HvVRN2* 的表达，而在短日照条件下，*HvVRN1* 的表达被诱导，但 *HvVRN2* 的表达没有变化，因此认为 *HvVRN1* 和 *HvVRN2* 是低温春化和光周期响应的整合子，共同调节植物的发育（Trevaskis et al.，2007）。低温和光照互作对大麦开花时间影响的研究结果表明（Hemming et al.，2008），*HvVRN1* 是开花诱导所必需的，其能够被低温诱导，从而促进开花；*HvVRN1* 的表达可以通过抑制 *HvVRN2*，而促进 *Hv-FT*（*VRN3*）的表达；*HvVRN2* 抑制 *Hv-FT* 的表达，推迟开花时间；当 *HvVRN2* 缺失时，在未春化条件下允许 *Hv-FT* 的表达，促进 *HvVRN1* 的表达而促进开花，但在大麦中只有在 *Ppd-H1* 存在的条件下，*HvVRN1* 的表达才是 *Hv-FT* 诱导的结果；*Hv-FT* 不被低温诱导，而当春化需求被满足时，在长日条件下才能被诱导促进开花。因此认为 *HvVRN1* 能促进开花诱导，而 *Hv-FT* 能加速开花诱导的过程和随后的花芽分化阶段；低温和日长可通过加速花分化的不同阶段而促进开花。*HvVRN2* 包含一个 CCT 区域，是一类作用于 CCAAT 结合因子的区域，可以介导 CO 类似蛋白和 DNA 的结合（Ben-Naim et al.，2006）。在拟南芥中，CCAAT 结合因子 HAP3b 可以在长日下通过作用于 CO 而促进开花（Cai et al.，2007）。最近的研究表明，在小麦中，TaFT 蛋白可通过介导 bZIP 类转录因子 TaFDL2 结合于 *VRN1* 基因的启动子区来促进春化基因 *VRN1* 的表达，而另一个 *TaFT2* 与 *TaFT* 有不同的作用位点，它可介导另一个转录因子 TaFDL13 抑制 *TaFT* 的表达（Li and Dubcovsky，2008）。Distelfeld 和 Dubcovsky（2009）提出了小麦生殖发育的基因互作模式（图 1-2）。在这个模式中，*VRN1* 基因响应低温春化途径促进小麦的生殖发育，同时对 *VRN2* 基因起抑制作用；*VRN3* 基因响应光周期途径，通过介导转录因子 TaFDL2 促进 *VRN1* 的表达从而促进小麦的发育；*VRN2* 基因又可通过响应光周期途径抑制 *VRN3* 的表达而抑制小麦的生殖发育；*VRN1* 基因有多个调控区域。小麦从营养生长向生殖生长的转变是一个高度复杂的调控过程，涉及多种信号转导途径及基因表达的调控网络。目前，关于小麦开花相关的分子控制机制及其基因互作模式研究已取得了很大进展，但许多理论仍然是一些推断或假设，具体的分子调控机制还需要进一步证实。因此，关于小麦春化和光周期发育调控机制及其关键基因的功能研究目前仍然是小麦发育调控研究领域的热点问题。

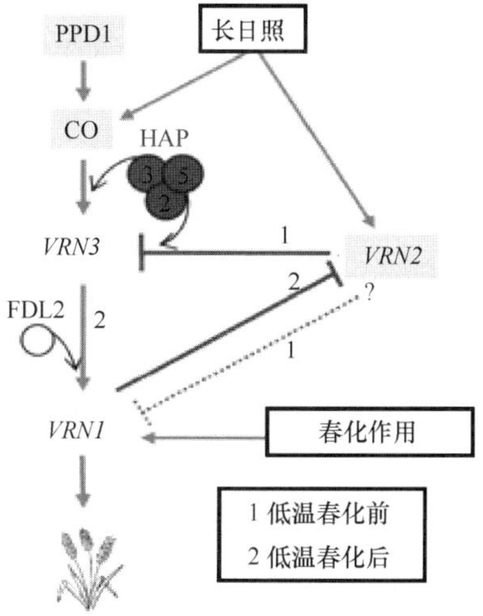

图 1-2　小麦开花的整合模式（Distelfeld and Dubcovsky，2009）

Figure 1-2　Combinatorial model of flowering in wheat (Distelfeld and Dubcovsky, 2009)

箭头表示促进；⊥表示抑制

小结与讨论

围绕小麦温光发育的研究已历经近一个世纪，涉及发育进程、器官建成、遗传控制等各个方面。作者根据大量研究结果，总结出小麦发育进程与器官建成、外部形态与幼穗分化之间的对应关系（表 1-3），以便更好地指导生产实践。同时，随着世界范围内小麦品种资源的不断丰富、小麦新品种的育成和广泛交流及作物遗传改良手段的进步，小麦温光发育类型更加多样化。小麦品种在温光反应特性上的差异，特别是在分子水平上的调控机制研究有待深入。因此，更广泛深入地开展小麦温光发育研究对丰富小麦发育理论和解决生产实践问题都具有十分重要的价值。

表 1-3　小麦发育进程与器官建成的对应关系

Table 1-3　The relationship between the developmental progress and the organ formations of wheat

生育期	出苗	三叶	分蘖	越冬	返青	起身	拔节		孕穗	开花	灌浆	成熟
穗分化		伸长	单棱	二棱		护颖	小花	雌雄蕊	四分体			
叶龄	1	3	4		春 1 叶	春 2 叶	春 3 叶	春 4 叶	春 5 叶			
节间						1	2	3	4			
4 个两极分化	小穗数			小穗两极分化								
	穗数		分蘖两极分化									
	粒数					小花两极分化						
	结实率							子房两极分化				
春化	春化发育											
光照			光周期发育									

参 考 文 献

曹广才, 吴东兵, 王士英. 1989. 小麦的穗分化与温光反应. 华北农学报, 4(4): 1-7.

曹广才. 1987. 关于幼穗分化时期的划分. 新疆农业科学, (1): 13-15.

曹广才. 1990a. 普通小麦日长反应的探讨. 生态学报, 10(3): 255-330.

曹广才. 1990b. 春小麦主茎出叶与温度的关系//金善宝. 小麦生态研究. 杭州: 浙江科学技术出版社: 324-329.

崔读昌. 1991. 中国小麦气候生态区划. 中国小麦栽培研究新进展论文集. 贵阳: 贵州科技出版社.

崔继林. 1955a. 华北地区小麦品种春化阶段发育的研究. 植物学报, 4(4): 84-86.

崔继林. 1955b. 小麦阶段发育的研究. 华东农业科学通报, 10: 5-14.

崔金梅, 郭天财, 朱云集, 等. 2008. 小麦的穗. 北京: 中国农业出版社: 9-11.

崔金梅, 朱云集, 郭天财. 2000. 冬小麦粒重形成与生育中期气象条件关系的研究. 麦类作物学报, 20(2): 28-34.

高翔, 宁锟, 宋哲民. 1995. 小麦高产品种幼穗分化发育特性的研究. 西北农业学报, 4(3): 1-7.

郝照. 1983. 冬小麦穗分化研究初报. 河北农学报, 8(3): 8-12.

何立人. 1983. 小麦生长锥分化和温光关系的初步探讨. 西南农学院学报, (3): 1-6.

何立人. 1988. 大、小麦生育阶段及穗原基特点的研究. 北京农学院学报, 2: 18-24.

胡承霖, 罗春梅. 1990. 小麦通过春化的形态指标及温光组合效应//金善宝. 小麦生态研究. 杭州: 浙江科学技术出版社: 195-201.

胡承霖, 张华建. 1998. 安徽小麦. 北京: 中国农业出版社.

胡承霖. 1988. 小麦通过春化的形态指标及温光组合效应. 北京农学院学报, 2: 1-7.

胡廷积. 1976. 从产量因素的形成谈小麦看苗管理. 植物学报, 18(4): 306-311.

黄季芳. 1956. 中国秋播小麦春化阶段和光照阶段特性的研究. 遗传学集刊, 1: 1-35.

黄敬芳. 1988. 小麦的春化阶段发育与穗的发育. 北京农学院学报, 2: 25-31.

黄敬芳. 1990. 小穗原基出现是小麦通过春化阶段的形态标志//金善宝. 小麦生态研究. 杭州: 浙江科学技术出版社: 287-296.

季书勤. 1995. 不同生态型小麦品种的温光反应特性. 河南省小麦研究会学术研讨会论文集, 4: 13-16.

蒋代章. 1990. 小麦主茎叶龄变化规律及其利用. 杭州: 浙江科学技术出版社: 330-335.

李焕章, 苗果园, 张云亭. 1964. 冬小麦农大 183 分蘖、叶片发生规律与穗部关系的研究. 作物学报, 3(2): 137-158.

李森科. 1956. 农业生物学. 傅子祯译. 北京: 科学出版社.

李秀珍. 1987a. 脱春化对冬小麦幼芽中可溶性蛋白质组分及植物个体发育状况的影响. 植物学报, 29(3): 320-323.

李秀珍. 1987b. 冬小麦春化过程中可溶性蛋白质组成的变化与形态发生的关系. 植物学报, 29(5): 492-498.

刘淑贞. 1990. 小麦生态类型的划分及生育特性与气候因子的关系//金善宝. 小麦生态研究. 杭州: 浙江科学技术出版社: 31-40.

逯斌. 1992. 冬小麦春化过程中低温诱导与花芽分化相关的 mRNA 和蛋白质的合成. 植物生理学报, 2: 113-120.

路季梅, 张国泰. 1992. 南京自然温光条件对小麦幼穗发育进程的影响. 南京农业大学学报, 15(2): 19-25.

罗春梅. 1988. 低温和短日春化处理对小麦幼苗生长锥脱落酸(ABA)含量的影响. 北京农学院学报, 2: 55-57.

马健翎, 何蓓如. 1999. 小麦幼穗分化研究进展. 湖北农学院学报, 19(3): 272-275.

梅楠. 1980. 小麦高产工程. 新疆农垦科技, (增刊): 1-24.

孟惠英. 1990. 不同生态类型小麦品种播种至拔节期的温光反应//金善宝. 小麦生态研究. 杭州: 浙江科学技术出版社: 156-160.

米国华, 李文雄. 1998. 小麦穗分化过程中的光温组合效应研究. 作物学报, 24(4): 470-474.

米国华, 李文雄. 1999. 温光互作对春性小麦小穗建成的效应. 作物学报, 25(2): 186-192.

苗果园, 张云亭, 侯跃生, 等. 1988. 小麦温光发育类型的研究. 北京农学院学报, 17(2): 8-17.

苗果园, 张云亭, 侯跃生, 等. 1990. 小麦不同类型品种温光发育效应的模拟与分析//金善宝. 小麦生态研究. 杭州: 浙江科学技术出版社: 218-226.

苗果园, 张云亭, 侯跃生, 等. 1993. 光温互作对不同生态型小麦品种发育效应的研究. I 品种最长最短苗穗期及温光敏感性分析. 作物学报, 19(6): 489-496.

曲曼丽, 王云变. 1984. 冬小麦穗粒形成与气候条件的关系. 北京农业大学学报, 10(4): 421-426.

单玉珊. 2001. 小麦高产栽培技术原理. 北京: 科学出版社.

谭克辉. 1981. 代谢抑制剂对冬小麦春化过程的影响. 植物学, 23(5): 371-376.

田良才. 1995. 中国普通小麦的生态分类. 华北农学报, 11(2): 19-27.

王荣栋. 1989. 春小麦叶龄指标及其应用研究. 新疆农业科学, (3): 33-35.

王士英. 1986. 小麦温光发育模型的研究. 华北农学报, 1(2): 28-30.

吴兰佩. 1959. 关于光照阶段发育的几个问题. 农业学报, 10(3).

夏镇澳. 1955. 春小麦 2419 及冬小麦红芒的茎生长锥分化和发育阶段的关系. 植物学报, 4(4): 287-315.

杨肇驯. 1981. 冬小麦幼苗春化期内过氧化物酶的变化. 植物生理学报, 4: 311-316.

余华盛. 1995. 中国普通小麦品种生态区划及生态分类. 华北农学报, 10(4): 6-13.

余松烈. 1980. 作物栽培学(北方本). 北京: 农业出版社.

余松烈. 1990. 山东小麦. 北京: 中国农业出版社.

张锦熙, 刘锡山, 阎润涛. 1986. 小麦冬春品种类型及各生育阶段主茎叶数与穗分化进程变异规律的研究. 中国农业科学, (2): 27-35.

张锦熙, 刘锡山, 诸德辉. 1981. 小麦“叶龄指标促控法”的研究. 中国农业科学, (2): 1-13 .

张敬贤, 毕恒武. 1986. 周年播种条件下小麦的穗发育. 华北农学报, 1(2): 14-15.

赵世平. 1990. 气候生态因素对不同生态类型小麦品种穗粒数、千粒重、不孕小穗率的效应//金善宝. 小麦生态研究. 杭州: 浙江科学技术出版社: 336-339.

赵微平. 1993. 小麦生理学和分子生物学. 北京: 北京农业大学出版社.

郑丕尧. 1992. 作物生理学导论. 北京: 北京农业大学出版社.

庄巧生. 1961. 小麦栽培的生物学基础//《庄巧生论文集》编委会. 庄巧生论文集. 北京: 中国农业出版社: 207-260.

Barrett B, Bayramay M, Kidwell K. 2002. Identifying AFLP and microsatellite markers for vernalization response gene *Vrn2-B*1 in hexaploid wheat using reciprocal mapping populations. Plant Breed, 121: 400-406.

Beales J, Turner A, Griffiths S, et al. 2007. A pseudo-response regulator is misexpressed in the photoperiod insensitive Ppd-D1a mutant of wheat (*Triticum aestivum* L.). Theor Appl Genet, 115: 721-733.

Ben-Naim O, Eshed R, Parnis A, et al. 2006. The CCAAT binding factor can mediate interactions between CONSTANS-like proteins and DNA. Plant J, 46: 462-476.

Blandon F. 1990. 人工气候室内不同春化和光照处理对两个冬小麦品种穗部性状的影响(译文). 耕作与栽培, 5: 58-61.

Brooding I R. 1995. The influence of daylength on final leaf number in spring wheat. Field Crops Research, 41(3): 155-165.

Cai X, Ballif J, Endo S, et al . 2007. A putative CCAAT-binding transcription factor is a regulator of flowering timing in *Arabidopsis*. Plant Physiol, 145: 98-105.

Cao W, Moss D N. 1989. Daylength effect on leaf emergence and phyllochron in wheat and barley. Crop Science, 29: 1021-1025.

Cao W, Moss D N. 1991. Phyllochron change in winter wheat with planting date and environmental changes.

Agron J, (83): 396-401.

Cao W. 1991. Vernalization and phyllochron in winter wheat. Agron J, (88): 178-179.

Cockram J, Jones H, Leigh F J, et al. 2007. Control of flowering time in temperate cereals: genes, domestication, and sustainable productivity. J Exp Bot, 58: 1231-1244.

Craigon J. 1994. Modelling the effects of vernalization on progress to final leaf appearance in winter wheat. Journal of Agricultural Science, 124: 369-377.

Distelfeld A, Li C, Dubcovsky J. 2009. Regulation of flowering in temperate cereals. Curr Opin Plant Biol, 12: 1-7.

Dubcovsky J, Lijavetzky D, Appendino L, et al. 1998. Comparative RFLP mapping of *Triticum monococcum* genes controlling vernalization requirement. Theor Appl Genet, 97: 968-975.

Dubcovsky J, Loukoianov A, Fu D, et al. 2006. Effect of photoperiod on the regulation of wheat vernalization genes *VRN* 1 and *VRN*2. Plant Molecular Biology, 60: 469-480.

Evans L T. 1994. Some aspect of photoperiodism in wheat and its wild relatives. Aust J Plant Physiol, 21: 551-562.

Fu D, Dunber M, Dubcovsky J. 2007. Wheat *VIN*32 like PHD Wnger genes are up-regulated by vernalization. Mol Genet Genomics, 277: 301-313.

Fu D, Szucs P, Yan L, et al. 2005. Large deletions within the first intron in *VRN*21 are associated with spring growth habit in barley and wheat. Mol Genet Genomics, 274(4): 442-443.

Galiba G, Quarrie S A, Sutka J, et al. 1995. RFLP mapping of the vernalization (*Vrn*1) and frost resistance (*Fr*1) geneson chromosome 5A of wheat. Theor Appl Genet, 90: 1174-1179.

Gonchrov N P. 2003. Genetics of growth habit (spring vs winter) in common wheat : confirmation of the existence of dominant gene *Vrn*4. Theor Appl Genet, 107: 768-772.

Halloran G M. 1976. Genes for vernalization response in homoeologous group 5 of *Tricticum aestivum*. Can J Genet Cytol, 18: 211-216.

Halse J N, Weir R N. 1974. Effect of temperature on spikelet number in wheat. Aust J Agric Res, 25: 687-695.

Hay R E M, Kiby E J M. 1991. Convergence and synlrony–a review of the coordination of development in wheat. Aust J Agric Res, 42: 661-700.

Hay R K M, Ellis R P. 1998, The control of flowering in wheat and barley: what recent advances in molecular genetics can reveal. Annals of Botany, 82: 541-554.

Hemming M N, Peacock W J, Dennis E S, et al. 2008. Low-temperature and daylength cues are integrated to regulate FLOWERING LOCUST in barley. Plant Physiol, 147: 355-366.

Iwaki K, Nishida J, Yanagisawa T, et al. 2002. Genetic analysis of *VRN2-B*1 for vernalization requirement by using linked dCAPS markers in bread wheat (*Triticum aestivum* L.). Theor Appl Genet, 104: 571-576.

Jamieson P D. 1995. Prediction of leaf appearance in wheat: a question of temperature. Field Crop Research, 41(1): 35-44.

Kirby E J M. 1974. Ear development in spring wheat. J Agric Sci Camb, 82: 436-437.

Kirby E J M. 1992. A field study of the number of main shoot leaves in wheat in relation to vernalization and photoperiod. Journal of Agricultural Science, 118: 271-278.

Law C N, Wolfe M S. 1966. Location of genetic factors for mildew resistance and ear emergence time on chromosome 7B of wheat. Can J Genet Cytol, 8: 462-470.

Law C N. 1976. The genetic control of ear-emergence time by chromosomes 5A and 5D of wheat. Heredity, 36: 49-58.

Law C N. 1978, A genetic study of daylength response in wheat. Heredity, 41: 185-191.

Li C D, CAO W X, Zhang Y C. 2002. Comprehensive pattern of primordium initiaon in shoot apex of wheat. Acta Bot Sin, 44(3): 273-278.

Li C, Dubcovsky J. 2008. Wheat FT protein regulates *VRN1* transcription through interactions with FDL2. Plant J, 55: 543-554.

Loukoianov A, Yan L, Blechl A, et al. 2005, Regulation of *VRN1* vernalization genes in normal and transgenic polyploid wheat. Plant Physiol, 138: 2364-2373.

Masood M G. 1995. Phyllochron response to vernalization and photoperiod in spring wheat. Crop Science, 35(1): 168-171.

Maystren K. 1974. Identification of chromosomes carrying genes *Vm*1 and *Vm*3 inhibiting winter habit in wheat. EWAC Newsletter, 4: 49-52.

McIntosh R A, Hart G E, Devos K M, et al. 1998. Catalogue of gene symbols for wheat. Proc 9th Int Wheat Genet Symp, 5: 1-235.

McMaster G S, Wilheim W W, Morgan J A. 1992. Simulating winter wheat shoot apex phonology. J Agric Sci, 119: 1-12.

Miglietta F. 1991. Simulation of wheat ontogenesis Ⅱ Predicting dates of ear emergence and main stem final leaf number. Clim Res, 13(1): 151-160.

Pugsley A T. 1972. Additional Genes inhibiting winter wheat habit. Euphytica, 21: 547-552.

Slafer G A. 1994. Rate of leaf appearance and final number of leaves in wheat: effect of duration and rate of change of photoperiod. Annals of Botany, 74: 427-436.

Stelmakh A F. 1987. Growth habit in common wheat (*Triticum aestivum* L.). Euphytica, 36: 513 -519.

Trevakis B, Bagnall D J, Ellis M H, et al. 2003. *MADS box* genes control vernalization-induced flowering in cereals. PNAS, 100(22): 13099-13104.

Trevaskis B, Hemming M N, Dennis E S, et al. 2007. The molecular basis of vernalization-induced flowering in cereals. Trends Plant Sci, 12: 352-357.

Trevaskis B, Hemming M N, Peacock W J, et al. 2006. HvVRN2 responds to daylength, whereas HvVRN1 is regulated by vernalization and developmental status. Plant Physiol, 140: 1397-1405.

Trione E J, Jones L E, Metzger R J. 1968. In vitro culture of somatic wheat callus tissue. Am J Bot, 55(5): 529～531.

Worland A J, Börncr A, Korzun3 V, et al . 1998. The influence of photoperiod genes on the adaptability of European winter Wheats. Euphytica, 100: 385-394.

Yan L, Fu D, Li C, et al. 2006. The wheat and barley vernalization gene *VRN*3 is an ortho logue of FT. PNAS, 103(51): 19581-19586.

Yan L, Helguera M, Kato K, et al. 2004. Allelic variation at the *VRN21* promoter region in polyploid wheat. Theor Appl Genet, 109: 1677-1686.

Yan L, Lou K A, Tranquilii G, et al. 2003, Positional cloning of the wheat vernalization gene *VRN*1. PNAS, 100(10): 6263-6268.

Yan L, Loukoianov A, Blech A, et al . 2004. The wheat *VRN*2 gene is a flowering repressor down-regulated by vernalization. Science, 303: 1640-1644.

Zharkov N A. 1984. Genetic control of growth habit in spring bread wheat Milturum 553. Genetika USSR, 20(11): 1881-1886.

第二章　小麦的春化发育

Chapter 2　The wheat vernalization development

内容提要：本章系统总结了作者及其团队自 20 世纪 80 年代以来在小麦春化发育方面的研究成果，主要包括 80 年代全国小麦品种春化发育研究、90 年代国内外小麦品种春化发育比较研究和 21 世纪以来黄淮区小麦品种春化发育研究等内容。

20 世纪 80 年代对我国不同麦区的 40 个代表性小麦品种进行春化效应分析表明：小麦品种对低温春化反应具有明显的差异，在品种间春化效应强弱有依次连续的分布。由于品种间春化反应具有连续的量性变异特征，因而用系统聚类的方法，将供试品种分为强春性（SS 型）、春性（S 型）、冬春性（WS 型）、冬性（W 型）、强冬性（SW 型）、超强冬性（SSW 型）6 个类型，6 个类型之间的春化反应特性有明显的差异，高温条件下的苗穗期从春性的 33d 到超强冬型 170 多天，春化作用变异系数从春性的 2%～4%到超强冬性 40%左右。不同类型品种田间周年播种试验也证明，不同类型品种一年中可抽穗的播期数、播期幅度、延续天数、最短与最长苗穗期等，都表现有明显的规律性差异。室内春化试验聚类分析与田间周年播种试验结果的一致性，相互印证了品种对低温反应类型间差异的客观性。试验还证实了，春性类型品种的春化作用上限温度为 14℃，冬性类型品种的春化作用上限温度为 12℃，上限温度以下的温度为相应品种的春化作用有效温度，春化作用有效温度的积温为负积温，负积温效应从强春性到超强冬性为 0～3.09，表明了不同品种对低温春化反应的大小。上述中国小麦品种的春化发育特性与分类，反映了小麦品种对低温春化效应的基本特性，为小麦的种植区划和品种的合理利用奠定了基础。

20 世纪 90 年代我国从英国、美国、澳大利亚等引进不同发育特性的小麦品种，与我国代表性小麦品种进行了春化效应对比分析，发现国外小麦的春化发育特性虽然与国内品种有一定差异，但也在从强春性到超强冬性的范围之内，英国冬小麦的春化发育为超强冬性，美国冬小麦为强冬性，英国与澳大利亚春小麦与我国南方春性小麦接近，属于春性。

21 世纪以来为了更精确定量、有针对性地指导生产，选用我国小麦主产区黄淮麦区目前生产上的代表品种进行了春化发育研究，将黄淮麦区小麦品种由全国小麦分类中的 3 个类型（春型、冬春型和冬型）进一步细化为春性、弱春性、半冬型偏春性、半冬性和冬性 5 个春化发育类型。其中，全国小麦分类中春型分为春性和弱春性，半冬型分为半冬型偏春性和半冬性，5 个类型品种在苗穗期和出苗至二棱期的春化反应特征值上均有明显差异，这些差异确定了不同类型品种春化发育通过二棱期的春化条件，也是不同品种适宜播期与冬前壮苗的理论依据。

Abstract: This chapter summarizes the author's work on wheat vernalization development since the 1980s, including research on the vernalization development of different wheat varieties from the whole country in 1980s, from both China and abroad in 1990s, and finally, from the Huanghuai region since the beginning of 21st century.

The analysis of wheat vernalization development of forty varieties of wheat from different regions of the country, shows that different varieties of wheat have very different vernalization response to low temperature and form a clear sequence in the strength of vernalizations. According to the characteristics of vernalization, varieties of wheat are classified into six types: strong springness (SS), springness (S), intermediate of winter and springness (WS), winterness (W), strong winterness (SW) and super-strong winterness (SSW). Experiments show that different types of wheat have very different characteristics of vernalization. For instance, the period from seedling to heading (SH) differs from 33 days of S type to more than 170 days of SSW type and coefficient of variation (CV%) differs from 2%-4% of S type to about 40% of SSW type. Experiments also show that the ceiling temperature of vernalization is 14℃ for springness types and 12℃ for winterness types. The temperature lower than the ceiling temperature is effective temperature of vernalization.

In 1990s, different types of wheat from UK, the USA and Australia are compared with different types of wheat from China. Experiments show that although there are differences, vernalization of wheat from these three countries are still within the range of six vernalization types mentioned above. For example, winter wheat from UK can be classified as SSW type, winter wheat from the USA can be classified as SW type, spring wheat from both UK and Australia are very close to wheat in south China, therefore, they can be classified as S type.

From the beginning of the 21st century, in order to do more precise grain-production, varieties of wheat from Huanghuai region are selected for vernalization analysis. As a result, varieties of wheat from Huanghuai region are further classified into five classes: springness, weak springness, intermediate of winter and springness, intermediate close to springness, and winterness. There are significant differences on SH period and period from seedling to double-ridges (SD) among the five different types. Vernalization conditions of different types have been confirmed. Therefore, this work is the theoretical foundation of optimization of seeding date and sound seedling of different wheat types.

在20世纪五六十年代，小麦温光发育问题曾是争相论证的理论热点，它不仅涉及作物的基本生长发育规律，而且一开始就具有与生产密切联系的实践意义。因此，尽管这方面的研究在我国一度中断多年，但 60 余年来，我国小麦育种栽培的实践再次表明，小麦温光反应的差异，不仅是杂交育种、选用亲本的重要依据，也是小麦引种、生态区划、栽培技术的重要依据。早在我国西汉年间的《氾胜之书》就有关于小麦分冬麦（宿麦）和春麦（旋麦）两种类型的记载。在国外，1913 年德国人克莱布斯就通过调节温光探讨了其对植物生长发育的影响，并提出植物发育的 3 个阶段。1928 年苏联学者李森科正式提出了小麦对温光不同反应的春化阶段与光照阶段的理论（李森科，1956）。几乎同时，日本学者夏本将小麦、大麦在春季分期播种，以确定发生“座止”（不抽穗）的最初播期，并把品种的春冬性分为 8 个等级。进入 20 世纪 70 年代以来，国外许多学者进一步深入探讨冬春性的基因定位及生理机制。我国学者崔继林等早在 20 世纪 50 年代初就对我国当时的大量农家品种及少量育成品种进行了春化阶段和光照阶段的分析，并把我国小麦分为冬型、半冬型、春型三大类型（崔继林，1954，1955；陈锡臣，1955；黄季芳，1956），至今仍是各级教科书与学术论证及指导生产的唯一依据。随着世界范围内品种资源的不断交流，杂交育种工作的广泛开展，小麦基因重组空前的丰富多彩，表现类型层出不穷，因而小麦温光发育三大类型的划分概念，已不能恰当地概括当今众多的品种资源的现实，更不适用于育种、引种、栽培的客观实践（田良才，1981；苗果园等，1988）。为此进一步深入研究当今小麦温光发育的类型，就具有重要的理论与现实意义。春化发育是小麦一生中重要的发育阶段。60 多年来，国内外学者对小麦的春化发育做了大量的研究工作，生产上小麦的品种不断更新，品种资源广泛交流、类型不断拓宽，使不同年代小麦品种特性有较大差异，其中春化发育特性的变化直接影响着品种的利用，并且一直是影响小麦生产的重要因素。

第一节　中国小麦品种春化发育类型

20 世纪 80 年代初，研究选用来自全国各麦区的代表性小麦品种 40 个（表 2-1），

表 2-1　春化试验品种名称及来源

Table 2-1　Varieties and their origin

代号	品种名称	来源	代号	品种名称	来源
1	辽春 6 号	辽宁	21	丰产 3 号	陕西
2	76-63-1	青海	22	徐州 17	江苏
3	粤麦 6 号	广东	23	卫东 8 号	山西
4	滇西洋麦	云南	24	特早 2 号	山西
5	凤麦 13	云南	25	傲霜 1 号	山西
6	忻春早 16	山西	26	北京 10 号	北京
7	绵阳 11 号	四川	27	吕农 849	山西
8	克旱 6 号	黑龙江	28	山前	青海
9	晋 2148	福建	29	农大 139	北京
10	喀什白皮	新疆	30	郑州 761	河南
11	甘麦 8 号	甘肃	31	77-139	山西
12	蜀万 761	四川	32	忻冬矮 1 号	山西
13	扬麦 3 号	江苏	33	洛夫林 10 号	山西
14	武红 4 号	内蒙古	34	白秃麦	山西
15	藏春 6 号	西藏	35	冀麦 7 号	河北
16	小红皮	内蒙古	36	旱选 10 号	山西
17	郑引 1 号	河南	37	东方红 3 号	北京
18	日喀则 54	西藏	38	泰山 4 号	山东
19	泰山 1 号	山东	39	新冬 2 号	新疆
20	临汾 10 号	山西	40	肥麦	西藏

将萌动状态下种子放在冰箱（0～2℃）中进行春化处理，处理时间分别为 10d、20d、30d、40d、50d，处理后统一播种于温室。温室温度为 15～30℃，采用昼夜补充光照，补充光照的光强度维持在 2500lx 以上。结合室内春化分析，观察不同品种及处理的拔节抽穗时间和穗分化进程等。

一、典型春性品种的春化发育特点

在供试的 40 个品种中，经多次春化效应的重复研究，发现辽春 6 号品种是一个典型的无春化反应品种。其特点是不经任何低温处理与经过不同时间低温处理的平均抽穗期基本无差异（表 2-2）或差异不明显；春化处理时间过长有抑制生长的作用，表现为生长变弱，株高、穗长、鲜干重都与春化时间成负相关，相关系数分别为-0.92^{**}、-0.98^{**}、-0.78^{**}。无春化反应品种辽春 6 号不同年份、不同春化处理时间的平均苗穗期为 27～40d，变异系数为 2%～6%。由于不同生长条件下苗穗期存在一定差异，测算辽春 6 号苗穗期变异均方差（S）为 1.38，不同年份平均苗穗期为 33 天，变异系数（CV）为 4.241%，33+3S=37（d）为无春化反应类型苗穗期指标。因此，平均苗穗期在 37d 以下、变异系数在 4%以下的品种为典型春性品种。

表 2-2　辽春 6 号不同春化处理的苗穗期（d）及其变异

Table 2-2　SH periods（d）and its variation of Liaochun 6 under different vernalizations

试验	春化时间/d						平均值	CV/%
	0	10	20	30	40	50		
1	27	26	26	27	27	27	27	1.936
2	37	36	34	33	32	37	35	6.135
3	33	32	31	32	32	35	33	4.241
4	40	38	39	41	40	40	40	2.604

注：试验栏中 1、2、3、4 分别代表重复试验年份；CV 为变异系数

Note：1，2，3，4 show years of trial；CV is coefficient of variation

二、不同品种苗穗期的春化反应差异

将不同春化处理后不同品种苗穗期列于表 2-3。从表 2-3 可以看出，供试的 40 个品种中，在不给任何低温春化处理下，有 18 个品种可以正常抽穗，有 22 个品种不能抽穗。在能抽穗的 18 个品种中，除辽春 6 号外，又有 4 个品种——76-63-1、粤麦 6 号、滇西洋麦、凤麦 13 的苗穗期在典型春性品种（辽春 6 号）苗穗期范围（37d）之内。这表明该 4 个品种也属于无春化反应的典型春性品种类型。另外 13 个品种，虽然不经春化也可正常抽穗，但苗穗期超出 37d 的范围，平均苗穗期达 43.9d。

根据春化处理后，苗穗期能否降到 37d 以下，将 13 个品种进行阶梯排队。如扬麦 3 号、晋 2148、绵阳 11 号和忻春早 16，经 10d 春化处理后，苗穗期可降至 37d 以下；克旱 6 号、蜀万 761、武红 4 号，则需 20d 春化处理后，苗穗期才能降至 37d 以下；甘麦 8 号、日喀则 54 需 30～40d，而喀什白皮、郑引 1 号、小红皮、藏春 6 号则在 50d 以上春化处理，苗穗期仍然在 37d 以上，形成表中线所示的阶梯式递增趋势。

表 2-3 不同品种春化处理平均苗穗期（单位：d）

Table 2-3 Average SH periods（d）of the varieties under different vernalizations

代号	品种名称	处理天数					
		0	10	20	30	40	50
1	辽春 6 号						
2	76-63-1						
3	粤麦 6 号	33.6	32.6	32.4	32.4	32.2	33.6
4	滇西洋麦						
5	凤麦 13						
6	忻春早 16						
7	绵阳 11 号	41.0	36.0	34.8	33.8	33.3	33.8
9	晋 2148						
13	扬麦 3 号						
8	克旱 6 号						
12	蜀万 761	43.0	38.7	37.0	36.0	35.7	35.7
14	武红 4 号						
11	甘麦 8 号						
18	日喀则 54	48.0	42.0	39.0	37.0	37.0	37.0
10	喀什白皮						
17	郑引 1 号	46.5	42.5	41.5	41.5	41.0	36.5
15	藏春 6 号						
16	小红皮	44.5	41.0	39.0	38.5	38.0	42.0
19	泰山 1 号						
20	临汾 10 号						
21	丰产 3 号		60.3	49.5	41.5	39.0	36.5
22	徐州 17						
23	卫东 8 号						
24	特早 2 号						
25	傲霜 1 号						
26	北京 10 号						
27	吕农 849			55.2	43.5	42.5	39.5
28	山前						
29	农大 139						
30	郑州 761						
31	77-139				50.3	42.0	40.0
32	忻冬矮 1 号						
33	洛夫林 10 号						
34	白秃麦						
35	冀麦 7 号					49.7	40.5
36	早选 10 号						
37	东方红 3 号						
38	泰山 4 号						
39	新冬 2 号						49.0
40	肥麦						68.0

在 22 个无春化处理不能正常抽穗的品种中，又可根据抽穗需要的春化天数和苗穗期对春化处理的反应，把不同品种归于不同的反应阶梯。其中丰产 3 号、临汾 10 号等 4 个品种，经 10d 春化处理即可抽穗，苗穗期为 60d 左右。随着春化处理时间的延长，苗穗期缩短，当春化处理达 50d 时，苗穗期仍可降至 37d 以下；卫东 8 号、北京 10 号等 6 个品种，春化处理 10d 时不能抽穗，春化处理 20d 时才能抽穗，苗穗期为 55d 左右。随着春化时间的延长，苗穗期也缩短，但 50d 春化处理时的苗穗期仍大于 37d；农大 139、郑州 761 等 4 个品种，春化处理 30d 时才能抽穗，苗穗期为 50d 左右，50d 春化处理时苗穗期为 40d；洛夫林 10 号、东方红 3 号等 6 个品种，春化处理 40d 才能抽穗，新冬 2 号春化处理 50d 才能抽穗，苗穗期都在 49d 左右；而春化反应最强的品种为肥麦，春化处理 50d 仍不能正常抽穗，苗穗期长达 68d，春化处理延长到 80d 时，苗穗期才能降到 56d。

由表 2-3 综合分析看出，不同品种对低温春化的反应，存在着阶梯式的连续序列。可以推测当供试品种类型较为广泛时，这种阶梯会形成均匀的渐变的趋势，而每个品种都可在这个连续的阶梯中找到其恰当的位置。

三、不同春化特性品种的聚类分析

为了更全面地对品种的春化反应进行分类，以阐明供试品种的差异性与相似性，采用多指标系统聚类方法，对 40 个供试品种的春化反应特性进行分类。聚类所选择指标为：①不同春化处理的平均苗穗期；②不同春化处理苗穗期的变异幅度；③临界负积温，以 12℃为可否进行低温发育的临界温度（12℃指标是从田间周年播种资料中获得的）。0～12℃（发育温度为–12～0℃）的积温累加即为临界负积温。聚类分析结果见图 2-1。

从聚类结果图 2-1 可看出，选择聚类图中的不同距离，即以距离 3.5 划分，可将 40 个品种分为春性和冬性两大集团，其中春性包括 18 个品种，冬性包括 22 个品种。这与表 2-3 中无春化条件下能抽穗的 18 个品种和不能抽穗的 22 个品种完全吻合，两大集团分别用 S（春）与 W（冬）表示。以距离 1.6 划分，在冬性的集团中又分出 1 个偏春性的过渡类型，这样就形成传统的春型、过渡型、冬型 3 个类型。继续沿 3 个类型引申到距离为 0.5 时，每个分支下又可分为两类，共为 6 个类型。6 个类型可定名为强春性、春性、冬春性、冬性、强冬性和超强冬性。以上 6 类所包括的品种见表 2-4。

由表 2-3、表 2-4 可知，强春性为无春化条件下，苗穗期在 33d 左右的品种；春性为无春化条件均可抽穗、苗穗期在 41～48d 的品种；冬春性为 10d 春化可抽穗，50d 春化处理苗穗期降至 37d 以下；冬性为 20d 春化可抽穗，50d 春化处理苗穗期仍大于 37d，平均 39.5 d 左右；强冬性为 30d 以上春化处理后才可抽穗、苗穗期在 50d 左右的品种。肥麦是供试品种中唯一的超强冬性类型，50d 春化处理也不能正常抽穗，表现为抽穗率低，抽穗延续日期超过 60d 以上，这是我国生产上应用的品种中，春化反应要求时间最长的品种。

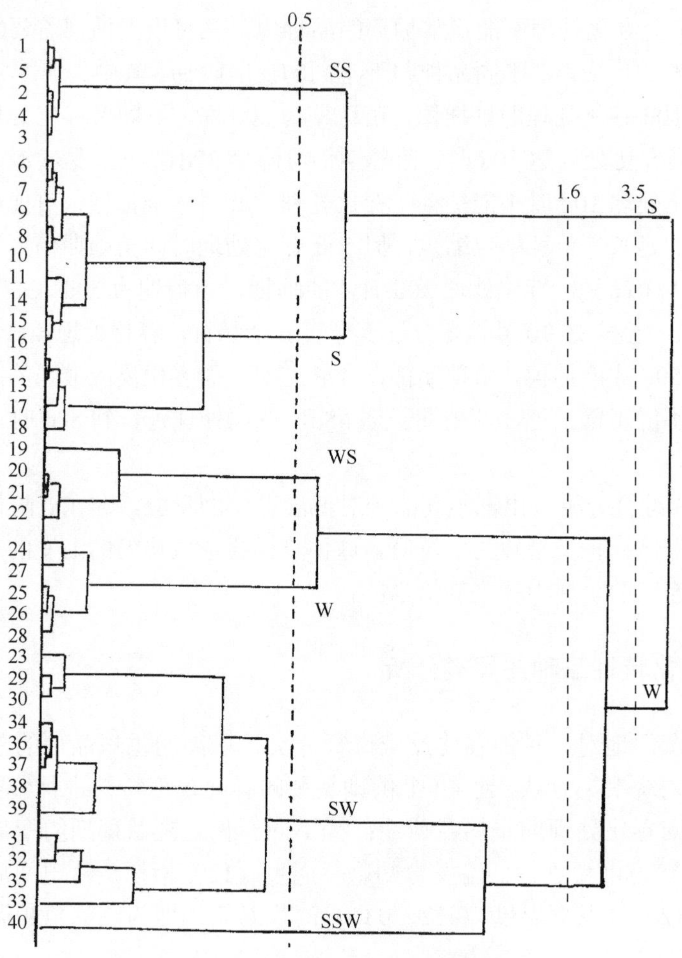

图 2-1　不同小麦品种春化效应聚类分析

Figure 2-1　Systemic classification of different varieties

表 2-4　供试品种的类型划分

Table 2-4　Varieties and their types

类型	代号	品种
强春性	SS	辽春 6 号，76-63-1，粤麦 6 号，滇西洋麦，凤麦 13
春性	S	忻春早 16，绵阳 11 号，克旱 6 号，晋 2148，喀什白皮，甘麦 8 号，蜀万 761，扬麦 3 号，武红 4 号，藏春 6 号，小红皮，郑引 1 号，日喀则 54
冬春性	WS	泰山 1 号，临汾 10 号，丰产 3 号，徐州 17
冬性	W	特早 2 号，吕农 849，傲霜 1 号，北京 10 号，山前
强冬性	SW	卫东 8 号，农大 139，郑州 761，白秃麦，旱选 10 号，东方红 3 号，泰山 4 号，新冬 2 号，77-139，忻冬矮 1 号，冀麦 7 号，洛夫林 10 号
超强冬性	SSW	肥麦

第二节　不同类型品种的春化反应特性

在全国小麦品种分类研究的基础上，从不同类型中选择了 17 个代表性品种（表 2-5）于 1989～1993 年进行了品种春化反应特性研究。春化处理方法为种子吸水后，在发芽

表 2-5 24h 光照条件下不同春化处理的品种苗穗期（单位：d）

Table 2-5 The SH periods（d）of the varieties treated with different vernalizations under 24h photoperiod

品种名称	春化时间/d								平均	CV/%
	0	10	20	30	40	50	60	70		
辽春 6 号	32.5	34.5	34.0	34.5	33.0	34.0	37.0	—	34.2	4.21
粤麦 6 号	33.0	32.5	34.5	34.0	33.0	33.5	33.0	—	33.4	2.07
滇西洋麦	32.5	32.0	34.0	33.5	33.0	32.0	31.5	—	32.6	2.90
晋 2148	36.0	37.0	33.5	34.0	32.5	33.0	35.5	—	34.5	4.88
绵阳 11 号	40.5	36.0	36.5	35.0	34.0	35.5	35.0	—	36.1	5.84
扬麦 3 号	41.0	36.5	35.5	35.0	34.0	35.0	35.5	—	36.1	6.37
晋春 5 号	38.0	33.0	35.0	31.5	32.5	34.0	35.0	—	34.1	6.25
丰产 3 号	78.5	72.5	59.0	47.5	34.5	36.5	37.0	35.0	50.1	35.59
晋麦 20 号	72.5	66.0	63.0	50.5	40.0	38.0	38.0	39.0	50.9	28.14
临汾 10 号	81.0	79.0	58.0	45.5	37.0	36.0	34.0	35.0	50.7	38.95
北京 10 号	88.0	83.5	75.5	58.5	42.0	43.0	41.0	37.0	58.6	35.73
农大 139	115.0	91.5	84.5	59.0	41.5	41.0	38.0	36.0	63.3	47.36
早选 10 号	111.0	96.5	95.5	69.5	44.0	43.0	36.0	40.0	63.9	45.24
白秃麦	105.0	103.5	87.0	71.5	43.0	41.0	40.0	41.0	66.5	43.48
泰山 4 号	108.5	91.0	91.5	77.5	51.0	51.5	44.0	43.0	69.8	36.55
新冬 2 号	142.0	129.0	103.5	102.0	62.5	60.0	56.0	50.0	88.1	40.54
肥麦	176.5	159.0	147.5	139.5	137.5	78.5	63.0	58.0	119.9	38.56

箱中萌动 24h，再置于 0～2℃冰箱中进行低温处理，春化处理时间分别为 0d、10d、20d、30d、40d、50d、60d、70d，处理后的种子全部移入温室，温度控制在 15～30℃，给予 24h 长光照，白天为自然光，夜晚为高压汞灯补充光照，光强度不低于 20 000lx，试验期间记录各处理生育期等性状，成熟期考种。

一、不同类型品种的苗穗期反应特性

试验结果见表 2-5。由表 2-5 看出，不同生态区来源的品种，对春化处理的反应不同。辽春 6 号、晋春 5 号、绵阳 11 号、扬麦 3 号、晋 2148、滇西洋麦、粤麦 6 号 7 个品种基本表现了对春化处理的不敏感性，即不同春化处理时间差异不显著，基本属于零春化反应型品种，有些品种甚至表现为随春化时间加长延缓苗穗期的负效应。但是仔细分析上述品种中的晋 2148、绵阳 11 号、扬麦 3 号、晋麦 5 号对春化处理又略有微弱效应。春化处理 10d 苗穗期平均缩短 4.3d，春化处理 30d 以上，苗穗期缩短 3～6d。除上述 7 个品种外，其余 10 个供试品种对不同时间低温春化，都有较明显的提早抽穗的反应。在试验范围内，品种共同表现趋势是，随着春化时间加长，苗穗期缩短，但不同品种抽穗的最适春化量不同。丰产 3 号、临汾 10 号、晋麦 20 号三个冬性较弱的品种春化 30d 是个转折期，苗穗期由对照的 72.5～81d，降至 45.5～50d，春化延长至 40d，苗穗期可降至 34.5～40d；北京 10 号、农大 139、白秃麦、早选 10 号冬性品种春化 40d，苗穗期由对照（无春化）88～115d 降至 41.5～44d；泰山 4 号处理 60d，苗穗期才能由对照（无春化）的 108.5d 降至 44d；新冬 2 号处理 60～70d，苗穗期可由对照（无春化）的 142d 降至 50～56d；肥麦最大春化处理日数 70d，苗穗期才由对照（无春化）的 176.5d 降至 58d。上述现象表明促进抽穗的低温春化效应具有明显的数量累加性，这种连续的数量累加效应的差异既表现在品种间由春性到强冬性的系列上，又表现在具有低温春化效应品种的春化过程中。此外，从表 2-5 不同品种春化时长的抽穗差异（变异系数）还可看出，冬型与春型两大类型差异是极明显的。不同春性品种之间春化处理苗穗期的变异系数为 2.07%～6.37%，平均为 4.64%。其余 10 个具有低温春化效应的品种，不同春化处理苗穗期变异系数高达 28.14%～47.36%，平均为 39.01%。表明春性类型品种不仅对春化处理无反应，而且对春化处理时长也反应甚微；而冬性类型处理的差异，明显地反映在品种间和品种内的变异系数上。

根据不同类型品种不同春化处理下的苗穗期变化作图（图 2-2），图 2-2 反映了 6 个类型品种随春化处理时间增加发育加快、苗穗期缩短的情况；其中超强冬性品种（SSW）随春化处理时间增加发育加快迅速、苗穗期缩短幅度最大；随品种冬性的减弱、春性的增强，发育进程加快、苗穗期缩短的趋势变缓，到强春性品种，苗穗期的变化很小，说明品种类型之间存在的差异。

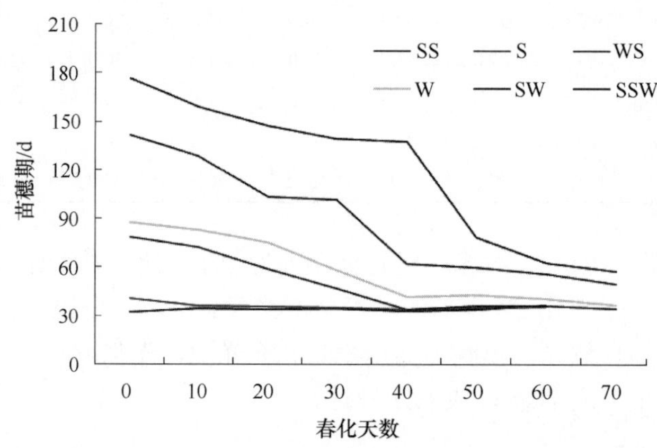

图 2-2　不同春化条件下 6 个类型品种苗穗期变化（另见彩图）

Figure 2-2　SH period variation of six types under different vernalizations (See Colour figure)

进一步分析不同品种春化时长与苗穗期的数量关系，以 x 表示低温处理天数，y 表示相应的苗穗期天数，计算不同品种自变量 x 与依变量 y 的多项式回归方程如下。

辽春 6 号	$y=32.5+0.050x^2$	R=0.7071
粤麦 6 号	$y=32.6+0.054x-0.000\ 83x^2$	R=0.4655
滇西洋麦	$y=32.5+0.068x-0.0015x^2$	R=0.8114
晋 2148	$y=36.9-0.214x+0.0029x^2$	R=0.7859
绵阳 11 号	$y=39.4-0.246x+0.0030x^2$	R=0.9432
扬麦 3 号	$y=40.1-0.311x+0.0039x^2$	R=0.9438
晋春 5 号	$y=37.5-0.321x+0.0048x^2$	R=0.8407
丰产 3 号	$y=81.6-1.539x+0.013x^2$	R=0.9799
晋麦 20 号	$y=75.1-1.076x+0.0076x^2$	R=0.9719

临汾 10 号　　$y=86.2-1.710x+0.014x^2$　　$R=0.9787$

北京 10 号　　$y=86.2-0.808x$　　$R=0.9526$

旱选 10 号　　$y=107.5-1.164x^2$　　$R=0.9462$

农大 139　　$y=103.3-1.149x$　　$R=0.9405$

白秃麦　　$y=105.1-1.106x$　　$R=0.9403$

泰山 4 号　　$y=104.3-0.995x$　　$R=0.9615$

新冬 2 号　　$y=137.1-1.402x$　　$R=0.9609$

肥麦　　$y=182.8-1.804x$　　$R=0.9578$

比较不同品种回归方程可以看出：①除辽春 6 号外，6 个春性品种和 3 个半冬性品种皆为二次曲线方程，其余 7 个冬性及强冬性品种皆为线性方程。②4 个春性品种一次项为负值，但回归系数甚低，皆在 0.32 以下，表明有十分微弱的春化效应。3 个强春性品种辽春 6 号、滇西洋麦和粤麦 6 号一次项回归系数为正，回归值在 0.07 以下，即从一开始就毫无春化效应甚至春化会延缓抽穗。几乎所有春性品种二次项皆为正值，表明春化延长会影响抽穗。总之，春性类型品种共同特点是对低温春化的不敏感性。③临汾 10 号、丰产 3 号、晋麦 20 号 3 个冬春性品种，一次项为负值，回归系数都在 1 以上，同时二次项为正值。表明该类品种对春化效应在一定范围内很敏感，但春化时间过长会延缓抽穗。④7 个冬性品种一致表现为线性方程，表明在试验处理范围内（0～70d）随春化时间加长，苗穗期相应缩短。除冬性北京 10 号常数项小于 100，一次项为负值，回归系数小于 1，春化特性稍弱外，其他 6 个品种常数项都大于 100，回归系数都大于 1，其中旱选 10 号、农大 139、泰山 4 号和白秃麦常数项在 103.3～107.5，回归系数在 1.0 左右。表明最长苗穗期超过 100d，春化处理每增加 1d，苗穗期缩短 1d 或 1d 以上。而新冬 2 号和肥麦最长苗穗期可达 137d 和 182d，春化处理每增加 1 天，苗穗期缩短可达 1.4d 与 1.8d，表现了春化特性在品种间的量性差异。

二、不同类型品种的田间播期效应

对 40 个供试品种（表 2-1）进行田间周年播种的播期反应研究，田间试验设在山西农业大学实验农场，海拔 799m，北纬 37°27′，东经 112°33′，年平均日照时数 2350h，年平均气温 10℃，1 月平均气温–6℃。每年从 9 月 20 日开始播种（代号为 1），每 10d 播种一期（依次为 2、3、4、…、26）。在大田自然条件下，不同播期小麦所处的季节温光条件不同，因而不同类型品种的反应也存在明显差异。

1. 不同类型品种播期与苗穗期的关系

根据试验结果，以播期代号为横坐标，以不同播期的苗穗期为纵坐标，按 40 个品种分别作图，将曲线趋势相近的品种归类，然后求算该类品种的苗穗期（y）与不同播期（x）的关系，得六组一元多次回归方程模型。

SSW：$y=128.29+22.24x-9.93x^2+0.785x^3$

SW：$y=129.23+3.25x-4.85x^2+0.40x^3$

W：$y=114.27+16.91x-10.29x^2+1.21x^3-0.040x^4$

WS：$y=119.27+12.20x-9.20x^2+1.13x^3-0.040x^4$

S：$y=244.15-62.74x+7.43x^2-0.38x^3+0.0072x^4$

SS：$y=36.47+5.27x-0.60x^2+0.017x^3$

根据方程作图（图 2-3）。由图 2-3 可以看出，供试品种田间发育表现的 6 个曲线类型中，可直观地分为两类，即春性类与冬性类。冬性中又包括 4 条曲线，其中超强冬性（SSW）代表一类，其他 3 条曲线依次由强冬性（SW）、冬性（W）到冬春性（WS）排列；春性包括春性（S）和强春性（SS）2 条曲线。表现出与室内春化反应聚类结果的一致性。

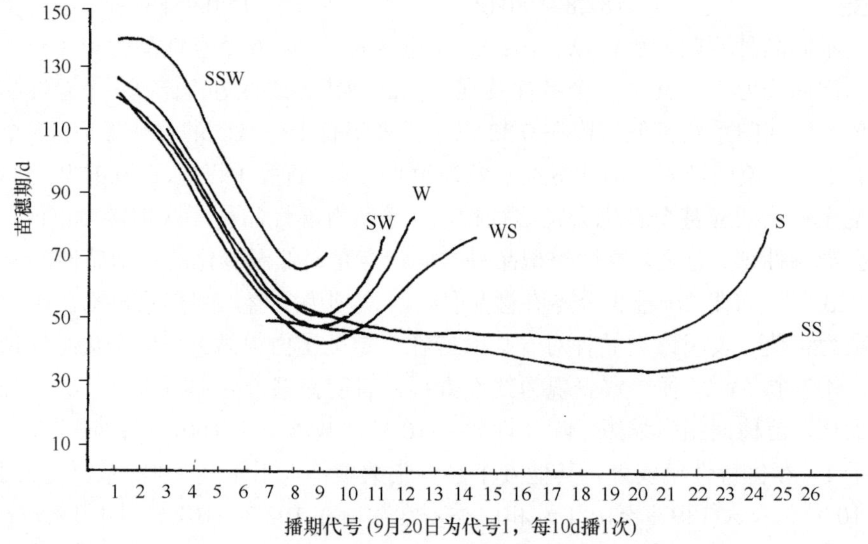

图 2-3 不同类型品种田间播期与苗穗期的关系

Figure 2-3 The relationship between the sowing dates and SH periods of different varieties

分析不同类型品种可抽穗的播期与苗穗期情况，见表 2-6。由表 2-6 可以看出，不同类型品种一年中可抽穗的播期数、播期幅度、延续天数、最短与最长苗穗期，都表现出明显的规律性差异。超强冬性（SSW）曲线长度短、陡度大，而随着冬性向春性过渡，曲线长度加长，陡度变缓。冬性品种曲线陡度大表明苗穗期受不同播期的温光条件影响

表 2-6 不同类型品种可抽穗的播期与苗穗期

Table 2-6 The sowing date numbers and SH periods of different variety types under the effective heading

品种类型	播期数	播期幅度（日/月）	延续天数/d	最短苗穗期/d	最长苗穗期/d	长短差/d	平均值/d
SS	20	10/11～20/8	284	34	51	27	43
S	21	10/10～30/7	294	41	130	89	64
WS	13	20/9～10/4	203	45	124	79	73
W	11	20/9～20/3	182	50	129	79	78
SW	10	20/9～11/3	173	54	128	74	82
SSW	8	20/9～30/11	71	70	143	73	102

注：SS 型 1～5 播期（20/9～30/10），S 型 1～2 播期（20/9～30/9）冬季全部冻死，未达到抽穗

Note：SS type 1-5 sowing date（20/9-30/10）and S type 1-2 sowing date（20/9-30/9）frozen to death in winter

大，长度短表明能够达到抽穗的适宜播期在一年中数量少，选择余地小、范围窄。而春性类型在一年中能够达到抽穗的播期多，适宜区间幅度大。不同类型品种的苗穗期曲线变化都有一个由高到低，再由低到高的“拐点”（转折点），它是各类品种生长发育最快，苗穗期最短的播期，是各类品种差异的集中点。这些差异表现在拐点的高度由冬性向春性规律性地降低。拐点位置高，说明该品种最短苗穗期所需日数长，如超强冬性（SSW）达 70d 左右，而强春性（SS）最短苗穗期为 34d。

2. 不同类型品种播期与积温的关系

为进一步明确品种类型对不同播期条件下的积温效应，计算分析了不同类型品种播期（x）与播种至拔节 0℃以上积温（y）的关系，得到积温的一元三次模拟方程如下。

SS 型：y=810.881–95.387x+6.357x^2–0.111x^3

S 型：y=1026.688–161.903x+12.844x^2–0.264x^3

WS 型：y=926.840–149.837x+6.58x^2+0.528x^3

W 型：y=1102.511–299.382x+37.466x^2–1.082x^3

SW 型：y=961.870–165.87x+12.771x^2+0.276x^3

SSW 型：y=1068.246–145.478x+1.274x^2+1.387x^3

根据方程作图（图 2-4）。从图 2-4 可以看出，6 种类型品种播种到拔节所需 0℃以上积温曲线均呈倒抛物线形，冬性越强曲线的变幅越大，不同类型有明显的差异。强春性（SS）11 月 10 日以前的 5 个播期和春性（S）10 月 10 日以前的 2 个播期，均已拔节，正是由于冬前拔节，冬季低温使其达不到抽穗即被冻死，而 4 类冬性品种不能拔节与不能抽穗的播期基本一致，表明拔节与抽穗所需春化条件类似，且满足拔节发育的曲线变化趋势基本上和苗穗期的反应一致，即春性类型播种到拔节所需 0℃以上积温明显为少，不同播期所需积温变异幅度也小。相反，随着冬性的加强，所需积温增高，变异幅度也大。

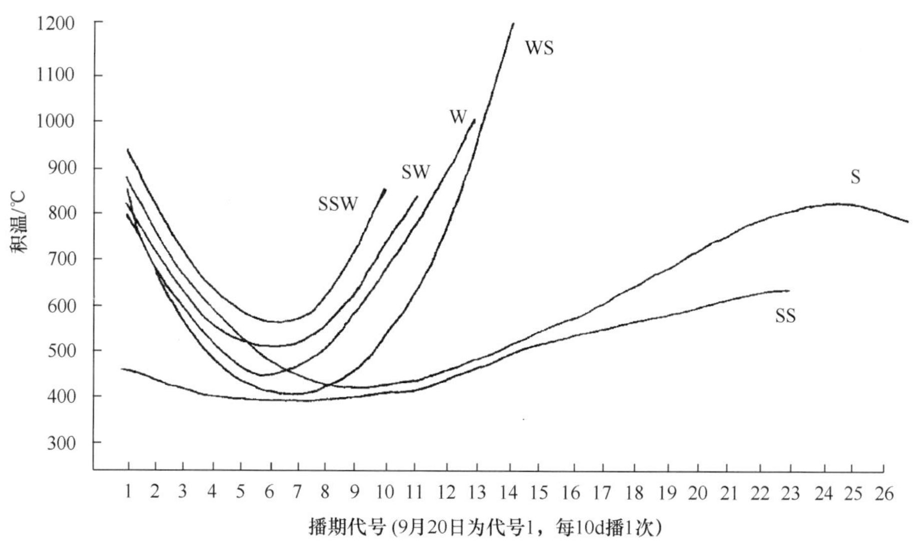

图 2-4 播期与播种至拔节期积温的关系

Figure 2-4 The relationship between the sowing dates and accumulated temperature from sowing to stem extension

三、全国不同麦区代表品种的春化反应特性

21 世纪以来，研究选择了全国不同麦区目前主栽的 9 个小麦品种为试验材料：其中辽春 10 号（东北春播春小麦）、新春 2 号（西北春播春小麦）、豫麦 18（黄淮秋播冬小麦）、郑麦 9023（黄淮秋播冬小麦）、周麦 18（黄淮秋播冬小麦）、豫麦 49-198（黄淮秋播冬小麦）、京 841（北方冬麦区秋播冬小麦）、新冬 18（西北秋播冬小麦）和肥麦（青藏冬麦区秋播冬小麦）。试验于 2006～2008 年在国家小麦工程技术研究中心试验基地进行。试验选取各品种的饱满种子，先用 70%乙醇溶液浸泡 30s，再经 0.1%氯化汞消毒处理 7min 后，无菌水冲洗 3～5 次，并于 25℃浸泡 12h，萌动后置于 0～2℃冰箱进行春化处理。辽春 10 号、新春 2 号、豫麦 18、郑麦 9023、周麦 18 和豫麦 49-198 分别春化处理 0d、10d、20d、30d，京 841、新冬 18 和肥麦分别春化处理 0d、10d、20d、30d、 40d、50d、60d，于 2006 年 11 月 13 日播种于温室中，温度保持在 15～26℃。从出苗开始每 5d 取样用解剖镜观察幼穗分化情况，记录幼穗发育进程。

1. 不同小麦品种苗穗期的春化效应

不同春化处理小麦苗穗期见表 2-7。从表 2-7 可以看出，随着春化处理时间延长苗穗期缩短，且春化时间越长，小麦的苗穗期越短。不同品种的低温春化效应明显不同，其中肥麦对低温的敏感性最强，表现为 60d 春化处理苗穗期减少 116d，变异系数最大，为 31.5%；其次是京 841 和新冬 18，60d 春化处理苗穗期减少到一半左右，其变异系数为 29%左右；辽春 10 号、新春 2 号、豫麦 18 和郑麦 9023 对低温春化敏感性弱，变异系数都小于 10%，最小为辽春 10 号，其变异系数为 3.7%；周麦 18 和豫麦 49-198 对低温春化的敏感性处于中等，其变异系数分别为 22.8%和 23.7%。不同品种的苗穗期变化与品种对春化处理反应趋势一致，即对春化反应越小的品种，苗穗期越短。例如，辽春 10 号平均苗穗期仅 43d，而对低温敏感性最强的肥麦，平均苗穗期 143.1d。其结果与 20 世纪 80 年代各麦区品种的试验结果相吻合。

表 2-7　不同春化处理条件下小麦品种的苗穗期（单位：d）

Table 2-7　SH periods（d）of wheat varieties under different vernalizations

品种	春化天数/d							平均值	CV/%
	0	10	20	30	40	50	60		
辽春 10 号	44.0	44.5	42.5	41.0	—	—	—	43	3.7
新春 2 号	51.0	48.5	46.0	47.0	—	—	—	48.1	4.5
豫麦 18	59.0	56.5	54.0	52.5	—	—	—	55.5	5.2
郑麦 9023	54.5	52.5	51.0	48.5	—	—	—	51.6	4.9
周麦 18	115.0	89.0	79.5	68.0	—	—	—	87.9	22.8
豫麦 49-198	126.0	109.5	82.5	76.0	—	—	—	98.5	23.7
京 841	141.0	121.0	85.5	76.0	76.5	73.0	73.0	92.3	29.7
新冬 18	143	118.5	82.5	76.5	77.0	74.0	73.0	92.1	29.9
肥麦	203.5	187.5	167.0	145.5	113.0	98.0	87.5	143.1	31.5

2. 不同小麦品种二棱期的春化效应

二棱期是小麦通过春化发育的重要指标，不同春化处理下小麦各品种出苗至二棱期天数见表 2-8。从表 2-8 可以看出，不同小麦出苗至二棱期的天数随着春化时间的延长均有不同程度的缩短。低温春化对辽春 10 号、新春 2 号、豫麦 18 和郑麦 9023 出苗期至幼穗分化二棱期天数的影响较小，变异系数在 3.4%～7.2%；说明这 4 个品种对低温春化敏感性弱；周麦 18、豫麦 49-198、京 841 和新冬 18 出苗期至二棱期的变异系数在 20.4%～25.1%，说明它们对低温春化敏感性较强；肥麦对低温春化的敏感性最强，其变异系数为 29.6%。

表 2-8　不同春化处理条件下小麦品种出苗至二棱期的天数（单位：d）

Table 2-8　Seedling–double-ridges (SD) periods（d）of wheat varieties under different vernalizations

品种	春化天数/d							平均值	CV/%
	0	10	20	30	40	50	60		
辽春 10 号	22.0	21.0	20.5	20.5	—	—	—	21.0	3.4
新春 2 号	24.0	23.0	21.5	22.0	—	—	—	22.6	4.9
豫麦 18	25.0	23.0	22.5	21.0	—	—	—	22.9	7.2
郑麦 9023	24.5	25.0	22.5	21.5	—	—	—	23.4	7.1
周麦 18	46.5	39.0	34.5	28.5	—	—	—	37.1	20.4
豫麦 49-198	56.0	52.0	41.5	34.5	—	—	—	46.0	21.3
京 841	85.0	79.0	64.0	51.5	52.0	48.5	48.0	61.1	25.0
新冬 18	86.0	81.0	63.0	54.5	56.0	47.0	47.5	62.1	25.1
肥麦	126.5	109.5	105	80.0	71.0	61.0	61.0	87.7	29.6

第三节　国内外小麦品种的春化效应

在全国小麦品种春化特性研究的基础上，1995 年引进英国、美国、澳大利亚小麦品种，并与中国代表性小麦品种进行田间种植比较，田间试验在山西农业大学农场进行，正常播期播种后，所有品种都能抽穗，但品种间苗穗期差异较大。冬小麦中，英国小麦苗穗期平均 245d，美国小麦平均 240d，中国（冬性）小麦平均 228d；春小麦中，英国小麦平均 55d，澳大利亚小麦平均 47d，中国（春性）小麦平均 46d。在田间观察基础上，从供试品种中选择 8 个代表性品种进行春化效应的研究，试验在山西农业大学人工气候室和温室中进行。将萌动种子分别给予 0d（对照）、15d、30d、45d、60d 的低温春化处理（0～2℃），春化后的种子按处理分别播种 10 粒于口径 20cm 的花盆中，全部移入温度为 15～30℃的温室，给予每天 24h 长光照直至试验结束。试验中记录不同处理的生育进程，解剖观察幼穗分化等性状。

一、不同品种苗穗期的春化效应

不同春化处理下各品种的苗穗期表现差异见表 2-9。从表 2-9 可以看出，在长日高温条件下，不同品种的苗穗期差异悬殊，其中冬性小麦无论国内还是国外品种，苗穗期

表 2-9 24h 光照不同春化条件下的品种苗穗期（单位：d）

Table 2-9 SH periods（d）of different vernalizations under 24h photoperiod

品种	春化天数/d					平均	CV/%
	0	15	30	45	60		
Cardinal（美国）	164.0	153.0	84.5	50.5	46.0	99.6	50.22
Hareu（英国）	＞176.0	172.0	69.0	60.0	55.0	106.4	50.06
Mercia（英国）	146.0	122.0	57.0	48.5	48.0	84.3	49.12
京 841	130.0	112.0	51.0	45.5	40.0	75.7	49.65
晋麦 49	112.0	78.0	45.0	37.5	36.0	61.7	47.64
Covon（英国）	51.0	49.5	48.0	47.5	46.0	48.4	3.54
Excalibur（澳大利亚）	42.0	40.5	38.0	37.0	36.5	38.8	5.44
晋春 9 号	40.0	39.0	38.0	36.5	36.5	38.0	3.63

都在 100 天以上。其中，英国品种 Hareu 在苗穗期 176d 时还未达到抽穗，是一个比中国肥麦冬性更强的品种，美国 Cardinal 和英国 Mercia 品种则位于肥麦与新冬 2 号之间。来自北京的京 841 位于农大 139 与新冬 2 号之间，比北京的农大 139 冬性更强。来自山西的晋麦 49 则与旱选 10 号接近，这与品种的种植区域相一致。在春性小麦中，英国 Covon 品种苗穗期为 51d，是位于中国春麦与半冬性小麦过渡带的品种，而澳大利亚春小麦 Excalibur 则接近我国南方春性小麦。

从表 2-9 还可以看出，所有供试冬麦品种都表现为随春化处理时间延长，苗穗期缩短的趋势。春化处理 30d 时，苗穗期缩短的程度最大，即春化作用最为明显；春化处理 60d 时，冬麦品种的苗穗期平均缩短 100.6d，变异系数平均 49.5%，其中英国 Hareu 和美国 Cardinal 达到 50%以上，超过中国冬小麦，表明其对低温春化的敏感性更强。中国两个冬小麦对春化处理的反应与农大 139 和旱选 10 号基本一致。供试的春小麦与中国春小麦一样随春化处理不同，苗穗期变异较小，其中澳大利亚 Excalibur 在平均苗穗期和变异系数方面都与我国南方春性小麦接近。英国 Covon 虽然平均苗穗期较长，达 48.4d，但春化作用的变异系数也较小（3.54%），60d 春化处理的苗穗期缩短天数都在 5d 左右，表现出弱春化反应的特性。

二、不同品种穗分化的春化效应

小麦幼穗分化的速度反映发育进程，影响着抽穗的时间即苗穗期的长短，不同品种经不同春化处理后观察幼穗分化的过程列于表 2-10。由表 2-10 可以看出，3 个供试春性小麦在所有春化处理下都能正常抽穗。春化处理对 Excalibur 和晋春 9 号的穗分化进程几乎没有影响，但对英国 Covon 的穗分化进程有促进作用，如对照（无春化处理）中苗龄 20d 时幼穗达到二棱期，而在 45d 和 60d 春化处理中则幼穗分化达到雌雄蕊分化期。

冬性品种穗分化随春化处理延长而加快，且呈现加速度变化，即春化处理越长同一苗龄期的穗分化差距越大。在低温处理 15d 以下时，幼穗分化相差不大，苗龄 70d（2 月 23 日）时都还处于单棱期。而在大于 30d 的低温处理中，所有冬性品种都能完成抽穗，但品种之间幼穗分化进程的差异较大。在春化处理 30d 时，晋麦 49 和京 841 都在 2 月 4 日前抽穗，但发育进程上晋麦 49 快于京 841。例如，在 1 月 5 日两品种幼穗同处于

表 2-10　24h 光照不同春化时长的幼穗分化

Table 2-10　The spike differentiation of different vernalizations under 24h photoperiod

春化天数	苗龄/d（月/日）	Cardinal	Hareu	Mercia	京 841	晋麦 49	Covon	Excalibur	晋春 9 号
0	20（1/5）	3	2	3	3	4	4	8	8
	26（1/11）	3	3	3	3	4	6	9	9
	50（2/4）	3	3	3	3	4	10	10	10
	70（2/23）	3	3	3	3	4			
15	20（1/5）	3	3	3	3	4	5	8	7
	26（1/11）	3	3	3	3	4	7	8	8
	50（2/4）	3	3	4	3	4	10	10	10
	70（2/23）	3	3	4	3	4			
30	20（1/5）	4	3	4	4	4	6	8	8
	26（1/11）	4	3	5	4	7	8	9	9
	50（2/4）	4	8	9	10	10	10	10	10
	70（2/23）	6	10	10					
45	20（1/5）	4	4	5	7	8	7	9	8
	26（1/11）	6	4	9	8	9	8	10	9
	50（2/4）	10	9	10	10	10	10		10
	70（2/23）		10						
60	20（1/5）	7	4	7	8	8	7	8	8
	26（1/11）	8	6	8	9	9	8	9	9
	50（2/4）	10	9	10	10	10	10	10	10
	70（2/23）		10						

注：1. 圆锥期，2. 伸长期，3. 单棱期，4. 二棱期，5. 护颖分化期，6. 小花分化期，7. 雌雄蕊分化期，8. 药隔期，9. 孕穗期，10. 抽穗期

Note: 1. Meristem, 2. Elongation, 3. Single-ridge, 4. Double-ridge, 5. Glumellule differentiation, 6. Floret differentiation, 7. Pistillate and staminate differentiation, 8. Pollencell differentiation, 9. Booting stage, 10. Heading stage

二棱期，到 1 月 11 日时晋麦 49 到达雌雄蕊分化期，京 841 仍处于二棱期。在 30d 春化处理中，两个英国品种发育都晚于中国品种，在 2 月 23 日抽穗，在发育进程上 Mercia 快于 Hareu。而在 30d 春化处理中美国 Cardinal 在 2 月 4 日仍处于二棱期，2 月 23 日才到小花分化期，45d 春化处理时才能在 2 月 4 日抽穗，表明其对低温春化的时间要求更长。上述结果与苗穗期分析结果基本一致，而穗分化观察的结果进一步说明，在 30d 以下春化处理中苗穗期较长的原因是低温条件不能满足所有冬性品种要求，幼穗分化都未能通过二棱期，同时进一步表明品种之间发育进程的差异。

第四节　黄淮区不同品种春化反应与分类

黄淮区是我国小麦主产区，近 20 多年来随着育种水平的提高，小麦品种多次更新，近 10 年国家通过审定的小麦品种达 353 个，2001～2006 年河南省审定小麦品种 53 个，目前小麦生产上的栽培品种与 20 世纪 80 年代的品种有较大的差异，而且全国小麦分类对区域性来讲，在指导生产中显得分类过大、针对性不强，由于小麦新品种的春化发育特性掌握不准，生产上小麦品种遭受冻害导致严重减产的情况时有发生。因此，从 2004 年开始，选择了黄淮区 29 个代表性小麦品种（表 2-11），在国家小麦工程技术研究中心

表 2-11 春化处理对不同品种苗穗期（d）的影响

Table 2-11 The effect of vernalization treatments on SH period（d）of different varieties

品种	春化天数/d				平均数	CV/%
	0	10	20	30		
扬麦 5 号	58	55	56	56	56.2	2.34
豫麦 18	59	56	54	53	55.5	4.58
郑麦 9023	55	53	51	49	52.0	4.90
豫麦 50	94	94	84	81	88.3	7.65
豫农 949	94	89	87	82	88.0	5.64
偃展 4110	57	55	51	49	53.0	6.77
国优 1 号	63	57	57	53	57.5	6.86
豫麦 34	57	54	50	49	52.5	7.04
兰考 906	57	65	62	62	61.5	5.38
新麦 11	98	89	82	81	87.5	8.70
郑农 16	90	86	81	73	82.5	8.88
兰考矮早 8	89	87	80	72	82.0	9.39
豫农 9676	62	59	55	50	56.5	9.48
郑农 17	101	95	78	83	89.3	11.87
济麦 20 号	86	75	67	65	73.3	12.74
豫麦 47	98	94	82	65	84.8	17.48
郑麦 366	105	96	80	71	88.0	17.43
郑麦 004	105	80	76	67	82.0	19.25
豫麦 70-36	102	82	78	61	80.8	20.71
豫麦 41	108	98	73	70	87.3	21.41
郑麦 9405	99	88	69	56	78.0	25.04
周麦 18	115	80	79	65	84.8	24.97
豫麦 69	112	82	77	72	85.8	21.03
新麦 18	118	107	88	68	95.3	21.51
国麦 1 号	121	101	74	68	91.0	27.05
豫麦 49	126	102	76	71	93.8	27.13
洛旱 2 号	121	98	76	59	89.3	28.76
京 841	141	121	85	71	104.5	30.80
北京 10 号	142	110	80	63	98.8	35.20

进行了春化发育特性研究。春化处理方法为，将种子用无菌水冲洗并于 25℃浸泡 12h，萌动后置于 0～2℃冰箱进行低温处理。低温春化处理的时间分别为 0d、10d、20d 和 30d，每个品种的每个春化处理用种子 100 粒。种子经春化处理后播种于温室，温度保持在 15～28℃。试验期间详细记录日平均气温及各处理的生育期，从四叶期开始，间隔 2d 取材一次，用解剖镜观察幼穗分化情况。试验结果用 SPSS 软件进行统计分析，同时以苗穗期平均值和变异系数、幼穗分化至二棱期所需天数的平均值和变异系数，以及未经春化处理的出苗至二棱期天数为指标对参试品种进行系统分层聚类分析。

一、不同品种苗穗期的春化效应

将不同春化处理的小麦品种苗穗期调查结果列于表 2-11。从表 2-11 可以看出，不同品种经春化处理后苗穗期均缩短，且春化时间越长苗穗期越短。不同小麦品种对春化处理的敏感性不同，北京 10 号和京 841 敏感性最强，表现为 30d 春化处理后苗穗期缩短 70d 以上，变异系数在参试品种中最大，达 30%以上；扬麦 5 号、豫麦 18、郑麦 9023、兰考 906、偃展 4110、豫农 949、豫麦 34、豫农 9676、兰考矮早 8、豫麦 50、新麦 11、郑农 16 和国优 1 号等 13 个品种的春化反应不敏感，30d 春化处理后苗穗期缩短 18d 以下，变异系数都小于 10%；济麦 20 号、豫麦 70-36、豫麦 69、周麦 18、郑麦 9405、国麦 1 号、豫麦 41、豫麦 49、郑农 17、豫麦 47、郑麦 366、郑麦 004、新麦 18 和洛旱 2 号等 14 个品种的苗穗期对春化的敏感性介于北京 10 号和扬麦 5 号之间，30d 春化处理后苗穗期缩短 18～59d，变异系数在 11.87%～28.76%。

二、不同品种幼穗分化的春化效应

低温春化处理影响幼穗分化的进程。从表 2-12 可以看出，不同小麦品种出苗至幼穗分化二棱期的天数随着春化时间的延长有不同程度的缩短。低温春化对扬麦 5 号、豫农 9676、豫麦 18、郑麦 9023、豫麦 34、兰考 906、偃展 4110、兰考矮早 8、豫麦 50、新麦 11、郑农 16、豫农 949 和国优 1 号 13 个品种出苗至二棱期天数的影响较小，不同春化处理之间的变异系数在 4.2%～9.84%，说明这 13 个品种幼穗分化对春化作用反应不敏感；豫麦 70-36、周麦 18、国麦 1 号、郑麦 9405、济麦 20 号、豫麦 69、豫麦 49、豫麦 41、郑农 17、豫麦 47、郑麦 366、郑麦 004、新麦 18 和洛旱 2 号等品种出苗至二棱期天数的变异系数在 14.35%～23.19%，说明此 14 个品种幼穗分化前期对春化作用敏感性强；北京 10 号和京 841 幼穗分化对春化作用敏感性最强，4 个春化处理之间的变异系数大于 30%，30d 的春化处理可使出苗至二棱期天数缩短 30d 以上。春化处理对出苗至二棱期的作用与苗穗期基本吻合，反映了各品种对春化作用效应。

表 2-12　春化处理后不同品种出苗至二棱期天数（单位：d）

Table 2-12　The durations from emergence to double-ridges of varieties under different vernalizations（day）

品种	春化天数/d				平均数	CV/%
	0	10	20	30		
扬麦 5 号	27.5	27.0	26.0	25.0	26.4	4.20
豫麦 18	24.5	22.0	22.5	21.0	22.5	6.54
郑麦 9023	24.5	25.0	22.5	21.5	23.4	7.07
国优 1 号	22.5	25.0	23.5	22.0	23.3	5.69
豫麦 50	36.0	32.0	30.0	30.0	32.0	8.84
偃展 4110	26.0	24.5	24.5	21.0	24.0	8.84
豫农 949	40.0	40.0	36.0	35.0	37.8	6.97
豫麦 34	27.0	24.0	23.0	23.0	24.3	7.81
兰考 906	29.0	25.0	25.0	24.5	25.9	8.10

续表

品种	春化天数/d				平均数	CV/%
	0	10	20	30		
郑农 16	37.0	37.0	32.0	32.0	34.5	8.37
兰考矮早 8	37.0	37.0	32.0	32.0	34.5	8.37
新麦 11	43.0	42.0	37.0	35.0	39.3	9.84
豫农 9676	26.0	25.0	23.5	23.5	24.5	5.00
豫麦 47	54.0	50.0	43.0	39.0	46.5	14.53
郑麦 366	47	42	36	35	40.0	13.99
郑农 17	45.0	41.0	37.0	32.0	38.8	14.35
豫麦 70-36	43.5	37.5	32.5	29.0	35.6	17.69
郑麦 004	49.0	41.0	37.0	32.0	39.8	18.07
豫麦 41	56.0	49.0	49.0	36.0	47.5	17.58
郑麦 9405	45.0	41.0	40.5	27.5	38.5	19.75
济麦 20 号	42.5	37.0	33.0	26.0	34.6	20.06
周麦 18	65.5	58.5	48.0	41.0	53.3	20.44
国麦 1 号	46.0	42.5	42.0	29.0	39.9	18.72
新麦 18	59.0	47.0	42.0	37.0	46.3	20.39
豫麦 69	62.5	56.5	50.5	35.0	51.0	23.19
洛旱 2 号	49.5	46.0	46.0	28.0	42.4	22.95
豫麦 49	56.0	46.0	46.0	31.0	44.8	23.03
京 841	87.0	84.0	68.0	40.0	69.8	30.85
北京 10 号	59.0	53.5	37.0	28.0	44.4	32.39

三、品种类型的聚类分析

通过系统分层聚类分析（hierarchical cluster），将 29 个参试品种分成春化反应特性不同的类型（图 2-5）。图 2-5 显示，相异系数为 10 时，可将参试品种聚为 3 类：偃展 4110、郑麦 9023、豫麦 34、扬麦 5 号、豫麦 18、兰考 906、豫农 9676、兰考矮早 8、豫麦 50、新麦 11、郑农 16、豫农 949 和国优 1 号被聚在第 1 类，周麦 18、洛旱 2 号、济麦 20 号、国麦 1 号、豫麦 69、豫麦 70-36、郑麦 9405、豫麦 41、郑农 17、豫麦 47、郑麦 366、郑麦 004、新麦 18 和豫麦 49 被聚在第 2 类，京 841 和北京 10 号被聚在第 3 类，与上述春化作用对苗穗期和出苗至二棱期的作用效应相吻合。当相异系数取 5 时，每一类品种的发育特性更接近，可将参试品种聚为 5 类：扬麦 5 号、郑麦 9023、豫麦 18、偃展 4110、豫麦 50、豫农 949 和国优 1 号被聚在第Ⅰ类，兰考矮早 8、豫麦 34、豫农 9676、郑农 16、新麦 11 和兰考 906 被聚在第Ⅱ类，郑农 17、郑麦 366、豫麦 47、济麦 20 号、郑麦 004、豫麦 41、郑麦 9405 和豫麦 70-36 被聚在第Ⅲ类，周麦 18、新麦 18、豫麦 69、国麦 1 号、豫麦 49 和洛旱 2 号被聚在第Ⅳ类，京 841 和北京 10 号被聚在第Ⅴ类。

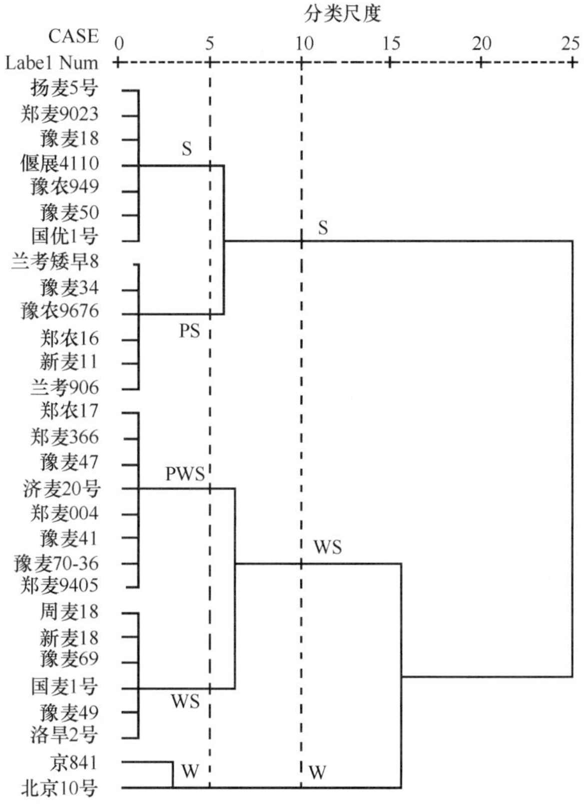

图 2-5　小麦品种的系统分层聚类分析

Figure 2-5　The variety classification by hierarchical cluster method

为检验分类结果与春化特性的对应性，将分类结果、低温春化处理后不同小麦品种的苗穗期变异及不同品种出苗至二棱期天数的变异情况与全国小麦生态型分类作进一步比较。根据小麦品种春化反应的不同，全国小麦可分为强春性、春性、半冬性、冬性、强冬性和超强冬性 6 类。本研究中聚为 3 类时，第 1 类苗穗期和出苗至二棱期天数变异系数较小，说明对春化反应不敏感，与全国小麦分类比较属于春性品种（Spring，记为 S）；第 3 类北京 10 号在全国小麦分类中为冬性品种（Winter，记为 W）；第 2 类苗穗期和出苗至二棱期天数变异系数介于第 1 类和第 3 类，从春化反应的敏感性（苗穗期变异系数）来看，属于半冬性品种（Winter-Spring，记为 WS）。因此，黄淮麦区种植的小麦品种主要为春型和半冬型。聚为 5 类时，第 I 类和第 II 类同属于春型品种，分别命名为春性（Spring，S）和弱春性（Poor Spring，PS），弱春性品种对春化反应的敏感性较春性品种强；第III类和第IV类均属于半冬性品种，分别命名为半冬型偏春性（Poor Winter-Spring，PWS）和半冬性品种（Winter-Spring，WS）；第 V 类为冬性品种（Winter，W）。

将春性、弱春性、半冬型偏春性、半冬性和冬性 5 个春化发育类型中各品种苗穗期及出苗至二棱期对春化处理的结果（表 2-11，表 2-12）取平均值，得不同春化发育类型品种的特征值，见表 2-13。从表 2-13 可见，不同春化发育类型之间的苗穗期及出苗至二棱期天数都有较大差异。特别值得注意的是，5 类品种在无春化处理情况下，苗穗期和出苗至二棱期天数及不同春化处理的变异系数均按春性、弱春性、半冬型偏春性、半

表 2-13　不同春化发育类型品种的特征值（单位：d）

Table 2-13　Characteristic values of different variety types in vernalization（day）

类型	苗穗期特征值				平均数	CV/%
	春化天数/d					
	0	10	20	30		
春性（S）	68.6	65.6	62.9	60.4	64.2	5.5
弱春性（PS）	75.5	73.3	68.3	64.5	70.4	8.1
半冬型偏春性（PWS）	100.5	88.5	75.4	67.3	82.8	18.2
半冬性（WS）	118.8	95.0	78.3	67.7	89.9	25.1
冬性（W）	141.5	115.5	82.5	67.0	101.6	33.0
类型	出苗至二棱期特征值				平均数	CV/%
	春化天数/d					
	0	10	20	30		
春性（S）	28.7	27.9	26.4	25.1	27.1	6.9
弱春性（PS）	33.2	31.7	28.8	28.3	30.5	7.9
半冬型偏春性（PWS）	47.8	42.3	38.5	32.1	40.2	17.0
半冬性（WS）	56.4	49.4	45.8	33.5	46.3	21.5
冬性（W）	73.0	68.8	52.5	34.0	57.1	31.6

注：表中数据为同类型所有品种的平均值

Note: Value in table is mean of all varieties which belong to the same type

冬性和冬性的顺序而递增，随着春化时间的延长类型间的差异缩小，到春化处理 30d，不同类型品种苗穗期都在 60 多天，出苗至二棱期天数都在 25～34d，其中两个春性类型更接近，3 个冬性类型更接近，表明黄淮区小麦品种 30d 春化处理都能满足春化发育要求。但不同类型品种苗穗期和出苗至二棱期天数达到满足春化发育要求的春化处理时间有明显的差异，从春性到冬性分别为 0～30d。

四、不同春化发育类型的幼穗分化进程

1. 3 种类型品种幼穗分化进程的差异分析

以豫麦 18、郑麦 9405 和北京 10 号分别作为春性（S）、半冬性（WS）和冬性（W）品种的代表品种，对不同品种类型的幼穗分化进程分别作图，见图 2-6，图 2-6A、B、C、D 分别为低温春化 0d、10d、20d 和 30d 的幼穗分化进程。从图 2-6A 可以看出，春性品种（S）不经低温春化即可完成营养生长向生殖生长的转变，完成幼穗分化、正常抽穗；而冬性品种（W）如不经过低温春化处理，62d 时仍停留在幼穗分化的单棱期，70d 左右达到二棱期；半冬性品种（WS）48d 时仍停留在幼穗分化的单棱期，51d 达到二棱期，70d 达到小花分化期，冬性和半冬性品种不经过低温春化处理都不能正常抽穗。

从图 2-6 可以看出，春化处理对幼穗分化进程有明显的促进作用，即幼穗分化速度随春化时间的延长而加快，这种促进作用又因品种的春化特性不同而异，如播后 56d 观察，春性品种 0d、10d、20d 和 30d 4 个春化处理的幼穗分化分别处于药隔形成期、四分

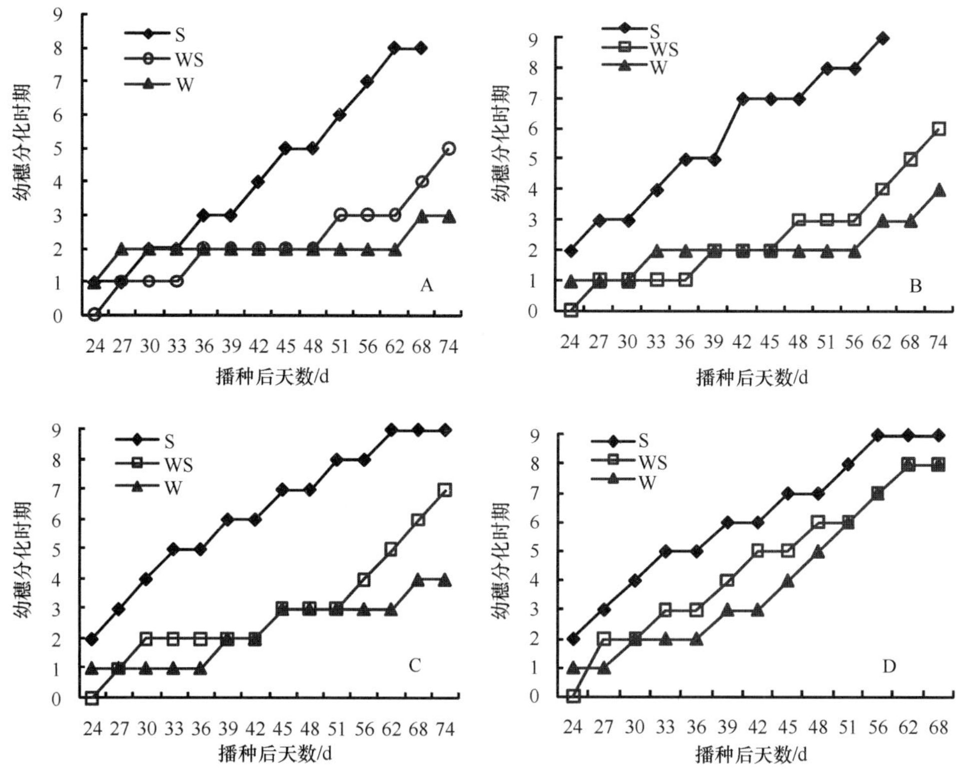

图 2-6　3 个春化发育类型品种的幼穗分化进程

Figure 2-6　Process of spike differentiation of three variety types

A、B、C、D 分别为 0d、10d、20d、30d 春化处理；0. 圆锥期，1. 伸长期，2. 单棱期，3. 二棱期，4. 护颖分化期，5. 小花分化期，6. 雌雄蕊分化期，7. 药隔形成期，8. 四分体期，9. 抽穗期

A, B, C, D are 0d, 10d, 20d, 30d vernalization treatments；0. Meristem, 1. Elongation, 2. Single-ridge, 3. Double-ridge, 4. Glumellule differentiation, 5. Floret differentiation, 6. Pistillate and staminate differentiation, 7. Pollencell differentiation, 8. Tetrad differentiation, 9. Heading stage

体期、四分体期和抽穗期，半冬性品种分别处于二棱期、二棱期、护颖分化期和药隔形成期，冬性品种则分别处于单棱期、单棱期、二棱期和药隔形成期，说明春化处理对冬性品种幼穗分化的促进作用大于半冬性品种，而对春性品种幼穗分化的促进作用较小。同时从图 2-6 可以看出，半冬性品种在春化处理不足 20d、冬性品种在春化处理不足 30d 幼穗分化长时间停留在二棱期之前，20d 和 30d 春化处理穗分化才能正常进行，表明 20d 和 30d 春化处理分别满足半冬性和冬性品种对低温的要求。

2. 5 个春化发育类型的幼穗分化进程分析

以豫农 949、兰考矮早 8、郑麦 366、新麦 18 和北京 841 分别作为春性（S）、弱春性（PS）、半冬型偏春性（PWS）、半冬性（WS）和冬性（W）的代表品种，对 5 个不同品种类型的幼穗分化进程分别作图，见图 2-7，图 2-7A、B、C、D 分别为低温春化 0d、10d、20d 和 30d 的幼穗分化进程。

从图 2-7A 看出，在未经春化处理的情况下，春性（S）、弱春性（PS）可正常进行幼穗分化，在播种后 40d 左右就分别进入二棱期，70d 以后就分别进入雌雄蕊分化期和

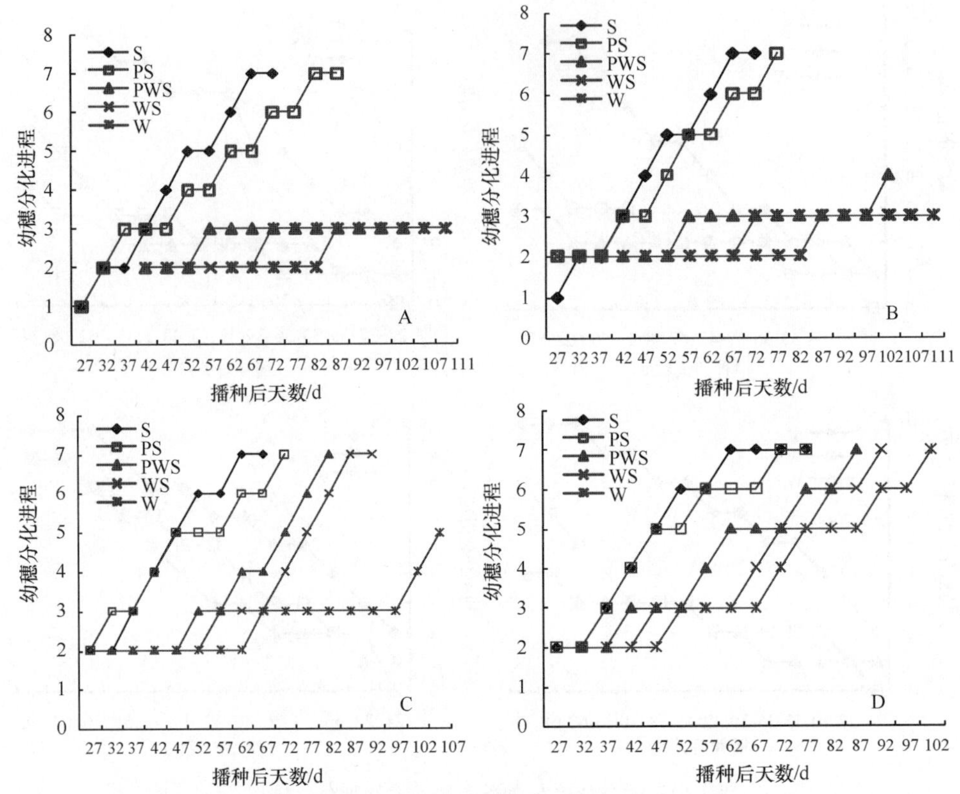

图 2-7 5 个春化发育类型的幼穗分化进程

Figure 2-7 Process of spike differentiation of five variety types

A、B、C、D 分别为 0d、10d、20d、30d 春化处理；0. 圆锥期，1. 伸长期，2. 单棱期，3. 二棱期，4. 护颖分化期，5. 小花分化期，6. 雌雄蕊分化期，7. 药隔形成期，8. 四分体期

A, B, C, D are 0d, 10d, 20d, 30d vernalization treatments；0. Meristem, 1. Elongation, 2. Single-ridge, 3. Double-ridge, 4. Glumellule differentiation, 5. Floret differentiation, 6. Pistillate and staminate differentiation, 7. Pollencell differentiation, 8. Tetrad differentiation

药隔形成期，S 的幼穗分化速度比 PS 快，进入各期的时间提前 5d 左右；半冬型偏春性（PWS）、半冬性（WS）和冬性（W）的幼穗分化分别在播种后 60d、70d、80d 进入二棱期，之后均一直滞留在二棱期。经过 10d 的春化处理（图 2-7B），播种后 57d，S、PS 的幼穗分化期均为小花分化期，PWS 的幼穗分化期为二棱期，而 WS 及 W 的幼穗分化期仍为单棱期，说明 10d 的春化处理未加速春性品种的幼穗分化进程，但弱春性品种的幼穗分化速度加快，表现为两类品种幼穗分化进程的差异缩小，WS 和 W 仍不能正常完成幼穗分化过程，但 PWS 幼穗分化可达到护颖分化期。春化处理天数达到 20d 时（图 2-7C），PWS 和 WS 均能正常完成幼穗分化过程，前者的幼穗分化速度快于后者，但 W 的单棱期和二棱期持续时间较长，幼穗分化速度较慢。播种后 67d，S、PS 和 PWS 分别处于药隔形成期、雌雄蕊分化期、护颖分化期，WS、W 则处于二棱期。当 30d 的春化处理后（图 2-7D），W 可以正常完成幼穗分化，播种后 57d，S 和 PS 的幼穗分化期均为雌雄蕊分化期，PWS 为护颖分化期，WS 和 W 均为二棱期。春化处理对幼穗分化的影响主要表现在进入二棱期的早晚及单棱期和二棱期持续时间的长短，春化处理加速单棱期和二棱期的通过而使幼穗分化过程加快。5 个春化发育类型中，S 和 PS 不经春化处理

也可正常完成幼穗分化过程，S 的春化反应微弱，0d、10d、20d 和 30d 春化处理的苗穗期变异系数 5%左右，PS 的春化反应强于春性品种，不同春化处理的苗穗期变异系数在 8%左右。PWS 的春化反应比 PS 强，不同春化处理的苗穗期变异系数 18%左右，正常幼穗分化需要 0～2℃的低温处理 10d。WS 的春化反应又比 PWS 强，不同春化处理的苗穗期变异系数 25%左右，0～2℃的低温达到 20d 才能完成正常的幼穗分化。W 的春化反应最强，不同春化处理的苗穗期变异系数在 30%以上，正常幼穗分化需要 0～2℃的低温处理 20d 以上。

第五节　小麦的春化作用温度与春化效应时期

一、小麦春化作用的有效温度

小麦在不同播期表现出苗穗期的差异，是环境条件作用的结果。由表 2-6 可以看出，大田条件下，强春性（SS）11 月 10 日以前的 5 个播期和春性（S）10 月 10 日以前的 2 个播期，因发育早而冬前拔节，冬季低温使其达不到抽穗即被冻死，因而春性品种冬前适播期较短。而其余 4 类品种，即冬春型、冬型、强冬型和超强冬型，冬前各播期都可越冬，达到最后抽穗。但冬季或冬后播种由于不能满足冬型品种对低温春化的要求而不能抽穗，且冬性越强要求的低温时间越长，能抽穗的适宜播期较少。例如，冬春型到 4 月 10 日以后播种不能抽穗，超强冬型在 11 月 30 日以后播种就不能抽穗。

在各类品种能正常抽穗的播期中，由于生育进程的不同，苗穗期表现出较大的差异，低温春化作用是导致这种差异的重要原因。根据田间温度情况分析，在 10 月 20 日（第 4 播期）以前播种的日平均气温都在 12℃以上，播期每早 10d，各类品种苗穗期均相应延长 10d。从 10 月 20 日播期以后，日平均气温降至 10℃左右，各类品种苗穗期差异开始加大，曲线由密集向分散发展（图 2-3），表现为冬性越强发育进程越慢、苗穗期越长。上述现象表明，10 月 20 日以前由于温度高（12℃以上），有春化反应的冬性品种，这时只进行生长不进行发育，因而苗穗期各类型品种差异不大。因此，20 世纪 80 年代我们将能促进小麦春化发育的最高温度初步确定为 12℃，即 12℃以下温度具有春化作用。

为了进一步确定小麦春化作用上限温度，2004～2006 年在河南郑州国家小麦工程技术研究中心试验地进行试验，研究选用了春性（兰考矮早 8）、半冬性（周麦 18）和冬性（京 841）品种为材料，设置 3 个播种，冬前积温分别为 688℃（10 月 12 日）、572℃（10 月 19 日）和 462℃（10 月 26 日），解剖镜观察幼穗分化情况，分别测算播种到二棱期 0℃以上到 10～18℃的积温（表 2-14）。从表 2-14 可以看出，不同冬前积温（播种）条件下，播种到二棱期积温大多都有明显差异且达到显著水平，只有春性（兰考矮早 8）0～14℃以下积温、半冬性（周麦 18）和冬性（京 841）0～12℃以下积温在 3 个播种播期间差异不显著，且变异系数最小，分别为 1.9%、3%和 2.7%。上述结果表明，小麦幼穗原基分化与春化发育需要低温春化作用，二棱期是小麦通过春化发育的标志。在这一过程中，不同春化发育类型的品种需要一定的春化温度累积量，而无春化作用的温度对其影响较小，14℃以下的温度对春性类型品种春化发育有促进作用，12℃以下的温度对

表 2-14 不同播期下幼穗分化至二棱期的积温（单位：℃）

Table 2-14 The cumulative temperature (CT) (℃) from sowing to double-ridges stage under different sowing stages

品种	播期	≤10℃	≤11℃	≤12℃	≤13℃	≤14℃	≤15℃	≤16℃	≤17℃	≤18℃
兰考矮早 8	10 月 12 日	102.3b	155.5b	196.0b	209.2b	238.8a	297.8a	504.2a	629.9a	659.5a
	10 月 19 日	136.0a	177.0a	206.5ab	218.5ab	231.8a	282.8ab	435.8b	581.5b	599.3b
	10 月 26 日	143.3a	186.0a	211.5a	226.5a	240.5a	270.3a	402.8c	512.5c	530.3c
	平均	127.2	172.8	204.7	218.1	237.0	283.6	447.6	574.6	596.3
	CV/%	17.2	9.1	3.9	4.0	1.9	4.9	11.6	10.3	10.8
周麦 18	10 月 12 日	149.5c	202.8b	277.3a	357.3a	404.3a	451.0a	536.8a	676.2a	736.3a
	10 月 19 日	170.2b	217.3ab	261.3a	330.3b	356.5b	410.5b	476.3b	602.3b	640.0b
	10 月 26 日	212.3a	234.3a	268.3a	303.4c	329.0c	374.3c	436.0c	543.3c	571.0c
	平均	177.3	218.1	269.0	330.3	363.3	411.9	483.0	607.2	649.1
	CV/%	18.0	7.2	3.0	8.2	10.5	9.3	10.5	11.0	12.8
京 841	10 月 12 日	169.8c	263.0b	286.5a	369.8a	446.8a	511.3a	627.1a	746.5a	806.6a
	10 月 19 日	197.8b	276.8ab	302.0a	346.0b	395.0b	463.0b	568.8b	684.8b	702.5b
	10 月 26 日	253.5a	290.0a	296.8a	330.7b	342.3c	418.8c	518.5c	627.8c	645.5c
	平均	207.0	276.6	295.1	348.8	394.7	464.4	571.4	686.3	718.2
	CV/%	20.6	4.9	2.7	5.6	13.2	10.0	9.5	8.6	11.4

注：a，b，c. 处理之间的差异显著（$P<0.05$）

Notes: a, b, c. Difference between the treatments is significant at 0.05 level

冬性类型品种春化发育有促进作用。因此，春性类型品种的春化作用上限温度为 14℃，冬性类型品种的春化作用上限温度为 12℃，上限温度以下的温度为相应品种的春化作用有效温度。与 20 世纪 80 年代田间周年播种试验结果完全吻合，同时说明了春性品种春化作用上限温度的差异。

二、苗穗期的积温与负积温效应

我国南北“两极”的品种，如南方沿海广东、广西、福建等地秋冬播品种及北方高纬度的春播品种，其生育期的长短对温度的要求皆表现为：随温度的增高，生育进程加快，不需要经过一个相对低温春化阶段即可抽穗。而我国大部分冬麦区的品种要求一定低温才能完成春化发育，在自然条件下，表现在苗期阶段，有一个生长（分蘖、长叶、长根）与发育（春化负积温的累积）的相持阶段，这个阶段的温度条件往往是既可使生长得以缓慢进行，又可使发育得到充分满足。这种可以起到春化作用的上限温度对大多数冬性品种是日均温 12℃，它与 0℃的下限温度构成了要求负积温品种类群正常通过或勉强通过春化的积温范围。若把 12℃作为冬性类型品种春化发育有效温度的起点值，温度每降 1℃为 1 个负积温值，负积温值越大，越有利于春化发育，至气温达 0℃时，共有–12℃负积温。本试验中春化处理是在 0～2℃的冰箱中进行的（平均为 1℃），即在–11℃的负积温下处理，处理 10d 的负积温为–110℃。以对照苗穗期的正积温值、春化处理的负积温值和该处理的正积温值计算负积温效应值 K：K=（对照苗穗期正积温–处理苗穗期正积温）/处理负积温，上述负积温效应值 K，可定义为一个负积温相当于几个正积温的效应，即可缩短苗穗期的效应，效应值大表明对春化反应敏感。

由表 2-15 可以看出，在供试的 17 个品种中，负积温效应值 K 从 0 到 3.09，表明低温春化的作用的大小。其中 K=0 为强春性、0＜K＜1 为春性、K≈1 为冬春性、1＜K＜2 为冬性、2＜K＜3 为强冬性、K＞3 为超强冬性，负积温效应的测算结果与分类结果基本吻合。

表 2-15 不同品种苗穗期的正积温和负积温比较

Table 2-15 PCT and NCT in SH periods of different varieties

品种名称	对照苗穗期正积温/℃	处理苗穗期负积温/℃	处理苗穗期正积温/℃	负积温效应值
辽春 6 号	590.8	—	—	—
粤麦 6 号	714.0	—	—	—
滇西洋麦	649.0	—	—	—
晋 2148	748.0	220	697	0.23
绵阳 11 号	748.0	110	663	0.77
扬麦 3 号	765.0	110	697	0.62
晋春 5 号	648.9	110	561	0.80
丰产 3 号	1333.1	330	929.9	1.22
晋麦 20 号	1214.8	330	884.4	1.00
临汾 10 号	1369.9	330	914.9	1.38
北京 10 号	1495.3	330	1029.9	1.41
旱选 10 号	1895.8	440	758.2	2.59
农大 139	1980.1	440	1029.9	2.16
白秃麦	1785.6	440	739.4	2.38
泰山 4 号	1858.7	440	884.4	2.21
新冬 2 号	2438.0	440	1091.2	3.06
肥麦	2993.6	550	1294.9	3.09

注：PCT 为正积温，NCT 为负积温

Note: PCT, positive cumulative temperature; NCT, negative cumulative temperature

三、春化效应的主要作用时期界定

2004～2007 年选用黄淮区 5 个不同类型品种，以豫农 949、兰考矮早 8、郑麦 366、新麦 18 和北京 841 分别作为春性（S）、弱春性（PS）、半冬型偏春性（PWS）、半冬性（WS）和冬性（W）的代表品种，观察低温春化 0d、10d、20d 和 30d 的幼穗分化进程（表 2-16）。从表 2-16 可以看出，春性（S）、弱春性（PS）在不同低温春化处理下各幼穗分化期的天数变化为 1～2d，变异系数为二棱期的最大，表明春化处理虽然作用较小，但主要春化效应作用时期是二棱期；低温春化可使半冬型偏春性（PWS）单棱期和二棱期分别缩短 9d 和 4d，变异系数分别为 19%、16%，而其他幼穗分化期无明显变化；低温春化可使半冬性（WS）和冬性（W）的单棱期分别缩短 10d 和 18d，二棱期缩短 9d，半冬性变异系数在 20%左右，冬性在 30%以上，而其他幼穗分化期变化明显较小；表明春化效应作用的时期是单棱期和二棱期。综合上述试验结果，春化效应作用的时期是二棱期以前。

表 2-16 春化处理后不同品种幼穗分化期（d）的变异

Table 2-16 The spike differentiation duration (d) of different varieties under different vernalizations

品种	春化天数	单棱期	二棱期	护颖分化期	小花分化期	雌雄蕊分化期
豫农 949（S）	0	6	7	4	11	5
	10	5	6	4	12	5
	20	5	5	4	12	6
	30	5	5	4	12	6
	平均	5.3	5.8	4.0	11.8	5.5
	CV/%	9	17	0	4	11
兰考矮早 8（PS）	0	5	13	5	14	7
	10	5	11	5	12	6
	20	6	10	5	12	7
	30	5	10	4	13	7
	平均	5.3	11.0	4.8	12.8	6.8
	CV/%	9	13	10	8	7
郑麦 366（PWS）	0	25	13	6	4	5
	10	21	11	6	5	5
	20	19	10	5	4	5
	30	16	9	5	4	4
	平均	20.3	10.8	5.5	4.3	4.8
	CV/%	19	16	11	12	10
周麦 18（WS）	0	28	21	5	8	5
	10	27	17	5	9	5
	20	25	15	6	8	5
	30	18	12	5	8	6
	平均	24.5	16.3	5.3	8.3	5.3
	CV/%	18	23	9	6	9
京 841（W）	0	34	18	5	7	6
	10	28	13	4	7	7
	20	22	10	4	8	6
	30	16	9	4	8	6
	平均	25.0	12.5	4.3	7.5	6.3
	CV/%	31	32	12	8	8

小结与讨论

春化发育是小麦一生中重要的发育阶段。多年来，国内外学者对小麦的春化发育做了大量的研究工作，由于生产上小麦的品种不断更新，品种资源广泛交流、类型不断拓宽，不同年代小麦品种特性有了较大差异，其中春化发育特性的变化直接影响着品种的利用，并且其一直是影响小麦生产的重要因素。作者从 20 世纪 80 年代开始研究小麦春化发育，并利用不同年代的主栽品种对小麦春化发育特性进行了系统研究。

1. 全国小麦品种春化发育研究

对我国不同麦区 20 世纪 80 年代的 40 个代表性小麦品种进行春化效应分析表明：小麦品种对低温春化反应具有明显的差异，在品种间春化效应强弱有依次连续的分布，品种对不同春化量有累加效应。其中，东北春播小麦是典型的无春化反应品种类型，平均苗穗期在 37d 以下，对春化作用变异系数在 4%以下；春化反应最强的品种春化处理 50d 仍不能正常抽穗，对春化作用变异系数达到 40%左右。由于品种间春化反应具有连续的质性量性变异特征，因而用系统聚类的方法，将供试品种分为强春性（SS 型）、春性（S 型）、冬春性（WS）、冬性（W 型）、强冬性（SW 型）、超强冬性（SSW 型）6 个类型，6 个类型之间的春化反应特性有明显的差异，高温条件下的苗穗期从春性的 33d 到超强冬性 170 多天，春化作用变异系数从春性的 2%～4%到超强冬性 40%左右。不同类型品种田间周年播种试验也证明，不同类型品种一年中可抽穗的播期数、播期幅度、延续天数、最短与最长苗穗期等，都表现出明显的规律性差异。室内春化试验聚类分析与田间周年播种试验结果的一致性，相互印证了品种对低温反应类型间差异的客观性。同时试验还证实了，春性类型品种的春化作用上限温度为 14℃，冬性类型品种的春化作用上限温度为 12℃，上限温度以下的温度为相应品种的春化作用有效温度，春化作用有效温度的积温为负积温，负积温效应从强春性到超强冬性分别为 0 到 3.09，表明了不同品种对低温春化反应的大小。因此，上述中国小麦品种的春化发育特性与分类，反映了小麦品种对低温春化效应的基本特性，为小麦的种植区划和品种的合理利用奠定了基础。

2. 国内外小麦品种春化发育比较研究

20 世纪 90 年代引进英国、美国、澳大利亚小麦品种，与中国代表性小麦品种进行了春化效应对比分析，发现国外小麦的春化发育特性虽然与国内品种有一定差异，但也在从强春性到超强冬性的范围之内，英国冬小麦的春化发育为超强冬性，美国冬小麦为强冬性，英国与澳大利亚春小麦与我国南方春性小麦接近，属于春性。

3. 黄淮区小麦品种春化发育研究

选用黄淮区目前生产上的代表品种进行春化发育研究表明，黄淮区小麦品种在全国小麦分类中属春性、冬春性和冬性三类，为了更精确定量、有针对性地指导生产，研究将黄淮区小麦品种分为春性、弱春性、半冬型偏春性、半冬性和冬性 5 个春化发育类型。其中，全国小麦分类中春型分为春性和弱春性，半冬型分为半冬型偏春性和半冬性，5 个类型品种在苗穗期和出苗至二棱期的春化反应特征值上均有明显差异，这些差异确定了不同类型品种春化发育通过二棱期的春化条件，同时确定了穗分化二棱期以前是春化作用的主要时期，这些结果为确定不同品种适宜播期与冬前壮苗提供了重要的理论依据。

参考文献

陈锡臣. 1955. 小麦生长发育过程的研究. 农业学报, 2.

崔继林. 1954. 华东地区小麦品种春化阶段分析结果. 华东农业科学通报, 4.
崔继林. 1955.小麦阶段发育的研究. 华东农业科学通报, 10: 5-14.
黄季芳. 1956. 中国秋播小麦春化阶段和光照阶段特性的研究. 遗传学集刊, 1: 7-15.
李森科. 1956. 农业生物学. 傅子祯译. 北京：科学出版社.
苗果园, 张云亭, 侯跃生, 等. 1988. 小麦温光发育类型的研究. 北京农学院学报, 3(2): 8-17.
田良才. 1981. 普通小麦不同生态品种春化发育阶段的研究. 山西小麦通讯, 1: 2-9.

第三章　小麦光周期发育与温光互作效应

Chapter 3　The photoperiodic development of wheat and interaction of thermo-photoperiod effect

内容提要：本章系统总结了自20世纪80年代以来有关小麦品种的光周期反应、温光互作效应及其发育类型的研究成果，揭示了温光对小麦生育进程影响、短日代替低温春化现象和阶段发育的顺序等问题。

小麦品种光周期反应的研究表明，根据供试品种对日长的反应不同，小麦可分为长日敏感型、短日敏感型和不敏感型3个光周期反应型。长日敏感型又分为长日敏感性（LS）和长日弱敏感性（WLS），短日敏感型又分为短日弱敏感性（WSS）和短日敏感性（SS），加上不敏感性（IS）共5类。小麦品种的温光反应明显地分为三大类群，即光敏感型品种、温敏感型品种和温光兼敏型品种。光敏感类型品种对低温基本无反应，对长光照十分敏感，表现为长光与正积温效应。温敏感型品种对低温春化要求敏感而严格，春化作用力在73.2%～87.3%，在无低温春化条件时，长日照甚至会延缓其发育，表现了短光照可代替低温春化的现象。温光兼敏型品种对低温春化及长日照都表现敏感，具有温光共同互作效应。

本研究结果揭示了春化阶段与光照阶段顺序因品种类型不同而有以下3种类型：①温光兼敏型品种为温光并进型，即长光作用伴随春化同时发生，且长光作用越来越明显；②温敏感型品种为春化半提前型，即长光效应要在一定春化量的基础上开始进行；③强温敏感型品种为春化提前型，即长光效应需在较长时间春化量基础上才能表现。在春化之前短光照与春化累积过程伴随进行，并有明显促进抽穗作用，即短日代替低温春化的现象。这种现象并不影响小麦作为长日照作物的固有特征。

本研究结果还表明，小麦品种间生育期差异主要在抽穗前即出苗至抽穗（苗穗期），而苗穗期的差异主要在二棱期以前。小麦生育期存在着最短苗穗期和最长苗穗期，在小麦生产上存在基本生育期（最短生育期）、最适生育期、最长生育期的差异。基本生育期和最长生育期都会影响小麦丰产增收，只有在最适生育期下，小麦的营养生长与生殖生长才能协调发展，实现高产。因此，因地制宜地选择一定温光发育特性的品种和最适生育期，才能充分合理利用自然资源，实现小麦丰产增收，这是指导小麦引种用种的理论依据。

Abstract: This chapter summarizes the work on the photoperiod response and thermo-photoperiod interaction response of different types of wheat varieties since 1980s.

According to different responses to long day and short day, the wheat varieties can be classified into five types: long-day sensitiveness (LS), weak long-day sensitiveness (WLS), weak short-day sensitiveness (WSS), short-day sensitiveness (SS) and insensitiveness (IS). Clearly, wheat varieties could be classed into three different groups, i.e. photoperiod sensitiveness, temperature-sensitiveness and thermo-photoperiod sensitiveness.

According to the time order of the temperature and photoperiod response of wheat, the varieties were classified into three types, i.e., vernalization and photoperiod response started simultaneously, photoperiod response started during the vernalization, and after the vernalization. Different types of variety responded differently to temperature and photoperiod. Spring type varieties gave no response to vernalization, but responded strongly to long photoperiod. Strong winter varieties were characterized by sensitivity to vernalization, but the responses to photoperiod could only be expressed on the basis of definite extent of vernalization. There existed that short photoperiod had the same effect of vernalization under poor vernalization. Most winter varieties were sensitive to both vernalization and photoperiod. But it was not characterized by the substitution of short photoperiod to vernalization.

The difference of vernalization and photoperiod response effects the development process of wheat, especially the period from seedling to heading (SH) and from seedling to double-ridges (SD). The quicker the development is, the shorter the SH period will be. The short SH period can bring reduction in the growing period and effect the yield of wheat. Therefore, short SH period should be prevented to ensure yield of wheat. Therefore, appropriate varieties of wheat need to be chosen for different regions.

小麦春化反应和光周期反应是小麦一生中两个重要的发育阶段。在小麦春化反应特性研究的基础上，为了进一步明确不同小麦品种光周期反应特性，以及春化反应与光周期反应的互作关系，研究选择了国内小麦代表品种，以及美国、英国、澳大利亚小麦代表品种，在人工控制条件下，对无春化处理的小麦进行了光周期反应的定量研究。同时，对不同春化处理条件下小麦品种的光周期反应规律、不同日长处理条件下春化反应规律，以及温光之间的组合效应和互作效应进行了较系统的定量研究，将对揭示小麦温光反应规律、育种亲本的选择、科学的引种和品种区划等具有很重要的理论和实践意义。

第一节　小麦的光周期发育

一、中国小麦品种的光周期反应特性

在小麦春化反应研究的基础上，选用全国各大麦区的小麦代表性品种17个（表3-1），在人工气候室和温室中进行了光周期处理。方法为种子出苗后置于20～25℃的人工气候室中，每天分别给予6h、10h、14h、24h 4个光长处理，光照强度控制在20 000lx，光照处理30d后，全部移入温室给予24h长光照，温度控制在15～30℃，直到成熟。

表 3-1　全国各麦区供试品种及来源

Table 3-1　Varieties and their origin from different regions

品种名称	来源	春化特性	经度	纬度	海拔/m
辽春 6 号	辽宁	强春性	123°26′E	41°46′N	41.6
粤麦 6 号	广东	强春性	113°39′E	23°03′N	100.0
滇西洋麦	云南	强春性	100°10′E	25°35′N	1977.2
晋 2148	福建	春性	118°39′E	24°52′N	20.0
绵阳 11 号	四川	春性	108°40′E	31°00′N	500.0
扬麦 3 号	江苏	春性	118°48′E	32°00′N	9.0
晋春 5 号	山西	春性	113°35′E	40°02′N	1034.0
丰产 3 号	陕西	冬春性	108°04′E	34°18′N	505.0
晋麦 20 号	山西	冬春性	111°01′E	35°02′N	376.0
临汾 10 号	山西	冬春性	111°39′E	36°05′N	450.0
北京 10 号	北京	冬性	116°28′E	39°48′N	31.5
旱选 10 号	山西	强冬性	111°47′E	37°15′N	747.5
农大 139	北京	强冬性	116°28′E	39°48′N	31.5
白秃麦	山西	强冬性	111°30′E	36°05′N	960.0
泰山 4 号	山东	强冬性	116°59′E	36°41′N	52.0
新冬 2 号	新疆	强冬性	87°18′E	44°01′N	577.0
肥麦	西藏	超强冬性	91°08′E	29°42′N	3658.0

对直播于温室高温条件下的不同品种，于出苗后分别给予 6h、10h、14h、24h 的不同光长处理，不同光长处理的苗穗期见表 3-2。由表 3-2 可以看出，不同品种苗穗期对日长的反应差异甚大。主要表现如下。

表 3-2　无春化条件下品种对光长的苗穗期（d）反应

Table 3-2　SH periods (d) of different varieties under different photoperiods

品种名称	光照时间/（h/d）				平均	CV/%
	6	10	14	24		
辽春 6 号	54.0	50.0	41.5	32.5	44.5	21.5
粤麦 6 号	55.5	48.0	42.0	33.0	44.6	21.3
滇西洋麦	56.0	50.5	39.0	32.5	44.5	24.0
晋 2148	60.5	53.0	42.5	36.0	48.0	22.7
扬麦 3 号	61.5	54.5	45.0	41.0	50.5	18.3
绵阳 11 号	58.0	51.0	44.5	40.5	48.5	15.8
晋春 5 号	60.0	57.5	44.5	38.0	50.0	21.0
丰产 3 号	81.0	85.0	80.0	78.5	81.1	3.4
晋麦 20 号	85.0	86.0	81.5	72.5	81.3	7.6
临汾 10 号	86.5	87.0	83.5	81.0	84.5	3.3
北京 10 号	94.5	95.5	97.5	88.0	93.9	4.4
旱选 10 号	96.5	99.0	111.5	111.0	104.5	7.5
农大 139	96.0	99.5	113.5	115.0	106.0	6.5
白秃麦	93.0	93.5	105.0	105.0	99.1	6.8
泰山 4 号	109.0	108.0	106.5	108.8	108.1	1.1
新冬 2 号	94.0	98.5	136.0	142.0	117.6	21.1
肥麦	128.3	129.3	152.3	176.5	146.6	15.6
平均	80.5	79.2	80.4	78.3		
CV/%	28.0	32.1	46.0	55.6		

（1）不同品种在同一光长下，苗穗期差异随品种冬性的增强而加长，说明冬性强的品种光照累积量较高。同时不同品种同一光长下的变异系数都达到 28%～55.6%，且随着光长增加，变异系数增大，反映了品种对光长的反应差异很大。

（2）不同品种在无春化条件下对不同光长反应不同，辽春 6 号等 7 个春性品种随光长的增加，苗穗期明显缩短，即属于长日促进发育、短日延缓抽穗的长日敏感类型。苗穗期对不同光长反应的变异系数一般达 15%以上。新冬 2 号、肥麦随日长的缩短苗穗期明显缩短，即属于短日促进发育、长日延缓抽穗的短日敏感类型。不同光长处理的变异系数也在 15%以上。在长日敏感类型和短日敏感类型之间分布有 3 种过渡类型。靠近长日敏感型的为长日弱敏感型，其特点是随日长增加苗穗期也呈缩短趋势，但变异系数小于 10%，表明长光下苗穗期缩短不明显，属于这类品种的有丰产 3 号、晋麦 20 号、临汾 10 号。靠近短日敏感型的品种为短日弱敏感型，如农大 139、旱选 10 号、白秃麦等。其特点是苗穗期随光长缩短而缩短，但变异系数也小于 10%，说明光长的缩短对抽穗有一定的促进作用但不明显。泰山 4 号无论光照时间长短，苗穗期变化都不大，变异系数仅为 1.1%，应属于对光长不敏感的中间类型。

上述现象表明，高纬度高海拔地区的品种和低纬度高海拔地区的品种，无论对春化反应属零反应型的辽春 6 号、滇西洋麦等，还是对春化反应特强的新冬 2 号、肥麦，都表现了对光照反应的敏感性，包括对长光的敏感性和对短光的敏感性。而来自中纬度和低海拔地区的品种，却对光长的反应较弱。值得提出的是，春化反应属于强冬性类型的泰山 4 号品种对光照的反应十分不敏感，长短光下苗穗期差异不大。综合供试品种对光长反应的分析，根据供试品种对长日和短日的反应不同，小麦可分为 3 个光周期反应型，即长日敏感型、短日敏感型和不敏感型。根据品种对长日和短日的反应程度不同，长日敏感型又分为长日敏感性（LS）和长日弱敏感性（PLS），短日敏感型又分为短日弱敏感性（PSS）和短日敏感性（SS），加上不敏感性（IS）共 5 类。

辽春 6 号、丰产 3 号、泰山 4 号、农大 139 和肥麦分别代表 5 个不同类型品种，根据不同日长处理下的苗穗期变化作图（图 3-1）。从图 3-1 可以直观地看出，长日敏感型随日长增加发育加快、苗穗期缩短，长光敏感性（LS）和弱长光敏感性（PLS）的区别

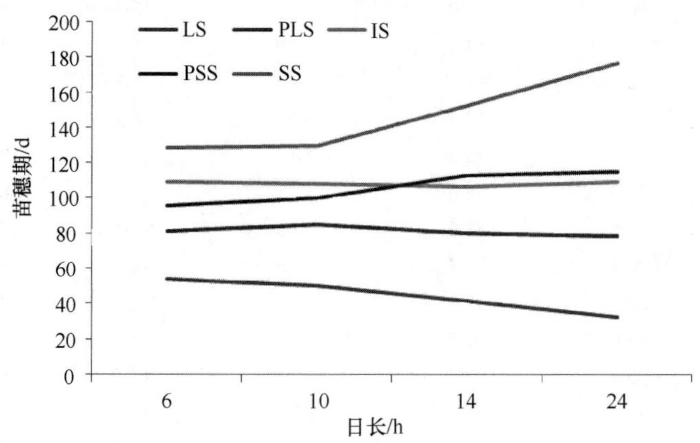

图 3-1　5 个光反应类型品种苗穗期随日长变化情况（另见彩图）

Figure 3-1　SH period variation of five types under different photoperiods (See Colour figure)

只是苗穗期随日长变化的速率不同；短日敏感型则是随日长增加发育进程变慢、苗穗期延长，短日弱敏感性（PSS）和短日敏感性（SS）也是变化的速率不同；不敏感性品种（IS）在不同日长下，苗穗期变化不明显。

进一步分析不同品种苗穗期（y）与光长（x）效应的数量关系，可得出各品种的多项式回归方程如下。

品种	方程	R
辽春 6 号	y=61.1–1.249x	R=0.9831
粤麦 6 号	y=68.1–2.416x+0.040x^2	R=0.9999
滇西洋麦	y=62.3–1.338x	R=0.9876
晋 2148	y=80.4–3.726x+0.078x^2	R=0.9895
绵阳 11 号	y=74.5–3.126x+0.070x^2	R=0.9977
扬麦 3 号	y=79.9–3.528x+0.079x^2	R=0.9926
晋春 5 号	y=67.0–1.277x	R=0.9419
丰产 3 号	y=84.5–0.257x	R=0.6743
晋麦 20 号	y=91.7–0.793x	R=0.9609
临汾 10 号	y=88.6–0.321x	R=0.9010
北京 10 号	y=86.2+1.642x–0.064x^2	R=0.9819
旱选 10 号	y=92.6+0.863x	R=0.8450
农大 139	y=100.9+0.525x	R=0.6115
白秃麦	y=89.0+0.737x	R=0.8222
泰山 4 号	y=113.7–0.910x+0.028x^2	R=0.9325
新冬 2 号	y=79.0+2.855x	R=0.8821
肥麦	y=107.6+2.863x	R=0.9734

由方程可以看出：①在没有低温春化条件下，光长与苗穗期的关系，大部分品种呈线性方程，部分品种为二次曲线。辽春 6 号等 7 个春性品种及丰产 3 号、晋麦 20 号、临汾 10 号 3 个半冬性品种一次项回归系数为负，表明对光长敏感，光照越长，苗穗期越短。7 个春性品种回归系数都大于 1，而 3 个半冬性品种都小于 1，表明春性品种的长光敏感性更强。粤麦 6 号、晋 2148、绵阳 11 号、扬麦 3 号与光照关系又呈二次曲线且二次项回归系数为正，表明对光的敏感度不及辽春 6 号、晋春 5 号和滇西洋麦。②农大 139、旱选 10 号、白秃麦、新冬 2 号、肥麦与光长皆为线性关系，回归系数为正，表明在无春化条件下，都具有短光效应，回归系数大小反映了短光效应的强弱，其中新冬 2 号和肥麦达 2 以上，表明光长每缩短 1h，苗穗期可提前 2d 以上。③在长光敏感型与短光敏感型中间，有两个对光长不敏感的类型，即泰山 4 号和北京 10 号。二者与光长的关系为很弱的二次曲线，近似水平状态，表明其苗穗期随光长变化不大。

二、国内外小麦品种的光周期效应比较

根据田间种植表现选择 5 个国外小麦品种和 3 个国内品种（表 3-3），不经春化处理直接播于气候室的花盆中，温度控制在 20～25℃，出苗后分别给予 6h、12h、24h 光照处理 30d，30d 后统一长光（24h）下生长至收获，其他条件同国内品种试验。试

验期内记录不同处理生育期，苗龄在 20d、26d、50d、70d 时镜检观察穗分化情况，成熟期考种。

表 3-3 国内外供试品种名称及来源
Table 3-3 Varieties and their origin of home and abroad

品种名称	品种来源	品种名称	品种来源
Hareu	英国剑桥 PBI	Excalibur	澳大利亚阿德莱得
Mercia	英国剑桥 PBI	京 841	中国北京
Covon	英国威尔士	晋麦 49	中国山西
Cardinal	美国俄亥俄州	晋春 9 号	中国山西

1. 不同品种苗穗期的光周期效应

无春化条件下，对来自美国、英国、澳大利亚和中国的 8 个代表性品种给予 6h、12h、24h 的光照，其苗穗期表现见表 3-4。表 3-4 表明，同一光照条件下，不同品种间随着冬性增强，苗穗期延长，这与中国品种一样都表现出光照累积量较高。不同品种对光长反应的差异较大，3 个春性品种都表现为长日敏感型，即随着光长的增加苗穗期缩短。其中中国晋春 9 号长日敏感性最强，变异系数达 20.51%，澳大利亚 Excalibur 次之，变异系数为 16.53%，与我国南方春性品种绵阳 11 号、扬麦 3 号接近。英国 Covon 最弱，变异系数为 13.72%。英国冬性品种 Hareu 和 Mercia 则表现为短日敏感型，即短日促进发育，变异系数为 20%左右，类似我国新冬 2 号和肥麦，其余 3 个品种都表现为对日长反应不敏感性，变异系数在 5%以下。

表 3-4 不同光周期条件下不同品种的苗穗期（单位：d）
Table 3-4 SH periods (d) of different varieties under different photoperiods

品种名称	光照时间/（h/d）			平均	CV/%
	6	12	24		
Cardinal	168.0	＞176.0	164.0	169.3	2.95
Hareu	109.0	＞176.0	＞176.0	153.7	20.55
Mercia	90.5	148.5	146.0	128.3	20.86
京 841	129.5	129.0	130.0	129.5	0.32
晋麦 49	103.0	106.0	112.0	107.0	3.50
Covon	71.0	67.0	51.0	63.0	13.72
Excalibur	63.5	54.5	42.0	53.3	16.53
晋春 9 号	66.5	52.0	40.0	52.8	20.51

2. 不同品种穗分化的光周期效应

对参试的 8 个小麦品种，出苗后给予不同光长处理，其穗分化调查结果见表 3-5。表 3-5 表明，高温条件下，无论何种光长，冬性品种穗分化都明显慢于春性品种，到 2 月 23 日即苗龄达 70d 为止，除 Mercia 品种外，冬性品种穗分化都仍处于单棱至二棱阶段；春性品种以 24h 下穗分化最快，都于 2 月 4 日前抽穗，其他光照条件下也于 2 月 23 日相继完成抽穗。春性品种之间的差异表现为：在苗龄 20d 时，短日条件下各品种均处于圆锥到伸长期，中日条件下 Excalibur 和晋春 9 号达到二棱期，长日条件下达药隔期；

而英国的 Covon 中日和长日条件下才分别达到伸长期和二棱期。3 个春性品种苗龄 26 d 时仍有 2～3 个分化期的差异，50 d 以后趋于一致；Excalibur 在中日条件下，抽穗晚于晋春 9 号。3 个春小麦穗分化对光长的反应与苗穗期一致。对冬性品种而言，长光照初期对穗分化有促进作用。苗龄 26d 以前各品种在 24h 光照下比 6h 或 12h 下穗分化快 1～2 个阶段，但后期短日照有明显加速穗分化作用，苗龄 50d 以后 6h 或 12h 光照处理下的穗分化大都赶上 24h 下的穗分化。英国 Mercia 在短日下甚至超过长日下的穗分化，表明短日敏感型品种在光反应初期仍有长日效应，以后才表现为短日效应。同时说明冬性品种在无春化条件下，发育缓慢，甚至 70d 苗龄时还不能通过二棱期，从而造成苗穗期延长。而短日敏感型的冬性品种短日可代替春化作用，表现为短日可促进穗分化通过二棱期达到小花分化期。

表 3-5 不同品种穗分化对光长的反应

Table 3-5 The spike differentiation of different varieties under different photoperiods

光照时间/h	苗龄/d（月/日）	Cardinal	Hareu	Mercia	京 841	晋麦 49	Covon	Excalibur	晋春 9 号
6	20（1/5）	1	1	1	1	2	1	2	1
	26（1/11）	1	2	1	1	2	2	3	2
	50（2/4）	3	2	3	2	3	7	8	8
	70（2/23）	3	3	6	3	4	10	10	10
12	20（1/5）	2	1	3	2	3	2	4	4
	26（1/11）	2	2	3	2	3	3	7	6
	50（2/4）	3	2	3	3	3	7	9	10
	70（2/23）	4	3	4	3	4	10	10	
24	20（1/5）	3	2	3	3	4	4	8	8
	26（1/11）	3	3	3	3	4	6	9	9
	50（2/4）	3	3	3	3	4	10	10	10
	70（2/23）	3	3	3	3	4			

注：1. 圆锥期，2. 伸长期，3. 单棱期，4. 二棱期，5. 护颖分化期，6. 小花分化期，7. 雌雄蕊分化期，8. 药隔期，9. 孕穗期，10. 抽穗期

Note: 1. Meristem, 2. Elongation, 3. Single-ridge, 4. Double-ridge, 5. Glumellule differentiation, 6. Floret differentiation, 7. Pistillate and staminate differentiation, 8. Pollencell differentiation, 9. Booting stage, 10. Heading stage

第二节 小麦对温光反应敏感性的分析

春化与光照是小麦通过阶段发育的基本条件，在实际农业生产过程中，小麦的生长发育总是处于多种生态因素同时并存的环境中。不同的温光条件形成不同的温光组合影响小麦的发育过程，定量研究温光之间的组合效应和互作效应，对揭示小麦温光反应规律具有很重要的理论和实践意义。

研究选用全国生态试验中 17 个代表性品种（表 3-1）。试验处理方法为：首先使种子在培养箱萌动，然后置于 0～2℃的冰箱中进行春化处理，春化处理时间分别为 0d、10d、20d、30d、40d、50d、60d、70d。春化处理结束后，将种子播于花盆中，每盆 10 株，置于人工气候室给予不同的光照处理，光照处理分别为每天 6h、10h、14h、24h，气候室光强为 20 000lx，温度为 20℃左右，连续处理 30d。光照处理结束后移入 15～30℃

的温室，全部给予 24h 长光照，直至成熟。试验期间记录生育期、主茎叶龄、次生根数、分蘖动态等，成熟期全面考种。

在上述研究基础上，于 1995～1997 年在山西农业大学人工气候室进行，供试品种是在田间观察基础上筛选的 8 个代表品种，Mercia 和 Haren 来源于英国，剑桥 PBI，冬性品种；Covon 来源于英国，威尔士，春性品种；Cardinal 来源于美国，俄亥俄，冬性品种；Excalibur 来源于澳大利亚，阿德莱得，春性品种；京 841 来源于中国，北京，冬性；晋麦 49 来源于中国，山西，半冬性；晋春 9 号来源于中国，山西，春性。试验方法为种子经乙醇、氯化汞消毒处理，无菌水浸泡 8h，置光照培养箱（25℃）萌动 12h 后，分批放入 0～3℃冰箱给予 0d、15d、30d、45d、60d 的低温处理。春化处理后 12 月 10 日统一播于花盆，出苗后每盆保留 10 株，12 月 16 日起分别给予每天 6h、12h、24h 光照处理 30d，气候室温度控制在 20～25℃，30d 后统一长光（24h）下生长至收获，记录小麦生育期，镜检观察穗分化过程。

以品种对温光反应的变异系数大小作为对温光反应的敏感性指标，凡变异系数相对较大者表明该品种对处理的反应较大，即温光可引起苗穗期较大的差异。

一、不同春化条件下品种对光周期反应的敏感性

不同品种处于不同春化处理条件下，品种苗穗期对 4 个光长（6h、10h、14h、24h）反应的变异系数不同（表 3-6）。从表 3-6 可以看出，辽春 6 号等 7 个春性、强春性品种，不论春化处理时间多长，其光长反应的变异系数都较大，变异幅度分布在 15.5%～28.7%，表明春化处理对品种苗穗期的光长反应敏感性的影响较小；除春性品种以外的其他所有品种，其不同春化时长的光长反应变异系数差异较大，表明对光长反应的变异受春化影响较大。其中以丰产 3 号为代表的冬春性品种，8 个春化时长的光长变异系数幅度为 3.6%～26.6%，其变异的趋势是春化 10d 以前的处理，变异系数为 3.6%～5.6%，随着春化日数的增加，变异系数增大。从春化 20d 以后光长的变异系数增大，达到 17.2%～26.6%。这一现象表明小麦品种对光长反应的敏感性是在满足春化条件基础上才能得以表现的，也就是说具有春化效应的品种在未经一定春化时长的条件下表现了对光长反应的不敏感状态，也说明满足冬春性品种的春化时间为 10～20d。冬性品种北京 10 号的光长变异系数在春化 20d 以前较小，为 4.1%～5.8%，随着春化日数的增加，变异系数增大，从春化 30d 以后光长的变异系数增大，达到 19.4%～23.6%，说明满足冬性品种的春化时间为 30d。强冬性品种的光长变异系数在春化 30d 以前较小，均在 10%以下，随着春化日数的增加，变异系数增大，从春化 40d 以后光长的变异系数增大，达到 14.1%～27.7%，说明满足强冬性品种的春化时间为 40d。值得指出的是，在春化不能满足，即超强冬性品种肥麦春化 40d 以下、强冬性品种新冬 2 号春化 30d 以下的条件下，表现出光长越短、苗穗期也越短，具有明显的短日促进发育的特性，即短日敏感性较强，光长变异系数较大；随着春化时间延长，品种对长日的敏感性增强，光长变异系数增大；因此，肥麦和新冬 2 号具有短日代替春化的效应，随着春化时间从 0～70d 的延长，光反应表现为从短日敏感到长日敏感，光长变异系数表现出两头大中间小的趋势。

表 3-6 不同春化条件下不同光长平均苗穗期（d）及其变异系数

Table 3-6 Average length and variation of SH periods (d) of wheat varieties treated with different photoperiods under different vernalizations

品种名称	光长处理平均与变异	春化天数/d								CV/%
		0	10	20	30	40	50	60	70	
辽春 6 号	X	44.5	47.0	45.0	47.3	45.3	45.5	49.8		
	CV/%	22.2	21.6	19.1	24.4	22.6	21.1	23.2		19.1～24.4
粤麦 6 号	X	44.5	43.0	44.0	44.3	43.5	44.3	46.3		
	CV/%	21.0	22.9	18.9	19.0	20.3	22.7	23.2		18.9～23.2
滇西洋麦	X	45.0	44.8	47.3	45.3	47.0	44.5	44.8		
	CV/%	22.4	23.7	24.4	23.1	24.8	25.1	28.7		22.4～28.7
晋 2148	X	47.8	47.8	45.8	45.0	43.8	44.5	44.8		
	CV/%	22.6	19.9	24.4	20.8	23.9	23.2	19.3		19.3～24.4
绵阳 11 号	X	48.5	46.8	46.0	44.0	44.8	45.0	44.3		
	CV/%	15.7	19.7	18.0	15.5	19.9	18.9	18.4		15.5～19.9
扬麦 3 号	X	50.3	48.5	46.3	46.3	45.0	46.0	46.8		
	CV/%	17.9	23.5	20.5	20.6	20.1	19.8	20.8		17.9～23.5
晋春 5 号	X	49.8	49.8	46.5	44.3	46.0	46.8	48.0		
	CV/%	21.0	26.0	20.6	23.3	24.8	25.4	25.3		21.0～26.0
丰产 3 号	X	81.0	78.5	70.0	60.8	51.3	51.8	50.8	48.3	
	CV/%	3.6	5.6	11.2	17.2	26.6	24.4	20.8	22.8	3.6～26.6
晋麦 20 号	X	81.0	76.5	76.0	63.2	52.5	54.3	49.8	53.3	
	CV/%	7.9	10.4	11.7	15.5	22.9	27.1	29.3	24.7	7.9～29.3
临汾 10 号	X	84.3	81.5	72.5	60.3	49.5	49.5	47.8	53.5	
	CV/%	3.3	2.6	13.8	21.1	21.9	28.4	36.5	43.0	2.6～43.0
北京 10 号	X	93.5	86.3	81.8	68.3	57.8	56.3	54.8	51.5	
	CV/%	4.1	4.4	5.8	11.2	20.4	19.6	19.4	23.6	4.1～23.6
农大 139	X	108.5	102.8	87.3	69.8	55.8	54.0	53.5	51.3	
	CV/%	6.6	8.6	3.8	12.8	20.8	19.2	22.6	24.5	3.8～24.5
旱选 10 号	X	104.3	103.3	92.0	77.5	64.3	60.3	53.8	55.8	
	CV/%	7.6	8.7	6.8	8.0	22.8	20.8	27.7	21.3	6.8～27.7
白秃麦	X	99.0	101.0	93.5	75.0	59.3	58.3	52.0	55.5	
	CV/%	7.0	6.7	6.4	3.9	21.9	22.2	17.5	21.4	3.9～22.2
泰山 4 号	X	107.8	96.3	99.0	84.8	68.0	64.5	59.3	55.8	
	CV/%	1.2	5.3	5.7	6.8	19.7	14.1	19.1	19.1	1.2～19.7
新冬 2 号	X	117.5	109.3	103.8	94.3	68.5	69.3	66.0	61.0	
	CV/%	21.3	15.2	8.2	6.5	8.6	9.6	14.3	17.8	6.5～21.3
肥麦	X	146.3	139.5	132.0	125.0	107.3	85.8	76.3	71.5	
	CV/%	15.5	12.1	13.8	9.8	19.0	7.4	13.2	14.0	7.4～19.0

进一步对国内外小麦品种进行对比，研究结果见表 3-7，由表 3-7 可以看出，英国 Covon、澳大利亚 Excalibur 和中国晋春 9 号品种，不论春化处理时间多长，其光长反应的变异系数都较大，变异幅度分布在 13.72%～22.24%，属于春性、强春性品种类型。中

表 3-7 品种在不同温光互作条件下的苗穗期（d）及变异

Table 3-7 SH periods (d) and their variations under different vernalizations and photoperiods

品种	光照时间/h	低温春化天数/d					平均	CV/%
		0	15	30	45	60		
Cardinal	6	168.0	155.5	96.5	70.5	67.0	111.5	38.08
	12	＞176.0	169.0	85.5	60.5	59.0	110.0	47.22
	24	164.0	153.0	84.5	50.5	46.0	99.6	50.22
	平均	169.3	159.2	88.8	60.5	57.3		
	CV/%	2.95	4.42	6.12	13.50	15.09		
Hareu	6	109.0	110.5	82.0	76.0	73.0	90.1	18.10
	12	＞176.0	143.0	78.0	72.0	70.5	107.9	40.29
	24	＞176.0	172.0	69.0	60.0	55.0	106.4	50.06
	平均	153.7	141.8	76.3	69.3	66.2		
	CV/%	20.55	17.71	7.12	9.81	12.03		
Mercia	6	90.5	88.0	72.0	69.5	69.0	77.8	12.13
	12	148.5	127.5	69.0	66.0	65.5	95.3	37.26
	24	146.0	122.0	57.0	48.5	48.0	84.3	49.12
	平均	128.3	112.5	66.0	61.3	60.8		
	CV/%	20.86	15.53	9.82	14.98	15.10		
京 841	6	129.5	112.0	69.5	62.5	59.5	86.6	33.04
	12	129.0	115.0	69.0	53.5	51.5	83.6	38.65
	24	130.0	112.0	51.0	45.5	40.0	75.7	49.65
	平均	129.5	113.0	63.2	53.8	50.3		
	CV/%	0.32	1.25	13.62	12.90	15.90		
晋麦 49	6	103.0	85.0	63.0	59.0	56.0	73.2	24.66
	12	106.0	90.0	53.5	50.0	40.0	69.5	34.36
	24	112.0	78.0	45.0	37.5	36.0	61.7	47.64
	平均	107.0	84.3	53.8	48.8	44.0		
	CV/%	3.50	5.84	13.66	18.05	17.61		
Covon	6	71.0	70.0	69.5	69.0	69.0	69.7	1.07
	12	67.0	65.5	66.5	65.5	65.5	66.0	0.96
	24	51.0	49.5	48.0	47.5	46.0	48.4	3.54
	平均	63.0	61.7	61.3	60.7	60.2		
	CV/%	13.72	14.27	15.50	15.53	16.82		
Excalibur	6	63.5	63.0	60.5	61.5	62.0	62.1	1.72
	12	54.5	54.0	51.0	50.5	51.0	52.2	3.24
	24	42.0	40.5	38.0	37.0	36.5	38.8	5.44
	平均	53.3	52.5	49.8	49.7	49.8		
	CV/%	16.53	17.61	18.51	20.17	20.96		
晋春 9 号	6	66.5	66.5	65.5	64.5	63.0	65.2	2.03
	12	52.0	51.5	51.0	51.0	50.5	51.2	1.00
	24	40.0	39.0	38.0	36.5	36.5	38.0	3.63
	平均	52.8	52.3	51.5	50.7	50.0		
	CV/%	20.51	21.48	21.81	22.24	21.65		

国京 841、晋麦 49 的光长变异系数在春化 15d 以前较小，在 0.32%～5.84%，随着春化日数的增加，变异系数增大；从春化 30d 以后光长的变异系数增大，达到 12.9%～18.05%，属于冬性品种类型。美国 Cardinal 品种的光长变异系数在春化 30d 以前较小，在 2.95%～4.42%，随着春化日数的增加，变异系数增大；从春化 45d 以后光长的变异系数增大，达到 13.5%～15.09%，属于强冬性品种类型。而英国 Hareu 和 Mercia 品种与国内的肥麦类似，对光长的反应表现出从春化不足的短日敏感到满足春化后的长日敏感，光长变异系数也表现出两头大中间小的趋势。

由表 3-7 还可以看出，国内外小麦品种中，英国 Covon、澳大利亚 Excalibur 和中国晋春 9 号在不同光长处理下，春化反应都很小，苗穗期变异系数都在 5%以下。而其余 5 个冬性品种也表现出随着光照时间的加长，春化效应加大，24h 长光条件下，苗穗期变异系数都在 50%左右。也反映了在促进小麦发育进程中，光长对春性品种和春化对冬性品种的主导作用。

二、不同光照条件下品种对春化反应的敏感性

不同光长条件下品种对春化反应的敏感性也不同（表 3-8）。从表 3-8 可以看出，辽春 6 号、粤麦 6 号、滇西洋麦 3 个强春性品种在任何光长条件下，对春化处理的反应都不敏感，变异系数都在 5%以下，进一步说明这 3 个品种为无春化反应；晋 2148、绵阳 11 号、扬麦 3 号、晋春 5 号 4 个春性品种对春化处理的反应敏感性较小，变异系数都在 10%以下。上述两类春性品种对春化处理苗穗期变异较小，最大变异系数平均仅 6.8%，而对光长反应十分敏感，最大变异系数平均达 24.3%。除上述两类春性品种外，其余 10 个品种无一例外地表现了随着光照时间的加长，春化效应的变异系数加大。这一现象表明，随着光长的增长，由于光长逐渐不成为限制因素，品种对不同春化时间的反应明显地表现出来，表现在不同春化处理平均苗穗期的变异系数加大。尤其是处于 24h 长光照下，不同品种、不同春化时长的变异最大。从其变异系数绝对值看出，不同春化处理的苗穗期变异值远大于不同光照的变异值，一般达 30%以上，最高达 47.4%，10 个品种最大变异系数平均达 39%，而不同光照处理最大变异系数平均仅为 25.4%。反映了光长在促进春性品种发育进程中的主导作用，而低温春化是促进冬性品种发育进程的主要因素。

表 3-8　不同光长条件下不同春化时间平均苗穗期（d）及其变异

Table 3-8　Average and variation of SH periods (d) of wheat varieties treated with different vernalizations under different photoperiods

品种名称	春化处理平均与变异	光照时间/h				CV/%
		6	10	14	24	
辽春 6 号	X	58.1	49.6	43.7	34.0	
	CV/%	6.5	3.8	3.4	4.5	3.4～6.5
粤麦 6 号	X	55.3	47.1	41.4	33.1	
	CV/%	2.9	4.0	3.1	2.1	2.1～4.0
滇西洋麦	X	58.0	50.9	40.4	32.6	
	CV/%	3.3	2.4	4.5	3.0	2.4～4.5

续表

品种名称	春化处理平均与变异	光照时间/h				CV/%
		6	10	14	24	
晋 2148	X	57.0	50.0	41.1	34.3	
	CV/%	4.3	4.9	4.3	5.2	4.3～5.2
绵阳 11 号	X	55.1	48.6	42.7	36.0	
	CV/%	4.4	3.1	2.6	6.4	2.6～6.4
扬麦 3 号	X	58.1	50.6	43.4	35.9	
	CV/%	4.4	4.2	3.2	6.5	3.2～6.5
晋春 5 号	X	60.0	51.6	43.6	34.0	
	CV/%	5.4	6.7	3.9	6.8	3.9～6.8
丰产 3 号	X	69.6	66.8	60.4	49.8	
	CV/%	11.9	18.5	25.8	35.7	11.9～35.7
晋麦 20 号	X	76.1	66.3	61.1	50.8	
	CV/%	9.1	21.6	24.9	28.0	9.1～28.0
临汾 10 号	X	76.0	64.1	58.6	50.6	
	CV/%	11.7	26.8	32.1	39.0	11.7～39.0
北京 10 号	X	76.4	71.6	68.6	58.4	
	CV/%	14.7	19.9	28.2	35.6	14.7～35.6
农大 139	X	79.8	75.4	73.1	63.1	
	CV/%	21.0	27.3	38.0	47.4	21.0～47.4
旱选 10 号	X	80.1	80.0	78.1	66.8	
	CV/%	14.4	23.0	33.3	45.2	14.4～45.2
白秃麦	X	78.1	77.1	75.1	66.4	
	CV/%	15.7	23.4	33.2	43.4	15.7～43.4
泰山 4 号	X	85.3	82.6	80.3	69.5	
	CV/%	19.0	23.4	25.7	36.5	19.0～36.5
新冬 2 号	X	84.8	81.1	90.9	88.0	
	CV/%	12.9	19.1	32.5	40.6	12.9～40.6
肥麦	X	103.8	104.8	113.9	119.6	
	CV/%	17.9	21.0	30.0	38.6	17.9～38.6
平均	X	71.27	65.78	62.14	54.29	
	CV/%	10.56	14.89	15.34	24.97	

第三节　不同品种苗穗期的温光组合效应

一、最短苗穗期的温光组合

最短苗穗期是指在温光最佳组合下（包括人工控制条件下）品种由出苗到抽穗的时间最短。最短苗穗期可以反映品种对温光的基本数量要求和对温光发育的反应特性。由表 3-9 可以看出：①品种间苗穗期最短的为春性品种（辽春 6 号、晋春 5 号等），为 31～32d，最长的为肥麦，达 58d。由春性到超强冬性品种之间，最短苗穗期的差值为 27d。

在两者之间的品种间最短苗穗期差异不大，呈缓慢增加趋势。由于本试验最短苗穗期是在出苗前已经充分满足了春化发育对低温的要求，又在出苗后给予不同品种所要求的不同光照长度（包括每日以 6h、10h、14h 和 24h 的光照），即在最充分满足品种温光条件下所获得的苗穗期，故这个苗穗期可以看作是品种的基本生长期（指出苗至抽穗的时期）。由于这种苗穗期已经去掉了品种间春化时长的差异，因而品种之间最短苗穗期的差异大大地缩短了，并有趋于一致的倾向，如最短苗期在 31～40d 的包括供试验的 14 个品种，占供试验品种数的 82%。其中包括强春性、春性、冬春性、冬性和强冬性的品种系列。值得指出的是，本试验最长春化处理天数为 70d，这对肥麦和新冬 2 号品种来说是否已达到其最适春化时间，尚难定论。如果继续延长其春化时间可以缩短苗穗期的话，那么品种间最短苗穗期的差异会更加缩小。②不同类型品种最短苗穗期温光组合不同，这种差异主要表现在对低温春化时间的不同，包括不要求低温发育的辽春 6 号及要求不同负积温时长的品种。其中强春性品种不受低温春化时间的影响，任何低温春化处理下只要给 24h 长日都可以达到发育最快、苗穗期最短，春性品种要求春化处理 10d 以上、冬春性和冬性品种 40d 以上、强冬性和超强冬性品种 60d 以上，给 24h 长日分别可以达到发育最快、苗穗期最短；所有品种最短苗穗期的光照组合都是长日照 24h，说明长日照为小麦品种加速发育的最佳条件，这也体现了小麦属于长日照作物的共同特性。

表 3-9　不同品种苗穗期对温光组合的反应

Table 3-9　Response of SH periods in different varieties to combination of vernalizations and photoperiods

品种名称	最短苗穗期/d		最长苗穗期/d		长短差值/d	CV/%
	天数	温+光组合	天数	温+光组合		
辽春 6 号	32～34	*X*+24	64	60+6	32	19.54
粤麦 6 号	32～34	*X*+24	58	60+6	26	18.51
滇西洋麦	32～34	*X*+24	60	60+6	28	21.60
晋 2148	32～34	＞10+24	60	≤10+6	28	19.36
绵阳 11 号	34～36	＞10+24	58	≤10+6	24	16.49
扬麦 3 号	34～36	＞10+24	62	≤10+6	27	18.11
晋春 5 号	31～35	＞10+24	64	*X*+6	33	21.06
丰产 3 号	34～37	＞40+24	85	0+10	51	24.53
晋麦 20 号	38～49	＞40+24	86	0+10	48	24.05
临汾 10 号	34～37	＞40+24	87	0+10	53	29.14
北京 10 号	37～42	＞40+24	97	0+14	60	24.84
农大 139	36～38	＞60+24	115	0+＞14	79	32.36
旱选 10 号	36～40	＞60+24	111	0+＞14	75	28.77
白秃麦	40～41	＞50+24	105	0+＞14	65	28.39
泰山 4 号	43～44	＞60+24	109	0+*X*	66	25.44
新冬 2 号	50	70+24	142	0+24	92	27.53
肥麦	58	70+24	176	0+24	118	27.83
品种间差异	27		118			

注：温光组合，“+”前为低温处理日数，“+”后为每日光照时间（h）（*X* 为任意春化或日照处理）

Note: vernalization (d) + daylength (h) in T+D (*x*. any vernalization or daylength)

由表 3-10 可以看出，不论是美国、英国还是澳大利亚的供试品种，其最短苗穗期也都以 24h 长光照为最佳条件，品种之间的差异主要表现在春化处理时间上，冬性越强，最短苗穗期要求春化时间越长；春性越强，对春化时间要求越不严格，这与中国品种结果一致。

表 3-10　品种最短最长苗穗期的温光组合效应

Table 3-10　The vernalization and photoperiod combination of shortest and longest SH periods

品种名称	最短苗穗期/d		最长苗穗期/d		长短差值/d
	天数	温+光组合	天数	温+光组合	
Cardinal	46	60+24	＞176	0+12	＞138
Hareu	55	60+24	＞176	0+24	＞121.0
Mercia	48	＞45+24	148.5	0+24	100.5
京 841	40～45.5	＞45+24	130	0+24	90
晋麦 49	36～37	＞45+24	112	0+24	76
Covon	46～48	＞30+24	71	≤15+6	25
Excalibur	36.5～40	＞15+24	63.5	≤15+6	27
晋春 9 号	36.5～40	*X*+24	66.5	≤30+6	30
品种间差值	19		＞112.5		

注：温光组合，“+”前为低温处理日数，“+”后为每日光照时间（h）（*X* 为任意春化或日照处理）

Note: vernalization (d) + daylength (h) in T+D (*x*. any vernalization or daylength)

二、最长苗穗期的温光组合

品种最长苗穗期是指品种在最不利于其发育的温光组合条件下的苗穗期。由表 3-9、表 3-10 可以看出：①品种间最长苗穗期差异远比最短苗穗期的差异要大。从强春性、春性、冬春性、冬性、强冬性到超强冬性品种最长苗穗期由 58d 增加至 176d，冬性越强最长苗穗期越长，品种之间相差达 118d。②品种间最长苗穗期的温光组合不同。造成春性品种发育迟缓、苗穗期加长的原因是春化处理时间的加长和短光照，说明低温春化和短日都不利于春性品种发育。除春性品种外大部分有春化负积温效应的冬性品种，最长苗穗期几乎都是在不给任何春化处理的条件下延迟抽穗所致。最长苗穗期的光照组合差别较大，由短日照 6h 到长日照 24h，都可成为苗穗期延长的原因。对无春化反应的春性品种，6h 短日照是造成苗穗期延长的光照因素。但对冬性较强的品种类型，包括农大 139、旱选 10 号、白秃麦、新冬 2 号、肥麦等品种，在不给春化处理的条件下，24h 的长日照也成为苗穗期延长的组合因素之一。③各品种最短苗穗期与最长苗穗期的差异反映了品种对温光要求严格程度和互作效应的差异。凡对温光要求严格，温光互作效应较为明显者，其最短苗穗期和最长苗穗期差异值较大。由表 3-10 可以看出，除了上述共同规律外，美国 Cardinal 和英国 Hareu 品种在无春化的不利条件下，苗穗期长达 176d 以上（176d 时还未抽穗），与最短苗穗期相差 130d 和 121d 以上，表明其对光温组合的敏感性更强。另外，英国 Covon 和澳大利亚 Excalibur 品种，春化时间延长并不影响发育，相反，最短苗穗期要求一定的春化处理，表明两品种有一定春化效应。

三、温光效应对苗穗期的作用力

根据供试品种在不同温光互作条件下的苗穗期结果，采用变异因素的方差分析原理进行温光对不同品种作用力的分析，其中：

春化对苗穗期作用力%=（温度处理方差/总方差）×100

光长对苗穗期作用力%=（光长处理方差/总方差）×100

根据上述定义计算 17 个品种的温光对苗穗期作用力得出表 3-11。由表 3-11 可以看出，温光对不同品种通过发育的作用力不同。以低温作用力或光长作用力超出 70%以上为强弱界限，可将来自全国各麦区的 17 个品种，基本上分为三大类群，即温敏感发育类群、光敏感发育类群及温光兼敏感发育类群。

表 3-11　温光对不同品种苗穗期作用力分析

Table 3-11　The affecting force (AF) of vernalization and photoperiod on SH periods of different varieties from China

品种名称	低温作用力/%	光长作用力/%	类型
辽春 6 号	1.8	97.8	光敏感
粤麦 6 号	0.7	99.1	光敏感
滇西洋麦	0.5	99.3	光敏感
晋 2148	1.3	98.3	光敏感
绵阳 11 号	1.9	97.7	光敏感
扬麦 3 号	1.7	97.9	光敏感
晋春 5 号	1.5	97.9	光敏感
丰产 3 号	52.6	45.8	温光兼敏感
晋麦 20 号	40.6	58.1	温光兼敏感
临汾 10 号	48.9	47.1	温光兼敏感
北京 10 号	73.2	25.4	温敏感
旱选 0 号	81.1	14.8	温敏感
农大 139	83.1	14.9	温敏感
白秃麦	85.4	11.3	温敏感
泰山 4 号	79.6	18.9	温敏感
新冬 2 号	87.3	5.9	温敏感
肥麦	83.8	11.1	温敏感

注：方差分析结果均达到极显著标准

Note: Significant at P=0.01 level for all variety from F-test of variance analysis

温敏感发育类群品种，要求低温春化较严格，供试品种的春化作用力分布在 73.2%～87.3%，包括冬性、强冬性到超强冬性品种，主要为北方晚熟冬麦区品种，包括西藏及新疆冬麦区品种。光敏感发育类群，供试品种光长作用力都达到 90%以上，变异幅度为 97.7%～99.3%，包括强春性、春性品种。这些品种主要分布在我国南北两片，即北部的东北、华北、西北春麦区和南部长江流域、华南沿海及云贵高原区。这些品种无低温春化效应或表现微弱春化效应，但对光长都表现了强烈敏感。居两大类中间的为温光兼敏感型发育类群，其温光作用力各占 40%～60%，为冬春性品种，主要是黄淮麦区早熟冬春性品种，如丰产 3 号、晋麦 20 号、临汾 10 号，具有中间过渡类群的特点。

根据作用力大小，表 3-12 中 Covon、Excalibur 和晋春 9 号属于光敏感发育类群，其余 5 个品种则属于温敏感发育类群。此外，英国 Hareu、Mercia 和晋麦 49 温光互作效应比较明显，温光互作作用力在 15.95%～24.20%。

表 3-12 温光对苗穗期的作用力

Table 3-12 AF of vernalization and photoperiod on SH periods of different varieties from home and abroad

品种	低温作用力	光长作用力	互作作用力	类型
Cardinal	96.10**	0.95**	0.85	温敏感
Hareu	80.03**	3.56**	15.95**	温敏感
Mercia	76.23**	4.81**	17.91**	温敏感
京 841	95.95**	1.89**	1.48	温敏感
晋麦 49	69.75**	3.68	24.20**	温敏感
Covon	1.05	96.97**	0.41*	光敏感
Excalibur	2.54*	94.80**	0.40*	光敏感
晋春 9 号	0.86	97.54**	0.18	光敏感

*为方差检验显著，**为方差检验极显著

*significant at P=0.05 level, **significant at P=0.01 level

四、苗穗期与温光效应的回归分析

根据试验结果，以 x_1 代表低温处理天数，以 x_2 代表光长处理时数，以 y 代表相应的苗穗期天数，计算不同品种二元多次逐步回归方程的数学模型为

$$y=b_0+b_1x_1+b_2x_2+b_3x_1^2+b_4x_2^2+b_5x_1x_2+b_6x_1^2x_2+b_7x_1x_2^2+b_8x_1^2x_2^2$$

分析供试品种对温光反应的数量特征（回归方程）的差异，可分为以下类型。

1. 春性品种

春性品种包括辽春 6 号、粤麦 6 号、滇西洋麦 3 个强春性品种和晋 2148、绵阳 11 号、扬麦 3 号、晋春 5 号 4 个春性品种，其回归方程如下。

辽春 6 号　$y=71.9-2.792x_2+0.000\ 86x_1^2+0.949x_2^2$　R=0.9773

粤麦 6 号　$y=67.7-2.346x_2+0.038x_2^2$　R=0.9642

滇西洋麦　$y=77.1-3.466x_2+0.067x_2^2$　R=0.9828

晋 2148　$y=76.3-0.063x_1-3.208x_2+0.067x_2^2$　R=0.9804

绵阳 11 号　$y=70.2-0.060x_1-2.475x_2+0.047x_2^2$　R=0.9868

扬麦 3 号　$y=77.5-0.254x_1-2.965x_2+0.0032x_1^2+0.057x_2^2$　R=0.9907

晋春 5 号　$y=80.6-0.287x_1-3.194x_2+0.0041x_1^2+0.0058x_2^2$　R=0.9796

在试验处理范围内，上述 7 个品种的共同特点是方程中都没有入选互作项，表明其发育过程不存在温光互作效应，低温与光长单独对发育起促进或抑制作用；苗穗期与光长都为二次抛物线形，在试验处理范围内长光照一直起着加速发育的作用，无论春化时间长短，一般都表现为 24h 光照下的抽穗期最早。同时由于不存在温光互作效应，无论有无春化效应，长光都有利于抽穗，明显地表明该类品种属长日敏感型。属于此类型的品种为我国高纬度高海拔的春播春性品种和长江流域及其以南秋冬播种的春性类型品

种。品种之间的差异表现为，3 个强春性品种中辽春 6 号 b_3 为 0.000 86，表明低温延缓抽穗，并随低温处理天数的增加，延缓作用呈平方形式加剧。粤麦 6 号和滇西洋麦回归方程中没有入选变量 x_1，表明苗穗期的长短，单独受光长制约，不因春化时长而发生显著变化。其余 4 个春性品种回归方程入选了变量 x_1，表现出微弱的春化负积温效应，其中晋 2148、绵阳 11 号方程中 x_1 的作用为线性，b_1 分别为 0.063 和 0.060，说明每增加 1d 的春化时间苗穗期只能缩短 0.06d 左右；扬麦 3 号和晋春 5 号方程中 x_1 的作用方式为抛物线形式，这些品种发育过程中适当的低温处理可以加速抽穗，但春化时间过长反而会延缓抽穗，一般这类品种在春化处理超过 20d 后就明显延缓了抽穗。

为了直观反映不同温光条件下苗穗期的变化趋势，以辽春 6 号为例，根据不同温光条件下苗穗期作图（图 3-2）。由图 3-2 可直观地看出，春性品种的苗穗期主要受日长的影响，随着日长的加长，不同春化处理的苗穗期同步缩短。表现出短日照一侧苗穗期最长，长日照一侧苗穗期最短的变化趋势。

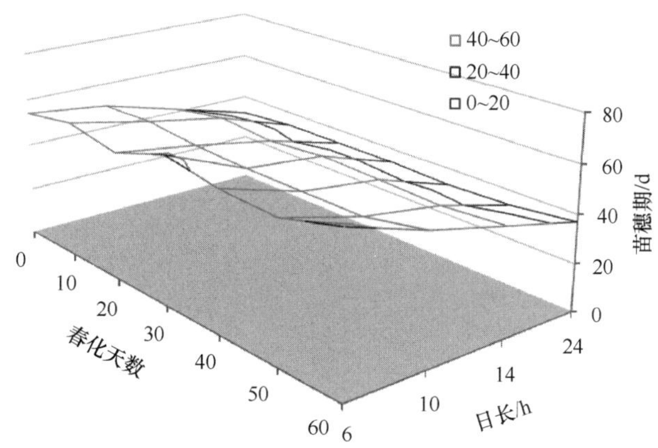

图 3-2　辽春 6 号不同温光条件下苗穗期变化（另见彩图）

Figure 3-2　SH periods of Liaochun 6 under different vernalizations and photoperiods (See Colour figure)

2. 冬春性品种

冬春性品种包括供试的丰产 3 号、晋麦 20 号和临汾 10 号 3 个品种，其回归方程如下。

丰产 3 号	$y=83.1-0.062x_1x_2+0.000\ 020x_1^2x_2^2$	$R=0.9261$
晋麦 20 号	$y=84.8-0.062x_1x_2+0.000\ 020x_1^2x_2^2$	$R=0.9492$
临汾 10 号	$y=87.5-0.075x_1x_2+0.000\ 026x_1^2x_2^2$	$R=0.9261$

冬春性品种的共同特点是入选的回归项皆有温光的互作项，包括一次互作和二次互作，而无 x_1 和 x_2 的单效项。表明这类品种不存在先春化后光照的温光发育“顺序型”，而是随着低温春化效应的开始，长光照就可伴随产生互作效应。均在春化开始 10d 以后，温光就开始发生交互作用，交互拐点都在春化 10～20d。同时由于互作形式都包括二次项，表明随春化日数的增加，长光照的作用反而有所减弱。而在相同春化时长处理条件下，不同光长也表现了对抽穗作用的不同，如丰产 3 号春化处理 40d 与春化 30d 相比，6h 光长下缩短苗穗期 3d，而 24h 光长下缩短 11d。属于这种互作类型的品种多为我国黄淮麦区弱冬性类型品种。

以丰产 3 号为例，根据不同温光条件下苗穗期作图（图 3-3）。由图 3-3 可直观地看出，冬春性品种的苗穗期同时受春化和日长的影响，随着春化时间和日长的延长，品种的苗穗期同步缩短，表现出无春化与短日照端苗穗期最长，70d 春化与长日照端苗穗期最短的变化趋势。

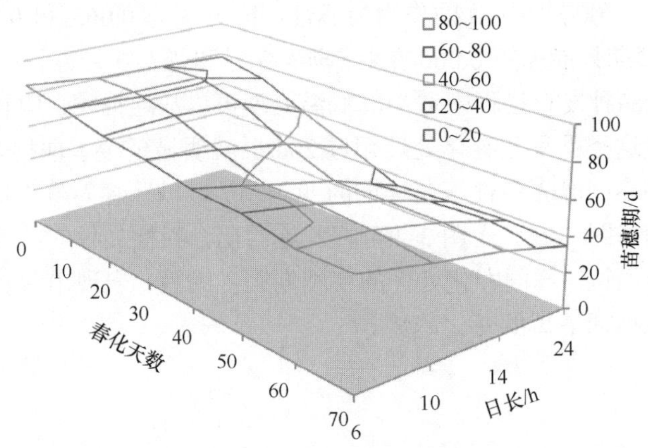

图 3-3　丰产 3 号不同温光条件下苗穗期变化（另见彩图）

Figure 3-3　SH periods of Fengchan 3 under different vernalizations and photoperiods (See Colour figure)

3. 冬性、强冬性品种

冬性、强冬性品种包括供试的北京 10 号、旱选 10 号、农大 139、白秃麦、泰山 4 号 5 个品种，其回归方程如下。

北京 10 号	y=95.9–0.760x_1+0.0067x_1^2–0.026x_1x_2	R=0.9751
旱选 10 号	y=110.0–0.925x_1+0.0066x_1^2–0.0027x_1x_2	R=0.9484
农大 139	y=113.8–1.475x_1+0.013x_1^2–0.0026x_1x_2	R=0.9707
白秃麦	y=106.6–0.925x_1+0.0065x_1^2–0.0024x_1x_2	R=0.9369
泰山 4 号	y=107.3–0.480x_1–0.024x_1x_2	R=0.9604

冬性、强冬性品种的共同特点是回归项入选了低温一次项、二次项和温光交互的一次项。其中低温效应以线性为主，一次项的回归系数达 0.760～1.475。在试验范围内其作用远大于二次项。只有低温春化时间超过一定量后，才使其对抽穗的促进作用减弱。表明在一定范围内的低温可以明显地缩短苗穗期。同时由于交互作用的存在，低温春化天数相同时，24h 的长光照对抽穗的促进作用远大于其他光照时间。该类品种温光互作在春化 30d 左右，表明其长光效应是在一定春化时长基础上才能起作用的。在此之前不同光长处理苗穗期呈水平状态，说明苗穗期无差异，而在春化约 30d 以后，随光长加长苗穗期显著缩短，泰山 4 号也属于此类型。

以农大 139 为例，根据不同温光条件下苗穗期作图（图 3-4）。由图 3-4 可直观地看出，强冬性品种的苗穗期在春化约 30d 以前主要受春化的影响，随着春化时间延长，苗穗期缩短；30d 以后，随着春化时间和日长的延长，品种的苗穗期同步缩短，表现出无春化一端苗穗期最长，70d 春化与长日照端苗穗期最短的变化趋势。

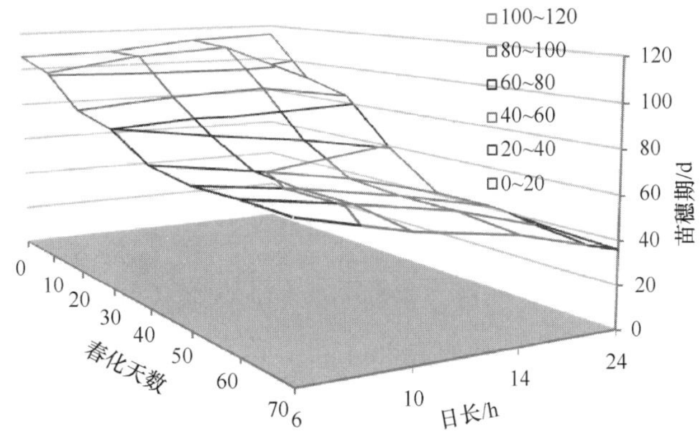

图 3-4　农大 139 不同温光条件下苗穗期变化（另见彩图）

Figure 3-4　SH periods of Nongda139 under different vernalizations and photoperiods (See Colour figure)

4. 超强冬性品种

超强冬性品种包括供试品种新冬 2 号和肥麦，其回归方程如下。

新冬 2 号　　$y=87.5+2.426x_2-0.035x_1x_2+0.000\,015x_1^2x_2^2$　　$R=0.9448$

肥麦　　$y=116.1-0.771x_1+2.349x_2-0.000\,026x_1^2x_2^2$　　$R=0.9591$

超强冬性品种中，光长 x_2 的作用为正值，其回归系数分别达到 2.426 和 2.349，说明两个品种都存在较强的短光促进发育的效应，若单独考虑光长的作用，即光长缩短 1h 苗穗期可提早 2.426d 和 2.349d。这两个品种都具有交互项，互作发生在春化 50d 以后，这一现象说明该类品种需要经过较长时间春化（50d 以上）之后长光照才能起促进作用，在此之前短光对抽穗具有明显的促进作用，而这种短光的促进作用随着低温处理天数的增加而消失。例如，新冬 2 号在 30d 以上的低温处理后，短光的促进作用消失，而肥麦则要求春化 50d 以后短光的促进作用才变弱，表明具有较强与较长时间春化效应的品种，当春化效应未完成时，短光可代替低温效应促进发育抽穗。

以肥麦为例，根据不同温光条件下苗穗期作图（图 3-5）。由图 3-5 可直观地看出，超强冬性品种的苗穗期在春化 50d 以前短日效应大于春化效应，苗穗期主要受短日的影

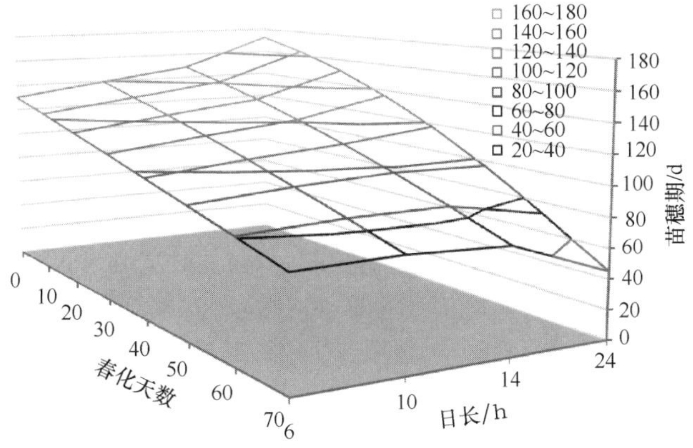

图 3-5　肥麦不同温光条件下苗穗期变化（另见彩图）

Figure 3-5　SH periods of Feimai under different vernalizations and photoperiods (See Colour figure)

响而缩短；50d 以后，则同时受春化与长日照影响，随着春化时间和日长的延长，品种的苗穗期同步缩短，表现出无春化与长日照一端苗穗期最长，70d 春化与长日照一端苗穗期最短的变化趋势。

第四节 小麦品种穗分化的温光互作效应

品种穗分化进程是小麦发育的重要指标，解剖观察国内外小麦品种幼穗分化情况，见表 3-13。由表 3-13 可以看出，在所有春化条件下 3 个春性品种都可以完成穗分化过程，春化处理对 Covon 和 Excalibur 穗分化进程有促进作用，但作用较小。春性品种穗分化进程主要受日长的影响，3 个春性品种在所有春化处理条件下，都表现出长日促进穗分化的特性，但品种之间也存在一定的差异。中国晋春 9 号在 1 月 5 日观察，短日（6h）处理穗分化处于圆锥至伸长期，中日（12h）处理到二棱至护颖分化期，长日（24h）处理的已到雌雄蕊分化至药隔期，表现为随日长增加穗分化加快；英国 Covon 品种在 1 月

表 3-13 不同温光条件下不同品种小麦穗分化

Table 3-13 The spike differentiation of different varieties under different vernalizations and photoperiods

春化时间/d	调查日期（月/日）	光照处理/h																							
		Cardinal			Hareu			Mercia			京 841			晋麦 49			Covon			Excalibur			晋春 9 号		
		6	12	24	6	12	24	6	12	24	6	12	24	6	12	24	6	12	24	6	12	24	6	12	24
0	1/5	1	2	3	1	1	2	1	3	3	1	2	3	2	3	4	1	2	4	2	4	8	1	4	8
	1/11	1	2	3	2	2	3	1	3	3	1	2	3	2	3	4	2	3	6	3	7	9	2	6	9
	2/4	3	3	3	2	3	3	3	3	3	2	3	3	3	3	4	7	7	10	8	9	10	8	10	10
	2/23	3	4	3	3	3	3	6	4	3	3	3	3	4	4	4	10	10		10	10		10		
15	1/5	1	3	3	1	2	3	1	3	3	1	3	3	2	3	4	1	2	5	3	6	8	1	4	7
	1/11	3	3	3	1	3	3	1	3	3	1	3	3	3	4	4	2	4	7	4	7	8	2	6	8
	2/4	2	3	3	2	3	3	3	3	4	3	3	3	4	4	4	6	7	10	8	9	10	8	10	10
	2/23	3	4	3	4	3	4	6	4	4	3	4	3	4	4	4	10	10		10	10		10		
30	1/5	1	3	4	1	2	3	1	3	4	1	3	4	2	4	4	1	3	6	3	6	8	1	5	8
	1/11	2	3	4	2	3	3	1	3	5	2	3	4	3	4	7	2	4	8	4	8	9	3	8	9
	2/4	4	4	4	4	5	8	5	7	9	7	5	10	7	10	10	6	8	10	9	10	10	8	10	10
	2/23	6	4	6	9	9	10	10	10	10	10	10		10			10	10		10			10		
45	1/5	1	4	4	1	2	4	1	2	5	1	4	7	3	6	8	1	3	7	3	6	9	2	5	8
	1/11	2	4	6	1	3	4	2	4	8	3	6	8	5	7	9	2	4	8	5	8	10	3	7	9
	2/4	7	9	10	5	7	9	7	7	10	9	10	10	9	10	10	7	8	10	9	10		8	10	10
	2/23	10	10		9	10	10	10	10		10			10			10	10		10			10		
60	1/5	2	5	7	1	3	4	1	3	7	3	6	8	4	7	8	1	3	7	4	6	8	2	5	8
	1/11	3	5	8	1	4	6	2	4	8	4	7	9	5	8	9	2	4	8	5	8	9	3	8	9
	2/4	7	10	10	6	7	9	7	9	10	9	10	10	9	10	10	7	8	10	9	10	10	9	10	10
	2/23	10			10	10	10	10	10		10			10			10	10		10			10		

注：1. 圆锥期，2. 伸长期，3. 单棱期，4. 二棱期，5. 护颖分化期，6. 小花分化期，7. 雌雄蕊分化期，8. 药隔期，9. 孕穗期，10. 抽穗期

Note: 1. Meristem, 2. Elongation, 3. Single-ridge, 4. Double-ridge, 5. Glumellule differentiation, 6. Floret differentiation, 7. Pistillate and staminate differentiation, 8. Pollencell differentiation, 9. Booting stage, 10. Heading stage

5 日观察，短日处理穗分化为伸长期，中日处理为伸长至单棱期，长日处理的无春化处理下为二棱期，45d 春化处理后到雌雄蕊分化期；澳大利亚 Excalibur 品种在短日处理下，穗分化为伸长至二棱期，中日处理为二棱期至小花分化期，长日处理的穗分化都可达药隔期。英国 Covon 和澳大利亚 Excalibur 两品种都表现为随日长和春化增加穗分化加快，日长与春化处理具有正互作效应。可见，中国晋春 9 号的长日反应最强，日长处理可使穗分化进程相差 7 个时期，且不受春化的影响；英国春麦 Covon 与澳大利亚春麦 Excalibur 对长日反应较小，日长处理使穗分化相差 3～6 个时期，且受春化处理的影响，特别是英国春麦 Covon 在长日下春化可使穗分化提早 3 个分化期（二棱期至雌雄蕊分化期）。

5 个冬性小麦品种穗分化进程受春化作用的影响较大，当春化处理 30d 以下时，冬性品种除英国 Mercia 品种外，在 1 月 5 日观察，穗分化都处在二棱期或二棱期以前。表明 30d 以下低温处理不能满足穗分化发育要求的春化条件，因而穗分化未能通过春化发育的临界期（二棱期），同时在春化不能满足时，穗分化表现出一定的长日效应，即短日下穗分化为圆锥期，而长日下可达单棱期。与众不同的是，英国 Mercia 品种则表现出了短日效应，即在 30d 以下春化不能满足条件下，短日处理的穗分化可达小花分化期，长日的仍处于二棱期以前。当春化处理 30d 以上时，所有品种穗分化都有随春化时间延长而加快的趋势，同时表现出长日加快穗分化的特性和春化与长日的正互作效应。但品种之间仍存在着明显差异，美国 Cardinal 品种随春化时间延长穗分化加快更为明显，如 30d 处理春化处理苗龄期 70d 时，仍不能抽穗，其长日效应不明显，到 45d 春化处理时，才能正常抽穗，同时表现出长日效应。而其余 4 个品种在 30d 春化条件下都能正常抽穗，表现出长日效应。供试的中英品种主要差异表现为同样条件下，中国品种在 50d 苗龄期时抽穗，而英国品种才到药隔或孕穗期。上述试验表明，温光对小麦不同类型品种穗分化效应与对苗穗期效应的趋势是完全一致的，说明了苗穗期长短反映小麦发育进程的可靠性。

小结与讨论

1. 小麦品种的光周期反应

根据供试品种对长日和短日的反应不同，小麦可分为 3 个光周期反应型，即长日敏感型、短日敏感型和不敏感型。根据品种对长日和短日的反应程度不同，长日敏感型又分为长日敏感性（LS）和长日弱敏感性（PLS），短日敏感型又分为短日弱敏感性（PSS）和短日敏感性（SS），加上不敏感性（IS）共 5 类。长日敏感性小麦一般为春性小麦，包括我国北方春播春小麦和南方冬播春性小麦，英国 Covon 和澳大利亚 Excalibur 春性小麦也属于此类，但英国 Covon 的长日敏感性较弱。长日弱敏感性小麦一般为冬春性小麦。短日敏感性小麦一般为强冬性或超强冬性小麦，来源于高纬度或高海拔地区，英国 Hareu 和 Mercia 品种属于此类型。短日弱敏感性小麦和不敏感性小麦一般为冬性和强冬性小麦，美国 Cardinal 品种属此类型。综合分析小麦光长反应与品种来源，小麦光反应生态型主要受品种来源地区的光周期条件的影响。

2. 小麦品种的苗穗期与生育期

小麦品种间生育期的差异主要在抽穗前即出苗至抽穗（苗穗期），而苗穗期的差异主要在二棱期以前。由于生长发育受温度和光周期的调节而有很大的不同，小麦的苗穗期在不同温光条件下也会发生较大的变化。因此，存在着最短苗穗期和最长苗穗期，在小麦生产上存在基本生育期（最短生育期）、最适生育期、最长生育期的差异。最短苗穗期（基本生育期）是指在最适宜的温光条件下（包括人工控制所能达到的）小麦发育最快的生育期，如辽春 6 号，在 24h 长光下最短苗穗期为 30d 左右。这种情况下，小麦营养生长受到限制，干物质生产量和产量较低。最长苗穗期（最长生育期）是指在最不利于发育的条件下生育期延缓最长的天数。以辽春 6 号为例，在 6h 的短光下并给予长时间春化，苗穗期延长达 64d。这种情况下，小麦生育期延长，后期将遇到高温、阴雨寡照或其他灾害性天气，影响小麦正常灌浆成熟，产量也会降低。最适生育期是指在生产条件下，营养生长与生殖生长协调发展，产量达到最佳的生育期，如辽春 6 号，最适宜苗穗期为 40～50d。可见生育期是具有一定遗传变异的品种特性，受自然温光调节，是可以发生变化的适应特性。因此，因地制宜地选择一定基本生育期和温光发育特性的品种，对充分、合理利用自然资源有一定的意义，它是指导小麦引种用种的基本理论依据。

3. 小麦品种的温光反应类型

根据小麦温光发育效应可将小麦品种明显地分为三大类群，即光敏感型品种、温敏感型品种和温光兼敏型品种。光敏感类型品种对低温效应基本无反应，发育速度对长光照十分敏感，光长作用力达到 90%以上，表现为长光与正积温效应，在高温长光下可大大加快发育的进程，苗穗期可缩短至 30～40d，这类品种包括所有无春化反应的春性品种。我国东北、西北、华北北部高纬度与高海拔地区的春播品种，以及长江流域与华南、云贵高原高海拔地区秋冬播品种都属此类型。温敏感型品种对低温春化要求敏感而严格，春化作用力在 73.2%～87.3%，在无低温春化条件时，长日照甚至会延缓其发育，表现了短日可代替低温春化的现象，这类品种包括我国北部晚熟冬麦区强冬性品种类型及西藏、新疆秋播强冬性及超强冬性品种。温光兼敏型品种在温光发育过程中对低温春化及长日照都表现敏感，温光作用力各占 40%～60%，而且始终具有温光共同互作效应，即通过低温春化和长日处理可以加快抽穗进程，但无春化条件时，该品种类型无短日代替春化的作用，属于这类品种的一般为中高纬度中早熟冬麦区秋播冬性品种。

4. 小麦温光反应的顺序

李森科（1952）认为，光照阶段的进行在春化阶段以前或者春化阶段正在进行的时候是不能够开始的，光照阶段的进行只有在春化阶段完成以后才是可能的。本研究结果表明，由于温光对抽穗具有数量累积的效应，并且在某些品种中具有明显的互作效应，因此光照的促进作用不是只能在春化效应结束后才能发挥作用，可以伴随春化作用同时进行。从试验的温光互作回归方程可以看出，除强春性无春化效应的品种外，其余品种温光都可同时对苗穗期产生作用，只是作用强度在不同春化进程中表现不同。其温光互作顺序可有以下几种类型。①温光并进型：从具有微弱春化量的开始，长光作用就可伴随春化同时发生互作效应，且表现越来越明显，这类品种为温光兼敏型品种。一般不需要春化提前量，长光就可以发挥促进抽穗的作用，甚至将未经春化的幼苗置于长光下，其也比在短光下提早抽穗，说明长光照效应甚至可以先于春化发生而起促进抽穗的作用，如丰产 3 号、临汾 10 号等品种。②春化半提前型：这类品种一般为温敏感型品种，表现出长光效应要在一定春化量的基础上进行。本试验供试品种春化提前量约为 30d，即在春化尚未通过时，长光照即可伴随发生互作效应。这类品种在春化的早期也具有短光代替低温春化的微弱效应，北方晚熟冬麦区品种多属此类。③春化提前型：长光效应需在较长时间春化量基础上才能表现。本试验的两个品种为春化 50d 以上，在此之前短光照与春化累积过程伴随进行，并明显促进抽穗发生。这类品种最适春化时间很长，达 50～70d，在无春化条件或春化量累积不足条件下，短光效应可提前到春化效应之前，对抽穗产生作用。随着春化量的累积，短光效应逐渐变弱，长光逐渐成为促进抽穗的伴随条件，但明显的促进作用要在春化基本结束后才能显示出来。

由以上分析看出，低温春化效应与长光效应是一个量的累积、主次交替、分离或互促的过程，是品种温光生态型差异的表现，不是一个模式可以概括的现象。因此，把春化与光照截然划分为前后两个不可逾越、不可代替的阶段发育顺序，不能概括小麦的温光发育阶段性规律。明确小麦温光发育阶段性特征对丰富小麦发育理论与指导生产都具有重要意义。

5. 小麦发育中短日代替低温春化的现象

关于短日代替低温通过春化发育，1935 年 Mokinney 和 Sando 首先看到未春化的植株生长时给予短日照，而后置于长日照下，可加速幼穗分化，并称之为短日春化。1962 年刘敦道、苗果园、张云亭曾在高温下使冬性很强的铭贤 169 号小麦达到抽穗结实。短日春化现象虽然很普遍（曹广才，1990；刘振宇，1992），但其作用的方式和作用的品种类型尚无详尽的报道。本研究表明，短日春化作用并不是所有小麦品种都具有的特性，而是部分要求负积温较强类型品种所具有的特性，而且是在低温春化不能满足的条件下，才能表现出短日春化作用。这些品种在低温完全满足春化发育的条件下，长日照仍然能起促进发育的作用，而短日照起抑制的作用。例如，肥麦、Hareu 和 Mercia 品种在不给低温处理中，6h 光照条件下的苗穗期比 24h 光长下缩短 50d 以上。此外，具有短光代替低温效应的品种，大多为负积温效应强的冬性、强冬性品种。这些品种在自然条件下，当秋冬通过春化发育时，也正是一年中日照最短的时候，这类品种种植区具有低温和短光的自然生态环境。因此，小麦品种的短日代替低温春化效应是有条件的，这种现象并不影响小麦作为长日照作物的固有特征。

6. 各种小麦温光发育类型的关系

综合本研究对小麦品种各种分类结果，将各种分类的对应关系列于表 3-14。根据春化单效应，小麦品种分为春型、过渡型、冬型 3 个类群和强春性、春性、冬春性、冬性、强冬性和超强冬性 6 个种类，春型包括强春性、春性，过渡型包括冬性、冬春性，冬型包括强冬性和超强冬性。根据光周期单效应，小麦品种分为长日敏感型、短日敏感型、不敏感型 3 个类群和长日敏感性、长日弱敏感性、不敏感性、短日弱敏感性、短日敏感性 5 个类型；长日敏感型包括长日敏感性（LS）和长日弱敏感性（PLS），短日敏感型包括短日弱敏感性（PSS）和短日敏感性（SS），不敏感型也为不敏感性。春化单效应与光周期单效应分类的对应关系是：长日敏感性与强春性、春性对应，长日弱敏感性与冬春性对应，光效应不敏感性与冬性（个别强冬性）对应，短日弱敏感性与强冬性对应，短日敏感性与超强冬性（个别强冬性）对应。根据春化和光周期复合效应，小麦品种分为光敏感类群、温敏感类群和温光兼敏感类群；光敏感类群包括春化分类中的春性、强春性与长日敏感性，温光兼敏感类群与冬春性和长日弱敏感性对应，温敏感类群包括春化分类中的冬性、强冬性、超强冬性和光周期分类中的不敏感性、短日弱敏感性、短日敏感性。根据温光作用的顺序，小麦品种分为春化提前型、春化半提前型和温光并进型和无春化型；春化提前型包括超强冬性和短日敏感性，春化半提前型包括春化分类中的冬性、强冬性和光周期分类中的不敏感性、短日弱敏感性，温光并进型包括冬春性、春性和长日弱敏感性与部分长日敏感性，无春化型即无春化反应只有光周期反应，包括强春性与部分长日敏感性。

表 3-14　小麦品种各种温光发育特性类型的关系

Table 3-14　The relationship among different variety types in vernalization and photoperiod

<table>
<tr><th colspan="2">春化单效应</th><th colspan="2">光周期单效应</th><th rowspan="2">温光复合效应</th><th rowspan="2">温光作用顺序</th></tr>
<tr><th>类群</th><th>种类</th><th>类群</th><th>种类</th></tr>
<tr><td rowspan="2">春型</td><td>强春性</td><td rowspan="3">长日敏感型</td><td rowspan="2">长日敏感性</td><td rowspan="2">光敏感类</td><td>无春化型</td></tr>
<tr><td>春性</td><td rowspan="2">温光并进型</td></tr>
<tr><td rowspan="2">过渡型</td><td>冬春性</td><td>长日弱敏感性</td><td>温光兼敏感类</td></tr>
<tr><td>冬性</td><td>不敏感型</td><td>不敏感性</td><td rowspan="3">温敏感类</td><td rowspan="2">春化半提前型</td></tr>
<tr><td rowspan="2">冬型</td><td>强冬性</td><td rowspan="2">短日敏感型</td><td>短日弱敏感性</td></tr>
<tr><td>超强冬性</td><td>短日敏感性</td><td>春化提前型</td></tr>
</table>

参 考 文 献

曹广才. 1990. 普通小麦日长反应的探讨. 生态学报, 10(3): 255-261.

李森科. 1952. 农业生物学. 农业生物学科学研究室译. 上海: 新农出版社: 40-41.

刘敦道, 苗果园, 张云亭, 等. 1964. 短光照对冬小麦春化阶段发育速度影响的初步研究. 中国作物学会第二届年会论文.

刘振宇. 1992. 小麦品种对日长反应的研究. 华南农业大学学报, 13(1): 103-109.

Mokinney H H, Sando W J. 1935. Earliness of sexual reproduction in wheat as influenced by temperature and light in relation to growth phases. J Agric Res, 51: 621-640.

第四章　小麦器官建成的温光效应

Chapter 4　The thermo-photoperiod effects on the wheat organ formations

内容提要：小麦温光反应特性的差异，除表现在发育速度不同外，还集中表现在主茎叶龄、单株分蘖、株高、穗长及小穗数等器官建成上。本研究表明，通过人工满足温光发育的最适条件之后，不同小麦品种主茎叶片数都可降至一个最低的数值，即小麦的基本叶数，春性、半冬性、冬性的基本叶数分别为 6、7、8 片叶。小麦的主茎叶片可分为基本叶和生态可变叶，基本叶是品种遗传最少叶数，生态可变叶则随温光环境变化而变化。小麦主茎叶片按着生位置还可分为近根叶组和茎生叶组，小麦品种的茎生叶一般为 5 片，近根叶则随温光环境而变化，近根基本叶数，春性、半冬性、冬性品种分别为 1、2、3 片叶。因此，春性品种基本叶数为 5+1=6 片叶，半冬性品种为 5+2=7 片叶，冬性品种为 5+3=8 片叶。

小麦叶片生长是生产上苗情诊断的主要指标，幼穗发育状况则是苗情诊断的主要依据。本研究表明，小穗原基分化与叶龄和叶龄余数的对应关系受冬前积温和春化处理的影响较大，而叶龄指数则受冬前积温和春化处理的影响较小，比较稳定，叶龄指数和小穗原基分化之间存在确定的量化关系，春性品种进入二棱期和护颖分化期的叶龄指数分别在 40% ~ 45%和 51% ~ 58%，弱春性品种进入二棱期和护颖分化期的叶龄指数分别为 45% ~ 51%和 57% ~ 62%，半冬型偏春性品种进入二棱期和护颖分化期的叶龄指数分别在 50% ~ 55%和 60% ~ 64%，半冬型偏冬性品种进入二棱期和护颖分化期的叶龄指数分别为 55% ~ 59%和 63% ~ 67%。叶龄指数不仅可作为冬前壮苗的指标，也是确定幼穗分化进程防止早霜冻的重要指标。

分蘖受光温条件的影响与叶片类似，即促进发育的温光条件都有去分蘖作用。株高受发育进程影响较大。冬性品种在春化不能满足时，表现为拔节迟缓，株高降低，随着春化条件的满足，株高增加。但当春化过量发育加快时，株高因生育期缩短而降低。春性品种则随春化时间和日长增加而株高降低。温光条件对穗长的影响与株高有类似的趋势。小穗数随春化加长而减少，这可能与春化时间延长使二棱期缩短有关。品种的温光发育特性影响营养生长和生殖生长，最终控制着产量形成。

Abstract: The difference of thermo-photoperiod response between different wheat varieties is reflected by not only in ear development and heading date, but also by the number of leaf on main stem, plant height, ear length, tiller and spikelet number per plant. Results showed that vernalization and photoperiod conditions of promoting wheat development can decrease the number of the leaf on main stem. The minimum leaf number of springness (S), intermediate of winter and springness (IWS), winterness (W) are 6, 7, 8 respectively under the suitable condition in vernalization and photoperiod. The leaf on main stem of wheat is classed into basic leaf and ecological leaf. The basic leaf is also minimum in variety heredity. The ecological leaf, affected by vernalization and photoperiod, is variable. The main stem leaf is also classed into leaf on stem and leaf close to root. The number of leaf on stem is 5. The leaf close to root is variable.

The wheat leaf growth is an important index in the plant status diagnosis. In order to seek the corresponding relation between leaf and spikelet differentiation of different types of wheat varieties, the researches find that leaf age and remaining leaf primordium number are significantly influenced by accumulated temperature before winter and vernalization treatments, whereas leaf age index of different accumulated temperature before winter and vernalization treatments is relatively stable. The investigation concludes that there is definitely corresponding relation between leaf age index and spikelet primordium differentiation. For instance, leaf age index in double-ridges stage of springness and weak springness varieties are 40%-45% and 45%-51% respectively, and those of intermediate of winter and springness and weak springness of intermediate varieties are 50%-55% and 55%-59% respectively. Leaf age index in double-ridges stage and glumellule differentiation is mainly determined by varieties traits, it can be used as a index of the seedlings status before wintering.

The formations of reproductive and vegetative organs, such as plant height, ear length, tiller and spikelet number per plant, are also affected by the development, and therefore demand different thermo-photoperiod conditions. It is necessary that the growth and development are coordinated for higher yield.

小麦器官不是一次性整体形成的，需要经历营养生长和生殖生长的过程。在漫长的器官分化中，影响小麦器官建成进度和速度的首要因素是温度和光照。因此，在小麦温光发育特性研究中，必然要涉及与营养器官建成的关系，以便更深刻地揭示小麦生长发育的规律。有关小麦温光发育与形态建成的研究，以往大多集中于温光发育和穗分化进程的关系上，本研究试图就温光条件与小麦主茎叶龄、株高、分蘖和产量性状的关系进行探讨，以期更全面地揭示小麦温光发育与器官建成规律，为小麦高产高效生产提供理论依据。

第一节　主茎叶龄的温光效应

为揭示小麦一生主茎总叶数对温光条件的反应，试验选择全国各大麦区的小麦代表性品种 17 个（表 3-1），对萌动种子分别给予 0d（对照）、10d、20d、30d、40d、50d、60d、70d 的低温春化处理（春性品种最长春化处理时间为 60d）；选择国内外代表性小麦品种 8 个（表 3-3），给予 0d、15d、30d、45d、60d 春化处理。春化后的种子按处理分别播种 10 粒于口径 20cm 的花盆中，置于人工气候室。出苗后给予不同光照处理，全国各大麦区的小麦代表性品种处理分别为每天光照 6h、10h、14h、24h，国内外小麦代表性品种为每天光照 6h、14h、24h，处理时间为 30d。人工气候室的气温控制在 20～25℃，光强为 20 000lx。处理结束后全部移入温度为 15～30℃的温室，给予每天 24h 长光照直至试验结束。温室白天为自然光，夜晚用高压汞灯补充光照，光强度在 20 000lx 以上。分别以定株观察确定不同生育期的主茎叶片数、株高、分蘖、穗长、小穗数等性状。

一、主茎叶龄的春化效应

在 24h 长光条件下，供试品种不同春化处理的主茎叶龄情况见表 4-1、表 4-2，由表 4-1、表 4-2 可以看出：①不同品种主茎叶龄不同。从不同品种不同春化处理的平均叶数来看，强春性和春性品种为 5.14～6.57 片，澳大利亚 Excalibur 和英国 Covon 为 6.9 片和 7 片；冬春性品种为 8.75～9.13 片；冬性、强冬性、超强冬性品种为 9.63～14.00 片，说明主茎总叶数随冬性的增强而增多。②从不同品种在不同春化时间条件下主茎叶龄的变异系数分析看出，随冬性的加强变异系数加大，表明不同类型品种主茎叶龄受春化影响的表现不同，冬性越强，春化对主茎的去叶作用就越强，如超强冬性的肥麦在试验春化处理的范围内，主茎叶数可由对照的 19 片降至 10 片；英国 Hareu 可由对照的 20.5 片降至 8 片。属冬春型（过渡型）的丰产 3 号主茎叶数由对照的 11 片降至 7 片，各品种在满足春化时间时的春化处理去叶作用最强，如 Hareu 品种在春化处理 15d 时为 20.6 片，30d 时降至 10.5 片。而春型类型品种不论春化天数的多少，主茎叶龄都没有变化，变异系数很小或等于零。

表 4-1　24h 光照下不同春化处理对国内品种主茎叶龄的影响

Table 4-1　Effect of vernalizations (x) on main stem leaf age (y) of varieties in China under 24h photoperiod

品种	春化日数								平均	CV/%	回归方程	相关系数
	0	10	20	30	40	50	60	70				
辽春 6 号	6	6	6	6	6	6	6	—	6.00	0.00	y=6.00	0.0000
晋 2148	6	6	6	6	6	6	6	—	6. 00	0.00	y=6.00	0.0000
粤麦 6 号	6	6	6	6	6	6	6	—	6.00	0.00	y=6.00	0.0000
滇西洋麦	5	5	5	5	6	5	5	—	5.14	7.35	y=5.03+0.0036x	0.2041
绵阳 11 号	7	6	7	6	6	7	7	—	6.57	8.13	y=6.46+0.0036x	0.1443
扬麦 3 号	7	7	7	6	6	6	6	—	6.43	8.31	y=7.07–0.0021x	–0.8660**
晋春 5 号	7	7	6	6	6	6	6	—	6.29	7.41	y=6.82–0.018x	–0.7906**
丰产 3 号	11	11	11	9	7	7	7	7	8.75	22.65	y=11.33–0.0738x	–0.9122**
临汾 10 号	12	12	11	11	7	8	6	6	9.13	28.96	y=12.67–0.1012x	–0.9380**
晋麦 20 号	12	11	11	9	7	7	7	7	8.88	24.42	y=11.75–0.0821x	–0.9285**
北京 10 号	13	12	12	11	8	8	7	6	9.63	27.73	y=13.34–0.1060x	–0.9285**
农大 139	16	13	12	11	8	8	7	7	10.25	32.04	y=14.75–0.1286x	–0.9589**
旱选 10 号	15	15	12	11	10	9	7	7	10.75	29.31	y=15.17–0.1262x	–0.9810**
白秃麦	14	14	13	8	7	7	7	7	9.63	35.10	y=13.92–0.1226x	–0.8892**
泰山 4 号	16	15	14	12	11	9	9	8	11.75	28.62	y=16.00–0.1214x	–0.9875**
新冬 2 号	18	16	16	13	10	10	9	8	12.50	30.24	y=17.75–0.1500x	–0.9721**
肥麦	19	18	18	16	11	10	10	10	14.00	29.33	y=19.50–0.1571x	–0.9375**

**差异极显著

**Signification at P=0.01 level

表 4-2　24h 光照条件下春化处理对国内外品种主茎叶龄的影响

Table 4-2　Effect of vernalizations on main stem leaf age of varieties from home and abroad under 24h photoperiod

品种名称	低温春化天数					平均	CV/%
	0	15	30	45	60		
Cardinal	18.8	18.8	12.5	8.0	7.2	13.1	38.46
Hareu	20.5	20.6	10.5	8.7	8.0	13.7	41.62
Mercia	17.7	15.3	8.3	7.3	6.7	11.1	41.00
京 841	16.7	16.0	8.5	7.2	6.5	11.0	40.41
晋麦 49	16.3	14.5	7.8	6.5	6.2	10.3	41.61
Covon	7.0	7.2	7.3	7.0	6.3	7.0	5.03
Excalibur	7.0	6.7	7.0	7.0	7.0	6.9	1.73
晋春 9 号	6.0	6.5	6.2	6.2	6.0	6.2	2.97

可见主茎叶龄是品种春化效应明显的外部特征。③从回归方程可以看出，春化量与主茎叶龄的定量关系随冬性的增强，一般表现为春化时间（x）的回归系数绝对值增大，说明单位春化时间的去叶效应加大。例如，冬春性品种丰产 3 号每增加 1d 春化处理主茎叶数减少 0.074 片叶，强冬性农大 139 主茎叶数减少 0.129 片叶，超强冬性肥麦减少 0.157 片叶。

二、主茎叶龄的光周期效应

从不同品种未经春化处理置于不同光长条件下主茎叶龄（表 4-3，表 4-4）可以看出：①不同品种在不同光长下叶龄不同。春性品种对光长表现出明显的敏感性，随光照时间

表 4-3　不同光照时数对国内品种主茎叶龄的影响

Table 4-3　Effect of different photoperiods (x) on main stem leaf age (y) of varieties from China

品种	光照时数/h				平均	CV%	回归方程	相关系数
	6	10	14	24				
辽春 6 号	10	8	7	6	7.75	22.04	y=10.50–0.2139x	–0.9223**
晋 2148	9	9	7	6	7.75	19.35	y=10.20–0.1816x	–0.9350**
粤麦 6 号	9	9	6	6	7.50	23.09	y=9.99–0.1844x	–0.8222**
滇西洋麦	10	9	7	5	7.75	28.61	y=11.56–0.2821x	–0.9828**
绵阳 11 号	10	9	8	7	8.5	15.19	y=10.69–0.1620x	–0.9694**
扬麦 3 号	9	8	8	7	8.0	10.21	y=9.36–0.1006x	–0.9513**
晋春 5 号	10	9	8	7	8.5	15.19	y=10.69–0.1620x	–0.9694**
丰产 3 号	13	12	11	11	11.75	8.15	y=13.15–0.1034x	–0.8338**
临汾 10 号	13	13	13	12	12.75	3.92	y=13.29–0.0587x	–0.9062**
晋麦 20 号	13	12	12	12	12.25	4.08	y=12.82–0.0419x	–0.6473*
北京 10 号	14	13	13	13	13.25	3.77	y=13.82–0.0419x	–0.6473*
农大 139	15	15	15	16	15.25	3.28	y=14.46+0.0587x	0.9062**
旱选 10 号	15	15	14	15	14.75	3.39	y=14.79–0.0028x	–0.0431**
白秃麦	13	13	14	14	13.50	4.28	y=12.69+0.0615x	0.8227**
泰山 4 号	17	17	16	16	16.50	3.50	y=17.33–0.0615x	–0.8222**
新冬 2 号	13	13	17	18	15.25	17.25	y=11.14+0.3045x	0.8943**
肥麦	17	17	18	19	17.75	5.39	y=16.13+0.1201x	0.9690**

**极显著标准

**Signification at P=0.01 level

表 4-4　光长对国内外品种主茎叶龄的影响

Table 4-4　Effect of daylengths on main stem leaf age of varieties from home and abroad

品种名称	光照时数/h			平均	CV/%
	6	12	24		
Cardinal	19.5	19.3	18.8	19.2	1.53
Hareu	16.0	21.0	20.5	19.2	11.73
Mercia	12.0	17.5	17.7	15.7	16.79
京 841	17.3	17.0	16.7	17.0	1.44
晋麦 49	14.3	16.0	16.3	15.5	5.67
Covon	10.0	9.5	7.0	8.8	14.86
Excalibur	9.7	8.0	7.0	8.2	13.54
晋春 9 号	9.0	7.2	6.0	7.4	16.67

的加长去叶效果明显，如辽春 6 号在每天 6h 的光照下主茎叶龄为 10 片，而在 24h 光照下降为 6 片。不同光长处理间主茎叶龄的变异系数达 22.04%。云南省的滇西洋麦在 24h 光照条件下，主茎叶龄可由 6h 的 10 片降至 5 片，不同光长处理的变异系数达 28.61%。说明该品种主茎叶龄对光长的反应比辽春 6 号还要敏感。②随着品种冬性的增强，从丰产 3 号开始主茎叶龄对光长反应的变异系数降至 10%以下。3 个冬春性品种丰产 3 号、临汾 10 号和晋麦 20 号，以及冬性品种北京 10 号，光长由每天 6h 增至 24h，去叶作用仅为 1～2 片。③强冬性类型品种（包括超强冬性的肥麦）随着光照时间的加长，主茎叶龄不仅不减少，反而有不同程度的增加，表现了短光去叶的效果。这与该类型品种短光缩短苗穗期的结果完全一致，即短光降低了主茎叶龄，促进了提早抽穗。④主茎叶龄的光长效应在冬春两大类型的明显差异，再次表明小麦品种具有温敏感型、光敏感型及中间过渡型的现象。

三、主茎叶龄的温光互作效应

自然生产条件下，温光同时对小麦的发育过程产生影响，当不同春化时间和日长对主茎叶龄综合发生作用时，叶数的多少就会发生明显的变异。

分析温光互作对国内外代表品种主茎叶龄的作用见表 4-5。由表 4-5 可知，不同光长条件下，冬性品种包括英国 Hareu、Mercia，美国 Cardinal，以及中国京 841、晋麦 49 5 个品种的主茎叶龄随低温处理时间延长而减少，低温作用的主茎叶龄变异系数平均为 31.19%，这 5 个品种对低温处理极为敏感。同时，6h、12h、24h 光长下平均低温作用变异系数分别为 21.15%、31.79%和 40.62%，说明冬性品种在所有光长下对低温作用都是敏感的，且随光长增加对低温的敏感性也增大。春性品种包括澳大利亚 Excalibur、英国 Covon 和中国晋春 9 号 3 个品种则对春化反应极弱，低温作用变异系数平均为 5%以下，各个光长下 3 个品种对低温都不敏感。

不同低温条件下，春性品种都表现出长日的去叶作用，日长从 6h 到 24h 主茎叶龄可从 9～10 片叶降到 6～7 片叶，日长作用变异系数在 10%～21%；冬性品种不同光长下的主茎叶龄变化各异，其中 Cardinal 在低温处理 30d 以前，日长去叶作用不明显，日

表 4-5 在不同温光互作条件下国内外代表品种的主茎叶龄

Table 4-5 The main stem leaf age of varieties from home and abroad under different thermo-photoperiods

品种名称	光照时间/h	低温春化天数					平均	CV/%
		0	15	30	45	60		
Cardinal	6	19.5	16.5	12.0	10.3	9.8	13.6	27.69
	12	19.3*	18.8*	12.5	9.5	8.8	13.8	32.52
	24	18.8	18.8	12.5	8.0	7.2	13.1	38.46
	平均	19.2	18.0	12.3	9.3	8.6		
	CV/%	1.53	6.01	1.91	10.29	12.45		
Hareu	6	16.0	15.7	11.8	11.3	11.0	13.2	16.82
	12	21.0*	19.8*	11.2	11.0	10.8	14.8	31.32
	24	20.5*	20.6*	10.5	8.7	8.0	13.7	41.62
	平均	19.2	18.7	11.1	10.3	9.9		
	CV/%	11.73	11.48	4.76	11.24	13.79		
Mercia	6	12.0	12.2	10.2	10.0	10.0	10.9	9.20
	12	17.5	16.0	10.3	9.7	9.3	12.6	27.62
	24	17.7	15.3	8.3	7.3	6.7	11.1	41.00
	平均	15.7	14.5	9.6	9.0	8.7		
	CV/%	16.79	11.39	9.58	13.43	16.38		
京 841	6	17.3	16.2	10.5	9.7	8.5	12.4	28.89
	12	17.0	16.8	10.7	8.7	7.7	12.2	32.62
	24	16.7	16.0	8.5	7.2	6.5	11.0	40.41
	平均	17.0	16.3	9.9	8.5	7.6		
	CV/%	1.44	2.08	10.03	12.04	10.86		
晋麦 49	6	14.3	13.2	10.0	9.0	7.7	10.8	23.15
	12	16.0	14.5	8.5	7.7	7.0	10.7	34.85
	24	16.3	14.5	7.8	6.5	6.2	10.3	41.61
	平均	15.5	14.1	8.8	7.7	7.0		
	CV/%	5.67	4.36	10.47	13.20	8.80		
Covon	6	10.0	10.0	9.7	9.8	10.2	9.9	1.75
	12	9.5	10.0	9.5	9.8	9.7	9.7	1.96
	24	7.0	7.2	7.3	7.0	6.3	7.0	5.03
	平均	8.8	9.1	8.8	8.9	8.7		
	CV/%	14.86	14.56	12.31	14.89	19.84		
Excalibur	6	9.7	9.5	9.3	9.0	9.2	9.3	2.59
	12	8.0	8.0	7.2	7.5	7.8	7.7	4.02
	24	7.0	6.7	7.0	7.0	7.0	6.9	1.73
	平均	8.2	8.1	7.8	7.8	8.0		
	CV/%	13.54	14.18	13.28	10.85	11.37		
晋春 9 号	6	9.0	9.2	9.0	9.5	10.0	9.3	4.04
	12	7.2	8.0	7.0	7.2	7.2	7.3	4.76
	24	6.0	6.5	6.2	6.2	6.0	6.2	2.97
	平均	7.4	7.9	7.4	7.6	7.7		
	CV/%	16.67	13.98	15.91	18.10	21.67		

*差异显著

*Signification at P=0.05 level

长作用变异系数在 1%～6%，30d 以后长日作用增大，变异系数达 10%以上；Hareu 和 Mercia 则是低温处理 30d 以前对短日照敏感，30d 以后对长日照敏感，日长作用变异系数都在 10%以上，低温处理 30d 时日长作用最小，变异系数都在 10%以下。晋麦 49 在低温处理 15d 以前，有微弱的短日去叶作用，30d 后长日作用增大；京 841 则在低温处理 15d 以前，表现了长光有弱去叶作用，30d 后长日作用增大。

总体来看，冬性品种中 Hareu 和 Mercia 在春化不足时短日去叶作用增大，春化满足以后长日去叶作用增大。Cardinal、京 841 和晋麦 49 随低温处理延长，长日去叶作用增强。低温对春性品种的光长反应影响较小。

由于不同温光条件下主茎叶片有明显的变化，我们可以从每个品种不同温光组合中找出主茎最多叶数的温光组合和最少叶数的温光组合。前者表明在温光最不利条件下的主茎叶片数，后者则表明在温光最佳组合下促进提早抽穗的最少叶数。品种间的这种差异主要表现在最少叶数、最多叶数及最少最多的变幅 3 个方面（表 4-6）。

表 4-6　不同温光条件下主茎最少、最多叶片数

Table 4-6　Minimum and maximum number of leaf on main stem under different thermo-photoperiods

品种名称	最少叶数	春化+光照	最多叶数	春化+光照	叶数差异
辽春 6 号	6.0	*X*+24	10.0	*X*+6	4.0
粤麦 6 号	6.0	*X*+24	9.0	*X*+6	3.0
滇西洋麦	5.0	*X*+24	10.0	0+6	5.0
晋 2148	6.0	*X*+24	9.0	≤20+6	3.0
Covon	6.3	*X*+24	10.2	*X*+6	3.9
Excalibur	6.7	*X*+24	9.7	*X*+6	3.0
晋春 9 号	6.0	*X*+24	10.0	*X*+6	4.0
绵阳 11 号	6.0	10+＞14	10.0	0+6	4.0
扬麦 3 号	6.0	20+＞14	10.0	60+6	4.0
晋春 5 号	6.0	＞20+24	10.0	≤10+6	4.0
丰产 3 号	7.0	＞40+24	13.0	0+6	6.0
晋麦 20 号	7.0	＞40+24	13.0	0+6	6.0
临汾 10 号	6.0	＞60+24	13.0	≤10+*X*	7.0
晋麦 49	6.2	＞45+24	16.3	0+＞12	10.1
北京 10 号	6.0	70+24	14.0	0+6	8.0
京 841	6.5	＞45+24	17.3	≤15+*X*	10.8
旱选 10 号	7.0	＞60+24	15.0	0+＞10	8.0
农大 139	7.0	＞60+24	15.0	0+24	8.0
白秃麦	7.0	＞40+24	14.0	0+＞14	7.0
泰山 4 号	8.0	70+24	17.0	0+≤10	9.0
新冬 2 号	8.0	70+24	18.0	0+24	10.0
肥麦	10.0	＞50+＞14	19.0	0+24	9.0
Cardinal	7.2	＞45+24	19.5	0+≤12	12.3
Hareu	8.0	＞45+24	21.0	≤15+＞12	13.0
Mercia	6.7	＞45+24	17.7	0+＞12	11.0

注：温光组合，“+”前为低温处理日数，“+”后为每日光照时间（h）（*X* 为任意春化或日照处理）

Note: vernalization (d) + photoperiod (h) (*X*, any vernalization or photoperiod)

由表 4-6 中不同品种实际观察值可以看出：品种之间最少叶数的差异较小，为 5～10 片，而最多叶片数的差异却达到 9～21 片，且随着品种冬性的增强，最少、最多叶数的变异幅度加大。品种内各温光处理最少、最多叶数差以春性最小，仅为 3～4 片，半冬性次之，为 6～7 片，冬性和强冬性达 8～13 片之多。不同品种间最少、最多叶片数的温光组合也不同。辽春 6 号等春性强的品种不经过春化处理，只在每天 24h 光照条件下，主茎最少叶片数就可降至 6 片甚至滇西洋麦的 5 片（再次表明这类品种属于长光敏感型品种）；在每天 6h 光照条件下，主茎叶片数最多可达到 9～10 片。冬性极强的肥麦在试验处理范围内，最少叶片的温光组合为 50d 以上春化 14h 以上日长，表明在春化基本满足的情况下，长光去叶作用最强；无春化与 24h 光照条件下，主茎叶片数最多可达到 19 片。新冬 2 号和肥麦趋势一致。旱选 10 号、白秃麦、农大 139 等品种最少叶数的温光组合，属于长春化长光照类型，但春化不足时，短光照也有微弱的去叶作用；无春化与 10h 以上光照条件下，主茎叶片数最多可达到 15 片。

四、温光对主茎叶龄的作用力与回归分析

对上述 25 个品种在不同光照处理和春化处理的光温互作组合进行方差分析后，根据以下公式：

春化对主茎叶龄作用力（%）=（温度处理方差/总方差）×100

光长对主茎叶龄作用力（%）=（光长处理方差/总方差）×100

分别求算温度和光照对主茎叶龄的作用力，得表 4-7。

表 4-7 温光对主茎叶龄的作用力

Table 4-7 Affecting force (AF) of thermo-photoperiod on main stem leaf age

品种名称	春化作用力/%	光长作用力/%	品种名称	春化作用力/%	光长作用力/%
辽春 6 号	0.01	97.22	肥麦	90.84	0.00
粤麦 6 号	2.71	92.97	新冬 2 号	74.97	0.04
滇西洋麦	2.73	93.53	晋麦 49	89.60	0.29
晋 2148	0.06	83.67	Cardinal	90.14	0.41
绵阳 11 号	24.07	66.14	Hareu	83.83	2.16
扬麦 3 号	9.19	74.67	京 841	89.57	2.16
晋春 5 号	27.35	67.86	Mercia	71.35	4.29
丰产 3 号	57.89	29.73	白秃麦	80.73	6.40
晋麦 20 号	73.54	19.44	泰山 4 号	86.83	10.04
临汾 10 号	84.50	14.70	晋春 9 号	1.77	81.04
北京 10 号	82.08	13.04	Excalibur	1.78	87.72
旱选 10 号	87.30	4.44	Covon	0.59	89.51
农大 139	86.91	7.87			

注：方差分析结果均达到极显著标准

Note: Significant at P=0.01 level of variance analysis from F-test

由表 4-7 可以看出，所有强春性、春性类型都表现了长光对主茎叶数较强的作用力，达 66.14%～97.22%。而春化作用力多数在 10%以下；所有冬性、强冬性品种，春化作

用力都在 71.35%～90.14%，而光长作用力都在 13%以下。供试的 3 个冬春型（半冬性）品种，以春化作用力为主，达 57.89%～84.50%，光长作用力为 14.70%～29.73%。再次表明，小麦对温光的反应存在着温敏感为主类群、光敏感为主类群及中间温光兼敏感类群，同时也看出温光作用与主茎叶龄在品种之间的对应关系。

为进一步分析温光作用与主茎叶龄的数量关系，以 x_1 代表低温春化的天数，以 x_2 代表光长处理的时数，以 y 代表相应的主茎叶龄。根据二元多次回归方程

$$y=b_0+b_1x_1+b_2x_2+b_3x_1^2+b_4x_2^2+b_5x_1x_2+b_6x_1^2x_2+b_7x_1x_2^2+b_8x_1^2x_2^2$$

计算不同品种回归方程。分析上述 17 个不同类型品种主茎叶龄与温光及其互作的回归方程可以看出不同类型品种对温光反应的明显差异。

1. 春性品种

辽春 6 号	$y=13.6-0.772x_2+0.017x_2^2$	$R=0.9875^{**}$
粤麦 6 号	$y=11.7-0.546x_2+0.013x_2^2$	$R=0.8791^{**}$
滇西洋麦	$y=12.2-0.561x_2+0.011x_2^2$	$R=0.9470^{**}$
晋 2148	$y=10.8-0.012x_1-0.359x_2+0.0071x_2^2$	$R=0.9095^{**}$
绵阳 11 号	$y=10.2-0.316x_2+0.0067x_2^2$	$R=0.7714^{**}$
扬麦 3 号	$y=11.5-0.504x_2+0.012x_2^2$	$R=0.8584^{**}$
晋春 5 号	$y=12.6-0.030x_1-0.476x_2+0.011x_2^2$	$R=0.9610^{**}$

辽春 6 号、粤麦 6 号、滇西洋麦、绵阳 11 号和扬麦 3 号，回归方程中只选了光长的一次和二次项。说明这些品种主茎叶龄主要由光照时长决定，而不受春化处理的影响。晋 2148 和晋春 5 号主茎叶龄也主要受光照时长的影响，同时低温春化也有一定的去叶作用。春性品种的共同特点是方程中均未选入温光交互项，说明该类品种主茎叶龄受温光互作影响较小，达不到显著水平。

以辽春 6 号为例，根据不同温光条件下主茎叶龄作图（图 4-1）。由图 4-1 可直观地看出，春性品种的主茎叶龄主要受日长的影响，随着日长的加长，不同春化处理的主茎叶龄

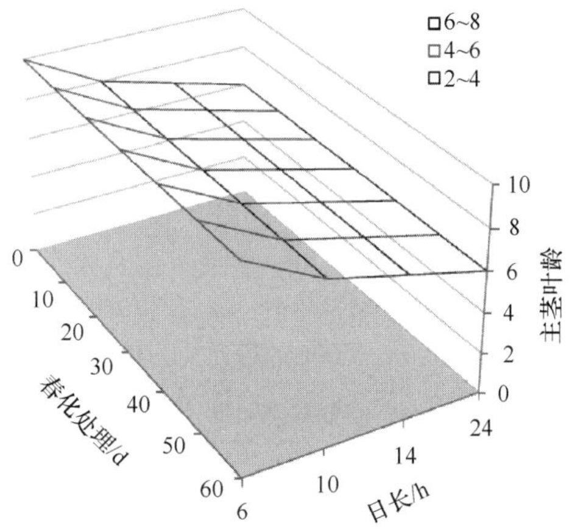

图 4-1 辽春 6 号不同温光条件下主茎叶龄变化（另见彩图）

Figure 4-1 The leaf number change of Liaochun 6 under different vernalizations and photoperiods (See Colour figure)

同步减少。表现出短日照一侧主茎叶龄最多（10 片），长日照一侧主茎叶龄最少（6 片）的变化趋势。

2. 冬春性品种

丰产 3 号	$y=12.2-0.0056x_1x_2+0.000\,001\,3x_1^2x_2^2$	$R=0.9417^{**}$
晋麦 20 号	$y=12.6-0.0084x_1x_2+0.000\,003x_1^2x_2^2$	$R=0.9414^{**}$
临汾 10 号	$y=14.5-0.092x_1-0.090x_2$	$R=0.9485^{**}$

分布在我国黄淮麦区的丰产 3 号和晋麦 20 号，回归方程入选的皆为温（x_1）光（x_2）的互作项，而无温光单效项。说明这类品种随着低温春化的进入，光长同时对主茎叶龄起去叶作用。而在相同光长条件下，不同春化时长也表现了不同的去叶作用。居于此类型的临汾 10 号品种，方程中仅入选了低温和光长的单效项，说明低温和光长均单独对该品种的主茎叶龄起去叶作用。

以丰产 3 号为例，根据不同温光条件下主茎叶龄作图（图 4-2）。由图 4-2 可直观地看出，冬春性品种的主茎叶龄同时受春化和日长的影响，随着春化时间和日长的延长，品种的主茎叶龄同步减少，表现出无春化与短日照端主茎叶龄最多（13 片），40d 以上春化与长日照端主茎叶龄最少（7 片）的变化趋势。

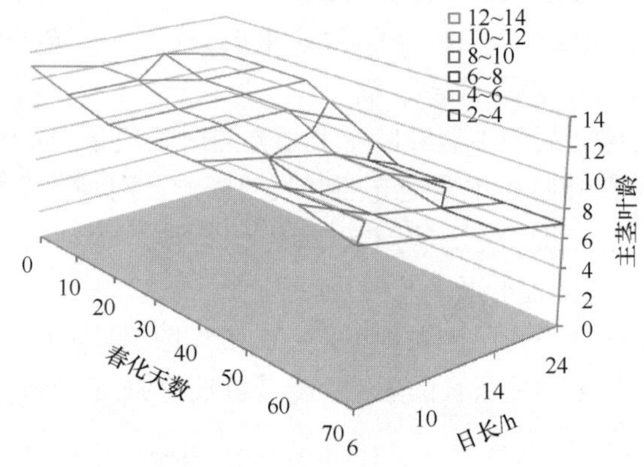

图 4-2 丰产 3 号不同温光条件下主茎叶龄变化（另见彩图）

Figure 4-2 The leaf number change of Fengchan 3 under different vernalizations and photoperiods (See Colour figure)

3. 冬性、强冬性品种

北京 10 号	$y=13.6-0.041x_1-0.003x_1x_2$	$R=0.9601^{**}$
旱选 10 号	$y=15.1-0.099\,7x_1+0.000\,39x_1^2-0.000\,081x_1x_2^2$	$R=0.9788^{**}$
农大 139	$y=15.7-0.154x_1+0.0013x_1^2+0.0029x_1x_2$	$R=0.9677^{**}$
白秃麦	$y=14.4-0.130x_1+0.0012x_1^2-0.0029x_1x_2$	$R=0.9250^{**}$
泰山 4 号	$y=18.6-0.141x_1-0.122x_2+0.000\,48x_1^2$	$R=0.9697^{**}$

北京 10 号、农大 139、旱选 10 号和白秃麦，回归方程主要入选了低温一次项、二次项（北京 10 号例外）和温光交互项。这些品种主茎叶龄主要受低温春化时长的影响。虽然入选了互作项，但光长只有在一定时间的低温春化后，才能起到减少主茎叶

2. 小穗数的春化效应

穗长的变化应包括穗轴节数量和长短的变化，为了了解穗轴节数量变化情况，调查了春化处理条件下小穗数（与穗轴节数量相同）的变化，见表 4-18。从表 4-18 可以看出，在春化处理时长范围内，几乎所有品种总小穗数和春化处理日数都一致表现为负线性关系。表明春化时长对小穗数有明显的抑制作用，这不仅说明穗长的变化主要是由于穗轴节数量的变化，而且说明小穗的分化与营养生长状态有十分密切的关系。试验条件下，对冬性品种来说，以种子状态春化累积量越大，播后生长越快，营养生长越弱，小穗分化时间也越短，导致小穗数的减少。品种之间小穗数有一定的差异，随品种冬性的增强，小穗数有增加的趋势，从春性品种到冬性品种小穗数变化幅度为 10～21。这与冬性品种穗分化时间长有密切关系，也是冬性品种容易形成大穗、高产的主要原因。

表 4-18　低温春化处理（*x*）对小穗数（*y*）的影响

Table 4-18　Effect of different vernalizations (*x*) on spikelet number (*y*)

品种	春化日数								平均	回归方程	相关系数（*R*）
	0	10	20	30	40	50	60	70			
辽春 6 号	15.8	15.9	15.5	15.3	15.5	15.0	15.0	—	15.4	y=15.9–0.015x	–0.9139
粤麦 6 号	13.4	13.5	12.4	14.1	13.7	12.3	11.7	—	13.0	y=13.1–0.01x	–0.2501
晋 2148	14.1	12.1	12.9	12.2	13.0	11.9	11.5	—	12.5	y=13.5–0.029x	–0.7157
滇西洋麦	12.4	11.7	11.2	12.0	9.7	9.3	9.4	—	10.8	y=12.5–0.055x	–0.8971
绵阳 11 号	15.8	14.9	14.4	12.6	11.4	12.5	12.3	—	13.4	y=15.4–0.065x	–0.8737
扬麦 3 号	16.9	13.3	13.9	11.5	11.4	11.6	10.5	—	12.7	y=15.4–0.090x	–0.8868
晋春 5 号	17.5	16.6	15.5	14.9	14.4	13.5	13.6	—	15.1	y=17.0–0.061x	–0.9677
丰产 3 号	22.6	22.3	21.9	18.9	18.3	17.3	17.3	17.4	19.5	y=22.7–0.090x	–0.9352
临汾 10 号	19.8	20.8	19.7	18.8	16.2	14.9	14.0	13.8	17.3	y=21.1–0.111x	–0.9537
晋麦 20 号	22.5	22.3	22.0	20.8	17.5	17.4	16.1	15.5	19.3	y=23.3–0.116x	–0.9647
北京 10 号	20.5	19.4	19.9	18.6	17.4	17.0	16.0	15.5	18.0	y=20.6–0.074x	–0.9794
农大 139	20.6	20.3	20.4	17.8	15.0	15.1	14.9	14.5	17.3	y=21.0–0.105x	–0.9327
旱选 10 号	19.4	19.3	19.4	19.3	16.6	15.8	14.5	14.2	17.3	y=20.4–0.088x	–0.9372
白秃麦	17.9	17.7	17.9	17.5	17.2	16.1	16.0	15.5	17.0	y=18.3–0.037x	–0.9414
泰山 4 号	22.0	21.4	21.9	20.3	18.1	18.1	16.4	16.4	19.4	y=22.6–0.093x	–0.9530
新冬 2 号	21.8	21.4	21.9	22.4	21.6	21.3	20.2	20.5	21.4	y=22.1–0.021x	–0.7091
肥麦	24.5	22.6	22.8	22.6	22.1	21.5	19.0	19.1	21.8	y=24.3–0.072x	–0.9312

小结与讨论

1. 小麦叶数的分类与进化

由本研究可以看出，小麦通过人工满足温光发育的最适条件要求之后，不同品种主茎叶龄都可降至一个最低的数值。值得指出的是，品种间这种最低主茎叶龄的值非常接近。我们可把这种最少叶数称为小麦的基本叶数。从本试验可以看出，供试的 17 个品种都可降至 6、7、8 三个等级水平，主茎叶龄最多的肥麦经 80d 春化处理后也可降至

8 片的水平，即该处理的所有品种都可降至 6、7 叶水平。如果最低基本叶数品种之间为 6 片、7 片、8 片叶的差异，则 6 片叶为春性，7 片叶为半冬性，8 片叶为冬性。而且可以认为在自然情况下，所有具有不同叶数的品种，均可视为上述冬春型品种的衍生型。

由于主茎叶片是随生长发育进程不断形成的器官，因而不同叶片分化的时期、着生位置、作用功能都有所不同。根据主茎叶片出生时间和着生位置的不同，主茎叶片可分为近根叶组和茎生叶组。本研究得出，小麦主茎叶龄既受品种遗传特性的影响，又受温光环境变化的影响，据此又可将主茎叶龄分为基本叶数和生态可变叶数。基本叶数是指在最佳温光发育条件下的最快出穗叶数，也是品种遗传最少叶数。生态可变叶数则是在非最适温光发育生态条件下，累加在基本叶数上的可变叶数。两者相加共同构成不同品种在特定温光条件下的主茎总叶数。因品种的发育特性不同又可分为春型、过渡型和冬型。基本叶数中，春型为 6 片叶，包括茎生叶 5 片和近根叶 1 片；过渡型为 7 片叶，包括茎生叶 5 片和近根叶 2 片；冬型为 8 片叶，包括茎生叶 5 片和近根叶 3 片。生态可变叶数中，春型、过渡型和冬型分别为 6 片、7 片、8 片，它可依生态条件的变化而变化。其对应关系如下（表 4-19）。

表 4-19　不同发育类型品种的主茎基本叶数与生态可变叶数

Table 4-19　The basic leaves and maximum ecological variable leaves of three different thermo-photoperiod types of wheat

品种类型	叶片数	基本叶数（遗传决定）	生态可变叶数（环境决定）
春型	6	茎生 5，近根 1	0～4
过渡型	7	茎生 5，近根 2	0～6
冬型	8	茎生 5，近根 3	0～8

从小麦不同温光特性品种的主茎叶数的差异可以看出，在由春性到冬性的不同强弱等级中主茎叶数不同。冬性越强需要春化时间长的品种，其可能形成的主茎叶数越多。但是冬春性在小麦进化演变中，何为基本型、何为演变型尚未有明确研究。本研究采用人工控制温光发育条件，得到不同品种去春化与光长效应的基本叶数，结果表明，所有供试品种的基本叶数十分接近，并向春型基本叶（6 叶）集中。表明春性品种可能是小麦温光进化的基本型。在栽培进化中随着环境条件由春播型转为秋播越冬型，主茎基本叶数有所增加，生态可变叶数也有所增加，与此同时，抗寒性增加、幼穗发育推迟，从而形成不同等级的冬性类型品种。

2. 小麦幼穗发育的叶龄诊断指标

小麦叶片生长是生产上苗情诊断的主要指标，幼穗发育状况则是苗情诊断的主要依据，如何通过直观的叶片生长来判断幼穗发育状况，是实现苗情科学诊断的理论基础，也是实现营养器官生长和幼穗分化的协调发展及培育壮苗的必要条件。小麦叶片出生与幼穗分化的对应关系除了受品种特性影响外，还与温度、日照长度等生态因子及栽培条件有密切关系。一般播期越早，温度越高，叶片生长较快，而幼穗分化需要一定的低温条件，较高的温度不能满足春化发育的要求，幼穗分化进程受阻，使幼穗分化进程相对滞后于叶龄进展，小穗原基分化（二棱初期至护颖分化期）相对应的叶龄大；播期越晚，温度越低，春化发育对低温的要求得到满足，小穗原基分化较早，二棱初期和护颖分化期相对应的叶龄小。为了探索小麦叶片出生与幼穗分化的对应关系，前人做了大量的研究工作。金善宝（1991）将小麦叶片出生与幼穗分化的关系概括为一个三段模式，即稳定期、可变期和同步期，认为单棱期和二棱期叶龄的可变性较大。国内外其他相关报道也表明，小麦幼穗分化与主茎叶龄的对应关系因栽培条件的不同而有较大差异（Rawson et al.，1998；李存东等，2000；McMaster et al.，2003；刘尚前等，2005）。张锦熙以 17 个冬春性品种为试验材料，采用周年分期播种研究了主茎叶数与穗分化进程的对应关系，指出在护颖分化期之后叶片出生与穗分化进程有密切的同步关系。在培育壮苗的基础上，根据春生叶片不同生长进程肥水效应的研究结果，结合北京地区生态条件和全国小麦高产规律，以叶龄余数作为鉴定穗分化和同伸器官生长发育进程的形态指标，提出了马鞍型、双马鞍型和连续促进 3 套“叶龄指标促控法”（张锦熙等，1986），为小麦的中期管理提供了科学依据，在提高小麦生产水平中发挥了重要作用。还有报道，虽然在适期播种条件下，从小花分化期开始，叶龄余数与幼穗分化之间存在确定的量化关系，但也发现单棱期和二棱期的叶龄余数受播期和温度的影响较大（Rawson et al.，1998；李存东等，2000；Masoni et al.，2001）。单棱期和二棱期的叶龄余数易受播期和温度的影响，是因为叶片生长和小穗原基分化对温度的需求不同。叶片的生长主要表现为积温效应，随日均温的升高而加快，而小穗原基的分化则需要一定时间和强度的低温。较高温度下叶片生长加快但春化发育受阻，使小穗原基分化进程缓慢，低温条件有利于春化发育，使小穗原基分化加快而叶片生长受到抑制，故温度条件的不同导致尚未出生的叶片数（叶龄余数）与小穗原基分化对应关系的变化。护颖分化期之后，幼苗已通过春化阶段，叶片生长和幼穗分化对温度的反应趋于一致，使叶片生长与幼穗分化进程趋于同步。以春性品种扬麦 158 和冬性品种京 411 为材料探讨叶龄指数与幼穗分化进程的对应关系，结果表明，从小花分化期到药隔分化期不同播期的叶龄指数基本一致，表明了叶龄指数作为小麦形态诊断指标的科学性，而一般小麦苗情诊断主要依据冬前阶段，即二棱期和护颖分化期的叶龄指标（李存东等，2000）。

本研究采用室内春化处理和田间分期播种的方法，研究了不同春化发育特性小麦品种叶片出生与幼穗发育二棱期和护颖分化期的对应关系，其中小穗原基分化与叶龄和叶龄余数的对应关系受冬前积温和春化处理的影响较大，而叶龄指数则受不同冬前积温和春化处理的影响较小、比较稳定，叶龄指数和小穗原基分化之间存在确定的量化关系，春性品种进入二棱期和护颖分化期的叶龄指数分别为 40%～45%和 51%～58%，弱春性品种进入二棱期和护颖分化期的叶龄指数分别为 45%～51%和 57%～62%，半冬型偏春性品种进入二棱期和护颖分化期的叶龄指数分别为 50%～55%和 60%～64%，半冬型偏冬性品种进入二棱期和护颖分化期的叶龄指数分别为 55%～59%和 63%～67%。因此，叶龄指数作为形态诊断指标不仅可作为冬前壮苗的指标，也是防止早霜冻的指标，具有重要的生产应用价值。

3. 温光发育与器官建成的关系

不同品种温光模拟研究表明，分蘖受光温条件的影响与叶片类似，即促进发育的温光条件都有去分蘖作用。株高受发育进程影响较大。冬性品种在春化不能满足时，表现为拔节迟缓，株高降低，随着春化条件的满足，株高增加。但当春化过量发育加快时，株高因生育期缩短而降低。春性品种则随春化时间和日长增加株高降低。温光条件对穗长的影响与株高有类似的趋势。小穗数随春化时间加长而减少，这可能与春化加长二棱期时间缩短有关。鉴于品种对温光的数量要求不同，反应强度不同，温光的主次要求不同，因此，当充分满足温光要求时，即可以大大加速生长发育进程，表现为去叶去分蘖和小穗数减少，但与此同时，生长量不足，表现为株高及结实器官的生长势变弱，相反当温光发育条件尚未充分满足时，则伴随温光发育的逐步通过，营养生长及器官建成可以得到较充分的累积，从而协调了生长与发育的关系。所谓品种特性与生态环境、栽培条件的统一，集中表现在生长发育的统一上，从而可以充分利用当地自然条件获得较高产量。可见，品种的温光发育与营养生长和生殖生长就像相互依从的两条链一样，共同控制着产量。但是还必须指出的是，品种营养生长的结构（包括株型、主茎叶数、分蘖多少）、生殖生长的结构（穗分化早晚、强度、持续时间）及营养生长向生殖生长过渡的时间，在很大程度上受品种温光特性的调控。因此，品种特性的差异可以看作品种温光调控特性的差异。

参考文献

金善宝. 1991. 中国小麦生态. 北京: 科学出版社: 335-344.

李存东, 曹卫星, 罗卫红. 2000. 小麦叶片出生与穗分化关系的研究. 中国农业科学, 33(1): 33-38.

刘尚前, 王晓春, 牛瑞明. 2005. 不同生态型小麦春播条件下幼穗分化进程与温度和叶片出生的关系. 干旱地区农业研究, 23(2): 104-108.

张锦熙, 刘锡山, 阎润涛. 1986. 小麦冬春品种类型及各生育阶段主茎叶数与穗分化进程变异规律的研究. 中国农业科学, (2): 27-35.

Masoni A, Arduini I, Mariotti M, et al. 2001. Number of spikelets and leaf appearance rate in durum wheat as affected by temperature, daylength and nitrogen availability. Agricoltura Mediterranea, 131(1-2): 57-65.

McMaster G S, Wilhelm W W, Palic D B. 2003. Spring wheat leaf appearance and temperature: extending the paradigm. Annals of Botany, 91(6): 697-705

Rawson H M, Zajac M, Penrose L J. 1998. Effect of seedling temperature and its duration on development of wheat cultivars differing in vernalization response. Field Crops Research, 57(3): 289-300.

第五章　中国小麦发育生态类型与种植区划

Chapter 5　The development types and ecological regionalization of wheat in China

内容提要：中国小麦种植分布广，类型多，区域化种植特征明显。按小麦的播期特性可分为春播区、北方秋播区和南方秋（冬）播区 3 大播性区，按区域特征又可将 3 大区分为东北和西北春播区，北部、黄淮、南部和高原秋播区 6 个生态类型区及 12 个区域性亚区。

按小麦品种的温光发育特性可分为强春性长光敏感型、春性长光敏感型、冬春性长光弱敏感型、冬性长短光不敏感型、强冬性长短日弱敏感型和超强冬性长短日敏感型 6 个生态类型。

按播期为主兼顾品种特性，中国小麦种植生态区可分为春播春麦主区、冬（秋）播冬春麦主区和冬春麦兼播主区 3 个生态主区；统筹中国小麦种植分布区域、播期特性与品种温光特性，3 个生态主区又可细分为 10 个温光生态亚区，包括东北春播春麦亚区、北部春播春麦亚区和西北春播春麦亚区，北部秋播冬麦亚区、黄淮秋播冬麦亚区、长江中下游冬（秋）播春麦亚区、西南冬（秋）播春麦亚区和华南冬播春麦亚区，新疆冬春麦亚区和青藏春冬麦亚区。

Abstract: This chapter focus on the regionalization of wheat distribution in China. According to wheat sowing season, there are three major regions: i.e. spring sowing region, northern and southern fall sowing regions. Among which, spring sowing region can be further divided into northeast and northwest spring sowing regions; fall sowing region can be further divided into northern, Huanghuai, southern and highland fall sowing regions.

According to wheat variety characteristic in thermo-photoperiod response, there are six major types: i.e. strong springness and long-day sensitiveness, springness and long-day sensitiveness, intermediate of winter and springness and weak long-day sensitiveness, winterness and insensitiveness, strong winterness and sensitiveness, super-strong winterness and sensitiveness.

According to combining sowing season with variety characteristic, wheat distribution in China is classed into three major regions: spring sowing and springness, fall or winter sowing and winterness or springness, spring or fall sowing and springness or winterness, The spring sowing and springness region can be further divided into northeast, northern and northwest subregion. The fall or winter sowing and winterness or springness region further divided into northern, Huanghuai, the middle and lower reaches of Yangtze River, southwest and southern subregion. The spring or fall sowing and springness or winterness region further divided into Xinjiang and Qinghai-Tibet subregion. Therefore, in total, there are ten ecological subregions of wheat in China.

早在 20 世纪 30 年代沈宗瀚（1937）就对我国小麦分区做过初步研究。20 世纪 50 年代金善宝等提出把我国小麦划分为 14 个生态类型与相应的 14 个生态类型区。1961 年金善宝主编的《中国小麦栽培学》第一次系统地将中国小麦栽培区域划分为 3 大主区 10 个亚区，成为我国小麦分区研究的基础。1983 年《中国小麦品种及其系谱》将全国小麦直接划分为 10 个生态类型区（金善宝，1983）。20 世纪 90 年代多名学者对我国小麦生态区域的划分进行了广泛研究（崔读昌，1993；苗果园等，1993；田良才，1995；余华盛，1995）。所有上述工作都对我国小麦栽培、育种、引种、生产的规划决策提供了科学依据。但在春秋播区的确切区划中品种冬春性概念和播期概念的区别等不够确切，特别是未对现行品种温光特性做定性研究，且以 20 世纪 50 年代品种冬春性划分为依据。随着气候的变化，特别是品种资源的广泛更新换代，迫切需要以现代品种温光发育特性为依据，将品种特性、播期与气候等因素结合，开展我国小麦区划研究。

基于上述思路，本研究按照环境与作物品种特性叠加吻合的生态区划原理，根据环境播性区划对取材于全国 41 个生态试点的气候及小麦生态反应资料进行分析。品种温光特性的分类根据中国小麦生态研究资料及室内人工气候条件下的温光分析结果，然后进行环境与品种的叠加，形成我国小麦温光生态区划。其结果确定了我国小麦种植的春播与秋播分界线和秋播与秋冬播分界线，形成了我国小麦的播性分区。同时根据品种温光反应特性与播性分区相拟合的原则，将我国小麦品种温光生态区划分为 3 个主区、10 个亚区，并揭示了我国品种温光生态特性分布的 4 个特征。

第一节　中国小麦播期特性与区域划分

小麦品种特性与播期特性是不同的概念，通常人们所说的冬春麦包括两个层面的含义，一个层面是品种特性，是指品种对春化作用的反应，无春化要求的为春性小麦，有春化要求的为冬性小麦；另一个层面是播期，是指小麦春季或秋冬季播种。春季播种为春小麦，秋冬季播种的小麦都要有一个越冬的过程，既有冬性小麦也有春性小麦。以往在生产上称为冬春麦或在播期界限上称为冬春麦界限，这样的称谓不论从栽培意义上来看还是从温光特性上来看，都不能准确反映小麦温光发育持性和播期区别，如在秋播区域内小麦品种发育特性也有从春性到冬性的差异。因此，应该用春播春麦、秋播冬麦和秋冬播春麦等概念来描述。为了准确地理解和生产应用春冬麦的概念，在小麦的区划上也应有播期特性区划和品种特性区划。

一、小麦的播期特性区域界定

春秋播期界限是自然温光条件与品种温光特性的集中体现，因此该界限应成为我国小麦温光生态区划乃至栽培生态区划的第一命名层次。现今通常所说的冬春麦区界实际上是我国唯一的一条区别南北东西麦区的“播期界限”（由东北向西南的对角走向线）。该线在长期生产实践中已经部分明确形成，特别是对北部晚熟冬麦区与春麦区的界限。

播期区域划分是根据自然条件和不同地区生态相似性进行。

1. 播期特性区域的等温线界定

根据国家气象科学院全国小麦气象观察站（全国 200 个观察点）资料，以 1 月平均气温–10～–8℃的等值线，确定了反映我国小麦综合温光气候条件的春秋“播性”界限。该线自我国东北辽东半岛沿长城经河北坝上、山西原平、陕西延安至甘肃兰州，再向西南经成都直到西藏高原的雅鲁藏布江河谷的产麦区。该线以北为春播区，以南为秋播区（图 5-1—线）。这条线以往的后半段即偏西南的一段，是从兰州以后沿 0℃等值线南下至云南，不包括可以秋播的西藏麦区，显然不符合我国小麦实际春秋播的状况。根据自然气候最冷月（1 月）的 0℃等值线，将秋播区进一步划分为北方秋播与南方秋（冬）播区（图 5-1……线）。这条线实际上也是我国半冬性过渡类型品种与南部春性品种生态区的界限。

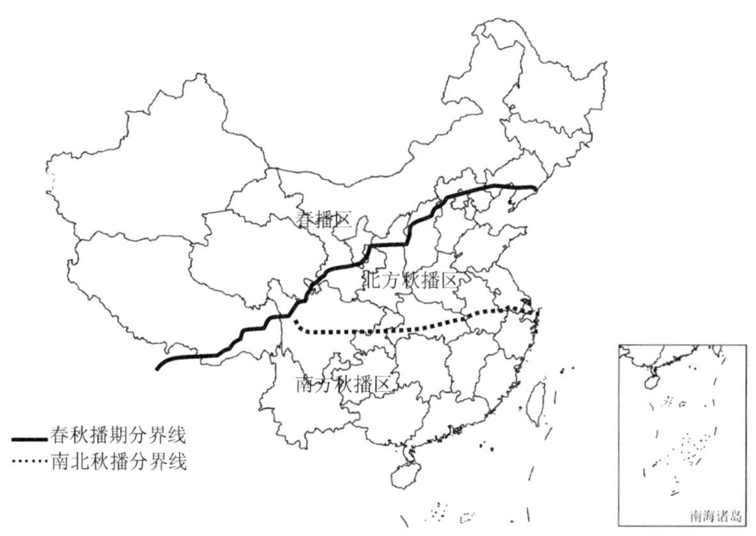

图 5-1　全国小麦播期生态区

Figure 5-1　The ecological regions of wheat sowing date in China

2. 播期特性区域的生态相似性分析

由于我国各地自然温光条件的变化主要受纬度与海拔的影响，由低到高呈连续变化。这种变化加上品种的生育反应构成了小麦温光生态效应。选择生态适应差异大、界限明显的品种在不同自然温光区域种植，由于温光环境对品种影响存在差异，可把自然温光的连续变化切割为温光生态区块（片）。为此，根据全国 41 个生态试点的资料，选择了决定自然温光差异的纬度与海拔，以及对温光切割作用较大的辽春 6 号、北京 10 号、新冬 2 号在各参试点的生育反应为分类参数，其中辽春 6 号的越冬性对春性品种秋播越冬的南北界限有明显的甄别性，北京 10 号的越冬性对冬性品种在我国各地试点的越冬区界，特别是越冬北界有甄别作用，新冬 2 号的苗穗期对自然温光分区有综合甄别作用，特别是对强冬性品种正常抽穗的南界有明显的甄别作用。根据各生态点的纬度、海拔，以及辽春 6 号、北京 10 号、新冬 2 号的生育反应 5 个环境、生物指标，对 41 个生态点进行系统聚类分析，结果如图 5-2 所示。

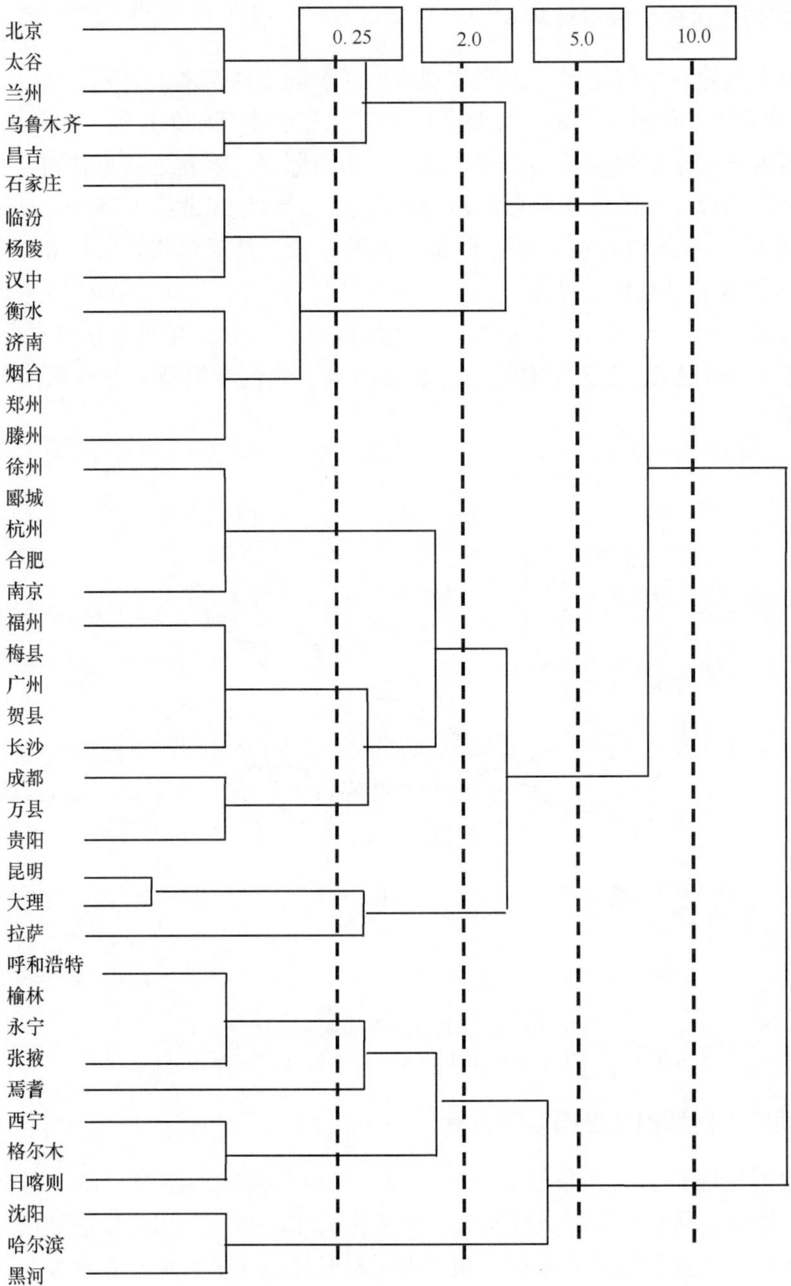

图 5-2　41 个生态点进行系统聚类分析

Figure 5-2　The systemic classification of 41 ecosites

由聚类图分析看出，选择相异性距离 10 为截点，可明显将 41 个试点切割为南北春秋播两大类群，春播类群生态点有呼和浩特等 11 个点（图 5-2）。秋播类群有北京等 30 个点。这一结果不仅与该点生产上的播期相符，而且和图 5-1 所示的自然温光播性切割所应包括的参试点基本吻合，因此也证实了上述自然等温线划分的科学性。从图 5-2 可以看出，进一步取距离 5.0 为截点，可将 30 个秋冬播区的生态点进一步分为两个类群区，即北方秋播区（包括北京等14个点）、南方秋（冬）播区（包括徐州等16个点）。划分结果除郾城、徐州处于临界线外，和自然温度划分所包括的生态区基本一致。这一切割线最终将我国小麦从宏观上切割为北部春播春性区、华北及中原秋播冬性区、南部秋冬播春性区三大区块（图5-2）。

二、小麦播期类型区划

根据五因素聚类分析结果，将上述三大播性区与我国传统十大麦区相重叠，再将生态参试点聚类图进一步以2.0距离划分，可将春播区、北方和南方秋（冬）播区分别分为两类，共6个生态类型区；进一步以0.25距离为截点划分，可将我国小麦产区切割形成12个播性生态类型亚区（图5-2），不同层次分区名称见图5-3。

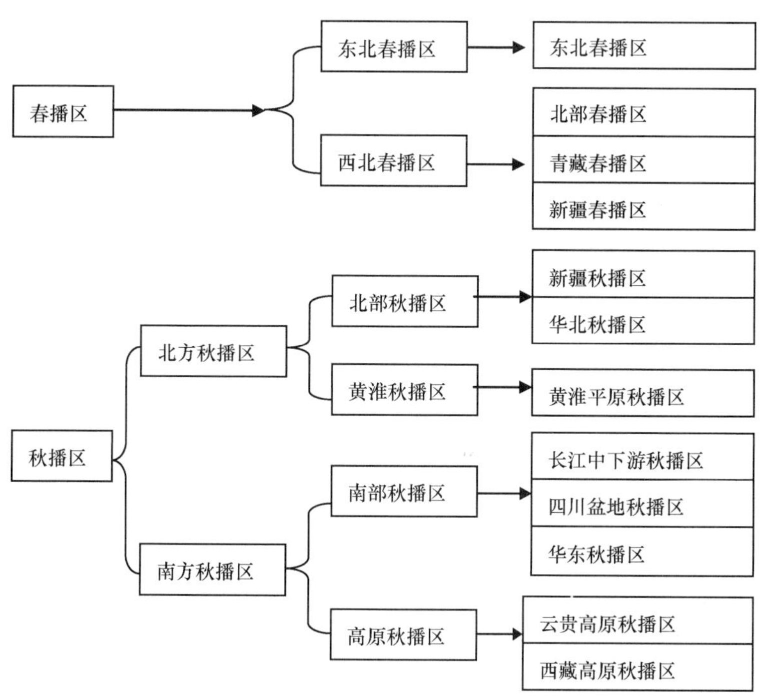

图5-3　全国小麦播期生态区域划分

Figure 5-3　The regionalization of wheat sowing date in China

第二节　中国小麦发育类型与区域特征

一、小麦品种温光发育类型

在小麦品种温光互作分类研究的基础上（表3-14），综合小麦品种温光特性与种植区域，可将小麦品种温光发育特性分为6个生态类型。

（1）强春性长光敏感型（正积温长日型）。该类品种不存在低温春化效应，生长发育速度随正积温增加而加快，对长日照反应敏感，在24h长光照下可大大加快发育。东北高纬度早熟春性品种及华南沿海低纬度早熟春性品种皆属此类，如辽春6号、粤麦6

号等。

（2）春性长光敏感型（弱负积温长日型）。该类品种有很微弱的春化负积温特性，对长日敏感。华北北部和长江中下游品种属此类，如晋春 5 号、绵阳 11 号和扬麦 3 号等。

（3）冬春性长光弱敏感型（负积温长日型）。具有一定春化负积温要求，对长日敏感，如丰产 3 号。

（4）冬性长短光不敏感型（强负积温长日不敏感型）。要求低温春化天数在 40d 以上，对长短日都不敏感。少数品种属此类，如泰山 4 号。

（5）强冬性长短日弱敏感型（强负积温长短日型）。要求春化负积温时间长。若无春化低温条件，则具有弱短日代替春化的特性。若通过春化，则长日起促进发育作用。代表品种有农大 139、旱选 10 号。

（6）超强冬性长短日敏感型（超强负积温长短日型）。要求春化负积温天数在 60d 以上，无春化条件时有明显的短日代替春化效应，如新疆、西藏高纬度或高海拔晚熟强冬性品种。新冬 2 号、肥麦属此类。

二、小麦生态分区的区域特征

根据生态环境和品种生态类型相适应的原理，按照小麦播期特性层次、品种温光特性层次的顺序，将上述自然温光生态分区与小麦品种温光特性嵌合起来，可将中国小麦种植区分为 3 个播期生态主区、10 个温光生态亚区。中国小麦种植生态分区中（图 5-4），主区以播期与品种特性命名，亚区命名突出地域与品种温光特性，其生态区域划分具有 4 个明显特征。

（1）生态区域划分根据自然温光聚类切割区界按 3 个层次命名，即区域—播性—品种温光特性。区域分布呈“冬性中心式”向春性扩展过渡状态，即以秋播冬性麦区为分界向南冬性逐渐减弱，顺序为冬性、弱冬性、春性、强春性；向北先冬性增强，后春性增强，顺序为冬性、强冬性（超强冬性）、春性、强春性，形成越向南北两端春性越强的特点。形成这种格局是由于纬度、海拔造成气候对品种的质性限制。

（2）生态区域划分考虑纬度变化的连续性又兼顾局部海拔地形变化的特殊性。自然气候的温光变化既有连续变化的一面，又有局部特殊分布的一面，从而导致了我国小麦品种温光特性分布呈区系间连续而区系内亚区被分割的状态。区系联系是指主区间保持相互连接过渡状态，主生态区内的亚区皆呈南北割据不连接的分布。

（3）由于自然温光受纬度、海拔变化的影响有连续的量变到质变的过程，因此品种温光类型的分布也具有相互交叉、过渡、连续的特性，特别是区间交错过渡地带更为明显，如强春性、春性在同一区的交叉分布；冬性、强冬性在同一区的交叉分布。

（4）决定我国品种温光特性分布的主导因子是温度，包括安全越冬的 1 月最低温度；能否顺利通过春化而正常抽穗的秋冬温度；能否正常灌浆成熟的最高温度。而这些温度界限因子在我国随纬度、海拔变化差异较大、界限明显，因而成为决定品种分布的主要限制因素。光长因素在我国各地小麦生长季节中，最短日照也在 8～10h 以上，若加上日出日落前后的散射光就更长些，即使 8～10h 也不是限制小麦正常通过光长发育的限制因素，仅是量的影响而已。故光长在一般自然情况下不是限制品种分区种植的决定因素。

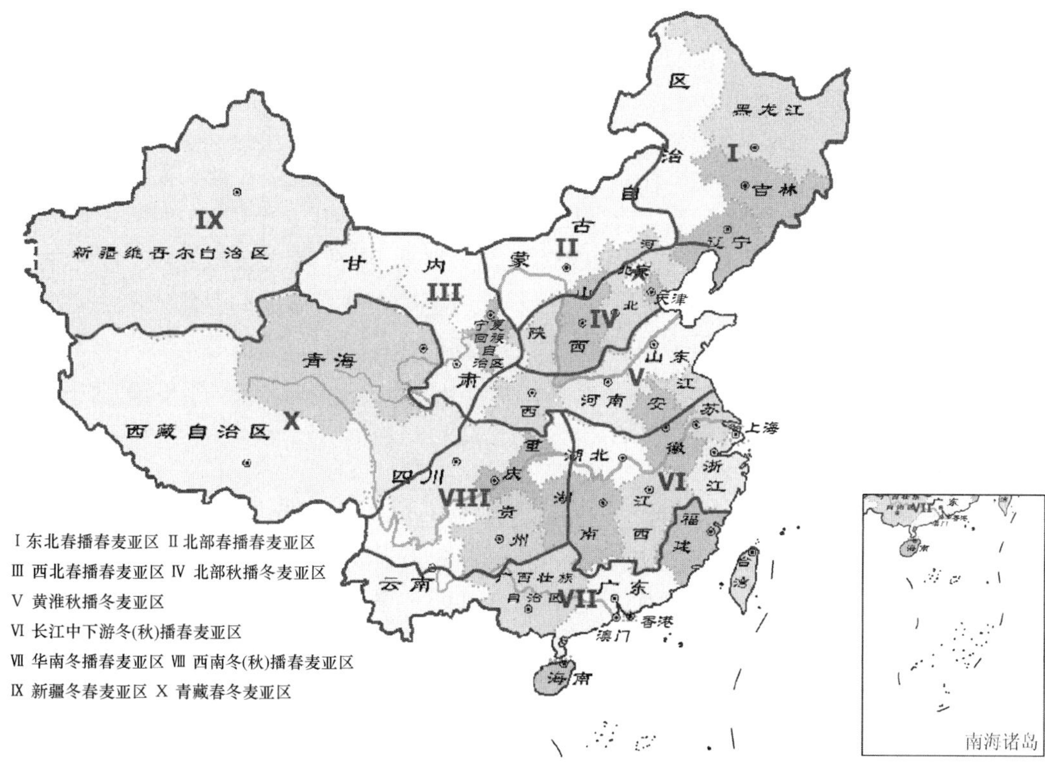

图 5-4　中国小麦种植生态区划（另见彩图）

Figure 5-4　The ecological regionalization of wheat in China (See Colour figure)

第三节　中国小麦种植生态区划

中国小麦种植生态区按以播期为主兼顾品种特性与区域分为 3 个生态主区。在主区中，春播春麦主区包括东北、北部和西北 3 个亚区，冬（秋）播冬春麦主区包括北部、黄淮、长江中下游、西南和华南 5 个亚区，冬春麦兼播主区包括新疆和青藏两个亚区，共 10 个温光生态亚区；亚区又根据气候、地貌等不同分为 29 个副区（表 5-1，图 5-4）。

表 5-1　中国小麦生态区域划分

Table 5-1　The regionalization of wheat in China

主区	亚区	副区
春播春麦主区	Ⅰ东北春播春麦亚区	1. 北部冷凉副区；2. 东部湿润副区；3. 西部干旱副区
	Ⅱ北部春播春麦亚区	4. 北部高原干旱副区；5. 南部丘陵平原半干旱副区
	Ⅲ西北春播春麦亚区	6. 银宁灌溉副区；7. 陇西丘陵副区；8. 河西走廊副区；9. 荒漠干旱副区
冬（秋）播冬春麦主区	Ⅳ北部秋播冬麦亚区	10. 燕太山麓平原副区；11. 晋冀山地盆地副区；12. 黄土高原沟壑副区
	Ⅴ黄淮秋播冬麦亚区	13. 黄淮平原副区；14. 汾渭谷地副区；15. 胶东丘陵副区
	Ⅵ长江中下游冬（秋）播春麦亚区	16. 江淮平原副区；17. 沿江滨湖副区；18. 浙皖南部山地副区；19. 湘赣丘陵副区
	Ⅶ华南冬播春麦亚区	20. 内陆山地丘陵副区；21. 沿海平原副区
	Ⅷ西南冬（秋）播春麦亚区	22. 云贵高原副区 23. 四川盆地副区；24. 陕南鄂西山地丘陵副区
冬春麦兼播主区	Ⅸ新疆冬春麦亚区	25. 南疆冬麦副区；26. 北疆春麦副区
	Ⅹ青藏春冬麦亚区	27. 环湖盆地副区；28. 青南藏北副区；29. 川藏高原副区

分区描述如下（金善宝，1996）。

一、春播春麦主区

本主区包括东北各省、内蒙古、宁夏和甘肃大部，以及河北、山西、陕西各省北部地区。大部分地区处于寒冷、干旱或高原地带，冬季严寒，其最冷月（1 月）平均气温和年极端最低气温分别在–10℃左右和–30℃上下，秋播小麦均不能安全越冬，因此本主区为春季播种春小麦。本生态区品种为春性长光敏感型，具有微弱的春化效应，但没有春化条件也可正常抽穗，同样具有正积温促进抽穗的作用。对长光敏感，随光长增加苗穗期缩短，主茎最低叶数为 6～7 片，最大叶数为 9～10 片。全主区依据区域性和雨量、温度及地势差异划分为下列 3 个亚区。

Ⅰ 东北春播春麦亚区

本亚区包括黑龙江、吉林两省全部，辽宁除南部大连、营口两市和锦州市个别县以外的大部，内蒙古东北部呼伦贝尔、霍林格勒和赤峰 3 个市及兴安盟。全区地势东、西、北部较高，中、南部属东北平原，地势平缓。通常海拔 200m 左右，山地最高 1000m 上下。土地资源丰富，土层深厚，地面辽阔，适于机械化作业。全亚区气候南北跨越寒温带和中温带两个气候带，温度由北向南递增，差异较大。最冷月平均气温北部漠河为–30.7℃，中部哈尔滨为–19℃，南部锦州为–8.8℃，是我国气温最低的一个麦区。

本亚区无霜期最长达 160 余天，最少仅 90d，大于 10℃积温为 1600～3500℃。无霜期偏短且热量不足是本亚区的一个主要特点。年降水量通常在 600mm，小麦生育期降水主要麦区可达 300mm 左右，为我国春麦区降水最多的地区。但地区间及年际间分布不均，沿江东部地区多而西部少，6 月、7 月、8 月降水占全年降水量 65%以上，以致部分地区小麦播种时雨多受涝。种植制度受热量资源不足影响，为一年一熟。小麦适播期为 4 月中旬，成熟期在 7 月 20 日前后。适宜的小麦品种类型为春性，对光照反应敏感，灌浆期短，生育期短，多在 90d 左右，分蘖力和耐寒性较强，前期耐旱，后期耐湿，籽粒红皮，休眠期中等。本亚区又可分为北部冷凉副区、东部湿润副区和西部干旱副区。

（1）北部冷凉副区。本副区是我国纬度最高的麦区。全副区属寒温带，气温偏低，冬季严寒漫长，无霜期约 100d，春旱、夏涝、病害、倒伏是影响小麦产量的不利因素。生产上应选用前期耐旱，后期耐湿、耐肥、抗倒伏、不早衰、抗病的中早熟品种。

（2）东部湿润副区。本副区属于中温带，东北部的三江平原是主要集中的产麦区，小麦生育期的降水量均高于相邻的两个副区。土壤瘠薄、后期雨涝、赤霉病、根腐病、叶枯病等是影响小麦产量的不利因素。生产上应选用耐瘠、耐湿，抗多种病害、抗倒伏、不易落粒、不易穗发芽的品种。

（3）西部干旱副区。本副区西靠大兴安岭，中为松嫩平原及松辽平原，南为丘陵或高原，属中温带。雨量少，特别是春季降水少，风沙多。苗期干旱，中后期多雨高温，是影响小麦产量的不利因素。生产上应选用苗期抗旱，后期耐湿、耐高温，抗病早熟、种子休眠期长、抗穗发芽、高产性好的品种。

Ⅱ 北部春播春麦亚区

全亚区以内蒙古为主，包括河北、山西、陕西三省北部地区。地势起伏缓和，海拔通常 700～1500m。全亚区日照充足，年日照 2700～3200h，是我国光能资源最丰富的地区。本亚区最冷月平均气温–17～–11℃，绝对最低气温–38～–27℃。降水量一般低于 400mm，不少地区则在 250mm 以下，小麦生育期降水量只有 94～168mm，属半干旱及干旱区。寒冷少雨、气候干燥、土壤贫瘠、自然条件差。小麦播种期从东南向西北，由低海拔向高海拔，从 2 月中旬开始逐渐推迟到 4 月中旬，成熟期由 6 月中旬顺延至 8 月下旬。全亚区早春干旱，后期高温逼熟及干热风为害，青枯早衰，以及灌区的土壤盐渍化，是小麦生产中的主要问题。选用抗旱优质品种，实行抗旱播种，轮作休闲，注意保墒，增施有机肥，培肥地力，开发水源，节水灌溉，防止干热风及合理施用氮肥是提高本区小麦产量和改善品质的主要措施。依据降水量的差异，本亚区又分为北部高原干旱副区和南部丘陵平原半干旱副区。

（4）北部高原干旱副区。本副区包括从内蒙古东部锡林郭勒盟起，经乌兰察布市西至巴彦淖尔市全部，为蒙古高原主体。海拔 1000～1500m，最高达 2000m。年降水量 142～412mm，小麦生育期内降水只有 61～160mm。气候冷凉、干燥多风，风蚀沙化严重，尤其是后期干热风是影响小麦产量的不利因素。生产上应选用抗旱、分蘖力强、早熟、抗倒、后期抗干热风、不易落粒、不易穗发芽的丰产稳产品种。

（5）南部丘陵平原半干旱副区。本副区是指除北部高原干旱副区以外的北部春播麦亚区的全境。全副区由高原、丘陵、平原、滩地及盆地组成，是我国春小麦的主产区之一。全境海拔 1000～1500m，年降水量由 250mm 向 400mm 变化，即由干旱向半干旱地区过渡。小麦生育期间降水量 110～270mm，多数地区 220mm 左右。生产上应选用耐旱、耐瘠、苗期生长发育慢、对光照反应敏感、丰产稳产性较好的品种。

Ⅲ 西北春播春麦亚区

本亚区地处黄河上游三大高原（黄土高原、青藏高原、内蒙古高原）的交叉地带，包括青海的东部、甘肃的大部和宁夏。属中温带，地处内陆，大陆气候强烈。主要由黄土高原和内蒙古高原组成，海拔 1000～2000m，多数为 1500m 左右，全亚区自东向西温度递增，降水量递减。最冷月平均气温为–9℃。降水量常年不足 300mm，最少年仅几十毫米，水热资源严重不协调。加剧了无灌溉区干旱的为害。由于全亚区主要麦田分布在祁连山麓和有黄河过境的平川地带，小麦生长主要靠黄河河水及祁连山雪水灌溉，辅之以光能资源丰富，辐射强，日照时间长，昼夜气温日较差大等有利条件，本亚区成为了中国春小麦主要商品粮基地之一。全亚区≥10℃年积温为 2840～3600℃，无霜期 118～236d，生育期短，热量不足，种植制度以一年一熟为主。适宜的小麦品种类型为春性，对光照反应敏感，生育期 120～130d。穗大、茎长、耐寒性强，种子休眠期长。春小麦通常在 3 月上旬至下旬播种，7 月中、下旬至 8 月中旬收获。

全亚区依据主要生态特点又分为银宁灌溉副区、陇西丘陵副区、河西走廊副区和荒漠干旱副区。

（6）银宁灌溉副区。宜选用抗锈病（主要是条锈病）、较早熟、丰产稳产品种。

（7）陇西丘陵副区。应选用抗旱、耐瘠、丰产、抗锈病品种。

（8）河西走廊副区。应选用抗大气干旱、抗风沙、耐水肥、抗倒伏的中早熟高产品种。

（9）荒漠干旱副区。应选用耐寒、抗病虫、抗倒伏、不易穗发芽、早熟丰产的品种。

二、冬（秋）播冬春麦主区

本主区是我国小麦的主产区，冬小麦播种面积大，产量高，分布范围广。北起长城以南，西自岷山、大雪山以东。由于本主区分别处在暖温带及北、中、南亚热带，南、北自然条件差异较大，主要受温度和降水量变化的影响。以秦岭淮河为界，其北为北方秋播冬麦区，以南则属南方冬播春麦区。北方秋播冬麦区为我国主要麦区，包括北京、天津、山东全部、河南、河北、山西、陕西大部，甘肃东部和南部及苏北、皖北等地。除沿海地区外，均属大陆性气候。最冷月平均气温–10.7～–0.7℃，极端最低气温–30.0～–13.2℃。全年降水量在440～980mm，小麦生育期降水150～340mm，多数地区在200mm左右。全区以冬小麦为主要种植作物，种植制度主要为一年二熟，北部地区有二年三熟，旱地有一年一熟。

依地势、温度、降水和栽培特点等不同，可分为5个亚区。

Ⅳ 北部秋播冬麦亚区

本亚区包括北京、天津、河北中北部，山西中部与东南部，陕西北部，甘肃陇东地区，宁夏固原地区一部分及辽东半岛南部，海拔通常500m左右，高原地区为1200～1300m，近海地区则4～30m。本亚区属温带，除沿海地区比较温暖湿润外，主要属大陆性气候，冬季严寒少雨雪，春季干旱多风，且蒸发强，旱、寒是小麦生产中的主要问题。最冷月平均气温–10.7～–4.1℃，绝对最低气温通常–24℃，其中以山西西部的黄河沿岸，陕西和甘肃陇东地区气温最低，正常年份一般地区小麦可安全越冬，低温年份或偏北地区则易受冻害。全年降水440～710mm，主要集中在7月、8月、9月，小麦生育期降水约210mm。常有春旱发生。日照比较充足，全年平均日照时数最多达2053～2900h。陇东和延安地区春季常有晚霜冻害。麦熟期间绝对最高气温为33.9～40.3℃，个别年份小麦生育后期有干热风危害。种植制度一般为两年三熟。小麦播种期多在9月初至下旬，由北向南逐渐推迟。收获期在6月中旬至7月中旬，由南向北逐渐推迟。本亚区适宜的小麦品种类型为冬性或强冬性，具有较好的抗寒性，早春对温度反应迟钝，对光照反应敏感，返青快、起身晚，而后期发育和灌浆较快。分蘖力、耐寒、耐旱性强，籽粒多为硬质、白皮、休眠期短。生育期260d左右。依据地势、地形和气温变化，本亚区品种为冬性、强冬性长光兼敏感型，有较强的春化负积温特性，适宜春化日数一般为30～40d，长光效应要求不同程度的春化提前量，即只有在一定春化基础上长光才起促进抽穗作用。本亚区又分为燕太山麓平原副区、晋冀山地盆地副区和黄土高原沟壑副区。

（10）燕太山麓平原副区。本副区北起长城沿燕山南麓，西依太行山，东达海滨，南迄滹沱河及沧州一线以北地区。主要由燕山及太行山山前冲积平原组成，地势开阔平坦，海拔3～97m，大部属河北大平原。由于燕山及太行山作屏障，气候温暖，最冷月平均气温–9.6～–4.1℃，绝对最低气温为–27.4～–20.6℃。正常年份冬小麦均可安全越冬。年降水量440～710mm，小麦生育期为150～215mm，春旱严重。境内不少地区水资源较丰富，除偏东地区外，水质良好，可用于灌溉。大面积生产上要求种植的是适于水浇地栽培的冬性或强冬性、越冬性好、分蘖力强、成穗率高、适应春旱条件，后期灌浆快，丰产稳产的中熟多穗型品种。

（11）晋冀山地盆地副区。本副区包括山西的晋中、长治、阳泉全部，忻州南部各县，太原、吕梁、临汾部分县；河北沿太行山的涞源、阜平、平山、井陉等山区县。全副区为太行、太岳、吕梁等山脉环绕，海拔 740～1100m，主要由丘陵山地组成，其间分布着晋中和晋东南盆地。全副区以旱坡地为主，土壤贫瘠，灌溉不便。雨少干旱，低温冬冻，早春霜冻，以及后期干热风为害均为小麦生产中的重要问题。生产上选用的品种耐寒、耐旱性较强，一般分蘖成穗较多，穗粒数中等，多为白皮，休眠期短，对光照反应中等至敏感，生育期 230d 左右。

（12）黄土高原沟壑副区。本副区包括山西沿黄河西岸的吕梁、临汾部分县；陕西榆林、延安全部，咸阳、宝鸡和铜川部分县；甘肃庆阳全部及平凉部分县。全副区地势较高，海拔 1000m 左右，陇东地区多数为 1200～1400m，属黄土高原，70%以上属坡地，水土流失严重，地面支离破碎，耕作不便。生产上需选用抗冬寒、耐霜冻、抗旱、耐瘠，对光照敏感、起身拔节晚、分蘖力强、成穗多，抗倒、抗病，适于旱地种植的冬性或强冬性品种。

Ⅴ 黄淮秋播冬麦亚区

本亚区位于黄河中、下游，南以淮河、秦岭为界，西至渭河河谷直抵春麦区边界，东临海滨。包括山东全部，河南大部分地区（信阳地区除外），河北中、南部，江苏及安徽两省的淮河以北地区，陕西关中平原及山西南部，甘肃天水全部和平凉及定西地区部分县。全区除鲁中、豫西有局部丘陵山地外，大部地区平原坦荡辽阔，地势低平，海拔平均 200m 左右，西高东低，其中西部通常 400～600m，河南全境 100m 左右，苏北、皖北数十米。气候适宜，是我国生态条件最适宜于小麦生长的地区。全亚区地处暖温带，南接北亚热带，为由暖温带向亚热带过渡的气候类型，本亚区大陆性气候明显，尤其北部一带，春旱多风，夏秋高温多雨，冬季寒冷干燥，南部情况较好。亚区内最冷月平均气温–4.6～–0.7℃，绝对最低气温–27.0～–13.0℃，北部地区的华北平原，在低温年份仍有遭受冷害的可能，以南地区气温较高，冬季小麦仍继续生长，无明显的越冬返青期。年降水 520～980mm，小麦生育期降水量约 280mm。日照略少于北部冬麦区，但热量增多，无霜期约 200d，种植制度以一年二熟为主。丘陵旱地及水肥条件较差地区，多为二年三熟，间有少数一年一熟。全亚区小麦播期先后不一，西部丘陵、旱地多在 9 月中、下旬播种，广大平原地区多以 9 月下旬至 10 月上、中旬为适期。成熟期由南向北逐渐推迟，多在 5 月底至 6 月上旬成熟。品种北部以冬性或半冬性品种为主，南部淮北平原则为半冬性和春性品种兼有的地带。本亚区是我国小麦最主要的产区，其种植面积和产量居各麦区之首。本亚区品种为弱冬性弱长光敏感型，具有一定春化负积温要求，对长日敏感，适宜春化日数一般为 10～20d。全亚区分为黄淮平原副区、汾渭谷地副区和胶东丘陵副区。

（13）黄淮平原副区。包括山东（不含胶东地区）、河南（信阳除外）两省；江苏和安徽淮河以北地区；以及河北邢台、衡水全部和沧州、石家庄的大部分县。其包含海河平原南部及黄淮平原全部。地势平坦，地形差异小，幅员辽阔，由黄河、淮河及海河冲积而成，为中国最大的冲积平原，黄河以南的淮北平原则由暖温带向亚热带过渡，形成气温南高北低。雨量也南多北少，黄河以北地区一般年降水在 600mm 左右，小麦生育期约 200mm，常有干旱为害。黄河以南地区年降水 700～900mm，小麦生育期一般有 300mm 左右，常年基本不受旱害，但由于年际变化大和季节间分布不均，南部有时也受旱，还可能发生涝害。种植制度以一年二熟为主。本副区的偏北部地区生产上应选用半冬性的抗寒、抗旱、分蘖力较强，抗条锈病、叶锈病，前期生长慢而中期生长快和后期灌浆迅速、落黄好的品种。高产区品种除具有上述性状外还要具有耐肥、矮秆，抗倒、抗白粉病的特性。偏南部则宜选用具有较好的耐寒性，分蘖成穗率中等，抗病、抗干热风的半冬性（早茬）和弱春性（晚茬）品种。

（14）汾渭谷地副区。包括山西汾河下游晋南盆地的运城全部及临汾大部，晋东南盆地的晋城大部；陕西关中平原的西安和渭南全部，咸阳及宝鸡大部；甘肃天水全部和定西、平凉大部。全副区属黄土高原，由一系列河谷盆地组成。平川区为一年两熟，旱塬区多一年一熟或二年三熟。年降水 518～680mm。但季节间分布不均及年际间变率大，干旱常形成灾害。平川地区有良好的水利设施可补充灌溉。旱塬土层深厚，蓄水保墒能力强，土壤耕性好，通过多年生产实践已形成一整套旱地农作制度。生产上应选用冬性或半冬性的品种，具有春化阶段长，光照阶段中等偏长，耐旱、耐瘠、耐寒力强的特点。

（15）胶东丘陵副区。位于山东半岛，它的北、东、南三面环海，只有西南与潍坊为邻。小麦主要分布在丘陵及滨海平原。土壤为褐土，土层深厚，质地较好，肥力较高。为黄淮秋播冬麦亚区的稳产高产基地。气候属暖温带，四季分明，季风进退明显，受海洋气候影响，气候温和、湿润。最冷月平均气温–4.6～–3.6℃，早春气温回升缓慢，寒潮频繁，常有晚霜冻害。年降水 600～844mm，但季节间分布不均，致使小麦常受春旱威胁。热量较低，≥10℃积温一般为 3855℃，一年二熟略不足，故多实行套种，以确保有充足的热量；西部地区热量稍高，麦收后可抢茬直播下茬作物。后期干热风也偶有发生，不太严重。生产上应选用冬性或半冬性品种。

Ⅵ 长江中下游冬（秋）播春麦亚区

本亚区北以淮河、桐柏山与黄淮冬麦区为界，西抵鄂西及湘西山地，东至东海，南至南岭。包括浙江、江西及上海全部，河南信阳地区，以及江苏、安徽、湖北、湖南各省的部分地区。全亚区地域辽阔，地形复杂，平原、丘陵、湖泊、山地兼有，而以丘陵为主体，面积约占全区 3/4。海拔 2～341m，地势不高。本亚区位于北亚热带，全年气候湿润，水热资源丰富。年降水量在 830～1870mm，小麦生育期间降水 340～960mm，常受湿渍为害。日照不足，小麦生育中后期常有湿害发生和高温危害。本亚区≥0℃积温高达 4800～6900℃，种植制度为一年二熟至三熟。全亚区小麦适宜播期为 10 月下旬至 11 月中旬，成熟期北部为 5 月底前后，南部地区略早。本亚区湿涝和病害为害是制约小麦生产的重要因素，需选用抗病优质高产品种，生产上应选用春性或半冬性品种，光照反应中等至不敏感，生育期 200d 左右，具耐湿性、种子休眠期长的特点。本生态区品种为春性长光敏感型，具有微弱的春化效应，但没有春化条件也可正常抽穗，同样具有正积温促进抽穗的作用。对长光敏感，随光长增加苗穗期缩短，主茎最低叶数为 6～7 片，最大叶数为 9～10 片。全亚区依气候、地形不同可分为江淮平原副区、沿江滨湖副区、浙皖南部山地副区、湘赣丘陵副区。

（16）江淮平原副区。包括江苏、安徽、湖北平原县市和河南的信阳。全副区气候温和湿润，雨量充沛，水资源丰富，年降水 830～1400mm，小麦生育期降水量为 350～650mm，适宜小麦生长。

（17）沿江滨湖副区。包括江苏江南所有地区，安徽的铜陵、马鞍山、芜湖全部及宣城、安庆部分县，浙江的杭嘉湖平原、宁绍平原，江西的九江、南昌等地，湖北的武汉、黄石等市，湖南的长沙、岳阳、常德、益阳等市。全副区海拔 10～50m，河湖众多，水网密布，土壤肥沃，为我国江南的鱼米之乡。热量、水资源丰富，湿害、赤霉病是小麦生产上的主要问题。

（18）浙皖南部山地副区。包括安徽的亳州、宣城部分县，浙江除杭嘉湖平原、宁绍平原外的其他地区，江西的上饶等地。为中亚热带湿润山地丘陵区，温暖湿润，四季分明，平均年降水量 1630mm，湿害、赤霉病是小麦生产上的主要问题。

（19）湘赣丘陵副区。包括江西、湖南两省大部分地区。山地丘陵占全副区 70%左右，小麦生育期降水较多，日照不足，地力贫瘠，对小麦生产不利。

Ⅶ 华南冬播春麦亚区

本亚区包括福建、广东、广西和台湾四地区全部。全亚区气候温暖湿润，冬季无雪，最冷月平均气温 7.9～13.4℃，绝对最低气温–5.4～–0.5℃，小麦生育期降水量为 250～450mm。水热资源丰富，但季节雨量分配不均，苗期雨水较少，中期次之，灌浆期多雨寡照，湿度大，影响开花、灌浆和结实。成熟期多雨，穗发芽、病害严重。种植制度主要为一年三熟，部分地区为稻麦两熟或两年三熟。小麦播种期在 11 月中下旬，成熟期为 3 月中下旬至 4 月上旬。本生态区品种为强春性长光敏感型，无低温春化效应，但对长光反应敏感，从出苗就给予 24h 长光照，可提早抽穗 20 余天。最大主茎叶龄为 9～10 片，最少 5～6 片。生产上应选用春性品种，苗期对低温要求不严格，灌浆期较长，抗寒性和分蘖力较弱，籽粒较大，休眠期长，对光照反应迟钝，生育期 120d 左右。全亚区可分为内陆山地丘陵和沿海平原两个副区。

（20）内陆山地丘陵副区。本副区应选用春性品种，分蘖力较弱，麦粒红皮，休眠期较长，不易穗发芽品种；其中丘陵坡地要选用耐旱性强、抗风、不易落粒、抗病的春性早熟品种。内陆山岭区，湿、冷、阴、病和倒伏是小麦生产的限制因子，因此应选用耐湿、耐阴、抗倒伏、不易穗发芽的早中熟春性小麦品种。

（21）沿海平原副区。本副区水稻与小麦轮作田应选用耐湿性好、抗病的早熟春性小麦品种。

Ⅷ 西南冬（秋）播春麦亚区

本亚区包括贵州全境，四川、云南大部，陕西南部，甘肃东南部及湖北、湖南两省西部。全亚区地势复杂，山地、高原、丘陵、盆地相间分布，其中以山地为主，占总土地面积的 70%左右，海拔一般为 500～1500m，最高达 2500m 以上。其次为丘陵，盆地面积较少。平坝地少，丘陵旱坡地多，是本亚区小麦生态环境中的一个特点。全亚区冬季气候温和，高原山地夏季温度不高，雨多、雾大、晴天少，日照不足。最冷月平均气温为 4.9℃，绝对最低气温–6.3℃。本亚区无霜期长，约 260 余天。日照不足是本区自然条件中对小麦生长的主要不利因素，其年日照 1620 余小时，日均仅 4.4h，为全国日照最少地区。种植制度除四川部分冬水田为一年一熟外，基本一年二熟。小麦播种期一般为 10 月下旬至 11 月上旬，成熟期在 5 月上中旬。生产上多选用春性品种，冬季无停滞生长现象，对光温反应迟钝，生育期 180～200 天。具有灌浆期长、大穗、多花、多实，耐瘠、耐旱、休眠期长等特性。全亚区依气候、地形分为云贵高原副区、四川盆地副区和陕南鄂西山地丘陵副区。

（22）云贵高原副区。包括四川西南部，贵州全省，云南的泸西、新平至保山以北地区。本副区为中亚热带湿润气候，季节变化不明显，贵州海拔较高，多在 1500m 以上，云南多在 1000m 以下，地形复杂，年降水量多在 800～1000mm，海拔不同各地积温差异较大，≥10℃积温从 3000℃到 6000℃，种植制度也从一年一熟到一年三熟。

（23）四川盆地副区。该区海拔在 250～500m，以丘陵为主，土壤肥力较高，雨量充沛，年降水量多在 1100mm，小麦生育期降水 300mm 左右，年日照 1030～1490h，生育后期阴雨寡照是影响小麦高产的不利因素。

（24）陕南鄂西山地丘陵副区。包括陕南的商洛、安康、汉中，湖北西部的鄂西、宜昌，湖南的怀化、湘西，甘肃的陇南及川北、川西部分县。全副区多为山地丘陵，无灌溉条件，温度适中，热量丰富，雨量充沛，但南北差异较大。

三、冬春麦兼播主区

本主区位于我国西部，包括新疆、西藏全部，青海大部和四川、云南、甘肃部分地区。全主区虽然以高原为主体，但受境内山势阻断，江河分切，局部地区地势地形差异较大，并导致温度、雨量等生态环境因素发生变化，影响冬春小麦分布和生长发育。本主区内有高山、盆地、平原和沙漠，地势复杂，气候多变，变异极大。本主区又分两个亚区。

Ⅸ 新疆冬春麦亚区

本亚区包括新疆全部。为大陆性气候，昼夜温差大，日照充足，雨量稀少，气候干燥，主要靠冰山、雪水灌溉。北疆低温冻害、干旱、土壤盐渍化及生育后期干热风危害等均是影响本亚区小麦产量的重要问题。全亚区又可分为南疆和北疆两个副区。

（25）南疆冬麦副区。南疆副区以冬小麦为主，最冷月平均气温–12.2～–5.9℃，绝对最低气温为–28～–24.3℃。9 月播种，次年 7 月底至 8 月初收获，生育期 280d 左右。年降水量为 107～190mm，小麦生育期间降水量为 8～48mm。品种为南疆秋播强冬性长短日敏感型，生产上应选用强冬性品种，对光照反应敏感，分蘖力强，穗较长、小穗结实性好，耐寒、耐旱、耐瘠、耐盐性好。

（26）北疆春麦副区。北疆副区以春小麦为主。最冷月平均气温–18～–11℃，绝对最低气温为–44～–33℃。4 月上旬播种，8 月上旬收获，生育期 120～130d。年降水量为 83～106mm，小麦生育期间降水量为 7～39mm。生产上应选用春小麦品种，对光照反应敏感，具有耐寒、耐旱、耐瘠性、耐霜冻的特性。

Ⅹ 青藏春冬麦亚区

本亚区包括青海祁连山以南，日月山以西，四川的西北部阿坝、甘孜两自治州的大部，云南迪庆的中甸、德钦两县和西藏的全部。本亚区海拔最高，日照最长，气温日较差最大，小麦的生育期最长，千粒重也最高。全亚区又可分为环湖盆地副区、青南藏北副区和川藏高原副区。

（27）环湖盆地副区。本副区气候干燥、冷凉，盐碱和风沙危害较为严重，生产上应选用强春性品种，位于本副区的香日德农场等，曾创造过我国春小麦最高产量纪录。

（28）青南藏北副区。本副区气候寒冷、干燥、多风，种植小麦全靠灌溉。生育期间极少发生病虫害。土壤盐碱、大风和早霜对小麦生产常造成严重危害。生产上应选用强春性品种，具有耐春寒、灌浆期长、籽粒大、早熟高产等特点，生育期 140～170d。

（29）川藏高原副区。本副区冬无严寒、夏无酷暑、冬春干旱，夏秋雨水集中，种植小麦也要靠灌溉，几乎周年地里生长小麦。冬小麦播期在 9 月下旬，春小麦播期在 3 月下旬至 4 月上旬，均在 8 月下旬至 9 月中旬收获，冬小麦全生育期 320～350d。本副区冬小麦品种为强冬性长短光兼敏型，有较强的春化负积温特性，适宜春化日数一般为 60～70d，丰产上应选用耐寒、抗锈病、早熟的品种。春小麦应选用抗白粉病和锈病、品质好的中晚熟品种。

参 考 文 献

崔读昌. 1993. 中国小麦气候生态区划. 贵阳: 贵州科技出版社.
金善宝. 1961. 中国小麦栽培学. 北京: 农业出版社.
金善宝. 1983. 中国小麦品种及其系谱. 北京: 农业出版社.
金善宝. 1996. 中国小麦学. 北京: 中国农业出版社.
苗果园, 张云亭, 侯跃生, 等. 1993. 中国小麦品种温光生态区划. 华北农学报, 18(2): 33-39 .
沈宗翰. 1937. 中国各省小麦之适应区域. 实业部中央农业实验所特刊第十八号.
田良才. 1995. 中国普通小麦的生态分类. 华北农学报, 11(2): 19-27.
余华盛. 1995. 中国普通小麦品种生态区划及生态分类. 华北农学报, 10(4): 6-13.

第六章　中国各麦区气候生态条件变异规律与小麦生产发展分析

Chapter 6　The variation patterns of climatic factors and wheat production in different wheat regions of China

内容提要：气候生态条件的时空变化对小麦生长发育、产量品质形成都有重要的影响，分析不同小麦种植区 60 年来温度、日照、降水、辐射等气象要素的变异规律表明，全国各地年平均温度均呈现上升趋势，其中小麦生育期平均温度增幅为 2.04℃，从南到北温度增幅有增大的趋势；温度上升使冬小麦越冬期明显缩短，生育期缩短 30d 左右。

全国小麦生育期平均日照百分率和时数从北向南递减，并有降低的趋势；各麦区小麦生育期光照时间差异较大，青藏冬麦区最长为 2727h，北部和黄淮冬麦区分别为 1873h 和 1370h，是我国小麦生产潜力较高的麦区，其余麦区多在 1000h 以下。

全国各麦区多年平均降水量北方低，南方高，且有“北旱南涝趋势加剧”的变化格局；全国小麦生育期降水量多年平均 257mm，南方多在 300mm 以上，北方不足 200mm，年际间降水量变异幅度大（3 倍以上）是影响小麦产量不稳的重要原因。

全国年太阳总辐射能呈降低的趋势，小麦生育期太阳总辐射能全国平均 2921MJ/m^2，青藏冬麦区最高 5939MJ/m^2，北部冬麦区次之，为 3633MJ/m^2，黄淮冬麦区第三，为 2673MJ/m^2，其余均在 2500MJ/m^2 以下，太阳辐射能的高低直接影响小麦物质生产和生产潜力。小麦的光合、光温生产潜力拉萨最高，分别达到 49 740kg/hm^2 和 23 906kg/hm^2，小麦主产区河南的光合、光温、气候生产潜力分别达到 25 810kg/hm^2、14 229kg/hm^2 和 12 043kg/hm^2，超高产田单产达到 11 265kg，为气候生产潜力的 93%，“十一五”实际产量为 5715kg/hm^2，为气候生产潜力的 47%，表明小麦具有较大的生产潜力。

中国是世界第一小麦生产大国，占世界小麦总产 16%；小麦是全国仅次于玉米和水稻的第三大粮食作物，占粮食总产 21%。新中国成立 60 多年来，中国小麦生产有了长足的发展，2013 年小麦平均单产和总产量分别达到 5154kg/hm^2 和 12 172 万 t，单产增加了 7 倍，总产量增加 7.8 倍。中国小麦生产发展经历了改革开放前 30 年的缓慢发展期，改革开放到解决温饱的快速发展期，小康建设前 6 年的连续下滑期，以及 21 世纪近 10 年的恢复与持续增长期等 4 个阶段。小麦生产发展表现出 4 个显著特点：一是生产能力稳步提升；二是优势区域逐步形成；三是小麦品质明显改善；四是产业化水平不断提高。

在全国十大麦区中，黄淮冬麦区一直是全国最大的小麦产区，小麦播种总面积占全国的 50%，总产占全国的 60%，居小麦主产区首位，单产高于全国平均，低于新疆、青藏麦区，位列第三；长江中下游冬麦区、北部冬麦区、西南冬麦区和新疆冬春麦兼种区分列第二、三、四、五位，总产分别占全国的 13.5%、9.3%、6.8%和 4.3%；华南麦区和青藏麦区的小麦播种面积和总产占全国的比例均不足 1%，3 个春麦区小麦播种面积和总产分别占全国的 7.4%和 4.6%。

Abstract: This chapter focuses on the effect of climatic conditions during the growing period of wheat. In order to find out the relationship between climate and the growing development and quality of wheat, the climatic factors of different wheat regions for the past 60 years, such as sunshine, precipitation, sun radiation are analyzed. Climate data shows that average temperature of the whole country is increasing, and the average temperature during the growing period of wheat has increased 2.04℃. Average temperature increases even more in the north than the south China. The increasing temperature leads to shorten wheat's growing period about 30 days.

With regard to percentage and hours of sunshine, there are huge differences between different wheat regions in China. Generally speaking, the percentage and hours of sunshine are decreasing from north to south China. Those in wheat growing period also have huge differences between different wheat regions. For instance, Qinghai-Tibet region has 2,727 hours of sunshine which is the longest in China. North and Huanghuai winter wheat region have 1,873 hours and 1,370 hours respectively, which has very high production potential. The sunshine hours of other wheat regions is normally below 1,000 hours.

With regard to precipitation, it is clear that the south has much more rainfall than the north. Also, there is a trend that the north is becoming more droughty and the south is becoming more rainy. The average amount of precipitation during wheat growing period for the whole country is 257mm. Precipitation for the south is normally above 300mm, however, less than 200mm for the north. Also, annual average amount of precipitation is very unstable, sometimes, there are three times difference. Therefore, wheat production also becomes unstable between years.

Another important factor is sun radiation, which is decreasing year by year. The average sun radiation during wheat growing period for the whole country is 2,921MJ/m^2. The sun radiation in Qinghai-Tibet region is the highest 5,939MJ/m^2. North and Huanghuai winter wheat region have 3,633MJ/m^2 and 2,673MJ/m^2 respectively. The sun radiation of other wheat regions is normally below 2,500MJ/m^2. The sun radiation also has important effect on the production quantity of wheat. Based on climatic factor dates and the mathematical models, we calculated the photosynthetic potential productivity, light and temperature potential productivity and climatic potential productivity of wheat. Lasa in Qinghai-Tibet region has the highest photosynthetic and light and temperature potential productivity, which are 49,740kg/ha and 23,906 kg/ha respectively. Henan, as a wheat main producing region, its photosynthetic, light and temperature and climatic productivity are 25,810kg/ha, 14,229kg/ha and 12,043kg/ha respectively. Actual extensive yield of wheat during 2005-2011 is only average 5,715kg/ha, 47% of climatic productivity. However, actual highest yield of wheat was up to 11,265kg/ha, 93% of climatic productivity. Which means that there are still great potential for productivity improvements.

The total yield of wheat in China account for 16 percent of that of the world and 21 percent of that of China. The wheat production in China made rapid development for more than 60 years. The total yield and yield per unit of wheat in China were up to 121.72 million tons and 5,154kg/ha respectively in 2013. They increase 7.8 times and 7.0 times from 1949 to 2013 respectively. The wheat production development in China is divided into four stages and exhibits four characteristics, i.e. the wheat productivity increased steadily, the regional advantages of gradually formed, the wheat quality improved obviously, the level of industrialization was constantly improved. In ten wheat regions in China, Huanghuai wheat region is largest. Its sown area and total yield account for 50 percent and 60 percent of whole country. Its yield per unit is higher than the average of whole country. The wheat total yield of the middle and lower Yangtze River wheat region, northern wheat region, the southwest wheat region and Xinjiang wheat region ranked second, third, fourth and fifth. Their total yield of wheat account for 13.5%, 9.3%, 6.8% and 4.3% of whole country respectively. The sown area and total yield of the southern China wheat region and Qinghai-Tibet wheat region account for less than 1% of whole country. The sown area and total yield of the spring wheat region account for 7.4% and 4.6% of whole country.

小麦是中国主要的粮食作物，在全国各地均有种植。小麦种植范围北至黑龙江黑河地区（53°N）和新疆阿勒泰地区（48°N），南至海南（18°N），西至新疆喀什地区（75°E），东至黑龙江东部（134°E）。海拔高至西藏浪卡子（4460m），低至吐鲁番盆地（–150～–100m）。南北纵跨 35 个纬度、东西横跨 59 个经度，海拔高低差异达 4600m。由于各地气候生产条件的差异，全国冬小麦从 9 月到 11 月、春小麦从 3 月到 4 月都有播种，从 5 月到 8 月都有小麦收获，全国全年都有小麦生长。各地气候生态条件的时空变化对小麦生长发育、产量品质形成及中国粮食安全都有重要的影响。

作者根据国家气象信息中心气象资料室提供的中国气候资料，选取全国 27 个代表性台站（表 6-1），其中东北春播春麦区包括哈尔滨、长春和沈阳；西北春播春麦区包括呼和浩特、银川和兰州；新疆春播春麦区包括石河子和喀什；青藏秋播冬麦区包括西宁和拉萨；北部秋播冬麦区包括北京、石家庄和太原；黄淮秋播冬麦区包括济南、西安和郑州；长江中下游冬（秋）播春麦区包括南京、合肥、武汉和南昌；西南冬（秋）播春麦区包括昆明、成都和贵阳；华南冬播春麦区包括福州、广州、南宁和海口。统计建站以来 60 年（1951～2011 年）的气象资料，着重分析不同小麦种植区温度、日照、辐射、降水等气象要素的变异规律与生态条件特点，明确全国各麦区小麦生长发育所处的温、光、水条件，为小麦生长发育特性的改良提供依据。

表 6-1　全国各麦区代表性台站的地理位置参数

Table 6-1　The geographical location parameters of weather stations in China

麦区名称	台站	纬度（°）（N）	经度（°）（E）	海拔/m
东北春播春麦区	哈尔滨	45.45	126.46	142.3
	长春	43.54	125.13	23.68
	沈阳	41.44	123.27	44.7
北部春播春麦区	呼和浩特	40.49	111.41	106.3
西北春播春麦区	银川	38.29	106.13	1111.4
	兰州	36.03	103.53	1517.2
新疆春播春麦区	石河子	44.19	86.03	442.9
	喀什	39.28	75.59	1288.7
青藏秋播冬麦区	西宁	36.43	101.45	2295.2
	拉萨	29.40	091.08	3648.7
北部秋播冬麦区	北京	39.48	116.28	31.3
	石家庄	38.02	114.25	81.0
	太原	37.47	112.33	778.3
黄淮秋播冬麦区	济南	36.45	119.11	22.2
	西安	34.18	108.56	397.5
	郑州	34.43	113.39	110.4
长江中下游冬（秋）播春麦区	南京	32.00	118.48	89.0
	合肥	31.52	117.14	27.9
	武汉	30.37	114.08	23.1
	南昌	28.36	115.55	46.7
西南冬（秋）播春麦区	昆明	25.01	102.41	189.2
	成都	30.40	104.01	506.1
	贵阳	26.15	105.55	1392.9
华南冬播春麦区	福州	26.05	119.17	84.0
	广州	23.10	113.20	41.7
	南宁	22.49	108.21	73.1
	海口	20.02	110.21	13.9

资料来源：国家气象信息中心气象资料室

Data source: Meteorological Data Section, National Meteorologic Information Center

第一节　各麦区温度变异规律及其对小麦生育的影响

一、各麦区温度条件变异规律

小麦是喜低温长日作物，气温对小麦的春化发育有直接影响，小麦品种类型的分布也主要受温度的影响。为了解各小麦生态区气温动态变化情况，分别以哈尔滨、呼和浩特、兰州、北京、郑州、南京、成都、广州、石河子和拉萨分别代表东北春播春麦区、北部春播春麦区、西北春播春麦区、北部秋播冬麦区、黄淮秋播冬麦区、长江中下游冬（秋）播春麦区、西南冬（秋）播春麦区、华南冬播春麦区、新疆春播春麦区和青藏秋播冬麦区，分析了各代表点平均温度动态变化（图 6-1）。从图 6-1 可以看出，全国各地年平均温度均呈现上升趋势，除石河子和拉萨以外，其他各地 20 世纪 50～70 年代温度增幅较小，70 年代以后温度增幅明显增加，增幅最大的呼和浩特达到 2.7℃。

进一步分析 60 年来（1951～2010 年）全国各麦区小麦生育期的平均温度变化情况（表 6-2），分析表 6-2 可以看出，春麦区和南方冬麦区小麦生育期平均温度较高，均在

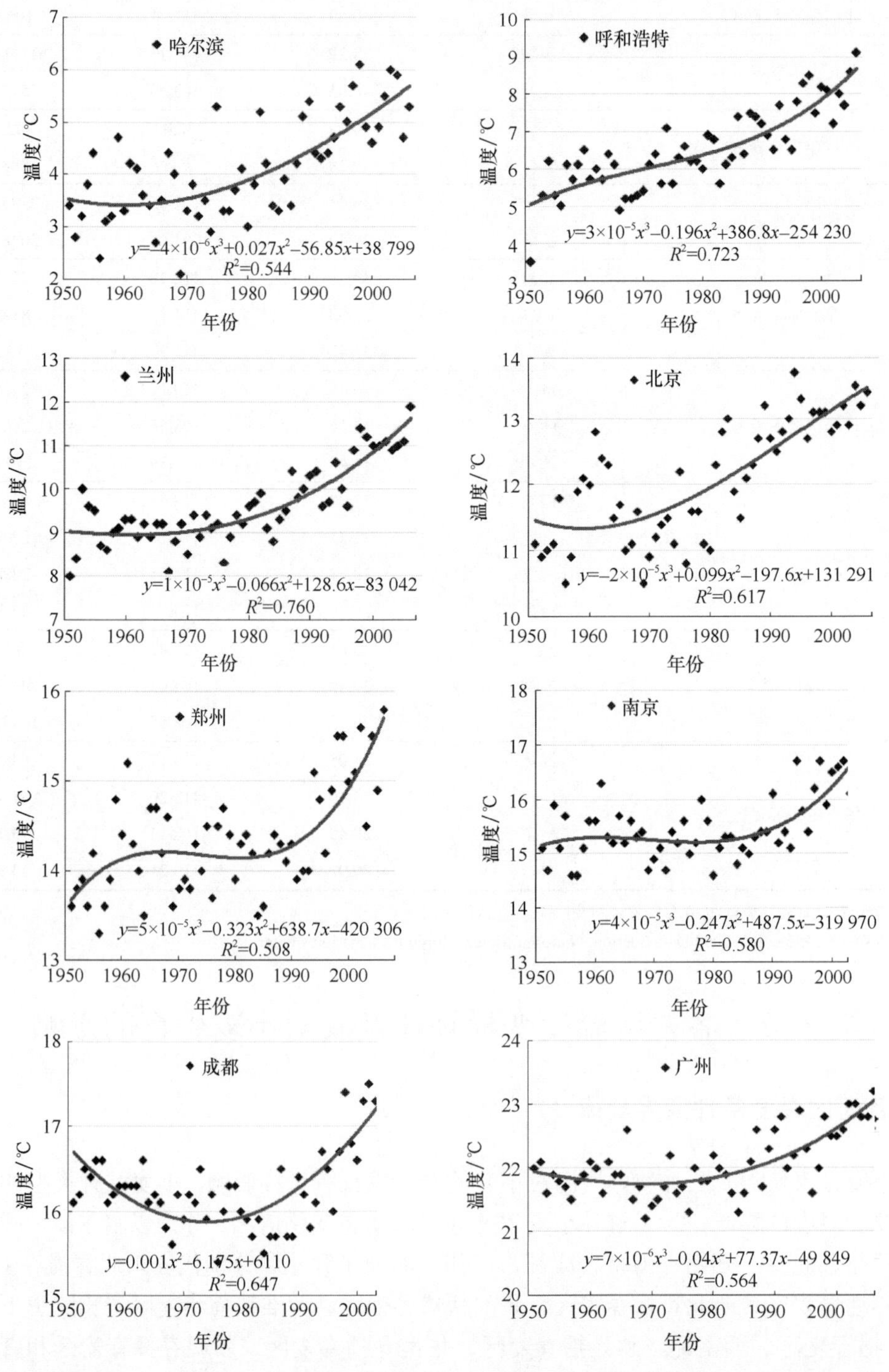

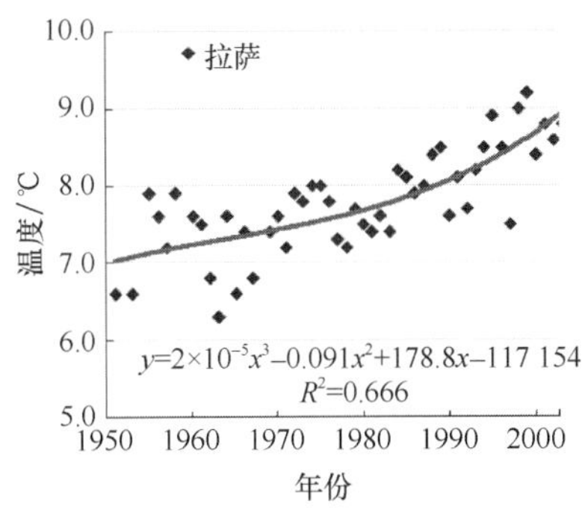

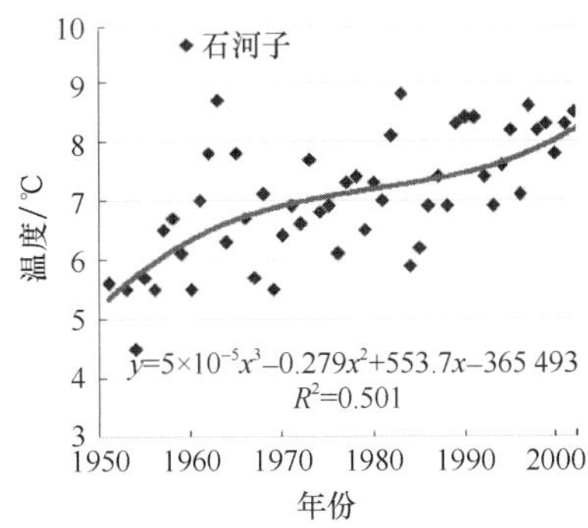

图 6-1　全国 10 个生态点年平均气温（℃）变化趋势（1951～2010 年）

Figure 6-1　The temperature variation in 10 weather stations (1951-2010)

资料来源：国家气象信息中心气象资料室

Data source: Meteorological Data Section, National Meteorologic Information Center

10℃以上，其他冬麦区小麦生育期平均温度在 10℃以下。随着全球性的气候变暖，各麦区小麦生育期平均温度均有不同程度升高，全国小麦生育期平均温度增幅为 2.04℃；其中新疆春麦区小麦生育期温度增幅最大，达到 3.13℃；西南冬麦区增幅最小，为 0.43℃；华南冬麦区较小，为 1.09℃；其他各麦区在 2.0～3.0℃。小麦生育期平均温度在 60 年的变化中，20 世纪 70 年代以前的温度变化较小，70 年代以后的温度变化较大，呈现持续上升的趋势。

进一步比较 1951～1960 年与 2000～2010 年全国各麦区的平均温度变化情况（表 6-3、图 6-2），分析表 6-3 可以看出，随着全球性的气候变暖，各麦区平均温度均有不同程度升高，全国年平均温度和小麦生育期平均温度增幅为 1.7℃和 2.0℃；其中北部春麦区年平均温度和小麦生育期温度增幅最大，分别达到 2.9℃和 3.1℃；东北春麦区次之，分别达到 1.8℃和 2.4℃；新疆春麦区温度增幅也在 2.0℃以上，分别达到 2.2℃和 2.3℃；西北春麦区和所有冬麦区年平均温度和小麦生育期温度增幅均在 2.0℃以下，其中西南冬麦区增幅最小，分别为 0.3℃和 0.4℃，其余各麦区在 1.0～2.0℃，有从南到北温度增幅增大的趋势。

由图 6-2 可以直接看出，50 年来春麦区年平均温度增幅 2.2℃高于冬麦区的 1.2℃。从 50 年各月温度增幅来看，冬春季各月增幅较大，平均为 2.1℃，春麦区（2.4℃）明显高于冬麦区（1.5℃）；夏秋季各月（6～9 月）增幅较小，平均为 1.3℃，春麦区各月均在 1～2℃，平均 1.8℃，冬麦区在 1℃以下，平均 0.8℃，春麦区也明显高于冬麦区；由于小麦生育期各月温度增幅较高，因此小麦生育期温度增幅高于年平均温度增幅，春麦区生育期温度增幅（2.6℃）又高于冬麦区的（1.4℃）。结果表明，在全年气温升高中小麦生育期的升温更为突出，小麦生育期温度的变化，直接影响着小麦的生育进程、品种布局与产量形成等，由于春麦区温度增幅高于冬麦区，因此温度变化对春麦区小麦生长发育的影响会大于冬麦区。

二、温度变化对小麦生育期的影响

在分析各地平均温度周年动态变化的基础上，进一步分析了小麦生育期平均气温变

表 6-2 全国不同麦区小麦生育期平均温度（单位：℃）

Table 6-2 The average temperature (℃) of wheat growing period in different wheat regions

麦区名称	恢复期	“一五”	“二五”	“三五”	“四五”	“五五”	“六五”	“七五”	“八五”	“九五”	“十五”	“十一五”	均值	“十一五”和恢复期的差值
新疆春麦区	18.21	19.00	19.76	19.47	19.80	19.99	19.74	19.38	19.53	20.35	20.68	21.34	19.77	3.13
东北春麦区	15.97	16.23	16.83	16.91	16.72	16.75	17.21	16.93	17.06	18.16	18.27	17.92	17.08	1.95
西北春麦区	14.94	14.97	15.24	15.18	15.47	15.07	15.51	15.55	15.69	16.23	16.34	16.63	15.57	1.69
华南冬麦区	16.45	16.55	16.24	16.18	16.48	16.40	15.95	16.68	17.06	17.11	17.39	17.54	16.67	1.09
西南冬麦区	11.03	11.05	10.70	10.70	10.78	10.49	10.48	10.91	11.17	11.54	11.51	11.46	10.98	0.43
长江中下游	9.23	9.51	9.71	9.15	9.63	9.54	9.46	9.78	10.20	10.67	11.01	11.54	9.95	2.31
黄淮冬麦区	8.31	8.82	8.91	8.78	8.97	9.13	9.20	9.21	9.53	10.15	10.21	11.12	9.36	2.81
北部冬麦区	6.62	7.32	7.76	7.19	7.59	7.65	7.99	8.20	8.48	8.86	8.87	9.53	8.01	2.91
青藏冬麦区	5.49	6.24	5.99	5.99	6.56	6.34	6.52	6.93	7.03	6.83	6.99	7.56	6.54	2.07
均值	11.80	12.19	12.35	12.17	12.44	12.37	12.45	12.62	12.86	13.32	13.47	13.85	12.66	2.04

资料来源：国家气象信息中心气象资料室

Data source: Meteorological Data Section, National Meteorologic Information Center

表 6-3 全国各麦区平均温度（℃）变化比较

Table 6-3 The temperature (℃) variation in different wheat regions

麦区	年代	1月	2月	3月	4月	5月	6月	7月	8月	9月	10月	11月	12月	年均温	生育期
新疆春麦区	1951～1960年	−13.4	−7.5	2.1	12.4	18.2	22.9	25.0	23.3	18.2	9.1	−0.6	−8.6	8.4	16.1
	2000～2010年	−10.2	−4.3	5.8	15.0	20.7	25.0	25.6	24.3	19.1	11.4	3.2	−7.6	10.7	18.4
	差值	3.2	3.2	3.7	2.6	2.5	2.1	0.6	1	0.9	2.3	3.8	1	2.2	2.3
东北春麦区	1951～1960年	−16.6	−11.4	−3.3	6.6	14.6	20.1	23.3	22.0	15.2	7.3	−3.6	−12.3	5.2	16.2
	2000～2010年	−14.8	−10.1	−0.8	9.4	17.5	22.9	24.6	23.5	17.8	8.6	−2.6	−12.2	7.0	18.6
	差值	1.8	1.3	2.5	2.8	2.9	2.8	1.3	1.5	2.6	1.3	1.0	0.1	1.8	2.4
西北春麦区	1951～1960年	−8.6	−3.5	4.0	10.9	16.2	21.0	23.0	21.0	16.0	8.6	0.9	−6.6	8.6	17.8
	2000～2010年	−5.2	−0.4	6.0	12.4	18.1	22.4	24.3	22.3	17.0	10.5	2.7	−4.0	10.5	19.3
	差值	3.4	3.1	2	1.5	1.9	1.4	1.3	1.3	1	1.9	1.8	2.6	1.9	1.5
北部春麦区	1951～1960年	−13.5	−9.6	−0.9	6.8	14.3	19.4	21.6	19.6	13.5	6.1	−3.4	−11.6	5.2	15.5
	2000～2010年	−10.6	−5.4	1.7	11.2	17	22.1	24.2	21.6	16.4	8.3	−1.1	−8.6	8.1	18.6
	差值	2.9	4.2	2.6	4.4	2.7	2.7	2.6	2	2.9	2.2	2.3	3	2.9	3.1
青藏冬麦区	1951～1960年	−5.9	−2.2	3.1	8.0	12.0	15.2	16.0	15.0	12.5	7.2	0.5	−4.8	6.4	5.6
	2000～2010年	−3.4	−0.4	4.3	8.8	12.7	16.0	17.3	16.3	13.3	8.0	1.7	−2.8	7.6	6.9
	差值	2.5	1.8	1.2	0.8	0.7	0.8	1.3	1.3	0.8	0.8	1.2	2.0	1.3	1.3
北部冬麦区	1951～1960年	−5.3	−1.6	4.3	13.0	19.0	23.5	25.4	23.6	18.6	11.7	3.2	−3.1	11.0	7.2
	2000～2010年	−3	1.02	7.8	15.0	20.9	24.9	26.5	24.8	20.2	13.3	4.7	−1.4	12.9	9.2
	差值	2.3	2.6	3.5	2.0	1.9	1.4	1.1	1.2	1.6	1.6	1.5	1.7	1.8	2.0
黄淮冬麦区	1951～1960年	−1.4	1.4	6.9	14.9	20.8	25.8	27.2	25.6	21.5	15.2	7.5	1.0	13.8	8.3
	2000～2010年	−0.04	3.9	10.2	16.7	22.2	26.7	27.1	25.7	21.5	15.7	8.9	2.9	15.1	10.1
	差值	1.3	2.5	3.3	1.8	1.4	0.9	−0.1	0.1	0.0	0.5	1.4	1.9	1.3	1.8
长江中下游冬麦区	1951～1960年	2.2	4.5	9.0	15.3	20.2	25.1	28.4	27.8	23.2	17.1	11.0	5.1	15.7	10.5
	2000～2010年	3.6	6.7	11.7	17.6	22.6	26.5	28.3	28.2	24.4	18.9	11.9	5.9	17.2	12.4
	差值	1.4	2.2	2.7	2.4	2.4	1.4	−0.1	0.4	1.2	1.8	0.9	0.8	1.5	1.9
西南冬麦区	1951～1960年	6.0	8.3	12.5	16.6	19.0	20.8	21.9	21.3	19.1	15.2	11.6	7.7	15.0	12.1
	2000～2010年	6.7	9.3	12.8	16.7	18.9	20.7	21.8	21.4	19.5	16.1	11.7	8.0	15.3	12.5
	差值	0.7	1	0.3	0.1	−0.1	−0.1	−0.1	0.1	0.4	0.9	0.1	0.3	0.3	0.4
华南冬麦区	1951～1960年	13.9	14.5	17.8	21.4	24.8	27.1	28.4	27.9	26.4	23.2	19.6	15.6	21.7	16.6
	2000～2010年	14.6	16.2	18.6	22.7	25.8	27.8	29.3	28.8	27.4	24.8	20.5	16.5	22.8	17.7
	差值	0.7	1.7	0.8	1.3	1.0	0.7	0.9	0.9	1.0	1.6	0.9	0.9	1.0	1.1
春麦区平均差值		2.8	3.0	2.7	2.8	2.5	2.2	1.5	1.5	1.9	1.9	2.2	1.7	2.2	2.6
冬麦区平均差值		1.5	2.0	2.0	1.4	1.2	0.8	0.5	0.6	0.8	1.2	1.0	1.3	1.2	1.4
平均差值		2.1	2.5	2.3	2.1	1.9	1.5	1.0	1.0	1.3	1.6	2.3	1.5	1.7	2.0

资料来源：国家气象信息中心气象资料室

Data source: Meteorological Data Section, National Meteorologic Information Center

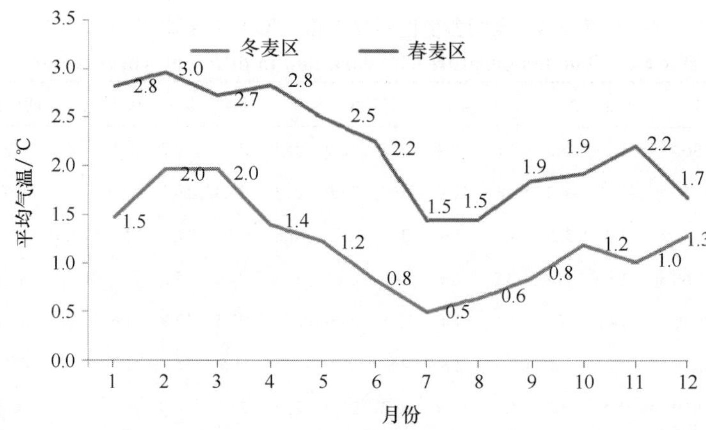

图 6-2　20 世纪 50 年代与 21 世纪冬春麦区各月平均气温（℃）差异比较（另见彩图）

Figure 6-2　The variation of monthly average temperature (℃) in winter and spring wheat regions (See Colour figure)

图中红字代表小麦生育期温度；资料来源为国家气象信息中心气象资料室

Red digital is the temperature in wheat growth period. Data source: Meteorological Data Section, National Meteorologic Information Center

化对小麦生育期的影响（表 6-4）。根据冬小麦适宜播期（冬性品种 18℃，春性品种 16℃）和成熟期（25～26℃）的气温要求，测算全国代表性冬麦区的小麦生育期气温变化，由于 20 世纪 70 年代以前气温变化较小，测算了近 40 年的变化情况，结果表明，气温升高使小麦播种期推迟、收获期提早，小麦生育期均有明显的缩短，其中北京、济南、郑州、合肥和广州的小麦生育期分别缩短 25d、33d、41d、28d、36d。

表 6-4　不同地区小麦生育期（d）变化

Table 6-4　The variation of wheat growing periods (d) in different regions

时期	北京	济南	郑州	合肥	广州
“四五”	279	260	265	250	175
“五五”	274	251	257	245	169
“六五”	270	246	251	243	165
“七五”	269	240	247	240	163
“八五”	268	236	243	238	157
“九五”	263	233	241	231	154
“十五”	259	230	234	228	148
“十一五”	254	227	224	222	139
差值	25	33	41	28	36

以小麦主产区黄淮冬麦区的郑州、济南和北部冬麦区的北京为例，对冬小麦 3 个生育阶段，即从播种到越冬的冬前生长期、越冬期和返青到成熟的冬后生长期随时间变化情况进行分析（表 6-5），小麦不同生育阶段的变化表明，在郑州从第四个五年计划到第十一个五年计划小麦生育期缩短了 41d，其中冬前生长期缩短了 10d，越冬期缩短了 25d，冬后生长期缩短了 6d；济南小麦生育期缩短主要在冬前和越冬期，其中越冬期缩短 27d，冬前缩短 7d；北京主要是越冬期缩短 23d。3 个地区小麦生育期都以越冬期缩短为主，

越冬期缩短天数分别占到小麦生育期缩短的60%、70%和90%以上，这与60年来气温变化中，冬季的增温幅度更大有密切相关。越冬期的缩短会影响小麦的春化发育进程，相同发育特性的冬性、半冬性小麦品种，在越冬期缩短的情况下发育过程会减缓，生育期会推迟，会影响后期的发育进程；冬前有效生长期的缩短，会限制秋季光热水资源的有效利用，影响小麦苗期生长与培育壮苗，不利于小麦的安全越冬；而冬后有效生长期的缩短，直接影响小麦的穗粒发育与光合产物积累，影响品种生产潜力的正常发挥。在品种选育上要通过改变小麦的发育特性，适应当地温度的不断变化，才能保证小麦的高产高效生产。

表 6-5　不同纬度地区小麦生育阶段（d）的变化

Table 6-5　The variation of wheat growth stages (d) in different regions

阶段	北京			郑州			济南		
	冬前	越冬	冬后	冬前	越冬	冬后	冬前	越冬	冬后
“四五”	55	122	102	80	58	127	68	86	106
“五五”	55	117	102	77	54	126	65	80	106
“六五”	54	115	101	76	50	125	65	74	107
“七五”	56	111	102	75	47	125	62	71	107
“八五”	56	107	103	75	44	124	60	69	105
“九五”	56	103	104	73	42	126	61	63	109
“十五”	54	102	103	71	38	125	60	62	108
“十一五”	54	99	101	70	33	121	61	59	107
平均	55	110	102	75	46	125	63	71	107
缩短	1	23	1	10	25	6	7	27	–1

三、冬前积温对小麦叶龄和幼穗发育的影响

气温变化对小麦生育期产生显著影响，其中冬前生育时期的长短与积温高低将直接影响冬前壮苗的形成与后期的生育过程。为了揭示冬前积温对小麦出苗、叶龄和发育进程的影响，2006～2010年在河南北纬32°～36°的不同生态类型区，建立具有代表性的生态试验点19个（表6-6），选用了半冬性与春性两类发育特性各3种品质类型的6个小麦品种。3个半冬性小麦品种为济麦20（强筋）、豫麦49（中筋）和郑麦004（弱筋）；3个春性小麦品种为郑麦9023（强筋）、偃展4110（中筋）、豫麦50（弱筋）。每生态点分别设置3个播期和3个密度：适播（各生态点生产上适宜播期）、早播（比适播期提前7d）、晚播（比适播期推后7d）。密度：半冬性品种，基本苗为120万株/hm^2（早播）、195万株/hm^2（适播）、270万株/hm^2（晚播）；春性品种，基本苗为150万株/hm^2（早播）、225万株/hm^2（适播）、300万株/hm^2（晚播）。

1. 冬前积温对出苗天数和所需积温的影响

测算不同试验点不同播期的冬前积温，如表6-6所示。由表6-6可知，播期不同，各地冬前积温明显不同，最少的为348℃，最多可达937℃。以50℃为一级分别统计不同冬前积温条件下，两类小麦从播种到出苗所需要的时间与积温情况，见表6-7。

由表6-7可以看出，随着播期推迟、冬前积温减少，冬前平均温度降低，两类不同

表 6-6 试验点基本情况

Table 6-6 The situation of wheat trial sites in different regions

站点	经度（°）(E) /纬度（°）(N) /海拔/m	播期（月-日）	越冬期（月-日）	冬前积温/℃
安阳	114.2/36.1/76.4	9-28～10-18	12-13	696～397
濮阳	115.0/35.4/53.1	10-3～10-22	12-18	655～371
浚县	114.3/35.4/62.6	10-2～10-23	12-13	661～348
新乡	113.5/35.2/74.0	10-2～10-23	12-31	783～452
温县	113.1/34.6/108.5	10-1～10-22	12-30	806～471
兰考	114.5/34.5/72.2	10-1～10-22	12-30	777～445
三门峡	111.1/34.5/411.8	9-30～10-22	12-29	781～465
郑州	113.4/34.4/111.3	10-5～10-26	01-10	829～496
洛阳	112.3/34.4/137.9	10-5～10-26	12-30	758～434
虞城	115.5/34.2/47.2	10-5～10-26	12-29	711～392
许昌	113.5/34.0/67.7	10-4～10-25	01-10	848～514
淮阳	114.5/33.4/46.3	10-5～10-26	01-10	894～544
郾城	114.0/33.4/62.1	10-5～10-26	12-30	793～463
西平	114.0/33.2/60.6	10-7～10-30	01-11	799～458
方城	113.0/33.2/161.5	10-3～10-24	12-31	814～481
上蔡	114.2/33.2/60.8	10-6～10-27	12-30	785～458
邓州	112.1/32.4/112.7	10-15～11-05	01-12	764～458
唐河	112.5/32.4/109.9	10-8～10-29	01-12	937～516
正阳	114.2/32.4/79.0	10-9～10-30	01-11	841～515

表 6-7 不同冬前积温条件下两类发育特性小麦播种-出苗天数和所需积温的变化

Table 6-7 The cumulative temperature and the period from sowing to germination under different cumulative temperature before winter

半冬性				春性			
冬前积温/℃	冬前均温/℃	播种-出苗时间/d	播种-出苗积温 /℃	冬前积温/℃	冬前均温/℃	播种-出苗时间/d	播种-出苗积温/℃
900～850	19.5	5.0	105.1	800～750	15.2	7.0	107.8
850～800	17.1	6.8	113.4	750～700	15.4	7.8	119.8
800～750	16.6	6.8	110.9	700～650	15.0	8.0	118.3
750～700	16.0	7.5	118.1	650～600	14.9	8.3	120.2
700～650	15.5	7.7	116.9	600～550	14.9	8.1	119.1
650～600	14.9	8.2	119.4	550～500	13.5	9.3	124.6
600～550	14.9	8.2	119.7	500～450	13.3	9.5	124.4
550～500	14.1	8.7	124.2	450～400	13.4	9.3	123.2
500～450	14.5	8.8	126.7	400～350	12.4	10.1	126.1
平均	15.9	7.5	117.1	平均	14.2	8.6	120.4

发育特性的小麦品种播种-出苗天数和所需积温均呈现出明显的增加趋势，如半冬性小麦在冬前积温高于 850℃时，播种-出苗的时间和所需积温仅为 5d 和 105.1℃，春性小麦在冬前积温超过 750℃时，播种-出苗的时间和所需积温仅为 7d 和 107.8℃，而当冬前积温低于 450℃（半冬性）或 350℃（春性）时，播种-出苗将超过 8.8d（半冬性）或 10.1d

（春性），播种-出苗所需积温均超过 125℃。

回归分析的结果进一步表明（表 6-8），冬前积温与播种-出苗天数和播种-出苗积温呈显著负相关关系。冬前积温每降低 100℃，播种-出苗天数约增加 0.7d，播种-出苗所需积温约增加 3.7℃（半冬性）或 2.5℃（春性）。

表 6-8　冬前积温与播种-出苗天数和所需积温的回归分析

Table 6-8　The regression analysis of cumulative temperature and the period（d）from sowing to germination with cumulative temperature before winter

	播种-出苗天数	播种-出苗积温/℃
半冬性	$y=-0.0067x+12.15$（$R=-0.6652^{**}$）	$y=-0.0374x+142.28$（$R=-0.5717^{**}$）
春性	$y=-0.0069x+12.62$（$R=-0.6231^{**}$）	$y=-0.0245x+142.14$（$R=-0.3504^{*}$）

注：*、**分别表示在 0.05 和 0.01 水平上差异显著；y 为播种-出苗天数和所需积温，x 为冬前积温

Note: * 0.05 significance level, ** 0.01 significance level; y, day from sowing to germination and cumulative temperature, x, cumulative temperature before winter

以上结果表明，冬前积温降低（播期推迟）明显延迟小麦的出苗时间，进而影响到冬前主茎叶龄、幼穗分化等生长发育进程。

2. 冬前积温对冬前主茎叶龄和每叶所需积温的影响

调查不同冬前积温条件下冬前主茎叶龄并测算每叶积温，如表 6-9 所示。从表 6-9 可以看出，在相同冬前积温范围内，两类不同发育特性小麦的冬前主茎叶龄与每长 1 片叶所需积温的差别不大，半冬性小麦冬前主茎叶龄与春性相差 0.2 片左右，每叶积温相差 2.0℃左右，但是不同冬前积温处理之间冬前主茎叶龄与每叶积温的差别较大。

表 6-9　不同冬前积温条件下两类发育特性小麦冬前主茎叶龄及每叶积温的变化

Table 6-9　The main stem leaf age and cumulative temperature of every leaf under different cumulative temperature before winter

半冬性			春性		
冬前积温/℃	冬前主茎叶龄/片	每叶积温/ ℃	冬前积温/℃	冬前主茎叶龄/片	每叶积温/℃
900～850	8.9	89.3	800～750	7.9	84.5
850～800	8.4	86.1	750～700	7.9	79.6
800～750	8.1	83.3	700～650	7.3	77.4
750～700	7.6	81.6	650～600	7.1	74.2
700～650	7.1	79.4	600～550	6.6	71.5
650～600	6.8	77.4	550～500	6.0	71.4
600～550	6.4	73.8	500～450	5.4	67.1
550～500	6.1	72.1	450～400	4.8	70.5
500～450	5.4	67.6	400～350	4.6	58.9
平均	7.2	79.0	平均	6.4	72.8

随着播期推迟、冬前积温减少，冬前主茎叶龄减少，主茎每增加 1 叶所需积温也减少，半冬性与春性小麦呈现出同样的趋势，如半冬性小麦在较低冬前积温（500～450℃）比较高（900～850℃）条件下的主茎叶龄减少 3.5 片，每增加 1 叶龄所需积温减少 21.7℃，春性小麦在较低冬前积温（400～350℃，4.6 片）条件下比在较高冬前

积温（750～700℃，7.9 片）条件下的主茎叶龄减少 3.3 片，每增加 1 叶龄所需积温减少 25.6℃。

回归分析进一步表明（表 6-10），冬前积温与冬前主茎叶龄和冬前主茎每增加 1 叶龄所需积温均呈极显著正相关，对于半冬性品种来说，冬前积温每降低 100℃，冬前主茎叶龄减少 0.85 片，每生长 1 片叶所需积温减少 5.00℃，春性品种的这一趋势更加明显，冬前积温每降低 100℃，冬前主茎叶龄减少 0.97 片，每生长 1 片叶所需积温减少 5.02℃。

表 6-10　冬前积温（x）与冬前主茎叶龄（y_1）、每叶积温（y_2）的回归分析

Table 6-10　The regression analysis of main stem leaf age (y_1) and cumulative temperature of every leaf (y_2) with cumulative temperature before winter (x)

	冬前主茎叶龄	每叶积温/℃
半冬性	y_1=0.0085x + 1.45（R=0.9168**）	y_2= 0.0500x + 43.53（R=0.8013**）
春性	y_1=0.0097x + 0.86（R=0.9339**）	y_2 = 0.0502x + 43.57（R=0.7512**）

由此可见，不同发育特性的小麦品种，冬前主茎叶龄大小与冬前积温关系极为密切，通过调整播期（冬前积温），可以有效控制冬前主茎叶龄大小，从而有效预防冬前旺长或冬前弱苗，根据黄淮区一般冬性品种主茎 7 叶或 7 叶 1 心，春性品种主茎 6 叶或 6 叶 1 心的冬前壮苗叶龄指标，河南省适宜播期的冬前积温半冬性品种为 650～750℃，春性品种为 500～600℃。

3. 冬前积温对幼穗分化前期发育进程的影响

调查不同冬前积温下小麦幼穗分化结果见表 6-11。表 6-11 表明，冬前积温对幼穗分化前期发育进程（单棱期和二棱期）产生较大影响。随着冬前积温的减少，两类不同发育特性小麦品种幼穗分化进入单棱期和二棱期的时间推迟，如半冬性品种在较低冬前积温条件下（500～450℃）进入单棱期和二棱期的日期（12 月 5 日，2 月 20 日）比在较高条件下的（850～800℃）分别推迟 26d 与 66d，春性品种在较低冬前积温条件下（350～300℃）进入单棱期和二棱期的日期（12 月 25 日，2 月 28 日）比在较高条件下的（750～700℃）分别推迟了 43d 和 77d。半冬性品种在冬前积温 650～800℃内，春性品种在 550～700℃内，均可以在越冬期前后进入二棱期并以二棱期状态越冬；当冬前积温高于 700℃时，春性品种在越冬期间结束二棱期而进入护颖分化阶段。

不同冬前积温条件下，单棱期和二棱期的持续天数和完成单棱期和二棱期阶段发育所需积温明显不同：单棱期持续天数随冬前积温的降低而增加、二棱期持续天数随冬前积温的降低而减少，完成两个幼穗分化时期所需积温随着冬前积温的降低均呈现出减少的趋势。例如，半冬性品种在较低冬前积温条件下（500～450℃）单棱期持续天数比在较高条件下的（850～800℃）多 38d，而二棱期持续天数少 54d，春性品种在较低冬前积温条件下（350～300℃）单棱期持续天数比较高条件下（750～700℃）多 34d 而二棱期持续天数少 50d。

在相同冬前积温范围内，春性小麦进入单棱期和二棱期的时间比半冬性小麦早，如冬前积温为 650～600℃时，春性小麦进入单棱期（11 月 21 日）和二棱期（12 月

表 6-11　冬前积温对两类品种小麦幼穗分化单棱期和二棱期的影响

Table 6-11　Effect of cumulative temperature before winter on spike differentiation of wheat

	冬前积温/℃	越冬期/（月-日）	日期/（月-日）			叶龄/片			持续时间/d			阶段积温/℃		
			单棱期	二棱期	护颖期	单棱期	二棱期	护颖期	播种-单棱	单棱期	二棱期	播种-单棱	单棱期	二棱期
半冬性	850～800	01-10	11-9	12-15	02-27	5.4	8.4	9.7	35.7	38.8	71.0	511.9	249.2	148.6
	800～750	01-05	11-12	12-16	02-28	5.5	8.0	9.6	37.9	33.8	73.4	507.3	213.0	146.7
	750～700	01-08	11-18	01-07	03-02	5.0	7.6	9.3	37.5	50.5	54.5	476.6	223.7	140.9
	700～650	01-04	11-20	01-09	03-02	5.3	7.2	9.0	39.5	50.0	53.0	479.1	182.6	113.8
	650～600	01-06	11-26	01-20	03-04	4.9	7.0	8.7	42.0	55.7	44.1	464.8	153.3	140.7
	600～550	01-03	12-03	01-31	03-06	5.0	6.4	8.4	46.4	58.9	35.1	460.2	117.7	131.1
	550～500	12-30	12-04	02-02	03-05	5.2	6.6	8.3	46.0	60.0	32.0	439.5	123.0	125.9
	500～450	12-27	12-05	02-20	03-08	5.0	6.0	7.4	50.0	77.0	17.0	438.9	87.1	81.0
春性	750～700	01-08	11-12	12-13	02-11	5.0	6.9	8.3	32.0	30.8	59.8	435.0	191.3	102.6
	700～650	01-04	11-19	12-15	02-19	5.0	6.7	8.8	35.0	26.1	60.8	433.6	163.4	103.7
	650～600	01-06	11-21	12-29	02-21	4.8	6.2	7.6	37.0	38.7	54.0	429.3	156.9	92.5
	600～550	01-03	11-26	01-08	02-29	4.4	6.2	7.7	39.0	43.7	52.1	419.1	142.5	98.3
	550～500	12-30	11-29	01-12	02-27	4.2	6.0	7.2	39.3	44.6	45.8	396.5	122.7	85.6
	500～450	12-27	12-13	02-10	03-03	4.2	5.6	7.1	45.7	59.3	22.2	384.7	113.4	96.7
	450～400	12-22	12-11	02-13	03-04	4.1	5.4	7.0	52.5	64.3	20.5	382.6	118.1	86.5
	400～350	12-13	12-25	02-28	03-09	4.1	5.5	6.5	63.3	64.7	10.0	369.2	71.8	71.3

29 日）的时间分别比半冬性品种提前 5d 和 22d；叶龄比半冬性小麦分别少 0.1 片和 0.8 片，单棱期持续时间比半冬性少 17d，二棱期持续时间比半冬性多 10d。表明春性小麦启动幼穗分化过程的时间较早、完成幼穗分化前期阶段（单棱期和二棱期）的进程较快。从小麦在越冬期前后进入二棱期并以二棱期安全越冬的角度考虑，半冬性品种（650～800℃）比春性品种（550～700℃）高 100℃ 左右。

相关分析结果表明（表 6-12）：幼穗发育单棱期和二棱期的叶龄、持续时间和所需积温与冬前积温均呈显著线性相关关系，其中半冬性品种的二棱期叶龄、持续时间，单棱期所需积温与冬前积温呈极显著正相关，单棱期持续时间与冬前积温呈极显著负相关；春性品种的单棱期叶龄、二棱期叶龄和持续时间与冬前积温呈极显著正相关，而单棱期持续时间与冬前积温呈极显著负相关，表明冬前积温对两类不同习性小麦品种的幼穗分化前期的影响有一定区别。

表 6-12　冬前积温（*x*）与幼穗分化的回归分析

Table 6-12　The regression analysis of spike differentiation with cumulative temperature before winter (*x*)

		半冬性	春性
叶龄（*y*）	单棱期	y=0.0016x + 4.13（R=0.4740*）	y=0.0034x + 2.61（R=0.6035**）
	二棱期	y=0.0064x + 2.97（R=0.8634**）	y=0.0047x + 3.4566（R=0.7727**）
	护颖期	y=0.0056x + 5.19（R=0.9026**）	y=0.0059x + 4.31（R=0.6436**）
持续时间（*y*）	播种-单棱	y= −0.0360x + 65.05（R= −0.6260**）	y= −0.0718x + 81.24（R= −0.8559**）
	单棱期	y= −0.1004x + 117.03（R= −0.5514**）	y= −0.1288x + 117.11（R= −0.7561**）
	二棱期	y=0.1545x–51.65（R=0.8401**）	y=0.1744x–53.75（R=0.8079**）
阶段积温（*y*）	播种-单棱	y=0.2222x + 328.99（R=0.5466*）	y=0.2212x + 245.24（R=0.6227**）
	单棱期	y= 0.4283x–110.22（R=0.7255**）	y=0.2898x–23.43（R=0.6896*）
	二棱期	y=0.1284x + 44.12（R=0.5094*）	y=0.0495x + 60.22（R=0.5286*）

冬前积温与幼穗分化前期各阶段的回归分析表明（表 6-12）：在 450～850℃内，冬前积温每降低 100℃，半冬性品种进入单棱期和二棱期的叶龄分别减少 0.2 片、0.6 片，单棱期延长 10.0d，而二棱期减少 15.5d；完成单棱期、二棱期所需积温分别减少 42.8℃、12.8℃。在 300～750℃内，冬前积温每降低 100℃，春性品种进入单棱期和二棱期的叶龄分别减少 0.3 片、0.5 片，单棱期延长 12.9d 而二棱期减少 17.4d；完成单棱期、二棱期所需积温分别减少 29.0℃、5.0℃。

根据上述研究结果，综合冬前壮苗叶龄指标与安全越冬两个因素考虑，河南适宜播种的冬前积温半冬性品种为 650～800℃，春性品种为 550～700℃，在此范围内播种，保证冬前壮苗形成足够的分蘖，且穗分化单棱期与二棱期时间持续长，易形成大穗多粒，可为优质高产打下良好的基础。只要保证适宜的冬前积温，两种不同发育特性的小麦在河南大部分地区都可以正常完成生长发育过程，且半冬性品种的产量高于春性品种。从自然资源的利用率角度分析，目前河南玉米 9 月中下旬收获，小麦 10 月中下旬播种，一年两熟的光热资源不能充分利用，由于半冬性品种安全越冬与高产所需冬前积温比春性品种高 100℃左右，因此，如果改春性品种为半冬性品种并提前约 7d 播种，可保证幼穗分化以二棱期安全越冬，同时叶龄在冬前达到 7 叶 1 心，可比春性小麦增加 1 个大分蘖，充分发挥半冬性品种冬前分蘖多、穗分化时间长、穗重潜力大的优势，从而提高了小麦对冬前温光等自然资源的有效利用，实现周年光热资源的充分利用与高产高效。

第二节　各麦区光照条件变异规律

小麦属于典型的长日植物，不同种植区的光照条件对小麦的生长发育有明显的影响。光照条件主要包括日长、日照百分率、日照时数、光照时间和太阳辐射量等因素。日长决定白昼时间长短，因日照百分率的影响每天的日照时数不同，不同地区又因小麦生育期长短不同，影响小麦生育期光照时间和太阳辐射量，进而影响小麦的生长发育与干物质生产。作者根据全国 30 个气象站 20 世纪 50 年代建站到 2010 年近 60 年的气象资料统计，分析了全国不同麦区光照条件的变异情况。

一、各麦区日长变化规律

全国 30 个气象站 60 年的气象资料统计表明，我国不同小麦种植区日长有较大的差异（图 6-3）。全国各地日长 6 月最长，为 13～16h/d，向前向后逐渐变短，12 月最短，为 8～11h/d；各地日长有从北到南随纬度减小夏季明显变短、冬季变长的趋势。6 月北纬 40°以上的东北、西北地区，日长在 15h/d 以上，北纬 23°以下的南方地区，日长在

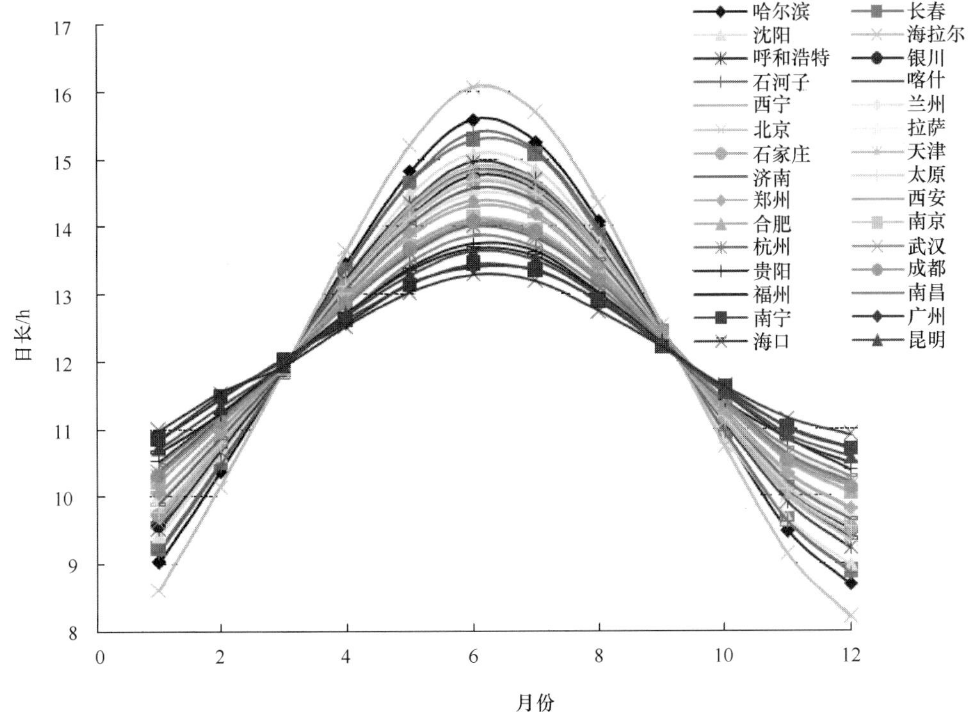

图 6-3　不同地区全年各月日长变化规律（另见彩图）

Figure 6-3　The day length variation of different regions (See Colour figure)

资料来源：国家气象信息中心气象资料室

Data source: Meteorological Data Section, National Meteorologic Information Center

13～14h/d；12 月高纬度地区日长在 9h/d 以下，低纬度地区日长在 10h/d 以上；3 月和 9 月不同地区日长基本一致，均在 12h/d 左右，为各地全年昼夜等长时期。上述结果说明随纬度减小，全年日长变异幅度减小，高纬度地区日长变异幅度为 6h/d 以上，低纬度地区日长变异幅度为 4h/d 以下。日长的变化直接影响着小麦光周期发育进程与小麦生育期。

各麦区小麦生育期的平均日长，即白昼时间在 11～16h/d，有从北到南明显下降的趋势（表 6-13），其中北纬 40°以上的东北春麦区小麦生育期的平均日长达 15.2h/d，北纬 26°以南的华南冬麦区小麦生育期的平均日长为 11.4h/d。小麦属于长日敏感作物，日长对小麦品种的发育特性有重要影响，长期处于长日种植条件的小麦品种一般为长日敏感型，而处于日长较短地区的品种对长日的敏感也较弱；日长对小麦的发育进程也有重要的影响，一般日长越长，小麦的发育越快，小麦生育期越短。日长条件是小麦品种合理布局和利用的主要依据。

表 6-13　不同麦区各月与小麦生育期平均日长（单位：h/d）

Table 6-13　The average day length of every month and wheat growing period in different wheat regions (h/d)

纬度	麦区名称	1 月	2 月	3 月	4 月	5 月	6 月	7 月	8 月	9 月	10 月	11 月	12 月	年值	生育期
北纬 41～46	东北春麦区	9.1	10.4	11.9	13.4	14.8	15.5	15.2	14.0	12.5	10.9	9.5	8.7	12.1	15.2
北纬 36～40	北部春麦区	9.5	10.7	11.9	13.2	14.3	15.0	14.7	13.7	12.4	11.1	9.9	9.2	12.1	14.3
北纬 35～38	西北春麦区	9.8	10.8	11.9	13.1	14.1	14.6	14.4	13.5	12.4	11.2	10.2	9.6	12.1	14.5
北纬 39～44	新疆春麦区	9.4	10.6	11.9	13.3	14.5	15.1	14.9	13.8	12.4	11.0	9.8	9.1	12.1	14.4
北纬 29～36	青藏冬麦区	10.2	11.0	11.9	12.9	13.8	14.3	14.1	13.3	12.3	11.3	10.4	9.9	12.1	12.3
北纬 37～39	北部冬麦区	9.7	10.8	11.9	13.1	14.2	14.7	14.5	13.6	12.4	11.2	10.1	9.5	12.1	12.4
北纬 32～36	黄淮冬麦区	10.0	10.9	11.9	13.0	13.9	14.4	14.2	13.4	12.3	11.2	10.3	9.8	12.1	12.0
北纬 28～32	长江中下游冬麦区	10.3	11.1	11.9	12.8	13.6	14.0	13.9	13.2	12.3	11.4	10.6	10.1	12.1	11.6
北纬 25～30	西南冬麦区	10.5	11.2	11.9	12.8	13.4	13.8	13.7	13.1	12.3	11.5	10.8	10.4	12.1	11.6
北纬 20～26	华南冬麦区	10.8	11.4	12.0	12.6	13.2	13.5	13.4	12.9	12.2	11.6	11.0	10.7	12.1	11.4

注：表中数据为 60 年平均值

资料来源：国家气象信息中心气象资料室

Note: Data are mean of 60 years

Data source: Meteorological Data Section, National Meteorologic Information Center

二、各麦区光照时间变异规律

在分析各地日长变化的基础上，由于受白昼阴雨或晴朗天气状况及温度高低的影响，每天的日照百分率和日照时数均有不同的变化；同时小麦生育期也各有不同，因而小麦光照时间也有较大变化。

1. 各麦区日照百分率变异规律

作者根据全国各气象站近 60 年的气象资料统计测算出我国不同小麦种植区各月平均日照百分率变异情况（表 6-14）。表 6-14 表明，各麦区日照百分率有较大差异，年均值与小麦生育期有相同的趋势，均为从北向南递减。其中北部、西北、新疆春麦区和青藏冬麦区均在 60%以上，东北春麦区和北部冬麦区在 50%以上，其他中南部冬麦区在 50%以下，华南冬麦区最低，小麦生育期仅 26.5%。

表 6-14　全国不同麦区各月平均日照（%）

Table 6-14　The percentage of monthly sunshine of different wheat regions (%)

麦区名称	1 月	2 月	3 月	4 月	5 月	6 月	7 月	8 月	9 月	10 月	11 月	12 月	年值	生育期
东北春麦区	60.0	63.4	62.8	58.7	56.8	53.5	48.2	55.6	61.8	62.7	59.3	55.7	58.2	54.3
北部春麦区	61.2	66.4	66.7	67.6	66.3	64.9	58.2	62.1	67.8	71.3	65.7	59.7	64.8	64.3
西北春麦区	59.9	62.6	58.0	61.1	61.0	59.2	58.8	62.6	58.1	60.2	63.7	59.6	60.4	60.1
新疆春麦区	49.6	52.1	53.0	59.1	62.1	66.9	68.4	71.8	70.9	68.5	57.1	45.7	60.4	61.9
青藏冬麦区	73.2	69.8	63.3	63.1	62.0	57.7	53.9	58.0	57.5	69.8	76.7	74.6	65.0	62.6
北部冬麦区	59.9	60.2	57.7	60.7	61.7	57.3	47.5	52.6	58.2	60.0	57.8	56.8	57.6	59.6
黄淮冬麦区	45.3	45.5	45.2	50.6	51.9	50.6	45.4	51.1	47.6	48.3	47.1	45.6	47.9	47.7
长江中下游冬麦区	35.1	34.0	31.5	38.7	42.3	40.6	51.4	57.0	46.5	46.7	47.1	45.5	43.0	36.3
西南冬麦区	33.3	34.8	39.2	41.8	36.7	29.2	32.2	39.4	28.5	28.0	31.3	33.3	34.0	37.1
华南冬麦区	29.7	23.9	23.6	28.8	35.5	41.3	52.9	50.3	47.9	46.4	44.1	41.3	38.8	26.5

注：表中数据为 60 年平均值

资料来源：国家气象信息中心气象资料室

Note: Data are mean of 60 years

Data source: Meteorological Data Section, National Meteorologic Information Center

进一步分析 60 年来小麦生育期平均日照（%）变异情况（表 6-15），结果表明，从恢复期到“十一五”全国小麦生育期平均日照（%）有明显降低的趋势，其中“五五”以前日照在 50%以上，“五五”以后降到 50%以下，其中新疆春麦区、青藏冬麦区、长江中下游冬麦区等降低趋势不明显。不同麦区小麦生育期平均日照有明显差异，也有从北向南递减的趋势。其中新疆春麦区、北部冬麦区和青藏冬麦区均在 60%以上，西北春麦区、东北春麦区和黄淮冬麦区在 50%以上，其他中南部冬麦区在 40%以下，西南冬麦区最低，小麦生育期仅 22%。

表 6-15　全国不同麦区小麦生育期平均日照变化（%）

Table 6-15　The sunshine percentage variation of wheat growing period in different wheat regions (%)

麦区名称	恢复期	“一五”	“二五”	“三五”	“四五”	“五五”	“六五”	“七五”	“八五”	“九五”	“十五”	“十一五”	均值
新疆春麦区	62	67	66	63	63	65	62	61	63	66	69	70	65
东北春麦区	53	57	57	55	57	56	54	54	53	55	49	51	54
西北春麦区	60	61	63	62	63	64	60	59	59	60	53	50	59
青藏冬麦区	63	65	66	66	66	65	66	64	64	62	61	64	64
北部冬麦区	63	65	64	63	64	62	60	57	57	56	54	55	60
黄淮冬麦区	50	55	54	56	51	52	50	47	44	43	44	49	50
长江中下游冬麦区	39	42	45	40	38	39	39	38	37	38	37	37	39
西南冬麦区	24	26	26	25	24	23	20	21	19	17	21	20	22
华南冬麦区	33	37	40	32	34	34	27	31	28	28	30	27	32
均值	50	53	53	51	51	51	49	48	47	47	46	47	

注：表中数据为 5 年平均值

资料来源：国家气象信息中心气象资料室

Note: Data are mean of 5 years

Data source: Meteorological Data Section, National Meteorologic Information Center

2. 各麦区日照时数变异规律

作者根据全国各气象站近 60 年的气象资料统计测算出我国不同小麦种植区各月日照时数变异情况（表 6-16）。表 6-16 表明，各麦区日照时数有较大差异，年均值与小麦生育期有相同的趋势，均为从北向南递减。其中东北、北部、西北、新疆 4 个春麦区小麦生育期日照时数均在 8.2h/d 以上，且高于年均日照时数，其他 6 个冬麦区在 3～8h/d，华南冬麦区最低，小麦生育期仅 3.4h/d。

进一步分析 60 年来小麦生育期日照时数变异情况（表 6-17），结果表明，从恢复期

表 6-16 全国不同麦区各月及小麦生育期日照时数（单位：h/d）

Table 6-16 The sunshine hours of every month and wheat growing period in different regions (h/d)

麦区名称	1 月	2 月	3 月	4 月	5 月	6 月	7 月	8 月	9 月	10 月	11 月	12 月	年均	生育期
东北春麦区	5.45	6.60	7.44	7.88	8.40	8.29	7.33	7.79	7.71	6.81	5.62	4.84	7.0	8.2
北部春麦区	5.83	7.08	7.92	8.95	9.50	9.71	8.55	8.51	8.40	7.90	6.51	5.52	7.9	8.9
西北春麦区	5.83	6.79	6.90	8.00	8.60	8.67	8.49	8.47	7.20	6.74	6.47	5.71	7.3	8.7
新疆春麦区	4.67	5.52	6.29	7.86	8.97	10.11	10.17	9.91	8.81	7.56	5.60	4.17	7.5	8.6
青藏冬麦区	7.43	7.71	7.56	8.17	8.56	8.23	7.60	7.73	7.10	7.90	8.00	7.42	7.8	7.8
北部冬麦区	5.82	6.49	6.88	7.97	8.76	8.44	6.90	7.14	7.20	6.69	5.82	5.38	7.0	6.9
黄淮冬麦区	4.53	4.98	5.39	6.58	7.24	7.30	6.46	6.85	5.88	5.43	4.85	4.45	5.8	5.5
长江中下游冬麦区	3.62	3.79	3.75	4.97	5.76	5.69	7.12	7.52	5.72	5.31	4.98	4.62	5.2	4.5
西南冬麦区	3.51	3.90	4.68	5.33	4.93	4.03	4.40	5.15	3.50	3.21	3.37	3.45	4.1	4.5
华南冬麦区	3.22	2.73	2.83	3.63	4.68	5.55	7.06	6.47	5.86	5.37	4.85	4.42	4.7	3.4

注：表中数据为 60 年平均值

资料来源：国家气象信息中心气象资料室

Note: Data are mean of 60 years

Data source: Meteorological Data Section, National Meteorologic Information Center

表 6-17 全国不同麦区小麦生育期日照时数变化（单位：h/d）

Table 6-17 The sunshine hours variation of wheat growing period in different regions (h/d)

麦区名称	恢复期	“一五”	“二五”	“三五”	“四五”	“五五”	“六五”	“七五”	“八五”	“九五”	“十五”	“十一五”	均值
新疆春麦区	8.77	9.64	9.43	9.07	9.09	9.29	8.98	8.75	9.10	9.52	9.89	10.10	9.30
东北春麦区	7.89	8.43	8.48	8.12	8.36	8.21	8.03	7.99	7.89	8.07	7.26	7.53	8.02
西北春麦区	8.42	8.58	8.87	8.71	8.85	8.93	8.37	8.23	8.24	8.38	8.31	8.01	8.49
青藏冬麦区	7.60	7.88	8.02	7.97	8.04	7.93	8.01	7.73	7.72	7.49	7.39	7.70	7.79
北部冬麦区	5.96	7.49	7.39	7.24	7.41	7.18	6.88	6.57	6.60	6.52	6.19	6.34	6.81
黄淮冬麦区	4.86	6.34	6.26	6.52	5.89	6.03	5.74	5.45	5.10	4.96	5.07	5.64	5.66
长江中下游冬麦区	4.55	4.98	5.35	4.89	4.49	4.57	4.66	4.54	4.45	4.55	4.31	4.31	4.64
西南冬麦区	2.77	2.98	2.96	2.87	2.78	2.60	2.32	2.42	2.16	1.97	1.93	1.16	2.41
华南麦区	3.69	4.18	4.51	3.62	3.93	3.83	3.06	3.55	3.15	3.16	3.41	3.13	3.60
均值	6.06	6.72	6.81	6.56	6.54	6.51	6.23	6.14	6.04	6.07	5.97	5.99	

注：表中数据为 5 年平均值

资料来源：国家气象信息中心气象资料室

Note: Data are mean of 5 years

Data source: Meteorological Data Section, National Meteorologic Information Center

到“十一五”全国小麦生育期平均日照时数有降低的趋势，其中新疆春麦区、青藏冬麦区、北部冬麦区等降低趋势不明显。不同麦区小麦生育期平均日照时数有明显差异，也有从北向南递减的趋势。其中新疆春麦区最长达到 9.3h/d，西北、东北春麦区、青藏、北部、黄淮冬麦区为 5～9h/d，其他 3 个南部冬麦区在 5h/d 以下，西南冬麦区最低，小麦生育期仅 2.41h/d。

3. 各麦区光照时间变异规律

根据上述全国各麦区日长、日照百分率和日照时数，按照小麦播种期与收获期测算小麦生育期的天数及光照时间（表 6-18）。表 6-18 表明，由于日长、日照百分率和日照时数及小麦生育期的变化，我国各麦区小麦生育期光照时间也有较大的差异。小麦生育期青藏冬麦区最长达 350d，光照时间也最长，为 2727h；北部冬麦区和黄淮冬麦区小麦生育期较长，均在 240d 以上，光照时间也较长，分别达到 1873h 和 1370h；新疆为春麦区中小麦生育期最长的麦区，光照时间也达到 1000h 以上，其他春麦区均因小麦生育期短、冬麦区因日照时数短，小麦生育期的光照时间均在 1000h 以下，其中西南冬麦区日照时数最短，故小麦生育期的光照时间在各麦区也最短，仅 470h。上述分析表明，青藏冬麦区、北部冬麦区和黄淮冬麦区由于光照时间长，光照好，是我国小麦生产潜力较高的麦区，而黄淮冬麦区又因种植面积大，是我国小麦的优势产区。

表 6-18 不同小麦种植区平均光照情况

Table 6-18 The situation of sunshine in different wheat regions

纬度	麦区	日照时数/（h/d）	日照/%	生育期/d	光照时间/h
北纬 41°～46°	东北春麦区	9.30	65	101	939
北纬 35°～38°	西北春麦区	8.02	54	110	882
北纬 39°～44°	新疆春麦区	8.49	59	125	1061
北纬 29°～36°	青藏冬麦区	7.79	64	350	2727
北纬 37°～39°	北部冬麦区	6.81	60	275	1873
北纬 32°～36°	黄淮冬麦区	5.66	50	242	1370
北纬 28°～32°	长江中下游冬麦区	4.64	39	198	919
北纬 25°～30°	西南冬麦区	2.41	22	195	470
北纬 20°～26°	华南冬麦区	3.60	32	150	540

资料来源：国家气象信息中心气象资料室

Data source: Meteorological Data Section, National Meteorologic Information Center

第三节 各麦区自然降水变异规律

自然降水是影响小麦生长发育和产量形成的主要生态因素之一，它不仅直接影响小麦的水分供应，而且通过麦田的光照条件、太阳辐射和温度等因素影响小麦的生长发育。

一、各麦区自然降水分布规律

根据全国各气象站近 60 年的气象资料统计测算出我国不同小麦种植区各月降水量变异情况（表 6-19，图 6-4），结果表明，我国小麦种植区年平均降水量为 658mm，不同麦区之间有较大差别，高于全国平均年降水量且高于1000mm的仅有华南冬麦区和长江中下游冬麦区两个麦区，分别为1523mm和1238mm；西南冬麦区次之，为941mm；新疆春麦区和西北春麦区最低，分别为135mm和249mm；其他麦区平均年降水量在400～600mm。不同麦区年降水量全年分布呈现单峰变化曲线，6～9月为全年降水高峰期，4个月降水量占到全年降水量的63%，其余8个月降水量仅占37%；其中东北、北部、西北春麦区和青藏、北部、西南冬麦区夏季降水较为集中，6～9月降水量占到全年降水量的70%以上，黄淮冬麦区接近全国平均水平，为64%，其他麦区在53%以下。

表6-19　全国不同麦区平均降水量情况

Table 6-19　The situation of precipitation in different wheat regions

麦区名称	年降水量/mm	6～9月降水		小麦生育期降水	
		降水量/mm	占全年/%	降水量/mm	占全年/%
东北春麦区	595	445	75	294	49
北部春麦区	398	310	78	194	49
西北春麦区	249	180	72	151	61
新疆春麦区	135	52	38	64	47
青藏冬麦区	400	326	82	354	88
北部冬麦区	507	393	78	174	34
黄淮冬麦区	591	381	64	218	37
长江中下游冬麦区	1238	587	47	540	44
西南冬麦区	941	679	72	203	22
华南冬麦区	1523	805	53	315	21
平均	658	416	63	251	38

资料来源：国家气象信息中心气象资料室

Data source: Meteorological Data Section, National Meteorologic Information Center

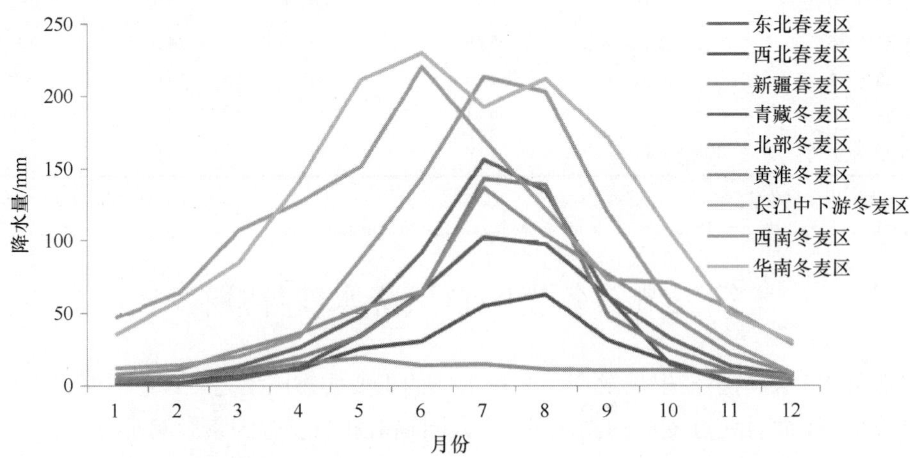

图6-4　全国不同麦区各月平均降水量（另见彩图）

Figure 6-4　The monthly precipitation of different wheat regions (See Colour figure)

资料来源：国家气象信息中心气象资料室

Data source: Meteorological Data Section, National Meteorologic Information Center

分析小麦生育期降水量：全国小麦生育期60年平均降水量为251mm，春麦区小麦生育期较短，平均降水量为176mm，其中东北春麦区降水量最大，接近300mm，其他均不足200mm，新疆春麦区最小，仅64mm，春麦区小麦生育期降水量差异主要受年降水量的影响；冬麦区小麦生育期60年平均降水量为301mm，与小麦需水量接近，但各麦区差异较大，长江中下游、华南和青藏3个冬麦区降水量在300mm以上，长江中下游冬麦区降水量最大，为540mm，除阶段性干旱外基本可以满足小麦对水分的需求；其他各冬麦区降水量在220mm以下，自然降水量不能满足小麦的水分需求，必须通过补充灌溉才能保证小麦丰产增收。各冬麦区降水量差异除受年降水量影响外，也受小麦生育期长短或生育期降水占全年的比例的影响，如青藏冬麦区虽然年降水量不高，但由于小麦生育期长，生育期降水占全年的比例达88%，导致小麦生育期降水量高；华南冬麦区正好相反，小麦生育期降水量高主要是由于年降水量高；小麦生育期降水量较低的麦区，也是受到年降水量低和生育期降水比例小两方面的影响。

二、各麦区降水量动态变化规律

研究分析全国不同纬度地区的年平均降水量变化情况（表6-20），结果表明，全国年平均降水量变化不一，北方年降水量呈降低趋势，其中华北地区北京降幅最大，达324mm，21世纪初比20世纪50年代降低45.1%，其次为石家庄，降幅126mm，降低21.8%；中南部地区年降水量呈增加趋势，增幅在85～217mm，均在当地降水量的10%以上。由于我国多数北方地区常年降水量较少，而南方地区常年降水量较多，这种降水量的变化趋势，导致全国形成“北旱南涝趋势加剧”的格局，对作物生产将有不利的影响。

表6-20　全国代表地区降水量变化比较（单位：mm）

Table 6-20　The comparison of precipitation variation in different regions (mm)

	哈尔滨	北京	石家庄	太原	兰州	成都	济南	郑州	南京	广州
1951～1955年平均/mm	587	718	578	421	335	934	637	606	1014	1730
2001～2006年平均/mm	504	394	452	377	308	788	792	691	1161	1947
变幅/mm	−83	−324	−126	−44	−27	−146	+155	+85	+147	+217
变幅/%	−14.1	−45.1	−21.8	−10.5	−8.1	−15.6	+24.3	+14.0	+14.5	+12.5

资料来源：国家气象信息中心气象资料室

Data source: Meteorological Data Section, National Meteorologic Information Center

进一步分析各麦区小麦生育期平均降水量的变化（表6-21），结果表明，60年来全国各麦区小麦生育期平均降水量变化趋势不一，青藏冬麦区和长江中下游冬麦区小麦生育期平均降水量呈增加趋势，60年增幅在100mm左右；西北春麦区和新疆春麦区也有增加趋势，但增幅较小，在50mm以下；其余各麦区小麦生育期平均降水量都有降低趋势，降低幅度在70mm以下。由于全年降水60%以上分布在6～9月，即降水量变化较大的时期为冬小麦收获后到播种前，因此小麦生育期平均降水量的变化较小，“北旱南涝趋势加剧”变化的格局也不明显。小麦生育期降水量变化主要表现为年际间变异幅度较大，春麦区各地小麦生育期60年降水量最大值425.8mm，最小值89.7mm，平均相差3.74倍；冬麦区各地小麦生育期60年降水量最大值488.7mm，最小值131.8mm，平均相差 2.71 倍。生育期降水量年际间变异幅度大是影响小麦产量年际不稳的重要原因。

表 6-21 全国不同麦区小麦生育期平均降水量变化（单位：mm）

Table 6-21 The precipitation variation of wheat growing period in different regions (mm)

麦区名称	恢复期	“一五”	“二五”	“三五”	“四五”	“五五”	“六五”	“七五”	“八五”	“九五”	“十五”	“十一五”	均值	差值
青藏冬麦区	280	346	383	344	331	368	315	345	341	386	430	380	354	100
北部冬麦区	201	181	190	165	143	189	161	192	172	154	196	146	174	–55
黄淮冬麦区	231	220	256	206	227	204	206	210	222	201	231	197	218	–34
长江中下游冬麦区	601	562	472	534	525	507	487	523	584	517	579	594	540	–7
西南冬麦区	223	210	215	189	241	193	218	150	190	188	221	197	203	–26
华南冬麦区	339	308	285	306	308	287	383	356	324	331	279	276	315	–63
东北春麦区	341	300	293	287	269	297	290	296	347	246	298	262	294	–79
西北春麦区	123	162	145	149	125	150	148	152	156	163	172	168	151	45
新疆春麦区	46	69	61	69	63	44	64	72	67	70	72	68	64	22
均值	265	262	256	250	248	249	252	255	267	251	275	254	257	

资料来源：国家气象信息中心气象资料室

Data source: Meteorological Data Section, National Meteorologic Information Center

第四节 各麦区太阳辐射能变化规律与小麦的生产潜力

小麦生产是将太阳辐射能转化为化学能的过程，太阳辐射能的高低直接影响小麦光合作用和物质生产，也影响温度的变化。

一、太阳总辐射能变化规律

研究分析了全国不同纬度地区 47 年（1961～2007 年）的年平均太阳总辐射能变化情况。以 8 个代表地区为例（图 6-5，表 6-22），1961～1965 年大多数地区太阳总辐射

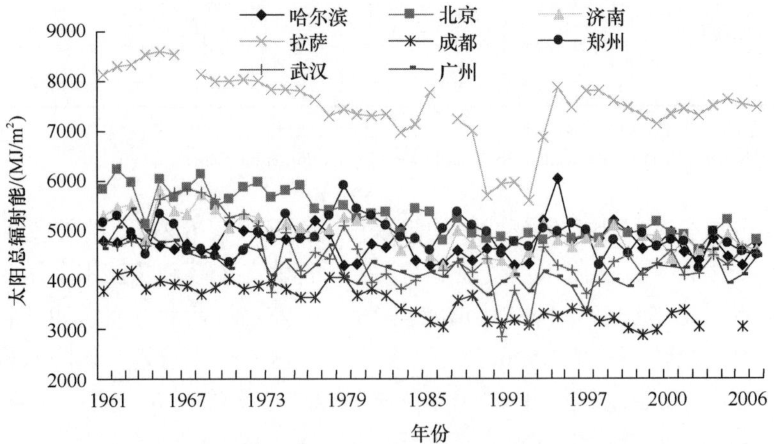

图 6-5 全国代表地区年均太阳总辐射能动态变化（另见彩图）

Figure 6-5 The variation of total solar radiation in different regions (See Colour figure)

资料来源：国家气象信息中心气象资料室

Data source: Meteorological Data Section, National Meteorologic Information Center

表 6-22 全国代表地区太阳总辐射能变化比较（单位：MJ/m^2）

Table 6-22 The comparison of total solar radiation in different regions (MJ/m^2)

地区	哈尔滨	北京	济南	拉萨	成都	郑州	武汉	广州
纬度	49.13°N	39.48°N	36.45°N	29.40°N	30.40°N	34.43°N	30.37°N	23.10°N
1961～1965 年平均	4777.29	5824.71	5365.23	8386.71	3967.27	5038.23	4891.12	4958.13
2003～2007 年平均	4527.69	4813.34	4646.70	7478.12	3050.80	4575.76	4388.44	4322.29
降幅	249.60	1011.37	718.53	908.59	916.47	462.47	502.68	635.84

资料来源：国家气象信息中心气象资料室

Data source: Meteorological Data Section, National Meteorologic Information Center

能平均 5000～5500MJ/m^2，到 2003～2007 年平均 4500MJ/m^2 左右，太阳总辐射能呈降低的趋势。40 年降幅在 240～1000MJ/m^2，其中降幅较大的有北京、拉萨、成都，太阳总辐射能降低 900～1000MJ/m^2；降幅较小的是东北，太阳总辐射能降低 240MJ/m^2。太阳总辐射能的降低直接影响着作物的光合生产潜力。

进一步分析全国各麦区 60 年各月平均太阳总辐射能及小麦生育期太阳总辐射能分布(表 6-23)，结果表明，各麦区全年以夏季各月太阳总辐射较高，各麦区平均在 530MJ/m^2 以上，春秋季次之，为 300～500MJ/m^2，冬季最低在 300MJ/m^2 以下；各麦区太阳总辐射分布有较大差异，以青藏冬麦区最高，年总辐射达 6469MJ/m^2，其次是新疆春麦区、西北春麦区和北部冬麦区，年总辐射在 5000MJ/m^2 以上，其余各麦区年总辐射都在 5000MJ/m^2 以下；受小麦生育期长短的影响，各麦区小麦生育期太阳总辐射也有较大差异，青藏冬麦区不仅年总辐射高，且小麦生育期长，故生育期太阳总辐射也最高，达 5939MJ/m^2，北部冬麦区年总辐射较高，小麦生育期也较长，生育期总辐射也较高，达 3633MJ/m^2；3 个春麦区中，年总辐射和小麦生育期长短依次为新疆春麦区、西北春麦区和东北春麦区，生育期总辐射也以新疆最高（3073MJ/m^2），西北次之（2416MJ/m^2），东北春麦区最低（2234MJ/m^2）；其余 4 个冬麦区中，黄淮冬麦区年总辐射较高，小麦生

表 6-23 全国不同麦区各月总辐射（单位：MJ/m^2）

Table 6-23 The monthly total solar radiation of different wheat regions (MJ/m^2)

麦区名称	1 月	2 月	3 月	4 月	5 月	6 月	7 月	8 月	9 月	10 月	11 月	12 月	合计	小麦生育期	
														总辐射	占全年比例/%
东北春麦区	211	283	441	516	597	581	540	501	439	333	216	174	4832	2234	46.2
西北春麦区	237	310	430	542	628	621	626	578	436	352	264	212	5236	2416	46.2
新疆春麦区	240	292	413	530	654	743	733	643	533	423	283	216	5703	3073	53.9
青藏冬麦区	387	426	548	617	701	689	675	634	529	491	409	363	6469	5939	91.8
北部冬麦区	254	308	445	545	638	607	545	511	452	365	252	218	5140	3633	70.7
黄淮冬麦区	236	273	366	468	553	551	537	510	379	319	243	215	4650	2673	57.5
长江中下游冬麦区	216	239	308	401	477	456	516	502	387	324	254	225	4305	2120	49.3
西南冬麦区	284	312	423	476	487	427	426	440	332	286	257	255	4405	2494	56.6
华南冬麦区	246	223	281	350	437	463	539	499	445	394	321	287	4484	1708	38.1
平均	257	296	406	494	575	571	571	535	437	365	277	241	5025	2921	58.1

资料来源：国家气象信息中心气象资料室

Data source: Meteorological Data Section, National Meteorologic Information Center

育期也较长，生育期总辐射也较高（2673MJ/m^2），长江中下游冬麦区和西南冬麦区次之，华南冬麦区由于小麦生育期最短，生育期总辐射也最低（1708MJ/m^2）。太阳辐射能的高低直接影响小麦光合作用和物质生产，也决定着各麦区小麦的光合生产潜力。

二、全国各地小麦生产潜力分析

小麦生产潜力是指在理想生产条件下所能达到的最高理论产量。全国范围内由于降水地域变化大、土壤条件比较复杂，主要测算小麦的光合生产潜力和光温生产潜力。按照光合生产潜力计算方法，小麦的光合生产潜力为 $Y_P = C_H \cdot \sum_{i=1}^{n} Y_{pi}$ ，式中，Y_{pi} 为小麦生长季内各月光合生产速率，$Y_{pi}=(E \cdot Q_i)/[h(1-C_A)]$，式中，$E$ 为理论光能利用率，$E=\xi(1-\alpha)(1-\beta)(1-\gamma)(1-\rho)(1-\omega)\varphi$，$Q_i$ 为小麦生长季内各月总辐射量（cal/cm^2），C_A 为小麦灰分含量，取为 0.08，h 为每形成 1g 干物质所需的热量，等于干物质燃烧热，ξ 为光合有效辐射占总辐射的比例，取为 0.49，α为小麦生长季的叶面反射率，平均取为 0.08，β为小麦群体对太阳辐射的漏射率，平均为 0.06，γ为光饱和限制率，在自然条件下一般不构成限制，取值为 0，ρ为小麦非光合器官对太阳辐射的无效吸收，取为 0.1，ω为小麦（玉米）呼吸消耗率，取为 0.3，φ为量子转化效率，取为 0.224，C_H 为小麦收获指数，据此可以测算小麦的光合生产潜力。小麦光温生产潜力是在光合生产潜力的基础上考虑温度限制作用后小麦可能达到的产量。小麦生长季各月的光温生产潜力（Y_{PTi}）采用 $Y_{PTi} = Y_{Pi} \cdot f(T_i)$公式计算[$f(T_i)$是各月温度影响函数]。

分析全国从北纬 45°45′的哈尔滨，到北纬 20°的海南等 18 个代表性地区小麦的生产潜力。小麦的光合、光温生产潜力分析结果表明（表 6-24），北方的东北、华北、西北及拉萨等地由于光能资源比较丰富，小麦的光合、光温生产潜力较高。其中拉萨最高，小麦光合生产潜力达到 49 740kg/hm^2，光温生产潜力为 23 906 kg/hm^2，且小麦生育期长，降水量平均在 381mm，因而为全国小麦生产潜力最高的地区，目前的实际生产水平在全国各省区中也是最高，2007 年全区小麦平均单产达到 6576kg/hm^2。华北、西北等地小麦光合生产潜力超过 33 000kg/hm^2，光温生产潜力超过 15 000kg/hm^2，但由于降水量偏少、水分资源贫乏，小麦生育期多年平均降水量不足 200mm，新疆的喀什只有 50mm，受水分的限制小麦生产潜力较低。东北地区小麦光合生产潜力达到 18 000kg/hm^2，光温生产潜力达到 13 500kg/hm^2，小麦生育期多年平均降水量 280～350mm，有一定的小麦生产优势。南方各地虽然水分资源较好，小麦生育期多年平均降水量多在 300mm 以上，但由于光能资源偏少，小麦的光合生产潜力多在 15 000kg/hm^2 以下，光温生产潜力在 7500～12 000kg/hm^2，云南的昆明虽然光温生产潜力较高，但小麦生育期降水量不足 100mm，因而南方各地小麦生产潜力较低。中部地区小麦生育期具有光温水组合优势，小麦的光合生产潜力多在 19 500kg/hm^2 以上，光温生产潜力在 10 500～15 000kg/hm^2，小麦生育期平均降水量在 350～400mm。其中河南郑州的光合、光温生产潜力在中部最高分别达到 25 810kg/hm^2 和 14 229kg/hm^2，高于南方各地；小麦生育期多年平均降水量 270mm，高于北方各地。因此，河南不仅是全国小麦主产区，面积和增产分别占全国

1/5 和 1/4 以上，而且是全国小麦优势区，具有较高的生产潜力（尹钧，2010）。

表 6-24　全国代表性地区小麦光合与光温生产潜力（单位：kg/hm^2）

Table 6-24　The wheat potential productivity of different regions (kg/hm^2)

代表地	拉萨	喀什	太原	北京	哈尔滨	长春	沈阳	西安	郑州
光合潜力	49 740	38 236	34 574	33 018	19 251	19 223	18 521	22 529	25 651
光温潜力	23 906	21 961	14 966	16 734	14 669	13 869	13 725	12 294	14 139
代表地	南京	合肥	武汉	成都	福州	昆明	广州	南宁	海口
光合潜力	20 183	19 078	15 630	13 632	14 180	23 513	11 531	10 926	11 548
光温潜力	10 623	10 530	8 061	8 263	11 098	12 781	10 565	9 789	12 398

以小麦生产潜力较高的、全国最大的小麦主产省河南为例，进一步对小麦生产潜力与现实生产能力进行比较（图 6-6）。河南小麦平均单产从“六五”的 3221kg/hm^2 增加到“十一五”的 5712kg/hm^2，平均单产增长了 77%，有了较大的增长。但与全省小麦生产潜力比较，仍有较大的差距，“十一五”小麦平均单产只有气候生产潜力的 47%、光温生产潜力的 40%、光合生产潜力的 22%，表明目前河南小麦生产水平仍有较大的待开发潜力。而小麦生产潜力实现的可能性与实现程度，则是保证国家粮食安全的首要任务。

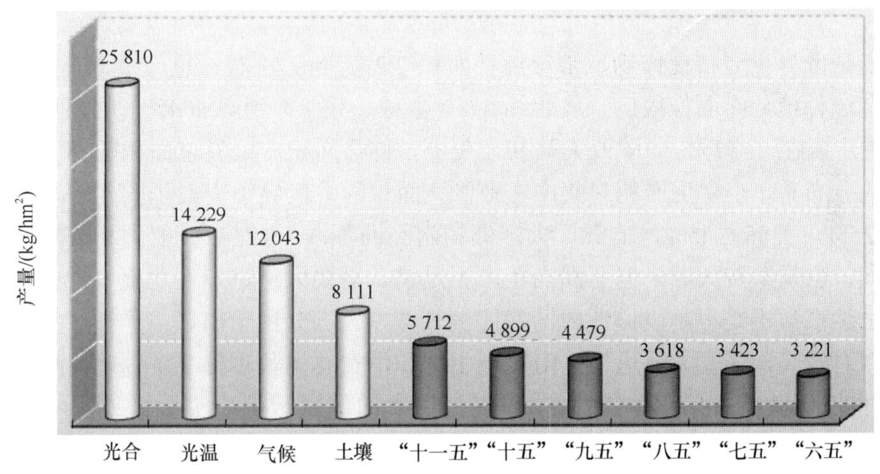

图 6-6　不同时期河南小麦生产潜力与生产水平比较（kg/hm^2）（另见彩图）

Figure 6-6　The wheat potential productivity and yields of different times in Henan (kg/hm^2) (See Colour figure)

为了实现小麦的生产潜力，自 2004 年以来国家小麦工程技术研究中心组织连续实施了“十五”、“十一五”、“十二五”粮食丰产科技工程，通过综合栽培技术等研究，项目区小麦单产得到明显提高（图 6-7），千万亩辐射区、百万亩示范区和万亩核心区小麦单产分别比全省平均产量提高 27%、44%和 60%，特别是小麦攻关田单产达到 11 265kg/hm^2，比全省平均产量提高近一倍，比土壤生产潜力高 39%，接近河南小麦气候生产潜力。这充分证明了通过科技进步实现生产潜力的可行性（尹钧，2010）。

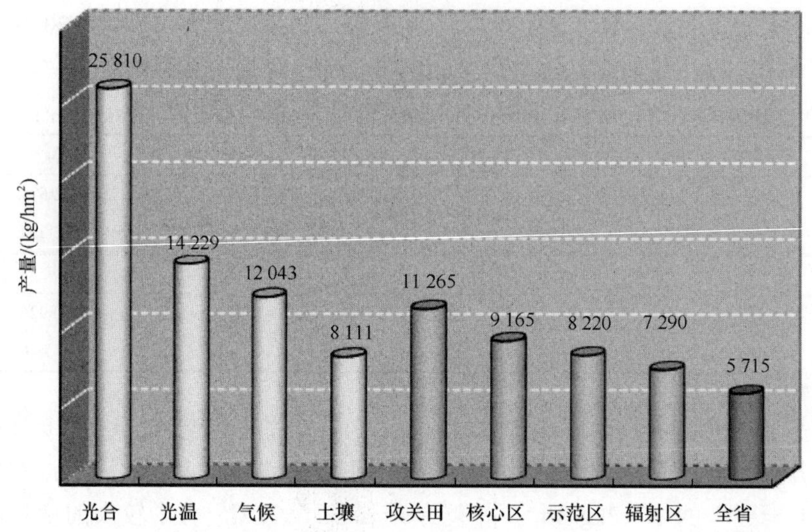

图 6-7 河南小麦生产潜力与项目区产量水平比较（kg/hm^2）（另见彩图）

Figure 6-7 The wheat potential productivity and yields of project field in Henan (kg/hm^2) (See Colour figure)

第五节 中国小麦生产概况与发展分析

小麦是世界主要粮食作物，常年播种面积 2.2 亿 hm^2 左右、总产量 6.2 亿 t 左右。小麦在全球种植分布面积很广，从北纬 67°（挪威、芬兰）到南纬 45°（阿根廷）均有种植，其主产区在北半球，即欧亚大陆和北美洲，种植面积占世界总面积的 90%左右。从各大洲的分布看，小麦生产相对集中在亚洲，面积约占世界小麦面积的 45%，其次是欧洲，占 25%，美洲占 15%，非洲、大洋洲和南美洲各占 5%左右。亚洲和欧洲既是小麦生产大洲，也是消费大洲。但亚洲当年产不足需，需要大量进口。北美（含中美）洲和大洋洲虽然产量不是很高，但洲内消费比例较低，大部分用于出口；非洲产量最低，但消费量相对较高，需要大量进口；南美洲生产和消费总量基本持平。因此，小麦的消费是全球性的。全世界约有 40%的人以小麦为主食的供需结构决定了世界小麦贸易的特点：交易范围广、数量大、参与国家多。

一、中国小麦的地位

中国是世界小麦第一生产大国，总产量居世界首位。2001～2005 年，中国小麦总产量（9179 万 t）占世界小麦总产量的 16%，其他 7 个小麦主产国占世界小麦总产量的顺序依次为印度（7032 万 t）12%，美国（5540 万 t）9%，俄罗斯（4494 万 t）8%，法国（3552 万 t）6%，德国（2238 万 t）4%，加拿大（2236 万 t）4%，澳大利亚（2100 万 t）3%，上述 8 个主要产麦国小麦总产量占世界小麦总产量的 62%，其他 112 个产麦国总产量只占世界小麦总产量的 38%（图 6-8）。近几年，世界小麦总需求在 6.5 亿 t 左右。主要小麦消费国或地区年消费量分别为欧盟 27 国 1.25 亿 t、中国 1.18 亿 t、印度 8306 万 t、俄罗斯 3850 万 t、美国 3235 万 t。全球小麦年贸易量约 1 亿 t，国际上传统的小麦出口国或地区主要有美国、加拿大、澳大利亚、阿根廷及欧盟。美国小麦产量的 50%、澳大利亚和阿根廷产量的 70%、加拿大的 80%用于出口。这几个国家的出口量占世界小麦贸易量的 70%以上。进口国主要集中在亚洲和非洲，南美洲和部分欧洲国家也有一些进口。仅亚洲进口小麦的国家就达 20 多个。巴西、埃及、欧盟、日本和印度尼西亚小麦年均进口量都在 500 万 t 以上，属进口大国。

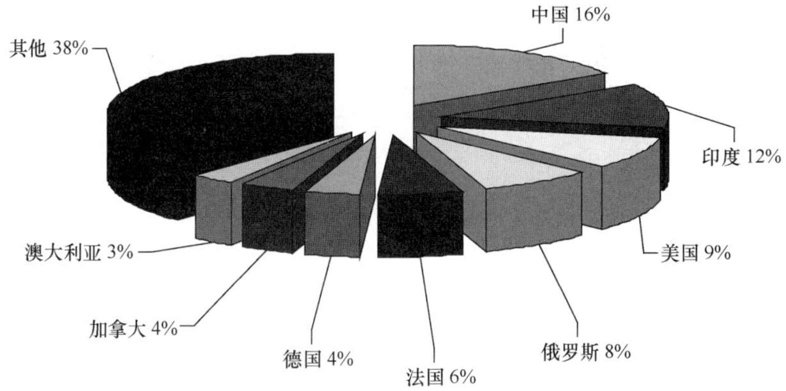

图 6-8　2001～2005 年小麦主产国总产平均值占世界的百分比
Figure 6-8　The percentage of wheat total yield of major countries in 2001-2005

小麦是我国三大粮食作物之一，在粮食生产中占有重要的地位。近 10 年全国粮食作物统计表明，小麦播种面积（23 541 千 hm^2）占粮食作物播种面积的 22%，玉米（30 040 千 hm^2）和水稻（28 936 千 hm^2）分别占 28%和 27%（图 6-9）；小麦总产量（11 060 万 t）占粮食作物总产量的 21%，玉米（16 366 万 t）和水稻（18 403 万 t）分别占 30%和 34%（图 6-10）；小麦面积和总产量均居于粮食作物的第三位（胡廷积等，2014）。

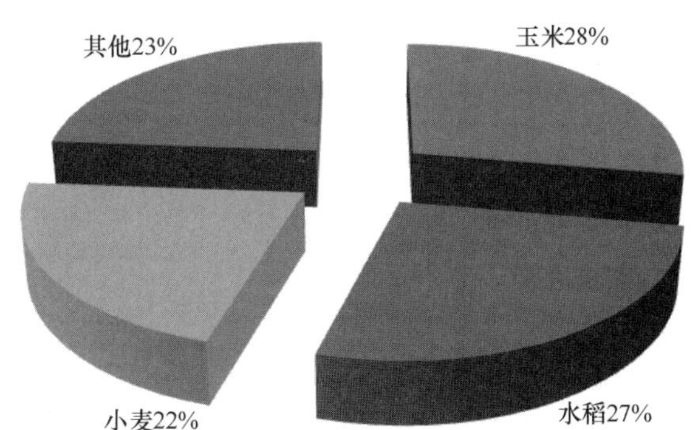

图 6-9　2004～2013 年全国三大粮食作物面积百分比
Figure 6-9　The percentage of sowing area of wheat, rice and corn in 2004-2013
数据来源：中国作物数据库
Data source: Crop database in China

小麦是北方居民的主要口粮，在中国居民口粮消费中，小麦占 40%以上。我国小麦生产以冬小麦为主，面积占小麦总面积的 90%以上，主要分布在长城以南，岷山、唐古拉山以东的黄河、淮河和长江流域，包括河南、山东、河北、江苏、四川、安徽、陕西、湖北、山西等省。春小麦面积占小麦总面积的 10%以下，主要分布在长城以北，岷山、大雪山以西的黑龙江、内蒙古、甘肃、新疆、宁夏、青海等省（自治区）。

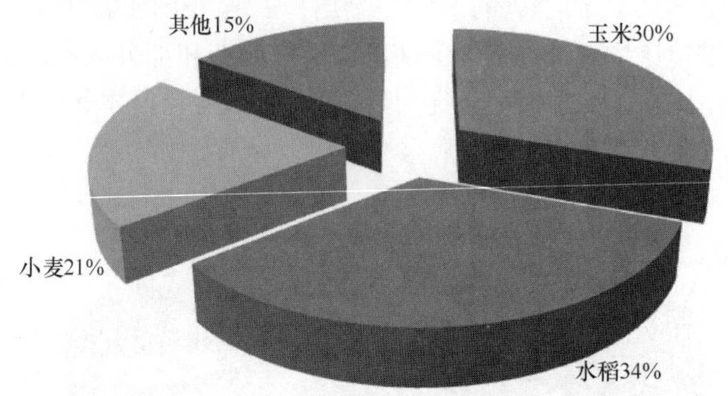

图 6-10　2004～2013 年全国三大粮食作物总产百分比

Figure 6-10　The percentage of total yield of wheat, rice and corn in 2004-2013

数据来源：中国作物数据库

Data source: Crop database in China

近 10 年来，我国小麦播种面积稳定在 22 000 千～24 000 千 hm^2，小麦总产实现了"十连增"，即从 2003 年的 8649 万 t 增加到 2013 年的 12 172 万 t，10 年增产 40.7%（3523 万 t），跨越 1 亿 t、1.1 亿 t 和 1.2 亿 t 3 个台阶。在全国十大麦区中，黄淮冬麦区为最大的小麦产区，小麦播种面积（1229 万 hm^2）占到全国总面积的 50%以上，小麦总产（6523 万 t）占全国总产的 60%以上，小麦单产（44 614kg/hm^2）高于全国平均水平；在全国小麦主产省中，河南是全国小麦第一生产大省，小麦播种面积（517 万 hm^2）占到全国的 22%，占黄淮冬麦区的 42%；小麦总产（2912 万 t）占全国总产的 27%，占黄淮冬麦区的 45%；小麦单产（5624kg/hm^2）高于全国和黄淮区的平均水平。

二、中国小麦的消费与贸易

我国既是小麦生产大国，也是小麦消费大国，生产量和消费量每年都保持在 1 亿 t 左右。国内小麦生产主要用于国内消费，基本保持供求平衡格局。

小麦消费包括直接消费和间接消费，直接消费为居民的制粉消费，也是口粮消费，间接消费包括饲料消费、工业消费、种子消费及损耗。改革开放以来，随着人民生活水平的提高，小麦消费总量持续增加，消费结构从直接消费增加转向直接消费减少、间接消费增加，间接消费中饲料和工业消费增加明显，种子消费及损耗量稳中有降（表 6-25）。20 世纪 90 年代以前居民口粮消费一直处于增加态势，1981 年农村居民人均每年口粮消费为 256kg，1993 年增加到 266kg。20 世纪 90 年代中期以后，直接消费持续减少，到 2011 年人均每年口粮消费降到 170.7kg。中国小麦直接消费和人均消费有同样的变化趋势，1992 年中国小麦直接消费约为 9000 万 t，占总消费量的 87.1%；之后每年略有增加，1997 年增加到 9500 万 t，此后持续减少，到 2011 年降到 8300 万 t，占总消费量的 69.1%，小麦直接消费比重明显下降。在小麦直接消费减少的同时，间接消费明显增加，其中饲料消费增加最为明显，1992 年中国小麦饲料消费仅为 30 万 t，占总消费量的 0.3%，到 2011 年增长到 1800 万 t，占总消费量的 15%，20 年中国小麦饲料消费量增长了 59 倍；其次是工业消费，1992 年中国小麦工业消费仅为 120 万 t，占总消费量的 1.2%，到 2011 年增长到 1150 万 t，占总消费量的 9.6%，20 年中国小麦工业消费量增长了 8.6 倍。

表 6-25　中国小麦的消费与贸易变化（韩一军，2012）

Table 6-25　The variation in consumption and trade of wheat in China

年份	总产量/万 t	消费量/万 t	直接消费/万 t	进口量/万 t	出口量/万 t	净进口/万 t	粮食进口/万 t	进口小麦占粮食的比例/%
1983	8 139.0	—	—	1 102	—	—	1 344	81.99
1984	8 781.5	—	—	1 000	—	—	1 045	95.69
1985	8 580.5	—	—	541	—	—	600	90.17
1986	9 004.0	—	—	611	—	—	773	79.04
1987	8 776.8	—	—	1 320	—	—	1 628	81.08
1988	8 543.2	—	—	1 455	—	—	1 533	94.91
1989	9 080.7	—	—	1 488	—	—	1 658	89.75
1990	9 822.9	—	—	1 253	—	—	1 372	91.33
1991	9 595.3	—	—	1 237	—	—	1 345	91.97
1992	10 158.7	10 329	9 000	1 058	—	—	1 175	90.04
1993	10 639.0	10 540	9 200	645	29.1	615.9	742.5	86.87
1994	9 929.7	10 585	9 300	732.8	26.8	706.0	924.9	79.23
1995	10 220.7	10 752	9 400	1 162.7	22.5	1 140.2	2 070.1	56.17
1996	11 057.0	10 770	9 400	829.9	56.5	773.4	1 195.5	69.42
阶段平均	9 452.07	10 595.20	9 260.00	988.24	33.73	808.88	1 243.29	79.49
1997	12 328.7	10 965	9 500	192.2	45.8	146.4	705.5	27.24
1998	10 972.6	10 945	9 500	154.8	27.5	127.3	708.6	21.85
1999	11 387.9	10 860	9 400	50.5	16.4	34.1	772.1	6.54
2000	9 963.7	10 920	9 300	91.9	18.8	73.1	1 356.8	6.77
2001	9 387.6	10 830	9 200	73.8	71.3	2.5	1 738.4	4.25
2002	9 029.0	10 690	9 000	63.2	97.7	–34.5	1 416.7	4.46
2003	8 648.8	10 416	8 750	44.7	251.4	–206.7	2 282.8	1.96
2004	9 195.2	10 047	8 700	725.8	108.9	616.9	2 998.3	24.21
2005	9 744.5	9 852	8 700	354.4	60.5	293.9	3 286.3	10.78
2006	10 446.7	10 024	8 650	61.3	150.9	–89.6	2 964	2.07
2007	10 929.8	10 105	8 600	10.1	307.2	–297.1	3 237.8	0.31
2008	11 246.4	10 238	8 100	4.3	30.98	–26.68	3 898	0.11
2009	11 511.5	10 609	8 050	90.41	24.5	65.91	4 570.3	1.98
2010	11 518.1	11 049	8 150	123.07	27.72	95.35	6 050.88	2.03
2011	11 740.0	12 019	8 300	125.81	32.82	92.99	5 808.68	2.17
阶段平均	10 536.70	10 637.93	8 793.33	144.43	84.83	59.59	2786.34	5.18
平均	10 013.09	10 627.25	8 910	551.79	74.07	217.34	2 041.42	44.64

我国一直是国际上重要的小麦进口大国，20 世纪 90 年代中期以前，年进口量在 500 万～1500 万 t，1983～1996 年小麦年平均进口量达到 988.24 万 t，出口量仅 33.73 万 t。此阶段小麦进口量占到我国粮食进口量的 79.49%。1997 年以来，我国小麦生产能力逐步提高，特别是 2004 年以来小麦产量连续 10 年增长，小麦总产稳定在 1 亿 t 以上，小麦进口数量从 1000 万 t 左右直降到 100 万 t 左右，且出口有所增加，1997～2011 年小麦年平均进口量仅 125.81 万 t，出口量 32.82 万 t，15 年中，有 5 年实现了净出口，其中 2007

年出口小麦 307.2 万 t，进口小麦仅 10.1 万 t，净出口小麦 297.1 万 t，此阶段小麦进口量仅占到我国粮食进口量的 5.18%。表明中国小麦可以满足国内的基本需求，实现供求平衡。

我国小麦生产主要集中在黄淮海小麦产区，而小麦消费相对分散，同时小麦生产大省基本也是消费大省。我国小麦消费量较大的省份依次是河南、山东、河北、安徽，年消费小麦均在 500 万 t 以上，山西、陕西、广东、四川、湖北、新疆年消费小麦也在 300 万 t 以上。全国小麦分省区产销平衡结余省份有 7～10 个，年调出小麦 2000 万～2600 万 t。据国家粮油信息中心资料（韩一军，2012），2008 年全国有 7 个小麦调出省区，调出小麦总量为 2066.4 万 t，其中河南调出小麦 1015.4 万 t，占全国调出小麦总量的 49.1%；安徽调出 444.2 万 t，占 21.5%；江苏调出 181.9 万 t，占 8.8%；河北调出 154.9 万 t，占 7.5%；四川调出 109.6 万 t，占 5.3%；山东调出 100.6 万 t，占 4.9%；新疆调出 59.8 万 t，占 2.9%。全国小麦存在缺口的省区有 17～20 个，2008 年全国 17 个省区缺口为 1678.6 万 t，其中广东调入 361.7 万 t，占 21.5%；上海调入 263.9 万 t，占 15.7%；北京调入 145.1 万 t，占 8.6%；辽宁调入 137.9 万 t，占 8.2%；山西调入 126.5 万 t，占 7.5%；其他省区调入 643.5 万 t，占 38.3%。与生产消费特点相对应，我国小麦物流流向基本由黄淮海流域呈扇形向东北、东南沿海等地区辐射流动。

我国小麦除以原粮形式流通外，小麦加工产品也是市场流通的重要形式。近年来，随着外资企业的进入，中国小麦加工能力快速增长，据统计，2007 年全国面粉企业小麦年加工能力 1.02 亿 t，加工面粉 4365 万 t，2011 年加工能力增加到 1.78 亿 t，加工面粉 8519 万 t，面粉加工企业 3233 家，其中日加工小麦 200t 以上的面粉企业 1301 家；方便面生产线 1800 多条，年产量 360 多万 t ；挂面生产企业 2500 多家，年产能力 410 多万 t；饼干、糕点的年产量分别达到 153 万 t 和 144 万 t；饺子、包子、馒头等传统食品加工业稳定发展。

三、中国小麦生产发展历程

新中国成立 60 多年来，我国小麦生产有了长足的发展。在全国小麦面积稳定在 2500～3000 万 hm^2 的情况下，小麦平均单产从 1949 年的每公顷 642kg，增加到 2013 年的 5154kg，增加了 7.0 倍，年均增长率 10.8%。同时，小麦总产量从 1949 年的 1380.9 万 t，增加到 2013 年的 12 172 万 t，增加了 7.8 倍，年均增长率 12.2%，单产提高对总产增长的贡献率达到 90%。

我国小麦生产发展总体可分为 4 个阶段，即新中国成立到改革开放前 30 年（1949～1978 年）的缓慢发展期，改革开放到解决温饱 19 年（1979～1997 年）的快速发展，小康建设前 6 年（1998～2003 年）的连续下滑，21 世纪近 10 年（2004～2013 年）的恢复与持续增长期（表 6-26）。

第一阶段为新中国成立到改革开放前 30 年（1949～1978 年），呈缓慢发展趋势。该阶段全国小麦总产量从 1949 年的 1381.3 万 t 增加到 1978 年的 5384.2 万 t，净增加约 4000 万 t 用了 30 年，年均总产增加量 133.5 万 t，年均增长率 9.7%；全国小麦平均单产从 1949 年的每公顷 642kg 增加到 1978 年的 1845kg，每公顷年均增产约 40kg，年均增

表 6-26　全国小麦面积、单产、总产变化（1949～2013 年）

Table 6-26　The sown area, yield per unit and total yield of wheat in China (1949-2013)

年份	单产/（kg/hm²）	面积/千 hm²	总产/万 t	年份	单产/（kg/hm²）	面积/千 hm²	总产/万 t
1949	642.0	21 515.6	1 381.3	1983	2 802.0	29 049.9	8 139.8
1950	636.0	22 800.0	1 450.1	1984	2 968.5	29 576.5	8 779.8
1951	747.0	23 054.9	1 722.2	1985	2 937.0	29 218.1	8 581.4
1952	732.0	24 779.9	1 813.9	1986	3 040.5	29 616.3	9 004.8
1953	712.5	25 635.9	1 826.6	1987	3 048.0	28 797.9	8 777.6
1954	865.5	26 967.6	2 334.0	1988	2 968.5	28 784.7	8 544.7
1955	859.5	26 739.0	2 298.2	1989	3 043.5	29 841.4	9 082.2
1956	909.0	27 272.0	2 479.0	1990	3 193.5	30 753.2	9 821.0
1957	858.0	27 541.7	2 363.1	1991	3 100.5	30 947.9	9 595.4
1958	876.0	25 775.0	2 257.9	1992	3 331.5	30 495.8	10 159.7
1959	940.5	23 574.4	2 217.2	1993	3 519.0	30 234.4	10 639.5
1960	813.0	27 293.9	2 219.0	1994	3 426.0	28 980.6	9 928.8
1961	558.0	25 572.1	1 426.9	1995	3 541.5	28 860.2	10 220.8
1962	691.5	24 075.1	1 664.8	1996	3 733.5	29 610.5	11 055.1
1963	777.0	23 771.5	1 847.0	1997	4 102.5	30 057.0	12 330.9
1964	820.5	25 408.3	2 084.8	二阶段平均	3 019.2	29 436.2	8 887.4
1965	1 020.0	24 709.3	2 520.3	1998	3 685.5	29 775.1	10 973.6
1966	1 057.5	23 918.7	2 529.4	1999	3 945.0	28 854.3	11 383.0
1967	1 102.5	25 839.3	2 848.8	2000	3 738.0	26 653.3	9 963.0
1968	1 113.0	24 658.0	2 744.4	2001	3 805.5	24 664.0	9 385.9
1969	1 084.5	25 162.0	2 728.8	2002	3 775.5	23 908.4	9 029.6
1970	1 146.0	25 457.9	2 917.5	2003	3 931.5	21 997.1	8 648.2
1971	1 270.5	25 639.0	3 257.4	三阶段平均	3 813.5	25 975.4	9 905.7
1972	1 368.0	26 302.2	3 598.1	2004	4 251.9	21 626.0	9 195.2
1973	1 332.0	26 438.4	3 521.6	2005	4 275.3	22 792.4	9 744.4
1974	1 510.5	27 061.3	4 087.6	2006	4 549.7	22 961.4	10 446.8
1975	1 638.0	27 660.5	4 530.8	2007	4 608.0	23 717.5	10 929.0
1976	1 771.5	28 417.1	5 034.1	2008	4 762.0	23 617.2	11 246.5
1977	1 464.0	28 065.2	4 108.7	2009	4 740.0	24 291.0	11 513.9
1978	1 845.0	29 182.6	5 384.2	2010	4 750.5	24 257.0	11 523.3
一阶段平均	1 038.7	25 676.3	2 667.0	2011	4 840.5	24 270.0	11 747.9
1979	2 137.5	29 356.7	6 275.0	2012	4 987.5	24 268.0	12 103.7
1980	1 914.0	28 844.4	5 520.8	2013	5 154.0	23 616.6	12 172.0
1981	2 107.5	28 306.7	5 965.6	四阶段平均	4 691.9	23 541.7	11 045.5
1982	2 449.5	27 955.3	6 847.7	平均	2 435.7	26 474.5	6 448.4

数据来源：中国作物数据库

Data source: Crop database in China

长率 6.2%;全国小麦播种面积由 1949 年的 2151.56 万 hm^2 增加到 1978 年的 2918.26 万 hm^2，年均增加播种面积 25.56 万 hm^2，年均增长率 1.2%。在总增产量中，单产提高的贡献率为 64%，面积增加的贡献率为 12%。

第二阶段为改革开放到解决温饱的 19 年（1979～1997 年），呈快速发展趋势。该阶段全国小麦总产量从 1978 年的 5384.2 万 t 增加到 1997 年的 12 330.9 万 t，也是中国小麦历史最高水平，增加约 7000 万 t 用了 20 年，年均总产增加量 347.2 万 t，是前 30 年的 2.6 倍，年均增长率 6.4%；全国小麦平均单产 1997 年增加到 4102.5kg，每公顷年均增产 112.9kg，是前 20 年的 2.2 倍，年均增长率 5.3%；全国小麦播种面积由 1978 年到 1997 年仅增加 87.44 万 hm^2，年均增加播种面积 4.37 万 hm^2，仅为前 30 年的 17%，年均增长率 0.01%。单产提高对总产增长的贡献率为 83%，面积增加的贡献率仅 0.1%，小麦生产的快速发展主要依靠科技进步与综合生产能力的提高。

第三阶段为小康建设的前 6 年（1998～2003 年），呈连续下滑趋势。此阶段全国小麦总产量出现 6 年连续下滑，到 2003 年小麦总产量仅 8648.2 万 t，年均总产量降低 613.4 万 t，年均下降 5.0%。6 年中全国小麦平均单产基本稳定，而小麦播种面积大幅度下滑，6 年减少 806 万 hm^2，年均下降 134 万 hm^2，即 0.5%；总产量降低主要是播种面积减少所致。

第四阶段为 21 世纪近 10 年（2004～2013 年），呈恢复增长趋势。2004 年小麦生产进入恢复性增长阶段，到 2013 年小麦总产量增加到 12 172 万 t，年均总产量增加 352.4 万 t，年均增长率 4.07%。在此期间全国小麦平均单产增加到 5154.0kg，达到历史最高，每公顷年均增产 122.25kg，年均增长率 3.11%；全国小麦播种面积增加 1619.5 千 hm^2，年均增加播种面积 162 千 hm^2，年均增长率 0.7%。单产提高对总产增长的贡献率为 76.3%，面积增加的贡献率仅 17.8%。该阶段小麦总产量恢复性增长的同时，优质小麦生产也得到快速发展，是小麦生产又快又好发展的阶段。

四、中国小麦生产发展特点

1. 生产能力稳步提升

60 多年来，我国小麦生产依靠科技进步和政策推动，单产生产能力稳步提升（图 6-11）。每公顷小麦产量从 1949 年的 642kg 提高到 2013 年的 5154kg，小麦单产增长了 7.0 倍，年均增长率 10.9%。在小麦种植面积总体稳定的情况下，单产提高带动我国小麦总产持续增长。小麦总产从 1949 年的 1381.3 万 t，增加到 2013 年的 12 172 万 t，增长了 7.8 倍，年均增长率 12.2%。

近 10 年来，小麦增产的特点，一是面积恢复增加。1998～2004 年，我国小麦种植面积连续 7 年下滑，由 1997 年的 3005 万 hm^2 下降到 2162 万 hm^2，面积减少了 843 万 hm^2，减幅 28.1%。2005 年以后，小麦种植面积有所恢复，2011 年恢复到 2427 万 hm^2，增加 265 万 hm^2，增幅达 12.3%。二是单产连创新高。2004～2013 年我国小麦单产分别达到 4251.9kg、4275.3kg、4549.7kg、4608kg、4762kg、4740kg、4750.5kg、4840.5kg、4987.5kg 和 5154kg，连续 10 年超过 1997 年 4102.5kg 的历史最高纪录，走出了多年徘徊的局面，连续 8 年突破 4500kg 大关。三是总产持续增长。2013 年我国小麦总产 12 172 万 t，比 2003 年增加约 3523 万 t，增幅 40.7%，实现连续 10 年增产，连续 8 年超过 1 亿 t。

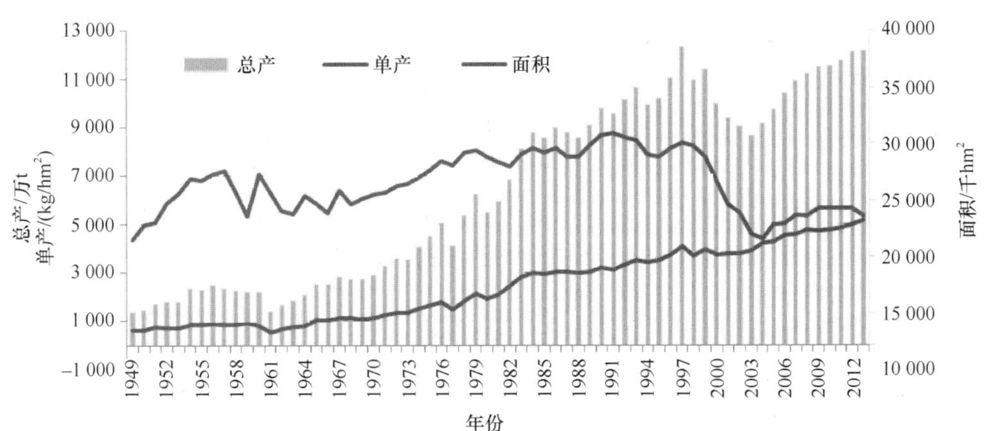

图 6-11　中国小麦面积、单产、总产变化（1949～2013 年）（另见彩图）

Figure 6-11　The variation in sown area, yield per unit and total yield of wheat in China (1949-2013)(See Colour figure)

数据来源：中国作物数据库

Data source: Crop database in China

2. 优势区域逐步形成

60 多年来，我国小麦在生产能力稳定提高的同时，小麦生产的分布格局也发生了明显的变化，小麦生产向黄淮冬麦区集中。自新中国成立以来，黄淮冬麦区一直是全国最大的小麦主产区，随着小麦生产的发展优势地位更加突出，小麦总产从 1949 年的 669.1 万 t 持续增长，2011 年增加到 7071 万 t，63 年增长了 9.57 倍，年均增长 15.2%，高于全国小麦总产增长（7.8 倍和年均 12.2%）速度；同时该区小麦总产占全国的比重从第一阶段（1949～1978 年）到第四阶段（2004～2011 年）连续增加，分别为 43.7%、48.9%、56.1%和 60.7%，由 20 世纪不足 50%增加到 21 世纪的 60%；小麦单产也呈持续增长的趋势，1949 年为每公顷 620.1kg，2011 年增加到 4855.9kg，63 年增长了 6.83 倍，年均增长率 10.8%；小麦播种面积从 1949 年的 11 019 千 hm^2，增加到目前的 12 745 千 hm^2，占全国小麦播种面积的比重 4 个发展阶段分别为 45.2%、42.4%、47.9%和 52.4%，从 20 世纪不足 50%增加到 21 世纪的 50%以上。在黄淮麦区中，河南小麦发展更为突出。小麦面积、单产和总产分别从 1949 年的 4005 千 hm^2、634.5kg/hm^2 和 253.9 万 t 增加到 2013 年的 5366.7 千 hm^2、55 985kg/hm^2 和 3235.2 万 t，呈持续增长的趋势；4 个发展阶段中，河南小麦单产分别比全国高 3.3%、13.4%、20.6 和 22.3%，小麦总产分别占全国的 15.8%、17.7%、22.6 和 27.3%，分别占黄淮小麦总产的 36.3%、36.2%、40.8%和 44.6%，从 1/3 增加到接近黄淮区的 1/2。而其他麦区的面积和产量比重都有不同程度的降低，其中春麦区最为明显，面积从第一阶段的 3145 千 hm^2（12.2%）降到第四阶段的 1757 千 hm^2（7.4%），总产从第一阶段的 12.3%降到第四阶段的 4.6%。

3. 小麦品质明显改善

1996 年我国优质专用小麦面积只有 106 万 hm^2，1998 年以来，随着农业结构战略性调整，在小麦面积、产量调减的同时，专用小麦面积快速扩大。2001 年全国专用小麦面积达 600 万 hm^2，比 1996 年增加近 500 万 hm^2。其中，达到强筋、弱筋小麦国标

（GB/T17892—1999 和 GB/T17893—1999）的专用小麦面积达 213 万 hm^2。2007 年优质专用小麦面积 1460 万 hm^2，优质率达 61.6%，比 2002 年提高 31.2 个百分点。据农业部谷物品质监督检验测试中心检测，2005～2007 年我国小麦蛋白质含量达到 13.93%，比 1982～1984 年平均值提高了 3.9 个百分点，容重达到 792g/L，提高了 2.3%，尤其是小麦湿面筋含量平均达到 30.2%，提高了 5.9 个百分点，面团稳定时间达到 6.5min，增加了 4.2min，小麦籽粒的物化特性、面团流变学特性及烘焙、蒸煮性状显著改善，产品质量显著提高，较好地满足了市场需求。

与此同时，黄淮海、长江中下游和大兴安岭沿麓三大优质专用小麦产区逐步形成，且各具特色。2007 年三大优势区小麦种植面积 1900 万 hm^2，占全国小麦面积的 80%。黄淮海麦区已成为我国最大的中强筋小麦生产基地，2007 年冀、鲁、豫、苏、皖 5 省小麦面积占全国比重达到 65.4%，产量占 75.5%，与 2003 年相比分别提高 3.0 个百分点和 4.7 个百分点；长江中下游优质弱筋麦区加快形成。2007 年江苏弱筋小麦种植面积达到 41 万 hm^2，产量 222 万 t，分别比 2003 年增加 30 万 hm^2 和 175 万 t，成为全国优质弱筋小麦的主产区，按标准化生产和管理的弱筋小麦从少到多，2007 年达到 36 万 hm^2，产量 140 万 t，分别比 2003 年增加 16 万 hm^2 和 100 万 t。大兴安岭沿麓已成为我国优质硬红春小麦主产区，所产硬红春小麦品质优良，商品性能稳定，市场反映对进口硬麦替代性增强，目前商品率保持在 80%以上。

4. 产业化水平不断提升

一是加工能力不断增强。我国小麦加工业从弱到强，逐渐向规模化、集约化、深加工和综合利用方向发展，形成了一大批日处理能力超过 1000t 的龙头企业。据国家粮食行业及食品协会统计，目前我国规模以上面粉加工企业年生产面粉达到 8519 万 t，方便面年产量 360 万 t，挂面年产量 410 万 t，饼干年产量 153 万 t。二是专业合作组织不断壮大。近年来，各地涌现出一批优质小麦协会、谷物协会、优质小麦订单专业合作社等专业合作中介服务组织，为农民和企业搭起了桥梁，有效促进了订单生产的发展。2007 年，全国专用小麦订单面积达 674 万 hm^2，订单率达 28.4%。三是产销衔接不断加强。农业部连续 7 年举办优质专用小麦产销衔接会、中国（郑州）小麦交易会、中国小麦产业发展年会等活动，发布质量信息，搭建产需平台，促进产销衔接。各地也通过各种形式，加大小麦产销衔接工作力度，生产、收购、储藏、加工、销售等各环节实现有序衔接。

第六节　各麦区小麦生产发展分析

根据第五章第三节中小麦种植生态区的区域划分，按照中国作物数据库（http：//202.127.42.157/moazzys/nongqing.aspx）中各省（市、自治区）历年（1949～2011 年）小麦面积、单产和总产数据，分别计算出全国 10 个麦区的历年小麦面积、单产和总产，分析了各麦区小麦生产的发展状况。

一、各麦区小麦在全国的地位

按照全国小麦发展的 4 个阶段，对不同阶段各麦区小麦播种面积、总产和单产情况分析结果见表 6-27。表 6-27 表明，黄淮冬麦区一直是全国最大的小麦产区，小麦播种

表 6-27 全国各麦区不同时期小麦播种面积、总产和单产变化情况

Table 6-27 The sown area, total yield and yield per unit of different wheat regions in different periods

发展阶段	麦区名称	面积		总产		单产	
		千 hm^2	占全国/%	万 t	占全国/%	kg/hm^2	排序
第一阶段（1949～1978 年）	黄淮麦区	11 583	45.1	1 183	43.7	1 043	5
	长江中下游麦区	3 898	15.2	390	14.4	1 071	4
	北部冬麦区	2 795	10.9	306	11.3	1 126	2
	西南冬麦区	2 614	10.2	325	12.0	1 076	3
	华南麦区	422	1.6	32	1.2	725	9
	春麦区	3 145	12.2	332	12.3	939	8
	新疆麦区	1 056	4.1	112	4.1	1 039	7
	青藏麦区	163	0.6	28	1.0	1 575	1
	全国	25 676		2 707		1 039	6
第二阶段（1979～1997 年）	黄淮麦区	12 490	42.4	4 356	48.9	3 233	2
	长江中下游麦区	4 367	14.8	1 366	15.3	2 675	6
	北部冬麦区	3 103	10.5	911	10.2	3 076	3
	西南冬麦区	3 720	12.6	951	10.7	2 195	7
	华南麦区	217	0.7	36	0.4	1 669	9
	春麦区	4 103	13.9	863	9.7	2 163	8
	新疆麦区	1 180	4.0	336	3.8	2 950	5
	青藏麦区	256	0.9	83	0.9	3 380	1
	全国	29 436		8 902		3 019	4
第三阶段（1998～2003 年）	黄淮麦区	12 367	47.6	5 492	56.1	3 910	3
	长江中下游麦区	3 552	13.7	1 202	12.3	2 860	6
	北部冬麦区	2 798	10.8	1 066	10.9	3 872	4
	西南冬麦区	3 718	14.3	881	9.0	2 501	8
	华南麦区	64	0.2	16	0.2	2 381	9
	春麦区	2 457	9.5	661	6.7	2 657	7
	新疆麦区	808	3.1	397	4.1	4 937	1
	青藏麦区	210	0.8	82	0.8	4 603	2
	全国	25 976		9 797		3 814	5
第四阶段（2004～2011 年）	黄淮麦区	12 168	51.4	6 523	60.7	4 614	3
	长江中下游麦区	3 377	14.3	1 457	13.5	3 406	6
	北部冬麦区	2 445	10.3	1 005	9.3	4 298	5
	西南冬麦区	2 653	11. 2	735	6.8	2 637	8
	华南麦区	26	0.1	3	0.0	2 413	9
	春麦区	1 757	7.4	498	4.6	3 373	7
	新疆麦区	817	3.5	466	4.3	5 442	1
	青藏麦区	160	0.7	67	0.6	5 192	2
	全国	23 668		10 754		4597	4

注：各麦区数据为各阶段的平均值；春麦区包括东北春麦区、西北春麦区和北部春麦区；原始数据来源于中国作物数据库

Note: Data are mean in different periods; The spring wheat region is including northeast, northwest and northern wheat region. Data source: Crop database in China

面积保持在 11 500 千～12 500 千 hm^2，占到全国小麦播种总面积的 40%以上，21 世纪以来达到 50%以上，有不断增加的趋势；小麦总产也位居全国首位，从第一阶段到第四阶段平均总产分别从 1183 万 t、4356 万 t、5492 万 t，增加到 6523 万 t，占全国总产的比例也从 43.7%、48.9%、56.1%，增加到 60.7%；小麦平均单产从第一阶段到第四阶段持续快速增长，分别为 1043kg/hm^2、3233kg/hm^2、3910kg/hm^2 和 4614kg/hm^2，单产在全国的位次从第一阶段第五位，上升到仅次于青藏和新疆麦区的第 3 位。

其次是长江中下游麦区，小麦播种面积 3300 千～4300 千 hm^2，占全国总面积的 13%～15%；从第一阶段到第四阶段小麦平均总产分别为 390 万 t、1366 万 t、1202 万 t 和 1457 万 t，占全国小麦总产的 12%～16%；小麦平均单产在第一阶段为 1071kg/hm^2，位居各麦区第四，高于全国平均水平，以后各期平均单产均低于全国平均水平，处于第六位。

第三是北部冬麦区，小麦播种面积和总产均占全国的 1/10 左右，第一阶段到第三阶段小麦平均单产位居第二、三、四位，高于全国平均水平，到第四阶段低于全国平均水平，处于第五位。

第四是西南冬麦区，虽然小麦播种面积大于北部冬麦区，占全国小麦播种面积的 10%以上，但单产低于北部冬麦区和全国平均水平，小麦总产占全国的比例持续下降，从第一阶段到第四阶段分别为 12.0%、10.7%、9.0%和 6.8%。

第五是新疆冬春麦兼种区，小麦播种面积在 20 世纪 60 年代以前和“十五”、“十一五”低于 1000 千 hm^2，其余时期均在 1000 千 hm^2 以上，小麦总产占全国的 4.0%；小麦平均单产增长幅度最大，从第一阶段到第四阶段持续分别为 1039kg/hm^2、2950kg/hm^2、4937kg/hm^2 和 5442kg/hm^2，在全国的位次从第一阶段第七位，第二阶段第五位到 21 世纪以来超过传统高产区青藏麦区，位居全国小麦单产第一位。

其余 5 个麦区中，华南麦区和青藏麦区的小麦播种面积和总产占全国的比例均不足百分之一。3 个春麦区小麦播种面积自新中国成立以来持续下降，从第一阶段 3145 千 hm^2 下降到第四阶段的 1757 千 hm^2，占全国的比例从 12.2%降到 7.4%；小麦总产占全国的比例从第一阶段 12.3%降到第四阶段 4.6%。目前，上述 5 个麦区小麦总产仅占全国的 5%左右。

二、黄淮冬麦区小麦生产发展分析

自新中国成立以来，黄淮冬麦区一直是全国最大的小麦主产区（表 6-28，图 6-12），小麦播种面积稳定在 11 000 千～13 500 千 hm^2，占全国小麦播种面积的 50%左右；小麦单产呈持续增长的趋势，1949 年为每公顷 620.1kg，2011 年增加到 4855.9kg，63 年增长了 6.83 倍，年均增长率 10.8%，等于全国小麦单产增长速度；小麦总产也呈持续增长的趋势，1949 年为 669.1 万 t，2011 年增加到 7071 万 t，63 年增长了 9.57 倍，年均增长 15.2%，高于全国小麦总产增长（7.8 倍和年均 12.0%）速度；同时该区小麦总产占全国的比重从 20 世纪不足 50%增加到 21 世纪的 60%；单产增长对小麦总产增加的贡献率在 70%以上。

表 6-28 黄淮冬麦区小麦面积、单产和总产与占全国比重（1949～2011 年）

Table 6-28 The sown area, yield per unit and total yield of Huanghuai wheat region and their percentage of whole country (1949-2011)

年份	单产/（kg/hm^2）	单产占全国/%	面积/千 hm^2	面积占全国/%	总产/万 t	总产占全国/%
1949	620.1	96.6	11 019	51.2	669.1	48.5
1950	607.9	95.6	11 880	52.1	711.6	49.1
1951	743.4	99.5	11 849	51.4	852.0	49.4
1952	690.6	94.4	12 513	50.5	883.4	48.7
1953	699.9	98.2	13 017	50.8	842.9	46.1
1954	870.2	100.5	13 802	51.2	1 143.8	49.0
1955	847.9	98.7	13 398	50.1	1 099.7	47.9
1956	890.1	97.9	13 252	48.6	1 147.4	46.3
1957	816.2	95.1	13 240	48.1	1 078.2	45.6
1958	820.3	93.6	12 389	48.1	1 056.7	46.8
1959	939.6	99.9	10 955	46.5	986.2	44.5
1960	789.9	97.2	12 341	45.2	923.5	41.7
1961	554.6	99.4	10 696	41.8	492.7	34.6
1962	688.3	99.5	10 545	43.8	653.2	39.2
1963	737.6	94.9	10 840	45.6	772.2	41.8
1964	762.4	92.9	11 512	45.3	833.1	40.0
1965	1 074.6	105.4	11 062	44.8	1 072.7	42.5
1966	990.6	93.7	10 649	44.5	1 070.3	42.3
1967	1 080.4	98.0	10 857	42.0	1 113.4	39.1
1968	1 068.0	96.0	10 669	43.3	1 085.8	39.5
1969	1 108.7	102.2	10 818	43.0	1 131.2	41.5
1970	1 114.9	97.3	10 713	42.1	1 166.6	40.0
1971	1 257.4	99.0	10 719	41.8	1 316.3	40.4
1972	1 419.2	103.7	10 926	41.5	1 571.5	43.7
1973	1 363.1	102.3	10 946	41.4	1 595.8	45.3
1974	1 583.1	104.8	11 185	41.3	1 741.6	42.6
1975	1 799.4	109.9	11 414	41.3	2 021.3	44.6
1976	1 936.7	109.3	11 559	40.7	2 290.1	45.5
1977	1 472.8	100.6	11 209	39.9	1 756.3	42.8
1978	1 945.3	105.4	11 510	39.4	2 409.4	44.8
阶段平均	1 043.1	99.4	11 583	45.2	1 182.9	43.8
1979	2 406.9	112.6	11 566	39.4	2 827.5	45.1
1980	1 971.6	103.0	11 478	39.8	2 342.7	42.4
1981	2 319.0	110.0	11 265	39.8	2 754.1	46.2
1982	2 689.9	109.8	11 194	40.0	3 023.1	44.2
1983	3 074.6	109.7	11 796	40.6	3 813.6	46.9
1984	3 275.4	110.3	12 269	41.5	4 208.9	47.9
1985	3 232.7	110.1	12 468	42.7	4 264.5	49.7
1986	3 348.2	110.1	12 924	43.6	4 485.5	49.8
1987	3 239.1	106.3	12 671	44.0	4 376.9	49.9
1988	3 150.2	106.1	12 758	44.3	4 197.8	49.1
1989	3 241.3	106.5	12 822	43.0	4 476.3	49.3
1990	3 376.1	105.7	13 093	42.6	4 637.0	47.2
1991	3 153.9	101.7	13 154	42.5	4 637.8	48.3

续表

年份	单产/（kg/hm²）	单产占全国/%	面积/千 hm²	面积占全国/%	总产/万 t	总产占全国/%
1992	3 456.9	103.8	12 956	42.5	4 905.9	48.3
1993	3 708.6	105.4	13 121	43.4	5 309.3	49.9
1994	3 625.7	105.8	12 849	44.3	5 125.6	51.6
1995	3 741.6	105.7	12 780	44.3	5 264.0	51.5
1996	3 941.1	105.6	12 970	43.8	5 646.9	51.1
1997	4 483.3	109.3	13 184	43.9	6 466.4	52.5
阶段平均	3 233.5	107.3	12 490	42.4	4 356.0	48.5
1998	3 771.4	102.3	13 166	44.2	5 606.1	51.1
1999	4 144.3	105.1	13 025	45.1	6 101.0	53.6
2000	3 792.2	101.4	12 684	47.6	5 566.1	55.9
2001	3 903.9	102.6	12 074	49.0	5 371.1	57.2
2002	3 825.9	101.3	11 930	49.9	5 158.5	57.1
2003	4 023.9	102.3	11 324	51.5	5 151.0	59.6
阶段平均	3 910.2	102.5	12 367	47.9	5 492.3	55.7
2004	4 380.5	103.0	11 177	51.7	5 471.6	59.5
2005	4 257.2	99.6	11 810	51.8	5 835.1	59.9
2006	4 599.7	101.1	12 178	53.0	6 421.9	61.5
2007	4 587.2	99.5	12 521	52.8	6 682.5	61.1
2008	4 783.1	100.4	12 586	53.3	6 869.8	61.1
2009	4 687.4	98.9	12 622	52.0	6 883.9	59.8
2010	4 760.2	100.2	12 680	52.3	6 946.0	60.3
2011	4 855.9	100.3	12 745	52.5	7 071.0	60.2
阶段平均	4 613.9	100.4	12 290	52.4	6 522.7	60.4
全国平均	2 430.2	102.2	12 021	45.6	3 228.4	48.4

资料来源：中国作物数据库

Data source: Crop database in China

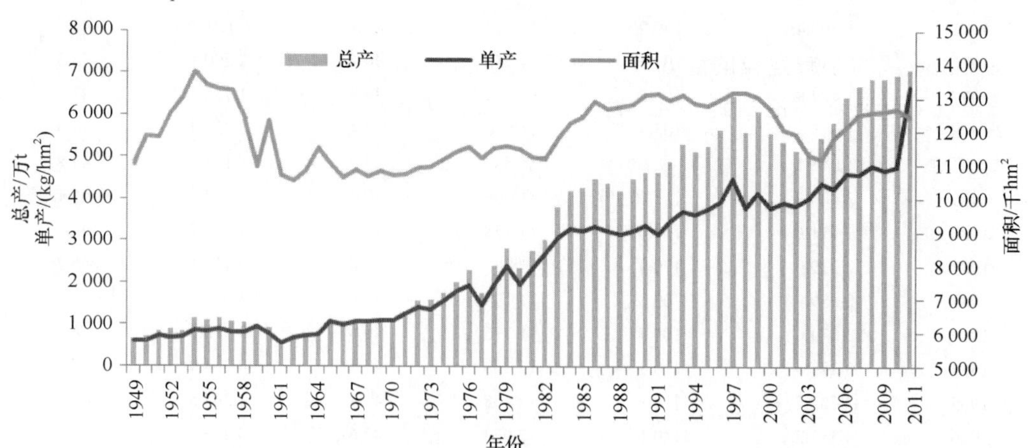

图 6-12　黄淮冬麦区小麦面积、单产、总产变化（1949～2011 年）（另见彩图）

Figure 6-12　The variation in sown area, yield per unit and total yield of Huanghuai wheat region (1949-2011)(See Colour figure)

资料来源：中国作物数据库

Data source: Crop database in China

1. 黄淮冬麦区小麦生产发展历程

黄淮冬麦区小麦生产发展总体上与全国一样也可分为 4 个阶段，即新中国成立到改革开放前 30 年（1949～1978 年）的缓慢发展期，改革开放到解决温饱的 19 年（1979～1997 年）快速发展，小康建设前 6 年（1998～2003 年）的连续下滑，21 世纪近 8 年（2004～2011 年）的恢复与持续增长期。

第一阶段为新中国成立到改革开放前 30 年（1949～1978 年），呈缓慢发展趋势。该阶段小麦总产量从 1949 年的 669.1 万 t 增加到 1978 年的 2409.4 万 t，净增加约 1740 万 t 用了 30 年，年均总产增加量 58 万 t，年均增长率 8.7%；小麦平均单产从 1949 年的每公顷 620.1kg 增加到 1978 年的 1945.3kg，每公顷年均增产 44kg，年均增长率 7.1%；小麦播种面积在 11 000 千 hm^2 波动，1954～1957 年增加到 13 000 千 hm^2 以上，1961～1973 年又降到 11 000 千 hm^2 以下，30 年平均小麦播种面积 11 583 千 hm^2。总产增加的主要贡献是单产的提高。本阶段黄淮冬麦区小麦每公顷平均产量 1043.1kg，为全国的 99.4%，低于全国平均水平；阶段平均播种面积（11 583 千 hm^2）和总产量（1182.9 万 t）分别占全国的 45.2%和 43.8%。

第二阶段为改革开放到解决温饱的 19 年（1979～1997 年），呈快速发展趋势。该阶段小麦总产量从 1978 年的 2409.4 万 t 增加到 1997 年的 6466.4 万 t，也是该区小麦历史最高水平，增加约 4057 万 t，年均总产增加量 213.5 万 t，是前 30 年增产量的 3.7 倍，年均增长率 8.9%；该区小麦平均单产 1997 年增加到 4483.3kg，每公顷年均增产 126.9kg，是前 30 年的 2.9 倍，年均增长率 6.5%；小麦播种面积由 1978 年 11 510 千 hm^2 增加到 1997 年的 13 184 千 hm^2，共增加 1674 千 hm^2，年均增加播种面积 83.7 千 hm^2，年均增长率 0.7%。单产提高对总产增长的贡献率达 90%，小麦生产的快速发展主要依靠科技进步与综合生产能力的提高。本阶段黄淮冬麦区小麦每公顷平均产量 3233.5kg，为全国的 107.3%，高于全国平均水平；阶段平均播种面积（12 490 千 hm^2）和总产量（4356.0 万 t）分别占全国的 42.4%和 48.5%。

第三阶段为小康建设的前 6 年（1998～2003 年），呈连续下滑趋势。此阶段小麦总产量出现 6 年连续下滑，到 2003 年小麦总产量仅为 5151 万 t，共减少 1315.4 万 t，年均总产量降低 219.2 万 t，年均下降 3.4%。6 年中小麦平均单产基本稳定，而小麦播种面积大幅度下滑，6 年减少 1860 千 hm^2，年均下降 310 千 hm^2，即 2.4%；总产量降低主要是播种面积减少所致。本阶段黄淮冬麦区小麦每公顷平均产量 3910.2kg，为全国的 102.5%，高于全国平均水平；阶段平均播种面积（12 367 千 hm^2）和总产量（5492.3 万 t）分别占全国的 47.9%和 55.7%。

第四阶段为 21 世纪近 8 年（2004～2011 年），呈恢复增长趋势。2004 年小麦生产进入恢复性增长阶段，到 2011 年小麦总产量增加到 7071 万 t，共增加 1920 万 t，年均总产量增加 240 万 t，高于快速增长的第二阶段，年均增长率 4.6%。在此期间小麦平均单产由 4023.9kg（2003 年）增加到 4855.9kg，8 年单产增长 20.7%，达到历史最高水平，每公顷年均增产 104kg，年均增长率 2.6%；小麦播种面积增加 1421 千 hm^2，年均增加播种面积 177 千 hm^2，年均增长率 1.6%。单产提高对总产增长的贡献率为 60%以上。该阶段小麦总产量恢复性增长的同时，优质小麦生产也得到快速发展，是小麦生产又快又好发展的阶段。本阶段黄淮冬麦区小麦每公顷平均产量 4613.9kg，为全国的 100.4%，略高于全国平均水平；阶段平均播种面积（12 290 千 hm^2）和总产量（6522.7 万 t）分别占全国的 52.4%和 60.4%。

2. 河南小麦生产发展分析

中国是世界第一小麦生产大国，黄淮冬麦区一直是全国最大的小麦主产区，河南是全国第一小麦生产大省（表 6-29），60 多年来，河南小麦播种面积稳定在 4000 千～

表 6-29 河南小麦播种面积、总产和单产（1949～2013 年）

Table 6-29 The sown area, total yield and yield per unit of wheat in Henan (1949-2013)

年份	单产/（kg/hm^2）	面积/千 hm^2	总产/万 t	年份	单产/（kg/hm^2）	面积/千 hm^2	总产/万 t
1949	634.5	4 005.4	253.9	1983	3 370.5	4 319.1	1 455.5
1950	603.0	4 203.6	253.7	1984	3 709.5	4 456.3	1 653.0
1951	766.5	4 472.7	343.0	1985	3 345.0	4 567.8	1 528.2
1952	649.5	4 637.1	300.9	1986	3 381.0	4 638.3	1 567.9
1953	606.0	4 887.9	296.0	1987	3 469.5	4 687.5	1 626.0
1954	820.5	5 115.9	419.6	1988	3 253.5	4 674.6	1 521.0
1955	862.5	4 954.3	427.3	1989	3 580.5	4 733.4	1 695.1
1956	883.5	4 855.1	429.1	1990	3 429.0	4 782.7	1 639.9
1957	828.0	4 536.8	375.4	1991	3 240.0	4 796.7	1 554.3
1958	948.0	4 556.0	432.0	1992	3 502.5	4 713.2	1 650.7
1959	927.0	4 282.0	397.0	1993	3 970.5	4 840.0	1 922.0
1960	792.0	4 505.3	357.0	1994	3 733.5	4 817.5	1 798.4
1961	436.5	3 672.8	160.2	1995	3 643.5	4 814.0	1 754.2
1962	573.0	3 849.6	220.7	1996	4 164.0	4 868.2	2 026.8
1963	678.0	3 887.4	263.5	1997	4 815.0	4 927.3	2 372.4
1964	589.5	4 021.1	237.0	二阶段平均	3 423.4	4 555.9	1 575.2
1965	936.0	3 815.3	357.0	1998	4 177.5	4 964.0	2 073.5
1966	1 077.0	3 792.7	408.5	1999	4 695.0	4 884.6	2 291.5
1967	1 077.0	3 792.7	408.5	2000	4 543.1	4 922.3	2 236.0
1968	1 140.0	3 727.3	425.0	2001	4 789.5	4 801.6	2 299.7
1969	1 054.5	3 727.3	393.0	2002	4 629.0	4 855.7	2 248.4
1970	1 227.0	3 669.3	450.0	2003	4 771.5	4 804.6	2 292.5
1971	1 264.5	3 639.9	460.5	三阶段平均	4 600.9	4 872.1	2 240.3
1972	1 516.5	3 664.6	556.0	2004	5 108.9	4 856.0	2 480.9
1973	1 677.0	3 671.7	615.5	2005	5 194.5	4 963.0	2 577.7
1974	1 728.0	3 705.0	640.5	2006	5 638.5	5 208.7	2 936.5
1975	1 846.5	3 862.9	713.0	2007	5 716.5	5 213.3	2 980.0
1976	2 074.5	3 841.5	797.0	2008	5 800.4	5 260.0	3 051.0
1977	1 692.0	3 756.7	635.5	2009	5 806.2	5 263.3	3 056.0
1978	2 254.5	3 849.7	868.0	2010	5 838.0	5 280.0	3 082.0
一阶段平均	1 072.1	4 098.7	429.8	2011	5 866.5	5 323.3	3 123.0
1979	2 491.5	3 888.2	969.0	2012	5 950.5	5 340.0	3 177.4
1980	2 268.0	3 926.9	890.5	2013	5 985.0	5 366.7	3 235.2
1981	2 716.5	3 989.7	1 083.5	四阶段平均	5 690.5	5 207.4	2 970.0
1982	2 961.0	4 119.9	1 220.0	全国平均	2 795.7	4 474.3	1 322.5

资料来源：中国作物数据库

Data source: Crop database in China

5300 千 hm^2，占全国小麦播种面积的 15%～23%；小麦单产呈持续增长的趋势，1949 年为每公顷 634.5kg，2013 年增加到 5985kg，65 年增长了 8.44 倍，年均增长率 13.0%，高于全国小麦单产增长（6.5 倍和年均 12.0%）速度；小麦总产也呈持续增长的趋势，1949 年为 253.9 万 t，2013 年增加到 3235.2 万 t，65 年增长了 11.74 倍，年均增长 18.1%，高于全国小麦总产增长（7.8 倍和年均 12.2%）速度；同时河南小麦总产占全国的比重从第一阶段的 15.8%、第二阶段的 17.7%、第三阶段的 22.6%，到 21 世纪（四阶段）达到 27.3%，占全国小麦总产的 1/4 强，小麦生产的区域优势不断增强。

60 多年来，在全国小麦生产稳定发展的同时，河南小麦占全国小麦的比重仍在稳步增加，从新中国成立初期占全国小麦不足 1/5，21 世纪增加到占全国小麦的 1/4 强。特别是 1998～2003 年全国小麦生产大幅度下滑阶段，全国小麦单产稳定在每公顷 3750kg 的水平，由于播种面积年均减少 160 万 hm^2，总产量每年平均减少 464.8 万 t。而在此期间，河南小麦单产稳定提高，由 1998 年的每公顷 4177.5kg 增加到 2003 年的 4771.5kg，每年平均增产 119kg（2.8%）；虽然播种面积由 496.4 万 hm^2 降到 480.46 万 hm^2，但河南小麦总产量仍由 2073.5 万 t 增加到 2292.5 万 t，每年平均增产 43.8 万 t（2.1%）。正是由于此阶段全国小麦生产大幅度下滑与河南小麦生产稳定增长，河南小麦实现了三大突破。

一是单产显著高于全国，居主产省前茅。新中国成立后的前 30 年，河南小麦单产与全国接近，均在每公顷 1500kg 以下徘徊；改革开放后的 20 年，河南小麦单产分别跨越每公顷 2000kg、3000kg，达到每公顷 4000kg，有了较快的发展，但比全国小麦单产高出不到 10%；近 10 年来河南小麦平均单产达到每公顷 5600kg，全国小麦平均单产仅 4500kg，河南小麦单产比全国平均高 22.3%。其中 2006 年河南小麦单产率先达到 5638kg，为全国小麦主产省最高。

二是总产增长幅度大，占全国 1/4 强。新中国成立 60 年来，河南小麦总产从 1949 年的 253.9 万 t 增加到 2013 年的 3235.2 万 t，增长了 11.7 倍，全国小麦总产从 1949 年的 1380.9 万 t 增加到 2013 年的 12 172 万 t，增长了 7.8 倍；21 世纪以来，河南小麦与全国相比有了快速的发展，2000 年河南小麦总产超过全国的 1/5（22.4%），2003 年超过全国的 1/4（26.4%），近 10 年来一直稳定在 1/4 以上（平均 26.8%，最高 28.1%）。

三是优质小麦发展快，对国家粮食安全贡献大。河南 1998 年开始大面积发展优质小麦，（1999～2001 年分别为 18.9 万 hm^2、56.8 万 hm^2、101 万 hm^2、143 万 hm^2），通过更换优质品种、规模种植、产销衔接、加工市场拉动等措施，到 2005 年全省优质小麦面积 200 多万 hm^2，占到小麦总面积的 40%以上。2006 年和 2007 年优质专用小麦种植面积分别达到 307.74 万 hm^2 和 326.67 万 hm^2，占小麦播种面积的 65%。近年来有继续快速扩大的趋势，基本解决了优质小麦短缺的问题，为小麦深加工奠定了基础，以小麦为主的粮食加工能力已达到 345 亿 kg。味精、面粉、方便面、挂面、面制速冻食品等产量均居全国首位，创新出了三全、思念、莲花、白象等一批小麦加工产品知名品牌。同时，河南总产快速增长与占全国比例的增大，使河南小麦商品率与外调数量不断增加，在全国 7 个小麦调出省中，河南年调出小麦在 1000 万 t 以上，占到全国调出小麦总量的 50%，为国家的粮食安全做出了突出贡献。

3. 全国、黄淮、河南小麦生产发展比较

按照小麦发展的 4 个阶段，比较全国、黄淮、河南小麦生产发展情况（表 6-30，图 6-13，图 6-14），结果表明，自新中国成立以来，黄淮冬麦区一直是全国最大的小麦主产区，小麦播种面积稳定在 11 000 千～13 500 千 hm^2，占全国小麦播种面积的 50%左右；小麦单产呈持续增长的趋势，1949 年为每公顷 620.1kg，2011 年增加到 4855.9kg，

表 6-30　全国、黄淮、河南不同阶段小麦生产比较

Table 6-30　The comparison of wheat production among Henan, Huanghuai and whole country

阶段	区域	单产			面积			总产		
		kg/hm²	占全国/%	占黄淮/%	千 hm²	占全国/%	占黄淮/%	万 t	占全国/%	占黄淮/%
1949～1978 年	全国	1 038.7			25 676			2 706.4		
	黄淮	1 043.1	100.4		11 583	45.2		1 182.9	43.8	
	河南	1 072.5	103.3	102.8	4 098.7	16.0	35.4	429.8	15.8	36.3
1979～1997 年	全国	3 019.2			29 436			8 908.5		
	黄淮	3 233.5	107.3		12 490	42.4		4 356.0	48.9	
	河南	3 423.0	113.4	105.9	4 556.0	15.5	36.5	1 575.2	17.7	36.2
1998～2003 年	全国	3 813.5			25 975			9 898.3		
	黄淮	3 910.2	102.5		12 367	47.6		5 492.3	55.5	
	河南	4 600.5	120.6	117.6	4 872.0	18.8	39.4	2 240.3	22.6	40.8
2004～2011 年	全国	4 597.2			23 441			10 656.0		
	黄淮	4 613.9	100.4		12 290	52.4		6 522.7	61.2	
	河南	5 623.5	122.3	121.9	5 170.7	22.1	42.1	2 912.0	27.3	44.6

资料来源：中国作物数据库

Data source: Crop database in China

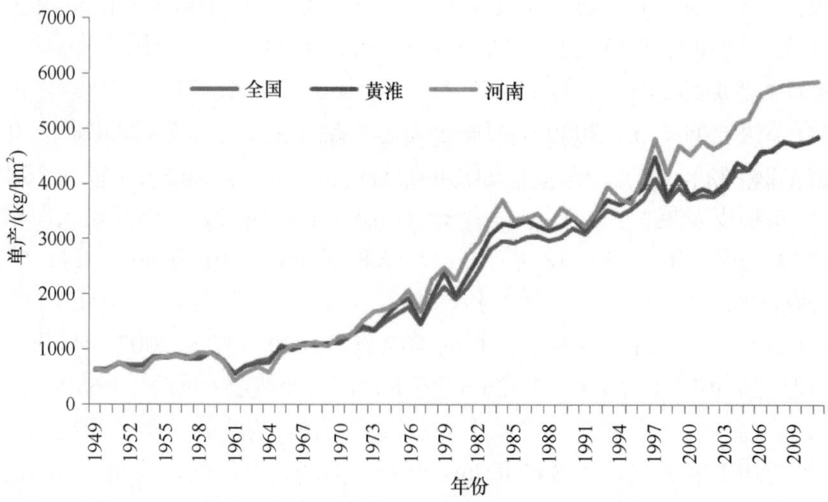

图 6-13　新中国成立 60 年来全国、黄淮与河南省小麦单产变化比较（另见彩图）

Figure 6-13　The comparison of wheat yield per unit between Henan, Huanghuai region and whole country (See Colour figure)

资料来源：中国作物数据库

Data source: Crop database in China

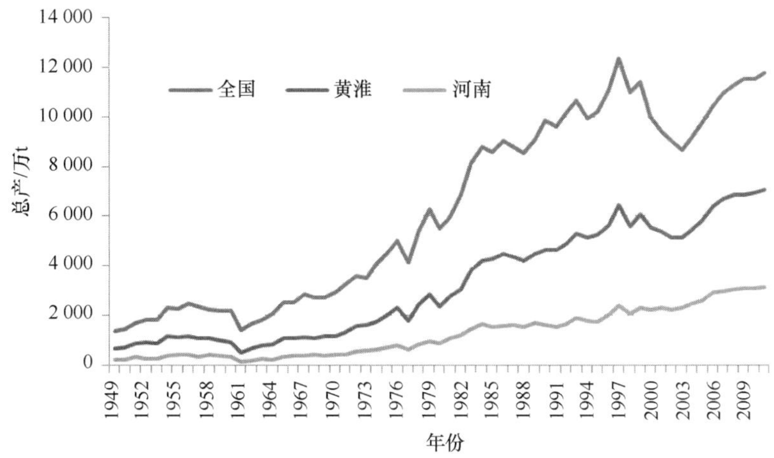

图 6-14　新中国成立 60 年来全国、黄淮与河南省小麦总产变化比较（另见彩图）

Figure 6-14　The comparison of wheat total yield between Henan, Huanghuai region and whole country (See Colour figure)

资料来源：中国作物数据库

Data source: Crop database in China

63 年增长了 6.83 倍，年均增长率 10.8%，等于全国小麦单产增长速度；小麦总产也呈持续增长的趋势，1949 年为 669.1 万 t，2011 年增加到 7071 万 t，63 年增长了 9.57 倍，年均增长 15.2%，高于全国小麦总产增长（7.8 倍和年均 12.0%）速度；同时该区小麦总产占全国的比重从 20 世纪不足 50%增加到 21 世纪的 60%；黄淮冬麦区中河南一直是全国最大的小麦主产省，小麦播种面积从 1949 年的 4005.4 千 hm^2，增加到目前的 5300 千 hm^2，占全国小麦播种面积的比例从 20 世纪 15%左右增加到 20%以上；小麦单产呈持续增长的趋势，且高于全国和黄淮小麦单产增长速度，4 个小麦发展阶段中，河南小麦单产分别比全国高 3.3%、13.4%、20.6%和 22.3%，分别比黄淮小麦单产高 2.8%、5.9%、17.6%和 21.9%；小麦总产也呈持续增长的趋势，且高于全国和黄淮小麦总产增长速度，4 个小麦发展阶段中，河南小麦总产分别占全国的 15.8%、17.7%、22.6%和 27.3%，2000 年超过全国的 1/5（22.4%），2003 年超过全国的 1/4；分别占黄淮小麦总产的 36.3%、36.2%、40.8%和 44.6%，从 1/3 增加到接近黄淮区的 1/2。上述结果表明，新中国成立以来，全国小麦生产有了较大的发展，黄淮小麦主产区小麦发展速度高于全国，河南小麦发展速度又高于黄淮小麦主产区，河南小麦发展对全国小麦发展做出了重要贡献。

三、冬（秋）播冬麦区小麦生产发展分析

冬（秋）播冬麦区除黄淮冬麦区外还包括长江中下游冬麦区、北部冬麦区、西南冬麦区和华南冬麦区 4 个麦区，是我小麦主要生产区，5 个冬麦区的面积和总产分别占到全国的 88.4%和 90.5%。

1. 长江中下游冬麦区

长江中下游冬麦区小麦生产发展总体上也可分为 4 个阶段（表 6-31），即新中国成立到改革开放前 30 年的缓慢发展期，改革开放到解决温饱的 19 年快速发展，小康建设

表 6-31 长江中下游冬麦区年小麦生产面积、单产和总产（1949～2011 年）

Table 6-31 The variation of sown area, yield per unit and total yield in the middle and lower Yangtze River wheat region (1949-2011)

年份	单产/（kg/hm^2）	单产占全国/%	面积/千 hm^2	面积占全国/%	总产/万 t	总产占全国/%
1949	616.5	96.0	4 125	19.2	248.0	18.0
1950	534.0	84.0	3 853	16.9	205.8	14.2
1951	768.6	102.9	3 897	16.9	299.1	17.4
1952	721.9	98.6	4 230	17.1	298.7	16.5
1953	815.1	114.4	4 475	17.5	311.5	17.0
1954	740.1	85.5	4 533	16.8	355.0	15.2
1955	784.7	91.3	4 787	17.9	384.7	16.7
1956	800.4	88.0	4 888	17.9	337.3	13.6
1957	730.5	85.1	4 728	17.2	371.1	15.7
1958	774.6	88.4	4 484	17.4	340.8	15.1
1959	892.1	94.9	3 436	14.6	292.3	13.2
1960	880.7	108.3	4 217	15.4	349.5	15.8
1961	692.4	124.1	3 878	15.2	253.6	17.8
1962	884.6	127.9	3 934	16.3	322.9	19.4
1963	816.4	105.1	3 871	16.3	291.7	15.8
1964	924.0	112.6	4 063	16.0	321.9	15.4
1965	1 159.9	113.7	3 826	15.5	409.9	16.3
1966	1 075.9	101.7	3 521	14.7	368.5	14.6
1967	1 178.8	106.9	3 724	14.4	446.3	15.7
1968	1 384.3	124.4	3 541	14.4	465.5	17.0
1969	1 155.2	106.5	3 626	14.4	378.8	13.9
1970	1 313.4	114.6	3 653	14.3	453.5	15.5
1971	1 490.1	117.3	3 561	13.9	473.3	14.5
1972	1 491.4	109.0	3 491	13.3	467.3	13.0
1973	1 228.1	92.2	3 360	12.7	426.0	12.1
1974	1 643.1	108.8	3 309	12.2	496.9	12.2
1975	1 521.4	92.9	3 395	12.3	536.3	11.8
1976	1 803.2	101.8	3 457	12.2	602.5	12.0
1977	1 247.1	85.2	3 427	12.2	449.4	10.9
1978	2 066.8	112.0	3 656	12.5	747.5	13.9
第一阶段	1 071	103.1	3 898	15.2	390	14.4
1979	2 477.1	115.9	3 948	13.4	977.3	15.6
1980	2 260.9	118.1	4 002	13.9	946.3	17.1
1981	2 145.4	101.8	4 070	14.4	944.9	15.8
1982	2 701.9	110.3	4 280	15.3	1 267.0	18.5
1983	2 365.3	84.4	4 445	15.3	1 264.6	15.5
1984	2 740.1	92.3	4 616	15.6	1 462.9	16.7
1985	2 666.8	90.8	4 431	15.2	1 353.1	15.8
1986	2 846.4	93.6	4 431	15.0	1 483.1	16.5

续表

年份	单产/（kg/hm^2）	单产占全国/%	面积/千 hm^2	面积占全国/%	总产/万 t	总产占全国/%
1987	2 740.5	89.9	4 441	15.4	1 507.4	17.2
1988	2 777.6	93.6	4 459	15.5	1 477.5	17.3
1989	2 472.4	81.2	4 579	15.3	1 361.2	15.0
1990	2 665.9	83.5	4 660	15.2	1 459.2	14.9
1991	2 360.6	76.1	4 652	15.0	1 256.6	13.1
1992	2 775.4	83.3	4 515	14.8	1 498.3	14.7
1993	2 861.1	81.3	4 410	14.6	1 508.4	14.2
1994	2 796.2	81.6	4 173	14.4	1 436.6	14.5
1995	2 869.5	81.0	4 108	14.2	1 420.7	13.9
1996	3 051.0	81.7	4 271	14.4	1 558.7	14.1
1997	3 249.9	79.2	4 471	14.9	1 773.5	14.4
第二阶段	2 675	88.6	4 367	14.8	1 366	15.3
1998	2 583.9	70.1	4 372	14.7	1 342.5	12.2
1999	3 109.3	78.8	4 151	14.4	1 587.2	13.9
2000	3 013.7	80.6	3 616	13.6	1 229.2	12.3
2001	3 033.6	79.7	3 160	12.8	1 130.1	12.0
2002	2 655.0	70.3	3 126	13.1	981.1	10.9
2003	2 761.7	70.2	2 890	13.1	940.2	10.9
第三阶段	2 860	75.0	3 552	13.7	1 202	12.3
2004	3 047.9	71.7	2 877	13.3	1 074.3	11.7
2005	3 053.2	71.4	3 072	13.5	1 146.4	11.8
2006	3 303.0	72.6	3 187	13.9	1 322.7	12.7
2007	3 345.6	72.6	3 732	15.7	1 471.1	13.5
2008	3 616.7	75.9	3 678	15.6	1 623.1	14.4
2009	3 576.2	75.4	3 712	15.3	1 643.5	14.3
2010	3 647.2	76.8	3 744	15.4	1 674.5	14.5
2011	3 661.9	75.7	3 797	15.6	1 698.3	14.5
第四阶段	3 406	74.1	3 375	14.3	1 457	13.5
平均	2 021.7	93.0	3 953	14.9	897.3	14.7

资料来源：中国作物数据库

Data source: Crop database in China

前 6 年的连续下滑，21 世纪近 8 年的恢复与持续增长期。该区第一阶段小麦平均单产略高于全国水平，此后虽然单产不断提高，但低于全国小麦平均单产增长速度，21 世纪只有全国小麦平均单产的 74.1%，小麦总产占全国的比重也呈降低的趋势。

第一阶段为新中国成立到改革开放前 30 年（1949～1978 年），呈缓慢发展趋势。该阶段小麦总产量从 1949 年的 248 万 t 增加到 1978 年的 747.5 万 t，净增加 499.5 万 t，年均总产增加量 16.65 万 t，年均增长率 6.7%；小麦平均单产从 1949 年的每公顷 616.5kg 增加到 1978 年的 2066.8kg，每公顷年均增产 48.4kg，年均增长率 7.8%；小麦播种面积从 20 世纪 50 年代 4500 千 hm^2 左右下降到 70 年代的 3500 千 hm^2 左右，总体呈下滑趋势，30 年平均小麦播种面积 3898 千 hm^2。总产增加的主要贡献是单产的提高。本阶段长江中下游冬麦区小麦每公顷平均产量 1071kg，为全国的 103.1%，高于全国平均水平；阶段平均播种面积和总产量分别占全国的 15.2%和 14.4%。

第二阶段为改革开放到解决温饱的 19 年（1979～1997 年），呈快速发展趋势。该阶段小麦总产量从 1979 年的 977.3 万 t 增加到 1997 年的 1773.5 万 t，也是该区小麦历史最高水平，总产增加 796.2 万 t，年均增产量 41.9 万 t，是前 30 年增产量的 2.5 倍，年均增长率 4.3%；该区小麦平均单产从 1979 年的 2477.1kg 增加到 1997 年 3249.9kg，每公顷年均增产 40.6kg，年均增长率 1.6%；小麦播种面积由 1979 年 3948 千 hm^2 增加到 1997 年的 4471 千 hm^2，共增加 523 千 hm^2，年均增加播种面积 27.5 千 hm^2，年均增长率 0.6%。本阶段小麦每公顷平均产量 2675kg，为全国的 88.6%，低于全国平均水平；阶段平均播种面积和总产量分别占全国的 14.8%和 15.5%。

第三阶段为小康建设的前 6 年（1998～2003 年），呈连续下滑趋势。此阶段小麦总产量出现 6 年连续下滑，到 2003 年小麦总产量仅为 940.2 万 t，共减少 402.3 万 t，年均总产量降低 67 万 t，年均下降 5.0%。6 年中小麦平均单产基本稳定，而小麦播种面积大幅度下滑，6 年减少 1482 千 hm^2，占 1998 年小麦播种面积 33.9%；总产量降低主要是播种面积减少所致。本阶段小麦每公顷平均产量 2860kg，为全国的 75%，低于全国平均水平；阶段平均播种面积和总产量分别占全国的 13.7%和 12.0%。

第四阶段为 21 世纪近 8 年（2004～2011 年），呈恢复增长趋势。2004 年小麦生产进入恢复性增长阶段，到 2011 年小麦总产量增加到 1698.3 万 t，共增加 758.1 万 t，年均总产量增加 78 万 t，年均增长率 7.3%。在此期间小麦平均单产由 2761.7kg（2003 年）增加到 3661.9kg，8 年单产增长 32.6%，达到历史最高水平，年均增长率 4.1%；小麦播种面积增加 920 千 hm^2，年均增长率 4.0%。本阶段小麦每公顷平均产量 3406kg，为全国的 74.1%，低于全国平均水平；阶段平均播种面积和总产量分别占全国的 14.3%和 13.5%。

2. 北部冬麦区

北部冬麦区小麦生产发展总体上也可分为 4 个阶段（表 6-32），即新中国成立到改革开放前 30 年的缓慢发展期，改革开放到解决温饱的 19 年快速发展，小康建设前 6 年的连续下滑，21 世纪近 8 年的恢复与持续增长期。该区小麦平均单产前 3 个阶段略高于全国水平，第四阶段略低于全国小麦平均单产，小麦播种面积和总产量均稳定占全国的 1/10 左右，与全国小麦生产有同步发展的趋势。

第一阶段为新中国成立到改革开放前 30 年（1949～1978 年），呈缓慢发展趋势。该阶段小麦总产量从 1949 年的 141.2 万 t 增加到 1978 年的 660.8 万 t，净增加 519.6 万 t，年均总产增加量 17.32 万 t，年均增长率 12.3%；小麦平均单产从 1949 年的每公顷 620.7kg 增加到 1978 年的 2028kg，每公顷年均增产 46.9kg，年均增长率 7.6%；小麦播种面积从 20 世纪 50 年代 2500 千 hm^2 左右增加到 70 年代的 3300 千 hm^2 左右，总体呈增长趋势，30 年平均小麦播种面积 2795 千 hm^2。本阶段北部冬麦区小麦每公顷平均产量 1126kg，为全国的 107.6%，高于全国平均水平；阶段平均播种面积和总产量分别占全国的 10.9%和 11.3%。

表 6-32　北部冬麦区小麦播种面积、单产和总产（1949～2011 年）

Table 6-32　The variation of sown area, yield per unit and total yield in the northern wheat region (1949-2011)

年份	单产/（kg/hm²）	单产占全国/%	面积/千 hm²	面积占全国/%	总产/万 t	总产占全国/%
1949	620.7	96.7	2 238.8	10.4	141.2	10.2
1950	685.5	107.8	2 697.7	11.8	179.5	12.4
1951	726.9	97.3	2 384.8	10.3	174.1	10.1
1952	669.6	91.5	2 511.0	10.1	172.8	9.5
1953	774.9	108.8	2 552.3	10.0	194.3	10.6
1954	911.1	105.3	2 876.1	10.7	258.1	11.1
1955	933.0	108.6	2 765.2	10.3	243.4	10.6
1956	1 058.7	116.5	2 831.0	10.4	299.9	12.1
1957	809.7	94.4	3 009.0	10.9	245.0	10.4
1958	921.6	105.2	2 615.2	10.1	227.5	10.1
1959	981.9	104.4	2 701.2	11.5	254.4	11.5
1960	833.7	102.5	2 747.7	10.1	222.3	10.0
1961	628.5	112.6	2 748.5	10.7	158.9	11.2
1962	768.6	111.1	2 473.9	10.3	178.2	10.7
1963	928.5	119.5	2 429.7	10.2	204.8	11.1
1964	921.9	112.4	2 790.1	11.0	229.3	11.0
1965	1 290.6	126.5	2 596.1	10.5	296.9	11.8
1966	1 054.3	99.7	2 612.2	10.9	259.9	10.3
1967	1 129.3	102.4	2 898.3	11.2	298.3	10.5
1968	1 011.3	90.9	2 628.4	10.7	247.3	9.0
1969	1 311.3	120.9	2 700.9	10.7	333.7	12.2
1970	1 150.5	100.4	2 757.8	10.8	305.3	10.5
1971	1 294.0	101.8	2 680.7	10.5	330.3	10.1
1972	1 528.5	111.7	2 740.2	10.4	388.1	10.8
1973	1 511.3	113.5	2 964.4	11.2	397.0	11.3
1974	1 814.0	120.1	3 264.5	12.1	534.7	13.1
1975	2 021.8	123.4	3 361.5	12.2	622.6	13.7
1976	1 920.3	108.4	3 449.8	12.1	620.8	12.3
1977	1 538.5	105.1	3 343.5	11.9	493.6	12.0
1978	2 028.0	109.9	3 485.3	11.9	660.8	12.3
第一阶段	1 126	108.4	2 795	10.9	306	11.3
1979	2 216.3	103.7	3 359.4	11.4	716.3	11.4
1980	1 555.0	81.2	3 251.5	11.3	475.9	8.6
1981	1 937.5	91.9	3 062.2	10.8	561.8	9.4
1982	2 147.3	87.7	2 934.0	10.5	635.6	9.3
1983	2 677.3	95.5	3 051.0	10.5	828.3	10.2
1984	2 784.3	93.8	3 096.4	10.5	872.7	9.9
1985	2 902.8	98.8	3 083.8	10.6	882.3	10.3
1986	3 018.5	99.3	3 160.1	10.7	941.5	10.5

续表

年份	单产/（kg/hm²）	单产占全国/%	面积/千 hm²	面积占全国/%	总产/万 t	总产占全国/%
1987	2 916.5	95.7	3 044.6	10.6	841.7	9.6
1988	3 023.3	101.8	3 062.3	10.6	878.1	10.3
1989	3 380.0	111.1	3 100.9	10.4	976.8	10.8
1990	3 649.5	114.3	3 140.6	10.2	1 063.3	10.8
1991	3 610.5	116.4	3 161.5	10.2	1 047.6	10.9
1992	3 550.3	106.6	3 137.6	10.3	1 018.0	10.0
1993	3 769.5	107.1	3 106.0	10.3	1 067.9	10.0
1994	3 613.8	105.5	3 005.7	10.4	995.9	10.0
1995	3 681.3	103.9	3 008.1	10.4	1 052.5	10.3
1996	3 796.8	101.7	3 068.0	10.4	1 133.4	10.3
1997	4 216.5	102.8	3 132.7	10.4	1 310.4	10.6
第二阶段	3 076	101.9	3 103	10.5	911	10.2
1998	4 120.3	111.8	3 166.3	10.6	1 265.7	11.5
1999	3 907.5	99.0	3 073.2	10.7	1 182.5	10.4
2000	3 709.8	99.2	2 939.2	11.0	1 066.2	10.7
2001	3 646.5	95.8	2 728.9	11.1	991.0	10.6
2002	3 855.5	102.1	2 579.3	10.8	978.9	10.8
2003	3 994.0	101.6	2 302.5	10.5	914.4	10.6
第三阶段	3 872	101.5	2 798	10.8	1 066	10.9
2004	4 161.1	97.9	2 218.8	10.3	930.8	10.1
2005	3 900.7	91.2	2 438.7	10.7	972.4	10.0
2006	3 973.7	87.3	2 480.9	10.8	1 008.5	9.7
2007	3 891.3	84.4	2 417.6	10.2	976.8	8.9
2008	4 179.6	87.8	2 409.5	10.2	1 042.5	9.3
2009	4 018.6	84.8	2 435.0	10.0	1 020.2	8.9
2010	4 010.6	84.4	2 422.7	10.0	1 031.2	9.0
2011	6 250.4	129.1	2 109.7	8.7	1 060.3	9.0
第四阶段	4 298	93.4	2 367	10.1	1 005	9.3
平均	2 378.5	103.2	2 834.0	10.7	649.4	10.6

资料来源：中国作物数据库

Data source: Crop database in China

第二阶段为改革开放到解决温饱的 19 年（1979～1997 年），呈快速发展趋势。该阶段小麦总产量从 1979 年的 716.3 万 t 增加到 1997 年的 1310.4 万 t，也是该区小麦历史最高水平，总产增加 594.1 万 t，年均增产量 31.3 万 t，是前 30 年增产量的 1.8 倍，年均增长率 4.3%；该区小麦平均单产从 1979 年的 2216.3kg 增加到 1997 年 4216.5kg，每公顷年均增产 40.6kg，年均增长率 4.4%；小麦播种面积稳定在 3100 千 hm² 左右。本阶段小麦每公顷平均产量 3076kg，为全国的 101.9%，仍高于全国平均水平；阶段平均播种面积和总产量均占全国的 1/10 左右。

第三阶段为小康建设的前 6 年（1998～2003 年），呈连续下滑趋势。此阶段小麦总产量出现 6 年连续下滑，到 2003 年小麦总产量仅为 914.4 万 t，共减少 351.3 万 t，年均总产量降低 58.6 万 t，年均下降 4.6%。6 年中小麦平均单产基本稳定，而小麦播种面积大幅度下滑，6 年减少 863.8 千 hm^2，占 1998 年小麦播种面积 27.3%；总产量降低主要是播种面积减少所致。本阶段小麦每公顷平均产量 3872kg，为全国的 101.5%，仍略高于全国平均水平；阶段平均播种面积和总产量均占全国的 1/10 左右。

第四阶段为 21 世纪近 8 年（2004～2011 年），呈恢复增长趋势。2004 年小麦生产进入恢复性增长阶段，到 2011 年小麦总产量增加到 1060.3 万 t，共增加 129.5 万 t，年均总产量增加 16.2 万 t，年均增长率 1.7%。在此期间小麦平均单产由 3994kg（2003 年）增加到 6250.4kg，8 年单产增长 56.5%，达到历史最高水平，年均增长率 7.1%；小麦播种面积稳定在 2400 千 hm^2 左右。本阶段小麦每公顷平均产量 4298kg，为全国的 93.4%，略低于全国平均水平；阶段平均播种面积和总产量分别占全国的 10.1%和 9.3%。

3. 西南冬麦区

西南冬麦区小麦生产发展总体上也可分为 4 个阶段（表 6-33），即新中国成立到改

表 6-33　西南冬麦区年小麦生产面积、单产和总产（1949～2011 年）

Table 6-33　The variation of sown area, yield per unit and total yield in the southwest wheat region (1949-2011)

年份	单产/（kg/hm^2）	单产占全国/%	面积/千 hm^2	面积占全国/%	总产/万 t	总产占全国/%
1949	840.8	131.0	1 729.6	8.0	162.3	11.8
1950	827.6	130.1	1 750.8	7.7	158.1	10.9
1951	889.1	119.0	1 796.7	7.8	171.1	9.9
1952	824.3	112.6	1 868.0	7.5	159.4	8.8
1953	951.4	133.5	1 963.5	7.7	200.6	11.0
1954	993.4	114.8	1 981.0	7.3	210.8	9.0
1955	965.3	112.3	2 157.2	8.1	229.4	10.0
1956	1 124.3	123.7	2 418.8	8.9	288.3	11.6
1957	1 013.3	118.1	2 503.2	9.1	278.2	11.8
1958	991.9	113.2	2 553.8	9.9	292.5	13.0
1959	1 077.0	114.5	2 475.6	10.5	305.9	13.8
1960	915.8	112.6	3 153.7	11.6	335.5	15.1
1961	675.8	121.1	3 025.2	11.8	227.1	15.9
1962	801.8	115.9	2 699.9	11.2	222.9	13.4
1963	831.0	106.9	2 450.7	10.3	223.8	12.1
1964	908.6	110.7	2 492.7	9.8	246.0	11.8
1965	1 042.5	102.2	2 434.9	9.9	271.3	10.8
1966	1 065.8	100.8	2 285.3	9.6	290.0	11.5
1967	1 207.9	109.6	2 710.9	10.5	375.7	13.2
1968	1 212.0	108.9	2 530.2	10.3	359.5	13.1
1969	1 014.4	93.5	2 431.3	9.7	287.0	10.5
1970	1 131.8	98.8	2 566.0	10.1	337.8	11.6
1971	1 345.1	105.9	2 923.5	11.4	449.5	13.8

续表

年份	单产/（kg/hm^2）	单产占全国/%	面积/千 hm^2	面积占全国/%	总产/万 t	总产占全国/%
1972	1 289.3	94.2	3 190.1	12.1	473.0	13.1
1973	1 236.8	92.8	3 239.0	12.3	449.3	12.8
1974	1 387.5	91.9	3 230.2	11.9	512.0	12.5
1975	1 357.9	82.9	3 237.2	11.7	484.8	10.7
1976	1 540.5	87.0	3 465.1	12.2	574.8	11.4
1977	1 338.4	91.4	3 424.9	12.2	520.5	12.7
1978	1 469.6	79.7	3 738.9	12.8	650.2	12.1
第一阶段	1 076	107.7	2 614	10.2	325	12.0
1979	1 630.9	76.3	3 928.9	13.4	749.3	11.9
1980	1 557.4	81.4	3 618.4	12.5	710.7	12.9
1981	1 778.3	84.4	3 589.5	12.7	737.5	12.4
1982	2 008.9	82.0	3 536.1	12.6	878.8	12.8
1983	2 238.4	79.9	3 535.7	12.2	990.7	12.2
1984	2 264.3	76.3	3 473.0	11.7	971.3	11.1
1985	2 071.1	70.5	3 241.7	11.1	858.1	10.0
1986	2 031.0	66.8	3 250.9	11.0	873.8	9.7
1987	2 155.1	70.7	3 282.7	11.4	903.7	10.3
1988	2 111.6	71.1	3 442.8	12.0	837.6	9.8
1989	2 131.9	70.0	3 620.8	12.1	907.8	10.0
1990	2 313.8	72.5	3 795.4	12.3	1 014.2	10.3
1991	2 382.8	76.9	3 910.6	12.6	1 064.2	11.1
1992	2 430.8	73.0	3 947.6	12.9	1 082.3	10.7
1993	2 678.6	76.1	4 048.8	13.4	1 139.1	10.7
1994	2 308.5	67.4	4 042.9	14.0	1 060.2	10.7
1995	2 454.4	69.3	4 052.4	14.0	1 113.0	10.9
1996	2 394.0	64.1	4 146.0	14.0	1 106.3	10.0
1997	2 758.5	67.2	4 209.3	14.0	1 071.6	8.7
第二阶段	2 195	73.5	3 720	12.6	951	10.9
1998	2 574.0	69.8	4 261.2	14.3	1 029.4	9.4
1999	2 381.3	60.4	4 201.0	14.6	944.3	8.3
2000	2 555.7	68.4	3 796.6	14.2	927.5	9.3
2001	2 421.4	63.6	3 556.7	14.4	809.8	8.6
2002	2 524.9	66.9	3 399.9	14.2	815.3	9.0
2003	2 551.5	64.9	3 094.3	14.1	757.0	8.8
第三阶段	2 501	65.6	3 718	14.3	881	9.0
2004	2 724.8	64.1	2 892.9	13.4	751.0	8.2
2005	2 620.9	61.3	2 888.7	12.7	741.0	7.6
2006	2 721.9	59.8	2 853.5	12.4	762.2	7.3
2007	2 768.6	60.1	2 567.5	10.8	762.5	7.0
2008	2 584.4	54.3	2 542.9	10.8	683.2	6.1
2009	2 621.1	55.3	2 523.0	10.4	739.5	6.4

续表

年份	单产/（kg/hm²）	单产占全国/%	面积/千 hm²	面积占全国/%	总产/万 t	总产占全国/%
2010	2 229.3	46.9	2 488.9	10.3	679.0	5.9
2011	2 822.7	58.3	2 472.1	10.2	764.7	6.5
第四阶段	2 637	57.5	2 653.7	11.4	735	6.8
平均	1 747.2	87.0	3 057.8	11.5	618.8	10.7

资料来源：中国作物数据库

Data source: Crop database in China

革开放前 30 年的缓慢发展期，改革开放到解决温饱的 19 年快速发展，小康建设前 6 年的连续下滑，21 世纪近 8 年的恢复与稳定期。该区第一阶段小麦平均单产略高于全国水平，此后虽然单产不断提高，但低于全国小麦平均单产增长速度，21 世纪只有全国小麦平均单产的 57.5%，小麦总产占全国的比重从第一阶段的 12.0%降到 21 世纪的 6.8%，也呈连续降低的趋势。

第一阶段为新中国成立到改革开放前 30 年（1949～1978 年），呈缓慢发展趋势。该阶段小麦总产量从 1949 年的 162.3 万 t 增加到 1978 年的 650.2 万 t，净增加 487.9 万 t，年均总产增加量 16.26 万 t，年均增长率 10.0%；小麦平均单产从 1949 年的每公顷 840.8kg 增加到 1978 年的 1469.6kg，每公顷年均增产 21.0kg，年均增长率 2.5%；小麦播种面积从 20 世纪 50 年代 1700 千 hm^2 左右增加到 70 年代的 3700 千 hm^2 左右，总体呈增长趋势，30 年小麦播种面积增长 2000 千 hm^2，增长 1.2 倍。本阶段小麦每公顷平均产量 1076kg，为全国的 107.7%，高于全国平均水平；阶段平均播种面积和总产量分别占全国的 10.2%和 12.0%。

第二阶段为改革开放到解决温饱的 19 年（1979～1997 年），呈快速发展趋势。该阶段小麦总产量从 1979 年的 749.3 万 t 增加到 1997 年的 1071.6 万 t，也是该区小麦历史最高水平，总产增加 322.3 万 t，年均增产量 17.0 万 t，年均增长率 2.3%；该区小麦平均单产从 1979 年的 1630.9kg 增加到 1997 年 2758.5kg，每公顷年均增产 59.3kg，年均增长率 3. 6%；小麦播种面积由 3600 千 hm^2 左右增加到 1997 年的 4200 千 hm^2 左右，共增加 600 千 hm^2 左右，年均增加播种面积 32 千 hm^2，年均增长率 0.9%。本阶段小麦每公顷平均产量 2195kg，为全国的 73.5%，低于全国平均水平；阶段平均播种面积和总产量分别占全国的 12.6%和 10.9%。

第三阶段为小康建设的前 6 年（1998～2003 年），呈连续下滑趋势。此阶段小麦总产量出现 6 年连续下滑，到 2003 年小麦总产量仅为 757.0 万 t，共减少 272.4 万 t，年均总产量降低 45.4 万 t，年均下降 4.4%。6 年中小麦平均单产基本稳定，而小麦播种面积大幅度下滑，6 年减少 1200 余千公顷，占 1998 年小麦播种面积 28.2%；总产量降低主要是播种面积减少所致。本阶段小麦每公顷平均产量 2501kg，为全国的 65.6%，低于全国平均水平；阶段平均播种面积和总产量分别占全国的 14.3%和 9%。

第四阶段为 21 世纪近 8 年（2004～2011 年），基本稳定。2004～2011 年小麦总产稳定在 750 万 t 左右；在此期间小麦每公顷平均单产 2637kg，为全国的 57.5%，低于全国平均水平；小麦播种面积减少 400 千 hm^2 左右。本阶段小麦平均播种面积和总产量分别占全国的 11.4%和 6.8%。

4. 华南冬麦区

华南冬麦区是全国较小的小麦种植区，小麦播种面积和总产占全国的比例均不足百分之一，小麦平均单产低于全国平均水平，为十大麦区中最低。小麦生产发展的 4 个阶段中（表 6-34），虽然小麦单产不断提高，但低于全国小麦平均单产增长速度，21 世纪只有全国小麦平均单产的 52.7%；小麦播种面积从第一阶段的 442 千 hm^2（占全国 1.6%）降到第四阶段 15 千 hm^2（占全国 0.1%）；小麦总产从第一阶段的 32 万 t（占全国 1.2%）降到第四阶段 3 万 t（占全国 0.03%）；60 多年来，小麦生产呈现不断萎缩的趋势。

表 6-34 华南冬麦区年小麦生产面积、单产和总产（1949～2011 年）

Table 6-34 The variation of sown area, yield per unit and total yield in the southern China wheat region (1949-2011)

年份	单产/（kg/hm^2）	单产占全国/%	面积/千 hm^2	面积占全国/%	总产/万 t	总产占全国/%
1949	524.5	81.7	200.1	0.9	11.0	0.8
1950	677.5	106.5	200.7	0.9	12.3	0.8
1951	573.0	76.7	226.8	1.0	13.3	0.8
1952	680.5	93.0	257.7	1.0	18.1	1.0
1953	705.0	98.9	283.1	1.1	19.9	1.1
1954	628.5	72.6	298.4	1.1	18.7	0.8
1955	505.0	58.8	545.2	2.0	26.5	1.2
1956	648.5	71.3	760.9	2.8	45.0	1.8
1957	485.0	56.5	597.8	2.2	27.7	1.2
1958	446.5	51.0	512.6	2.0	23.5	1.0
1959	529.5	56.3	143.8	0.6	8.0	0.4
1960	489.5	60.2	340.0	1.2	17.1	0.8
1961	361.0	64.7	409.3	1.6	14.9	1.0
1962	543.5	78.6	389.7	1.6	21.5	1.3
1963	609.0	78.4	311.4	1.3	19.5	1.1
1964	757.5	92.3	374.5	1.5	28.0	1.3
1965	762.0	74.7	272.0	1.1	23.0	0.9
1966	732.0	69.2	264.0	1.1	22.5	0.9
1967	700.0	63.5	436.7	1.7	29.5	1.0
1968	820.5	73.7	319.3	1.3	27.5	1.0
1969	680.0	62.7	314.0	1.2	23.0	0.8
1970	882.0	77.0	316.3	1.2	29.5	1.0
1971	1 602.0	126.1	446.2	1.7	47.5	1.5
1972	902.0	65.9	475.5	1.8	45.0	1.3
1973	715.0	53.7	526.6	2.0	36.5	1.0
1974	924.5	61.2	575.7	2.1	54.5	1.3
1975	931.0	56.8	613.2	2.2	57.5	1.3
1976	915.0	51.7	677.4	2.4	64.5	1.3
1977	1 008.5	68.9	738.2	2.6	78.0	1.9
1978	1 023.0	55.4	843.3	2.9	86.5	1.6
第一阶段	725	71.9	422	1.6	32	1.2

续表

年份	单产/（kg/hm²）	单产占全国/%	面积/千 hm²	面积占全国/%	总产/万 t	总产占全国/%
1979	911.0	42.6	676.3	2.3	63.0	1.0
1980	1 047.5	54.7	425.2	1.5	49.0	0.9
1981	1 237.5	58.7	260.9	0.9	36.5	0.6
1982	1 562.5	63.8	233.6	0.8	42.0	0.6
1983	771.0	27.5	233.6	0.8	17.5	0.2
1984	1 646.0	55.4	176.7	0.6	33.5	0.4
1985	1 421.5	48.4	155.1	0.5	26.3	0.3
1986	1 482.0	48.7	136.5	0.5	23.3	0.3
1987	1 624.5	53.3	155.1	0.5	30.0	0.3
1988	1 741.0	58.6	168.2	0.6	33.4	0.4
1989	1 795.5	59.0	219.6	0.7	44.5	0.5
1990	1 845.0	57.8	239.6	0.8	51.8	0.5
1991	2 018.0	65.1	230.1	0.7	55.1	0.6
1992	1 611.5	48.4	213.9	0.7	38.3	0.4
1993	2 065.5	58.7	136.8	0.5	32.5	0.3
1994	2 103.5	61.4	114.3	0.4	27.8	0.3
1995	2 196.5	62.0	117.2	0.4	28.3	0.3
1996	2 242.0	60.1	111.7	0.4	27.1	0.2
1997	2 396.5	58.4	111.7	0.4	27.5	0.2
第二阶段	1 669	54.9	217	0.7	36	0.4
1998	2 345.0	63.6	98.3	0.3	24.0	0.2
1999	2 350.0	59.6	85.3	0.3	21.4	0.2
2000	2 358.0	63.1	71.9	0.3	17.6	0.2
2001	2 375.5	62.4	56.3	0.2	14.0	0.1
2002	2 415.0	64.0	46.9	0.2	11.7	0.1
2003	2 440.5	62.1	26.9	0.1	6.1	0.1
第三阶段	2 381	62.4	64	0.2	16	0.2
2004	2 507.3	59.0	23.9	0.1	5.5	0.1
2005	2 665.1	62.3	23.1	0.1	5.7	0.1
2006	2 599.9	57.1	23.3	0.1	5.4	0.1
2007	2 108.0	45.7	16.1	0.1	2.9	0.0
2008	2 416.1	50.7	8.9	0.0	2.2	0.0
2009	2 432.3	51.3	8.7	0.0	1.9	0.0
2010	2 142.9	45.1	8.7	0.0	1.8	0.0
2011	2 434.1	50.3	5.2	0.0	1.3	0.0
第四阶段	2 413	52.7	15	0.1	3	0.0
平均	1 382.1	63.4	274.4	1.0	27.9	0.7

资料来源：中国作物数据库

Data source: Crop database in China

四、春播春麦区和冬春麦兼播区小麦生产发展分析

1. 春播春麦区

春播春麦区包括东北春麦区、北部春麦区和西北春麦区，小麦生产发展总体上也可分为 4 个阶段（表 6-35），即新中国成立到改革开放前 30 年的缓慢发展期，改革开放到

表 6-35　春麦区小麦生产面积、单产和总产（1949～2011 年）

Table 6-35　The variation of sown area, yield per unit and total yield in the spring wheat region (1949-2011)

年份	单产/（kg/hm^2）	单产占全国/%	面积/千 hm^2	面积占全国/%	总产/万 t	总产占全国/%
1949	562.8	87.7	1 650.7	7.7	98.8	7.2
1950	646.8	101.7	1 818.0	8.0	126.2	8.7
1951	617.3	82.6	2 279.5	9.9	149.9	8.7
1952	742.0	101.4	2 711.2	10.9	203.6	11.2
1953	617.5	86.7	2 612.9	10.2	167.7	9.2
1954	864.0	99.8	2 739.5	10.2	243.2	10.4
1955	846.3	98.5	2 341.0	8.8	211.7	9.2
1956	877.0	96.5	2 327.0	8.5	247.5	10.0
1957	861.3	100.4	2 622.2	9.5	254.5	10.8
1958	693.8	79.2	2 907.9	11.3	211.8	9.4
1959	930.3	98.9	2 810.6	11.9	262.0	11.8
1960	741.8	91.2	3 042.4	11.1	235.8	10.6
1961	533.3	95.6	3 266.7	12.8	181.5	12.7
1962	630.5	91.2	2 711.6	11.3	179.9	10.8
1963	807.3	103.9	2 668.6	11.2	225.0	12.2
1964	913.0	111.3	2 839.0	11.2	280.7	13.5
1965	960.3	94.1	3 123.1	12.6	301.7	12.0
1966	988.8	93.5	3 096.4	12.9	339.8	13.4
1967	1 079.5	97.9	3 612.2	14.0	425.3	14.9
1968	1 094.8	98.4	3 367.8	13.7	406.5	14.8
1969	1 065.3	98.2	3 667.1	14.6	419.3	15.4
1970	1 005.3	87.7	3 914.6	15.4	459.3	15.7
1971	1 063.3	83.7	3 759.0	14.7	457.7	14.0
1972	1 088.0	79.5	3 896.2	14.8	464.7	12.9
1973	1 114.8	83.7	3 806.8	14.4	417.3	11.8
1974	1 412.0	93.5	3 900.6	14.4	572.3	14.0
1975	1 472.3	89.9	4 046.6	14.6	599.5	13.2
1976	1 417.0	80.0	4 189.5	14.7	638.3	12.7
1977	1 253.3	85.6	4 284.4	15.3	590.2	14.4
1978	1 275.0	69.1	4 327.5	14.8	577.2	10.7
第一阶段	939	92.0	3 145	12.2	332	11.9
1979	1 454.5	68.0	4 263.2	14.5	665.0	10.6
1980	1 452.5	75.9	4 454.5	15.4	708.5	12.8

续表

年份	单产/（kg/hm^2）	单产占全国/%	面积/千 hm^2	面积占全国/%	总产/万 t	总产占全国/%
1981	1 506.8	71.5	4 451.4	15.7	643.7	10.8
1982	1 720.3	70.2	4 181.5	15.0	693.5	10.1
1983	1 999.8	71.4	4 418.7	15.2	886.3	10.9
1984	1 954.0	65.8	4 329.8	14.6	847.2	9.6
1985	1 911.3	65.1	4 320.8	14.8	806.9	9.4
1986	1 856.8	61.1	4 258.1	14.4	788.2	8.8
1987	1 837.3	60.3	3 771.8	13.1	685.1	7.8
1988	1 970.0	66.4	3 492.6	12.1	678.1	7.9
1989	2 174.5	71.4	4 059.3	13.6	864.0	9.5
1990	2 670.5	83.6	4 390.0	14.3	1 115.8	11.4
1991	2 514.8	81.1	4 428.4	14.3	1 053.3	11.0
1992	2 743.0	82.3	4 334.7	14.2	1 110.5	10.9
1993	2 805.0	79.7	4 071.1	13.5	1 072.3	10.1
1994	2 447.8	71.4	3 693.2	12.7	864.2	8.7
1995	2 548.5	72.0	3 583.9	12.4	854.0	8.4
1996	2 827.0	75.7	3 795.9	12.8	1 048.7	9.5
1997	2 706.3	66.0	3 663.2	12.2	1 006.9	8.2
第二阶段	2 163	71.6	4 103	13.9	863	9.8
1998	2 857.3	77.5	3 477.8	11.7	1 008.8	9.2
1999	2 950.0	74.8	3 194.2	11.1	924.3	8.1
2000	2 416.3	64.6	2 489.6	9.3	581.6	5.8
2001	2 304.8	60.6	2 140.7	8.7	529.0	5.6
2002	2 877.3	76.2	1 889.0	7.9	534.5	5.9
2003	2 536.3	64.5	1 549.7	7.0	388.2	4.5
第三阶段	2 657	69.7	2 457	9.3	661	6.5
2004	3 165.6	74.5	1 607.2	7.4	467.7	5.1
2005	3 134.6	73.3	1 684.1	7.4	504.1	5.2
2006	3 519.0	77.3	1 573.3	6.9	497.7	4.8
2007	3 046.5	66.1	1 672.7	7.1	479.5	4.4
2008	3 523.4	74.0	1 513.7	6.4	493.0	4.4
2009	3 473.1	73.3	1 695.3	7.0	540.7	4.7
2010	3 444.3	72.5	1 655.2	6.8	500.2	4.3
2011	3 676.7	76.0	1 652.3	6.8	504.0	4.3
第四阶段	3 373	73.4	1 632	7.0	498	4.6
平均	1 780.9	81.4	3 176.1	11.8	544.4	9.8

资料来源：中国作物数据库

Data source: Crop database in China

解决温饱的 19 年快速发展，小康建设前 6 年的连续下滑，21 世纪近 8 年的恢复与持续增长期。该区春小麦单产一直低于全国平均水平，60 年来虽然单产不断提高，但低于全国小麦平均单产增长速度；春小麦的播种面积从新中国成立初期 1650.7 千 hm^2

到第一阶段末达到 4327.5 千 hm^2，维持到第二阶段末又开始下降，21 世纪又下降到约 1650 千 hm^2，但占全国小麦播种面积的比重呈降低的趋势，20 世纪一直在 10%以上，21 世纪降低到 10%以下。春小麦总产量从新中国成立初期的 98.8 万 t 持续增加，到 20 世纪末达到最高，超过 1000 万 t，21 世纪以来因播种面积下降又减少到 500 万 t 左右，但占全国小麦总产的比重呈降低的趋势，第一到第四阶段分别为 11.9%、9.8%、6.5%和 4.6%。

第一阶段为新中国成立到改革开放前 30 年（1949～1978 年），呈缓慢发展趋势。该阶段小麦总产量从 1949 年的 98.8 万 t 增加到 1978 年的 577.2 万 t，净增加 478.4 万 t，年均总产增加量 16.0 万 t，年均增长率 16.1%；小麦平均单产从 1949 年的每公顷 562.8kg 增加到 1978 年的 1275.0kg，每公顷年均增产 23.7kg，年均增长率 4.2%；小麦播种面积从 20 世纪 50 年代 1650.7 千 hm^2 增加到 70 年代的 4327.5 千 hm^2，总体呈增长趋势，30 年平均小麦播种面积 3145 千 hm^2。本阶段春麦区小麦每公顷平均产量 939kg，为全国的 92.0%，低于全国平均水平；阶段平均播种面积和总产量分别占全国的 12.2%和 11.9%。

第二阶段为改革开放到解决温饱的 19 年（1979～1997 年），呈快速发展趋势。该阶段小麦总产量从 1979 年的 665 万 t 增加到 1997 年的 1006.9 万 t，也是该区小麦历史最高水平，总产增加 341.9 万 t，年均增产量 18.0 万 t，年均增长率 2.7%；该区小麦平均单产从 1979 年的 1454.5kg 增加到 1997 年 2706.3kg，每公顷年均增产 65.9kg，年均增长率 4.5%；小麦播种面积由 1979 年 4263.2 千 hm^2 减少到 1997 年的 3663.2 千 hm^2，共减少 600 千 hm^2，年均减少播种面积 31.6 千 hm^2。本阶段小麦每公顷平均产量 2163kg，为全国的 71.6%，低于全国平均水平；阶段平均播种面积和总产量分别占全国的 13.9%和 9.8%。

第三阶段为小康建设的前 6 年（1998～2003 年），呈连续下滑趋势。此阶段小麦总产量出现 6 年连续下滑，到 2003 年小麦总产量仅为 388.2 万 t，共减少 620.6 万 t，年均总产量降低 103.4 万 t，年均下降 10.3%。6 年中小麦平均单产基本稳定，而小麦播种面积大幅度下滑，6 年减少 1928.1 千 hm^2，占 1998 年小麦播种面积 55.5%；总产量降低主要是播种面积减少所致。本阶段小麦每公顷平均产量 2657kg，为全国的 69.7%，低于全国平均水平；阶段平均播种面积和总产量分别占全国的 9.3%和 6.5%，全国春麦的播种面积和总产量双双降到 1/10 以下。

第四阶段为 21 世纪近 8 年（2004～2011 年），呈恢复增长趋势。2004 年小麦生产进入恢复性增长阶段，到 2011 年小麦总产量增加到 504 万 t，共增加 36.3 万 t。在此期间小麦平均单产由 2536.3kg（2003 年）增加到 2011 年的 3676.7kg，8 年单产增长 45.0%，达到历史最高水平，年均增长率 5.6%；小麦播种面积基本稳定。本阶段小麦每公顷平均产量 3373kg，为全国的 73.4%，低于全国平均水平；阶段平均播种面积和总产量分别占全国的 7.0%和 4.6%，总产量减少到占全国的 5%以下。

2. 新疆冬春麦兼种区

新疆冬春麦兼种区小麦生产发展总体上也可分为 4 个阶段（表 6-36），即新中国成立到改革开放前 30 年的缓慢发展期，改革开放到解决温饱的 19 年快速发展，小康建设前 6 年的连续下滑，21 世纪近 8 年的恢复与持续增长期。该区小麦单产 21 世纪以来有了较大的发展，小麦平均单产为全国最高，达到全国平均单产的 120%左右；小麦播种面积和小麦总产与全国同步，一直占全国比重的 4%左右。

表 6-36　新疆冬春麦兼种区小麦生产面积、单产和总产（1949～2011 年）

Table 6-36　The variation of sown area, yield per unit and total yield in Xinjiang wheat region (1949-2011)

年份	单产/（kg/hm^2）	单产占全国/%	面积/千 hm^2	面积占全国/%	总产/万 t	总产占全国/%
1949	933.0	145.3	464.2	2.2	43.3	3.1
1950	951.0	149.5	505.8	2.2	48.1	3.3
1951	1 047.0	140.2	525.2	2.3	55.0	3.2
1952	1 128.0	154.1	579.0	2.3	65.3	3.6
1953	1 306.5	183.4	621.5	2.4	81.2	4.4
1954	1 398.0	161.5	626.4	2.3	87.6	3.8
1955	1 315.5	153.1	625.4	2.3	82.3	3.6
1956	1 425.0	156.8	650.6	2.4	92.7	3.7
1957	1 246.5	145.3	698.5	2.5	87.1	3.7
1958	475.5	54.3	184.0	0.7	87.5	3.9
1959	997.5	106.1	902.7	3.8	90.0	4.1
1960	927.0	114.0	1 272.0	4.7	118.0	5.3
1961	615.0	110.2	1 397.3	5.5	86.0	6.0
1962	639.0	92.4	1 180.2	4.9	75.4	4.5
1963	853.5	109.8	1 065.4	4.5	91.0	4.9
1964	1 036.5	126.3	1 196.4	4.7	124.0	6.0
1965	985.5	96.6	1 248.7	5.1	123.0	4.9
1966	1 159.5	109.6	1 340.7	5.6	155.5	6.2
1967	915.0	83.0	1 442.7	5.6	132.0	4.6
1968	915.0	82.2	1 442.7	5.9	132.0	4.8
1969	915.0	84.4	1 442.7	5.7	132.0	4.8
1970	1 012.5	88.4	1 373.3	5.4	139.0	4.8
1971	1 117.5	88.0	1 383.3	5.4	154.5	4.7
1972	1 060.5	77.5	1 376.1	5.2	146.0	4.1
1973	1 107.0	83.1	1 378.2	5.2	152.5	4.3
1974	868.5	57.5	1 363.5	5.0	118.5	2.9
1975	1 083.0	66.1	1 335.1	4.8	144.5	3.2
1976	1 293.0	73.0	1 346.1	4.7	174.0	3.5
1977	1 107.0	75.6	1 367.9	4.9	151.5	3.7
1978	1 335.0	72.4	1 348.8	4.6	180.0	3.3
第一阶段	1 039	108.0	1 056	4.1	112	4.1
1979	1 566.0	73.3	1 347.1	4.6	211.0	3.4
1980	1 572.0	82.1	1 354.8	4.7	213.0	3.9
1981	1 641.0	77.9	1 355.7	4.8	222.5	3.7
1982	1 752.0	71.5	1 329.5	4.8	233.0	3.4
1983	2 034.0	72.6	1 304.9	4.5	265.5	3.3
1984	2 248.5	75.7	1 350.1	4.6	303.5	3.5
1985	2 460.0	83.8	1 278.5	4.4	314.5	3.7
1986	2 776.5	91.3	1 218.3	4.1	338.2	3.8

续表

年份	单产/（kg/hm²）	单产占全国/%	面积/千 hm²	面积占全国/%	总产/万 t	总产占全国/%
1987	2 965.5	97.3	1 192.9	4.1	353.7	4.0
1988	3 120.0	105.1	1 156.9	4.0	360.9	4.2
1989	3 076.5	101.1	1 190.2	4.0	366.2	4.0
1990	3 318.0	103.9	1 180.1	3.8	391.6	4.0
1991	3 354.0	108.2	1 149.9	3.7	385.6	4.0
1992	3 645.0	109.4	1 126.8	3.7	410.8	4.0
1993	3 828.0	108.8	1 087.0	3.6	416.1	3.9
1994	3 864.0	112.8	850.2	2.9	328.5	3.3
1995	4 135.5	116.8	952.6	3.3	393.9	3.9
1996	4 395.0	117.7	985.4	3.3	433.1	3.9
1997	4 300.5	104.8	1 017.4	3.4	437.6	3.5
第二阶段	2 950	95.5	1 180	4.0	336	3.8
1998	4 723.5	128.2	966.8	3.2	456.6	4.2
1999	4 845.0	122.8	888.5	3.1	430.9	3.8
2000	4 763.0	127.4	838.8	3.1	399.5	4.0
2001	4 981.5	130.9	744.3	3.0	370.8	3.9
2002	5 104.5	135.2	749.7	3.1	382.7	4.2
2003	5 202.0	132.3	661.5	3.0	344.1	4.0
第三阶段	4 937	129.4	808	3.1	397	4.1
2004	5 138.4	120.8	686.4	3.2	352.7	3.8
2005	5 374.4	125.7	737.2	3.2	396.2	4.1
2006	5 513.7	121.2	728.0	3.2	401.4	3.8
2007	5 634.0	122.3	605.8	2.6	341.3	3.1
2008	5 524.6	116.0	735.8	3.1	406.5	3.6
2009	5 435.3	114.7	1 153.9	4.8	627.2	5.4
2010	5 567.0	117.2	1 120.0	4.6	623.5	5.4
2011	5 349.3	110.5	1 078.0	4.4	576.6	4.9
第四阶段	5 442	118.6	856	3.6	466	4.3
平均	2 545.7	107.6	1 044.6	3.9	251.4	4.1

资料来源：中国作物数据库

Data source: Crop database in China

第一阶段为新中国成立到改革开放前 30 年（1949～1978 年），呈缓慢发展趋势。该阶段小麦总产量从 1949 年的 43.3 万 t 增加到 1978 年的 180.0 万 t，净增加 136.7 万 t，年均总产增加量 4.6 万 t，年均增长率 10.5%；小麦平均单产从 1949 年的每公顷 933kg 增加到 1978 年的 1335kg，每公顷年均增产 13.4kg，年均增长率 1.4%；小麦播种面积从 20 世纪 50 年代 500 千 hm² 左右增加到 70 年代的 1300 千 hm² 左右，总体呈增长趋势。本阶段新疆麦区小麦每公顷平均产量 1039kg，与全国平均小麦产量持平；阶段平均播种面积和总产量均占全国的 4.1%。

第二阶段为改革开放到解决温饱的 19 年（1979～1997 年），呈快速发展趋势。该阶段小麦总产量从 1979 年的 211 万 t 增加到 1997 年的 437.6 万 t，也是该区小麦历史最高水平，总产增加 226.6 万 t，年均增产量 11.9 万 t，年均增长率 5.6%；该区小麦平均单产从 1979 年的 1566kg 增加到 1997 年 4300.5kg，增长 175%，每公顷年均增产 143.9kg，年均增长率 9.2%；小麦播种面积由 1979 年 1347.1 千 hm^2 减少到 1997 年的 1017.4 千 hm^2，共减少 329.7 千 hm^2，年均减少播种面积 17.4 千 hm^2。本阶段小麦每公顷平均产量 2950kg，为全国的 95.5%，略低于全国平均水平；阶段平均播种面积和总产量分别占全国的 4.0% 和 3.8%。

第三阶段为小康建设的前 6 年（1998～2003 年），呈连续下滑趋势。此阶段小麦总产量出现 6 年连续下滑，到 2003 年小麦总产量仅为 344.1 万 t，共减少 112.5 万 t，年均总产量降低 18.8 万 t，年均下降 4.1%。6 年中小麦平均单产增加，而小麦播种面积大幅度下滑。本阶段小麦每公顷平均产量 4937kg，为全国的 129.4%，显著高于全国平均水平；阶段平均播种面积和总产量分别占全国的 3.1%和 4.1%。

第四阶段为 21 世纪近 8 年（2004～2011 年），呈恢复增长趋势。2004 年小麦生产进入恢复性增长阶段，到 2011 年小麦总产量增加到 576.6 万 t，共增加 223.9 万 t，增长 63.5%。在此期间小麦平均单产由 5138.4kg 增加到 2011 年的 5349.3kg，8 年单产增长 4.1%，达到历史最高水平；同时小麦播种面积稳定增加，2009 年超过 1000 千 hm^2。本阶段小麦每公顷平均产量 5442kg，为全国的 118.6%，显著高于全国平均水平；阶段平均播种面积和总产量分别占全国的 3.6%和 4.3%。

3. 青藏冬春麦兼种区

青藏冬春麦兼种区是全国较小的小麦种植区，小麦播种面积和总产占全国的比例均不足百分之一，小麦生产条件得天独厚，小麦平均单产水平一直处于全国领先水平，小麦生产发展的 4 个阶段中（表 6-37），每公顷小麦平均产量分别达到 1575kg、3380kg、4603kg 和 5192kg，比全国小麦平均单产分为高 51.3%、12.0%、20.7%和 13.1%，在全国十大麦区中单产水平名列前茅。该区小麦播种面积较小，维持在 100 千～260 千 hm^2，不足全国小麦播种面积的 1%；由于播种面积较小，小麦总产在 55 万 t 左右，最高的 20 世纪末达到 100 万 t，21 世纪以来由于播种面积下降，小麦总产又降到 60 万 t，占全国的比重仍不足 1%。

表 6-37　青藏冬春麦兼种区小麦生产面积、单产和总产（1949～2011 年）

Table 6-37　The variation of sown area, yield per unit and total yield in Qinghai-Tibet wheat region (1949-2011)

年份	单产/（kg/hm^2）	单产占全国/%	面积/千 hm^2	面积占全国/%	总产/万 t	总产占全国/%
1949	880.5	137.1	88.6	0.4	7.8	0.6
1950	913.5	143.6	94.1	0.4	8.6	0.6
1951	967.5	129.5	95.1	0.4	9.2	0.5
1952	1 074.0	146.7	109.9	0.4	11.8	0.7
1953	982.5	137.9	109.9	0.4	10.8	0.6
1954	1 522.5	175.9	111.0	0.4	16.9	0.7
1955	1 648.5	191.8	120.1	0.4	19.8	0.9
1956	1 597.5	175.7	143.4	0.5	22.9	0.9

续表

年份	单产/（kg/hm^2）	单产占全国/%	面积/千 hm^2	面积占全国/%	总产/万 t	总产占全国/%
1957	1 566.0	182.5	143.7	0.5	22.5	1.0
1958	1 468.5	167.6	129.4	0.5	19.0	0.8
1959	1 318.5	140.2	149.5	0.6	19.7	0.9
1960	889.5	109.4	180.0	0.7	16.0	0.7
1961	720.0	129.0	151.5	0.6	10.9	0.8
1962	931.5	134.7	140.7	0.6	13.1	0.8
1963	1 444.5	185.9	135.0	0.6	19.5	1.1
1964	1 492.5	181.9	140.7	0.6	21.0	1.0
1965	1 602.0	157.1	146.7	0.6	23.5	0.9
1966	1 434.0	135.6	150.0	0.6	21.5	0.9
1967	1 771.5	160.7	158.0	0.6	28.0	1.0
1968	1 350.0	121.3	159.3	0.6	21.5	0.8
1969	1 456.5	134.3	161.3	0.6	23.5	0.9
1970	1 674.0	146.1	164.3	0.6	27.5	0.9
1971	1 708.5	134.5	166.9	0.7	28.5	0.9
1972	1 868.3	136.6	207.2	0.8	43.0	1.2
1973	2 118.8	159.1	217.7	0.8	48.0	1.4
1974	2 421.8	160.3	232.1	0.9	56.0	1.4
1975	2 436.8	148.8	258.3	0.9	64.5	1.4
1976	2 605.5	147.1	273.7	1.0	71.0	1.4
1977	2 650.5	181.0	269.8	1.0	68.0	1.7
1978	2 738.3	148.4	272.7	0.9	72.5	1.3
第一阶段	1 575	151.3	163	0.6	28	1.0
1979	2 356.5	110.2	268.1	0.9	63.5	1.0
1980	2 934.0	153.3	260.0	0.9	74.5	1.3
1981	2 650.5	125.8	251.4	0.9	63.0	1.1
1982	2 684.3	109.6	267.1	1.0	74.0	1.1
1983	2 658.0	94.9	265.2	0.9	72.5	0.9
1984	3 086.3	104.0	264.9	0.9	81.5	0.9
1985	3 092.3	105.3	239.5	0.8	74.8	0.9
1986	2 844.0	93.5	236.7	0.8	70.4	0.8
1987	3 081.8	101.1	239.5	0.8	78.3	0.9
1988	3 081.0	103.8	244.3	0.8	79.8	0.9
1989	3 384.0	111.2	249.3	0.8	84.0	0.9
1990	3 695.3	115.7	255.1	0.8	90.0	0.9
1991	3 878.3	125.1	260.9	0.8	95.2	1.0
1992	3 945.8	118.4	264.4	0.9	94.6	0.9
1993	4 008.0	113.9	253.5	0.8	93.5	0.9
1994	4 006.5	116.9	253.0	0.9	91.0	0.9
1995	4 087.5	115.4	257.9	0.9	94.4	0.9
1996	4 305.0	115.3	263.1	0.9	102.8	0.9

续表

年份	单产/（kg/hm²）	单产占全国/%	面积/千 hm²	面积占全国/%	总产/万 t	总产占全国/%
1997	4 438.5	108.2	267.5	0.9	106.4	0.9
第二阶段	3 380	112.0	256	0.9	83	0.9
1998	4 530.8	122.9	266.9	0.9	109.0	1.0
1999	4 500.0	114.1	237.0	0.8	90.6	0.8
2000	4 283.0	114.6	217.5	0.8	74.6	0.7
2001	4 674.8	122.8	203.2	0.8	79.8	0.9
2002	4 687.5	124.2	187.3	0.8	73.0	0.8
2003	4 942.5	125.7	149.2	0.7	64.0	0.7
第三阶段	4 603	120.7	210	0.8	82	0.8
2004	5 029.4	118.3	142.8	0.7	63.2	0.7
2005	5 077.6	118.8	138.8	0.6	64.9	0.7
2006	5 149.1	113.2	139.9	0.6	65.0	0.6
2007	5 281.5	114.6	194.3	0.8	87.9	0.8
2008	5 466.9	114.8	141.7	0.6	67.8	0.6
2009	5 215.1	110.0	140.9	0.6	63.6	0.6
2010	5 121.5	107.8	138.1	0.6	61.6	0.5
2011	5 192.8	107.3	131.6	0.5	60.3	0.5
第四阶段	5 192	113.1	146	0.7	67	0.6
平均	2 867.0	131.9	193.2	0.7	54.9	0.9

资料来源：中国作物数据库

Data source: Crop database in China

参 考 文 献

韩一军. 2012. 中国小麦产业发展与政策选择. 北京: 中国农业出版社.

胡廷积, 尹钧, 郭天财, 等. 2014. 小麦生态栽培. 北京: 科学出版社.

尹钧. 2010. 中国小麦产业化. 北京: 金盾出版社.

第七章　小麦春化相关基因发掘与组成分析

Chapter 7　Wheat vernalization-related genes and its composition analysis

内容提要：本研究选用了英国强冬性小麦 Mercia、中国冬性小麦京 841 和春性小麦晋春 9 号 3 个发育特性不同的小麦品种，通过春化、脱春化处理和凝胶电泳分析发现，在冬小麦春化过程中，不仅植株可溶性蛋白质含量增加，而且有新蛋白质的产生。英国 Mercia 品种与中国京 841 都产生 53.2kDa、46kDa 两种新的蛋白质，且在春化、脱春化中稳定存在，这两种蛋白质正是春小麦有而冬小麦未经春化没有的，表明这两种蛋白质的产生与冬性小麦春化过程密切相关；同时在春化过程中过氧化物酶（POD）、酯酶（EST）酶带及活性发生显著变化且产生了与特异蛋白质分子质量（53.2kDa）接近的新带，表明 POD 和 EST 与小麦通过春化发育有一定相关性。

为了探索春化相关基因，用春化特异引物对供试的 39 个小麦品种（20 个为冬性、19 个为春性）的模板 DNA 进行 PCR 扩增，发现所有小麦品种特异带型为 5 条一致的谱带，分子质量分别为 434bp、340bp、267bp、234bp、195bp，冬性和春性小麦的谱带没有明显差异，表明小麦春化基因编码区并不是发育特性差异的主要原因。

进一步分析发现，春化基因启动子与第一内含子区域序列差异是导致小麦春化基因 *VRN1* 的显隐性组成差异的主要原因。采用特异性 PCR 扩增技术，分析了 9 个不同春化特性品种小麦春化基因 *VRN1* 在 A、B 和 D 基因组中等位基因显隐性组成。结果表明：小麦品种辽春 10 号中春化基因 *VRN1* 的 A、B 和 D 等位基因均为显性；新春 2 号只在 A 基因组中为显性，在 B 和 D 基因组中为隐性；豫麦 18 的 D 基因组中为显性，在 A 和 B 基因组中为隐性；郑麦 9023 的 B 基因组中为显性，在 A 和 D 基因组中为隐性；周麦 18、豫麦 49-198、京 841 和肥麦 4 个品种的 *VRN1* 在 A、B 和 D 等位基因均为隐性。*VRN1* 等位基因组成特性与表现型基本一致，即 *VRN1* 显性，小麦发育特性为春性，且春性效应为 *Vrn-A1*＞*Vrn-B1*＞*Vrn-D1*；*VRN1* 是隐性时，小麦发育特性为冬性。

为了验证 *VRN1* 基因显隐性组成与品种春化特性的关系，对黄淮麦区 21 个小麦品种显隐性组成进行了分析，偃展 1 号为 *Vrn-B1* 和 *Vrn-D1* 显性，偃展 4110 等 7 个品种为 *Vrn-D1* 显性，其余冬性、半冬性品种全为 3 个隐性基因，没有检测到 *Vrn-A1* 显性的品种。为了进一步发掘冬性与半冬性品种的显隐性差异、验证春化基因显隐性组成与品种春化特性的关系，对全国各麦区 197 个小麦品种进行了分析，*Vrn-B1* 显性 17 份材料（8.5%），*Vrn- D1* 显性 85 份材料（42.9%），同时含有 *Vrn-B1* 和 *Vrn-D1* 显性 8 份材料（4.0%），*Vrn-A1*、*Vrn-B1*、

Vrn- D1 和 *Vrn-B3* 四个春化基因为隐性的品种（共 107 个）分布频率最高，为 54.5%。

Abstract: Based on the vernalization development properties wheat, this chapter focuses on the research of molecular level related vernalization. Three types of wheat varieties, Mercia (strong winterness), Jing 841 (winterness) and Jinchun 9 (springness), were treated by means of vernalization and devernalization and were analyzed by SDS-PAGE. The results showed that not only the amount of soluble proteins increased, but also some new proteins appeared in the process of vernalization of winter wheat. Two new proteins (53.2kDa, 46kDa) appeared at the same time in Mercia and Jing 841 and existed stably during the vernalization and devernalization process. They were also existed in spring wheat (Jinchun 9), but not in winter wheat before vernalization. This showed that newly synthesized protein was highly related to vernalization. The molecular weight of peroxidase, esterase new bands in the vernalization process approached to that (53.2kDa) of the soluble protein. This result showed that peroxidase, esterase isoenzyme were highly related to vernalization of winter wheat.

In order to search vernalization-related genes, 39 varieties, including 20 winterness and 19 springness, were tested. The result showed that all varieties had 5 specific DNA bands, molecule weights of which were 434bp, 340bp, 267bp, 234bp, 195bp respectively. However, there is no difference between winterness and springness varieties, it shows that the code area of 5 bands of vernalization- related genes don't lead to the difference in vernalization property.

The further study found that the mutation in promoter and first intron code region can lead to change of *VRN1* allelic genes of wheat. By the sequence-specific PCR amplification and sequence analysis, the growth habit of wheat varieties were highly correlated with composition of three allelic genes of vernalization gene *VRN1*. When three allelic genes of *VRN1* were all dominant, the growth habits of wheat varieties were strong springness. When the alleles were all recessive, the growth habits of wheat varieties were semi-winterness to winterness. When any one of *VRN-A1*、*VRN-B1* and *VRN-D1* was dominant, the growth habits were springness, and the degree of springness of three allelic genes were *Vrn-A1*>*Vrn-B1*>*Vrn-D1*, agreeing with the springness growth habits of wheat varieties. For instance, three allelic genes of Liaochun 10 (strong springness) are all dominant (*Vrn-A1, Vrn-B1, Vrn-D1*). In Xinchun 2 (strong springness), *Vrn-A1* is dominant, *vrn-B1* and *vrn-D1* are recessive. In Zhengmai 9023 (springness), *Vrn-B1* is dominant, *vrn-A1* and *vrn-D1* are recessive. In Yumai 18 (springness), *Vrn-D1* is dominant, *vrn-A1* and *vrn-B1* are recessive. Three allelic genes of winterness varieties, Zhoumai 18, Yumai 49-198, Jing 841 and Feimai are all recessive. So, the genotype of *VRN1* in A、B and D genomes is in keeping with the phenotype of wheat varieties in growth habits.

In order to confirm the relationship between the genotype and growth habits, 21 wheat varieties from Huanghuai region and 198 wheat varieties from the whole country were used to analyze the vernalization gene composition. In 21 wheat varieties from Huanghuai region, *Vrn-B1* and *Vrn-D1* of Yanzhan 1 were dominant, *Vrn-D1* of 7 varieties were dominant, In 197 wheat varieties, the dominant proportion was 8.5% (17 varieties) at *Vrn-B1* locus. At *Vrn-D1* loci, 85 of 198 wheat varieties were detected as a dominant gene, 8 varieties were the dominant gene in *Vrn-B1* and *Vrn-D1* locus and 107 varieties were the recessive gene in *Vrn-A1*、*Vrn-B1*、*Vrn- D1* and Vrn-B3 locus.

自 20 世纪 30 年代以来，前人对春化作用的生理生态方面进行了大量研究，但对春化作用机制的观察并不完全一致。例如，罗春梅和胡承霖（1986）、孟繁静（1986）认为春化诱导植物开花是由于植物体内存在着一种类似激素的物质，该物质的消长与冬小麦春化作用同步；而李淑俊（1956）、谭克辉（1981，1983）认为低温诱导冬性植物开花是由于体内蛋白质、核酸含量发生变化，研究发现春化过程中期是与春化过程有关的蛋白质合成的关键时期，有新蛋白质出现且与冬小麦开花密切相关。从目前研究结果看，关于春化作用的机制还未达成共识，特别是有关核酸、蛋白质代谢方面的实验结果较少。本研究试图在前人研究的基础上，对春化过程中可溶性蛋白质含量变化和组分变异、春化过程中同工酶和活性变化，以及春化基因的分子标记、显隐性组成等进行进一步研究，以期进一步明确小麦春化过程中蛋白质、酶和基因调控水平上的春化发育机制，为人为控制、调节小麦发育过程及小麦品种的遗传改良提供依据。

第一节　春化作用相关蛋白质及基因的分子标记

本研究于 20 世纪 90 年代在国内外小麦品种温光发育特性研究的基础上，选用了英国强冬性小麦 Mercia、中国冬性小麦京 841 和春性小麦晋春 9 号 3 个代表性品种，进行 0～2℃的 0d、15d、30d、45d、60d 春化处理和进行 35℃恒温箱 5d 脱春化处理，分析了不同春化和脱春化处理后不同小麦品种类型可溶性蛋白质及同工酶的变化。

一、可溶性蛋白质含量变化

不同春化处理下 3 个品种的可溶性蛋白质含量变化如图 7-1 所示。由图 7-1 可知，蛋白质含量变化因品种而异，春小麦未经低温处理的可溶性蛋白质含量较高，随着春化处理时间的延长，蛋白质含量逐渐降低。冬小麦在低温诱导下其可溶性蛋白质的变化表现为，春化处理 30d 以前，随着春化时间延长，可溶性蛋白质含量增加，30d 达最高，30d 以后又下降，45d 以后又有所回升，其中英国 Mercia 品种的蛋白质含量起落变化比较明显，中国京 841 的蛋白质含量变化比较平缓。

从 3 个品种综合分析看，在春化过程中，冬性小麦可溶性蛋白质含量存在着“升—降—升”的变化趋势，两个冬性品种都表现为 30d 春化时含量最高，而春小麦则表现为递降的趋势，这与参试冬小麦在 30d 春化时穗分化通过二棱期和苗穗期明显减少的现象完全吻合。表明冬小麦通过春化发育时，可溶性蛋白质含量明显增加，也与谭克辉（1981）提出小麦春化作用中后期以蛋白质代谢为主的结论相吻合。

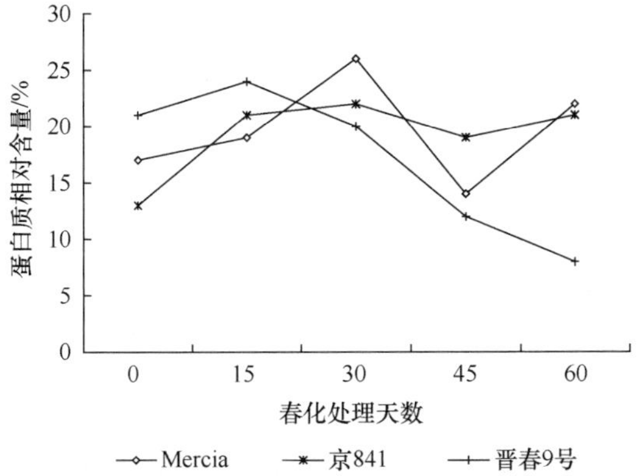

图 7-1　不同低温处理后小麦幼芽中可溶性蛋白质含量的变化

Figure 7-1　Soluble protein content of wheat seedling in different vernalizations

二、可溶性蛋白质组成变化

经十二烷基硫酸钠-聚丙烯酰胺凝胶电泳（SDS-PAGE），GDS-8000 扫描和统计分析表明：冬小麦经过不同春化、脱春化处理，其蛋白质组成发生明显变化。英国冬麦 Mercia 品种（表 7-1），经 15d 以上低温诱导，可产生 46kDa 和 37.9kDa 两条新带，其中 46kDa 蛋白质在所有春化、脱春化处理中都稳定存在。37.9kDa 蛋白质在 15d 脱春化处

表 7-1　Mercia 可溶性蛋白质谱带统计表

Table 7-1　The statistic table of SDS-PAGE patterns of soluble protein from Mercia

迁移率（Rf）	处理天数									MW/kDa
	0	15	T_{15}	30	T_{30}	45	T_{45}	60	T_{60}	
0.02	+	+	+	+	+	+	+	+	+	
0.22	+	+	+	+	+	+	+	+	+	
0.28	+	+	+	+	+	+	+	+	+	
0.35	+	+	+	+	+	+	+	+	+	
0.40	+	+	+	+	+	+	+	+	+	
0.45				I	R	I	I	I	I	53.2
0.47	+	+	+	+	+	+	+	+	+	
0.52	+	+	+	+	+	+	+	+	+	
0.56		I	I	I	I	I	I	I	I	46
0.58	+	+	+	+	+	+	+	+	+	
0.63		I	R	I	I	I	I	I	I	37.9
0.67	+	+	+	+	+	+	+	+	+	
0.77	+	+	+	+	+	+	+	+	+	
0.83	+	+	+	+	+	+	+	+	+	
0.88	+	+	+	+	+	+	+	+	+	
0.91	+	+	+	+	+	+	+	+	+	
0.96	+	+	+	+	+	+	+	+	+	

注：“+” 存在，“I” 诱导带，“R” 抑制或消失，“T” 脱春化

Note: “+” Existence, “I” Induced band, “R” Restrained band, “T” Devernalization

理中又消失，30d 春化后才稳定存在，经 30d 以上的低温诱导又产生了一条 53.2kDa 蛋白质新带，且在 30d 脱春化处理中又消失，45d 春化后才稳定存在。

京 841 的可溶性蛋白质也发生了类似变化（表 7-2），经 15d 以上低温诱导可产生 79.5kDa、46kDa 两条新带，其中 46kDa 蛋白质与英国 Mercia 品种一样，在所有春化、脱春化中都稳定存在，而 79.5kDa 蛋白质只出现在不同时间春化处理的幼芽中，在脱春化处理中都消失。经 45d 以上的低温诱导后，又产生一条 53.2kDa 蛋白质新带，且春化、脱春化稳定存在。而参试的春小麦品种晋春 9 号，在春化、脱春化处理中蛋白质组分变化很小，没有新带产生（表 7-3）。

表 7-2　京 841 可溶性蛋白质谱带统计表

Table 7-2　The statistic table of SDS-PAGE patterns of soluble protein from Jing 841

迁移率（Rf）	处理天数									MW/kDa
	0	15	T_{15}	30	T_{30}	45	T_{45}	60	T_{60}	
0.06	+	+	+	+	+	+	+	+	+	
0.15		I	R	I	R	I	R	I	R	79.5
0.25	+	+	+	+	+	+	+	+	+	
0.30	+	+	+	+	+	+	+	+	+	
0.32	+	+	+	+	+	+	+	+	+	
0.39	+	+	+	+	+	+	+	+	+	
0.42	+	+	+	+	+	+	+	+	+	
0.45						I	I	I	I	53.2
0.50	+	+	+	+	+	+	+	+	+	
0.54	+	+	+	+	+	+	+	+	+	
0.56		I	I	I	I	I	I	I	I	46
0.59	+	+	+	+	+	+	+	+	+	
0.70	+	+	+	+	+	+	+	+	+	
0.77	+	+	+	+	+	+	+	+	+	
0.85	+	+	+	+	+	+	+	+	+	
0.93	+	+	+	+	+	+	+	+	+	
0.96	+	+	+	+	+	+	+	+	+	

注：“+”存在，“I”诱导带，“R”抑制或消失，“T”脱春化

Note: “+” Existence, “I” Induced band, “R” Restrained band, “T” Devernalization

表 7-3　晋春 9 号可溶性蛋白质电泳谱带统计表

Table 7- 3　The statistic table of SDS-PAGE patterns of soluble protein from Jinchun 9

迁移率（Rf）	处理天数									MW/kDa
	0	15	T_{15}	30	T_{30}	45	T_{45}	60	T_{60}	
0.02	+	+	+	+	+	+	+	+	+	
0.20	+	+	+	+	+	+	+	+	+	
0.23	+	+	+	+	+	+	+	+	+	
0.26	+	+	+	+	+	+	+	+	+	
0.34	+	+	+	+	+	+	+	+	+	
0.39	+	+	+	+	+	+	+	+	+	

续表

迁移率（Rf）	处理天数									MW/kDa
	0	15	T_{15}	30	T_{30}	45	T_{45}	60	T_{60}	
0.45	+	+	+	+	+	+	+	+	+	53.2
0.52	+	+	+	+	+	+	+	+	+	
0.56	+	+	+	+	+	+	+	+	+	46
0.69	+	+	+	+	+	+	+	+	+	
0.75	+	+	+	+	+	+	+	+	+	
0.80	+	+	+	+	+	+	+	+	+	
0.90	+	+	+	+	+	+	+	+	+	
0.96	+	+	+	+	+	+	+	+	+	

注：“+” 存在
Note: “+” existence

从 3 个品种的综合分析可知，冬麦在春化处理过程中，都有 3 条新带出现，且正好都有 46kDa、53.2kDa 的两条新带，虽然 Mercia 品种的 53.2kDa 蛋白质在 30d 春化时提早出现，但脱春化又消失，表现了其不稳定性，而在 45d 春化处理后，两个品种中都能稳定存在，表明这两种蛋白质的产生与冬性小麦春化过程密切相关，而品种间的差异是在京 841 中春化产生一条 79.5kDa 蛋白质新带且只出现在春化处理中，脱春化处理又消失，推测它在春化过程中可能起“开关”作用。而在 Mercia 品种中，春化产生一条 37.9kDa 的蛋白质新带。特别值得指出的是，未经春化的冬小麦比春小麦缺少的两条蛋白质带，正好是冬麦经春化处理后，同时都产生的两条新带，即冬小麦低温处理后，可溶性蛋白质谱带和春小麦类似。此外，冬、春小麦 3 个品种都表现为：随着春化时间延长，一条 Rf=0.34 的主谱带其相对含量逐渐减少，而另一条主谱带（Rf=0.39，MW=58.3kDa）随着春化时间延长，相对含量逐渐增加，进一步说明，随着春化进行，蛋白质合成有些加速，有些被抑制，可能与基因在特定时期表达有关。

三、小麦春化过程中同工酶的变化

为了进一步证实春化过程中产生的新蛋白质的生物学功能，我们进行了以下同工酶研究。

1. 过氧化物酶（POD）同工酶谱与活性变化

聚丙烯酰胺凝胶电泳分析表明，冬小麦幼苗在春化处理过程中随着春化处理时间的延长，过氧化物酶同工酶谱有较大的变化。从英国小麦 Mercia 的过氧化物酶谱（图 7-2）可以看出：春化处理使 POD 同工酶从 7 条带增加到 11 条带，在 4 条新带中，有 3 条在所有春化和脱春化处理中都稳定存在，一条带（Rf=2.0）在脱春化中消失，另外，脱春化还使对照和春化处理原有的一条带（Rf=0.9）消失。测定春化诱导且能稳定存在的两条新带（Rf=2.3，Rf=2.6），即 POD 的两个亚基分子质量分别为 58.2kDa、56.9kDa 和 52.3kDa、42.4kDa，其中 Rf=2.6 的 POD 带的分子质量与可溶性蛋白质新带分子质量接近。Rf=2.3 的 POD 带分子质量与可溶性蛋白质加强的分子质量接近。中国京 841 品种的过氧化物酶同工酶谱变化（图 7-3）与 Mercia 类似。春化处理使 POD 同工酶带从 9 条增加到 12 条，在新产生的 3 条带中，1 条带（Rf=1.6）随脱春化处理而消失，而另两条新带中，一条新带（Rf=1.2）随脱春化进行活性越来越弱，另一条（Rf=1.9）随春化时间延长而加强且有两条在脱春化处理中都稳定存在。进一步测定其新带（Rf=1.9）分子质量为 54.28kDa、53kDa 与新产生的可溶性蛋白质分子质量也比较接近。从两个冬性品种的 POD 带变化来看，春化处理都可以增加 POD 带，且经脱春化处理后又消失，显然这些 POD 带与冬小麦通过春化发育密切相关，而春化处理后产生，脱春化处理后还能稳定存在的 POD 带，可能与春化作用的启动有关，而春小麦晋春 9 号的 POD 同工酶带（图 7-2），随春化、脱春化酶带变化无规律，且只有因春化处理而加强。表明 POD 是冬小麦通过春化发育必需的酶。

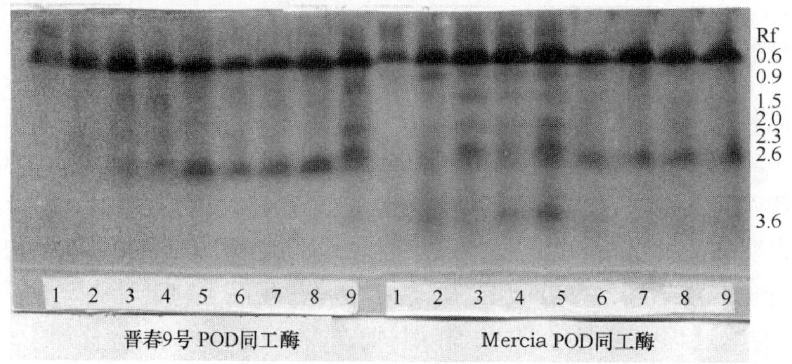

图 7-2　晋春 9 号和 Mercia 春化、脱春化幼芽中过氧化物酶谱（另见彩图）

Figure 7-2　Peroxidase (POD) isoenzyme of wheat seedling from Jinchun 9 and Mercia during vernalization and devernalization (See Colour figure)

1～5 分别为 0d、15d、30d、45d、60d 春化处理；6～9 分别为各春化处理后的脱春化处理（5d 35℃）

1-5: 0d, 15d, 30d, 45d, 60d vernalization, 6-9: Devernalizations of 15d, 30d, 45d, 60d vernalization (5d 35℃)

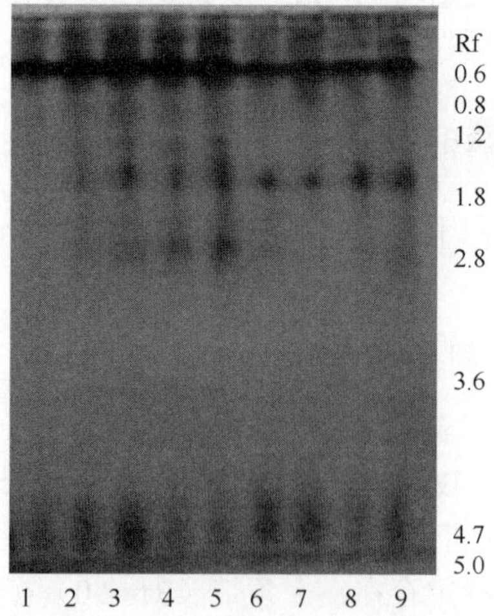

图 7-3　京 841 春化、脱春化幼芽中过氧化物酶同工酶谱（另见彩图）

Figure 7-3　Peroxidase (POD) isoenzyme of wheat seedling from Jing 841 during vernalization and devernalization (See Colour figure)

1～5 分别为 0d、15d、30d、45d、60d 春化处理；6～9 分别为各春化处理后的脱春化处理（5d 35℃）

1-5: 0d, 15d, 30d, 45d, 60d vernalization, 6-9: Devernalizations of 15d, 30d, 45d, 60d vernalization (5d 35℃)

春化过程中，小麦幼芽过氧化物酶活性有较大的变化（图 7-4），春化处理 0～30d，POD 活性连续增加，30d 春化处理时，POD 活性达到一个高峰，30～45d 活性又开始下降，45d 以后又上升。过氧化物酶活性的这种变化趋势与可溶性蛋白质含量变化是十分相近的，也与该品种在春化处理 30d 为顺利通过春化的关键时期相吻合，表明春化处理不仅影响冬小麦 POD 同工酶的合成，而且影响包括春性品种的 POD 活性。

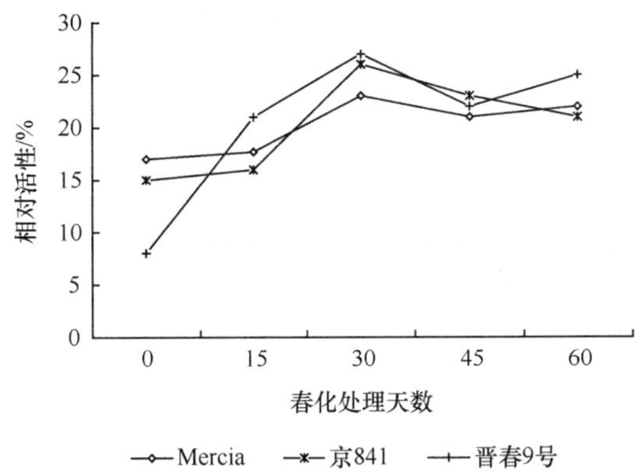

图 7-4　春化过程中小麦幼芽中过氧化物酶活性变化

Figure 7-4　Changes of peroxidase activity of wheat seedlings during vernalization

2. 酯酶（EST）同工酶谱与活性变化

聚丙烯酰胺凝胶电泳结果表明，冬小麦幼苗在春化处理过程中，随着春化处理过程的增加，酯酶同工酶谱有较大的变化。Mercia 的酯酶同工酶谱见图 7-5。

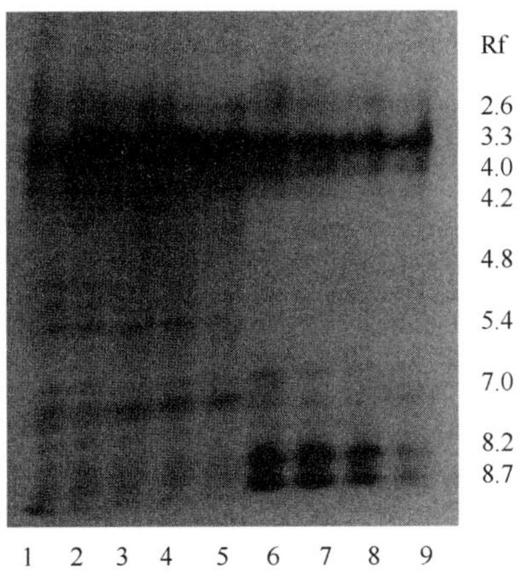

图 7-5　Mercia 春化、脱春化酯酶同工酶模式图（另见彩图）

Figure 7-5　Model figure of esterase isoenzyme of wheat seedling from Mercia during vernalization and devernalization (See Colour figure)

1～5 分别为 0d、15d、30d、45d、60d 春化处理；6～9 分别为各春化处理后的脱春化处理（5d 35℃）

1-5: 0d, 15d, 30d, 45d, 60d vernalization. 6-9: Devernalizations of 15d, 30d, 45d, 60d vernalization (5d 35℃)

图 7-5 表明，春化处理 30d 以上的比未经春化的酶带增多，由 16 条增加到 19 条，有 3 条新带出现，其中 Rf=4.6 的诱导带，脱春化即消失，而另两条诱导带（Rf=3.7，

Rf=4.2)，随春化不消失且活性越来越强，其分子质量分别为 55.58kDa 和 54.28kDa，其分子质量与可溶性蛋白质新带接近；脱春化处理可使 5 条酯酶同工酶带消失，同时使靠近阳极的两条酶带明显加强，表现出鲜艳的桃红色，这一现象仅在酯酶中出现。

京 841 的酯酶同工酶谱与 Mercia 有类似情况（图 7-6），春化处理 30d 以上有两条新带出现，但随脱春化处理都消失，脱春化处理也可使原有的 3 条酯酶同工酶带消失。而春麦的酯酶同工酶谱，随春化处理变化不明显，且带强度都较冬性品种弱。

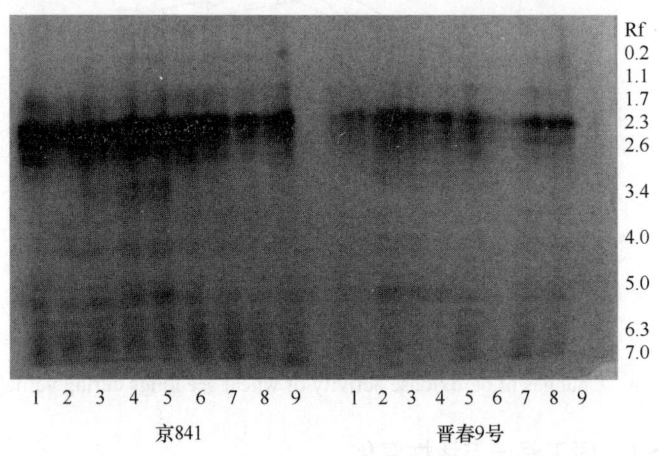

图 7-6　京 841 春化、脱春化酯酶同工酶谱（另见彩图）

Figure 7-6　Esterase isoenzyme of wheat seedling from Jing 841 and Jinchun 9 during vernalization and devernalization (See Colour figure)

1～5 分别为 0d、15d、30d、45d、60d 春化处理；6～9 分别为各春化处理后的脱春化处理（5d 35℃）

1-5: 0d, 15d, 30d, 45d, 60d vernalization. 6-9: Devernalizations of 15d, 30d, 45d, 60d vernalization (5d 35℃)

以上分析表明，春化处理 30d 以上可诱导冬小麦产生新的酯酶同工酶，脱春化处理则可使其消失，这些酯酶同工酶可能与促进冬小麦的春化作用有密切关系；而冬小麦中原有的在脱春化处理中又消失的酯酶同工酶，可能与春化发育无关。酯酶同工酶在冬小麦中随春化处理明显变化，而在春小麦中无明显变化，又说明酯酶同工酶是冬小麦通过春化发育必需的酶。

酯酶相对活性的变化如图 7-7 所示。由图 7-7 可以看出，冬小麦随春化处理的延长，酶相对活性变化与同工酶谱变化相关性较小，可能与酯酶同工酶带较多而新带产生较少有关；而春小麦随春化处理延长，在 30d 前活性有上升趋势，这与春麦酯酶同工酶带随春化处理而加强的结果一致。

3. 超氧化物歧化酶（SOD）同工酶谱变化

电泳分析表明（图 7-8），冬、春小麦 3 个品种都有 5 条超氧化物歧化酶同工酶带，而且在所有春化、脱春化处理中，都保持 5 条谱带，其中靠近两极的谱带活性较强，靠近阳极的第 2 条谱带为扩散带，靠近阴极的第 2 条带活性较弱。且染色程度与迁移率在 3 个品种所有处理中都相同。说明 SOD 在春化过程中比较稳定，与小麦通过春化发育与否关系不大。

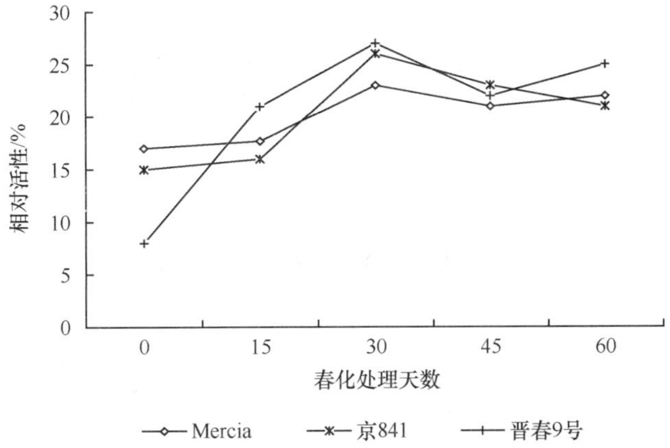

图 7-7　春化过程中小麦幼芽中酯酶活性变化

Figure 7-7　Changes of esterase activity of wheat seedlings during vernalization

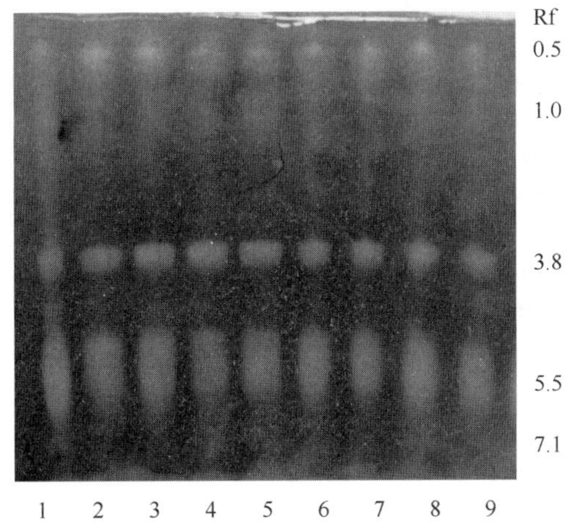

图 7-8　小麦春化、脱春化 SOD 同工酶谱模式图（另见彩图）

Figure 7-8　Model figure of SOD isoenzyme of wheat during vernalization and devernalization (See Colour figure)

1～5 分别为 0d、15d、30d、45d、60d 春化处理；6～9 分别为各春化处理后的脱春化处理（5d 35℃）

1-5: 0d, 15d, 30d, 45d, 60d vernalization. 6-9: Devernalizations of 15d, 30d, 45d, 60d vernalization (5d 35℃)

4. 6-磷酸葡萄糖脱氢酶同工酶谱变化

对 Mercia、京 841、晋春 9 号的 6-磷酸葡萄糖脱氢酶同工酶谱（图 7-9）的分析表明，春化处理 15d 以上的比未经春化处理的酶带由 3 条增加到 4 条，且随着春化处理的延长，酶活性逐渐增强，经 15d、30d、45d、60d，春化处理立即给予 5d 的 35℃脱春化处理后发现新生酶带又消失，但随春化时间延长，脱春化的酶带活性也越来越强。结果表明，磷酸戊糖途径在春化过程中，随春化时间延长，活跃程度加强，且在脱春化处理中有同样的趋势。

在低温处理过程中，冬性禾谷类作物体内酶系统发生着深刻的变化。Roberts（1968）、Mocko（1976）发现，抗寒品种体内过氧化物酶（POD）、酯酶（EST）、6-磷酸葡萄糖脱氢酶酶带及活性发生明显变化。本实验对 3 个供试小麦品种进行 0～60d 的春化、脱

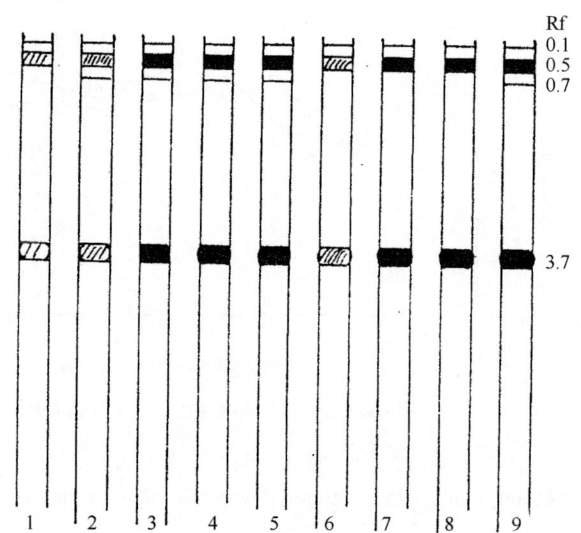

图 7-9 Mercia 春化脱春化 6-磷酸葡萄糖脱氢酶同工酶模式图

Figure 7-9 Model figure of glucose-6-phosphate isoenzyme of Mercia during vernalization and devernalization of wheat

1～5 分别为 0d、15d、30d、45d、60d 春化处理；6～9 分别为经 15d、30d、45d、60d 春化处理后给予 5d 35℃脱春化处理

1-5: 0d, 15d, 30d, 45d, 60d vernalizations. 6-9: Devernalizations of 15d, 30d, 45d, 60d vernalizations (5d 35℃)

春化同工酶研究，结果表明，冬小麦 POD、EST 在春化过程中发生明显变化，两个冬小麦品种均出现新的同工酶谱带且经脱春化处理后部分带消失，而春小麦变化不明显。显然这些酶带的出现与冬小麦通过春化发育密切相关，而春化处理后产生，脱春化后还能稳定存在的带可能与春化作用的启动有关。春化处理后 POD、EST 同工酶谱型的变化在品种之间存在着差异，表现为冬性强的品种均比冬性弱的品种多 1 条新带，这可能与品种的春化特性强弱有关，而超氧化物歧化酶则无明显变化，6-磷酸葡萄糖脱氢酶同工酶谱带在春化处理中变化较小，但强度增加，表明它与春化发育相关性较小。

从酶活性变化来看，冬小麦 POD 活性变化较明显，存在着明显的“升—降—升”变化趋势，且活性高峰出现正好与可溶性蛋白质含量高峰期相吻合。表明，春化过程中期有一个与蛋白质代谢密切相关的时期。而酯酶、SOD 活性无明显变化，与酶谱变化相关性较小，6-磷酸葡萄糖脱氢酶活性随春化处理延长，酶活性越来越强，表明在春化过程中磷酸戊糖途径存在着由低到高的变化趋势，这与谭克辉（1983）提出的在春化过程中后期存在着代谢的交替现象相一致。

进一步分析小麦同工酶、蛋白质与春化发育的关系表明，在冬春小麦品种蛋白质组分研究中发现，冬小麦未经春化处理时比春小麦缺少的两条蛋白质带（53.2kDa 和 46kDa），在给予冬小麦一定春化处理后都出现，而冬小麦中两个蛋白质的出现又与春化发育通过同步，但脱春化中仍然存在，表明这两个蛋白质是冬小麦通过春化发育的必要条件，而春性品种没有的、在冬麦春化后新产生的蛋白质（Mercia 为 37.9kDa，京 841 为 79.5kDa）可能与品种特性有关。进一步分析春化后新增蛋白质的功能表明，POD 和 EST 在春化处理后新增加的一条带与可溶性蛋白质新增带（53.2kDa）分子质量十分接近，POD 新增加的另一条带又与可溶性蛋白质因春化处理而加强的带（58.3kDa）十分接近。因而可以初步确定，在冬小麦春化过程中可溶性蛋白质增加的组分中包括 POD 和 EST 同工酶，这两种同工酶与小麦通过春化发育关系密切。从 POD 活性变化来看，在小麦通过春化发育前（低温处理 30d）其含量呈增加趋势，30d 时达最大值，30d 以后下降的结果也是 POD 与春化发育关系的一个佐证。因此，在冬小麦春化发育过程中，蛋白质代谢的变化是其通过春化的内在原因，而 POD 和 EST 在春化发育中起着一定的促进作用。关于春化发育通过的全部必要条件及蛋白质、代谢物功能还需进一步研究。

四、小麦春化相关基因的分子标记

为了寻求小麦春化相关基因，根据种康（1997）测出的春化相关序列 Verc203（195bp），我们合成了春化相关特异性引物：引物 I 5′CACGGTGAACTGCGGCTGA3′，引物 II 5′ATGGTGCTGCCTCTGGG3′。利用这对特异春化引物，采用研究中确定的 PCR 扩增方案，对 20 个冬小麦品种和 19 个春小麦品种（表 7-4）分别进行春化特异性 DNA 片段 PCR 扩增，用 2%琼脂糖凝胶电泳分析，以 PBR322DNA/HaeIII作为标准 DNA，PBR322DNA/HaeIII的各条带分子质量为：587bp、540bp、504bp、434bp、234bp、195bp、124bp、109bp。各品种的扩增结果见图 7-10。

表 7-4　供试小麦品种名称、代码及来源

Table 7-4　Varieties, codes and their origins

名称	代码	来源	名称	代码	来源	名称	代码	来源
农大 3214	W1	中国山西农业大学	96W22222	W14	中国北京	Covon	S7	英国
临丰 116	W2	中国临汾	石 5300	W15	中国石家庄	Halberd	S8	澳大利亚
忻 9433	W3	中国忻州	924122	W16	中国山东	Hartog	S9	澳大利亚
汾 3027	W4	中国临汾	忻 9642	W17	中国忻州	Molineux	S10	澳大利亚
临汾 125	W5	中国临汾	临汾 7112	W18	中国临汾	Schomburgk	S11	澳大利亚
运丰优 17	W6	中国运城	京 841	W19	中国北京	Warigal	S12	澳大利亚
晋中 36	W7	中国晋中	Mercia	W20	英国	Yarralinka	S13	澳大利亚
晋中 44	W8	中国晋中	Angas	S1	澳大利亚	Trident	S14	澳大利亚
鲁麦 21	W9	中国山东	Aroona	S2	澳大利亚	Goroke	S15	澳大利亚
长治 4653	W10	中国长治	Barunga	S3	澳大利亚	Stretton	S16	澳大利亚
91-3	W11	中国山东	Condor	S4	澳大利亚	Wyuna	S17	澳大利亚
Y78	W12	中国山西农业大学	Excalibur	S5	澳大利亚	W1*MMc	S18	澳大利亚
运丰早 101	W13	中国运城	Frame	S6	澳大利亚	晋春 9 号	S19	中国山西

注：W1～W20 为冬小麦品种，S1～S19 为春小麦品种

Note: W1-W20 are winter wheat, S1-S19 are spring wheat

由图 7-10 可以看出，所有冬、春小麦的 DNA 特异性扩增带型基本上相同，表现为 5 条谱带，分子质量分别为：434bp、340bp、267bp、234bp、195bp。其中 434bp、234bp、195bp 3 条带在所有品种中都表现为较强，195bp 带正好与春化特异序列 Verc203 相吻合。而 340bp 和 267bp 带表现较弱，且这两条弱带在品种之间有一定差异，如小麦 W1、W2、W3、W4、W7、W9、W10、W14、W18、W19、S1、S2、S5、S8、S10、S14、S15、S18 品种的 340bp 带较强，其余品种的较弱；小麦 W1、W2、W3、W5、W8、W10、W13、W14、W18、S1、S4、S15、S19 品种的 267bp 带较强，其余品种的极弱。分析

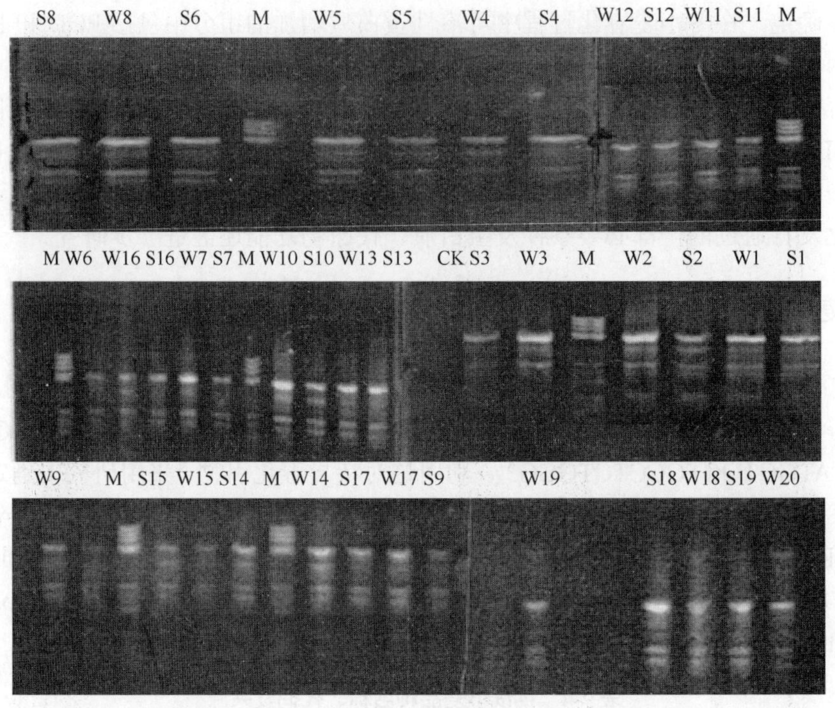

图 7-10 不同小麦品种春化特异 DNA 扩增电泳图

Figure 7-10 PCR amplification with specific primers related to wheat vernalization

S、W 为春性和冬性品种代号，M 为标准 DNA

S, W is the code of spring and winter variety, M is DNA marker

这两条弱带在品种间的强弱分布情况，之所以在品种间有强弱差异，可能是因为这两条DNA序列在不同小麦品种中的拷贝数不一样，在有些品种中这段DNA序列是单拷贝的，则谱带较弱，而多拷贝的谱带较强。

由上面谱带分析可知：供试的所有冬、春小麦品种的 DNA 特异性扩增带型基本上相同，为 5 条一致的谱带，表明供试小麦品种春化性状在基因编码区域没有差异，春化性状启动的“扳机”位点在基因转录水平上，通过特异 mRNA 调节特异蛋白质的表达来实现。本研究用春化基因特异引物所扩增的 5 条带正好与小麦基因图谱中确定的小麦春化性状由 5 对基因控制相吻合，因此，这 5 条带很可能就是春化基因的分子标记，有待进一步验证。

第二节 小麦春化基因 *VRN1* 的显隐性组成分析

20 世纪 90 年代的研究发现春化基因编码区域没有差异，可能与转录启动差异有关，21 世纪美国的研究也证明了这一点。他们研究证明冬性小麦与春性小麦之间春化基因 *VRN-A1* 的编码区没有差异，而在该基因的启动子区或其第一内含子中存在较大差异，这些差异是导致小麦春化特性不同的内因之一（Yan et al.，2004b；Fu，2005）。在春性小麦中，*VRN-A1* 基因的启动子区有两种等位类型，包括 *Vrn-A1a*（存在插入变异）和 *Vrn-A1b*（存在约 20bp 的缺失）；但在冬春性小麦的春化基因 *Vrn-B1* 和 *Vrn-D1* 启动子区域之间不存在差异。在春性品种中，显性 *Vrn1* 基因的第一内含子往往有大片段的缺失，这也是决定品种春化特性的重要调控区域，其等位类型分别为 *Vrn-A1c*、*Vrn-B1* 和 *Vrn-D1*（Yan et al.，2004a）。为分析我国代表性小麦品种的春化基因差异，我们于 2005 年选用了我国具有不同春化类型的 9 个小麦品种，包括辽春 10 号（强春性）、新春 2 号（春性）、豫麦 18（弱春性）、郑麦 9023（弱春性）、周麦 18（半冬性）、豫麦 49-198（半冬性）、京 841（冬性）、 新冬 18（冬性）、肥麦（强冬性），采用序列特异性 PCR 扩增技术（表 7-5），并预测了普通小麦 A、B 和 D 3 个基因组启动子区及第一内含子区可能差异与相应的显隐性组成。即在 A 基因组中，启动子区和第一内含子区无突变 *VRN-A1* 为隐性；如果启动子区有插入或缺失突变，可以导致春化发育特性改变，*VRN-A1* 为显性；若 *VRN-A1* 的第一内含子区域有大片段的缺失，*VRN-A1* 也为显性（Yan et al.，2004a）。在 B 和 D 基因组中，冬性和春性小麦的 *VRN1* 基因启动子区序列无差异，其差异在第一内含子区（Fu，2005）。对春性品种来说，*VRN-1* 基因的第一内含子区域往往有大片段的缺失，其等位类型分别为 *Vrn-B1* 和 *Vrn-D1*，对于冬性品种来说，第一内含子没有大片段的缺失，等位基因类型分别为 *vrn-B1* 和 *vrn-D1*。在此基础上，分析了 9 个春化类型小麦品种的春化基因 *VRN1* 的显隐性组成，揭示了小麦品种春化特性和基因组成的对应关系，为进一步深入探讨春化作用分子调控机制提供了依据。

表 7-5 用于分析普通小麦中 *VRN-1* 基因等位类型的 PCR 引物

Table 7-5 PCR primers for determining the allelic types of *VRN1* gene in common wheat

检测目标	名称	引物（5′→3′）	等位类型	扩增产物/bp	退火温度/℃
VRN-A1 启动子插入或缺失	VRN1AF VRN1R	GAAAGGAAAAATTCTGCTCG TGCACCTTCCC（C/G）CGCCCCAT	*Vrn-A1a* *Vrn-A1b* *vrn-A1*	约 650 和 750 约 480 约 500	55
VRN-A1 第一内含子缺失	Intr1/A/F2 Intr1/A/R3	AGCCTCCACGGTTTGAAAGTAA AAGTAAGACAACACGAATGTGAGA	*Vrn-A1c*	1170	58.9
VRN-A1 第一内含子无缺失	Intr1/C/F ntr1/AB/R	GCACTCCTAACCCACTAACC TCATCCATCATCAAGGCAAA	*vrn-A1*	1068	56
VRN-B 第一内含子缺失	Intr1/BF Intr1/B/R3	CAAGTGGAACGGTTAGGACA CTCATGCCAAAAATTGAAGATGA	*Vrn-B1*	709	58
VRN-B1 第一内含子无缺失	Intr1/B/F Intr1/B/R4	CAAGTGGAACGGTTAGGACA CAAATGAAAAGGAATGAGAGCA	*vrn-B1*	1149	56.4
VRN-D1 第一内含子缺失	Intr1/D/F Intr1/D/R3	GTTGTCTGCCTCATCAAATCC GGTCACTGGTGGTCTGTGC	*Vrn-D1*	1671	61
VRN-D1 第一内含子无缺失	Intr1/D/F Intr1/D/R4	GTTGTCTGCCTCATCAAATCC AAATGAAAAGGAACGAGAGCG	*vrn-D1*	997	61

注：参考 Yan 等（2004b）和 Fu（2005）所提供的引物合成

Note: PCR primers from Yan et al. (2004b) and Fu (2005)

一、*VRN-A1* 基因启动子和第一内含子序列分析

针对 A 基因组启动子区等位差异设计了特异性引物 VRN1AF 和 VRN1R。采用引物 VRN1AF 和 VRN1R 对 9 个代表性小麦品种的基因组 DNA 进行的特异性扩增分析显示（图 7-11A）：辽春 10 号和新春 2 号两个品种扩增到约 650bp 和 750bp 的两个片段，与前人研究的片段大小一致，推断这两个品种中 *VRN-A1* 基因的启动子区有插入变异，*VRN-A1* 基因为显性；其余 7 个检测品种中，均能特异扩增到约 500bp 的片段，也与前

人研究的结果一致，推断这些品种中 *VRN-A1* 基因的启动子区没有突变。

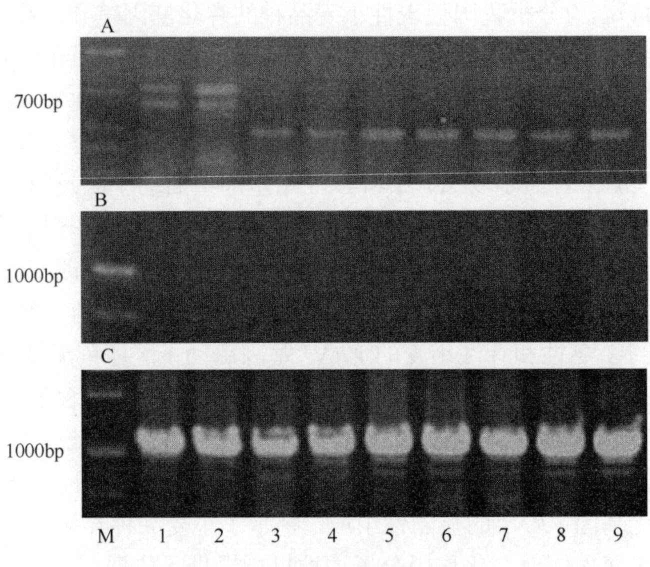

图 7-11　*VRN-A1* 的等位差异

Figure 7-11　The allelic difference of *VRN-A1*

A. *VRN-A1* 启动子区的等位差异；B. *VRN-A1* 第一内含子区域有大片段的缺失；C. *VRN-A1* 第一内含子区域无大片段的缺失。1. 辽春 10 号，2. 新春 2 号，3. 豫麦 18，4. 郑麦 9023，5. 周麦 18，6. 豫麦 49-198，7. 京 841，8. 新冬 18，9. 肥麦，M. DNA marker

A. The allelic difference of *VRN-A1* in the promoter region; B. *VRN-A1* mutation in first intron code region; C. *VRN-A1* in first intron code region. 1. Liaochun 10, 2. Xinchun 2, 3. Yumai 18, 4. Zhengmai 9023, 5. Zhoumai 18, 6. Yumai 49-198, 7. Jing 841, 8. Xindong 18, 9. Feimai, M. DNA marker

Intr1/A/F2 和 Intr1/A/R3 是针对 *VRN-A1* 第一内含子设计的显性分子标记。对代表性小麦品种进行分析显示（图 7-11B）：9 个品种小麦都没有扩增到约 1170bp 的片段，表明 *VRN-A1* 的第一内含子没有大片段的缺失。为了进一步验证 *VRN-A1* 的第一内含子没有大片段的缺失，采用隐性分子标记引物 Intr1/C/F 和 Intr1/AB/R 对不同小麦品种进行分析显示（图 7-11C）：所有材料均能特异扩增到 1068bp 的片段，进一步验证了这 9 个小麦品种 *VRN-A1* 的第一内含子区域没有片段的缺失，推断这些材料中没有显性 *Vrn-A1c* 这一类型。因此，豫麦 18、郑麦 9023、周麦 18、豫麦 49-198、京 841、新冬 18、肥麦均表现为 *VRN-A1* 基因的启动子区和第一内含子区域没有突变，推断 7 个品种的基因型为隐性（*vrn-A1*）（表 7-6）。

表 7-6　普通小麦 *VRN-A1* 的等位基因组成

Table 7-6　The allelic composition of *VRN-A1* in common wheat

品种	辽春 10 号	新春 2 号	豫麦 18	郑麦 9023	周麦 18	豫麦 49-198	京 841	新冬 18	肥麦
等位基因	*Vrn-A1*	*Vrn-A1*	*vrn-A1*	*vrn-A1*	*vrn-A1*	*vrn-A1*	*vrn-A1*	*vrn-A1*	*vrn-A1*

二、*VRN-B1* 基因第一内含子序列分析

针对 B 基因组 *VRN1* 第一内含子等位差异，设计了检测有片段缺失的显性特异引物 Intr1/BF 和 Intr1/B/R3（Fu，2005），当其有大片段的缺失时，可以扩增到 709bp 的片段，其基因型为 *Vrn-B1*。用该引物扩增分析 9 个品种小麦的基因组 DNA 特异性的结果显示

（图 7-12A），辽春 10 号、郑麦 9023 和新冬 18 扩增到 709bp 的产物，推断这 3 个品种的 *VRN-B1* 基因为显性 *Vrn-B1*，其余 6 个品种未扩增到目的片段，*VRN-B1* 基因为隐性 *vrn-B1*。同时设计了检测无片段缺失的隐性特异引物 Intr1/B/F 和 Intr1/B/R4 对 9 个品种进行 PCR 扩增，结果显示（图 7-12B），新春 2 号、豫麦 18、周麦 18、豫麦 49-198、京 841、肥麦 6 个品种都扩增到大约 1149bp 的目的片段，推断 *VRN-B1* 基因为隐性 *vrn-B1*，而辽春 10 号、郑麦 9023 和新冬 18 没有此条带，推断 *VRN-B1* 基因为显性 *Vrn-B1*。两对不同的特异引物扩增结果相互印证，证明了辽春 10 号、郑麦 9023 和新冬 18 *VRN-B1* 基因为显性 *Vrn-B1*，其余 6 个品种为隐性 *vrn-B1*（表 7-7）。

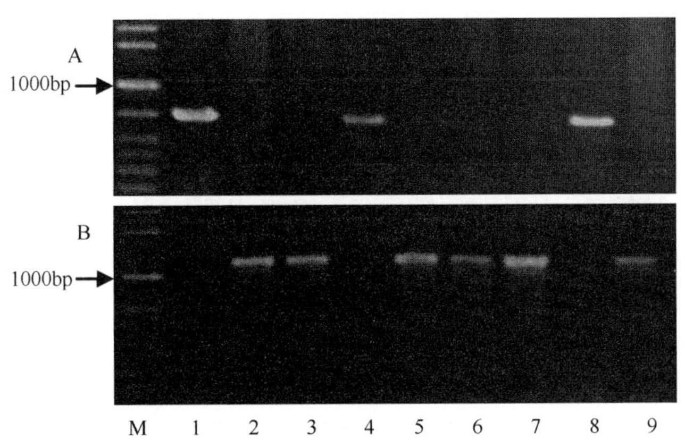

图 7-12　*VRN-B1* 第一内含子区域的等位差异

Figure 7-12　The allelic difference in the first intron region of *VRN-B1*

A. *VRN-B1* 第一内含子区有大片段的缺失；B. 无大片段的缺失。1. 辽春 10 号，2. 新春 2 号，3. 豫麦 18，4. 郑麦 9023，5. 周麦 18，6. 豫麦 49-198，7. 京 841，8. 新冬 18，9. 肥麦，M. DNA marker

A. *VRN- B1* mutation in first intron code region; B. *VRN-B1* in first intron code region. 1. Liaochun 10, 2. Xinchun 2, 3. Yumai 18, 4. Zhengmai 9023, 5. Zhoumai 18, 6. Yumai 49-198, 7. Jing 841, 8. Xindong 18, 9. Feimai, M. DNA marker

表 7-7　普通小麦 *VRN-B1* 的等位基因组成

Table 7-7　The allelic composition of *VRN-B1* in common wheat

品种	辽春 10 号	新春 2 号	豫麦 18	郑麦 9023	周麦 18	豫麦 49-198	京 841	新冬 18	肥麦
等位基因	*Vrn-B1*	*vrn-B1*	*vrn-B1*	*Vrn-B1*	*vrn-B1*	*vrn-B1*	*vrn-B1*	*Vrn-B1*	*vrn-B1*

有趣的是，新冬 18 发育特性为典型的冬性品种，而分析结果则显示此品种的春化基因 *VRN-B1* 为显性（*Vrn-B1*）。为了进一步分析新冬 18 *Vrn-B1* 的对应序列特性，将来源于辽春 10 号、郑麦 9023 和新冬 18 的扩增产物进行回收，并连接到 pBS-T 载体中进行测序，结果显示，新冬 18 基因组中，第一内含子区域确实存在缺失，与辽春 10 号和郑麦 9023 相比，该区域 3 个序列的同源性达 99.9%，3 个序列之间只有 2 个位点有差异（图 7-13），说明上述推断的 *VRN-B1* 显隐性结果可靠，而新冬 18*Vrn-B1* 基因与发育特性的调控关系还需进一步验证。

三、*VRN-D1* 基因第一内含子序列分析

针对 D 基因组 *VRN1* 基因第一内含子等位差异设计了引物 Intr1/D/F 和 Intr1/D/R3。当引物 Intr1/D/F 和 Intr1/D/R3 的特异扩增产物是 1670bp 时，说明 *VRN-D1* 的第一内含

```
辽春10号 CAAGTGGAACGGTTAGGACAGTAATCTCTTGATATTTTTATCTGGCTGGGGATATTTACGTAAAAAAATT 70
郑麦9023 ---------------------------------------------------------------------- 70
新冬18   ---------------------------------------------------------------------- 70

辽春10号 ATATGGGGTTAAAGTGACATCGCAATTTAGCATGCTACCTCATCTTCTCATTTAGAATCTTACTAGACGC 140
郑麦9023 ---------------------------------------------------------------------- 140
新冬18   ---------------------------------------------------------------------- 140

辽春10号 TACAATACCTTGTTGTCTGGCTCATCAAATCTGTGCTTGCTGCTTGAACAAATGAACCTCGTCATCTCGG 210
郑麦9023 ---------------------------------------------------------------------- 210
新冬18   ---------------------------------------------------------------------- 210

辽春10号 TTATTTCCAGAATTTTGTTCCACAGGCTTTCCTATCATTCGTATTGCTAGCTCCGGCTATGCGGCCATTT 280
郑麦9023 ---------------------------------------------------------c------------ 280
新冬18   ---------------------------------------------------------c------------ 280

辽春10号 TGTTGCTCCGGCCAGACTACCCCACATTAGCTGCCTCCCGCCTCCCCAAGTGCCTCCCTAGTGGTGTCTG 350
郑麦9023 ---------------------------------------------------------------------- 350
新冬18   ---------------------------------------------------------------------- 350

辽春10号 GGGCGGCCTGTAAAAGGCCGGTACCCTCTGCTCTCTCGCTTCAATCCTATGTTCGACGCCTTTTATTCCA 420
郑麦9023 ---------------------------------------------------------------------- 420
新冬18   ---------------------------------------------------------------------- 420

辽春10号 ATCTCACATGCCTCCAATCGAAGGGGAGCCTTGGCGCAGTGGTAAAGCTGCTGCCTTGTGACCATGAGGT 490
郑麦9023 ---------------------------------------------------------------------- 490
新冬18   ---------------------------------------------------------------------- 490

辽春10号 CACGGGTTCAAGTCCTGGAAACAGCCTCTTACAGAAATGTAGGGAAAGGCTGCGTACTATAGACCCAAAG 560
郑麦9023 ----------------------------------------------.----------------------- 559
新冬18   ---------------------------------------------------------------------- 560

辽春10号 TGGTCGGACCCTTCCCCGACCCTGCGCAAGCGGGAGCTACATCCACCACCCCCTTTGTTGTTCATGGCGC 630
郑麦9023 ---------------------------------------------------------------------- 629
新冬18   ---------------------------------------------------------------------- 630

辽春10号  ATCCGGGGGAGCTCTCTCTCTCATCTTCAATTTTTGGCATGAG                            673
郑麦9023  -------------------------------------------                            672
新冬 18   -------------------------------------------                            673
```

图 7-13 3 个小麦品种中 *VRN-B1* 第一内含子部分序列比对

Figure 7-13 Alignment of partial sequences in the first intron of *VRN-B1* among three wheat varieties

子区域有大片段的缺失，基因型是显性 *Vrn-D1*。当 *VRN-D1* 的第一内含子区域没有大片段的缺失时，Intr1/D/F 和 Intr1/D/R4 作为隐性 *vrn-D1* 的特异引物标记，预期扩增 997bp 的产物（Fu，2005）。用 Intr1/D/F 和 Intr1/D/R3 对 9 个代表性品种小麦进行分析的结果显示：辽春 10 号和豫麦 18 有 1670bp 的片段（图 7-14A），其余品种没有此片段，说明这两个品种 *VRN-D1* 的第一内含子有大片段的缺失；引物 Intr1/D/F 和 Intr1/D/R4 的特异扩增结果显示：新春 2 号、郑麦 9023、周麦 18、豫麦 49-198、京 841、新冬 18 和肥麦均有近 1000bp 的片段（图 7-14B），而辽春 10 号和豫麦 18 则没有此目的片段，两对特异引物扩增分析结果相互印证，由此推断辽春 10 号和豫麦 18 基因型为显性 *Vrn-D1*，其余品种为隐性 *vrn-D1*（表 7-8）。

为了进一步验证这两个品种中对应序列的特性，将来源于辽春 10 号和豫麦 18 的扩增产物进行了回收，连接到 pBS-T 载体中进行了测序，结果显示，这两条序列的同源性达 99.52%，仅有 8 个位点的差异（图 7-15），说明上述推断的 *Vrn-D1* 显隐性结果可靠。

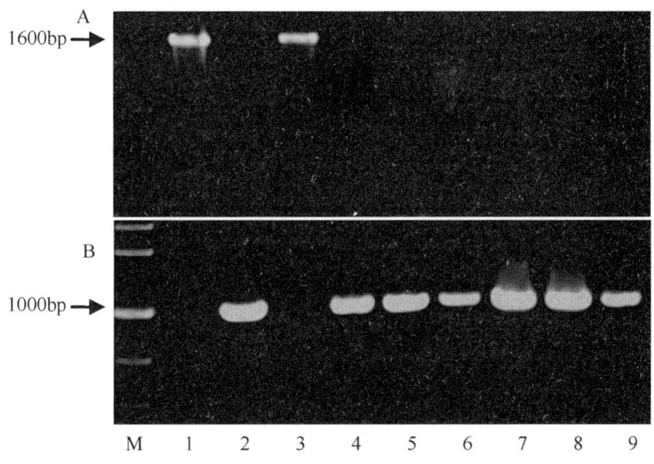

图 7-14　*VRN-D1* 第一内含子区域的等位差异

Figure 7-14　The allelic difference in the first intron region of *VRN-D1*

A. *VRN-D1* 第一内含子区有大片段的缺失；B. 无大片段的缺失。1. 辽春 10 号，2. 新春 2 号，3. 豫麦 18，4. 郑麦 9023，5. 周麦 18，6. 豫麦 49-198，7. 京 841，8. 新冬 18，9. 肥麦，M. DNA marker

A. *VRN-D1* mutation in first intron code region; B. *VRN-D1* in first intron code region. 1. Liaochun 10, 2. Xinchun 2, 3. Yumai 18, 4. Zhengmai 9023, 5. Zhoumai 18, 6. Yumai 49-198, 7. Jing 841, 8. Xindong 18, 9. Feimai, M. DNA marker

表 7-8　普通小麦 *VRN-D1* 的等位基因组成

Table 7-8　The allelic composition of *VRN-D1* in common wheat

品种	辽春 10 号	新春 2 号	豫麦 18	郑麦 9023	周麦 18	豫麦 49-198	京 841	新冬 18	肥麦
等位基因	*Vrn-D1*	*vrn-D1*	*Vrn-D1*	*vrn-D1*	*vrn-D1*	*vrn-D1*	*vrn-D1*	*vrn-D1*	*vrn-D1*

```
辽春10号 GTTGTCTGCCTCATCAAATCCGTGCTTGCTGCTTGAACAAATGAACCTCGTCATCTCGGTTATTTCCAGG 70
豫麦18   ---------------------------------------------------------------------a 70

辽春10号 ATTTTGTTCCACAGGCTTTGCTATCATTCGAATTGCTAGCTCCGCCTAGGCACCATTCTTTCCGCCTTAG 140
豫麦18   ---------------------------------------------------------------------- 140

辽春10号 GCAAATGAAGACGCCTTACACAGGCTAGGCGTTCAGGCGGGAAACAGAGCTTTGGGTGGGAAGAAAAGGG 210
豫麦18   ---------------------------------------------------------------------- 210

辽春10号 CGGGAAACCGAGTCTGGGCGCCAACAGTTACTAGCAGGGGGAGAGAGAGCTCTAACCAGTTTCTGTTTTC 280
豫麦18   ---------------------------------------------------------------------- 280
辽春10号 CCACTCCCACCTCTGGTTGTTGGATCTGAGCTTCTCCCCCTCCTCTCCGACAGATCCTTCTCTCCCACGG 350
豫麦18   ---------------------------------------------------------------------- 350

辽春10号 TTTCTCTTCTCCAGGACAGTAGACAGCAGCAAGCAACCAACACCTCTCCTGTAGTTGCCTACCAGATTCT 420
豫麦18   ---------------------------------------------------------------------- 420

辽春10号 ACTCAATTCTACTTCTTAGAACTCTCTAAGGCATCACCTTGCCTAATGCCTTAGCGCTTAGGCAGTGAGG 490
豫麦18   ---------------------------------------------------------------------- 490

辽春10号 CACCCCCTCCCCCAGCGCCTTGCCTCGCCTTACCACCTTTAAAACATTGCCTACACCTGCATAGGAGTGC 560
豫麦18   ---------------------------------------------------------------------- 560

辽春10号 GAACAACATAGAGAAGTACGTACAAGGTGGCAAAGAAGGCCGCAACGCGAGCAGTGAGTGAATCATGGGA 630
豫麦18   ---------------------.------------------------------------------g----- 629

辽春10号 TCGGGCATATGAGGACCTCTACCAGCGCTGAGGGGTCGGGAAGGAAGGCGCAAGGGACATCTATGAGACG 700
豫麦18   ---------------------------------------------------------------------- 699

辽春10号 GCCAAGATCTGAGGGAAGAAGACGAGGGATGTCAAACAAGTCAAATGCATCAAGGATAGAGCAGATCAAC 770
```

```
豫麦18    -----------------------------------g----------------------------------  769

辽春10号  TCCTAGTGAAGGACAAGGAGTTCAAGCATAGATGGCGGGAGTACTCCGACAAGCTATTCAATGGAGAGAA  840
豫麦18    ----------------------------------------------------------------------  839

辽春10号  TGAGAGCTCTAGCATTGAGCTCTACGACTCCTTTGATGATGCCCGCAGACATTGTATGTGATGAATCTAG  910
豫麦18    ----------------------------------------------------------------------  909

辽春10号  GATGGTTGTGTGGCCACCCAAGAAAGGATAGAGTCTGAAATGATGATATACATGTAGAGTTGGGGTAGCA  980
豫麦18    ----------------------------------------------------------------------  979

辽春10号  TCGATTGAAGGGAAGCTTGTCGAACGTCTAAGATGGCTTGGATATATACAAAGTAGGCCTCTAGAAACTT  1050
豫麦18    ----------------------------------------------------------------------  1049

辽春10号  TCGTGCATAGCAGACAGTTAAAACATGCTAATGATGTAACAGAGGTTGGTGTAGTCCAAACTTGACATGG  1120
豫麦18    ----------------------------------------------------------------------  1119

辽春10号  GAGGAGTCCCTAAAGAGAGATCGGAAGACTGAAGTATCACAAAGAACTAGTCATGGACAGGGGTGCATGG  1190
豫麦18    ----------------------------------------------------------------------  1189

辽春10号  AAGTTAGCTATCCACACGCCAAAACCATAAGTTGGTTTCGAGATTTTACGGGTTTCAGCTCTACCCTACC  1260
豫麦18    -----------------------------.----------------c-----------------------  1258

辽春10号  CAACTTATTTGGGACTAAAGGCTTTGTTGTTGTTGTTGTATCTCTTGCCTTGGTCTTAGCAATTTAACAT  1330
豫麦18    ----------------------------------------------------------------------  1328

辽春10号  GTGCATGTTTTTTCTTGGAAGGCAAAATTGAATGCCAAGTTTTCCCTGAAGTTGTACATTGTACAAATTG  1400
豫麦18    -------------------------------------------t--------------------------  1398

辽春10号  ATGTCTACAAATTGATGTCCTTACTCCACGGCACATCAGTTTTCCCGTCGTATGATGATGCAACAATGAG  1470
豫麦18    ----------------------------t-----------------------------------------  1468

辽春10号  GTCTTCATGGCTCCTGTCGCCATATCTCTTTTAGCTCGCTCCATACACGATCTTGTGGCCTCCATATTTG  1540
豫麦18    ----------------------------------------------------------------------  1538

辽春10号  GAGGTTCGGGAGGTCCAGTATGGAGCTCGCCCCAAAACCAACCGCCAACGTGGGGTGGAAGTTTTAAGCT  1610
豫麦18    ----------------------------------------------------------------------  1608

辽春10号    TCCTTCTGCCGCCTCCCGTCGGATTTGAAGCAGCTCGGCCTCGCACAGACCACCAGTGACC          1671
豫麦18      ------------------------------------------------------------          1669
```

图 7-15 两个小麦品种中 *VRN-D1* 第一内含子部分序列比对

Figure 7-15 Alignment of partial sequences in the first intron of *VRN-D1* between two wheat varieties

四、*Vrn1* 的显隐性组成与春化发育特性关系

上述研究结果充分说明，小麦品种的春化发育特性与春化基因 *Vrn1* 的显隐性组成密切相关，当 *Vrn-A1*、*Vrn-B1* 和 *Vrn-D1* 为显性时，品种的春化发育特性为强春性，低温春化效应极低；当 *Vrn-A1*、*Vrn-B1* 和 *Vrn-D1* 为隐性时，品种的春化发育特性为半冬性到强冬性，低温春化效应从弱到强；当 *Vrn-A1* 或 *Vrn-B1* 或 *Vrn-D1* 为显性时，品种的春化发育特性为春性，*Vrn1* 显性基因的春性效应表现为 *Vrn-A1* >*Vrn-B1* >*Vrn-D1* 的趋势，品种的春性强弱趋势表现与基因型一致（表 7-9）。

中国小麦分布在 10 个不同的生态区域，不同麦区种植的小麦品种都有各自特定的春化发育特性。本研究结果还说明，强春性辽春 10 号适用于东北春麦区，春麦特性表现最为突出，其 *VRN-1* 基因的 3 个位点均为显性；春性小麦新春 2 号的春麦特性次于辽春 10 号，其春性由显性 *Vrn-A1* 决定，在 B 基因组和 D 基因组上为隐性；郑麦 9023

表 7-9　普通小麦 *VRN-1* 的等位基因组成

Table 7-9　The allelic composition of *VRN-1* in common wheat

品种	苗穗期/d	CV/%	春化特性	基因组成	种植区域
辽春 10 号	43	3.7	强春性	*Vrn-A1 Vrn-B1 Vrn-D1*	东北春麦区
新春 2 号	48.1	4.5	春性	*Vrn-A1 vrn-B1 vrn-D1*	新疆春麦区
郑麦 9023	51.6	4.9	春性	*vrn-A1 Vrn-B1 vrn-D1*	黄淮麦区
豫麦 18	55.5	5.2	春性	*vrn-A1 vrn-B1 Vrn-D1*	黄淮麦区
周麦 18	87.9	22.8	半冬性	*vrn-A1 vrn-B1 vrn-D1*	黄淮麦区
豫麦 49-198	98.5	23.7	半冬性	*vrn-A1 vrn-B1 vrn-D1*	黄淮麦区
京 841	92.3	29.7	冬性	*vrn-A1 vrn-B1 vrn-D1*	北方冬麦区
新冬 18	92.1	29.9	冬性	*vrn-A1 Vrn-B1 vrn-D1*	新疆冬麦区
肥麦	143.1	31.5	强冬性	*vrn-A1 vrn-B1 vrn-D1*	青藏冬麦区

注：苗穗期（d）为 7 个春化处理（0～60d）出苗到抽穗天数平均值

Note: SH periods (d) are mean of different vernalizations

和豫麦 18 为黄淮麦区的春性主栽品种，分别由显性基因 *Vrn-B1* 和 *Vrn-D1* 决定。分别由显性基因 *Vrn-A1*、*Vrn-B1* 和 *Vrn-D1* 决定的新春 2 号、郑麦 9023 和豫麦 18，平均苗穗期分别为 48.1d、51.6d 和 55.5d，春化处理的变异系数也有增大趋势，品种的春化特性与 *Vrn-A1*、*Vrn-B1* 和 *Vrn-D1* 的显性春性效应大小完全一致。

周麦 18、豫麦 49-198、京 841 和肥麦的 *VRN-1* 在 A、B、D 基因组全部为隐性，但这些品种的冬性表现型强弱不同，其中周麦 18 和豫麦 49-198 的发育特性是半冬性；京 841 是冬性，肥麦是强冬性，说明其发育特性的遗传控制可能还有其他相关基因参与；新冬 18 分布于新疆冬麦区，为冬性小麦，但是利用序列特异性扩增分析表明，该品种中 *VRN-1* 在 B 基因组中的基因型为显性位点（*Vrn-B1*），这可能与植物春化发育过程涉及多个与春化相关基因的表达调控和相互作用有关，需要进一步研究揭示其调控机制。

五、黄淮麦区代表性小麦品种 *VRN1* 基因组成分析

研究选用黄淮麦区的 21 个主栽品种：偃展 1 号、豫麦 49、豫麦 70、小偃 81、郑麦 366、豫麦 70-36、周麦 19、温麦 8 号、豫农 949、郑麦 004、洛旱 2 号、温麦 19、豫农 301、洛麦 21、周麦 16、中国春、矮抗 58、平安 3 号、偃展 4110、众麦 1 号和阜麦 936，设计特异性 PCR 扩增所用引物（表 7-5），分析了 *VRN-1* 的 3 个等位基因的组成。

1. *VRN-A1* 基因的显隐性分析

采用引物 VRN1AF 和 VRN1R 对 21 个代表性品种小麦的基因组 DNA 进行特异性扩增，分析显示（图 7-16）：所有品种均能扩增出 500bp 的片段，推断这些品种中 *VRN-A1* 基因的启动子区没有插入或缺失，即没有 *Vrn-A1a* 或 *Vrn-A1b* 基因类型，其 *VRN-A1* 基因的基因型为隐性基因（*vrn-A1*）。

采用引物 Intr1/A/F2 和 Intr1/A/R3 对 21 个小麦品种进行的分析显示：21 个小麦品种都没有扩增到 1170bp 的片段（图 7-17A）；为了进一步验证 *VRN-A1* 的第一内含子没有大片段的缺失，采用 Intr1/C/F 和 Intr1/AB/R 这对引物对不同品种小麦进行分析显示：21 个小麦品种均能特异扩增到 1068bp 预期片段（图 7-17B），这进一步验证了 21 个小

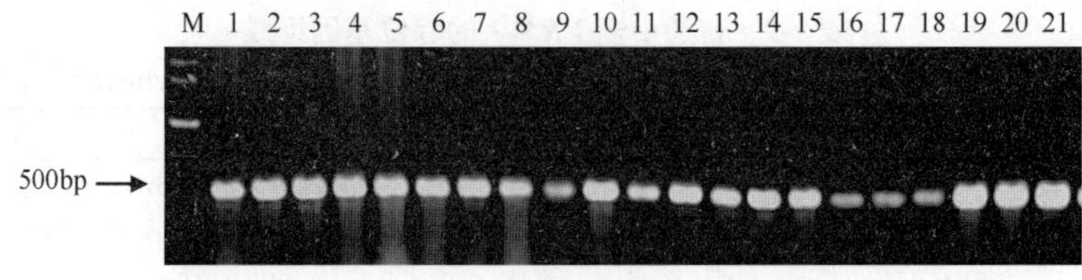

图 7-16 *VRN-A1* 启动子区域的等位差异

Figure 7-16 The allelic difference in promoter region of *VRN-A1*

1. 偃展 1 号，2. 豫麦 49，3. 豫麦 70，4. 小偃 81，5. 郑麦 366，6. 豫麦 70-36，7. 周麦 19，8. 温麦 8 号，9. 豫农 949，10. 郑麦 004，11. 洛旱 2 号，12. 温麦 19，13. 豫农 301，14. 洛麦 21，15. 周麦 16，16. 中国春，17. 矮抗 58，18. 平安 3 号，19. 偃展 4110，20. 众麦 1 号，21. 阜麦 936，M. DNA marker

1. Yanzhan1, 2. Yumai 49, 3. Yumai 70, 4. Xiaoyan 81, 5. Zhengmai 366, 6. Yumai 70-36, 7. Zhoumai 19, 8.Wenmai 8, 9. Yunong 949, 10. Zhengmai 004, 11. Luohan 2, 12. Wenmai 19, 13. Yunong 301, 14. Luomai 21, 15. Zhoumai 16, 16. Chinese spring, 17. Aikang 58, 18. Ping'an 3, 19. Yanzhan 4110, 20. Zhongmai 1, 21. Fumai 936, M. DNA marker

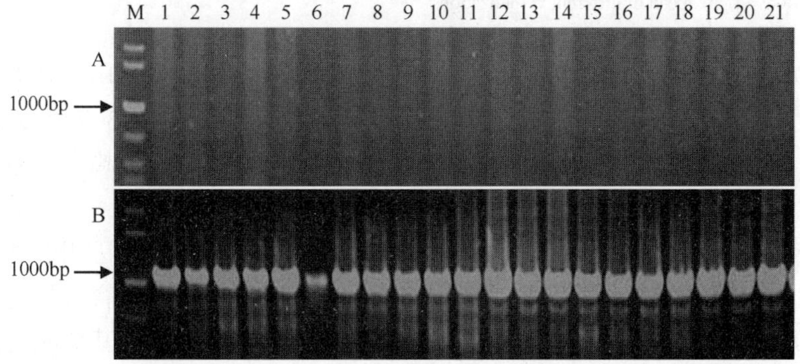

图 7-17 *VRN-A1* 第一内含子区域的等位差异

Figure 7-17 The allelic difference in the first intron region of *VRN-A1*

1. 偃展 1 号，2. 豫麦 49，3. 豫麦 70，4. 小偃 81，5. 郑麦 366，6. 豫麦 70-36，7. 周麦 19，8. 温麦 8 号，9. 豫农 949，10. 郑麦 004，11. 洛旱 2 号，12. 温麦 19，13. 豫农 301，14. 洛麦 21，15. 周麦 16，16. 中国春，17. 矮抗 58，18. 平安 3 号，19. 偃展 4110，20. 众麦 1 号，21. 阜麦 936，M. DNA marker

1. Yanzhan 1, 2. Yumai 49, 3. Yumai 70, 4. Xiaoyan 81, 5. Zhengmai 366, 6. Yumai 70-36, 7. Zhoumai 19, 8. Wenmai 8, 9. Yunong 949, 10. Zhengmai 004, 11. Luohan 2, 12. Wenmai 19, 13. Yunong 301, 14. Luomai 21, 15. Zhoumai 16, 16.Chinese spring, 17. Aikang 58, 18. Ping'an 3, 19. Yanzhan 4110, 20. Zhongmai 1, 21. Fumai 936, M. DNA marker

麦品种中 *VRN1* 的第一内含子区域没有缺失，推断 21 个小麦品种均没有显性 *Vrn-A1c* 这一类型，即 21 个小麦品种全部为隐性 *vrn-A1*。

2. *VRN-B1* 基因的显隐性分析

Yan 等（2004a）认为，在 B 和 D 基因组中，冬性和春性小麦的 *VRN1* 基因启动子区序列无差异，其差异在第一内含子区。对春性品种来说，*Vrn1* 基因的第一内含子区域往往有大片段的缺失，其等位类型分别为 *Vrn-B1* 和 *Vrn-D1*。引物 Intr1/BF 和 Intr1/B/R3 即为针对 B 基因组 *VRN1* 第一内含子等位差异设计的特异性引物，当其有大片段的缺失时，可以扩增到 709bp 的片段，其基因型为 *Vrn-B1*（Fu，2005）。特异扩增分析 21 个小麦品种基因组 DNA 的结果显示，只有偃展 1 号有 709bp 的扩增产物（图 7-18A）。反过来证明，如果 *VRN-B1* 的第一内含子区域不存在大片段的缺失，引物 Intr1/B/F 和 Intr1/B/R4 的特异性扩增产物为 1149bp。用这对特异引物对 21 个品种进行的 PCR 扩增显示，除了偃展 1 号外，其余都扩增到大约 1149bp 的片段（图 7-18B），因此，推测偃展 1 号的 *VRN-B1* 基因为显性 *Vrn-B1*，其余 20 个品种为隐性 *vrn-B1*（表 7-10）。

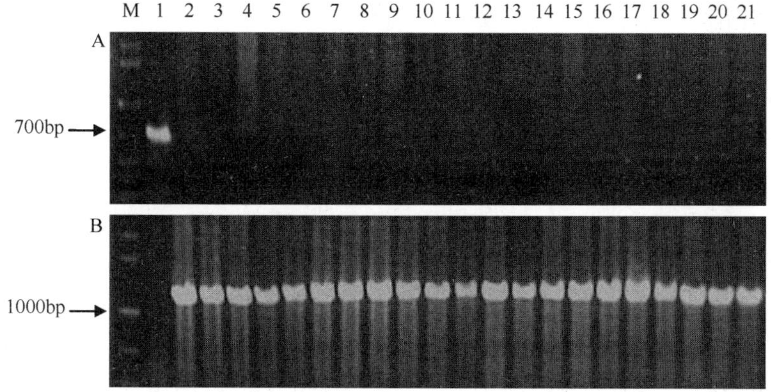

图 7-18　*VRN-B1* 第一内含子区域的等位差异

Figure 7-18　The allelic difference in the first intron region of *VRN-B1*

1. 偃展 1 号，2. 豫麦 49，3. 豫麦 70，4.小偃 81，5. 郑麦 366，6. 豫麦 70-36，7. 周麦 19，8. 温麦 8 号，9. 豫农 949，10. 郑麦 004，11. 洛旱 2 号，12. 温麦 19，13. 豫农 301，14. 洛麦 21，15. 周麦 16，16. 中国春，17. 矮抗 58，18. 平安 3 号，19. 偃展 4110，20. 众麦 1 号，21. 阜麦 936，M. DNA marker

1. Yanzhan 1, 2. Yumai 49, 3. Yumai 70, 4. Xiaoyan 81, 5. Zhengmai 366, 6. Yumai 70-36, 7. Zhoumai 19, 8. Wenmai 8, 9. Yunong 949, 10. Zhengmai 004, 11. Luohan 2, 12. Wenmai 19, 13. Yunong 301, 14. Luomai 21, 15. Zhoumai 16, 16. Chinese spring, 17. Aikang 58, 18. Ping'an 3, 19. Yanzhan 4110, 20. Zhongmai 1, 21. Fumai 936, M. DNA marker

表 7-10　黄淮麦区 21 个小麦品种中 *VRN-1* 的显隐性组成

Table 7-10　The allelic composition of vernalization gene *VRN-1* in 21 wheat varieties from Huanghuai wheat region

编号	品种	*VRNA1*	*VRNB1*	*VRND1*	发育特性
1	偃展 1 号	*vrn-A1*	*Vrn-B1*	*Vrn-D1*	春性
2	周麦 19	*vrn-A1*	*vrn-B1*	*Vrn-D1*	弱春性
3	豫农 949	*vrn-A1*	*vrn-B1*	*Vrn-D1*	弱春性
4	郑麦 004	*vrn-A1*	*vrn-B1*	*Vrn-D1*	半冬性
5	偃展 4110	*vrn-A1*	*vrn-B1*	*Vrn-D1*	弱春性
6	洛麦 21	*vrn-A1*	*vrn-B1*	*Vrn-D1*	弱春性
7	中国春	*vrn-A1*	*vrn-B1*	*Vrn-D1*	弱春性
8	矮抗 58	*vrn-A1*	*vrn-B1*	*Vrn-D1*	弱春性
9	豫麦 70-36	*vrn-A1*	*vrn-B1*	*vrn-D1*	半冬性
10	豫麦 70	*vrn-A1*	*vrn-B1*	*vrn-D1*	半冬性
11	温麦 8 号	*vrn-A1*	*vrn-B1*	*vrn-D1*	半冬性
12	豫麦 49	*vrn-A1*	*vrn-B1*	*vrn-D1*	半冬性
13	洛旱 2 号	*vrn-A1*	*vrn-B1*	*vrn-D1*	半冬性
14	温麦 19	*vrn-A1*	*vrn-B1*	*vrn-D1*	半冬性
15	豫农 301	*vrn-A1*	*vrn-B1*	*vrn-D1*	半冬性
16	郑麦 366	*vrn-A1*	*vrn-B1*	*vrn-D1*	半冬性
17	周麦 16	*vrn-A1*	*vrn-B1*	*vrn-D1*	半冬性
18	平安 3 号	*vrn-A1*	*vrn-B1*	*vrn-D1*	半冬性
19	众麦 1 号	*vrn-A1*	*vrn-B1*	*vrn-D1*	半冬性
20	阜麦 936	*vrn-A1*	*vrn-B1*	*vrn-D1*	半冬性
21	小偃 81	*vrn-A1*	*vrn-B1*	*vrn-D1*	冬性

3. *VRN-D1* 基因的显隐性分析

引物Intr1/D/F和Intr1/D/R3是针对D基因组*VRN1*基因第一内含子等位差异设计的，当特异扩增产物是1670bp时，说明*VRN-D1*的第一内含子区域有大片段的缺失，基因型是*Vrn-D1*。当*VRN-D1*的第一内含子区域没有大片段的缺失时，Intr1/D/F和Intr1/D/R4作为隐性的特异引物标记，可以特异性产生997bp的产物。用Intr1/D/F和Intr1/D/R3对21个小麦品种进行分析的结果显示：偃展1号、周麦19、豫农949、郑麦004、洛麦21、中国春、矮抗59和偃展4110 8个品种有1670bp的片段（图7-19A），其余没有此片段；引物Intr1/D/F和Intr1/D/R4的特异扩增结果显示：豫麦49、豫麦70、小偃81、郑麦366、豫麦70-36、温麦8号、洛旱2号、温麦19、豫农301、周麦16、平安3号、众麦1号和阜麦936等13个小麦品种均有近1000bp的片段（图7-19B），而偃展1号、周麦19、豫农949、郑麦004、洛麦21、中国春、矮抗58和偃展4110 8个品种没有此条带，由此推断偃展1号、周麦19、豫农949、郑麦004、洛麦21、中国春、矮抗58和偃展4110的*VRN-D1*基因型为显性*Vrn-D1*，其余的为隐性*vrn-D1*（表7-10）。

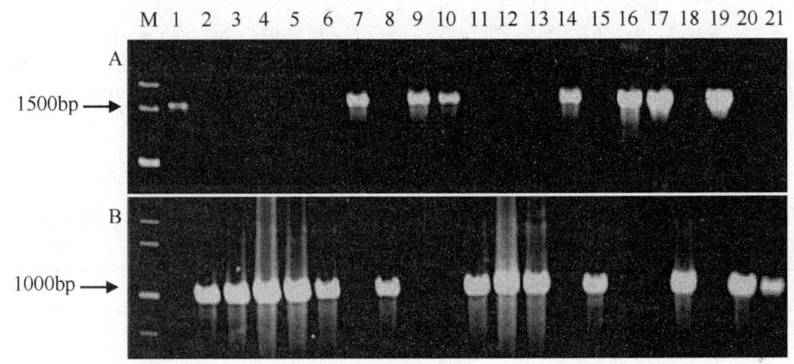

图7-19 *VRN-D1*第一内含子区域的等位差异

Figure 7-19 The allelic difference in the first intron region of *VRN-D1*

1. 偃展1号，2. 豫麦49，3. 豫麦70，4. 小偃81，5. 郑麦366，6. 豫麦70-36，7. 周麦19，8. 温麦8号，9. 豫农949，10. 郑麦004，11. 洛旱2号，12. 温麦19，13. 豫农301，14. 洛麦21，15. 周麦16，16. 中国春，17. 矮抗58，18. 平安3号，19. 偃展4110，20. 众麦1号，21. 阜麦936，M. DNA marker

1. Yanzhan 1, 2. Yumai 49, 3. Yumai 70, 4. Xiaoyan 81, 5. Zhengmai 366, 6. Yumai 70-36, 7. Zhoumai 19, 8. Wenmai 8, 9. Yunong 949, 10. Zhengmai 004, 11. Luohan 2, 12. Wenmai 19, 13. Yunong 301, 14. Luomai 21, 15. Zhoumai 16, 16. Chinese spring, 17. Aikang 58, 18. Ping'an 3, 19. Yanzhan 4110, 20. Zhongmai 1, 21. Fumai 936, M. DNA marker

4. 黄淮麦区小麦 *VRN1* 的基因组成与发育特性的关系

黄淮麦区栽培的小麦大部分是半冬性和弱春性品种，从本研究结果来看（表7-10），黄淮麦区21个小麦品种中没有检测到显性的*Vrn-A1*基因，春性发育特性主要受显性基因*Vrn-B1*和*Vrn-D1*的调控。小麦品种偃展1号为春性品种，其携带两个显性的春化基因*Vrn-B1*和*Vrn-D1*；小麦品种豫农949、中国春和偃展4110 3个品种为弱春性，从基因型来看它们仅携带有一个显性的春化基因*Vrn-D1*；豫麦49、豫麦70、郑麦366、豫麦70-36、温麦8号、洛旱2号、温麦19、豫农301、周麦16、平安3号、众麦1号均为半冬性，小偃81为冬性品种，从基因型来看它们均携带3个隐性的春化基因*vrn-A1vrn-B1vrn-D1*；可见，所检测品种的春化特性与其春化基因*VRN1*的显隐性高度一致。

第三节　全国代表性小麦品种春化基因类型分布

在研究明确 *Vrn1* 的显隐性组成分析技术的基础上，选用来自河北、河南、黑龙江、江苏、山东、山西、陕西、四川、新疆、安徽、北京、贵州和云南等不同麦区的小麦品种 197 份，于 2011 年和 2012 年在河南农业大学科技园区（郑州）秋播，每个材料种植 4 行，行长 2m。采用 CTAB 法提取小麦叶片的基因组 DNA，分别对春化相关基因 *Vrn-A1*、*Vrn-B1*、*Vrn-D1* 和 *Vrn-B3* 的变异情况进行 PCR 分子检测，PCR 反应体系总体积为 20μL[其中含 2μL10×缓冲液、1.5μL（25mmol/L）$MgCl_2$、0.2μL（5U）r*Taq*DNA 聚合酶、1.6μL（2.5μmol/L）dNTP，每条引物 1μL（10μmol/L），1μL DNA 模板]。PCR 反应为：94℃预变性 5min；94℃变性 30s，55～65℃退火 30s，72℃延伸 0.5～1.5min，35 个循环；72℃终延伸 10min。用于 4 个基因不同变异类型的引物序列、扩增片段大小见表 7-11。

表 7-11　用于检测小麦春化基因的 PCR 引物

Table 7-11　PCR primers used for detection of vernalization genes in wheat

位点	引物名称	引物序列	等位基因	扩增产物/bp	退火温度/℃
Vrn-A1	VRN1AF VRN1AR	GAAAGGAAAAATTCTGCTCG TGCACCTTCCCCCGCCCCAT	*Vrn-A1a* *Vrn-A1b* *vrn-A1*	约 650 和 750 约 480 约 500	55
	Intr1/A/F2 Intr1/A/R3	AGCCTCCACGGTTTGAAAGTAA AAGTAAGACAACACGAATGTGAGA	*Vrn-A1c*	1170	58.9
	Intr1/C/F ntr1/AB/R	GCACTCCTAACCCACTAACC TCATCCATCATCAAGGCAAA	*vrn-A1*	1068	56.0
Vrn-B1	Intr1/BF Intr1/B/R3	CAAGTGGAACGGTTAGGACA CTCATGCCAAAAATTGAAGATGA	*Vrn-B1*	709	58.0
	Intr1/B/F Intr1/B/R4	CAAGTGGAACGGTTAGGACA CAAATGAAAAGGAATGAGAGCA	*vrn-B1*	1149	56.4
Vrn-D1	Intr1/D/F Intr1/D/R3	GTTGTCTGCCTCATCAAATCC GGTCACTGGTGGTCTGTGC	*Vrn-D1*	1671	61.0
	Intr1/D/F Intr1/D/R4	GTTGTCTGCCTCATCAAATCC AAATGAAAAGGAACGAGAGCG	*vrn-D1*	997	61.0
Vrn-D1a	VRN1DF VRN1-SNP161CR	CGACCCGGGCGGCACGAGTG AGGATGGCCAGGCCAAAACG	*Vrn-D1a*	631	65.0
Vrn-D1b	VRN1DF VRN1-SNP161AR	CGACCCGGGCGGCACGAGTG AGGATGGCCAGGCCAAAACT	*Vrn-D1b*	631	65.0
Vrn-B3	VRN4-B-INS-F VRN4-B-INS-R	CATAATGCCAAGCCGGTGAGTAC ATGTCTGCCAATTAGCTAGC	*Vrn-B3*	1240	63.0
	VRN4-B-NOINS-F VRN4-B-NOINS-R	ATGCTTTCGCTTGCCATCC CTATCCCTACCGGCCATTAG	*vrn-B3*	1140	57.0

一、全国小麦春化基因类型

1. 小麦品种春化基因型的判定方法

依据 PCR 分子检测结果对小麦春化基因型的判定方法如下。①*Vrn-A1*：引物 VRN1AF/VRN1AR 检测 *Vrn-A1* 启动子区的变异，若扩增到 650bp 和 750bp 的 2 个条带，

则基因型为 *Vrn-A1a*，仅扩增到 480bp 的条带，基因型为 *Vrn-A1b*；显性变异 *Vrn-A1c* 和隐性 *vrn-A1* 均可扩增到 500bp 的条带。引物 Intr1/A/F2 和 Intr1/A/R3 检测 *Vrn-A1* 第一内含子区域的大片段缺失，若扩增产物为 1170bp，则基因型为 *Vrn-A1c*；引物 Intr1/C/F 和 Intr1/AB/R 检测 *Vrn-A1* 第一内含子区域无大片段缺失，若扩增产物为 1068bp，则基因型为 *vrn-A1*，这 2 对引物扩增结果互补。②*Vrn-B1*：引物 Intr1/B/F 和 Intr1/B/R3、Intr1/B/F 和 Intr1/B/R4 检测 *Vrn-B1* 第一内含子区域的变异，存在大片段缺失时，引物 Int1r/B/F 和 Intr1/B/R3 可扩增到 709bp 的条带，基因型为 *Vrn-B1*；引物 Intr1/B/F 和 Intr1/B/R4 可扩增到 1149bp 的条带，基因型为 *vrn-B1*，这 2 对引物结果互补。③*Vrn-D1*：引物 Intr1/D/F 和 Intr1/D/R3，Intr1/D/F 和 Intr1/D/R4 用于检测 *Vrn-D1* 第一内含子区域的变异，存在大片段缺失时，引物 Intr1/D/F 和 Intr1/D/R3 可扩增出 1671bp 的条带，基因型为 *Vrn-D1*；不存在大片段缺失时引物 Intr1/D/F 和 Intr1/D/R4 可扩增到 997bp 的条带，基因型为 *vrn-D1*，这 2 对引物的结果互补。引物 VRN1DF 和引物 VRN1-SNP161CR，引物 VRN1DF 和引物 VRN1-SNP161AR 用于检测基因型为 *Vrn-D1* 时启动子区的单核苷酸突变，引物 VRN1DF 和引物 VRN1-SNP161CR 可扩增出 631bp 的条带，基因型为 *Vrn-D1a*；引物 VRN1DF 和引物 VRN1-SNP161AR 可扩增出 631bp 的条带，基因型为 *Vrn-D1b*。④*Vrn-B3*：引物 VRN4-B-INS-F 和 VRN4-B-INS-R 用于 *Vrn-B3* 位点的显性和隐性等位变异检测，扩增条带为 1240bp 时，为显性等位变异 *Vrn-B3*；扩增条带为 1140bp 时，为隐性等位变异 *vrn-B3*。

2. *VRN-A1* 基因的显隐性分析

采用引物 VRN1AF 和 VRN1AR 对国内 197 个小麦品种的基因组 DNA 进行特异性扩增分析显示，所有品种均能扩增出 500bp 的片段（图 7-20A），推断这些品种 *VRN-A1* 基因的启动子区没有插入或缺失，即没有 *Vrn-A1a* 或 *Vrn-A1b* 基因类型。采用引物

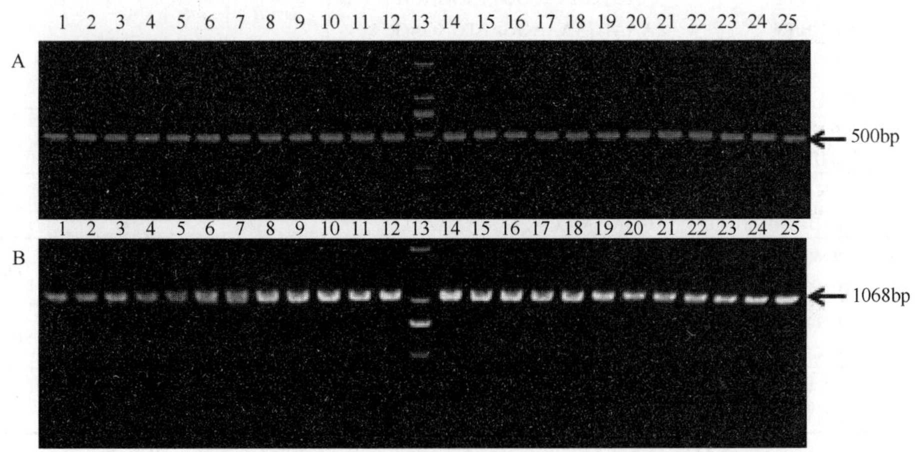

图 7-20 部分品种 *VRN-A1* 启动子区和第一内含子区域的等位差异

Figure 7-20 Allelic difference in the promoter region and the first intron region of *VRN-A1*

1. 徐麦 30，2. 花培 1 号，3. 郑麦 366，4. 平安 6 号，5. 济麦 4 号，6. 众麦 998，7. 济麦 1 号，8. 安麦 1 号，9. 周麦 16，10. 偃高 1 号，11. 豫麦 51，12. 郑农 18，13. marker DL2000，14. 郑麦 9023，15. 豫麦 62，16. 周麦 19，17. 汶农 14，18. 豫麦 58 号，19. 豫麦 21，20. 豫麦 49-198，21. 周麦 18，22. 豫麦 18，23. 郑麦 9962，24. 花培 2 号，25. 淮麦 7 号

1. Xumai 30, 2. Huapei 1, 3. Zhengmai 366, 4. Ping'an 6, 5. Jimai 4, 6. Zhongmai 998, 7. Jimai 1, 8. Anmai 1, 9. Zhoumai 16, 10. Yangao 1, 11. Yumai 51, 12. Zhengnong 18, 13. marker DL2000, 14. Zhengmai 9023, 15. Yumai 62, 16. Zhoumai 19, 17. Wennong 14, 18. Yumai 58, 19. Yumai 21, 20. Yumai 49-198, 21. Zhoumai 18, 22. Yumai 18, 23. Zhengmai 9962, 24. Huapei 2, 25. Huaimai 7

Intr1/A/F2 和 Intr1/A/R3 对 197 个小麦品种分析显示，所有小麦品种都扩增到 1068bp 片段（图 7-20B），表明这 197 个小麦品种中 *VRN1* 第一内含子区域没有缺失（*Vrn-A1c*），其 *VRN-A1* 的基因型为隐性（*vrn-A1*）。

3. *VRN-B1* 基因的显隐性检测

采用引物 Intr1/B/F 和 Intr1/B/R3、Intr1/B/F 和 Intr1/B/R4 分别对 197 份材料进行检测，扬麦 10、徐州 25、郑 9023 等 17 个品种检测到显性突变 *Vrn-B1*（图 7-21A），占总数的 8.5%，其余品种均检测到隐性位点 *vrn-B1*（图 7-21B）。

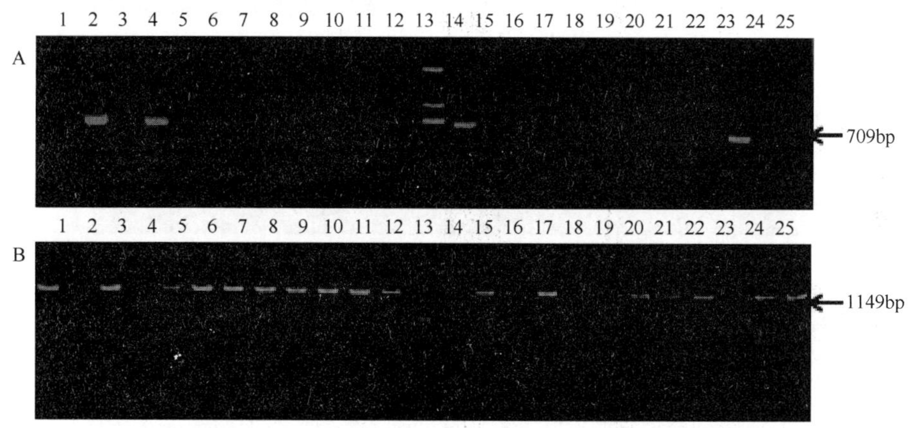

图 7-21　分品种 *VRN-B1* 第一内含子区域的等位差异

Figure 7-21　Allelic difference in the first intron region of *VRN-B1*

1. 徐麦 30，2. 花培 1 号，3. 郑麦 366，4. 平安 6 号，5. 济麦 4 号，6. 众麦 998，7. 济麦 1 号，8. 安麦 1 号，9. 周麦 16，10. 偃高 1 号，11. 豫麦 51，12. 郑农 18，13. marker DL2000，14. 郑麦 9023，15. 豫麦 62，16. 周麦 19，17. 汶农 14，18. 豫麦 58 号，19. 豫麦 21，20. 豫麦 49-198，21. 周麦 18，22. 豫麦 18，23. 郑麦 9962，24. 花培 2 号，25. 淮麦 7 号

1. Xumai 30, 2. Huapei 1, 3. Zhengmai 366, 4. Ping'an 6, 5. Jimai 4, 6. Zhongmai 998, 7. Jimai 1, 8. Anmai 1, 9. Zhoumai 16, 10. Yangao 1, 11. Yumai 51, 12. Zhengnong 18, 13. marker DL2000, 14. Zhengmai 9023, 15. Yumai 62, 16. Zhoumai 19, 17. Wennong 14, 18. Yumai 58, 19. Yumai 21, 20. Yumai 49-198, 21. Zhoumai 18, 22. Yumai 18, 23. Zhengmai 9962, 24. Huapei 2, 25. Huaimai 7

4. *Vrn-D1* 的显隐性检测与突变位点序列分析

采用引物 Intr1/D/F 和 Intr1/D/R3、Intr1/D/F 和 Intr1/D/R4 分别对 197 份材料进行检测，偃展 4110、众麦 998 等 81 个小麦品种检测到显性突变 *Vrn-D1*（图 7-22A），其余品种均检测到隐性位点 *vrn-D1*(图 7-22B)。采用引物 VRN1DF 和 VRN1-SNP161CR、VRN1DF 和 VRN1-SNP161AR 对 197 份材料进行检测，冀师 02-1、藁优 9415、绵阳 33 等 54 个品种在 *Vrn-D1* 启动子区没有此点突变，为 *Vrn-D1a* 型（图 7-22C）；绵麦 38、中优 9507、晋麦 12 等 27 个品种在显性 *Vrn-D1* 的启动子区有此突变，为 *Vrn-D1b* 型（图 7-22D）。

在上述检测的基础上，再用引物 VRN1DF 和 VRN1-SNP161CR 检测所有材料，发现 *vrn-D1* 为隐性的 4 个品种济宁 9903、宿 553、宿 042 和豫麦 56 均扩增到了 804bp 片段（即 *Vrn-D1* 启动子区有 174bp 插入），如图 7-23A 所示。同时，用 VRN1DF 和 VRN1-SNP161CR 检测，发现花培 8 号、花培 6 号和百农 3217 为 *Vrn-D1b*，如图 7-23B 所示。对 *Vrn-D1* 有插入突变的 4 个品种，通过进一步克隆这些插入片段、序列测序并与 GenBank 公布的 *Vrn-D1* 启动子及 5′UTR 进行比对，结果如图 7-24 所示，灰色部分为插入片段，将插入片段在 GenBank 中比对发现，该插入序列为 Hikkoshi 类转座子元件，是 *Vrn-D1* 基因新的变异类型，本研究将其命名为 *Vrn-D1c* 型。

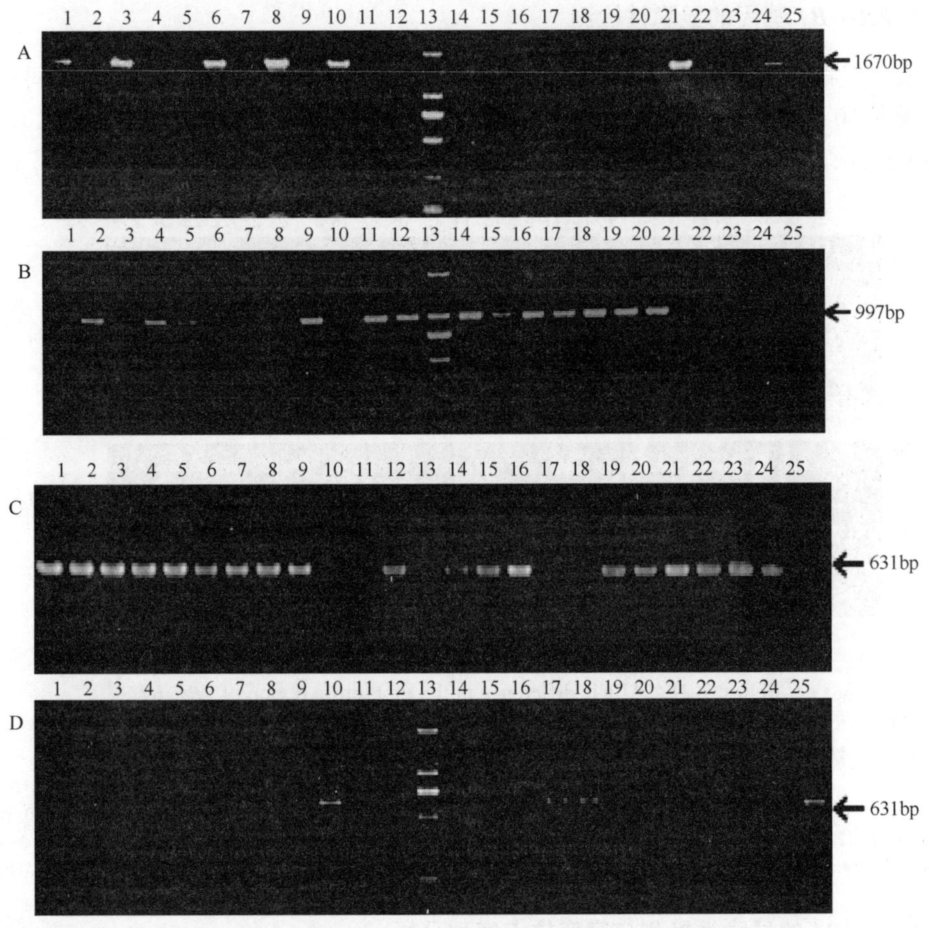

图 7-22 部分品种 *VRN-D1* 第一内含子和启动子区域的等位差异

Figure 7-22 Allelic difference in the first intron region and promoter region of *VRN-D1*

A、B：1. 豫麦 51，2. 济麦 4 号，3. 郑州 761，4. 徐麦 30，5. 郑麦 366，6. 百农 3217，7. 豫麦 13，8. 豫麦 10 号，9. 漯麦 8 号，10. 花培 6 号，11. 汝麦 0319，12. 豫农 416，13. marker DL2000，14. 平安 8 号，15. 漯麦 4-168，16. 百农 160，17. 漯麦 9 号，18. 豫农 416，19. 矮抗 58，20. 豫农 949，21. 花培 2 号，22. 中育 10 号，23. 郑麦 9987，24. 兰考 906，25. 周麦 24

C、D：1. 豫麦 62，2. 平安 6 号，3. 周麦 23，4. 豫麦 10 号，5. 郑麦 9962，6. 豫麦 18，7. 豫展 2000，8. 扬麦 10 号，9. 扬麦 11，10. 花培 8 号，11. 徐麦 30，12. 偃展 4110，13. marker DL2000，14. 平安 6 号，15. 周麦 23，16. 中育 12，17. 花培 6 号，18. 百农 3217，19. 豫麦 56，20. 郑麦 366，21. 漯麦 8 号，22. 扬麦 16，23. 豫农 202，24. 漯麦 9 号，25. 豫麦 13

A、B: 1. Yumai 51, 2. Jimai 4, 3. Zhengzhou 761, 4. Xumai 30, 5. Zhengmai 366, 6. Bainong 3217, 7. Yumai 13, 8. Yumai 10, 9. Luomai 8, 10. Huapei 6, 11. Rumai 0319, 12. Yunong 416, 13. marker DL2000, 14. Ping'an 8, 15. Luomai 4-168, 16. Bainong 160, 17. Luomai 9, 18. Yunong 416, 19. Aikang 58, 20. Yunong 949, 21. Huapei 2, 22. Zhongyu 10, 23. Zhengmai 9987, 24. Lankao 906, 25. Zhoumai 24

C、D: 1. Yumai 62, 2. Ping'an 6, 3. Zhoumai 23, 4. Yumai 10, 5. Zhengmai 9962, 6. Yumai 18, 7. Yuzhan 2000, 8. Yangmai 10, 9. Yangmai 11, 10. Huapei 8, 11. Xumai 30, 12. Yanzhan 4110, 13. marker DL2000, 14. Ping'an 6, 15. Zhoumai 23, 16. Zhongyu 12, 17. Huapei 6, 18. Bainong 3217, 19. Yumai 56, 20. Zhengmai 366, 21. Luomai 8, 22. Yangmai 16, 23. Yunong 202, 24. Luomai 9, 25. Yumai 13

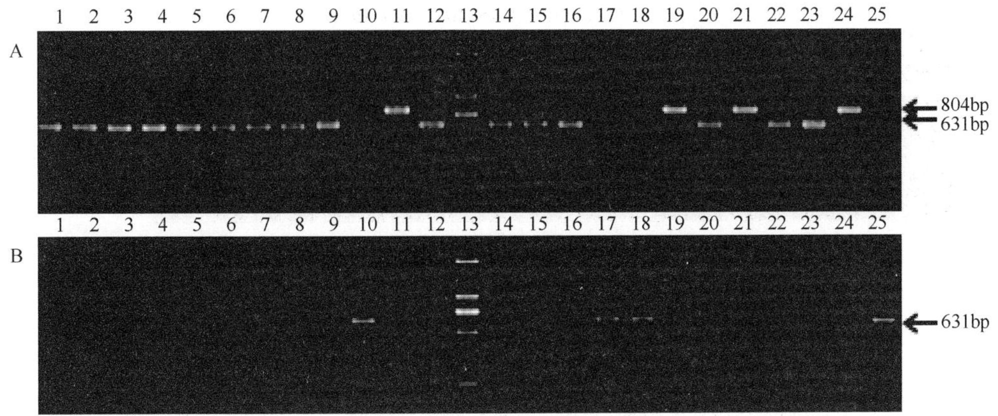

图 7-23　部分品种 *VRN-D1* 启动子区域的等位差异

Figure 7-23　Allelic difference in the promoter region of *VRN-D1*

1. 冀师 02-1，2. 藁优 9415，3. 绵阳 33，4. 川麦 107，5. 绵麦 38，6. 川麦 32，7. 高优 503，8. 扬麦 10 号，9. 扬麦 11 号，10. 花培 8 号，11. 济宁 9903，12. 偃展 4110，13. marker DL2000，14. 平安 6 号，15. 周麦 23，16. 中育 12 号，17. 花培 6 号，18. 百农 3217，19. 豫麦 56，20. 川育 20，21. 宿 042，22. 扬麦 16，23. 豫农 202，24. 宿 553，25. 豫麦 13

1. Jishi 02-1, 2. Gaoyou 9415, 3. Mianyang 33, 4. Chuanmai 107, 5. Mianmai 38, 6. Chuanmai 32, 7. Gaoyou 503, 8. Yangmai 10, 9. Yangmai 11, 10. Huapei 8, 11. Jining 9903, 12. Yanzhan 4110, 13. marker DL2000, 14. Ping'an 6, 15. Zhoumai 23, 16. Zhongyu 12, 17. Huapei 6, 18. Bainong 3217, 19. Yumai 56, 20. Chuanyu 20, 21. Su 042, 22. Yangmai 16, 23. Yunong 202, 24. Su 553, 25. Yumai 13

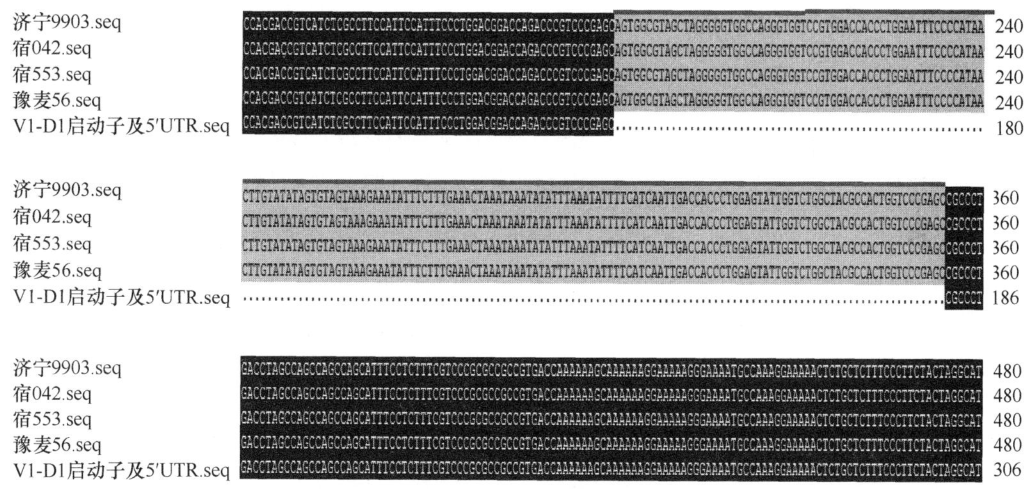

图 7-24　有插入突变的 4 个品种序列与 *Vrn-D1* 启动子区比对结果

Figure 7-24　Sequence alignment of a fragment in the promoter region of *Vrn-D1* gene

5. *Vrn-B3* 的显隐性检测

采用引物 VRN4-B-INS-F/VRN4-B-INS-R、VRN4-B-NOINS-F/VRN4-B-NOINS-R 对所有材料进行检测，均检测到隐性位点 *vrn-B3*（图 7-25），未检测到显性突变 *Vrn-B3*，表明所检测品种都含有隐性等位变异 *vrn-B3*。

二、全国不同麦区小麦品种春化基因类型分布

1. 全国小麦品种中春化基因类型的分布频率

将全国 197 份小麦品种春化基因位点的分子检测结果列于表 7-12，根据表 7-12 统

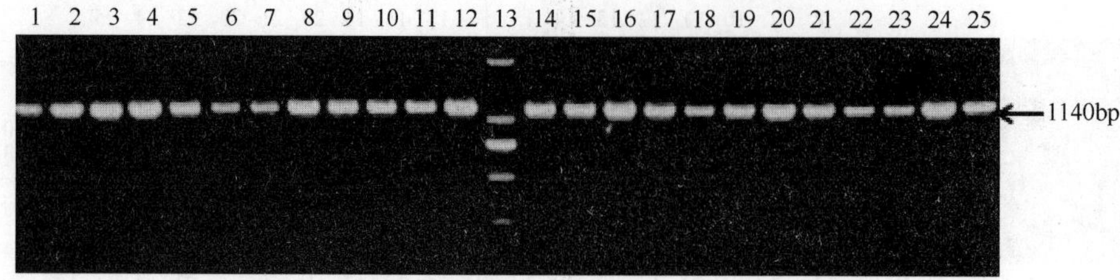

图 7-25 部分小麦品种 *Vrn-B3* 位点的扩增结果

Figure 7-25 Allelic variations detected in the *Vrn-B3* gene among partial varieties

1. 豫麦 51，2. 济麦 4 号，3. 郑州 761，4. 徐麦 30，5. 郑麦 366，6. 百农 3217，7. 豫麦 13，8. 豫麦 10 号，9. 漯麦 8 号，10. 花培 6 号，11. 汝麦 0319，12. 豫农 416，13. marker DL2000，14. 平安 8 号，15. 漯麦 4-168，16. 百农 160，17. 漯麦 9 号，18. 豫农 416，19. 矮抗 58，20. 豫农 949，21. 花培 2 号，22. 中育 10 号，23. 郑麦 9987，24. 兰考 906，25. 周麦 24

1. Yumai 51, 2. Jimai 4, 3. Zhengzhou 761, 4. Xumai 30, 5. Zhengmai 366, 6. Bainong 3217, 7. Yumai 13, 8. Yumai 10, 9. Luomai 8, 10. Huapei 6, 11. Rumai 0319, 12. Yunong 416, 13. marker DL2000, 14. Ping'an 8, 15. Luomai 4-168, 16. Bainong 160, 17. Luomai 9, 18. Yunong 416, 19. Aikang 58, 20. Yunong 949, 21. Huapei 2, 22. Zhongyu 10, 23. Zhengmai 9987, 24. Lankao 906, 25. Zhoumai 24

表 7-12 全国代表小麦品种发育特性与春化相关基因组成

Table 7-12 The vernalization characteristics and genotypes of wheat varieties from the whole country

序号	品种名	品种来源	审定发育特性	基因型	推测发育特性
1	京 841	北京	冬性	*vrn-A1 vrn-B1 vrn-D1 vrn-B3*	冬性
2	京冬 8 号	北京	冬性	*vrn-A1 vrn-B1 vrn-D1 vrn-B3*	冬性
3	中优 9507	北京	半冬性	*vrn-A1 vrn-B1 Vrn-D1b vrn-B3*	半冬性
4	邯麦 11	河北	半冬性	*vrn-A1 vrn-B1 vrn-D1 vrn-B3*	冬性
5	邯麦 5030	河北	冬性	*vrn-A1 vrn-B1 vrn-D1 vrn-B3*	冬性
6	藁优 9411	河北	弱春性	*vrn-A1 vrn-B1 Vrn-D1a vrn-B3*	弱春性
7	藁优 9415	河北	半冬性	*vrn-A1 vrn-B1 vrn-D1 vrn-B3*	冬性
8	藁优 9409	河北	半冬性	*vrn-A1 Vrn-B1 vrn-D1 vrn-B3*	弱春性
9	藁优 8901	河北	半冬性	*vrn-A1 vrn-B1 Vrn-D1b vrn-B3*	半冬性
10	CAO175	河北	冬性	*vrn-A1 vrn-B1 vrn-D1 vrn-B3*	冬性
11	邯郸 6172	河北	半冬性	*vrn-A1 vrn-B1 vrn-D1 vrn-B3*	冬性
12	白硬冬 2 号	河北	半冬性	*vrn-A1 vrn-B1 Vrn-D1b vrn-B3*	半冬性
13	白硬冬 3 号	河北	半冬性	*vrn-A1 vrn-B1 Vrn-D1b vrn-B3*	半冬性
14	石家庄 8 号	河北	半冬性	*vrn-A1 vrn-B1 vrn-D1 vrn-B3*	冬性
15	石 4185	河北	半冬性	*vrn-A1 vrn-B1 Vrn-D1b vrn-B3*	半冬性
16	石麦 15	河北	半冬性	*vrn-A1 vrn-B1 vrn-D1 vrn-B3*	冬性
17	河农 341	河北	冬性	*vrn-A1 vrn-B1 vrn-D1 vrn-B3*	冬性
18	良星 99	河北	半冬性	*vrn-A1 vrn-B1 vrn-D1 vrn-B3*	冬性
19	冀师 02-1	河北	弱春性	*vrn-A1 vrn-B1 Vrn-D1a vrn-B3*	弱春性
20	白秃火	山西	半冬性	*vrn-A1 vrn-B1 Vrn-D1b vrn-B3*	半冬性
21	晋麦 12	山西	冬性	*vrn-A1 vrn-B1 Vrn-D1b vrn-B3*	半冬性
22	运优 1 号	山西	冬性	*vrn-A1 vrn-B1 vrn-D1 vrn-B3*	冬性
23	临麦 2 号	山西	半冬性	*vrn-A1 vrn-B1 vrn-D1 vrn-B3*	冬性
24	晋麦 207	山西	冬性	*vrn-A1 vrn-B1 vrn-D1 vrn-B3*	冬性
25	晋（太）170	山西	冬性	*vrn-A1 Vrn-B1 vrn-D1 vrn-B3*	弱春性
26	晋麦 66	山西	冬性	*vrn-A1 vrn-B1 vrn-D1 vrn-B3*	冬性
27	晋麦 61	山西	冬性	*vrn-A1 vrn-B1 vrn-D1 vrn-B3*	冬性

续表

序号	品种名	品种来源	审定发育特性	基因型	推测发育特性
28	晋麦 15	山西	冬性	*vrn-A1 vrn-B1 vrn-D1 vrn-B3*	冬性
29	临汾 8050	山西	冬性	*vrn-A1 vrn-B1 vrn-D1 vrn-B3*	冬性
30	郑麦 21	河南	半冬性	*vrn-A1 vrn-B1 vrn-D1 vrn-B3*	冬性
31	郑麦 366	河南	半冬性	*vrn-A1 vrn-B1 vrn-D1 vrn-B3*	冬性
32	郑麦 9987	河南	弱春性	*vrn-A1 vrn-B1 Vrn-D1a vrn-B3*	弱春性
33	郑麦 004	河南	半冬性	*vrn-A1 vrn-B1 Vrn-D1b vrn-B3*	半冬性
34	郑 9023	河南	弱春性	*vrn-A1 Vrn-B1 vrn-D1 vrn-B3*	弱春性
35	郑麦 7698	河南	弱春性	*vrn-A1 vrn-B1 vrn-D1 vrn-B3*	冬性
36	郑麦 9962	河南	弱春性	*vrn-A1 Vrn-B1 Vrn-D1a vrn-B3*	弱春性
37	豫麦 2	河南	半冬性	*vrn-A1 vrn-B1 vrn-D1 vrn-B3*	冬性
38	豫麦 10 号	河南	弱春性	*vrn-A1 vrn-B1 Vrn-D1a vrn-B3*	弱春性
39	豫麦 13	河南	半冬性	*vrn-A1 vrn-B1 Vrn-D1b vrn-B3*	半冬性
40	豫麦 14 优系	河南	半冬性	*vrn-A1 vrn-B1 Vrn-D1b vrn-B3*	半冬性
41	豫麦 18	河南	弱春性	*vrn-A1 vrn-B1 Vrn-D1a vrn-B3*	弱春性
42	豫麦 21	河南	半冬性	*vrn-A1 vrn-B1 vrn-D1 vrn-B3*	冬性
43	豫麦 34	河南	弱春性	*vrn-A1 vrn-B1 Vrn-D1b vrn-B3*	半冬性
44	豫麦 47	河南	弱春性	*vrn-A1 vrn-B1 vrn-D1 vrn-B3*	冬性
45	豫麦 49	河南	半冬性	*vrn-A1 vrn-B1 vrn-D1 vrn-B3*	冬性
46	豫麦 49-198	河南	半冬性	*vrn-A1 vrn-B1 vrn-D1 vrn-B3*	冬性
47	豫麦 50	河南	弱春性	*vrn-A1 Vrn-B1 vrn-D1 vrn-B3*	弱春性
48	豫麦 54	河南	半冬性	*vrn-A1 vrn-B1 vrn-D1 vrn-B3*	冬性
49	豫麦 58 号	河南	半冬性	*vrn-A1 vrn-B1 vrn-D1 vrn-B3*	冬性
50	豫麦 51	河南	弱春性	*vrn-A1 vrn-B1 Vrn-D1a vrn-B3*	弱春性
51	豫麦 56	河南	弱春性	*vrn-A1 Vrn-B1 Vrn-D1c vrn-B3*	弱春性
52	豫麦 62	河南	弱春性	*vrn-A1 vrn-B1 Vrn-D1a vrn-B3*	弱春性
53	豫麦 68 号	河南	半冬性	*vrn-A1 vrn-B1 vrn-D1 vrn-B3*	冬性
54	豫麦 69 号	河南	半冬性	*vrn-A1 vrn-B1 vrn-D1 vrn-B3*	冬性
55	豫麦 70	河南	半冬性	*vrn-A1 vrn-B1 vrn-D1 vrn-B3*	冬性
56	豫麦 70-36	河南	弱春性	*vrn-A1 Vrn-B1 Vrn-D1b vrn-B3*	弱春性
57	豫农 416	河南	半冬性	*vrn-A1 vrn-B1 vrn-D1 vrn-B3*	冬性
58	豫农 949	河南	弱春性	*vrn-A1 vrn-B1 vrn-D1 vrn-B3*	冬性
59	豫农 982	河南	半冬性	*vrn-A1 vrn-B1 vrn-D1 vrn-B3*	冬性
60	豫农 201	河南	半冬性	*vrn-A1 vrn-B1 vrn-D1 vrn-B3*	冬性
61	豫农 202	河南	弱春性	*vrn-A1 vrn-B1 Vrn-D1a vrn-B3*	弱春性
62	周麦 16	河南	半冬性	*vrn-A1 vrn-B1 vrn-D1 vrn-B3*	冬性
63	周麦 18	河南	半冬性	*vrn-A1 vrn-B1 vrn-D1 vrn-B3*	冬性
64	周麦 19	河南	半冬性	*vrn-A1 vrn-B1 Vrn-D1b vrn-B3*	半冬性
65	周麦 22	河南	半冬性	*vrn-A1 vrn-B1 vrn-D1 vrn-B3*	冬性
66	周麦 23	河南	弱春性	*vrn-A1 vrn-B1 Vrn-D1a vrn-B3*	弱春性
67	周麦 24	河南	半冬性	*vrn-A1 vrn-B1 vrn-D1 vrn-B3*	冬性
68	平安 6 号	河南	弱春性	*vrn-A1 Vrn-B1 Vrn-D1a vrn-B3*	弱春性

续表

序号	品种名	品种来源	审定发育特性	基因型	推测发育特性
69	平安8号	河南	半冬性	*vrn-A1 vrn-B1 vrn-D1 vrn-B3*	冬性
70	漯麦8号	河南	半冬性	*vrn-A1 vrn-B1 vrn-D1 vrn-B3*	冬性
71	漯麦9号	河南	半冬性	*vrn-A1 vrn-B1 vrn-D1 vrn-B3*	冬性
72	漯麦22	河南	冬性	*vrn-A1 vrn-B1 vrn-D1 vrn-B3*	冬性
73	漯麦4-168	河南	半冬性	*vrn-A1 vrn-B1 vrn-D1 vrn-B3*	冬性
74	百农3217	河南	半冬性	*vrn-A1 vrn-B1 Vrn-D1b vrn-B3*	半冬性
75	百农160	河南	半冬性	*vrn-A1 vrn-B1 vrn-D1 vrn-B3*	冬性
76	矮抗58	河南	半冬性	*vrn-A1 vrn-B1 vrn-D1 vrn-B3*	冬性
77	中育12	河南	弱春性	*vrn-A1 vrn-B1 Vrn-D1a vrn-B3*	弱春性
78	中育10号	河南	半冬性	*vrn-A1 vrn-B1 vrn-D1 vrn-B3*	冬性
79	郑农16	河南	弱春性	*vrn-A1 vrn-B1 vrn-D1 vrn-B3*	冬性
80	郑农18	河南	半冬性	*vrn-A1 vrn-B1 vrn-D1 vrn-B3*	冬性
81	郑农9908	河南	半冬性	*vrn-A1 vrn-B1 Vrn-D1b vrn-B3*	半冬性
82	郑农9676	河南	半冬性	*vrn-A1 vrn-B1 Vrn-D1a vrn-B3*	弱春性
83	新周18	河南	半冬性	*vrn-A1 vrn-B1 vrn-D1 vrn-B3*	冬性
84	新麦19	河南	半冬性	*vrn-A1 vrn-B1 vrn-D1 vrn-B3*	冬性
85	郑丰98418	河南	半冬性	*vrn-A1 vrn-B1 vrn-D1 vrn-B3*	冬性
86	济麦1号	河南	半冬性	*vrn-A1 vrn-B1 vrn-D1 vrn-B3*	冬性
87	济麦2号	河南	半冬性	*vrn-A1 vrn-B1 vrn-D1 vrn-B3*	冬性
88	济麦4号	河南	半冬性	*vrn-A1 vrn-B1 vrn-D1 vrn-B3*	冬性
89	安麦1号	河南	半冬性	*vrn-A1 vrn-B1 Vrn-D1b vrn-B3*	半冬性
90	偃高1号	河南	弱春性	*vrn-A1 vrn-B1 Vrn-D1a vrn-B3*	弱春性
91	偃展4110	河南	弱春性	*vrn-A1 vrn-B1 Vrn-D1a vrn-B3*	弱春性
92	小偃6号	河南	冬性	*vrn-A1 vrn-B1 vrn-D1 vrn-B3*	冬性
93	小偃54	河南	冬性	*vrn-A1 vrn-B1 vrn-D1 vrn-B3*	冬性
94	花培1号	河南	半冬性	*vrn-A1 Vrn-B1 vrn-D1 vrn-B3*	弱春性
95	花培2号	河南	半冬性	*vrn-A1 vrn-B1 Vrn-D1b vrn-B3*	半冬性
96	花培6号	河南	半冬性	*vrn-A1 vrn-B1 Vrn-D1b vrn-B3*	半冬性
97	花培8号	河南	弱春性	*vrn-A1 vrn-B1 Vrn-D1a vrn-B3*	弱春性
98	科农605	河南	半冬性	*vrn-A1 vrn-B1 Vrn-D1a vrn-B3*	弱春性
99	新麦208	河南	半冬性	*vrn-A1 vrn-B1 vrn-D1 vrn-B3*	冬性
100	豫展2000	河南	半冬性	*vrn-A1 vrn-B1 Vrn-D1a vrn-B3*	弱春性
101	洛旱2号	河南	半冬性	*vrn-A1 vrn-B1 vrn-D1 vrn-B3*	冬性
102	兰考906	河南	半冬性	*vrn-A1 vrn-B1 vrn-D1 vrn-B3*	冬性
103	郑州761	河南	半冬性	*vrn-A1 vrn-B1 Vrn-D1b vrn-B3*	半冬性
104	宝丰7228	河南	半冬性	*vrn-A1 vrn-B1 vrn-D1 vrn-B3*	冬性
105	郑引1号	河南	弱春性	*vrn-A1 vrn-B1 Vrn-D1a vrn-B3*	弱春性
106	众麦998	河南	半冬性	*vrn-A1 vrn-B1 Vrn-D1b vrn-B3*	半冬性
107	汝麦0319	河南	半冬性	*vrn-A1 vrn-B1 vrn-D1 vrn-B3*	冬性
108	许科1号	河南	半冬性	*vrn-A1 vrn-B1 vrn-D1 vrn-B3*	冬性
109	淮麦20	河南	半冬性	*vrn-A1 vrn-B1 vrn-D1 vrn-B3*	冬性

续表

序号	品种名	品种来源	审定发育特性	基因型	推测发育特性
110	淮麦 25 号	河南	半冬性	*vrn-A1 vrn-B1 Vrn-D1b vrn-B3*	半冬性
111	淮麦 0360	河南	半冬性	*vrn-A1 vrn-B1 Vrn-D1b vrn-B3*	半冬性
112	淮麦 0458	河南	冬性	*vrn-A1 vrn-B1 vrn-D1 vrn-B3*	冬性
113	淮阳 0104	河南	冬性	*vrn-A1 vrn-B1 vrn-D1 vrn-B3*	冬性
114	鲁麦 14	山东	冬性	*vrn-A1 vrn-B1 vrn-D1 vrn-B3*	冬性
115	鲁麦 19	山东	冬性	*vrn-A1 vrn-B1 Vrn-D1b vrn-B3*	半冬性
116	鲁麦 21	山东	弱春性	*vrn-A1 vrn-B1 vrn-D1 vrn-B3*	冬性
117	鲁麦 212	山东	冬性	*vrn-A1 vrn-B1 vrn-D1 vrn-B3*	冬性
118	山农 B263	山东	冬性	*vrn-A1 vrn-B1 vrn-D1 vrn-B3*	冬性
119	山农 8355	山东	半冬性	*vrn-A1 Vrn-B1 Vrn-D1b vrn-B3*	弱春性
120	山农 2149	山东	半冬性	*vrn-A1 vrn-B1 vrn-D1 vrn-B3*	冬性
121	山农 PH62008	山东	冬性	*vrn-A1 vrn-B1 vrn-D1 vrn-B3*	冬性
122	山农 98	山东	冬性	*vrn-A1 vrn-B1 vrn-D1 vrn-B3*	冬性
123	泰山 008	山东	半冬性	*vrn-A1 vrn-B1 Vrn-D1b vrn-B3*	半冬性
124	烟农 19	山东	冬性	*vrn-A1 vrn-B1 vrn-D1 vrn-B3*	冬性
125	烟农 21	山东	冬性	*vrn-A1 vrn-B1 vrn-D1 vrn-B3*	冬性
126	烟麦 0401	山东	弱春性	*vrn-A1 Vrn-B1 vrn-D1 vrn-B3*	弱春性
127	济麦 17	山东	半冬性	*vrn-A1 vrn-B1 vrn-D1 vrn-B3*	冬性
128	济麦 20	山东	冬性	*vrn-A1 vrn-B1 vrn-D1 vrn-B3*	冬性
129	济麦 22	山东	冬性	*vrn-A1 vrn-B1 vrn-D1 vrn-B3*	冬性
130	济南 17 号	山东	半冬性	*vrn-A1 vrn-B1 vrn-D1 vrn-B3*	冬性
131	济南 31	山东	冬性	*vrn-A1 vrn-B1 vrn-D1 vrn-B3*	冬性
132	淄麦 12	山东	半冬性	*vrn-A1 vrn-B1 vrn-D1 vrn-B3*	冬性
133	山东软 943	山东	冬性	*vrn-A1 vrn-B1 vrn-D1 vrn-B3*	冬性
134	郯麦 98	山东	半冬性	*vrn-A1 vrn-B1 vrn-D1 vrn-B3*	冬性
135	济宁 9903	山东	半冬性	*vrn-A1 vrn-B1 Vrn-D1c vrn-B3*	半冬性
136	莱州 137	山东	冬性	*vrn-A1 vrn-B1 Vrn-D1a vrn-B3*	弱春性
137	泰农 29	山东	半冬性	*vrn-A1 vrn-B1 Vrn-D1b vrn-B3*	半冬性
138	鲁原 502	山东	半冬性	*vrn-A1 vrn-B1 vrn-D1 vrn-B3*	冬性
139	汶农 14	山东	半冬性	*vrn-A1 vrn-B1 vrn-D1 vrn-B3*	冬性
140	西农 2 号	陕西	冬性	*vrn-A1 vrn-B1 vrn-D1 vrn-B3*	冬性
141	西农 3 号	陕西	弱春性	*vrn-A1 vrn-B1 Vrn-D1a vrn-B3*	弱春性
142	西农 979	陕西	半冬性	*vrn-A1 vrn-B1 vrn-D1 vrn-B3*	冬性
143	西农 3517	陕西	半冬性	*vrn-A1 vrn-B1 Vrn-D1b vrn-B3*	半冬性
144	西农 132	陕西	冬性	*vrn-A1 vrn-B1 vrn-D1 vrn-B3*	冬性
145	陕 253	陕西	半冬性	*vrn-A1 vrn-B1 vrn-D1 vrn-B3*	冬性
146	陕 509	陕西	弱春性	*vrn-A1 vrn-B1 Vrn-D1a vrn-B3*	弱春性
147	陕优 225	陕西	冬性	*vrn-A1 vrn-B1 vrn-D1 vrn-B3*	冬性
148	高优 503	陕西	弱春性	*vrn-A1 vrn-B1 Vrn-D1a vrn-B3*	弱春性
149	皖麦 44	安徽	半冬性	*vrn-A1 vrn-B1 vrn-D1 vrn-B3*	冬性
150	安农 0487	安徽	冬性	*vrn-A1 vrn-B1 vrn-D1 vrn-B3*	冬性

续表

序号	品种名	品种来源	审定发育特性	基因型	推测发育特性
151	安农 0324	安徽	冬性	*vrn-A1 vrn-B1 vrn-D1 vrn-B3*	冬性
152	扬麦 5 号	江苏	弱春性	*vrn-A1 vrn-B1 Vrn-D1a vrn-B3*	弱春性
153	扬麦 10	江苏	春性	*vrn-A1 Vrn-B1Vrn-D1a vrn-B3*	春性
154	扬麦 11	江苏	弱春性	*vrn-A1 vrn-B1 Vrn-D1a vrn-B3*	弱春性
155	扬麦 16	江苏	弱春性	*vrn-A1 vrn-B1 Vrn-D1a vrn-B3*	弱春性
156	徐麦 197	江苏	冬性	*vrn-A1 vrn-B1 vrn-D1 vrn-B3*	冬性
157	徐州 25	江苏	半冬性	*vrn-A1 Vrn-B1 vrn-D1 vrn-B3*	弱春性
158	徐 5034	江苏	弱春性	*vrn-A1 Vrn-B1 vrn-D1 vrn-B3*	弱春性
159	徐 4060	江苏	冬性	*vrn-A1 vrn-B1 vrn-D1 vrn-B3*	冬性
160	淮阴 9628	江苏	半冬性	*vrn-A1 Vrn-B1 Vrn-D1a vrn-B3*	弱春性
161	徐麦 30	江苏	半冬性	*vrn-A1 vrn-B1 vrn-D1 vrn-B3*	冬性
162	淮麦 0021	江苏	弱春性	*vrn-A1 vrn-B1 Vrn-D1a vrn-B3*	弱春性
163	淮 0607	江苏	冬性	*vrn-A1 vrn-B1 vrn-D1 vrn-B3*	冬性
164	苏北麦 1 号	江苏	冬性	*vrn-A1 vrn-B1 vrn-D1 vrn-B3*	冬性
165	宁糯麦 1 号	江苏	弱春性	*vrn-A1 vrn-B1 Vrn-D1a vrn-B3*	弱春性
166	宿 553	江苏	半冬性	*vrn-A1 vrn-B1 Vrn-D1c vrn-B3*	半冬性
167	宿 042	江苏	半冬性	*vrn-A1 vrn-B1 Vrn-D1c vrn-B3*	半冬性
168	绵阳 26	四川	弱春性	*vrn-A1 vrn-B1 Vrn-D1a vrn-B3*	弱春性
169	绵阳 33	四川	春性	*vrn-A1 vrn-B1 Vrn-D1a vrn-B3*	弱春性
170	绵阳 35	四川	弱春性	*vrn-A1 vrn-B1 Vrn-D1a vrn-B3*	弱春性
171	绵麦 11	四川	弱春性	*vrn-A1 vrn-B1 Vrn-D1a vrn-B3*	弱春性
172	绵麦 37	四川	春性	*vrn-A1 vrn-B1 Vrn-D1a vrn-B3*	弱春性
173	绵麦 38	四川	弱春性	*vrn-A1 vrn-B1 Vrn-D1a vrn-B3*	弱春性
174	绵 98-351	四川	弱春性	*vrn-A1 vrn-B1 Vrn-D1a vrn-B3*	弱春性
175	绵资 02-12	四川	弱春性	*vrn-A1 vrn-B1 Vrn-D1a vrn-B3*	弱春性
176	川麦 42	四川	弱春性	*vrn-A1 vrn-B1 Vrn-D1a vrn-B3*	弱春性
177	川 99-1512	四川	弱春性	*vrn-A1 vrn-B1 Vrn-D1a vrn-B3*	弱春性
178	川麦 107	四川	弱春性	*vrn-A1 vrn-B1 Vrn-D1a vrn-B3*	弱春性
179	川育 20	四川	弱春性	*vrn-A1 vrn-B1 Vrn-D1a vrn-B3*	弱春性
180	川育 12	四川	弱春性	*vrn-A1 Vrn-B1 Vrn-D1a vrn-B3*	弱春性
181	川麦 32	四川	弱春性	*vrn-A1 vrn-B1 Vrn-D1a vrn-B3*	弱春性
182	四川永刚 2	四川	弱春性	*vrn-A1 vrn-B1 Vrn-D1a vrn-B3*	弱春性
183	资麦 17	四川	冬性	*vrn-A1 vrn-B1 vrn-D1 vrn-B3*	冬性
184	万县白麦	四川	春性	*vrn-A1 vrn-B1 Vrn-D1a vrn-B3*	弱春性
185	中国春	四川	弱春性	*vrn-A1 vrn-B1 Vrn-D1a vrn-B3*	弱春性
186	内麦 8 号	四川	春性	*vrn-A1 vrn-B1 Vrn-D1a vrn-B3*	弱春性
187	贵农 001	贵州	冬性	*vrn-A1 vrn-B1 vrn-D1 vrn-B3*	冬性
188	贵农 005	贵州	冬性	*vrn-A1 vrn-B1 vrn-D1 vrn-B3*	冬性
189	西南旱	云南	冬性	*vrn-A1 vrn-B1 vrn-D1 vrn-B3*	冬性
190	凤麦 24	云南	春性	*vrn-A1 Vrn-B1 Vrn-D1a vrn-B3*	春性
191	283	云南	弱春性	*vrn-A1 vrn-B1 Vrn-D1a vrn-B3*	弱春性

续表

序号	品种名	品种来源	审定发育特性	基因型	推测发育特性
192	华南 T004	云南	弱春性	*vrn-A1 vrn-B1 Vrn-D1a vrn-B3*	弱春性
193	新冬 18	新疆	冬性	*vrn-A1 vrn-B1 vrn-D1 vrn-B3*	冬性
194	新冬 22	新疆	冬性	*vrn-A1 vrn-B1 vrn-D1 vrn-B3*	冬性
195	油麦	黑龙江	弱春性	*vrn-A1 vrn-B1 Vrn-D1a vrn-B3*	弱春性
196	洋麦	黑龙江	春性	*vrn-A1 vrn-B1 vrn-D1 vrn-B3*	春性
197	宁春 13	宁夏	弱春性	*vrn-A1 vrn-B1 Vrn-D1a vrn-B3*	弱春性

计不同春化基因类型的分布频率见表 7-13。表 7-13 表明，*Vrn-A1a* 基因及其等位变异 *Vrn-A1b*、*Vrn-A1c* 基因及 *Vrn-B3* 在所检测的材料中不存在；在 B1 位点，17 份材料检测为显性基因（8.5%），其余材料均为隐性基因；有 8 个品种同时含有 *Vrn-B1* 和 *Vrn-D1* 显性基因，所占比例为 4.0%；在 D1 位点，有 85 份材料为显性基因（42.9%），112 份为隐性基因（57.1%）。因此，在 197 份全国小麦品种中，这 4 个春化基因位点全为隐性的品种（共 107 个）分布频率最高，为 54.5%，其次为显性突变 *Vrn-D1*（42.9%）和 *Vrn-B1*（8.5%）。

表 7-13　197 份小麦材料中不同等位基因所占的比例

Table 7-13　The proportion of the different Allelic gene in the 197 wheat varieties

分类	不同春化基因品种数量			
	VRN-A1	*VRN-B1*	*VRN-D1*	*VRN3*
显性基因	0	17	85	0
频率/%	0	8.5	42.9	0
隐性基因	197	180	112	197
频率/%	100	91.5	57.1	100

在上述 4 个春化基因中，*VRN-D1* 位点不仅显性突变比例大，而且变异类型多（表 7-14），在 85 份 *Vrn-D1* 显性突变中，54 份为 *Vrn-D1a* 类型（63.5%）；27 份材料为 *Vrn-D1b* 类型（A/C 点突变），占到了 31.8%；4 份为 *Vrn-D1c* 类型（4.7%），其中有 6 个品种同时含有 *Vrn-B1* 和 *Vrn-D1a* 显性基因，所占比例为 7.1%；有 2 个品种同时含有 *Vrn-B1* 和 *Vrn-D1b* 显性基因，所占比例为 2.3%。其余 112 份为 *vrn-D1* 隐性材料。

表 7-14　85 份 *Vrn-D1* 显性小麦材料中不同等位基因所占的比例

Table 7-14　The proportion of the different allelic gene of *Vrn-D1* in 85 wheat varieties

春化基因	*Vrn-D1a*	*Vrn-D1b*	*Vrn-D1c*	*Vrn-B1+Vrn-D1a*	*Vrn-B1+Vrn-D1b*	*Vrn-D1*
品种数	54	27	4	6	2	85
基因频率/%	63.5	31.8	4.7	7.1	2.3	100

2. 黄淮冬麦区小麦春化基因类型的分布频率

对包括河南、山东、安徽及陕西的黄淮冬麦区 122 个代表性小麦品种春化基因显隐性分布频率的统计见表 7-15。表 7-15 表明，*Vrn-A1* 和 *Vrn-B3* 显性等位变异在所检测的小麦品种中不存在；在 B1 位点，8 份材料检测为显性基因（6.5%），其余 114 份材料均为隐性基因；有5个品种同时含有 *Vrn-B1* 和 *Vrn-D1* 显性基因，所占比例为4.1%，其中 *Vrn-B1* 和 *Vrn-D1a* 的2份，*Vrn-B1* 和 *Vrn-D1b* 的2份，*Vrn-B1* 和 *Vrn-D1c* 1份；在D1位点，有43份材料为显性基因（35.2%），包括 *Vrn-D1a* 类型21份，*Vrn-D1b* 类型20份，*Vrn-D1c* 类型2份；79份为隐性基因（64.8%）。因此，在黄淮冬麦区适宜种植的小麦品种中，这4个春化基因位点为隐性的品种（共75个）分布频率最高，为61.5%，其次为显性突变 *Vrn-D1*（35%）和 *Vrn-B1*（6.5%）。

表 7-15　黄淮冬麦区小麦材料中不同等位基因所占的比例

Table 7-15　The proportion of the different allelic genes for the wheat varieties in Huanghuai region

分类	不同春化基因品种分布（数量/频率）			
	VRN-A1	*VRN-B1*	*VRN-D1*	*VRN3*
显性基因	0	8	43	0
频率/%	0	6.5	35.2	0
隐性基因	122	114	79	122
频率/%	100	93.5	64.8	100

3. 北部冬麦区小麦春化基因类型的分布频率

对来源于北京、河北和山西的北部冬麦区29份小麦品种春化基因位点的分子检测表明（表7-16），未检测到 *Vrn-A1* 和 *Vrn-B3* 显性等位变异；有2份材料在B1位点为显性（6.9%），其余27份材料均为隐性基因；在D1位点，有9份材料为显性基因（31.0%），包括 *Vrn-D1a* 类型2份，*Vrn-D1b* 类型7份，20份为隐性基因（69.0%）。因此，北部冬麦区的小麦品种中，4个春化基因位点为隐性的品种（共18个）分布频率最高，为62.1%，其次为显性突变 *Vrn-D1*（9个，31%）和 *Vrn-B1*（2个，6.9%）。

表 7-16　北部冬麦区小麦品种中春化显性基因比例

Table 7-16　The proportion of dominant allele in vernalization genes for varieties of Northern winter wheat region

分类	不同春化基因品种分布（数量/频率）			
	VRN-A1	*VRN-B1*	*VRN-D1*	*VRN3*
显性基因	0	2	9	0
频率/%	0	6.9	31.0	0
隐性基因	29	27	20	29
频率/%	100	93.1	69.0	100

4. 西南冬麦区小麦春化基因类型的分布频率

对来源于贵州、四川、云南等西南冬麦区的26份小麦品种春化基因位点的分子检测表明（表7-17），未检测到 *Vrn-A1* 和 *Vrn-B3* 显性等位变异；有2份材料在B1位点为显性（7.7%），其余材料均为隐性基因，这2个品种也同时含有 *Vrn-D1* 显性基因，所占比例为7.7%；在D1位点，有22份材料为显性基因（84.6%），且均为 *Vrn-D1a* 型；4份为隐性基因（15.4%），因此西南麦区的小麦品种中，*Vrn-D1* 为显性的（共22个）分布频率最高，为84.6%，其次为隐性基因（15.4%）和显性突变 *Vrn-B1*（7.7%）。

表 7-17　西南冬麦区小麦品种中春化显性基因比例

Table 7-17　The proportion of dominant allele in vernalization genes for varieties in Southwestern winter wheat region

分类	不同春化基因品种分布（数量/频率）			
	VRN-A1	*VRN-B1*	*VRN-D1*	*VRN3*
显性基因	0	2	22	0
频率/%	0	7.7	84.6	0
隐性基因	26	24	4	26
频率/%	100	92.3	15.4	100

5. 长江中下游麦区小麦春化基因类型的分布频率

对来源于江苏的长江中下游麦区的 16 份小麦品种春化基因位点的分子检测表明（表 7-18），未检测到 *Vrn-A1* 和 *Vrn-B3* 显性等位变异；有 3 份材料在 B1 位点为显性（18.8%），其余 13 份材料均为隐性基因，其中 2 个品种也同时含有 *Vrn-D1* 显性基因，所占比例为 12.5%；在 D1 位点，有 9 份材料为显性基因（56.3%），包括 *Vrn-D1a* 类型 7 份，*Vrn-D1c* 类型 2 份；7 份为隐性基因（43.7%）。因此，长江中下游麦区的小麦品种中，*Vrn-D1* 为显性的（共 9 个）分布频率最高，其次为隐性基因（共 6 个）和显性突变 *Vrn-B1*（3 个）。

6. 其他麦区小麦春化基因类型的分布频率

曹霞等（2010）对新疆冬春麦区 185 份小麦品种（系）（包括 85 份春性、100 份冬性品种）春化基因 *Vrn-A1*、*Vrn-B1*、*Vrn-D1*、*Vrn-B3* 位点的等位变异组成进行了分析。结果表明，在新疆小麦品种中，含有春化显性等位变异 *Vrn-A1* 的品种 47 份，占供试品种（系）的 25.4%，其中 *Vrn-A1a* 45 份，*Vrn-A1b* 2 份，其余 138 份品种为隐性 *vrn-A1*；春化显性等位变异 *Vrn-B1* 为 43 份，占 23.3%，其余 142 份品种为隐性 *vrn-B1*；春化显性等位变异 *Vrn-D1* 为 38 个，占 20.5%，其余 147 份品种为隐性 *vrn-D1*；*Vrn-B3* 位点不存在显性等位变异，全部为隐性 *vrn-B3*。春化显性等位变异 *Vrn-A1*、*Vrn-B1* 和 *Vrn-D1* 在冬、春性小麦内的分布比例也不同。在春性小麦品种（系）中，显性等位变异 *Vrn-A1*（47 份）出现的频率较高（55.3%）；其次为 *Vrn-B1*（43 份），占 50.6%；*Vrn-D1*（38 份）占 44.7%。在冬性小麦中，仅有 2 份（郑麦 9023、库车白冬麦）显性等位变异 *Vrn-B1* 出现，占 2.0%，其中郑麦 9023 与我们检测结果一致，库车白冬麦与我们检测到新冬 18 为 *Vrn-B1* 显性吻合，说明了新疆强冬性小麦的特殊性。

表 7-18　长江中下游麦区小麦品种中春化显性基因比例

Table 7-18　The proportion of dominant allele of vernalization genes for varieties in the middle and lower Yangtze River winter wheat region

分类	不同春化基因品种分布（数量/频率）			
	VRN-A1	*VRN-B1*	*VRN-D1*	*VRN3*
显性基因	0	3	9	0
频率/%	0	18.8	56.3	0
隐性基因	16	13	7	16
频率/%	100	81.2	43.7	100

王宪国等（2016）对来源于青海和西藏的 82 份春小麦和 14 份冬小麦品种春化基因 4 个位点进行了分子检测，对 82 份春小麦检测表明（表 7-19），在 A1 位点，有 35 份材料为显性（42.7%），其中 29 份为 *Vrn-A1a*，6 份为 *Vrn-A1b*，其余 47 份材料为隐性基因；在 B1 位点，有 40 份材料为显性（48.8%），其中 28 份为 *Vrn-B1a*，12 份为 *Vrn-B1b*，其余 42 份材料为隐性基因；在 D1 位点，有 54 份材料为显性基因（65.8%），包括 *Vrn-D1a* 类型 53 份，*Vrn-D1b* 类型 1 份，其余 28 份为隐性基因（34.2%）；在 B3 位点有 1 份材料为显性（1.2%），其余 81 份材料均为隐性基因。该区 14 份冬小麦品种春化基因全部为隐性。因此，青藏麦区的春小麦品种中，*Vrn-D1* 为显性的分布频率最高（65.8%），其次为 *Vrn-B1* 显性基因（48.8%）和 *Vrn-A1* 显性基因（42.7%）。

表 7-19　青藏麦区春小麦品种中春化显性基因比例

Table 7-19　The proportion of dominant allele of vernalization genes for varieties in Qinghai-Tibet wheat region

分类	不同春化基因品种分布（数量/频率）			
	VRN-A1	*VRN-B1*	*VRN-D1*	*VRN3*
显性基因	35	40	54	1
频率/%	42.7	48.8	65.8	1.2
隐性基因	47	42	28	81
频率/%	57.3	51.2	34.2	98.8

刘文林等（2014）对黑龙江 126 份小麦品种的春化基因进行了分子检测。结果表明，春化基因位点显性等位变异组合在黑龙江小麦中分布频率明显不同。含有显性基因组合 *Vrn-A1/Vrn-D1* 的分布频率最高 33 份，为 26.2%；其次是显性基因 *Vrn-A1/Vrn-B1* 30 份和 *Vrn-A1/Vrn-B1/Vrn-D1* 29 份，分布频率分别为 23.8%和 23.0%；显性基因 *Vrn-A1* 24 份，分布频率为 19.0%；*Vrn-B1/Vrn-D1* 6 份，分布频率为 4.8%；显性基因 *Vrn-D1* 2 份，分布频率为 1.6%；最低的是 *Vrn-B1* 基因 1 份，分布频率为 0.8%；还有 1 份（克风）为 3 个均为隐性。*Vrn-B3* 位点在黑龙江小麦中不存在显性等位变异。

三、小麦春化基因型与冬春性分类

依据春化基因型，对小麦品种冬春性分类的一般原则为：*Vrn-A1* 为显性，小麦的发育特性为春性，*Vrn-B1* 或 *Vrn-D1*（*Vrn-D1a*）有一个为显性则为弱春性；*Vrn-D1* 突变型为半冬性；若这 3 个基因全为隐性，小麦的发育特性为冬性。按照上述原则，全国及各麦区小麦春化基因组成情况见表 7-20。表 7-20 表明，全国 600 份材料中，春化基因 *vrn1* 隐性的 167 份，发育特性为冬性，占 27.8%；3 个春化等位基因中有显性的 433 份，发育特性为春性或半冬性，占 72.2%。其中，北部春麦区 126 份中，只有 1 份为 *vrn1* 隐性，其他 125 份有 *Vrn-1* 显性，*Vrn-A1* 显性为春性或强春性 116 份，占到 92%；北部冬麦区中，18 份为 *vrn1* 隐性，发育特性为冬性，占到 62.1%，3 个春化等位基因中有显性 *Vrn-B1* 的 2 份，显性 *Vrn-D1* 的 9 份，发育特性为春性或半冬性，占 37.9%；黄淮冬麦区中，72 份为 *vrn1* 隐性，发育特性为冬性，占到 58.5%，有显性 *Vrn-B1* 的 8 份，显性 *Vrn-D1* 的 43 份，发育特性为春性或半冬性，占 41.5%；长江中下游麦区中，4 份为 *vrn1* 隐性，发育特性为冬性，占到25.0%，有显性 *Vrn-B1* 的3份，显性 *Vrn-D1* 的9份，发育特性为春性或半冬性，占75.0%；西南冬麦区中，1份为 *vrn1* 隐性，发育特性为冬性，占到4.0%，有显性 *Vrn-B1* 的2份，显性 *Vrn-D1* 的22份，发育特性为春性或半冬性，占96.0%；新疆麦区中，57份为 *vrn1* 隐性，发育特性为冬性，占到30.8%，有显性 *Vrn-A1* 的47份，*Vrn-B1* 的43份，显性 *Vrn-D1* 的38份，发育特性为春性或半冬性，占69.2%；青藏麦区中，14份为 *vrn1* 隐性，发育特性为冬性，占到14.6%，有显性 *Vrn-A1* 的35份，*Vrn-B1* 的40份，显性 *Vrn-D1* 的54份，发育特性为春性或半冬性，占85.4%。各麦区小麦发育特性表现与小麦春化基因组成情况基本吻合，这不仅说明 *Vrn-1* 是控制小麦春化发育的关键基因，而且也为小麦春化发育特性改良提供了重要依据。

表 7-20 不同麦区小麦品种基因型及所占比例

Table 7-20 The wheat variety genotypes and proportion in different wheat regions

麦区	显性 *Vrn1* 基因数量/比例（%）				
	Vrn-A1	*Vrn-B1*	*Vrn-D1*	*vrn1*	总数
北部春麦区	116/92.0	66/52.4	70/55.6	1/0.7	126
北部冬麦区		2/6.9	9/31.0	18/62.1	29
黄淮冬麦区		8/6.5	43/35.0	72/58.5	123
长江中下游麦区		3/18.8	9/56.3	4/25.0	16
西南冬麦区		2/7.7	22/84.6	1/4.0	25
新疆麦区	47/25.4	43/23.3	38/20.5	57/30.8	185
青藏麦区	35/36.5	40/41.7	54/56.3	14/14.6	96
合计	198/33.0	164/27.3	245/40.8	167/27.8	600

参考文献

曹霞, 王亮, 冯毅, 等. 2010. 新疆小麦主要春化和光周期主要基因的组成分析. 麦类作物学报, 30(4): 601-606.

李淑俊. 1956. 春化过程中小麦胚中核酸含量的变化. 植物生理学通讯, (2): 1-4.

刘文林, 张宏纪, 刘东军, 等. 2014. 黑龙江小麦春化和光周期主要基因组成分析. 植物遗传资源学报, 15(6): 1-8 .

罗春梅, 胡承霖. 1986. 低温在小麦春化过程中生理作用的初步探讨. 安徽农学院学报, 13(2): 30-36.

孟繁静. 1986. 冬性植物体内类玉米赤霉烯酮与春化作用的关系. 植物学报, 28(6): 622-627.

谭克辉. 1981. 代谢抑制剂对冬小麦春化过程的影响. 植物学报, 23(5): 371-376.

谭克辉. 1983. 低温诱导植物开花的机理. 植物生理生化进展, (2): 90-97.

王宪国, 杨杰, 白升升, 等. 2016. 青海和西藏小麦主要春化基因的组成分析. 麦类作物学报, 10: 1341-1346.

种康. 1997. 冬小麦春化相关基因 cDNA(Verc 203)片段序列的分析. 植物生理学报, 23(1): 99-102.

Fu D, Szücs P, Yan L, et al. 2005. Large deletions within the first intron in *VRN-1* are associated with spring growth habit in barley and wheat. Mol Genet Genomics, 273: 54-65.

Iwaki K, Nishida J, Yanagisawa T, et al. 2002. Genetic analysis of Vrn-B1 for vernalization requirement by using linked dCAPS markers in bread wheat(*Triticum aestivum* L.). Theor Appl Genet, 104: 571-576.

Mocko V. 1976. Soluble proteins and multiple enzyme forms in early growth of wheat. Phytochem, 6: 465-471.

Roberts D W A. 1968. A Comparison of the Peroxidase Isoenzyme of wheat plants grown at 6℃ and 20℃.

Can J Bot, 47: 263-265.

Yan L, Helguera M, Kato K, et al. 2004a. Allelic variation at the *VRN-1* promoter region in polyploid wheat. Theor Appl Genet, 109: 1677-1686.

Yan L, Loukoianov A, Tranquilli G, et al. 2004b. The wheat *VRN2* gene is a flowering repressor down-regulated by vernalization. Science, 303: 1640-1644.

第八章　小麦春化相关基因的克隆与表达分析

Chapter 8　Cloning and expression of vernalization-related genes in wheat

内容提要：在小麦春化相关基因研究的基础上，为了进一步探索小麦春化作用的分子调控机制，我们克隆了 3 个春化相关基因，分析了春化相关基因在发育过程中的表达特性。结果表明，春化基因 *VRN1* 的 A、B 和 D 基因组等位基因间有差异，*VRN1* 基因在不同品种间差异较小，其序列有较高的保守性。但不同品种的表达差异明显，强春性品种（辽春 10 号）的 3 个显性等位基因在 1 叶期（圆锥期）就有表达，从 3 叶期（二棱期）开始保持高水平表达至开花期；春性品种新春 2 号、弱春性品种郑麦 9023 和豫麦 18 中的显性等位基因（分别为 *Vrn-A1*、*Vrn-B1* 和 *Vrn-D1*）在 1 叶期（圆锥期）启动表达，而另外两个隐性等位基因则滞后表达；在半冬性（周麦 18 和豫麦 49-198）和冬性（京 841 和肥麦）品种中，3 个隐性等位基因分别在 5~9 叶期才启动表达，低温春化可促进表达提前，其诱导效应具有 *vrn-A1* > *vrn-B1* > *vrn-D1* 的趋势。说明 *VRN1* 基因的表达启动与等位基因的显隐性组成密切相关，低温春化能够诱导隐性基因的表达。

春化基因 *VRN2* 有两个成员 *ZCCT1* 和 *ZCCT2*，均有 2 个外显子和 1 个内含子，内含子可编码包含 CCT 结构域的功能蛋白。*VRN2* 表达时间与 *VRN1* 的完全相反，即在强春性品种辽春 10 号中未检测到表达；在春性品种新春 2 号、弱春性品种豫麦 18 和郑麦 9023 中，只有 1 叶期（圆锥期）有表达；在其他检测的半冬性和冬性品种中，通过春化阶段以前，*VRN1* 基因不表达而 *VRN2* 基因表达，通过春化阶段后，*VRN1* 开始表达，而 *VRN2* 基因停止表达，体现了 *VRN2* 基因对 *VRN1* 的抑制调控关系。说明在普通小麦中，不需要春化（强春性品种）或当春化发育阶段（春性、冬性品种）通过时，*VRN2* 基因不表达或表达量极低。春化基因 *VRN3* 有 3 个外显子和 2 个内含子，编码的蛋白质属于磷脂结合蛋白（phospholipid-binding protein）家族成员，内含子序列在品种间存在较大差异。*VRN3* 的表达特点与 *VRN1* 的表达相似，在春性小麦中与 *VRN1* 的表达同步，在冬性品种中滞后或提前于 *VRN1* 的表达。

上述结果表明，*VRN2* 对隐性 *VRN1* 和 *VRN3* 具有负向调节作用，显性 *Vrn-A1* 不受 *VRN2* 的抑制较早表达，*VRN3* 正向调节 *VRN1*。隐性 *VRN1* 和 *VRN3* 基因都可受低温诱导而表达，且在种子发育期的茎秆、旗叶、花药、胚珠及发育的种子中均有表达；*VRN2* 在种子萌动期及生育前期的胚芽和叶片中就有表达，受低温诱导而被抑制，推测 *VRN1* 和 *VRN3* 基因是生殖生长过程必需的基因，其表达产物在生殖生长中起重要作用。

Abstract: Based on the study of vernalization-related genes, this chapter focuses on the cloning and expression of vernalization genes during wheat development. The main results were summarized as follows. There are some differences among three *VRN1* alleles, *VRN-A1*, *VRN-B1* and *VRN-D1*. Their sequence difference was less among the varieties. However, their expression difference is very significant among the varieties. For instance, three dominant *VRN1* alleles in Liaochun 10(SS)initiated to express at first-leaf stage, and the high level of expression was kept from three-leaf stage(double-ridge stage)to flower. There was one dominant *VRN1* alleles in Xinchun 2(*VRN-A1*), Yumai18 (*VRN-D1*) and Zhengmai 9023 (*VRN-B1*). The expression of these dominant *Vrn1* alleles initiated at first-leaf stage, whereas expression of other two recessive *vrn1* alleles in these varieties initiated later. In semi-winter wheat varieties(Zhoumai 18 and Yumai 49-198)and winterness(Jing 841 and Feimai), three recessive *vrn1* alleles initiated to express at third-ninth leaf stage respectively. Low temperature can induced the expression of recessive *vrn1* alleles.

Vernalization gene *VRN2* was comprised by *ZCCT1* and *ZCCT2*, which included two exons and one intron. Intron can code a protein including CCT domain. The expression of *VRN2* was opposite to that of *VRN1*. Its expression was not detected in Liaochun 10 and detected only at first-leaf stage of Xinchun 2, Yumai 18 and Zhengmai 9023. In winter varieties, *VRN2* was expressed only in the pre-growth stage when *VRN1* was not in expression. *VRN2* expression was interrupted during *VRN1* beginning expression after the double-ridge. So the *VRN2* expressing was repressed by vernalization treatment. Vernalization gene *VRN3* was comprised by three exons and two introns, which can code phospholipid–binding protein(PBP). *VRN3* and *VRN1* expressed simultaneously in spring varieties. The expression of *VRN3* was former or later than that of *VRN1* in winter varieties.

A further clarification for interaction mechanism of three vernalization genes was as follow. *VRN2* can down-regulate negatively *VRN1* and *VRN3*. The expression of recessive *vrn1* alleles can be repressed by *VRN2*, however the expression of dominant *Vrn1* alleles can't inhibited by *VRN2*. *VRN3* can up-regulate *VRN1*. Expression of recessive *vrn1* allele and *VRN3* can be induced by low temperature in stem, flag leaf, anther, ovule and developing seed. *VRN2* can express in germinating seed and root, leaf of young seedling. Its expression was inhibited by low temperature. It is presumed that *VRN1* and *VRN3* are imperative for generative growth or flower, their product plays an important role in generative growth or flower.

前人研究证明，小麦的春化发育特性受 3 对基因的控制，*Vrn1* 是开花促进因子，*Vrn2* 是开花抑制因子，*Vrn3* 受春化作用诱导表达，同时也受光周期的影响。对 *Vrn1* 的研究表明，在二倍体小麦中，该基因编码蛋白质为 MADS 转录因子，在其启动子区有特异结合位点 CarG-box，在春性品种和冬性品种间，该基因的编码区并没有差异，且 *VRN-B1* 和 *VRN-D1* 与 *VRN-A1* 的序列非常相似（Trevaskis et al.，2003；Yan et al.，2003）。利用近等基因系 TDD、TDB、TDE、TDC 研究表明（Loukoianov et al.，2005），在 3 个等位基因中，*VRN-A1* 对春化作用最不敏感，其次是 *VRN-B1* 和 *VRN-D1*，*VRN-A1* 对 *VRN-B1* 和 *VRN-D1* 具有上位效应。在冬性小麦中，该基因受低温的诱导而表达，冬性品种在未春化条件下，隐性 *vrn-1* 基因表达量低，而在春化条件下，隐性 *vrn-1* 表达量明显较高，且也有 *vrn-A*>*vrn-B1*>*vrn-D1* 的趋势。春性品种在未春化条件下，显性基因 *Vrn1* 基因表达量高，且表达量为 *Vrn-A*>*Vrn-B1* >*Vrn-D1*。

对 *Vrn2* 的研究表明（Yan et al.，2003），二倍体小麦 *VRN2* 编码一个含锌指结构域的蛋白质，由 *ZCCT1* 和 *ZCCT2* 两个串联的基因组成，两个基因编码蛋白质有 76%的同源性，都包含一个锌指结构和 CCT（*CO*、*CO- like* 和 *TOC1*）结合域。对二倍体春麦和冬麦 *VRN2* 的序列分析显示，在其启动子区序列没有差异，在编码区的 CCT 区有一点突变，这一突变使此区的 35 位点的精氨酸被色氨酸所取代。*VRN2* 的表达能被春化作用和短日（SD）所抑制，对二倍体光敏型冬性材料 G3116 的研究发现，在短日条件下，春化处理后 *VRN1* 的表达量明显高于无春化处理；随短日条件的延长，*VRN2* 的表达量逐渐降低；用六倍体材料 Jagger，对 *VRN2* 的 *RNAi* 转基因研究表明，在短日条件下，转基因和无转基因小麦开花时间明显早于长日条件下。说明了 *VRN1* 与 *VRN2* 的作用关系中，在春化条件下，*VRN2* 被春化作用抑制时，其表达量降低，而 *VRN1* 的表达量相应增加。但在短日条件下，*VRN2* 表达量的逐渐降低并没有伴随 *VRN1* 表达量的增加，只有转入长日条件后，*VRN1* 的表达量才逐渐增加，说明在短日条件下，可能还有其他的光周期因子抑制了 *VRN1* 的表达。

VRN3 的等位差异研究结果显示，在小麦早花和晚花品种中，*VRN3* 的序列在编码区没有差异，其主要差异在起始密码子上游 591bp 处有一 5295bp 的反转座子的插入，这一差异可能打断了 *VRN3* 与 *VRN2* 或 *VRN2* 调控基因的相互作用（Yan et al.，2006）。*VRN3* 受春化作用和长日条件（LD）诱导促进开花，参与春化开花途径。在早花品种（BGS213）中，无论是春化条件还是无春化条件下，*VRN3* 转录水平明显高于晚花品种（*H. vulgare* subsp. *spontaneum*）；*VRN1* 的表达趋势基本上与 *VRN3* 一致；而 *VRN2* 的表达却与 *VRN1* 和 *VRN3* 相反，当 *VRN1* 和 *VRN3* 的表达高时，*VRN2* 的表达较低；同时，*VRN2* 可能直接或间接地抑制 *VRN3* 的表达。最近的研究表明，在小麦中，FT 蛋白通过与转录因子 *TaFDL2* 的结合来促进春化基因 *VRN1* 的表达（Li and Dubcovsky，2008）。

研究表明，显性 *Vrn1* 控制春性发育特性，隐性 *vrn1* 控制冬性发育特性；而显性 *Vrn-2* 控制冬性发育特性，隐性 *vrn-2* 控制春性发育特性，*Vrn-1* 对 *Vrn-2* 具有上位作用（Tranquilli and Dubcovsky，2000）。在二倍体中，春性小麦的基因型可以是 *vrn-A1/vrn-A2*、*Vrn-A1/vrn-A2* 和 *Vrn-A1/Vrn-A2*。对于二倍体小麦中 *VRN1* 和 *VRN2* 在开花诱导中的作用模式，Yan 等（2003）认为，*VRN1* 可以促进开花，*VRN2* 通过抑制 *VRN1* 的作用而抑制开花，在 *vrn-A1/vrn-A2* 和 *Vrn-A1/vrn-A2* 春麦基因型中，*VRN2* 没有抑制开花活性，植物不需要春化作用就能开花；对于 *Vrn-A1/Vrn-A2* 春麦基因型，*Vrn-A1* 发生突变，使 *VRN2* 不能识别抑制位点，不能发挥抑制作用，植物也不需要春化作用就能开花；对于 *vrn-A1/Vrn-A2* 冬麦基因型，必须进行春化作用抑制 *VRN2* 的活性，植物才能开花。这种上位作用模式也在大麦中的春化基因 *VRN-H1* 和 *VRN-H2* 的作用模式中得到证明（Karsai et al.，2005；Dubcovsky et al.，2005；von Zitzewitz et al.，2005；Kóti et al.，2006；Cockram et al.，2007；Szucs et al.，2007）。

对于普通小麦，显性 *Vrn1* 基因表达较早，隐性 *vrn1* 基因表达较晚，显性 *Vrn1* 的表达和春化作用均可抑制 *VRN2* 的表达。显性 *Vrn1* 的表达可以通过抑制 *VRN2* 的表达而加速隐性 *Vrn1* 的表达。例如，在近等基因系 TDD 中，*VRN1* 的基因型为 *Vrn-A1vrn-B1vrn-D1*，在小麦发育的早期阶段（1 叶期），显性 *Vrn-A1* 不受 *VRN2* 的抑制表达较早，而 *VRN2* 抑制着隐性 *vrn-B1* 和 *vrn-D1* 的表达，*Vrn-A1* 的较早表达和春化作用可以抑制 *VRN2* 的表达，使其失去抑制活性，使隐性 *vrn-B1* 和 *vrn-D1* 释放出来而晚于 *Vrn-A1* 得以表达。而在发育的后期阶段（6 叶期），由于没有了 *VRN2* 的抑制作用，*Vrn-A1*、*vrn-B1* 和 *vrn-D1* 均表达（Loukoianov et al.，2005）。

小麦的发育过程是一个高度复杂的过程，它涉及多条途径、多种信号、并有多种基因参与。其相关基因相互独立，又相互作用，响应外部环境条件按照时间顺序性和特异程序的表达，共同参与生理生化反应使小麦发育特性、发育进程具有不同的分子基础，然而控制小麦发育基因的作用模式及相关机制目前还在推测阶段，有些还在争论中，因此深入研究小麦春化基因、光周期基因及相关基因的功能、作用机制及与小麦发育的关系仍然是一个长远的富有挑战性的课题。

本研究拟筛选我国具有代表性的小麦品种，进行不同时间的春化处理，分析各品种在不同春化处理和发育进程中春化基因的表达特性，与不同春化基因的相互作用模式；为深入探讨春化发育分子调控机制提供依据。

第一节　小麦春化基因 *VRN1* 的克隆和表达特性分析

为了解 *VRN1* 基因在普通小麦中的序列特征及表达特性，以更好地理解小麦春化作用的分子机制，本研究选用了 9 个春化特性不同的普通小麦（*Triticum aestivum* L.）品种：辽春 10 号（强春性）、新春 2 号（春性）、豫麦 18（弱春性）、郑麦 9023（弱春性）、周麦 18（半冬性）、豫麦 49-198（半冬性）、京 841（冬性）、新冬 18（冬性）和肥麦（强冬性）。萌动后置于 0～2℃冰箱进行春化处理，处理时间分别为：辽春 10 号、新春 2 号、豫麦 18、郑麦 9023、周麦 18 和豫麦 49-198 春化处理 0d、10d、20d、30d，京 841、新冬 18 和肥麦春化处理 0d、10d、20d、30d、40d、50d、60d。春化处理后播种于温室中，温度保持在 13～26℃。分别于小麦的 1 叶期、3 叶期、5 叶期、7 叶期、8 叶期、9 叶期、11 叶期、13 叶期、15 叶期和旗叶的药隔分化期、四分体时期、开花期剪取叶片，迅速用液氮冷冻后于–70℃保存。采用 CTAB 法提取 DNA 作为基因组模板，用于基因克隆与表达分析。

一、*VRN1* 基因的克隆与序列分析

1. *VRN1* 基因的 cDNA 克隆与序列分析

以辽春 10 号、郑麦 9023 和肥麦未春化处理 5 叶期叶片的 cDNA 为模板，根据春化基因 *VRN1* 的已有序列信息（GenBank 号：AY188331、AY747600、AY747604 和 AY747606）设计 1 对通用引物 VRN1-1（5′-GTC CTC ACC CAA CCA CCT GA -3′）和 VRN1-2（5′-

TGG CCG GTG CAA CTT GTT A -3′），利用 VRN1-1/2 引物分别进行 RT-PCR 扩增，产物约为 923bp，与预期结果一致（图 8-1）。

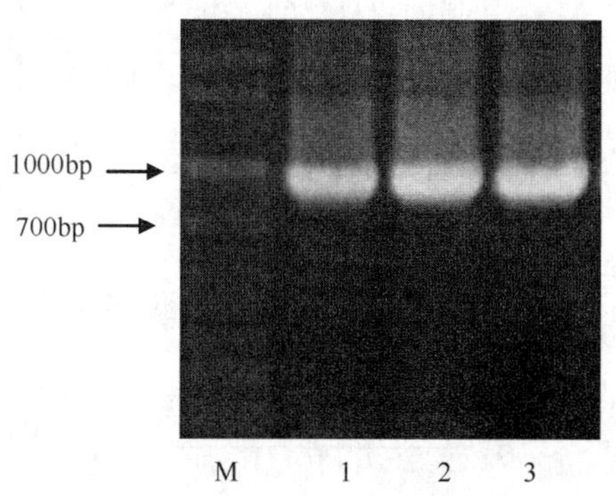

图 8-1　*VRN1* 的 cDNA 克隆

Figure 8-1　Cloning of *VRN1* in cDNA

M：1kb plus marker；1. 辽春 10 号；2. 郑麦 9023；3. 肥麦

M. 1kb plus marker; 1. Liaochun 10; 2. Zhengmai 9023; 3. Feimai

测序结果显示，3 个品种的 *VRN1* cDNA 克隆产物均为 3 种类型核酸序列的混合物，经 BLAST 分析，3 个序列均为小麦 MADS 类转录因子，分别为 *VRN-A1*、*VRN-B1* 和 *VRN-D1*。在 A、B 和 D 基因组间，*VRN1* 基因序列具有 34 个 SNP 的差异，其中 20 个位点在编码区；在 34 个位点差异中，*VRN-A1* 与 *VRN-B1* 和 *VRN-D1* 之间有 28 个位点的差异，*VRN-B1* 与 *VRN-A1* 和 *VRN-D1* 之间有 2 个位点的差异，*VRN-D1* 与 *VRN-A1* 和 *VRN-B1* 之间有 3 个位点的差异，*VRN-A1*、*VRN-B1* 和 *VRN-D1* 之间均不相同的位点有 1 个。可见 *VRN1* 基因在 B 和 D 基因组差异较小，A 基因组与 B 和 D 基因组差异较大（图 8-2）；3 个品种的 *VRN-A1*、*VRN-B1* 和 *VRN-D1* 序列比对分析发现，3 个等位基因的编码区序列在品种间高度保守，只有肥麦的 *VRN-A1* 在 667bp 位点为 T，而辽春 10 号和郑麦 9023 此位点为 G（图 8-3），*VRN-B1* 和 *VRN-D1* 的编码区在 3 个品种间没有差异（图 8-4，图 8-5）。

2. *VRN1* 基因的 DNA 克隆与序列分析

在 *VRN1* 基因 cDNA 克隆的基础上，为了进一步了解 *VRN1* 基因的序列特征，设计了引物 Ver1F（5′-TCT CAT GGG AGA GGA TCT TGA-3′）和 Ver1R（5′- CAA GGG GTC AGG CGT GCT AG-3′），以辽春 10 号、郑麦 9023 和肥麦叶片的 DNA 为模板，对 *VRN1* 基因进行了 PCR 扩增，均扩增到大约 1100bp 片段，与预期结果一致（图 8-6）。测序结果显示，克隆产物为 3 种类型核酸序列的混合物，经 BLAST 分析，3 个序列分别为 *VRN-A1*、*VRN-B1* 和 *VRN-D1* 3 个等位基因第 4 外显子至 3′端的片段。比对分析显示，3 个品种的基因组 *VRN-A1*、*VRN-B1* 和 *VRN-D1* 具有多态性差异，这些差异可用于开发区分 *VRN-A1*、*VRN-B1* 和 *VRN-D1* 的分子标记（图 8-7～图 8-9）。

通过 3 个品种间 *VRN-A1* 基因组序列的比对分析发现，3 个品种间 *VRN-A1* 基因片段有 3 个 SNP 的差异，第 1 个位点在 259bp 位点，春性小麦辽春 10 号和郑麦 9023 中缺失一个 A，第 2 个位点的差异在 547bp 位点，辽春 10 号和郑麦 9023 中为 A，而肥麦

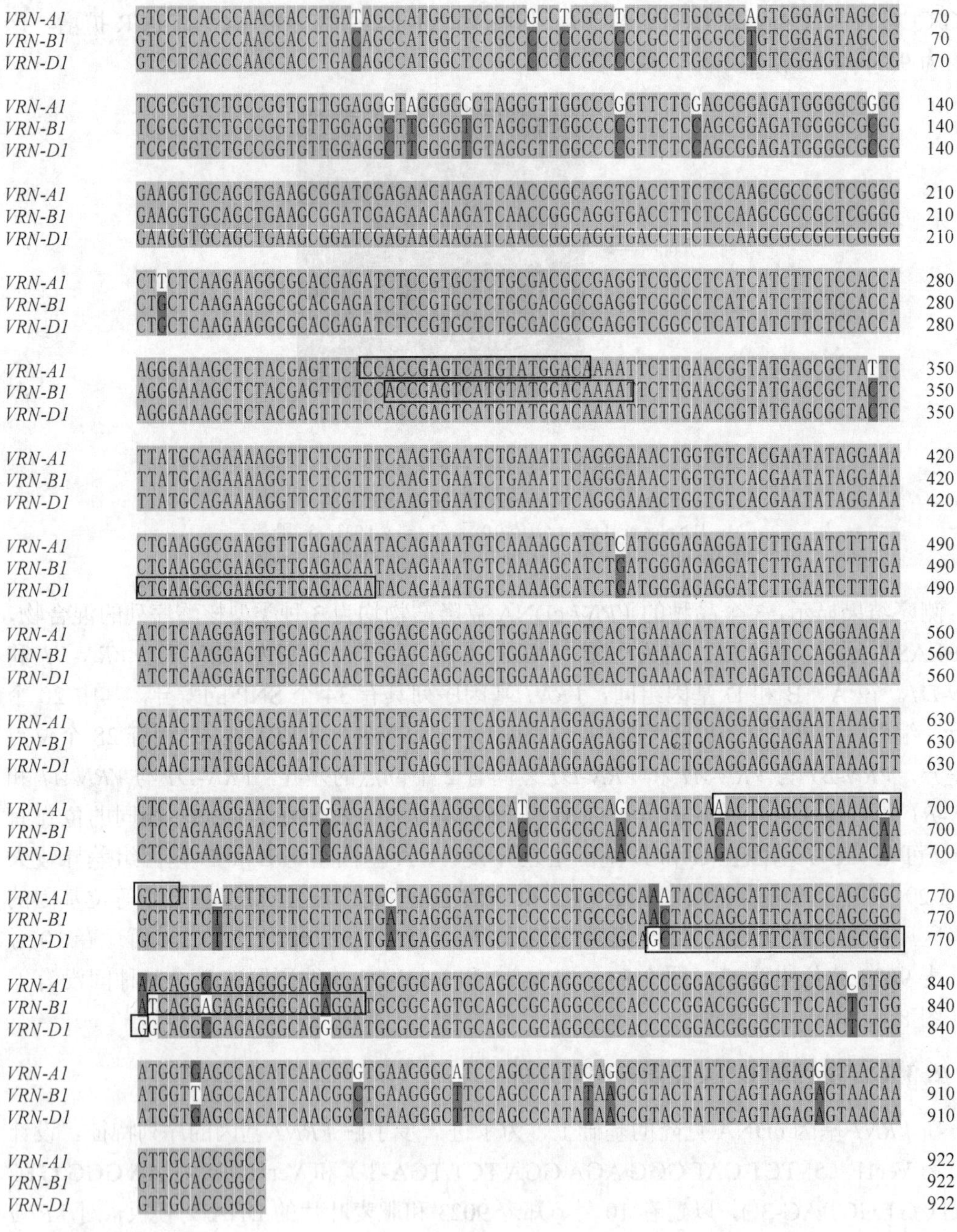

```
VRN-A1    GTCCTCACCCAACCACCTGATAGCCATGGCTCCGCCGCCTCGCCTCCGCCTGCGCCAGTCGGAGTAGCCG    70
VRN-B1    GTCCTCACCCAACCACCTGACAGCCATGGCTCCGCCCCCCCGCCCCCGCCTGCGCCTGTCGGAGTAGCCG    70
VRN-D1    GTCCTCACCCAACCACCTGACAGCCATGGCTCCGCCCCCCCGCCCCCGCCTGCGCCTGTCGGAGTAGCCG    70

VRN-A1    TCGCGGTCTGCCGGTGTTGGAGGGTAGGGGCGTAGGGTTGGCCCGGTTCTCGAGCGGAGATGGGGCGGGG    140
VRN-B1    TCGCGGTCTGCCGGTGTTGGAGGCTTGGGGTGTAGGGTTGGCCCCGTTCTCCAGCGGAGATGGGGCGCGG    140
VRN-D1    TCGCGGTCTGCCGGTGTTGGAGGCTTGGGGTGTAGGGTTGGCCCCGTTCTCCAGCGGAGATGGGGCGCGG    140

VRN-A1    GAAGGTGCAGCTGAAGCGGATCGAGAACAAGATCAACCGGCAGGTGACCTTCTCCAAGCGCCGCTCGGGG    210
VRN-B1    GAAGGTGCAGCTGAAGCGGATCGAGAACAAGATCAACCGGCAGGTGACCTTCTCCAAGCGCCGCTCGGGG    210
VRN-D1    GAAGGTGCAGCTGAAGCGGATCGAGAACAAGATCAACCGGCAGGTGACCTTCTCCAAGCGCCGCTCGGGG    210

VRN-A1    CTTCTCAAGAAGGCGCACGAGATCTCCGTGCTCTGCGACGCCGAGGTCGGCCTCATCATCTTCTCCACCA    280
VRN-B1    CTGCTCAAGAAGGCGCACGAGATCTCCGTGCTCTGCGACGCCGAGGTCGGCCTCATCATCTTCTCCACCA    280
VRN-D1    CTGCTCAAGAAGGCGCACGAGATCTCCGTGCTCTGCGACGCCGAGGTCGGCCTCATCATCTTCTCCACCA    280

VRN-A1    AGGGAAAGCTCTACGAGTTCTCCACCGAGTCATGTATGGACAAAATTCTTGAACGGTATGAGCGCTATTC    350
VRN-B1    AGGGAAAGCTCTACGAGTTCTCCACCGAGTCATGTATGGACAAAATTCTTGAACGGTATGAGCGCTACTC    350
VRN-D1    AGGGAAAGCTCTACGAGTTCTCCACCGAGTCATGTATGGACAAAATTCTTGAACGGTATGAGCGCTACTC    350

VRN-A1    TTATGCAGAAAAGGTTCTCGTTTCAAGTGAATCTGAAATTCAGGGAAACTGGTGTCACGAATATAGGAAA    420
VRN-B1    TTATGCAGAAAAGGTTCTCGTTTCAAGTGAATCTGAAATTCAGGGAAACTGGTGTCACGAATATAGGAAA    420
VRN-D1    TTATGCAGAAAAGGTTCTCGTTTCAAGTGAATCTGAAATTCAGGGAAACTGGTGTCACGAATATAGGAAA    420

VRN-A1    CTGAAGGCGAAGGTTGAGACAATACAGAAATGTCAAAAGCATCTCATGGGAGAGGATCTTGAATCTTTGA    490
VRN-B1    CTGAAGGCGAAGGTTGAGACAATACAGAAATGTCAAAAGCATCTGATGGGAGAGGATCTTGAATCTTTGA    490
VRN-D1    CTGAAGGCGAAGGTTGAGACAATACAGAAATGTCAAAAGCATCTGATGGGAGAGGATCTTGAATCTTTGA    490

VRN-A1    ATCTCAAGGAGTTGCAGCAACTGGAGCAGCAGCTGGAAAGCTCACTGAAACATATCAGATCCAGGAAGAA    560
VRN-B1    ATCTCAAGGAGTTGCAGCAACTGGAGCAGCAGCTGGAAAGCTCACTGAAACATATCAGATCCAGGAAGAA    560
VRN-D1    ATCTCAAGGAGTTGCAGCAACTGGAGCAGCAGCTGGAAAGCTCACTGAAACATATCAGATCCAGGAAGAA    560

VRN-A1    CCAACTTATGCACGAATCCATTTCTGAGCTTCAGAAGAAGGAGAGGTCACTGCAGGAGGAGAATAAAGTT    630
VRN-B1    CCAACTTATGCACGAATCCATTTCTGAGCTTCAGAAGAAGGAGAGGTCACTGCAGGAGGAGAATAAAGTT    630
VRN-D1    CCAACTTATGCACGAATCCATTTCTGAGCTTCAGAAGAAGGAGAGGTCACTGCAGGAGGAGAATAAAGTT    630

VRN-A1    CTCCAGAAGGAACTCGTGGAGAAGCAGAAGGCCCATGCGGCGCAGCAAGATCAAACTCAGCCTCAAACCA    700
VRN-B1    CTCCAGAAGGAACTCGTCGAGAAGCAGAAGGCCCAGGCGGCGCAACAAGATCAGACTCAGCCTCAAACAA    700
VRN-D1    CTCCAGAAGGAACTCGTCGAGAAGCAGAAGGCCCAGGCGGCGCAACAAGATCAGACTCAGCCTCAAACAA    700

VRN-A1    GCTCTTCATCTTCTTCCTTCATGCTGAGGGATGCTCCCCCTGCCGCAAATACCAGCATTCATCCAGCGGC    770
VRN-B1    GCTCTTCTTCTTCTTCCTTCATGATGAGGGATGCTCCCCCTGCCGCAACTACCAGCATTCATCCAGCGGC    770
VRN-D1    GCTCTTCTTCTTCTTCCTTCATGATGAGGGATGCTCCCCCTGCCGCAGCTACCAGCATTCATCCAGCGGC    770

VRN-A1    AACAGGCGAGAGGGCAGAGGATGCGGCAGTGCAGCCGCAGGCCCCACCCCGGACGGGGCTTCCACCGTGG    840
VRN-B1    ATCAGGAGAGAGGGCAGAGGATGCGGCAGTGCAGCCGCAGGCCCCACCCCGGACGGGGCTTCCACTGTGG    840
VRN-D1    GGCAGGCGAGAGGGCAGGGGATGCGGCAGTGCAGCCGCAGGCCCCACCCCGGACGGGGCTTCCACTGTGG    840

VRN-A1    ATGGTGAGCCACATCAACGGGTGAAGGGCATCCAGCCCATACAGGCGTACTATTCAGTAGAGGGTAACAA    910
VRN-B1    ATGGTTAGCCACATCAACGGCTGAAGGGCTTCCAGCCCATATAAGCGTACTATTCAGTAGAGAGTAACAA    910
VRN-D1    ATGGTGAGCCACATCAACGGCTGAAGGGCTTCCAGCCCATATAAGCGTACTATTCAGTAGAGAGTAACAA    910

VRN-A1    GTTGCACCGGCC    922
VRN-B1    GTTGCACCGGCC    922
VRN-D1    GTTGCACCGGCC    922
```

图 8-2 辽春 10 号春化基因 *VRN-A1*、*VRN-B1* 和 *VRN-D1* 的核酸序列比对

Figure 8-2 Alignment of nucleotide sequences of *VRN-A1*, *VRN-B1*, and *VRN-D1* in Liaochun 10

□ *VRN-A1*、*VRN-B1* 和 *VRN-D1* 的 PCR 半定量引物

□ PCR primers of *VRN-A1*, *VRN-B1* and *VRN-D1*

缺失 A，第 3 个位点在 643bp 位点，辽春 10 号和郑麦 9023 中为 C，而肥麦中为 T（图 8-10）；3 个品种间 *VRN-B1* 序列没有差异（图 8-11）；3 个品种间 *VRN-D1* 序列比对分析发现，春性品种和冬性品种之间有 3 个 SNP 的差异，第 1 个 SNP 在 133bp 位点，辽春 10 号和郑麦 9023 中为 T，而在肥麦中缺失这一碱基；第 2 个 SNP 在 427bp 位点，辽春

10 号和郑麦 9023 中为 T，而在肥麦中为 A；第 3 个 SNP 在 728bp 位点，辽春 10 号和郑麦 9023 中为 T，而在肥麦中为 C（图 8-12），这些 DNA 序列的差异可以作为开发区分冬春性发育特性的分子标记。

```
辽春10号 VRN-A1    GTCCTCACCCAACCACCTGATAGCCATGGCTCCGCCGCCTCGCCTCCGCCTGCGCCAGTC    60
郑麦9023 VRN-A1    ------------------------------------------------------------    60
肥麦 VRN-A1        ------------------------------------------------------------    60

辽春10号 VRN-A1    GGAGTAGCCGTCGCGGTCTGCCGGTGTTGGAGGGTAGGGGCGTAGGGTTGGCCCGGTTCT    120
郑麦9023 VRN-A1    ------------------------------------------------------------    120
肥麦 VRN-A1        ------------------------------------------------------------    120

辽春10号 VRN-A1    CGAGCGGAGATGGGGCGGGGGAAGGTGCAGCTGAAGCGGATCGAGAACAAGATCAACCGG    180
郑麦9023 VRN-A1    ------------------------------------------------------------    180
肥麦 VRN-A1        ------------------------------------------------------------    180

辽春10号 VRN-A1    CAGGTGACCTTCTCCAAGCGCCGCTCGGGGCTTCTCAAGAAGGCGCACGAGATCTCCGTG    240
郑麦9023 VRN-A1    ------------------------------------------------------------    240
肥麦 VRN-A1        ------------------------------------------------------------    240

辽春10号 VRN-A1    CTCTGCGACGCCGAGGTCGGCCTCATCATCTTCTCCACCAAGGGAAAGCTCTACGAGTTC    300
郑麦9023 VRN-A1    ------------------------------------------------------------    300
肥麦 VRN-A1        ------------------------------------------------------------    300

辽春10号 VRN-A1    TCCACCGAGTCATGTATGGACAAAATTCTTGAACGGTATGAGCGCTATTCTTATGCAGAA    360
郑麦9023 VRN-A1    ------------------------------------------------------------    360
肥麦 VRN-A1        ------------------------------------------------------------    360

辽春10号 VRN-A1    AAGGTTCTCGTTTCAAGTGAATCTGAAATTCAGGGAAACTGGTGTCACGAATATAGGAAA    420
郑麦9023 VRN-A1    ------------------------------------------------------------    420
肥麦 VRN-A1        ------------------------------------------------------------    420

辽春10号 VRN-A1    CTGAAGGCGAAGGTTGAGACAATACAGAAATGTCAAAAGCATCTCATGGGAGAGGATCTT    480
郑麦9023 VRN-A1    ------------------------------------------------------------    480
肥麦 VRN-A1        ------------------------------------------------------------    480

辽春10号 VRN-A1    GAATCTTTGAATCTCAAGGAGTTGCAGCAACTGGAGCAGCAGCTGGAAAGCTCACTGAAA    540
郑麦9023 VRN-A1    ------------------------------------------------------------    540
肥麦 VRN-A1        ------------------------------------------------------------    540

辽春10号 VRN-A1    CATATCAGATCCAGGAAGAACCAACTTATGCACGAATCCATTTCTGAGCTTCAGAAGAAG    600
郑麦9023 VRN-A1    ------------------------------------------------------------    600
肥麦 VRN-A1        ------------------------------------------------------------    600

辽春10号 VRN-A1    GAGAGGTCACTGCAGGAGGAGAATAAAGTTCTCCAGAAGGAACTCGTGGAGAAGCAGAAG    660
郑麦9023 VRN-A1    ------------------------------------------------------------    660
肥麦 VRN-A1        ------------------------------------------------------------    660

辽春10号 VRN-A1    GCCCATGCGGCGCAGCAAGATCAAACTCAGCCTCAAACCAGCTCTTCATCTTCTTCCTTC    720
郑麦9023 VRN-A1    ------------------------------------------------------------    720
肥麦 VRN-A1        -------T----------------------------------------------------    720

辽春10号 VRN-A1    ATGCTGAGGGATGCTCCCCCTGCCGCAAATACCAGCATTCATCCAGCGGCAACAGGCGAG    780
郑麦9023 VRN-A1    ------------------------------------------------------------    780
肥麦 VRN-A1        ------------------------------------------------------------    780

辽春10号 VRN-A1    AGGGCAGAGGATGCGGCAGTGCAGCCGCAGGCCCCACCCCGGACGGGGCTTCCACCGTGG    840
郑麦9023 VRN-A1    ------------------------------------------------------------    840
肥麦 VRN-A1        ------------------------------------------------------------    840

辽春10号 VRN-A1    ATGGTGAGCCACATCAACGGGTGAAGGGCATCCAGCCCATACAGGCGTACTATTCAGTAG    900
```

郑麦9023 *VRN-A1* -- 900
肥麦 *VRN-A1* -- 900

辽春10号 *VRN-A1* AGGGTAACAAGTTGCACCGGCCA 923
郑麦9023 *VRN-A1* ----------------------- 923
肥麦 *VRN-A1* ----------------------- 923

图 8-3　3 个品种春化基因 *VRN-A1* 的 cDNA 核酸序列比对

Figure 8-3　Alignment of cDNA nucleotide sequences of *VRN-A1* in three wheat varieties

辽春10号 *VRN-B1* GTCCTCACCCAACCACCTGACAGCCATGGCTCCGCCCCCCGCCCCCGCCTGCGCCTGTC 60
郑麦9023 *VRN-B1* -- 60
肥麦 *VRN-B1* -- 60

辽春10号 *VRN-B1* GGAGTAGCCGTCGCGGTCTGCCGGTGTTGGAGGCTTGGGGTGTAGGGTTGGCCCCGTTCT 120
郑麦9023 *VRN-B1* -- 120
肥麦 *VRN-B1* -- 120

辽春10号 *VRN-B1* CCAGCGGAGATGGGGCGCGGGAAGGTGCAGCTGAAGCGGATCGAGAACAAGATCAACCGG 180
郑麦9023 *VRN-B1* -- 180
肥麦 *VRN-B1* -- 180

辽春10号 *VRN1-B1* CAGGTGACCTTCTCCAAGCGCCGCTCGGGGCTGCTCAAGAAGGCGCACGAGATCTCCGTG 240
郑麦9023 *VRN-B1* -- 240
肥麦 *VRN-B1* -- 240

辽春10号 *VRN-B1* CTCTGCGACGCCGAGGTCGGCCTCATCATCTTCTCCACCAAGGGAAAGCTCTACGAGTTC 300
郑麦9023 *VRN-B1* -- 300
肥麦 *VRN-B1* -- 300

辽春10号 *VRN-B1* TCCACCGAGTCATGTATGGACAAAATTCTTGAACGGTATGAGCGCTACTCTTATGCAGAA 360
郑麦9023 *VRN-B1* -- 360
肥麦 *VRN-B1* -- 360

辽春10号 *VRN-B1* AAGGTTCTCGTTTCAAGTGAATCTGAAATTCAGGGAAACTGGTGTCACGAATATAGGAAA 420
郑麦9023 *VRN-B1* -- 420
肥麦 *VRN-B1* -- 420

辽春10号 *VRN-B1* CTGAAGGCGAAGGTTGAGACAATACAGAAATGTCAAAAGCATCTGATGGGAGAGGATCTT 480
郑麦9023 *VRN-B1* -- 480
肥麦 *VRN-B1* -- 480

辽春10号 *VRN-B1* GAATCTTTGAATCTCAAGGAGTTGCAGCAACTGGAGCAGCAGCTGGAAAGCTCACTGAAA 540
郑麦9023 *VRN-B1* -- 540
肥麦 *VRN-B1* -- 540

辽春10号 *VRN-B1* CATATCAGATCCAGGAAGAACCAACTTATGCACGAATCCATTTCTGAGCTTCAGAAGAAG 600
郑麦9023 *VRN-B1* -- 600
肥麦 *VRN-B1* -- 600

辽春10号 *VRN-B1* GAGAGGTCACTGCAGGAGGAGAATAAAGTTCTCCAGAAGGAACTCGTCGAGAAGCAGAAG 660
郑麦9023 *VRN-B1* -- 660
肥麦 *VRN-B1* -- 660

辽春10号 *VRN-B1* GCCCAGGCGGCGCAACAAGATCAGACTCAGCCTCAAACAAGCTCTTCTTCTTCTTCCTTC 720
郑麦9023 *VRN-B1* -- 720
肥麦 *VRN-B1* -- 720

辽春10号 *VRN-B1* ATGATGAGGGATGCTCCCCCTGCCGCAACTACCAGCATTCATCCAGCGGCATCAGGAGAG 780
郑麦9023 *VRN-B1* -- 780
肥麦 *VRN-B1* -- 780

辽春10号 *VRN-B1* AGGGCAGAGGATGCGGCAGTGCAGCCGCAGGCCCCACCCCGGACGGGGCTTCCACTGTGG 840

```
郑麦9023 VRN-B1    ------------------------------------------------------------    840
肥麦 VRN-B1        ------------------------------------------------------------    840

辽春10号 VRN-B1    ATGGTTAGCCACATCAACGGCTGAAGGGCTTCCAGCCCATATAAGCGTACTATTCAGTAG    900
郑麦9023 VRN-B1    ------------------------------------------------------------    900
肥麦 VRN-B1        ------------------------------------------------------------    900

辽春10号 VRN1-B1   AGAGTAACAAGTTGCACCGGCCA                                         923
郑麦9023 VRN-B1    -----------------------                                         923
肥麦 VRN-B1        -----------------------                                         923
```

图 8-4 3 个品种春化基因 *VRN-B1* 的 cDNA 核酸序列比对

Figure 8-4 Alignment of cDNA nucleotide sequences of *VRN-B1* in three wheat varieties

```
辽春10号 VRN-D1    GTCCTCACCCAACCACCTGACAGCCATGGCTCCGCCCCCCCGCCCCCGCCTGCGCCTGTC    60
郑麦9023 VRN-D1    ------------------------------------------------------------    60
肥麦 VRN-D1        ------------------------------------------------------------    60

辽春10号 VRN-D1    GGAGTAGCCGTCGCGGTCTGCCGGTGTTGGAGGCTTGGGGTGTAGGGTTGGCCCCGTTCT    120
郑麦9023 VRN-D1    ------------------------------------------------------------    120
肥麦 VRN-D1        ------------------------------------------------------------    120

辽春10号 VRN-D1    CCAGCGGAGATGGGGCGCGGGAAGGTGCAGCTGAAGCGGATCGAGAACAAGATCAACCGG    180
郑麦9023 VRN-D1    ------------------------------------------------------------    180
肥麦 VRN-D1        ------------------------------------------------------------    180

辽春10号 VRN-D1    CAGGTGACCTTCTCCAAGCGCCGCTCGGGGCTGCTCAAGAAGGCGCACGAGATCTCCGTG    240
郑麦9023 VRN-D1    ------------------------------------------------------------    240
肥麦 VRN-D1        ------------------------------------------------------------    240

辽春10号 VRN-D1    CTCTGCGACGCCGAGGTCGGCCTCATCATCTTCTCCACCAAGGGAAAGCTCTACGAGTTC    300
郑麦9023 VRN-D1    ------------------------------------------------------------    300
肥麦 VRN-D1        ------------------------------------------------------------    300

辽春10号 VRN-D1    TCCACCGAGTCATGTATGGACAAAATTCTTGAACGGTATGAGCGCTACTCTTATGCAGAA    360
郑麦9023 VRN-D1    ------------------------------------------------------------    360
肥麦 VRN-D1        ------------------------------------------------------------    360

辽春10号 VRN-D1    AAGGTTCTCGTTTCAAGTGAATCTGAAATTCAGGGAAACTGGTGTCACGAATATAGGAAA    420
郑麦9023 VRN-D1    ------------------------------------------------------------    420
肥麦 VRN-D1        ------------------------------------------------------------    420

辽春10号 VRN-D1    CTGAAGGCGAAGGTTGAGACAATACAGAAATGTCAAAAGCATCTGATGGGAGAGGATCTT    480
郑麦9023 VRN-D1    ------------------------------------------------------------    480
肥麦 VRN-D1        ------------------------------------------------------------    480

辽春10号 VRN-D1    GAATCTTTGAATCTCAAGGAGTTGCAGCAACTGGAGCAGCAGCTGGAAAGCTCACTGAAA    540
郑麦9023 VRN-D1    ------------------------------------------------------------    540
肥麦 VRN-D1        ------------------------------------------------------------    540

辽春10号 VRN-D1    CATATCAGATCCAGGAAGAACCAACTTATGCACGAATCCATTTCTGAGCTTCAGAAGAAG    600
郑麦9023 VRN-D1    ------------------------------------------------------------    600
肥麦 VRN-D1        ------------------------------------------------------------    600

辽春10号 VRN-D1    GAGAGGTCACTGCAGGAGGAGAATAAAGTTCTCCAGAAGGAACTCGTCGAGAAGCAGAAG    660
郑麦9023 VRN-D1    ------------------------------------------------------------    660
肥麦 VRN-D1        ------------------------------------------------------------    660

辽春10号 VRN-D1    GCCCAGGCGGCGCAACAAGATCAGACTCAGCCTCAAACAAGCTCTTCTTCTTCTTCCTTC    720
郑麦9023 VRN-D1    ------------------------------------------------------------    720
肥麦 VRN-D1        ------------------------------------------------------------    720

辽春10号 VRN-D1    ATGATGAGGGATGCTCCCCCTGCCGCAGCTACCAGCATTCATCCAGCGGCGGCAGGCGAG    780
```

```
郑麦9023 VRN-D1 ------------------------------------------------------------  780
肥麦 VRN-D1     ------------------------------------------------------------  780

辽春10号 VRN-D1 AGGGCAGGGGATGCGGCAGTGCAGCCGCAGGCCCCACCCCGGACGGGGCTTCCACTGTGG  840
郑麦9023 VRN-D1 ------------------------------------------------------------  840
肥麦 VRN-D1     ------------------------------------------------------------  840

辽春10号 VRN-D1 ATGGTGAGCCACATCAACGGCTGAAGGGCTTCCAGCCCATATAAGCGTACTATTCAGTAG  900
郑麦9023 VRN-D1 ------------------------------------------------------------  900
肥麦 VRN-D1     ------------------------------------------------------------  900

辽春10号 VRN-D1 AGAGTAACAAGTTGCACCGGCCA                                       923
郑麦9023 VRN-D1 -----------------------                                       923
肥麦 VRN-D1     -----------------------                                       923
```

图 8-5 3 个品种春化基因 *VRN-D1* 的 cDNA 核酸序列比对

Figure 8-5 Alignment of cDNA nucleotide sequences of *VRN-D1* in three wheat varieties

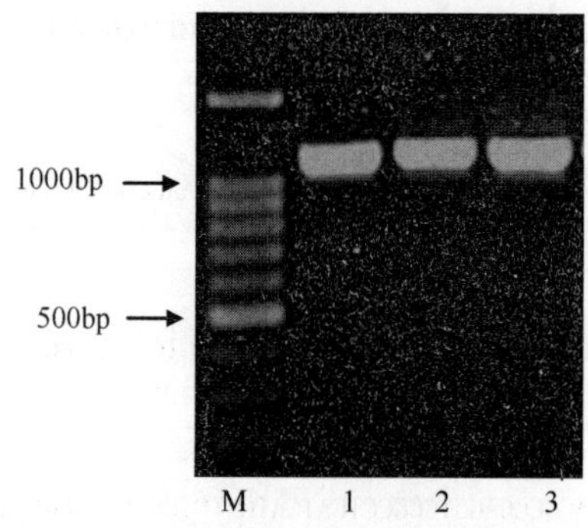

图 8-6 *VRN1* 第 4 外显子和 3′端片段的克隆

Figure 8-6 Cloning of *VRN1* in fourth extron and 3′end

M. marker；1. 辽春 10 号；2. 郑麦 9023；3. 肥麦

M. marker; 1. Liaochun 10; 2. Zhengmai 9023; 3. Feimai

```
辽春10号 VRN-A1  CTCATGGGAGAGGATCTTGAATCTTTGAATCTCAAGGAGTTGCAGCAACTGGAGCAGCAGCTGGAAAGC 70
辽春10号 VRN-B1  ----------------------------------------------------------------------70
辽春10号 VRN-D1  ----------------------------------------------------------------------70

VRN-A1  TCACTGAAACATATCAGATCCAGGAAGGTACTGATTTAAATGATTTGATACAGCAGCACAATATATAAAA 140
VRN-B1  -----------------------------------------------.-------A------T--A---- 139
VRN-D1  ----------------------------------C------------.-------A---TT-T----T-- 139

VRN-A1  ..AAACAAGAAAAACACTTGCAGAGAAGTTCAGCAAAGTATATCTGAAATCAGATTCTAGACTGAGATGT 208
VRN-B1  TA----------------------------------------------G-------------------A- 209
VRN-D1  AA---......-------------------------------------G-------------------A- 203

VRN-A1  TCAAAATATGTATATGCATTTTAGTCATATGCTCTTCATAGTTAAAAAAATGACTAATT..TTTTTCATT 276
VRN-B1  ---C----------------------------------C----------.------T--CC------T-- 278
VRN-D1  ---C---------------------------------------------.------T--..----CTT-- 270

VRN-A1  TTTTGTACTTGCAGAACCAACTTATGCACGAATCCATTTCTGAGCTTCAGAAGAAGGTAAGCTGTCAACC 346
VRN-B1  -----------------------------------------------------------G---------- 348
VRN-D1  ----------------------------------------------------------------C----- 340

VRN-A1  TTGCATACCTTATTCGGTATTCGAACTGGTCAACTTGTCATGAAGCCTTAGCTT....GTTTCAAGATTT 412
VRN-B1  ----------G-AC-A------------------------G---A---------ACTT--------T--- 418
VRN-D1  ----------G-AC--------------------------G---AT--------ACTT--------T--- 410

VRN-A1  GTGACATTATAACATGTATGCAAGTAACTGGTCTACATGCACGTAACCTCATTACATCGTTCTTGCTGCA   482
VRN-B1  ---------------------------T---C----T------A--------------------------   488
```

VRN-D1 ------------------------------------T------A-------------------------- 480

VRN-A1 GGAGAGGTCACTGCAGGAGGAGAATAAAGTTCTCCAGAAGGAAGTAAGCCCGTTATATCACCTTATGGTC 552
VRN-B1 --G-..-------------- 556
VRN-D1 --G-..-------------- 548

VRN-A1 CAACCGGTCTAAATTGTTCCGTATAGCAAATTTTATTGACAGAGGTCCGTGTCCCTTCCCCACAGCTCGT 622
VRN-B1 -------------A----T-C--------------------C--A---C--------------------- 626
VRN-D1 ------------------T----------------------C--A---C--------------------- 618

VRN-A1 GGAGAAGCAGAAGGCCCATGCGGCGCAGCAAGATCAAACTCAGCCTCAAACCAGCTCTTCATCTTCTTCC 692
VRN-B1 C-----------------G--------A--------G--------------A--------T--------- 696
VRN-D1 C-----------------G--------A--------G--------------A--------T--------- 688

VRN-A1 TTCATGCTGAGGGATGCTCCCCCTGCCGCAAATACCAGGTGATGATGTACATCACAAGTCTAATCTTATT 762
VRN-B1 ------A------------------------C----------------------------C-T--C---- 766
VRN-D1 ------A-----------------------GC------------------------------T--C---- 758

VRN-A1 CAGAGTTCAAGTAACCATCTTTTGAATTGGTCGGGTTGTTCCTTGCAGCCCACTTTTGGTCTC..TATGC 830
VRN-B1 -----------G---AA----- 836
VRN-D1 -----------G---T----GAA----- 828

VRN-A1 AGTTCTGTCGGGCCACATTTAAGTAACATAATACTAATATGCTTGTGTTCGCTTTGGTTGTGCAGCATTC 900
VRN-B1 ---C------------------------A-----------A-------C-A------------------- 906
VRN-D1 ---C------------------------A--------C--A---------A------------------- 898

VRN-A1 ATCCAGCGGCAACAGGCGAGAGGGCAGAGGATGCGGCAGTGCAGCCGCAGGCCCCACCCCGGACGGGGCT 970
VRN-B1 -----------T----A--- 976
VRN-D1 ----------GG---------------G-- 968

VRN-A1 TCCACCGTGGATGGTGAGCCACATCAACGGGTGAAGGGCATCCAGCCCATACAGGCGTACTATTCAGTAG 1040
VRN-B1 -----T---------T--------------C--------T-----------T-A---------------- 1046
VRN-D1 -----T------------------------C--------T-----------T-A---------------- 1038

VRN-A1 AGGGTAACAAGTTGCACCGGCCAGCCTGGTGTATGTTGCGGTTGCTAGCACGCCTGACCCCTTG 1104
VRN-B1 --A--- 1110
VRN-D1 --A---------------------T--------------------------------------- 1102

图 8-7　辽春 10 号 *VRN1* 基因部分片段序列分析

Figure 8-7　Alignment of part nucleotide sequences of *VRN1* in Liaochun 10

郑麦9023 VRN-A1 TCTCATGGGAGAGGATCTTGAATCTTTGAATCTCAAGGAGTTGCAGCAACTGGAGCAGCAGCTGG 65
郑麦9023 VRN-B1 --- 65
郑麦9023 VRN-D1 --- 65

VRN-A1 AAAGCTCACTGAAACATATCAGATCCAGGAAGGTACTGATTTAAATGATTTGATACAGCAGCACAATATATAAAA 140
VRN-B1 ---.--------A------T--A---- 139
VRN-D1 ---------------------------------------C-----------.--------A---TT-T----T-- 139

VRN-A1 ..AAACAAGAAAAACACTTGCAGAGAAGTTCAGCAAAGTATATCTGAAATCAGATTCTAGACTGAGATGT 208
VRN-B1 TA---G--------------------A- 209
VRN-D1 AA---......------------------------------------G--------------------A- 203

VRN-A1 TCAAAATATGTATATGCATTTTAGTCATATGCTCTTCATAGTTAAAAAAATGACTAATT..TTTTTCATT 276
VRN-B1 ---C----------------------------------C----------.------T--CC------T-- 278
VRN-D1 ---C---.------T--..----CTT-- 270

VRN-A1 TTTTGTACTTGCAGAACCAACTTATGCACGAATCCATTTCTGAGCTTCAGAAGAAGGTAAGCTGTCAACC 346
VRN-B1 ---G---------- 348
VRN-D1 --C----- 340

VRN-A1 TTGCATACCTTATTCGGTATTCGAACTGGTCAACTTGTCATGAAGCCTTAGCTT....GTTTCAAGATTT 412
VRN-B1 ----------G-AC-A------------------------G---A---------ACTT--------T--- 418

```
VRN-D1  ----------G-AC--------------------------G---AT--------ACTT--------T---    410

VRN-A1  GTGACATTATAACATGTATGCAAGTAACTGGTCTACATGCACGTAACCTCATTACATCGTTCTTGCTGCA    482
VRN-B1  ---------------------------T---C----T------A--------------------------    488
VRN-D1  ------------------------------------T------A--------------------------    480

VRN-A1  GGAGAGGTCACTGCAGGAGGAGAATAAAGTTCTCCAGAAGGAAGTAAGCCCGTTATATCACCTTATGGTC    552
VRN-B1  ------------------------------------------------------G-..------------    556
VRN-D1  ------------------------------------------------------G-..------------    548

VRN-A1  CAACCGGTCTAAATTGTTCCGTATAGCAAATTTTATTGACAGAGGTCCGTGTCCCTTCCCCACAGCTCGT    622
VRN-B1  -------------A----T-C--------------------C--A---C---------------------    626
VRN-D1  ------------------T----------------------C--A---C---------------------    618

VRN-A1  GGAGAAGCAGAAGGCCCATGCGGCGCAGCAAGATCAAACTCAGCCTCAAACCAGCTCTTCATCTTCTTCC    692
VRN-B1  C-----------------G--------A--------G--------------A--------T---------    696
VRN-D1  C-----------------G--------A--------G--------------A--------T---------    688

VRN-A1  TTCATGCTGAGGGATGCTCCCCCTGCCGCAAATACCAGGTGATGATGTACATCACAAGTCTAATCTTATT    762
VRN-B1  ------A------------------------C----------------------------C-T--C----    766
VRN-D1  ------A-----------------------GC------------------------------T--C----    758

VRN-A1  CAGAGTTCAAGTAACCATCTTTTGAATTGGTCGGGTTGTTCCTTGCAGCCCACTTTTGGTCTC..TATGC    830
VRN-B1  -----------G---------------------------------------------------AA-----    836
VRN-D1  -----------G---------------------------------------------T----GAA-----    828

VRN-A1  AGTTCTGTCGGGCCACATTTAAGTAACATAATACTAATATGCTTGTGTTCGCTTTGGTTGTGCAGCATTC    900
VRN-B1  ---C------------------------A-----------A-------C-A-------------------    906
VRN-D1  ---C------------------------A--------C--A---------A-------------------    898

VRN-A1  ATCCAGCGGCAACAGGCGAGAGGGCAGAGGATGCGGCAGTGCAGCCGCAGGCCCCACCCCGGACGGGGCT    970
VRN-B1  -----------T----A-----------------------------------------------------    976
VRN-D1  ----------GG---------------G------------------------------------------    968

VRN-A1  TCCACCGTGGATGGTGAGCCACATCAACGGGTGAAGGGCATCCAGCCCATACAGGCGTACTATTCAGTAG   1040
VRN-B1  -----T---------T--------------C--------T-----------T-A----------------   1046
VRN-D1  -----T------------------------C--------T-----------T-A----------------   1038

VRN-A1  AGGGTAACAAGTTGCACCGGCCAGCCTGGTGTATGTTGCGGTTGCTAGCACGCCTGACCCCTTG         1104
VRN-B1  --A-------------------------------------------------------------         1110
VRN-D1  --A---------------------T---------------------------------------         1102
```

图 8-8 郑麦 9023*VRN1* 基因部分片段序列分析

Figure 8-8 Alignment of part nucleotide sequences of *VRN1* in Zhengmai 9023

```
肥麦VRN-A1  TCTCATGGGAGAGGATCTTGAATCTTTGAATCTCAAGGAGTTGCAGCAACTGGAGCAGCAGCTG        70
肥麦VRN-B1  ----------------------------------------------------------------        70
肥麦VRN-D1  ----------------------------------------------------------------        70

VRN-A1  GAAAGCTCACTGAAACATATCAGATCCAGGAAGGTACTGATTTAAATGATTTGATACAGCAGCACAATATATAAAA  140
VRN-B1  ----------------------------------------------------.-------A------T--A----   139
VRN-D1  ---------------------------------------C------------.-------A---TT-TATAT---   139

VRN-A1  ..AAACAAGAAAAACACTTGCAGAGAAGTTCAGCAAAGTATATCTGAAATCAGATTCTAGACTGAGATGT    208
VRN-B1  TA----------------------------------------------G-------------------A-    209
VRN-D1  AA---......-------------------------------------G-------------------A-    202

VRN-A1  TCAAAATATGTATATGCATTTTAGTCATATGCTCTTCATAGTTAAAAAAAATGACTAATT..TTTTTCAT    276
VRN-B1  ---C----------------------------------C---------..-------T--CC------T-    277
VRN-D1  ---C--------------------------------------------..-------T--..----CTT-    268

VRN-A1  TTTTTGTACTTGCAGAACCAACTTATGCACGAATCCATTTCTGAGCTTCAGAAGAAGGTAAGCTGTCAAC    346
VRN-B1  ------------------------------------------------------------G---------    347
```

```
VRN-D1  -----------------------------------------------------------------C----  338

VRN-A1  CTTGCATACCTTATTCGGTATTCGAACTGGTCAACTTGTCATGAAGCCTTAGCTT....GTTTCAAGATT  412
VRN-B1  -----------G-AC-A------------------------G---A---------ACTT--------T--  417
VRN-D1  -----------G-AC--------------------------G---AT--------ACTT--------T--  408

VRN-A1  TGTGACATTATAACATGTATGCAAGTAACTGGTCTACATGCACGTAACCTCATTACATCGTTCTTGCTGC  482
VRN-B1  ----------------------------T---C----T------A-------------------------  487
VRN-D1  -----------------A-------------------T------A-------------------------  478

VRN-A1  AGGAGAGGTCACTGCAGGAGGAGAATAAAGTTCTCCAGAAGGAAGTAAGCCCGTTATATCACCTTTGGTC  552
VRN-B1  -------------------------------------------------------G-CA-.-T-A-----  556
VRN-D1  -------------------------------------------------------G-CA-.-T-A-----  547

VRN-A1  CAACCGGTCTAAATTGTTCCGTATAGCAAATTTTATTGACAGAGGTCCGTGTCCCTTCCCCACAGCTCGT  622
VRN-B1  -------------A----T-C--------------------C--A---C---------------------  626
VRN-D1  ------------------T----------------------C--A---C---------------------  617

VRN-A1  GGAGAAGCAGAAGGCCCATGTGGCGCAGCAAGATCAAACTCAGCCTCAAACCAGCTCTTCATCTTCTTCC  692
VRN-B1  C-----------------G-C------A--------G--------------A--------T---------  696
VRN-D1  C-----------------G-C------A--------G--------------A--------T---------  687

VRN-A1  TTCATGCTGAGGGATGCTCCCCCTGCCGCAAATACCAGGTGATGATGTACATCACAAGTCTAATCTTATT  762
VRN-B1  ------A------------------------C----------------------------C-T--C----  766
VRN-D1  ------A-----------------------GC-------C----------------------T--C----  757

VRN-A1  CAGAGTTCAAGTAACCATCTTTTGAATTGGTCGGGTTGTTCCTTGCAGCCCACTTTTGGTCTC..TATGC  830
VRN-B1  -----------G---------------------------------------------------AA-----  836
VRN-D1  -----------G---------------------------------------------T----GAA-----  827

VRN-A1  AGTTCTGTCGGGCCACATTTAAGTAACATAATACTAATATGCTTGTGTTCGCTTTGGTTGTGCAGCATTC  900
VRN-B1  ---C------------------------A-----------A-------C-A-------------------  906
VRN-D1  ---C------------------------A--------C--A---------A-------------------  897

VRN-A1  ATCCAGCGGCAACAGGCGAGAGGGCAGAGGATGCGGCAGTGCAGCCGCAGGCCCCACCCCGGACGGGGCT  970
VRN-B1  -----------T----A-----------------------------------------------------  976
VRN-D1  ----------GG---------------G------------------------------------------  967

VRN-A1  TCCACCGTGGATGGTGAGCCACATCAACGGGTGAAGGGCATCCAGCCCATACAGGCGTACTATTCAGTAG  1040
VRN-B1  -----T---------T--------------C--------T-----------T-A----------------  1046
VRN-D1  -----T------------------------C--------T-----------T-A----------------  1037

VRN-A1  AGGGTAACAAGTTGCACCGGCCAGCCTGGTGTATGTTGCGGTTGCTAGCACGCCTGACCCCTTG  1104
VRN-B1  --A-------------------------------------------------------------  1110
VRN-D1  --A---------------------T---------------------------------------  1101
```

图 8-9　肥麦 *VRN1* 基因部分片段序列分析

Figure 8-9　Alignment of part nucleotide sequences of *VRN1* in Feimai

```
辽春10号 VRN-A1   TCTCATGGGAGAGGATCTTGAATCTTTGAATCTCAAGGAGTTGCAGCAACTGGAGCAGCAGCTGGAAAGC  70
郑麦9023 VRN-A1   ----------------------------------------------------------------------  70
肥麦 VRN-A1       ----------------------------------------------------------------------  70

辽春10号 VRN-A1   TCACTGAAACATATCAGATCCAGGAAGGTACTGATTTAAATGATTTGATACAGCAGCACAATATATAAAA  140
郑麦9023 VRN-A1   ----------------------------------------------------------------------  140
肥麦 VRN-A1       ----------------------------------------------------------------------  140

辽春10号 VRN-A1   AAACAAGAAAAACACTTGCAGAGAAGTTCAGCAAAGTATATCTGAAATCAGATTCTAGACTGAGATGTTC  210
郑麦9023 VRN-A1   ----------------------------------------------------------------------  210
肥麦 VRN-A1       ----------------------------------------------------------------------  210

辽春10号 VRN-A1   AAAATATGTATATGCATTTTAGTCATATGCTCTTCATAGTTAAAAAAA.TGACTAATTTTTTTCATTTTT  279
郑麦9023 VRN-A1   ------------------------------------------------.---------------------  279
```

```
肥麦VRN-A1        ------------------------------------------------A--------------------- 280

辽春10号VRN-A1    TGTACTTGCAGAACCAACTTATGCACGAATCCATTTCTGAGCTTCAGAAGAAGGTAAGCTGTCAACCTTG 349
郑麦9023VRN-A1    ---------------------------------------------------------------------- 349
肥麦VRN-A1        ---------------------------------------------------------------------- 350

辽春10号VRN-A1    CATACCTTATTCGGTATTCGAACTGGTCAACTTGTCATGAAGCCTTAGCTTGTTTCAAGATTTGTGACAT 419
郑麦9023VRN-A1    ---------------------------------------------------------------------- 419
肥麦VRN-A1        ---------------------------------------------------------------------- 420

辽春10号VRN-A1    TATAACATGTATGCAAGTAACTGGTCTACATGCACGTAACCTCATTACATCGTTCTTGCTGCAGGAGAGG 489
郑麦9023VRN-A1    ---------------------------------------------------------------------- 489
肥麦VRN-A1        ---------------------------------------------------------------------- 490

辽春10号VRN-A1    TCACTGCAGGAGGAGAATAAAGTTCTCCAGAAGGAAGTAAGCCCGTTATATCACCTTATGGTCCAACCGG 559
郑麦9023VRN-A1    ---------------------------------------------------------------------- 559
肥麦VRN-A1        ---------------------------------------------------------.------------ 559

辽春10号VRN-A1    TCTAAATTGTTCCGTATAGCAAATTTTATTGACAGAGGTCCGTGTCCCTTCCCCACAGCTCGTGGAGAAG 629
郑麦9023VRN-A1    ---------------------------------------------------------------------- 629
肥麦VRN-A1        ---------------------------------------------------------------------- 629

辽春10号VRN-A1    CAGAAGGCCCATGCGGCGCAGCAAGATCAAACTCAGCCTCAAACCAGCTCTTCATCTTCTTCCTTCATGC 699
郑麦9023VRN-A1    ---------------------------------------------------------------------- 699
肥麦VRN-A1        -------------T-------------------------------------------------------- 699

辽春10号VRN-A1    TGAGGGATGCTCCCCCTGCCGCAAATACCAGGTGATGATGTACATCACAAGTCTAATCTTATTCAGAGTT 769
郑麦9023VRN-A1    ---------------------------------------------------------------------- 769
肥麦VRN-A1        ---------------------------------------------------------------------- 769

辽春10号VRN-A1    CAAGTAACCATCTTTTGAATTGGTCGGGTTGTTCCTTGCAGCCCACTTTTGGTCTCTATGCAGTTCTGTC 839
郑麦9023VRN-A1    ---------------------------------------------------------------------- 839
肥麦VRN-A1        ---------------------------------------------------------------------- 839

辽春10号VRN-A1    GGGCCACATTTAAGTAACATAATACTAATATGCTTGTGTTCGCTTTGGTTGTGCAGCATTCATCCAGCGG 909
郑麦9023VRN-A1    ---------------------------------------------------------------------- 909
肥麦VRN-A1        ---------------------------------------------------------------------- 909

辽春10号VRN-A1    CAACAGGCGAGAGGGCAGAGGATGCGGCAGTGCAGCCGCAGGCCCCACCCCGGACGGGGCTTCCACCGTG 979
郑麦9023VRN-A1    ---------------------------------------------------------------------- 979
肥麦VRN-A1        ---------------------------------------------------------------------- 979

辽春10号VRN-A1    GATGGTGAGCCACATCAACGGGTGAAGGGCATCCAGCCCATACAGGCGTACTATTCAGTAGAGGGTAACA 1049
郑麦9023VRN-A1    ---------------------------------------------------------------------- 1049
肥麦VRN-A1        ---------------------------------------------------------------------- 1049

辽春10号VRN-A1    AGTTGCACCGGCCAGCCTGGTGTATGTTGCGGTTGCTAGCACGCCTGACCCCTTG                1104
郑麦9023VRN-A1    -------------------------------------------------------                1104
肥麦VRN-A1        -------------------------------------------------------                1104
```

图 8-10　3 个品种 *VRN-A1* 基因部分片段序列分析

Figure 10　Alignment of part nucleotide sequences of *VRN-A1* in three wheat varieties

```
辽春10号VRN-B1    TCTCATGGGAGAGGATCTTGAATCTTTGAATCTCAAGGAGTTGCAGCAACTGGAGCAGCAGCTGGAAAGC 70
郑麦9023VRN-B1    ---------------------------------------------------------------------- 70
肥麦VRN-B1        ---------------------------------------------------------------------- 70

辽春10号VRN-B1    TCACTGAAACATATCAGATCCAGGAAGGTACTGATTTAAATGATTTGTACAGCAACACAATTTAAAAAAT 140
郑麦9023VRN-B1    ---------------------------------------------------------------------- 140
肥麦VRN-B1        ---------------------------------------------------------------------- 140

辽春10号VRN-B1    AAAACAAGAAAAACACTTGCAGAGAAGTTCAGCAAAGTATATCTGAAGTCAGATTCTAGACTGAGATATT 210
郑麦9023VRN-B1    ---------------------------------------------------------------------- 210
```

肥麦 *VRN-B1* -- 210

辽春10号 *VRN-B1* CACAATATGTATATGCATTTTAGTCATATGCTCTTCACAGTTAAAAAATGACTATTTCCTTTTTCTTTTT 280
郑麦9023 *VRN-B1* -- 280
肥麦 *VRN-B1* -- 280

辽春10号 *VRN-B1* TTGTACTTGCAGAACCAACTTATGCACGAATCCATTTCTGAGCTTCAGAAGAAGGTAGGCTGTCAACCTT 350
郑麦9023 *VRN-B1* -- 350
肥麦 *VRN-B1* -- 350

辽春10号 *VRN-B1* GCATACCTGAACCAGTATTCGAACTGGTCAACTTGTCAGGAAACCTTAGCTTACTTGTTTCAAGTTTTGT 420
郑麦9023 *VRN-B1* -- 420
肥麦 *VRN-B1* -- 420

辽春10号 *VRN-B1* GACATTATAACATGTATGCAAGTAATTGGCCTACTTGCACGAAACCTCATTACATCGTTCTTGCTGCAGG 490
郑麦9023 *VRN-B1* -- 490
肥麦 *VRN-B1* -- 490

辽春10号 *VRN-B1* AGAGGTCACTGCAGGAGGAGAATAAAGTTCTCCAGAAGGAAGTAAGCCCGTTGTCACCTTATGGTCCAAC 560
郑麦9023 *VRN-B1* -- 560
肥麦 *VRN-B1* -- 560

辽春10号 *VRN-B1* CGGTCTAAAATGTTTCCTATAGCAAATTTTATTGACACAGATCCCTGTCCCTTCCCCACAGCTCGTCGAG 630
郑麦9023 *VRN-B1* -- 630
肥麦 *VRN-B1* -- 630

辽春10号 *VRN-B1* AAGCAGAAGGCCCAGGCGGCGCAACAAGATCAGACTCAGCCTCAAACAAGCTCTTCTTCTTCTTCCTTCA 700
郑麦9023 *VRN-B1* -- 700
肥麦 *VRN-B1* -- 700

辽春10号 *VRN-B1* TGATGAGGGATGCTCCCCCTGCCGCAACTACCAGGTGATGATGTACATCACAAGTCCATTCCTATTCAGA 770
郑麦9023 *VRN-B1* -- 770
肥麦 *VRN-B1* -- 770

辽春10号 *VRN-B1* GTTCAAGGAACCATCTTTTGAATTGGTCGGGTTGTTCCTTGCAGCCCACTTTTGGTCTCAATATGCAGTC 840
郑麦9023 *VRN-B1* -- 840
肥麦 *VRN-B1* -- 840

辽春10号 *VRN-B1* CTGTCGGGCCACATTTAAGTAACAAAATACTAATATACTTGTGTCCACTTTGGTTGTGCAGCATTCATCC 910
郑麦9023 *VRN-B1* -- 910
肥麦 *VRN-B1* -- 910

辽春10号 *VRN-B1* AGCGGCATCAGGAGAGAGGGCAGAGGATGCGGCAGTGCAGCCGCAGGCCCCACCCCGGACGGGGCTTCCA 980
郑麦9023 *VRN-B1* -- 980
肥麦 *VRN-B1* -- 980

辽春10号 *VRN-B1* CTGTGGATGGTTAGCCACATCAACGGCTGAAGGGCTTCCAGCCCATATAAGCGTACTATTCAGTAGAGAG 1050
郑麦9023 *VRN-B1* -- 1050
肥麦 *VRN-B1* -- 1050

辽春10号 *VRN-B1* TAACAAGTTGCACCGGCCAGCCTGGTGTATGTTGCGGTTGCTAGCACGCCTGACCCCTTG 1110
郑麦9023 *VRN-B1* -- 1110
肥麦 *VRN-B1* -- 1110

图 8-11　3 个品种 *VRN-B1* 基因部分片段序列分析

Figure 8-11　Alignment of part nucleotide sequences of *VRN-B1* in three wheat varieties

辽春10号 *VRN-D1* TCTCATGGGAGAGGATCTTGAATCTTTGAATCTCAAGGAGTTGCAGCAACTGGAGCAGCAGCTGGAAAGC 70
郑麦9023 *VRN-D1* -- 70
肥麦 *VRN-D1* -- 70

辽春10号 *VRN-D1* TCACTGAAACATATCAGATCCAGGAAGGTACTGACTTAAATGATTTGTACAGCAACACTTTTTATATAAA 140
郑麦9023 *VRN-D1* -- 140

```
肥麦VRN-D1         --------------------------------------------------------------.------- 139

辽春10号VRN-D1     AAAAAAACACTTGCAGAGAAGTTCAGCAAAGTATATCTGAAGTCAGATTCTAGACTGAGATATTCACAAT 210
郑麦9023VRN-D1     ---------------------------------------------------------------------- 210
肥麦VRN-D1         ---------------------------------------------------------------------- 209

辽春10号VRN-D1     ATGTATATGCATTTTAGTCATATGCTCTTCATAGTTAAAAAATGACTATTTTTTTCTTTTTTTTGTACTT 280
郑麦9023VRN-D1     ---------------------------------------------------------------------- 280
肥麦VRN-D1         ---------------------------------------------------------------------- 279

辽春10号VRN-D1     GCAGAACCAACTTATGCACGAATCCATTTCTGAGCTTCAGAAGAAGGTAAGCTGCCAACCTTGCATACCT 350
郑麦9023VRN-D1     ---------------------------------------------------------------------- 350
肥麦VRN-D1         ---------------------------------------------------------------------- 349

辽春10号VRN-D1     GAACCGGTATTCGAACTGGTCAACTTGTCAGGAAATCTTAGCTTACTTGTTTCAAGTTTTGTGACATTAT 420
郑麦9023VRN-D1     ---------------------------------------------------------------------- 420
肥麦VRN-D1         ---------------------------------------------------------------------- 419

辽春10号VRN-D1     AACATGTATGCAAGTAACTGGTCTACTTGCACGAAACCTCATTACATCGTTCTTGCTGCAGGAGAGGTCA 490
郑麦9023VRN-D1     ---------------------------------------------------------------------- 490
肥麦VRN-D1         ------A--------------------------------------------------------------- 489

辽春10号VRN-D1     CTGCAGGAGGAGAATAAAGTTCTCCAGAAGGAAGTAAGCCCGTTGTCACCTTATGGTCCAACCGGTCTAA 560
郑麦9023VRN-D1     ---------------------------------------------------------------------- 560
肥麦VRN-D1         ---------------------------------------------------------------------- 559

辽春10号VRN-D1     ATTGTTTCGTATAGCAAATTTTATTGACACAGATCCCTGTCCCTTCCCCACAGCTCGTCGAGAAGCAGAA 630
郑麦9023VRN-D1     ---------------------------------------------------------------------- 630
肥麦VRN-D1         ---------------------------------------------------------------------- 629

辽春10号VRN-D1     GGCCCAGGCGGCGCAACAAGATCAGACTCAGCCTCAAACAAGCTCTTCTTCTTCTTCCTTCATGATGAGG 700
郑麦9023VRN-D1     ---------------------------------------------------------------------- 700
肥麦VRN-D1         ---------------------------------------------------------------------- 699

辽春10号VRN-D1     GATGCTCCCCCTGCCGCAGCTACCAGGTGATGATGTACATCACAAGTCTATTCCTATTCAGAGTTCAAGG 770
郑麦9023VRN-D1     ---------------------------------------------------------------------- 770
肥麦VRN-D1         ---------------------------C------------------------------------------ 769

辽春10号VRN-D1     AACCATCTTTTGAATTGGTCGGGTTGTTCCTTGCAGCCCACTTTTTGTCTGAATATGCAGTCCTGTCGGG 840
郑麦9023VRN-D1     ---------------------------------------------------------------------- 840
肥麦VRN-D1         ---------------------------------------------------------------------- 839

辽春10号VRN-D1     CCACATTTAAGTAACAAAATACTAACATACTTGTGTTCACTTTGGTTGTGCAGCATTCATCCAGCGGCGG 910
郑麦9023VRN-D1     ---------------------------------------------------------------------- 910
肥麦VRN-D1         ---------------------------------------------------------------------- 909

辽春10号VRN-D1     CAGGCGAGAGGGCAGGGGATGCGGCAGTGCAGCCGCAGGCCCCACCCCGGACGGGGCTTCCACTGTGGAT 980
郑麦9023VRN-D1     ---------------------------------------------------------------------- 980
肥麦VRN-D1         ---------------------------------------------------------------------- 979

辽春10号VRN-D1     GGTGAGCCACATCAACGGCTGAAGGGCTTCCAGCCCATATAAGCGTACTATTCAGTAGAGAGTAACAAGT 1050
郑麦9023VRN-D1     ---------------------------------------------------------------------- 1050
肥麦VRN-D1         ---------------------------------------------------------------------- 1049

辽春10号VRN-D1     TGCACCGGCCAGTCTGGTGTATGTTGCGGTTGCTAGCACGCCTGACCCCTTG                   1102
郑麦9023VRN-D1     ----------------------------------------------------                   1102
肥麦VRN-D1         ----------------------------------------------------                   1101
```

图 8-12 3 个品种 *VRN-D1* 基因部分片段序列分析

Figure 8-12 Alignment of part nucleotide sequences of *VRN-D1* in three wheat varieties

二、不同春化处理下 *VRN1* 基因的表达特性分析

为进一步分析不同春化处理下 *VRN1* 等位基因的表达特性，将小麦种子用 70%乙醇溶液浸泡 30s，再经 0.1%氯化汞消毒处理 7min 后，无菌水冲洗并于 25℃浸泡 12h，萌动后置于 0～2℃冰箱进行春化处理。春化处理的时间分别为：辽春 10 号、新春 2 号、豫麦 18、郑麦 9023、周麦 18 和豫麦 49-198 春化处理 0d、10d、20d、30d，京 841、新冬 18 和肥麦春化处理 0d、10d、20d、30d、40d、50d、60d。春化处理后播种于温室中，温度保持在 13～26℃。分别于小麦的 1 叶期、3 叶期、5 叶期、7 叶期、8 叶期、9 叶期、11 叶期、13 叶期、15 叶期和旗叶的药隔分化期、四分体时期、开花期剪取叶片，迅速用液氮冷冻后于–70℃保存备用。

依据测序和比对分析结果，设计针对 *VRN-A1*、*VRN-B1* 和 *VRN-D1* 序列的特异性引物。引物序列为：RTV-A1F，5′- CCA CCG AGT CAT GTA TGG ACA -3′，RTV-A1R，5′-GAG CTG GTT TGA GGC TGA GTT-3′；RTV-B1F，5′-ACC GAG TCA TGT ATG GAC AAA AT-3′，RTV-B1R，5′-TCC TCT GCC CTC TCT CCT GA-3′；RTV-D1F，5′-CTG AAG GCG AAG GTT GAG ACA-3′，RTV-D1R，5′-CGC TGG ATG AAT GCT GGT AGC-3′。以 *Actin* 基因为内标，引物序列为：TaAc-1，5'- GTT CCA ATC TAT GAG GGA TAC ACG C-3'；TaAc-2，5'-GAA CCT CCA CTG AGA ACA ACA TTA CC-3'。以不同春化处理不同发育时期的 cDNA 为模板，通过 RT-PCR 技术分析基因的表达情况。

1. 不同春化处理下春性小麦 *VRN1* 基因的表达特性

辽春 10 号为强春性品种，其 *VRN1* 的表达特性研究结果显示，其 *Vrn-A1*、*Vrn-B1* 和 *Vrn-D1* 3 个显性基因在 1 叶期有明显的表达，3 叶期表达量增高，表达一直持续到药隔分化期；不同天数的春化处理对 *Vrn-A1*、*Vrn-B1* 和 *Vrn-D1* 表达的影响不大（图 8-13）。

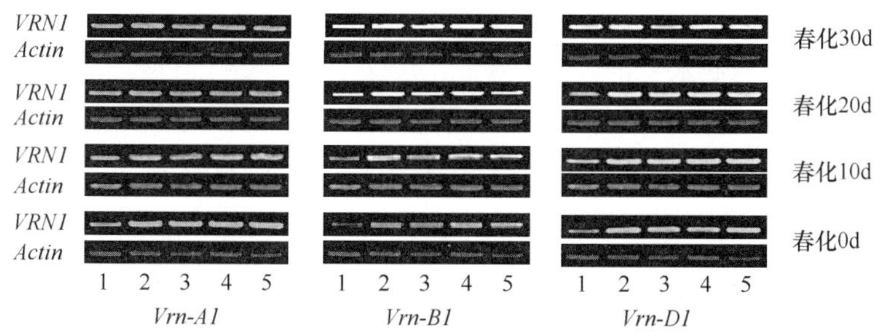

图 8-13　不同春化处理条件下辽春 10 号 *VRN1* 的表达特性

Figure 8-13　Expression of *VRN1* in Liaochun 10 under different vernalizations

1.1 叶期；2. 3 叶期；3. 5 叶期；4. 旗叶期；5. 药隔分化期

1. 1 leaf stage; 2. 3 leaf stage; 3. 5 leaf stage; 4. Flag leaf stage; 5. Pollencell differentiation

新春 2 号为春性品种，其 *Vrn-A1* 显性基因在未春化处理时，1 叶期表达水平较低，3 叶期表达增高并一直持续至四分体时期，在春化处理 10d、20d 和 30d 条件下，*Vrn-A1* 的表达增强，其趋势与未春化处理的相同；隐性基因 *vrn-B1* 在未春化处理条件下，1 叶期没有检测到表达，3 叶期表达水平很低，5 叶期表达开始增加，7 叶期表达较高，并持续至旗叶期。在春化 10d、20d 和 30d 条件下，*vrn-B1* 在 1 叶期均无检测到表达，3 叶期

有较高水平的表达，高水平表达持续至旗叶期；隐性基因 *vrn-D1* 在未春化处理条件下，1 叶期未检测到表达，3 叶期检测到较低水平的表达，5 叶期表达水平增高并持续表达。在春化处理 10d 时，1 叶期未检测到表达，从 3 叶期开始至旗叶期有较高水平的表达。在春化处理 20d 和 30d 条件下，1 叶期检测到较低水平的表达，从 3 叶期开始表达水平增高。可以看出，*Vrn-A1* 的表达较早；低温春化在不同程度上促进了 *Vrn-A1*、*vrn-B1* 和 *vrn-D1* 的表达，对新春 2 号这个品种来说，低温春化增强了 *Vrn-A1* 的表达，促进了 *vrn-B1* 和 *vrn-D1* 的表达，使 *vrn-B1* 和 *vrn-D1* 提前表达（图 8-14）。

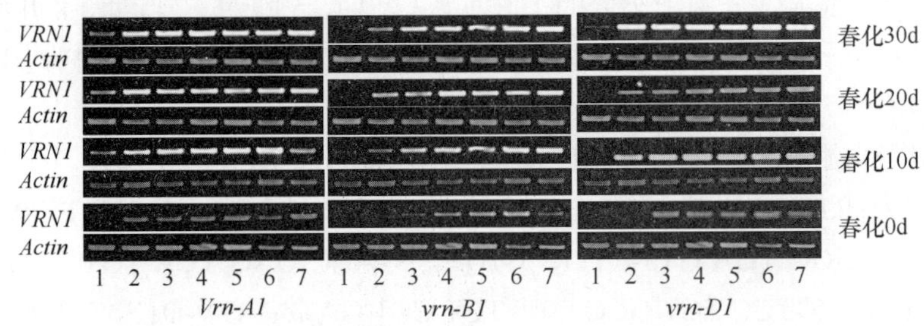

图 8-14 不同春化处理条件下新春 2 号 *VRN1* 的表达特性

Figure 8-14 Expression of *VRN1* in Xinchun 2 under different vernalizations

1. 1 叶期；2.3 叶期；3. 5 叶期；4. 7 叶期；5. 药隔分化期；6. 四分体时期；7. 开花期

1. 1 leaf stage; 2. 3 leaf stage; 3. 5 leaf stage; 4. 7 leaf stage; 5. Pollencell differentiation; 6. Tetrad differentiation; 7. Flowering stage

豫麦 18 品种为弱春性品种，隐性基因 *vrn-A1* 在未春化处理的 1 叶期没有检测到表达，3 叶期检测到低水平的表达，随后 *vrn-A1* 的表达逐渐增高，并持续至旗叶四分体时期，在春化 10d、20d 和 30d 条件下，1 叶期表达水平较低，3 叶期及以后的各时期维持较高水平的表达；隐性基因 *vrn-B1* 在未春化处理条件下，1 叶期和 3 叶期均没有检测到表达，5 叶期开始检测到较高水平的表达。在春化处理 10d、20d 和 30d 条件下，1 叶期均没有检测到表达，3 叶期以后维持较高水平的表达；显性基因 *Vrn-D1* 在未春化处理条件下，1 叶期检测到较低水平的表达，3 叶期表达增高，并维持较高水平的表达至旗叶期。在春化 10d、20d 和 30d 条件下，1 叶期有较高水平的表达，3 叶期表达量增高，并持续至开花期。豫麦 18 在不同春化处理条件下 *VRN1* 的表达动态表明，*Vrn-D1* 的表达较早；春化处理能促进 *VRN1* 的表达；对 *vrn-A1* 和 *vrn-B1* 的促进作用比较明显（图 8-15）。

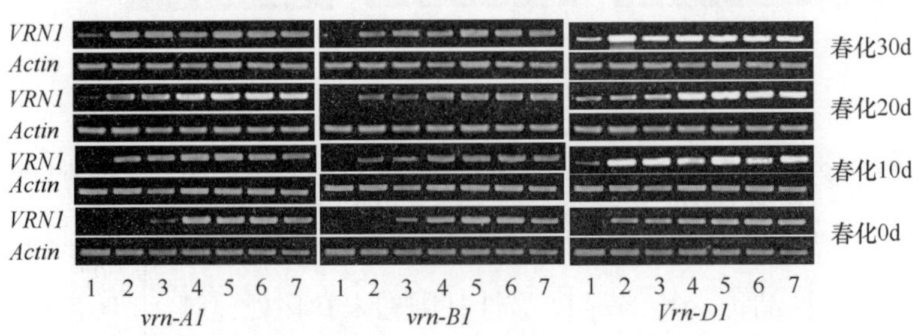

图 8-15 不同春化处理条件下豫麦 18 *VRN1* 的表达特性

Figure 8-15 Expression of *VRN1* in Yumai 18 under different vernalizations

1. 1 叶期；2. 3 叶期；3. 5 叶期；4. 7 叶期；5. 药隔分化期；6. 四分体时期；7. 开花期

1. 1 leaf stage; 2. 3 leaf stage; 3. 5 leaf stage; 4. 7 leaf stage; 5. Pollencell differentiation; 6. Tetrad differentiation; 7. Flowering stage

郑麦 9023 也是弱春性品种（图 8-16），未经春化处理的条件下，隐性基因 *vrn-A1* 在 1 叶期未检测到表达，而在 3 叶期的表达水平较高，并一直持续到开花期；在春化处理 10d 条件下，*vrn-A1* 在 1 叶期的表达水平较低，之后表达逐渐增强；而在春化处理 20d 和 30d 时，*vrn-A1* 在 1 叶期就有较高水平的表达，直至开花期。显性基因 *Vrn-B1* 的表达在未经春化处理条件下与 *vrn-A1* 的表达不同，*Vrn-B1* 在 1 叶期有低水平的表达，3 叶期表达水平明显增高，一直持续至抽穗开花期；在春化 10d、20d 和 30d 的条件下，*Vrn-B1* 的表达与 *vrn-A1* 相同条件下的表达趋势相同。隐性基因 *vrn-D1* 的表达趋势在 4 种春化处理条件下与 *vrn-A1* 的相同。显然，在未春化处理下 *Vrn-B1* 在 1 叶期的表达可能与郑麦 9023 的 *Vrn-B1* 为显性有关，*vrn-A1* 和 *vrn-D1* 在此条件下的 1 叶期未检测到表达与其为隐性等位基因有关。

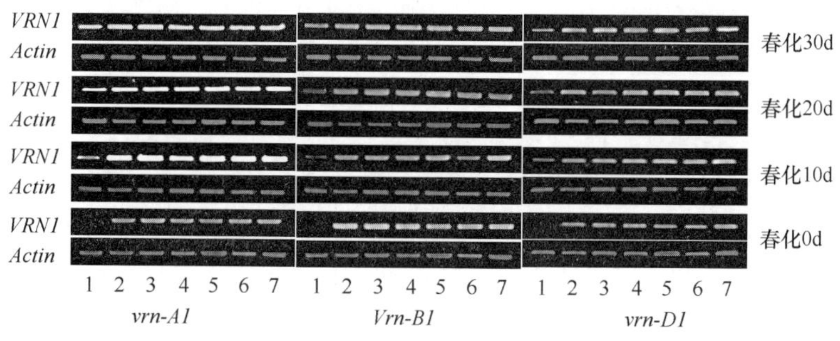

图 8-16　不同春化处理条件下郑麦 9023*VRN1* 的表达特性

Figure 8-16　Expression of *VRN1* in Zhengmai 9023 under different vernalizations

1. 1 叶期；2. 3 叶期；3. 5 叶期；4. 7 叶期；5. 药隔分化期；6. 四分体时期；7. 开花期

1. 1 leaf stage; 2. 3 leaf stage; 3.5 leaf stage; 4. 7 leaf stage; 5. Pollencell differentiation; 6. Tetrad differentiation; 7. Flowering stage

春性小麦 *VRN1* 基因的表达特性结果显示，对于显性 *Vrn1* 位点，在未经春化条件下，1 叶期就有较低水平的表达，说明显性 *Vrn1* 基因表达较早；在 10d、20d 和 30d 春化处理条件下，显性等位基因在 1 叶期表达量增高，说明低温春化能促进显性基因的表达；对于隐性基因 *vrn-A1*，未春化处理条件下的 1 叶期不能检测到表达，3 叶期开始检测到表达，说明隐性 *vrn-A1* 基因表达相对较晚；在春化处理条件下，*vrn-A1* 在 1 叶期开始表达，从 3 叶期开始有较高水平的表达，说明低温春化可明显诱导 *vrn-A1* 的表达；对于隐性 *vrn-B1* 基因，在未春化处理的 1 叶期和 3 叶期均不能检测到其表达，在春化处理时，3 叶期开始检测到表达，说明隐性 *vrn-B1* 的表达比 *vrn-A1* 的表达更晚，低温春化也可明显诱导 *vrn-B1* 的表达，但不能使 *vrn-B1* 的表达提前至 1 叶期；对于隐性 *vrn-D1* 基因，未春化处理条件下，1 叶期未能检测到其表达，而在春化处理条件下，1 叶期有不同水平的表达，说明隐性 *vrn-D1* 的表达也较晚，低温春化也可促进 *vrn-D1* 的表达。

2. 不同春化处理下冬性小麦 *VRN1* 基因的表达特性

周麦 18 为半冬性品种（图 8-17），在未春化处理条件下，1 叶期、3 叶期、5 叶期和 7 叶期均未检测到 *vrn-A1* 的表达，在春化处理 10d、20d 和 30d 条件下，*Vrn-A1* 在 1 叶期、3 叶期和 5 叶期未检测到表达，7 叶期有较低水平的表达，随后表达水平逐渐增高，并持续至开花期。*vrn-B1* 的表达动态表明，在未春化处理条件下，只有旗叶期的药隔分化期、四分体时期和开花期有较高水平的表达，其他叶龄和时期没有检测到表达，在春化处理 10d、20d 和 30d 条件下，*vrn-B1* 在 9 叶期开始高水平地表达并持续至开花期，其他时期未检测到表达。*vrn-D1* 的表达动态结果表明，未春化处理和春化处理 10d 条件下，在 1 叶期、3 叶期、5 叶期和 7 叶期未检测到表达，9 叶期有较低水平的表达，在药隔分化期、四分体时期和开花期有持续的高水平表达；春化处理 20d 和 30d 的条件下。*vrn-D1* 在 7 叶期检测到较低水平的表达，以后各时期表达增高并持续至开花期，其他时期未检测到表达。可见在周麦 18 中，*vrn1* 的表达最早在 7 叶期；在未春化处理条件下，*vrn-B1* 和 *vrn-D1* 的表达滞后于 *vrn-A1* 的表达；春化处理促进了 *vrn-A1*、*vrn-B1* 和 *vrn-D1* 的表达，且对 *vrn-A1*、*vrn-B1* 的影响程度强于 *vrn-D1*。

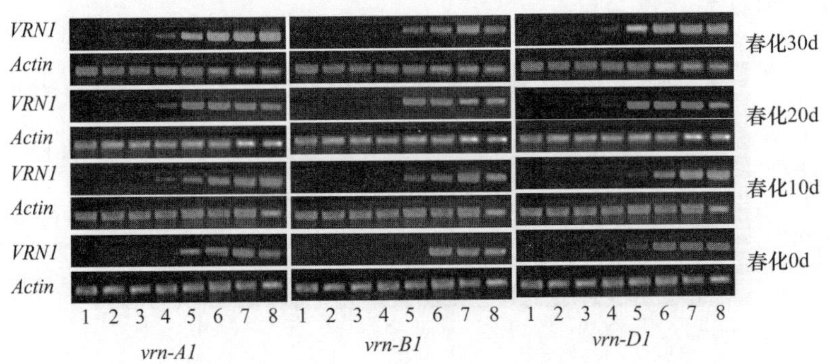

图 8-17 不同春化处理条件下周麦 18 *VRN1* 的表达特性

Figure 8-17 Expression of *VRN1* in Zhoumai 18 under different vernalizations

1. 1 叶期；2. 3 叶期；3. 5 叶期；4. 7 叶期；5. 9 叶期；6. 药隔分化期；7. 四分体时期；8. 开花期

1. 1 leaf stage; 2. 3 leaf stage; 3. 5 leaf stage; 4. 7 leaf stage; 5. 9 leaf stage; 6. Pollencell differentiation; 7. Tetrad differentiation; 8. Flowering stage

豫麦 49-198 也为半冬性小麦，其 *VRN1* 的表达特性结果显示（图 8-18），在未春化处理条件下，*vrn-A1*、*vrn-B1* 和 *vrn-D1* 在 1 叶期、3 叶期和 5 叶期均未检测到表达，在 7 叶期检测到表达，随后表达水平逐渐增高并持续至开花期；在春化处理 10d 条件下，*vrn-A1* 的表达提前到 5 叶期；在春化处理 20d 时，*vrn-A1* 的表达提前至 3 叶期；在春化处理 30d 时，*vrn-A1* 在 1 叶期就有低水平的表达；而 *vrn-B1* 和 *vrn-D1* 在春化处理 10d、20d 和 30d 条件下，1 叶期、3 叶期和 5 叶期均未检测到表达，在 7 叶期均检测到表达，并且随春化时间的延长，7 叶期 *vrn-B1* 和 *vrn-D1* 的表达水平增高，并持续至开花期。可以看出，春化处理对豫麦 49-198 *vrn-A1* 表达的促进作用明显强于对 *vrn-B1* 和 *vrn-D1* 的影响。

京 841 为冬小麦（图 8-19），在未春化处理条件下，*vrn-A1* 基因在 1 叶期和 3 叶期没有检测到表达，5 叶期检测到较低水平的表达，随后表达逐渐增高，直至开花期；在春化处理 10d、20d 和 30d 条件下，1 叶期未检测到表达，3 叶期有较低水平的表达，随后表达有逐渐增高的趋势；在春化处理 40d、50d 和 60d 条件下，1 叶期就能检测到 *VRN-A1* 的表达，以后的各时期表达逐渐增高并持续至开花期。*vrn-B1* 的表达动态表明，在未春化处理、春化处理 10d 和春化处理 20d 条件下，1 叶期、3 叶期和 5 叶期均未检测到 *vrn-B1* 的表达，7 叶期检测到表达，以后各时期表达逐渐增高并持续至开花期；在春化处理 30d 和 40d 条件下，5 叶期开始表达并维持至开花期；而春化处理 50d 和 60d 条件下，从 1 叶

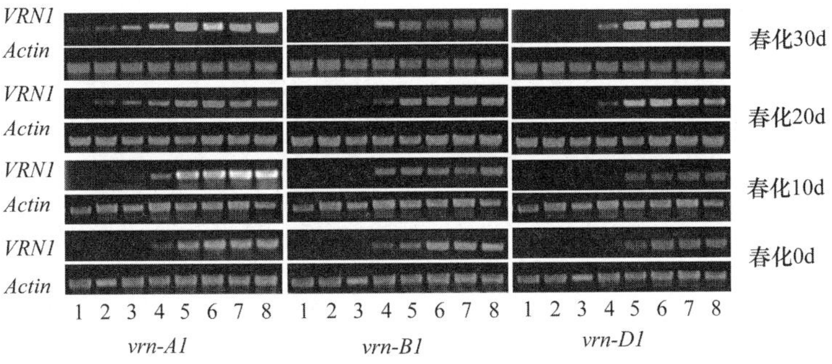

图 8-18　不同春化处理条件下豫麦 49-198 *VRN1* 的表达特性

Figure 8-18　Expression of *VRN1* in Yumai 49-198 under different vernalizations

1. 1 叶期；2. 3 叶期；3. 5 叶期；4. 7 叶期；5. 9 叶期；6. 药隔分化期；7. 四分体时期；8. 开花期

1. 1 leaf stage; 2. 3 leaf stage; 3. 5 leaf stage; 4. 7 leaf stage; 5. 9 leaf stage; 6. Pollencell differentiation; 7. Tetrad differentiation; 8. Flowering stage

期就能检测到表达，随后有逐渐增高的趋势。*vrn-D1* 的表达动态为：在未春化处理、春化处理 10d 和 20d 条件下其表达动态与 *vrn-B1* 在相同条件下的相似，均为 1 叶期、3 叶期和 5 叶期未检测到表达，而在 7 叶期以后表达逐渐增高并持续至开花期；与 *vrn-B1* 表达不同的是，在春化处理 30d、40d、50d 和 60d 的条件下，*vrn-D1* 在 1 叶期和 3 叶期一直未检测到表达，直到 5 叶期开始有较高水平的表达并持续到开花期。可见春化处理可以促进京 841*vrn1* 的表达，其影响强度具有 *vrn-A1*>*vrn-B1*>*vrn-D1* 的趋势；春化处理 10d 时能影响 *vrn-A1* 的表达，春化处理 30d 时能影响 *vrn-B1* 和 *vrn-D1* 的表达。

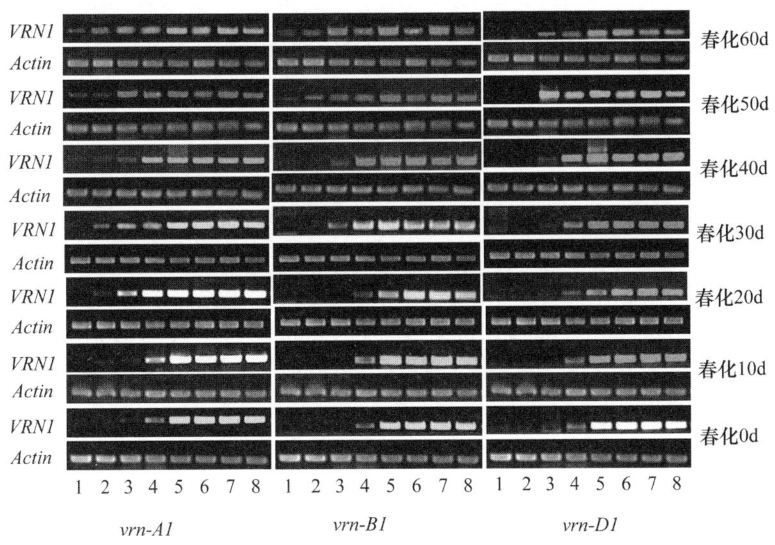

图 8-19　不同春化处理条件下京 841 *VRN1* 的表达特性

Figure 8-19　Expression of *VRN1* in Jing 841 under different vernalizations

1. 1 叶期；2. 3 叶期；3. 5 叶期；4. 7 叶期；5. 9 叶期；6. 药隔分化期；7. 四分体时期；8. 开花期

1. 1 leaf stage; 2. 3 leaf stage; 3. 5 leaf stage; 4. 7 leaf stage; 5. 9 leaf stage; 6. Pollencell differentiation; 7. Tetrad differentiation; 8. Flowering stage

新冬 18 为冬小麦（图 8-20），但 PCR 分子标记分析显示其 *VRN1* 在 B 基因组中，其第一内含子有大片段的缺失（Yan et al.，2004），其 *Vrn-B1* 为显性位点，但表达结果显示，未春化条件下，1 叶期和 3 叶期均无表达，5 叶期以后才表达，这与隐性基因的表达特性一致，也是新冬 18 表现冬性的内在原因。*vrn-A1* 的表达结果显示，在未春化处理条件下，1 叶期和 3 叶期未检测到 *vrn-A1* 的表达，5 叶期 *vrn-A1* 有较高水平的表达，并持续至开花期；在春化处理 10d、20d、30d、40d、50d 和 60d 条件下，1 叶期检测到 *vrn-A1* 的表达，从 1 叶期至开花期 *vrn-A1* 的表达水平具有逐渐增高的趋势；*Vrn-B1* 和 *vrn-D1* 在不同春化处理条件下的表达特性与 *vrn-A1* 的相同。可见春化处理 10d 对 *vrn-A1*、*Vrn-B1* 和 *vrn-D1* 的表达均具有明显的促进作用，说明 *vrn1* 的表达特性一般与基因组成分析的结果一致，而 *Vrn-B1* 的基因组成与表达特性的差异，说明表达特性作为判断发育特性的分子基础更为可靠。

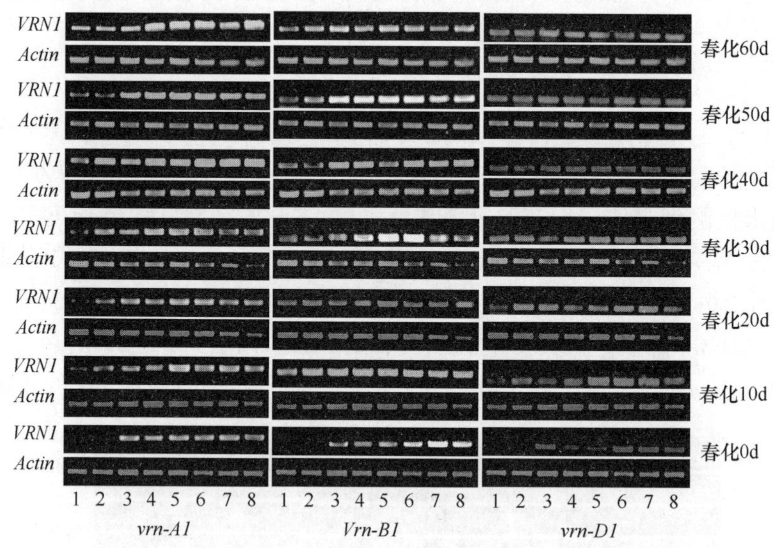

图 8-20 不同春化处理条件下新冬 18 *VRN1* 的表达特性

Figure 8-20 Expression of *VRN1* in Xindong 18 under different vernalizations

1. 1 叶期；2. 3 叶期；3. 5 叶期；4. 7 叶期；5. 9 叶期；6. 药隔分化期；7. 四分体时期；8. 开花期

1. 1 leaf stage; 2. 3 leaf stage; 3. 5 leaf stage; 4. 7 leaf stage; 5. 9 leaf stage; 6. Pollencell differentiation; 7. Tetrad differentiation; 8. Flowering stage

肥麦为强冬性小麦品种，其 *VRN1* 的表达特性研究显示（图 8-21），在未春化处理和春化处理 10d、20d、30d 条件下，*vrn-A1* 在 1 叶期、3 叶期和 5 叶期均未检测到表达；在春化处理 40d 条件下，5 叶期检测到较低水平的表达，7 叶期以后表达逐渐增高并持续至开花期；在春化处理 50d 和 60d 条件下，1 叶期开始表达，随后表达逐渐增高。*vrn-B1* 在未春化处理和春化处理 10d 条件下，1 叶期、3 叶期和 5 叶期未检测到表达，7 叶期以后具有持续的较高水平的表达；在春化处理 20d、30d 和 40d 条件下，只有 1 叶期未检测到表达，从 3 叶期开始检测到表达，表达水平逐渐增高并持续至开花期；在春化处理 50d 和 60d 条件下，*vrn-B1* 与 *vrn-A1* 的表达趋势一致，均是从 1 叶期开始表达并逐渐增高持续至开花期。*vrn-D1* 的表达动态在各种春化处理条件下是相同的，那就是在 1 叶期、3 叶期和 5 叶期均未检测到表达，7 叶期检测到较低水平的表达，随后表达增高并持续至开花期。结果表明，春化处理可以促进 *vrn-A1* 和 *vrn-B1* 的表达，春化处理 40d 条件对 *vrn-A1* 作用最为明显，春化处理 20d 时对 *vrn-B1* 的作用最为明显，而对 *vrn-D1* 的影响作用较小。

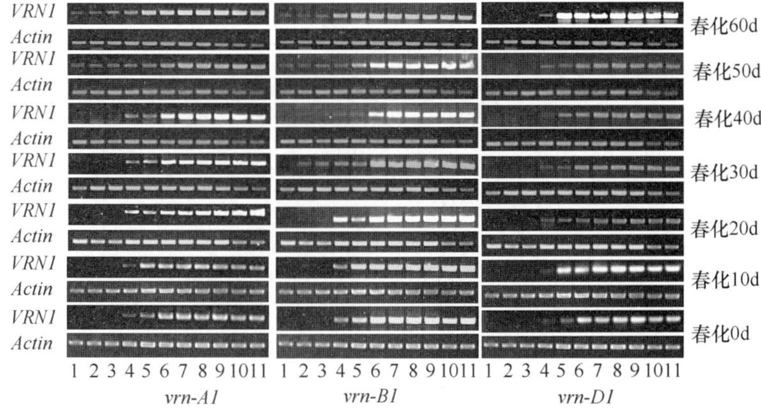

图 8-21 不同春化处理条件下肥麦 *VRN1* 的表达特性

Figure 8-21 Expression of *VRN1* in Feimai under different vernalizations

1. 1 叶期；2. 3 叶期；3. 5 叶期；4. 7 叶期；5. 9 叶期；6. 11 叶期；7. 13 叶期；8. 15 叶期；9. 药隔分化期；10. 四分体时期；11. 开花期

1. 1 leaf stage; 2. 3 leaf stage; 3. 5 leaf stage; 4. 7 leaf stage; 5. 9 leaf stage; 6. 11 leaf stage; 7. 13 leaf stage; 8. 15 leaf stage; 9. Pollencell differentiation; 10. Tetrad differentiation; 11. Flowering stage

冬性小麦 *vrn1* 基因在不同春化处理条件下的表达特性结果显示（除新冬 18 外），在未春化处理时，*vrn1* 基因表达较晚，*vrn-A1* 在 9 叶期（如周麦 18）、7 叶期（如豫麦 49-198 和肥麦）或 5 叶期（如京 841），*vrn-B1* 和 *vrn-D1* 与 *vrn-A1* 相比同时表达或表达稍微滞后；春化处理可以明显促进 *vrn1* 的表达，对于不同发育特性的小麦品种，春化处理时间不同对 *vrn-A1*、*vrn-B1* 和 *vrn-D1* 的影响也不尽相同。对于半冬性品种（周麦 18 和豫麦 49-198）来说，春化处理 10d 就可影响 *vrn1* 的表达，而对冬小麦（京 841）而言，春化处理 10d 对 *vrn-A1* 有明显的促进作用，而对 *vrn-B1* 和 *vrn-D1* 的最大影响出现在春化处理 30d 条件下；肥麦的冬性最强，春化处理 40d 条件对其 *vrn-A1* 有明显的促进作用，春化处理 20d 对 *vrn-B1* 就有明显的影响，而对 *vrn-D1* 表达影响较小。

三、春化过程中 *VRN1* 基因的动态表达特性分析

在分析春化作用对 *VRN1* 基因表达特性影响的基础上，为了了解春化处理过程中 *VRN1* 基因的表达特性，将小麦种子萌动后置于 2～4℃冰箱进行春化处理。其中辽春 10 号、新春 2 号、郑麦 9023、周麦 18、豫麦 49-198 和京 841 春化处理 30d，新冬 22 春化处理 40d，肥麦春化处理 60d。春化处理过程中每隔 2～5d 取样，迅速用液氮冷冻后于–80℃保存备用。选用的 *VRN-A1*、*VRN-B1* 和 *VRN-D1* 序列的特异性引物和 qRT-PCR 检测方法与程序同上节。

1. 春化过程中春性小麦 *VRN1* 基因的动态表达特性

强春性品种辽春 10 号，春化过程中 *VRN1* 的表达结果显示（图 8-22），3 个等位基因 *Vrn-A1*、*Vrn-B1* 和 *Vrn-D1* 在春化过程中均上调表达，但表达量和表达模式有一定差异。*Vrn-A1* 的表达量显著高于 *Vrn-B1* 和 *Vrn-D1*，且 *Vrn-A1* 在 18d 和 24d 的表达量出现双峰，*Vrn-B1* 的表达在 26d 出现峰值，而 *Vrn-D1* 的表达在 18d 和 26d 出现峰值。

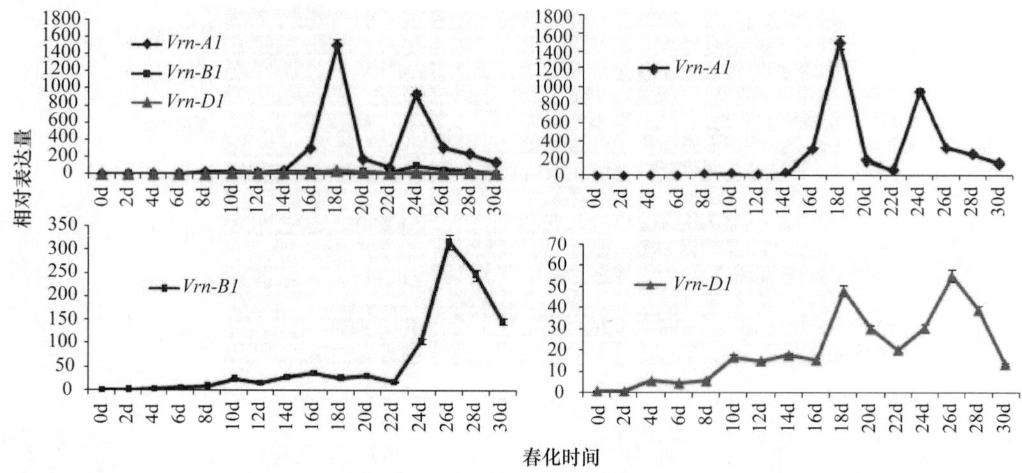

图 8-22 辽春 10 号春化过程中 *VRN1* 的表达特性

Figure 8-22 Expression of *VRN1* in Liaochun 10 during vernalization

春性品种新春 2 号，春化过程中 *VRN1* 的表达结果显示（图 8-23），3 个等位基因 *Vrn-A1*、*vrn-B1* 和 *vrn-D1* 在春化过程中的表达呈波动性的上调。*vrn-D1* 的表达量显著高于 *Vrn-A1* 和 *vrn-B1*。*Vrn-A1*、*vrn-B1* 均在 14d 和 24d 的表达量出现两个峰值，24d 后呈下降趋势。*vrn-D1* 在 20d、26d 出现双峰，随后下降。

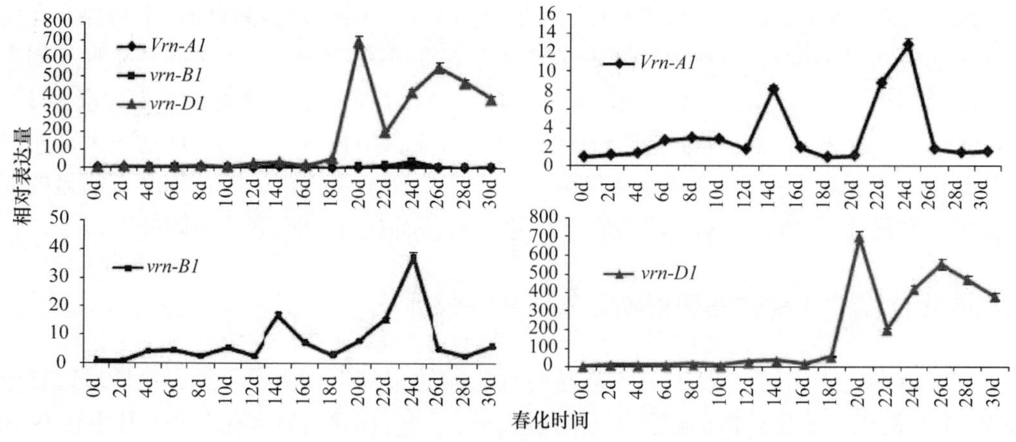

图 8-23 新春 2 号春化过程中 *VRN1* 的表达特性

Figure 8-23 Expression of *VRN1* in Xinchun 2 during vernalization

弱春性品种郑麦 9023，春化过程中 *VRN1* 的表达结果显示（图 8-24），在春化过程中 3 个等位基因 *vrn-A1*、*Vrn-B1* 和 *vrn-D1* 的表达量基本均衡且从 6～8d 开始上调，呈波动上调趋势。*vrn-A1* 和 *vrn-D1* 的表达峰值分别出现在 18d 和 20d，而显性基因峰值出现较早在 10d。

上述春性品种在春化过程中 3 个等位基因表达的共同特点是在春化开始处理后几天就上调表达，与春性品种需要短时间春化处理或不经过春化就可以开花结实的特性基本吻合。同时，显性基因比隐性基因表达量高或高表达时间早。

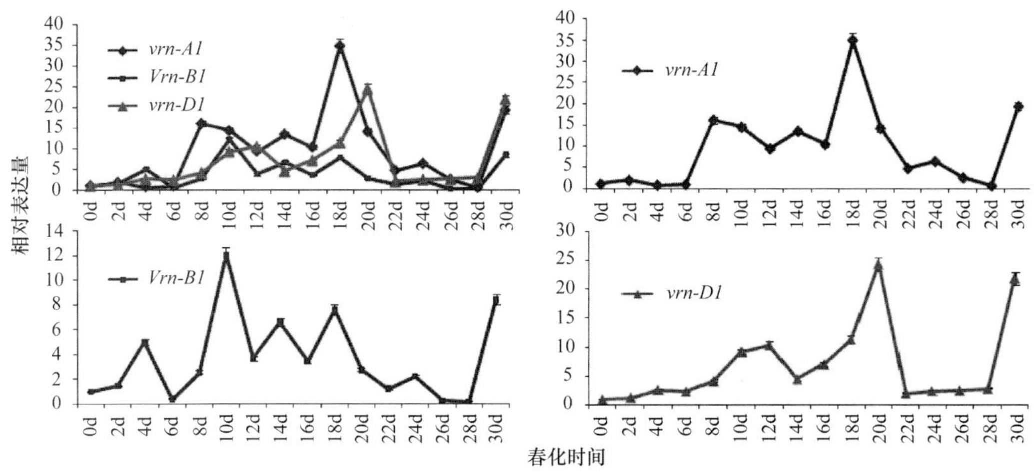

图 8-24　郑麦 9023 春化过程中 *VRN1* 的表达特性

Figure 8-24　Expression of *VRN1* in Zhengmai 9023 during vernalization

2. 春化过程中冬性小麦 *VRN1* 基因的动态表达特性

周麦 18 为半冬性品种，*VRN1* 的表达结果显示（图 8-25），在春化过程中 *vrn-A1*、*vrn-B1* 和 *vrn-D1* 的表达呈动态上调趋势，*vrn-A1* 的表达量显著高于 *vrn-B1* 和 *vrn-D1*，*vrn-A1* 和 *vrn-B1* 的表达峰值出现在 18～28d，*vrn-D1* 的表达量从 18d 以后开始上调，30d 达到峰值，与半冬性品种通过春化发育所需要的 20d 春化时间基本吻合。

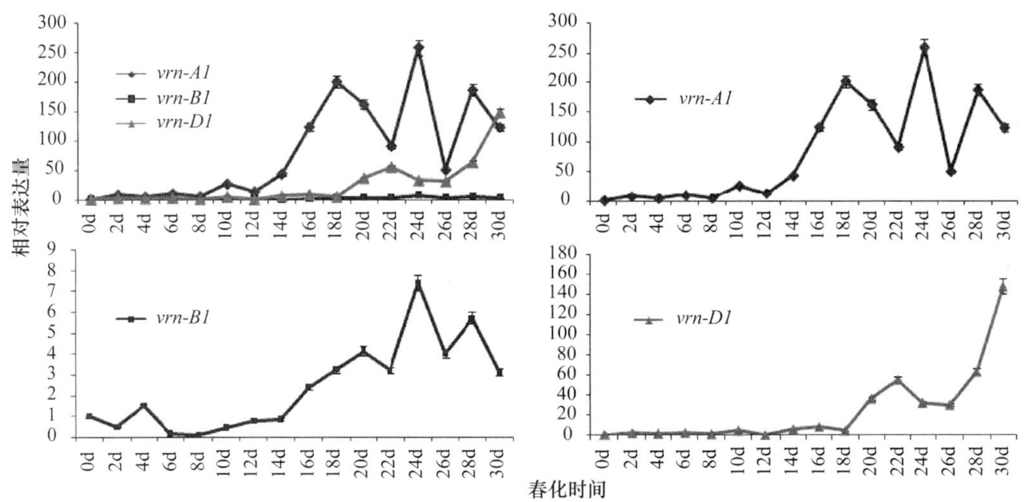

图 8-25　周麦 18 春化过程中 *VRN1* 的表达特性

Figure 8-25　Expression of *VRN1* in Zhoumai 18 during vernalization

豫麦 49-198 为半冬性品种，*VRN1* 的表达结果显示（图 8-26），在春化过程中 *vrn-A1*、*vrn-B1* 和 *vrn-D1* 的表达呈动态上调趋势。*vrn-A1*、*vrn-B1* 和 *vrn-D1* 的表达峰值分别出现在 14d、14d 和 30d，与半冬性品种通过春化发育所需要的 20d 左右的春化时间有关。

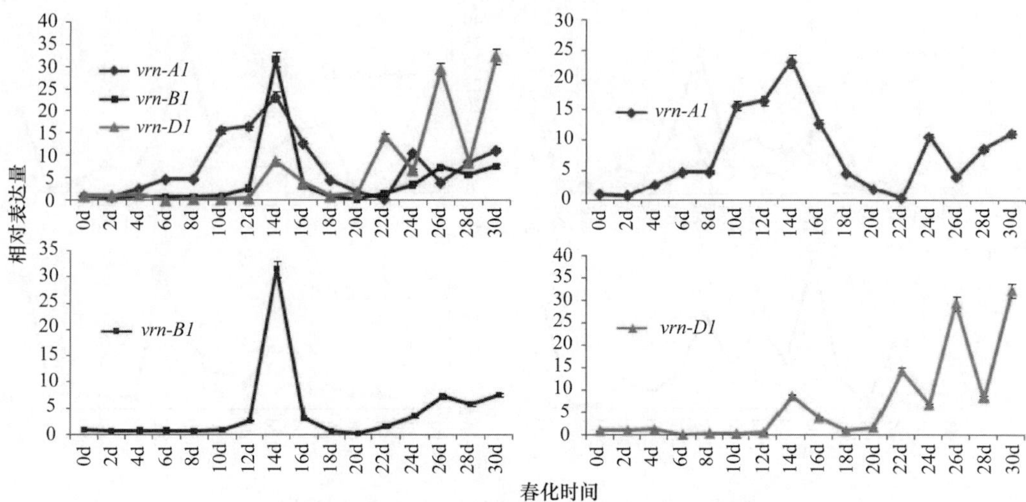

图 8-26 豫麦 49-198 春化过程中 *VRN1* 的表达特性

Figure 8-26 Expression of *VRN1* in Yumai 49-198 during vernalization

京 841 为冬性品种，*VRN1* 的表达结果显示（图 8-27），在春化过程中 3 个等位基因 *vrn-A1*、*vrn-B1* 和 *vrn-D1* 的表达量基本均衡且呈动态上调趋势。*vrn-A1* 和 *vrn-B1* 的表达峰值均出现在 20d，*vrn-D1* 的表达量在 16d 和 26d 出现 2 个峰值，与冬性品种通过春化发育所需要的 30d 春化时间有关。

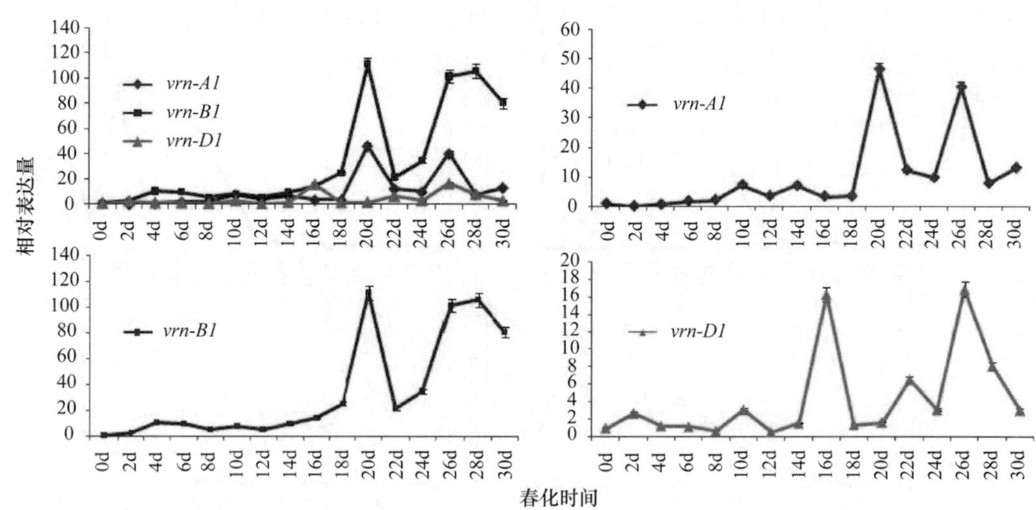

图 8-27 京 841 春化过程中 *VRN1* 的表达特性

Figure 8-27 Expression of *VRN1* in Jing 841 during vernalization

新冬 22 为冬性品种，*VRN1* 的表达结果显示（图 8-28），在春化过程中 *vrn-A1*、*vrn-B1* 和 *vrn-D1* 的表达呈动态上调趋势。*vrn-A1* 的表达量显著高于 *vrn-B1* 和 *vrn-D1*。*vrn-A1*、*vrn-B1* 和 *vrn-D1* 的表达峰值分别出现在 36d、40d 和 36d，与其通过春化发育所需要的 40d 春化时间基本吻合。

肥麦为强冬性品种，*VRN1* 的表达结果显示（图 8-29），在春化过程中 *vrn-A1*、*vrn-B1* 和 *vrn-D1* 的表达呈动态上调趋势。*vrn-B1* 的表达量显著高于 *vrn-A1* 和 *vrn-D1*。*vrn-A1*、

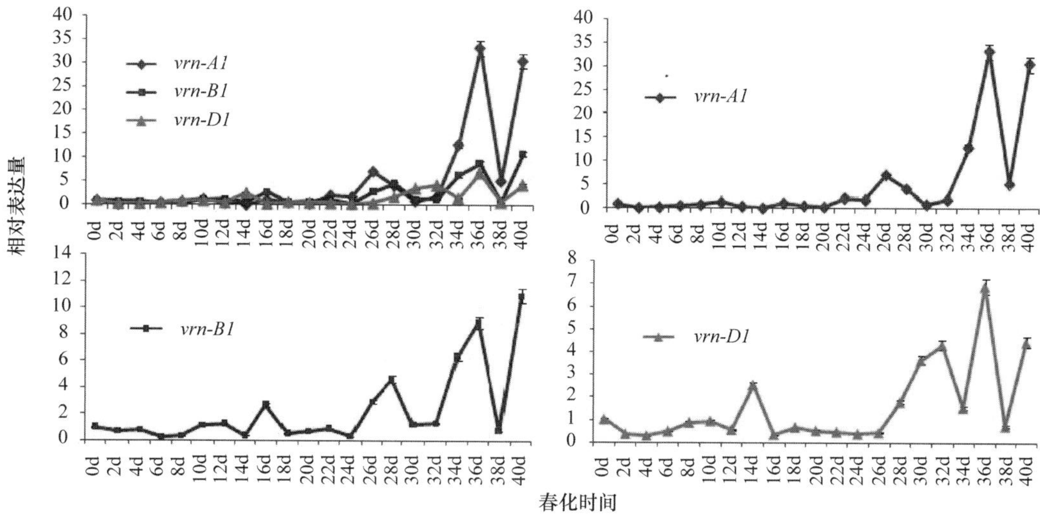

图 8-28　春化过程中新冬 22 *VRN1* 的表达特性

Figure 8-28　Expression of *VRN1* in Xindong 22 during vernalization

vrn-B1 和 *vrn-D1* 的表达峰值分别出现在 50d、45d 和 55d，与其通过春化发育所需要的 50d 以上春化时间基本吻合。

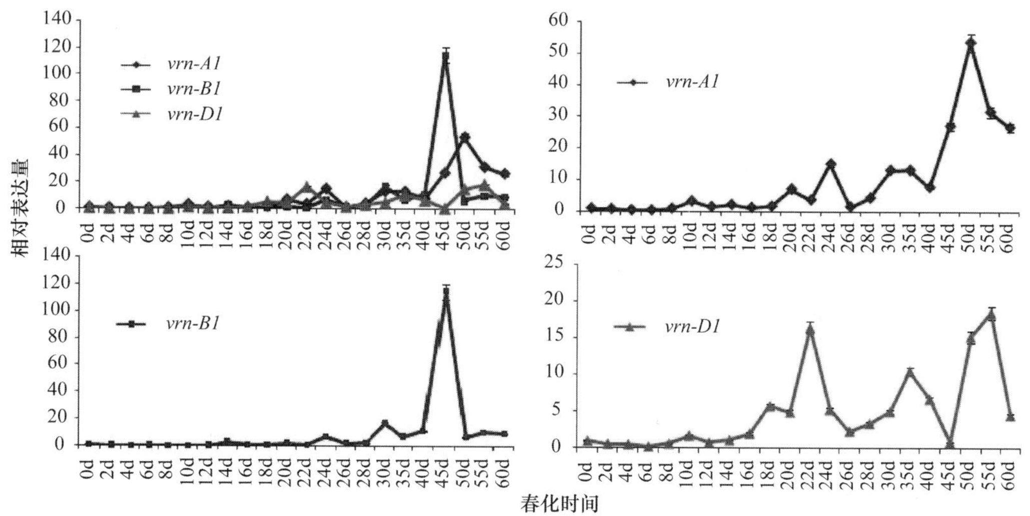

图 8-29　春化过程中肥麦 *VRN1* 的表达特性

Figure 8-29　Expression of *VRN1* in Feimai during vernalization

利用 qRT-PCR 技术分析不同类型小麦品种春化过程中 *VRN1* 基因动态表达模式，结果表明，在春性品种中，*VRN1* 在春化处理起始阶段就开始表达，随着春化时间的延长波动上调，表明春性品种基本不需要较长的春化处理积累，*VRN1* 3 个等位基因就能够上调表达。而冬性品种 *VRN1* 基因在春化前期表达量极低，随着春化时间延长至 20d 以后呈波动上调表达的趋势，且 *VRN1* 表达上调所需的时间与不同类型品种通过春化发育所需要的春化时间基本吻合，可能正是 *VRN1* 表达水平上调满足了冬性品种春化发育要求，保证了冬性品种得以正常抽穗开花。

四、基因型、表达特性及发育进程的关系

1. *VRN1*基因的序列特征

本研究结果表明，小麦 *Vrn1* 基因的基因组序列和 cDNA 序列在 A、B 和 D 基因组间均有多态性，仅编码区就具有 20 个位点的差异，其中 A 与 B 和 D 基因组间的差异有 14 个，说明 *Vrn-B1* 和 *Vrn-D1* 基因组序列同源性较高，A 基因组与 B 和 D 基因组差异较大，推测这些差异与 *Vrn-A1*、*Vrn-B1* 和 *Vrn-D1* 对低温敏感性不同有关；而在不同品种之间 3 个等位基因的同源性极高，第 4 外显子至 3′端之间的序列片段中 *Vrn-A1* 和 *Vrn-D1* 有 3 个 SNP 的差异，3 个品种的 *Vrn-B1* 片段没有差异。*Vrn-A1* 的 251bp 和 547bp 位点在第 4 内含子和第 6 内含子，而 643bp 位点在第 7 外显子。Sherman 等（2004）利用春性和冬性小麦 *Vrn-A1* 在 547bp 位点的差异（春性品种在此位点为 A，而冬性品种缺失此碱基）开发了显性 *Vrn-A1* 的 PCR 分子标记，从分子水平上可初步判断 *Vrn-A1* 的冬春性，但用此标记不能解释某些小麦品种的发育特性（Loukoianov et al.，2005）。本研究发现，除了此位点的 SNP 差异外，另 2 个 SNP 251bp 位点和 643bp 位点也可以作为分子标记开发位点；另外，肥麦的 *Vrn-A1* 的第 7 外显子与辽春 10 号和郑麦 9023 相比有 1 个 SNP 的差异，这一差异导致编码子由“GCC”变为“GTC”，相应的氨基酸也由丙氨酸（Ala）变为缬氨酸（Val），推测这一改变与肥麦的强冬性发育特性有关。

2. *VRN1*的表达特性与基因型的关系

春化基因表达特性研究结果表明，显性 *Vrn-A1*、*Vrn-B1* 和 *Vrn-D1* 表达较早，在 1 叶期就有表达，而隐性基因表达较晚，此结果与前人的研究结果一致（Loukoianov et al.，2005；Dubcovsky et al.，2006）。本研究还发现春化处理对不同基因型的 *VRN1* 表达影响程度不同，对于强春性小麦辽春 10 号来说，其基因型为 *Vrn-A1Vrn-B1Vrn-D1*，低温春化对 3 个显性等位基因的影响较小；对于春性小麦新春 2 号来说，其 *VRN1* 的基因型为 *Vrn-A1vrn-B1vrn-D1*（袁秀云等，2008），低温春化对 *vrn-B1* 和 *vrn-D1* 的促进作用较为明显；豫麦 18 的基因型为 *vrn-A1vrn-B1Vrn-D1*，低温春化对 *vrn-A1* 和 *vrn-B1* 的促进作用较为明显；郑麦 9023 的基因型为 *vrn-A1Vrn-B1vrn-D1*，低温春化对 *vrn-A1* 和 *vrn-D1* 的促进作用比较明显；对于半冬性小麦，周麦 18 的 *VRN1* 为 3 个隐性等位基因，基因型为 *vrn-A1vrn-B1vrn-D1*，3 个基因表达均较晚，低温春化对 *vrn-A1* 和 *vrn-B1* 的促进作用比较明显；豫麦 49-198 的基因型和发育特性与周麦 18 相同，但其 *VRN1* 的表达特性与周麦 18 不同，首先是豫麦 49-198 *vrn-A1* 和 *vrn-B1* 的表达较早，其次是低温春化对其 *vrn-A1* 的促进作用明显强于 *vrn-B1* 和 *vrn-D1*。京 841 的 *VRN1* 基因型同样为 *vrn-A1vrn-B1vrn-D1*（袁秀云等，2008），而其 *VRN1* 的表达要早于周麦 18 和豫麦 49-198，且低温春化对 *VRN1* 表达的影响也强于后二者。对于强冬性小麦品种肥麦来说，*VRN1* 基因型与周麦 18、豫麦 49-198 和京 841 相同，而其 *vrn1* 的表达叶龄与豫麦 49-198 近似，但低温春化对 *vrn1* 的促进作用不同，春化处理 40d 才对 *vrn-A1* 有明显的促进作用，春化处理 20d 时对 *vrn-B1* 有明显的作用，而对 *vrn-D1* 的影响作用较小。研究表明，春性小麦品种在未春化条件下，显性基因 *Vrn1* 基因表达量高，且表达量为 *Vrn-A1*>*Vrn-B1*>*Vrn-D1*

（Loukoianov et al.，2005）。冬性小麦品种在未春化条件下，隐性 *vrn-1* 基因表达量低，而在春化条件下，隐性 *vrn-1* 表达量明显增高，且也有 *vrn-A1*>*vrn-B1*>*vrn-D1* 的趋势（Tranquilli and Dubcovsky，2000；Loukoianov et al.，2005）。说明它们在小麦从营养生长向生殖生长转变的过程中，对开花的促进作用也是递减的。可见，*VRN1* 的表达特性与 *VRN1* 的基因型密切相关；小麦品种由于携带的 *VRN1* 基因不同，它们对低温春化的反应和要求也不同，低温春化对显性的促进作用较小，对隐性的促进作用较强，对 *vrn-A1* 和 *vrn-B1* 的影响强度大于对 *vrn-D1* 的影响。

3. *VRN1* 基因的表达特性与小麦发育进程的关系

从发育进程上分析低温对不同品种 *VRN1* 表达的影响，辽春 10 号的圆锥期就有 3 个 *Vrn1* 的表达，低温春化对辽春 10 号的发育进程影响较小，有增强 3 个显性 *Vrn1* 基因表达的作用；新春 2 号、豫麦 18 和郑麦 9023 的圆锥期均有一个显性 *Vrn1* 的表达，低温春化明显促进了小麦的发育进程，也增强了显性 *Vrn1* 基因的表达，使隐性 *vrn1* 的表达启动提前至二棱期前期，可见，对于春麦来说，*VRN1* 的表达与幼穗分化启动并不同步，幼穗分化要稍微滞后一些。从表型来看，一般认为二棱期是春化效应结束的标志（王士英，1997），但是从春化基因表达动态来看，在春化效应结束前，春化基因需要大量的表达调控，积累足够的调控物质，才能最终达到完成春化的目的。

对于冬性品种来说，半冬性品种周麦 18 和豫麦 49-198 在未春化处理条件下，*vrn1* 基因的启动表达滞后于幼穗分化启动；尽管低温春化促进了两个品种 *vrn1* 的表达，使 *vrn-A1* 的表达提前于幼穗分化启动，但 *vrn-B1* 和 *vrn-D1* 的表达仍然滞后于幼穗分化启动；冬性更强的品种京 841 和肥麦的 *vrn1* 表达启动先于二棱期，低温春化也不同程度地提前了 *vrn1* 的起始表达；结果进一步证明 *vrn1* 在冬性小麦品种中的表达较晚，低温春化可使 *vrn1* 在幼穗分化启动前或与幼穗分化启动同步表达，同时对不同品种及其 *vrn-A1*、*vrn-B1* 和 *vrn-D1* 的影响不同。

上述研究结果表明，*VRN1* 基因的表达启动与等位基因的显隐性组成相一致（新冬 2 号 *Vrn-B1* 例外），即显性等位基因的表达启动较早，而隐性等位基因则较滞后；且 *VRN1* 的表达受低温春化的诱导，对显性 *Vrn1* 的促进效应小，对隐性的促进效应大；*VRN1* 基因的表达一旦启动，表达水平会逐渐升高，并一直持续至开花期。

第二节　小麦春化基因 *VRN2* 的克隆及表达特性分析

小麦春化基因 *VRN2* 是参与小麦发育调控的重要基因之一，具有开花抑制因子的作用。为探明 *VRN2* 基因序列特征和表达特性，本研究以小麦 cDNA 和基因组 DNA 为模板，对 *VRN2* 基因进行克隆，系统分析了不同发育特性小麦品种在不同春化处理条件下 *VRN2* 的表达动态。

一、*VRN2* 基因的克隆与序列分析

1. *VRN2* 基因的 cDNA 克隆与序列分析

根据已有的序列信息（GenBank 号为 AY485963、AY485964、AY485965、AY485966、

AY485967、AY485968、AY485969、AY485975、AY485976、AY485979）设计 PCR 扩增引物：VRN-2F，5′-ATG TCC ATG TCA TGC GGT TT G-3′；VRN-2R，5′-CTA TAA ATT ACC GGA ACC ATC CG-3′。以辽春 10 号 1 叶期叶片 cDNA 为模板，没有扩增到目的片段。

以郑麦 9023 1 叶期叶片的 cDNA 为模板，利用 VRN-2F 和 VRN-2R 引物进行 PCR 扩增，克隆到目的片段（图 8-30），测序结果显示，这一片段为多条核酸序列的混合物，经过 BLAST 分析发现，一类为 *ZCCT1*，一类为 *ZCCT2*（图 8-31）。在郑麦 9023 中，测得 2 条 *ZCCT1* 序列，分别命名为郑麦 9023-*cDNA-ZCCT1-1* 和郑麦 9023- *cDNA-ZCCT1-2*，2 条序列均长 649bp，编码 214 个氨基酸，二者均编码含有锌指结构和 CCT 功能域的蛋白质，郑麦 9023-*cDNA-ZCCT1-2* 的 CCT 功能域在 19 位点有一 K-E 突变，在 39 位点有 R-C 突变（图 8-32）。同时测得 3 条 *ZCCT2* 序列，序列长均为 646bp，郑麦 9023-*cDNA-ZCCT2-1* 没有锌指结构，只有 1 个 CCT 功能域；郑麦 9023-*cDNA-ZCCT2-2* 和郑麦 9023-*cDNA-ZCCT2-3* 也没有锌指结构，但在 62～69 位点有 1 个 C-反应蛋白（CRP）（HhCrSWtT）（PS00289），这一蛋白质出现在哺乳动物中，响应细胞膜的损伤或机体发炎刺激，参与机体的防御反应（*ZCCT* 三类编码蛋白质功能域类型见图 8-33）。其 CCT 功能域分析显示，CCT 的保守氨基酸发生了突变，郑麦 9023-*cDNA-ZCCT1-2* 的 19 位点和 39 位点分别有 K-E（赖氨酸-谷氨酸）和 R-C（精氨酸-半胱氨酸）突变；3 条 *ZCCT2* 的第 2 位点发生 A-E（丙氨酸-谷氨酸）突变，16 位点发生 R-C 突变，另外郑麦 9023-*cDNA-ZCCT2-2* 的第 6 位点有 1 个 M-I（蛋氨酸-异亮氨酸）突变（图 8-31）。郑麦 9023-*cDNA-ZCCT1-1* 和郑麦 9023-*cDNA-ZCCT1-2* 的锌指结构序列（CgannCsrlMvspihhhhHhhqe）（PS00028）完全相同。

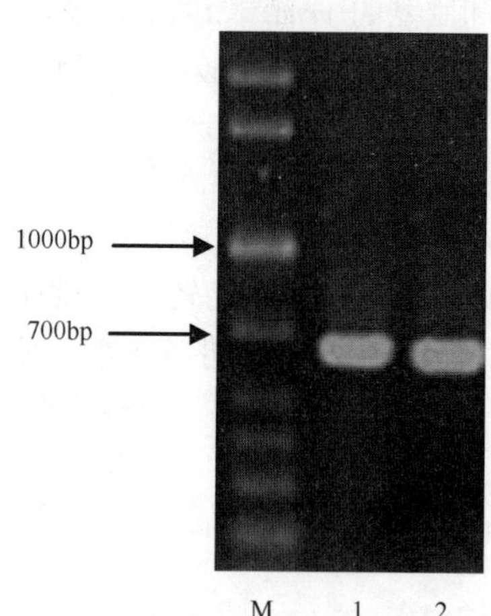

图 8-30 *VRN2* 的 cDNA 克隆

Figure 8-30 cDNA cloning of *VRN2*

M. 1kb plus marker；1. 郑麦 9023；2. 肥麦

M. 1kb plus marker; 1. Zhengmai 9023; 2. Feimai

```
郑麦9023-cDNA-ZCCT1 ATGTCCATGTCATGCGGTTTGTGCGGCGCCAACAACTGCTCGCGCCTCATGGTCTCGCCC   60
郑麦9023-cDNA-ZCCT1 ------------------------------------------------------------   60
郑麦9023-cDNA-ZCCT2 -----------------------------A-G-G-----C---A--A----A--------   60
郑麦9023-cDNA-ZCCT2 -----------------------------A-G-G-----C---A--A----A--------   60
郑麦9023-cDNA-ZCCT2 -----------------------------A-G-G-----C---A--A----A--------   60
```

```
郑麦9023-cDNA-ZCCT1 ATTCATCATCATCATCACCATCATCAGGAGCACCAGCTGCGTGAGCACCAGTTCTTCGCC 120
郑麦9023-cDNA-ZCCT1 ------------------------------------------------------------ 120
郑麦9023-cDNA-ZCCT2 G---T---G-----GG-A--A-.........---G------C---T-----------A-- 111
郑麦9023-cDNA-ZCCT2 G---T---G-----GG-A--A-.........---G------C---T-----------A-- 111
郑麦9023-cDNA-ZCCT2 G---T---G-----GG-A--A-.........---G------C---T-----------A-- 111

郑麦9023-cDNA-ZCCT1 CAAGGCAACCACCACCACCACCATCATGGCGCGGCAGTAGACCACCCAGTGCCACCGCCG 180
郑麦9023-cDNA-ZCCT1 -----------------------C------------------------------------ 180
郑麦9023-cDNA-ZCCT2 ------C----------------CG-C-CG-----G-ACT---CA--GCCA--G--A--- 171
郑麦9023-cDNA-ZCCT2 ------C----------------CG-C-CG-----G-ACT---CA--GCCA--G--A--- 171
郑麦9023-cDNA-ZCCT2 ------C----------------CG-C-CG-----G-ACT---CA--GCCA--G--A--- 171

郑麦9023-cDNA-ZCCT1 CCAGCCAACTTCGACCACCGCAGAACATGGACTACACCATTTCATGAAACAGCAGCTGCA 240
郑麦9023-cDNA-ZCCT1 -----------------------------------G------------------------ 240
郑麦9023-cDNA-ZCCT2 T-------T-G-C-----T-----T-------C-----G---------G----------- 231
郑麦9023-cDNA-ZCCT2 T-------T-G-C-----T-----T--A----C-----G--------------------- 231
郑麦9023-cDNA-ZCCT2 T-------T-G-C-----T-----T-------C-----G--------------------- 231

郑麦9023-cDNA-ZCCT1 GGGAACAGCAGCAGGCTCACACTGGAGGTGGGCGCAGGCGGCCGACACATGGCTCACCTA 300
郑麦9023-cDNA-ZCCT1 ------------------------------------------------------------ 300
郑麦9023-cDNA-ZCCT2 --------------------G--------A-A-----------A-A-------------G 291
郑麦9023-cDNA-ZCCT2 --------------------G--------A-A-----------A-A-------------G 291
郑麦9023-cDNA-ZCCT2 --------------------G--------A-A-----------A-A-------------G 291

郑麦9023-cDNA-ZCCT1 GTGCAGCCACCGGCA......AGAGCCCACATCGTGCCATTTTATGGAGGTGCATTCACA 354
郑麦9023-cDNA-ZCCT1 ---------------......--------------------------------------- 354
郑麦9023-cDNA-ZCCT2 C--------------CGGCCA---A--AC------------C-GC--G-C---------C 351
郑麦9023-cDNA-ZCCT2 C--------------CGGCCA---A--AC------------C-GC--G-C---------C 351
郑麦9023-cDNA-ZCCT2 C--------------CGGCCA---A--AC------------C-GC--G-C---------C 351

郑麦9023-cDNA-ZCCT1 AACACTATTAGCAATGAAGCAATCATGACTATTGACACAGGGATGATGGTGGGGCCTGCC 414
郑麦9023-cDNA-ZCCT1 ----------------------------------------A------------------- 414
郑麦9023-cDNA-ZCCT2 -G--------------C-A-G--------------T----A-------------G----- 411
郑麦9023-cDNA-ZCCT2 -G--------------C-A-G--------------T----A-------------G----- 411
郑麦9023-cDNA-ZCCT2 -G--------------C-A-G--------------T----A-------------G----- 411

郑麦9023-cDNA-ZCCT1 CATTATCCCACAATGCAGGAGAGAGCAGCGAAGGTGATGAGGTATAGGGAGAAGAGGAAG 474
郑麦9023-cDNA-ZCCT1 ------------------------------------------------------------ 474
郑麦9023-cDNA-ZCCT2 ---A---TG--G-------------AG-----------------C--------------- 471
郑麦9023-cDNA-ZCCT2 ---A---TG--G-------------AG-----------------C--------------- 471
郑麦9023-cDNA-ZCCT2 --CA---TG--G-------------AG-----------A-----C--------------- 471

郑麦9023-cDNA-ZCCT1 AGGCGGCGCTATGACGAGCAAATCAGATACGAGTCCAGAAAAGCTTACGCTGAGCTTCGG 534
郑麦9023-cDNA-ZCCT1 ---------------A--------C-------------------------------C--- 534
郑麦9023-cDNA-ZCCT2 ------T--------A--------C-C--T--------------------C-----CA-- 531
郑麦9023-cDNA-ZCCT2 ------T--------A--------C-C--T--------------------C-----CA-- 531
郑麦9023-cDNA-ZCCT2 ------T--------A--------C-C--T--------------------C-----CA-- 531

郑麦9023-cDNA-ZCCT1 CCACGGGTCAACGGCTGCTTTGTCAAGGTACCCGAAGCCATGGCGTCGCCATCATCTCCA 594
郑麦9023-cDNA-ZCCT1 --------A------C----C------------------T-------------------- 594
郑麦9023-cDNA-ZCCT2 -----------T---C----------------A------GCT--A---T-G---C-C--- 591
郑麦9023-cDNA-ZCCT2 -----------T---C----------------A------GCT--A---T-G---C-C--- 591
郑麦9023-cDNA-ZCCT2 -----------T---C----------------A------GCT--A---T-G---C-C--- 591

郑麦9023-cDNA-ZCCT1 GCTTCGCCCTATGATCCTAGTAAACTTCACCTCGGATGGTTCCGGTAATTTATAG 649
郑麦9023-cDNA-ZCCT1 ----T--------G----------------------------------------- 649
郑麦9023-cDNA-ZCCT2 ------------------------------------------------------- 646
郑麦9023-cDNA-ZCCT2 ------------------------------------------------------- 646
郑麦9023-cDNA-ZCCT2 -------------------------------C----------------------- 646
```

图 8-31　郑麦 9023 *VRN2* 基因的序列比对分析

Figure 8-31　Alignment of cDNA nucleotide sequences of *VRN2* in Zhengmai 9023

图 8-32　郑麦 9023 *VRN2* 基因 CCT 功能域分析

Figure　8-32　CCT domains of *VRN2* in Zhengmmai 9023

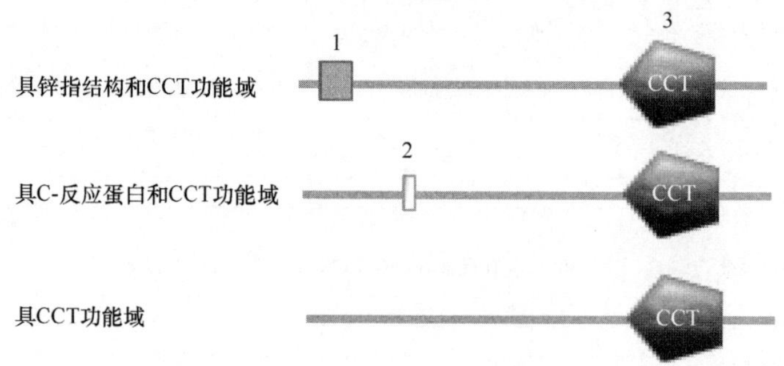

图 8-33　*ZCCT* 基因 3 种编码蛋白质的功能域示意图

Figure 8-33　Domains of three coding proteins of *ZCCT* genes

1. 锌指结构；2. C-反应蛋白；3. CCT 功能域

1. Zinc fingers; 2. C-reactive proteins; 3. CCT domain

以肥麦 1 叶期叶片的 cDNA 为模板，利用 VRN-2F 和 VRN-2R 引物进行 PCR 扩增，克隆到目的片段（图 8-30），测序结果显示，同样也是 *ZCCT1* 和 *ZCCT2* 的混合物（图 8-34）。从肥麦中克隆到 4 条 *ZCCT1* 片段，肥麦-*cDNA-ZCCT1-1* 与肥麦-*cDNA-ZCCT1-3* 和肥麦-*cDNA-ZCCT1-4* CCT 功能域完全相同；肥麦-*cDNA-ZCCT1-2* CCT 的 12 位点有 1 个 R-G（精氨酸-甘氨酸）突变，但这一位点不是保守氨基酸；肥麦-*cDNA-ZCCT2-1*、肥麦-*cDNA-ZCCT2-2* 和肥麦-*cDNA-ZCCT2-3* CCT 功能域相同，均为在第 2 位点有 1 个 A-E（丙氨酸-半胱氨酸）突变，16 位点有 R-C 突变（图 8-35）。肥麦 *ZCCT1* 除了肥麦-*cDNA-ZCCT1-4* 不编码锌指结构外，其余序列均编码锌指结构，且锌指结构完全相同，而肥麦 *ZCCT2* 基因除了编码 CCT 功能域外，均不编码锌指结构，但均编码一个 C-反应蛋白。

```
肥麦-cDNA-ZCCT1     ATGTCCATGTCATGCGGTTTGTGCGGCGCTAACAACTGCCCGCACCACATGATCTCGCCC   60
肥麦-cDNA-ZCCT1     -----------------------------C---------T---G--T----G--------   60
肥麦-cDNA-ZCCT1     -----------------------------C--T------T---G--T----G--------   60
肥麦-cDNA-ZCCT1     -----------------------------G---------T---G--T----G--------   60
肥麦-cDNA-ZCCT2-2   -----------------------------A-G-G--------------------------   60
肥麦-cDNA-ZCCT2-1   -----------------------------A-G-G--------------------------   60
肥麦-cDNA-ZCCT2-3   -----------------------------A-G-G--------------------------   60

肥麦-cDNA-ZCCT1     GTTCTTCAGCATCAGGAACAACA.........CCAGCTGCGCGAGTACCAGTTCTTCACC  111
肥麦-cDNA-ZCCT1     A---A---T-----TC-C--T--TCAGGAGCA---------T---C-----------G--  120
肥麦-cDNA-ZCCT1     A---A---T-----TC-C--T--TCAGGAGCA---------T---C-----------G--  120
肥麦-cDNA-ZCCT1     A---A---T-----TC-C--T--TCAGGAGCA---------T---C---G-------G--  120
肥麦-cDNA-ZCCT2-2   -----------------------......... --------A-------------------  111
肥麦-cDNA-ZCCT2-1   -----------------------......... ---------------------------  111
肥麦-cDNA-ZCCT2-3   -----------------------......... ---------------------------  111

肥麦-cDNA-ZCCT1     CAAGGCAACCACCACCACCACCACC.....................CAGTGCCACTGCCG  150
```

```
肥麦-cDNA-ZCCT1     -------------------------ATGGCGCGGCAGTAGACCACC---------C----     180
肥麦-cDNA-ZCCT1     -------------------------ATGGCGCGGCAGTAGACCACC---------C----     180
肥麦-cDNA-ZCCT1     -------------------------ATGGCGCGGCAGTAGACCACC---------C----     180
肥麦-cDNA-ZCCT2-2   ----...G-----------------ACGGCGCGGCGGCGGACTACC--CC-----C---A     168
肥麦-cDNA-ZCCT2-1   ----...G-----------------ACGGCGCGGCGGCGGACTACC--CC-----C---A     168
肥麦-cDNA-ZCCT2-3   ----...------------------ACGGCGCGGCGGCGGACTACC--C------C---A     168

肥麦-cDNA-ZCCT1     C...............CAGCCAACTTCGACCACAGCAGAACATGGACCACACCATTTCAT     195
肥麦-cDNA-ZCCT1     -...............-----------------C-------------T------------     225
肥麦-cDNA-ZCCT1     -...............-----------------C-------------T--------C---     225
肥麦-cDNA-ZCCT1     -...............-----------------C-------------T------------     225
肥麦-cDNA-ZCCT2-2   -CGCAACCGCCACCGT-------T-G-C-----T-----T-------------G------     228
肥麦-cDNA-ZCCT2-1   -CGCAACCGCCACCGT-------T-G-C-----T-----T-------------G------     228
肥麦-cDNA-ZCCT2-3   -CGCAACCGCCACCGT-------T-G-C-----T-----T-------------G------     228

肥麦-cDNA-ZCCT1     GAAACAGCAGCTGCAGGGAACAGCAGCAGGCTCACGCTGGAGGTGGGCGCAGGCGGCCGA     255
肥麦-cDNA-ZCCT1     -----------------------------------A------------------------     285
肥麦-cDNA-ZCCT1     -----------------------------------A------------------------     285
肥麦-cDNA-ZCCT1     -----------------------------------A------------------------     285
肥麦-cDNA-ZCCT2-2   --------------------------------------------A-A-----------A-     288
肥麦-cDNA-ZCCT2-1   --------------------------------------------A-A-----------A-     288
肥麦-cDNA-ZCCT2-3   --------------------------------------------A-A-----------A-     288

肥麦-cDNA-ZCCT1     CCCATGGCTCACCTAGTGCAGCCACCGGCA......AGAGCCCACATCGTGCCATTTTAC     309
肥麦-cDNA-ZCCT1     -A----------------------------......-----------------------T     339
肥麦-cDNA-ZCCT1     -A----------------------------......-----------------------T     339
肥麦-cDNA-ZCCT1     -A----------------------------......-----------------------T     339
肥麦-cDNA-ZCCT2-2   AA------------GC--------------CGGCCA---A--AC------------C-G-     348
肥麦-cDNA-ZCCT2-1   AA------------GC--------------CGGCCA---A--AC------------C-G-     348
肥麦-cDNA-ZCCT2-3   AA------------GC--------------CGGCCA---A--AC------------C-G-     348

肥麦-cDNA-ZCCT1     GGAGGTGCATTCACCAACACTATTAGCAATGAAGCAATCATGACTATTGACACAGAGATG     369
肥麦-cDNA-ZCCT1     --------------A---------------------------------------------     399
肥麦-cDNA-ZCCT1     --------------A--------------C------------------------------     399
肥麦-cDNA-ZCCT1     --------------A---------------------------------------------     399
肥麦-cDNA-ZCCT2-2   --G-C-----------G--------------C-A-G--------------T---------     408
肥麦-cDNA-ZCCT2-1   --G-C-----------G--------------C-A-G--------------T---------     408
肥麦-cDNA-ZCCT2-3   --G-C----C------G--------------C-A-G--------------T---------     408

肥麦-cDNA-ZCCT1     ATGGTGGGGCCTGCCCATTATCCCACAATGCAGGAGAGAGCAGCGAAGGTGATGAGGTAT     429
肥麦-cDNA-ZCCT1     ------------------------------------------------------------     459
肥麦-cDNA-ZCCT1     ------------------------------------------------------------     459
肥麦-cDNA-ZCCT1     -------------------------------T----------------------------     459
肥麦-cDNA-ZCCT2-2   ---------G--------A---TG--G--------------AG----------------C     468
肥麦-cDNA-ZCCT2-1   ---------G--------A---TG--G--------------AG----------------C     468
肥麦-cDNA-ZCCT2-3   ---------G--------A---TG--G--------------AG----------------C     468

肥麦-cDNA-ZCCT1     AGGGAGAAGAGGAAGAGGCGGCGCTATGACAAGCAAATCCGATACGAGTCCAGAAAAGCT     489
肥麦-cDNA-ZCCT1     ------------------------------------------------------------     519
肥麦-cDNA-ZCCT1     ---------G--------------------------------------------------     519
肥麦-cDNA-ZCCT1     ------------------------------------------------------------     519
肥麦-cDNA-ZCCT2-2   ---------------------T-------------------C--T---------------     528
肥麦-cDNA-ZCCT2-1   ---------------------T-------------------C--T---------------     528
肥麦-cDNA-ZCCT2-3   ---------------------T-------------------C--T---------------     528

肥麦-cDNA-ZCCT1     TACGCTGAGCTCCGGCCACGGGTAAACGGCCGCTTCGTCAAGGTACCCGAAGCCATGGCG     549
肥麦-cDNA-ZCCT1     ------------------------------------------------------------     579
肥麦-cDNA-ZCCT1     ------------------------------------------------------------     579
肥麦-cDNA-ZCCT1     ------------------------------------------------------------     579
肥麦-cDNA-ZCCT2-2   -----C------A----------C--T--------T-----------A------GCT--A     588
肥麦-cDNA-ZCCT2-1   -----C------A----------C--T--------T-----------A------GCT--A     588
肥麦-cDNA-ZCCT2-3   -----C------A----------C--T--------T-----------A------GCT--A     588
```

```
肥麦-cDNA-ZCCT1      TCGCCATCATCTCCAGCTTTGCCCTATGGTCCTAGTAAACTTCACCTCGGATGGTTCCGG    609
肥麦-cDNA-ZCCT1      ------------------------------------------------------------    639
肥麦-cDNA-ZCCT1      ----------------------------------------------C-------------    639
肥麦-cDNA-ZCCT1      ------------------------------------------------------------    639
肥麦-cDNA-ZCCT2-2    ---T-G---C-C-------C--------A-------------------------------    648
肥麦-cDNA-ZCCT2-1    ---T-G---C-C-------C--------A-------------------------------    648
肥麦-cDNA-ZCCT2-3    ---T-G---C-C-------C--------A-----------------C-------------    648

肥麦-cDNA-ZCCT1      TAATTTATAG                                                      619
肥麦-cDNA-ZCCT1      ----------                                                      649
肥麦-cDNA-ZCCT1      ----------                                                      649
肥麦-cDNA-ZCCT1      ----------                                                      649
肥麦-cDNA-ZCCT2-2    ----------                                                      658
肥麦-cDNA-ZCCT2-1    ----------                                                      658
肥麦-cDNA-ZCCT2-3    ----------                                                      658
```

图 8-34　肥麦 *VRN2* 基因的序列比对分析

Figure 8-34　Alignment of cDNA nucleotide sequences of *VRN2* in Feimai

图 8-35　肥麦 *VRN2* 基因 CCT 功能域分析

Figure 8-35　CCT domains of *VRN2* in Feima

2. *VRN2* 基因的基因组克隆与序列分析

为了进一步了解 *VRN2* 的基因组结构，利用 VRN-2F 和 VRN-2R 引物，以不同小麦品种的基因组 DNA 为模板进行 PCR 扩增，在辽春 10 号基因组 DNA 中扩增到近 2000bp 的片段（图 8-36）。测序结果显示，这一片段为 2 种大小不同的核酸序列的混合物，经过 BLAST 分析显示，2 个不同的片段均为 *ZCCT1* 基因，分别标记为辽春 10 号-*ZCCT1-1* 和辽春 10 号-*ZCCT1-2*。辽春 10 号-*ZCCT1-1* 长为 1877bp，有 1 个 1249bp 的内含子和 2 个外显子（图 8-37），与四倍体小麦的 *ZCCT1-Td*（AY485979 及 EF540321）有 99%的同源性，分别与二倍体小麦的 *ZCCT-A1*（FJ173816）、*ZCCT-B1*（FJ173817）和 *ZCCT-D1*（FJ173818）编码区有 99%、95%和 96%的同源性，与 *ZCCT2-Td*（AY485980）、*ZCCT-B2a*（FJ173823）和 *ZCCT-B2b*（FJ173824）的编码区有 84%～85%的同源性。其序列与四倍体小麦品种（Landon）的 *ZCCT-Td*（AY485979）除了在内含子中有一 SNP 外，其余部分包括编码区完全相同；与二倍体小麦品种（DV92）的 *ZCCT1*（AY485644.5）编码区序列相比，除了在编码区有一些 SNP 的差异，还包含一个 1249bp 的内含子，除此之外，在编码区的上游（162～142bp）有一 21bp 的缺失（图 8-38）。辽春 10 号-*ZCCT1-2* 序列长度为 2093bp，有 1 个 1449bp 的内含子和 2 个外显子（图 8-37）。经 BLAST 分析，与四倍体小麦品种（Landon）的 *ZCCT-B1*（FJ173819）有 98%的同源性，分别与二倍体小麦的 *ZCCT-A1*（FJ173816）、*ZCCT-B1*（FJ173817）和 *ZCCT-D1*（FJ173818）的编码区有 98%、95%和 96%的同源性，与 *ZCCT-B2a*（FJ173823）和 *ZCCT-B2b*（FJ173824）的编码区有 85%和 84%的同源性(图 8-39)，与四倍体小麦的 *ZCCT-B1*(Landon)(FJ173819)相比，除了一些 SNP 的差异外，在内含子区域比 *ZCCT-B1*(Landon)(FJ173819)多 354bp，

与二倍体的 *ZCCT1*（DV92）（AY485644.5）相比，也有一些 SNP 的差异，但与四倍体的 *ZCCT-B1* 同源性更高一些。辽春 10 号-*ZCCT1-1* 和辽春 10 号-*ZCCT1-2* 的比对结果显示，前者除了内含子比后者少 200bp 外，在编码区的上游，还比后者少 18bp（图 8-38）。

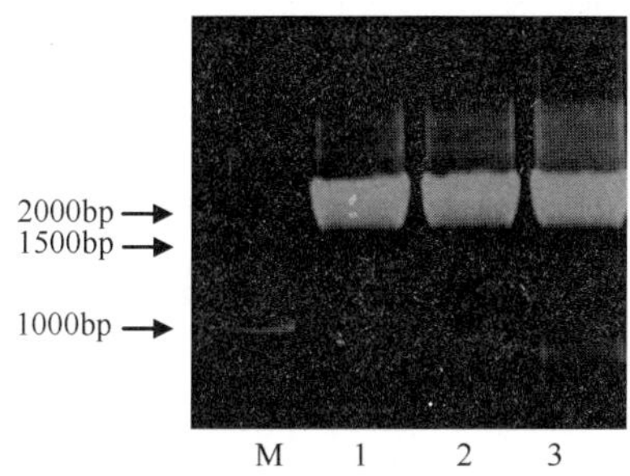

图 8-36　*VRN2* 的基因组克隆

Figure 8-36　Cloning of *VRN2* in genome

M. 1kb plus marker；1. 辽春 10 号；2. 郑麦 9023；3. 肥麦

M. 1kb plus marker; 1. Zhengmai 9023; 2. Feimai

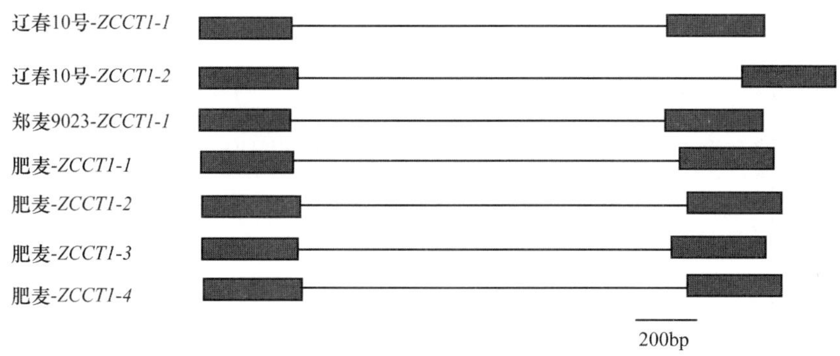

图 8-37　不同小麦品种 *VRN2* 的基因组结构

Figure 8-37　Structure of *VRN2* in genome in wheat varieties

外显子；—— 内含子

Exon; —— Intron

```
辽春10号-ZCCT1-1 ATGTCCATGTCATGCGGTTTGTGCGGCGCCAACAACTGCCCGCGCCTCATGGTCTCGCCCATT..  63
辽春10号-ZCCT1-2 ---------------------------------------------------T-----------..  63
郑麦9023-ZCCT1-1 ---------------------------------------------------------------..  63
肥麦-ZCCT1-1     -----------------------------T---------------------------------..  63
肥麦-ZCCT1-2     ---------------------------------------T-----------------------..  63
肥麦-ZCCT1-3     -----------------------------A-G-G---------A--A----A--------G--CT  65
肥麦-ZCCT1-4     ---------------------------------------T-----------------------..  63

辽春10号-ZCCT1-1 ....CATCATCGTCATCACCATCATCAGGAGCACCAGCTGCGTCAGCACCAGTTCTTCGCCCAAG 124
辽春10号-ZCCT1-2 ....--------------------------------A------G-------------T------- 124
郑麦9023-ZCCT1-1 ....------------------------------------------------------------- 124
肥麦-ZCCT1-1     ....-------------------------T-------------G--------------------- 124
肥麦-ZCCT1-2     ....-------A-------------------------------G--------------------- 124
肥麦-ZCCT1-3     TCAG-----GGAA--A----GG-TG-GC---T-----T....--TT----CAAGG.....---CC 121
肥麦-ZCCT1-4     ....-------A-------------------------------G--------------------- 124

辽春10号-ZCCT1-1 GCAACCACCACCACC.....................ACCACCCAGTGCCACTGC...CGCCAGCC 165
辽春10号-ZCCT1-2 ---...---------ACCACCATGGCGCGGCAGTAG---------------C--...-------- 183
郑麦9023-ZCCT1-1 ---...---------.....................------------------...-------- 162
肥麦-ZCCT1-1     ---------------.....................------------------...-------- 165
```

肥麦-*ZCCT1-2* ----------------ACCACCATGGCGCGGCAGTAG----------------C--...--------- 186
肥麦-*ZCCT1-3* A-C-----------GACGCGGCGGCGG.........--T-----CC-----C--CAC--T----- 177
肥麦-*ZCCT1-4* ----------------ACCACCATGGCGCGGCAGTAG----------------C--...--------- 186

辽春10号-*ZCCT1-1* AACTTCGACCATAGCAGAACATGGACCACACCATTTCATGAAACAGCAGCTGCAGGGAACAGCAG 230
辽春10号-*ZCCT1-2* ------------CC-------------T------------------------------------- 248
郑麦9023-*ZCCT1-1* --- 227
肥麦-*ZCCT1-1* ------------C-----------------T---------------------------------- 230
肥麦-*ZCCT1-2* ------------CC-------------T------------------------------------- 251
肥麦-*ZCCT1-3* --T-G-C----CT-----T------------G------A--G---------------------- 242
肥麦-*ZCCT1-4* ------------CC-------------T------------------------------------- 251

辽春10号-*ZCCT1-1* CAGGCTCACGCTGGAGGTGGGCGCAGGCGGCCGACCCATGGCTCACCTAGTGCAGCCACCGGCAA 295
辽春10号-*ZCCT1-2* ----------A-------------T----------A-------------------------A---- 313
郑麦9023-*ZCCT1-1* --- 292
肥麦-*ZCCT1-1* ------------C--T-- 295
肥麦-*ZCCT1-2* ----------A------------------------A------------------------------ 316
肥麦-*ZCCT1-3* --- 307
肥麦-*ZCCT1-4* ----------A------------------------A------------------------------ 316

辽春10号-*ZCCT1-1* GAGCCCACATCGTAAGTAGTAGTACCGCTTAATTGTTTCATCTCTTGCCGATGGATGCGTCCCTG 360
辽春10号-*ZCCT1-2* --------------G-------C---T------------------------------------AC- 378
郑麦9023-*ZCCT1-1* --- 357
肥麦-*ZCCT1-1* ------------------C-- 360
肥麦-*ZCCT1-2* --------------G-------C---T------------------------------------AC- 381
肥麦-*ZCCT1-3* ---.--- 371
肥麦-*ZCCT1-4* --------------G-------C---T------------------------------------AC- 381

辽春10号-*ZCCT1-1* GCTTCCTCCTTAAAAATCCCCAC...CTAATTTATGTCCATCTATACCCACTACA.AAAAAATAG 421
辽春10号-*ZCCT1-2* ------------G----C-------...------A-----------C----.----CA--------- 439
郑麦9023-*ZCCT1-1* -------------------------...-----------------------------.--------- 418
肥麦-*ZCCT1-1* -------------------------...-----------------------------.--------- 421
肥麦-*ZCCT1-2* ------------G----C-------CTA------A-----------C----.----C.--------- 444
肥麦-*ZCCT1-3* -------------------------...-----------------------------.--------- 432
肥麦-*ZCCT1-4* ------------G----C-------CTA------A-----------C----.----C.--------- 444

辽春10号-*ZCCT1-1* CACCATGTAACCATCTCATATATCTGTCACATAATTCTGTTAATGTACGCTGCTCAATTGTTCTC 486
辽春10号-*ZCCT1-2* A-------------------------C------------------T--T-------G--------T 504
郑麦9023-*ZCCT1-1* --- 483
肥麦-*ZCCT1-1* ----------G-- 486
肥麦-*ZCCT1-2* A------------G-T----------C------------------T--T-------G--------T 509
肥麦-*ZCCT1-3* --- 497
肥麦-*ZCCT1-4* A------------G-T----------C---------------T-T--T-------G--------T 509

辽春10号-*ZCCT1-1* CTGAAAAAGATATGCGGGAATGGATCTTGATATTCTTTAATTTTCTATGGAGGCATATATAGAGT 551
辽春10号-*ZCCT1-2* -------T-----A----------------------------C-------------....------- 565
郑麦9023-*ZCCT1-1* --- 548
肥麦-*ZCCT1-1* --C-------------....------- 547
肥麦-*ZCCT1-2* -------T-----A-----------------G----------C-------------....------- 570
肥麦-*ZCCT1-3* --- 562
肥麦-*ZCCT1-4* -------T-----A-----------------G----------C-------------....------- 570

辽春10号-*ZCCT1-1* TTGTGTTTTGTATTAGTTGATGCAGAATTGTATGGGTTGTCAAATCATCAGTCATACATATAAAC 616
辽春10号-*ZCCT1-2* ---C-----------------T-- 630
郑麦9023-*ZCCT1-1* --------------------------C-------------------------------------- 613
肥麦-*ZCCT1-1* ---C---C-----------T-- 612
肥麦-*ZCCT1-2* ---C---C-----------T-- 635
肥麦-*ZCCT1-3* --- 627
肥麦-*ZCCT1-4* ---C---C-----------T-- 635

辽春10号-*ZCCT1-1* TTATTTCATTTTATTTGACCAACAACAAGGTAATCAGTCATACATGCATACTGAAAATTTGACTT 681
辽春10号-*ZCCT1-2* --- 695
郑麦9023-*ZCCT1-1* --G---------------------- 678

```
肥麦-ZCCT1-1        -----------------------------------------------------------------   677
肥麦-ZCCT1-2        -----------------------------------------------------------------   700
肥麦-ZCCT1-3        -----------------------------------------------------------------   692
肥麦-ZCCT1-4        -----------------------------------------------------------------   700

辽春10号-ZCCT1-1    GTGTTCAATAACTAACCAACTCGACCGGCACAGCT.............................G   717
辽春10号-ZCCT1-2    -C-CG------------------------------GGGGCAAGACTTCAATGAAGCTGCTAGCT-   760
郑麦9023-ZCCT1-1    -----------------------------------.............................-   714
肥麦-ZCCT1-1        -C--G------------------------------GGGGCAAGACTTTAATGAAGCTGCTAGCC-   742
肥麦-ZCCT1-2        -C--G------------------------------GGGGCAAGACTTTAATGAAGCTGCTAGCT-   765
肥麦-ZCCT1-3        -----------------------------------.............................-   728
肥麦-ZCCT1-4        -C--G-------C----------------------GGGGCAAGACTTTAATGAAGCTGCTAGCT-   765

辽春10号-ZCCT1-1    GGGGAAGACTTTAATCAAGCTGCTAGCTAGAGCTTA.............................   753
辽春10号-ZCCT1-2    ---C--------------------------------ATAATATAACAACCCTGCTATACGTACGA   825
郑麦9023-ZCCT1-1    ------------------------------------.............................   750
肥麦-ZCCT1-1        ---C---------------G----------------.............................   778
肥麦-ZCCT1-2        ---C---------------G----------G-----.............................   801
肥麦-ZCCT1-3        ------------------------------------.............................   764
肥麦-ZCCT1-4        ---C---------------G----------------.............................   801

辽春10号-ZCCT1-1    .................................................................   753
辽春10号-ZCCT1-2    TGAATTCTCATCCCACACTCATACGATTAGAGACAGCCCAAGACAATTCAGTTTGTGGCCACAA   890
郑麦9023-ZCCT1-1    .................................................................   750
肥麦-ZCCT1-1        .................................................................   778
肥麦-ZCCT1-2        .................................................................   801
肥麦-ZCCT1-3        .................................................................   764
肥麦-ZCCT1-4        .................................................................   801

辽春10号-ZCCT1-1    .................................................................   753
辽春10号-ZCCT1-2    CATGCATCAAGTTTTACTGTCTGGTCGTACAGGTGTCCGACGAAAAAATATCGTATGCAGAGCAA   955
郑麦9023-ZCCT1-1    .................................................................   750
肥麦-ZCCT1-1        .................................................................   778
肥麦-ZCCT1-2        .................................................................   801
肥麦-ZCCT1-3        .................................................................   764
肥麦-ZCCT1-4        .................................................................   801

辽春10号-ZCCT1-1    .....ATAATATAACATATCTCTTTATGGGATCAAGCAATACATATGCGCTCAATTCTCAACTTG   813
辽春10号-ZCCT1-2    TTTCG----------------------T---T-G------------..-----------------  1018
郑麦9023-ZCCT1-1    .....------------------------------------------------------------   810
肥麦-ZCCT1-1        .....----------------------T---T-G------------..-----------------   836
肥麦-ZCCT1-2        .....----------------------T---T-G------------..-----------------   859
肥麦-ZCCT1-3        .....------------------------------------------------------------   824
肥麦-ZCCT1-4        .....----------------------T---T-G------------..-----------------   859

辽春10号-ZCCT1-1    TCAATATCTATCTGGAGTCCACG.CTTTATGGTAATTAATTGACAAAGTTTTGTGAAATGGACAA   877
辽春10号-ZCCT1-2    ---G--A---------------AC------------------------------------A----  1083
郑麦9023-ZCCT1-1    ----------------------A.--------------------G--------------------   874
肥麦-ZCCT1-1        ---G--A---------------AC------------------------------------A----   901
肥麦-ZCCT1-2        ---G--A---------------AC------------------------------------A----   924
肥麦-ZCCT1-3        ----------------------A.-----------------------------------------   888
肥麦-ZCCT1-4        ---G--A---------------AC------------------------------------A----   924

辽春10号-ZCCT1-1    TATACATACTGGATCGATGCACCCTTTTTCTCATTTTATGTGGTCATTATGAATTTGATTGTTAT   942
辽春10号-ZCCT1-2    -------------------------C----------------------------A----------  1148
郑麦9023-ZCCT1-1    --C--------------------------------------------------------------   939
肥麦-ZCCT1-1        ----------------T--------C-------C-------------------------------   966
肥麦-ZCCT1-2        ----------------T--------C---------------------------------------   989
肥麦-ZCCT1-3        ----------------------------------C------------------------------   953
肥麦-ZCCT1-4        ----------------T--------C---------------------------------------   989

辽春10号-ZCCT1-1    TTAGTATTTCAATTTTATCTTGAGCTAGTTTTGCAAGTCTGTAGCTCATATATAACTGATACTAC  1007
辽春10号-ZCCT1-2    ---------A--G----------------------------------------------------  1213
```

```
郑麦9023-ZCCT1-1  -----------------------------------------------------------------  1004
肥麦-ZCCT1-1      ---------A--A----------------------------------------------------  1031
肥麦-ZCCT1-2      ---------A--A----------------------------------------------------  1054
肥麦-ZCCT1-3      ---A-------------------------------------------------------------  1018
肥麦-ZCCT1-4      ---------A--A----------------------------------------------------  1054

辽春10号-ZCCT1-1  TCCCCACGATAGCTTGCGTAGTGGCCGGGTGATCGATCTACCGAGTTCATAAAACTGATCGAGAT  1072
辽春10号-ZCCT1-2  -----------------------------------------------------------------  1278
郑麦9023-ZCCT1-1  -----------------------------------------------------------------  1069
肥麦-ZCCT1-1      -----------------------------------------------------------------  1096
肥麦-ZCCT1-2      -----------------------------------------------------------------  1119
肥麦-ZCCT1-3      -----------------------------------------------------------------  1083
肥麦-ZCCT1-4      -----------------------------------------------------------------  1119

辽春10号-ZCCT1-1  CGGGTCCAAAAAAGAACAAACCCATACAAAATGGAA.....AGAAGATCCTTGTTTAGTTAGTTT  1132
辽春10号-ZCCT1-2  ----------------T---A---------------AGAAG------------------------  1343
郑麦9023-ZCCT1-1  ------------------------------------.....------------------------  1129
肥麦-ZCCT1-1      ----------------T---A---------------AGAAG------------------------  1161
肥麦-ZCCT1-2      ----------------T---A---------------AGAAG------------------------  1184
肥麦-ZCCT1-3      ------------------------------------.....------------------------  1143
肥麦-ZCCT1-4      ----------------T---A---------------AGAAG------------------------  1184

辽春10号-ZCCT1-1  GCATCAGAAAATTGCCTAA................TTAGTTACTTGCTATCAATCTTTTGAACATG  1182
辽春10号-ZCCT1-2  -------G-----------C...............--------C----------------G-----  1393
郑麦9023-ZCCT1-1  -------------------................-------------------------------  1179
肥麦-ZCCT1-1      -------G-----------CACGGAGGAGCCTTGT--------C----------------------  1226
肥麦-ZCCT1-2      -------G-----------CGCGGAGGAGCCTTGT--------C----------------------  1249
肥麦-ZCCT1-3      -------------------................-----------T-------------------  1193
肥麦-ZCCT1-4      -------G-----------CGCGGAGGAGCCTTGT--------C----------------------  1249

辽春10号-ZCCT1-1  GCATGTTCACCCCAAACGGACTCAGATCACAATTATTGATGAAGTTACGCCTTTTAAAAACTCAT  1247
辽春10号-ZCCT1-2  ---------T-----------C------------G---------G---A----------------  1458
郑麦9023-ZCCT1-1  -----------------------------------------------------------------  1244
肥麦-ZCCT1-1      ---------T-----------CT-----------G-------------A----------------  1291
肥麦-ZCCT1-2      ---------T-----------CT-----------G-------------A----------------  1314
肥麦-ZCCT1-3      ---------------------C-------------------------------------------  1258
肥麦-ZCCT1-4      ---------T-----------CT-----------G-------------A----------------  1314

辽春10号-ZCCT1-1  AAAACTGTACATACATGTACAGGGCTACACA..CATGTACATAATACACCTAATTAAAACGTATA  1310
辽春10号-ZCCT1-2  -------------------------------CG-------------------C------------  1523
郑麦9023-ZCCT1-1  -------------------------------..--------------------------------  1307
肥麦-ZCCT1-1      -------------------------------..--------------------------------  1354
肥麦-ZCCT1-2      -------------------------------CG-------------------C--------C---  1379
肥麦-ZCCT1-3      -------------------------------..--------------------------------  1321
肥麦-ZCCT1-4      -------------------------------CG-------------------C------------  1379

辽春10号-ZCCT1-1  TTCGTAGACCAATTG.TTTTGGACGGTGCACATCTTTG..AAAAAAAATGCCAGAGGAGTTGTTA  1372
辽春10号-ZCCT1-2  ---A-----------A--------T----G--------G..-------------G----------  1586
郑麦9023-ZCCT1-1  ---------------.----------------------..-------------------------  1369
肥麦-ZCCT1-1      ---------------.-------------G--------AA-------------------------  1418
肥麦-ZCCT1-2      ---A-----------A--------T----G--------G..--G----------G----------  1442
肥麦-ZCCT1-3      ---------------.-------------G--------A.-------------------------  1384
肥麦-ZCCT1-4      ---A-----------A--------T----G--------G..--G----------G----------  1442

辽春10号-ZCCT1-1  GCTTCCACTGTCCAGAAATAGAATAGTTACAATCAAGTGCATCTCTGAATGAAAATGGATCATTT  1437
辽春10号-ZCCT1-2  T----TG-----T-A--------------------------C-----------------------  1651
郑麦9023-ZCCT1-1  -----------------------------------------------------------------  1434
肥麦-ZCCT1-1      -----------------------------------------------------------------  1483
肥麦-ZCCT1-2      T----TG-----T-A-----------------------A--C-----------------------  1507
肥麦-ZCCT1-3      -----------------------------------------------------------------  1449
肥麦-ZCCT1-4      T----TG-----T-A-----------------------A--C-----------------------  1507

辽春10号-ZCCT1-1  TCTAGTTAATTAGAGACCAATTAGATACTTCATAAACAGGGGAGTATCAAGTACGTATCTGCTAC  1502
```

```
辽春10号-ZCCT1-2 -------------T-----------------------------A---------------------  1716
郑麦9023-ZCCT1-1 -----------------------------------------------------------------  1499
肥麦-ZCCT1-1     -----------------------------------------------------------------  1548
肥麦-ZCCT1-2     -------------T-----------------------------A---------------------  1572
肥麦-ZCCT1-3     -----------------------------------------------------------------  1514
肥麦-ZCCT1-4     -------------T-----------------------------A---------------------  1572

辽春10号-ZCCT1-1 CC.TAAGAAAGTACATAACTGCGATCTTATGATTATTTTCCTCTTG..ATGTTCAGGTGCCATTT  1564
辽春10号-ZCCT1-2 --A-------------------------------------------AT-----------------  1781
郑麦9023-ZCCT1-1 --.-------------------------------------------..-----------------  1561
肥麦-ZCCT1-1     --.-------------------------------------------..-----------------  1610
肥麦-ZCCT1-2     --A-------------------------------------------..-----------------  1635
肥麦-ZCCT1-3     --.-------------------------------------------..-----------------  1576
肥麦-ZCCT1-4     --A-------------------------------------------..-----------------  1635

辽春10号-ZCCT1-1 TACGGAGGTGCATTCACCAACACTATTAGCAATGAAGCAATCATGACTATTGACACAGAGATGAT  1629
辽春10号-ZCCT1-2 -----------------A-----------------------------------------------  1846
郑麦9023-ZCCT1-1 -----------------------------------------------------------------  1626
肥麦-ZCCT1-1     -----------------------------------------------------------------  1675
肥麦-ZCCT1-2     --T--------------A-----------------G-----------------------------  1700
肥麦-ZCCT1-3     -----------------------------------------------------------------  1641
肥麦-ZCCT1-4     --T--------------A-----------------------------------------------  1700

辽春10号-ZCCT1-1 GGTGGGGCCTGCCCATTATCCCACAATGCAGGAGAGAGCAGCGAAGGTGATGAGGTATAGGGAGA  1694
辽春10号-ZCCT1-2 -----------------------------------------------------------------  1911
郑麦9023-ZCCT1-1 -----------------------------------------------------------------  1691
肥麦-ZCCT1-1     -----------------------------------------------------------------  1740
肥麦-ZCCT1-2     ----------------------------------T------------------------------  1765
肥麦-ZCCT1-3     ------------------------------------------------------A----------  1706
肥麦-ZCCT1-4     -----------------------------------------------------------------  1765

辽春10号-ZCCT1-1 AGAGGAAGAGGCGGCGCTATGACAAGCAAATCAGATACGAGTCCAGAAAAGCTTACGCTGAGCTT  1759
辽春10号-ZCCT1-2 --------------------------------C-------------.-----------------C  1975
郑麦9023-ZCCT1-1 -----------------------------------------------------------------  1756
肥麦-ZCCT1-1     --------------------------------C----T---------------------------  1805
肥麦-ZCCT1-2     --------------------------------C-------------------------------C  1830
肥麦-ZCCT1-3     --------------------------------C----T---------------------------  1771
肥麦-ZCCT1-4     --------------------------------C-------------------------------C  1830

辽春10号-ZCCT1-1 CGGCCACGGGTCAACGGCTGCTTTGTCAAGGTACCCGAAGCCATGGCGTCGCCATCATCTCCAGC  1824
辽春10号-ZCCT1-2 -----------A------C----------------------------------------------  2040
郑麦9023-ZCCT1-1 -----------------------------------------------------------------  1821
肥麦-ZCCT1-1     ------T-----------C----------------------------------------------  1870
肥麦-ZCCT1-2     -----------A------C----C-----------------------------------------  1895
肥麦-ZCCT1-3     ------T-----------C----------------------------------------------  1836
肥麦-ZCCT1-4     -----------A------C----C-----------------------------------------  1895

辽春10号-ZCCT1-1 TTCGCCCTATGATCCTAGTAAACTTCACCTCGGATGGTTCCGGTAATTTATAG              1877
辽春10号-ZCCT1-2 --T--------------------------------------------------              2093
郑麦9023-ZCCT1-1 -----------G-----------------------------------------              1874
肥麦-ZCCT1-1     -----------------------------------------------------              1923
肥麦-ZCCT1-2     --T--------G-----------------------------------------              1948
肥麦-ZCCT1-3     -----------------------------C-----------------------              1889
肥麦-ZCCT1-4     --T--------G-----------------------------------------              1948
```

图 8-38　3 个品种 *ZCCT1* 的比对分析

Figure 8-38　Alignment of nucleotide sequences of *ZCCT1* in three wheat varieties

以郑麦 9023 3 叶期基因组 DNA 为模板，利用 VRN-2F 和 VRN-2R 引物进行 PCR 扩增，均扩增到约 2000bp 的片段（图 8-36），并测得一条序列。郑麦 9023 的片段为 1874bp（郑麦 9023-*ZCCT1-1*），有 1 个 1249bp 的内含子和 2 个外显子（图 8-37）。其与四倍体

小麦的 *ZCCT1-Td*（AY485979 及 EF540321）有 99%的同源性，分别与二倍体小麦的 *ZCCT-A1*（FJ173816）、*ZCCT-B1*（FJ173817）和 *ZCCT-D1*（FJ173818）有 98%、95%和 95%的同源性（图 8-39）。

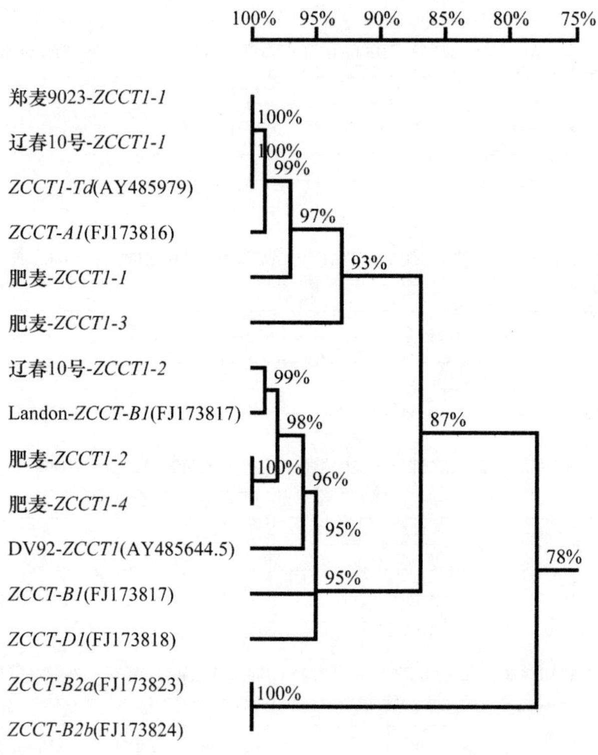

图 8-39　不同小麦品种 *ZCCT1* 基因的系统进化分析

Figure 8-39　Phylogenetic tree of *ZCCT1* from wheat cultivars

以肥麦基因组 DNA 为模板，利用 VRN-2F 和 VRN-2R 引物进行 PCR 扩增，也扩增到约 2000bp 的片段（图 8-36），测得 4 条序列（肥麦-*ZCCT1-1/2/3/4*）。BLAST 分析显示，这 4 条核酸序列均与 *ZCCT1* 有最高的同源性。肥麦-*ZCCT1-1* 序列长 1923bp，与四倍体小麦品种（Landon）的 *ZCCT-B1*（FJ173819）有 94%的同源性，与二倍体小麦的 *ZCCT-A1*（FJ173816）、ZCCT-B1（FJ173817）和 ZCCT-D1（FJ173818）分别有 96%、95%和 95%的同源性；肥麦-*ZCCT1-2* 和肥麦-*ZCCT1-4* 序列长 1948bp，与四倍体小麦品种（Landon）的 *ZCCT-B1*（FJ173819）有 97%的同源性；肥麦-*ZCCT1-3* 为 1889bp，与四倍体小麦品种（Landon）的 *ZCCT-B1*（FJ173819）有 98%的同源性（图 8-39）；这 4 条序列均有 1 个内含子和 2 个外显子（图 8-38）。

利用 PROSITE（http：//www.expasy.org/prosite/）对基因组 *ZCCT1* 编码的蛋白质进行分析发现，这几个蛋白质除了肥麦-*ZCCT1-3* 没有锌指结构外，均包含一个 CCT 功能域，辽春 10 号和郑麦 9023 的 *ZCCT1* 基因 CTT 功能域的 39 位点均有一个 R-C 突变，肥麦-*ZCCT1-1* 肥麦-*ZCCT1-4* 的 CCT 功能域 35 位点有一 R-W 突变（图 8-40）。

由以上基因组序列和 cDNA 序列比较发现，肥麦-*ZCCT1-1* 的编码区域和肥麦-*cDNA-ZCCT1-1* 完全相同，肥麦-*ZCCT1-1* 有 1299bp 的内含子，说明二者为一个基因，

```
辽春10号-ZCCT1-1   RAAKVMRYREKRKRRRYDKQIRYESRKAYAELRPRVNGCFVKV
辽春10号-ZCCT1-2   RAAKVMRYREKRKRRRYDKQIRYESRKAYAELRPRVNGRFVKV
郑麦9023-ZCCT1-1   RAAKVMRYREKRKRRRYDKQIRYESRKAYAELRPRVNGCFVKV
肥麦-ZCCT1-1       RAAKVMRYREKRKRRRYDKQIRYESRKAYAELRPWVNGRFVKV
肥麦-ZCCT1-2       RAAKVMRYREKRKRRRYDKQIRYESRKAYAELRPRVNGRFVKV
肥麦-ZCCT1-3       RAAKVMRYREKRKRRRYDKQIRYESRKAYAELRPRVNGRFVKV
肥麦-ZCCT1-4       RAAKVMRYREKRKRRRYDKQIRYESRKAYAELRPWVNGRFVKV
```

图 8-40 不同小麦品种 *VRN2* 基因 CCT 功能域分析

Figure 8-40 CCT domains of *VRN2* in wheat varieties

而其余序列在基因组和 cDNA 克隆中，编码区均有所不同。同一品种的一个基因存在内含子大小差异及编码区的差异，推测是由于同一基因在小麦的 A、B 和 D 基因组存在等位基因或基因家族。

二、*VRN2* 基因的表达特性分析

研究选用 9 个春化特性不同的普通小麦（*Triticum aestivum* L.）品种：辽春 10 号（强春性）、新春 2 号（春性）、豫麦 18（弱春性）、郑麦 9023（弱春性）、周麦 18（半冬性）、豫麦 49-198（半冬性）、京 841（冬性）、 新冬 18（冬性）、肥麦（强冬性），进行春化处理。春化时间分别为：辽春 10 号、新春 2 号、豫麦 18、郑麦 9023、周麦 18 和豫麦 49-198 春化处理 0d、10d、20d、30d，京 841、新冬 18 和肥麦春化处理 0d、10d、20d、30d、40d、50d、60d。春化处理后播种于温室中，温度保持在 13～26℃。分别于小麦的 1 叶期、3 叶期、5 叶期、7 叶期、8 叶期、9 叶期、11 叶期、13 叶期、15 叶期和旗叶的药隔分化期、四分体时期、开花期剪取叶片，以 cDNA 为模板，设计 *VRN2* 总的半定量引物 RTV-2F（5′-CCATGTCATG CGGTTTGTG-3′）和 RTV-2R（5′-CGCCTCTTCC TCTTCTCCC-3′）。以 *Actin* 基因为内标，引物序列为：TaAc-1，5′-GTT CCA ATC TAT GAG GGA TAC ACG C-3′；TaAc-2，5′-GAA CCT CCA CTG AGA ACA ACA TTA CC-3′。通过 RT-PCR 技术进行了上述品种不同时期基因的表达分析。

1. 春性小麦 *VRN2* 基因的表达

不同春化条件下，*VRN2* 在辽春 10 号不同时期的叶片中没有检测到表达（图 8-41）；在新春 2 号中，在 4 种春化处理条件下，只有在 1 叶期叶片中检测到较低水平的表达（图 8-41）；在郑麦 9023 中，在不同春化处理条件下，*VRN2* 也是只在 1 叶期叶片中有表达，其他时期未检测到 *VRN2* 的表达；对于豫麦 18 来说，在未春化处理条件下，在 1 叶期、3 叶期和 5 叶期叶片中有表达，而 7 叶期及以后的各时期叶片中没有 *VRN2* 基因的表达；在春化处理 10d、20d 和 30d 条件下，*VRN2* 只在 1 叶期叶片中有表达，而在 3 叶期及以后时期没有检测到表达（图 8-42）。

2. 冬性小麦 *VRN2* 基因的表达

由图 8-43 可以看出，周麦 18 在未春化处理和春化处理 10d 条件下，*VRN2* 基因在 1 叶期、3 叶期、5 叶期、7 叶期和 9 叶期有表达，且表达水平呈逐渐降低的趋势，在药隔分化期、四分体时期和开花期没有表达；在春化处理 20d 和 30d 条件下，在 1 叶期、3 叶期、5 叶期和 7 叶期有表达，表达水平也呈逐渐降低的趋势，9 叶期至开花期没有表达。

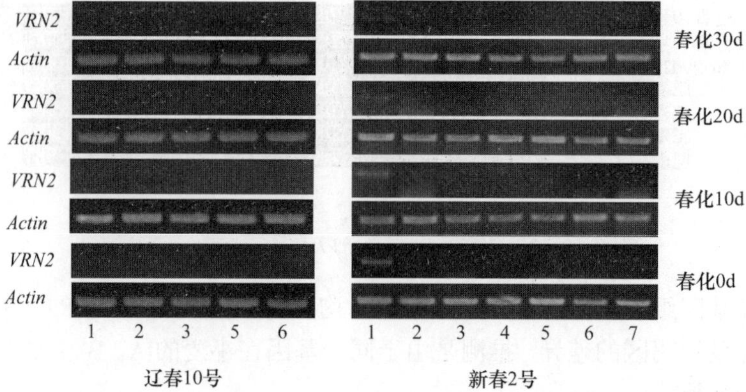

图 8-41　不同春化处理条件下辽春 10 号和新春 2 号 *VRN2* 的表达特性

Figure 8-41　Expression of *VRN2* in Liaochun 10 and Xinchun 2 under different vernalizations

1. 1 叶期；2. 3 叶期；3. 5 叶期；4. 7 叶期；5. 药隔分化期；6. 四分体时期；7. 开花期

1. 1 leaf stage; 2. 3 leaf stage; 3. 5 leaf stage; 4. 7 leaf stage; 5. Pollencell differentiation; 6. Tetrad differentiation; 7. Flowering stage

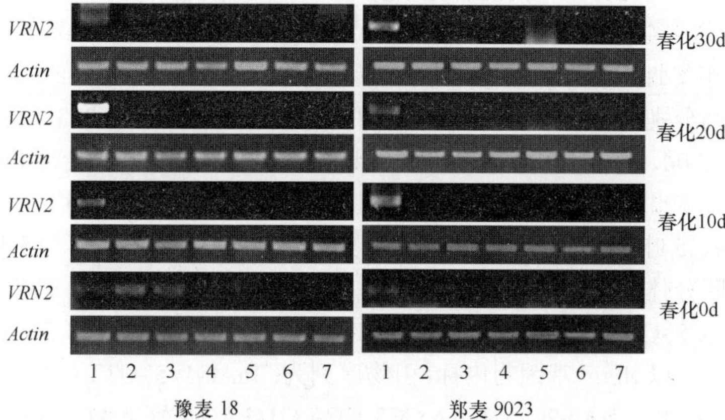

图 8-42　不同春化处理条件下豫麦 18 和郑麦 9023 *VRN2* 的表达特性

Figure 8-42　Expression of *VRN2* in Yumai 18 and Zhengmai 9023 under different vernalizations

1. 1 叶期；2. 3 叶期；3. 5 叶期；4. 7 叶期；5. 药隔分化期；6. 四分体时期；7. 开花期

1. 1 leaf stage; 2. 3 leaf stage; 3. 5 leaf stage; 4. 7 leaf stage; 5. Pollencell differentiation; 6. Tetrad differentiation; 7. Flowering stage

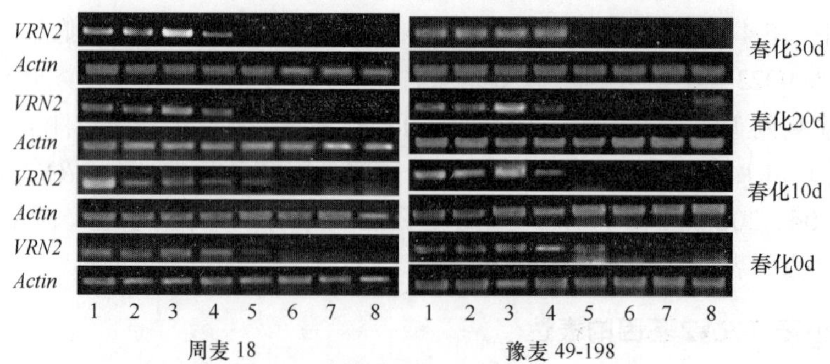

图 8-43　不同春化处理条件下周麦 18 和豫麦 49-198 *VRN2* 基因的表达特性

Figure 8-43　Expression of *VRN2* in Zhoumai 18 and Yumai 49-198 under different vernalizations

1. 1 叶期；2. 3 叶期；3. 5 叶期；4. 7 叶期；5. 9 叶期；6. 药隔分化期；7. 四分体时期；8. 开花期

1. 1 leaf stage; 2. 3 leaf stage; 3. 5 leaf stage; 4. 7 leaf stage; 5. 9 leaf stage; 6. Pollencell differentiation; 7. Tetrad differentiation; 8. Flowering stage

豫麦 49-198 在未春化处理条件下，其 *VRN2* 基因在 1 叶期、3 叶期、5 叶期、7 叶期和 9 叶期有表达，在药隔分化期、四分体时期和开花期没有检测到表达；在春化处理 10d、20d 和 30d 条件下，在 1 叶期、3 叶期、5 叶期和 7 叶期有表达，9 叶期至开花期没有检测到表达（图 8-43）。

京 841 在未春化处理和春化处理 10d、20d、30d 条件下，*VRN2* 基因在 1 叶期、3 叶期、5 叶期和 7 叶期均有表达，9 叶期及以后的发育时期没有检测到表达，在春化处理 40d、50d 和 60d 条件下，*VRN2* 基因在 1 叶期、3 叶期和 5 叶期有表达，而在 7 叶期没有检测到表达，直到开花期（图 8-44）。新冬 18 在不同春化处理条件下 *VRN2* 基因的表达动态与京 841 的相同（图 8-44）。

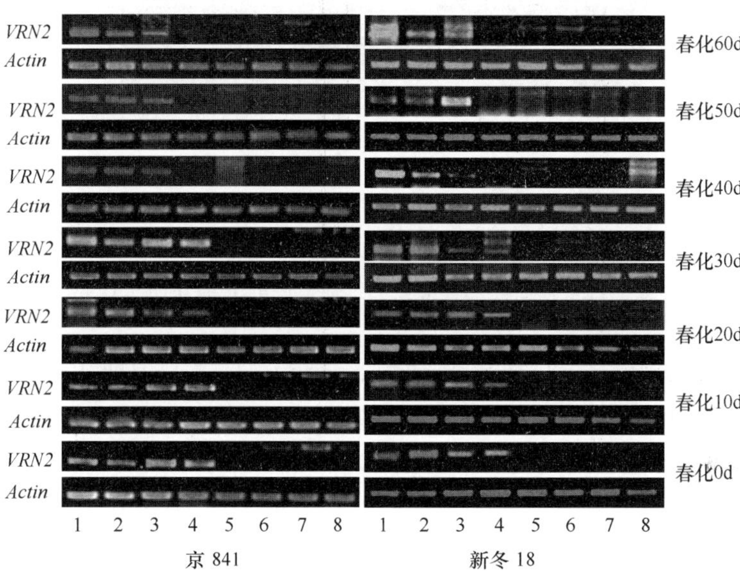

图 8-44　不同春化处理条件下京 841 和新冬 18 *VRN2* 基因的表达特性

Figure 8-44　Expression of *VRN2* in Jing 841 and Xindong 18 under different vernalizations

1. 1 叶期；2. 3 叶期；3. 5 叶期；4. 7 叶期；5. 9 叶期；6. 药隔分化期；7. 四分体时期；8. 开花期

1. 1 leaf stage; 2. 3 leaf stage; 3. 5 leaf stage; 4. 7 leaf stage; 5. 9 leaf stage; 6. Pollencell differentiation; 7. Tetrad differentiation; 8. Flowering stage

肥麦在未春化处理和春化处理 10d、20d、30d、40d 条件下，*VRN2* 在 1 叶期至 11 叶期均有表达，且表达水平具有逐渐降低的趋势；而在春化处理 50d 条件下，*VRN2* 在 1 叶期至 9 叶期表达，11 叶期未检测到表达，一直到开花期；在春化处理 60d 条件下，*VRN2* 在 1 叶期至 7 叶期表达，9 叶期及其以后的发育时期没有检测到表达（图 8-45）。

三、*VRN2* 基因的序列特征与表达特性

1. *VRN2* 基因的序列特征

小麦在从野生种到栽培种长期的栽培驯化过程中，其基因组 DNA 往往会发生复杂多样的突变和重组，逐渐演化为广适栽培的基因型，*ZCCT* 基因目前发现有 *ZCCT1*、*ZCCT2* 和 *ZCCT3*（Dubcovsky and Dvorak，2007）。Distelfeld 等（2009）研究认为 *VRN2*

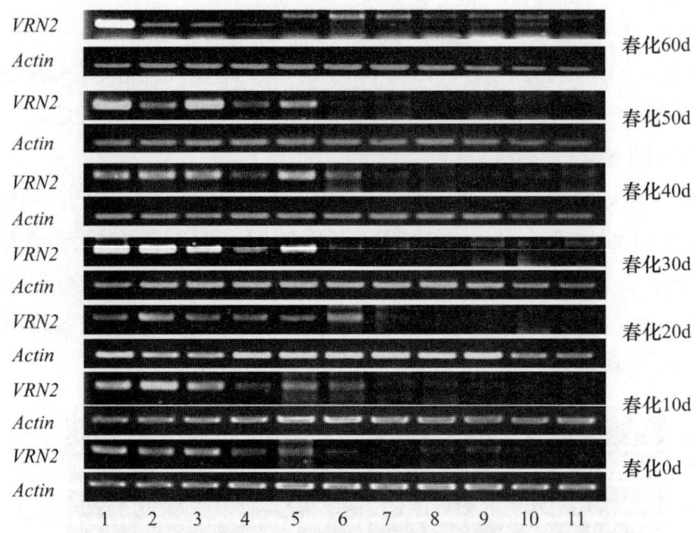

图 8-45 不同春化处理条件下肥麦 *VRN2* 的表达特性

Figure 8-45 Expression of *VRN2* in Feimai under different vernalizations

1. 1 叶期；2. 3 叶期；3. 5 叶期；4. 7 叶期；5. 9 叶期；6. 11 叶期；7. 13 叶期；8. 15 叶期；9. 药隔分化期；10. 四分体时期；11. 开花期

1. 1 leaf stage; 2. 3 leaf stage; 3. 5 leaf stage; 4. 7 leaf stage; 5. 9 leaf stage; 6. 11 leaf stage; 7. 13 leaf stage; 8. 15 leaf stage; 9. Pollencell differentiation; 10. Tetrad differentiation; 11. Flowering stage

由两个串联的具有 CCT 功能域的 *ZCCT1* 和 *ZCCT2* 组成，通过对四倍体 *VRN2* 的研究提出 2 个 *ZCCT* 基因功能假说，即至少有 1 个有功能的 *ZCCT1* 或 *ZCCT2* 存在就能确定其抑制开花的功能，两个基因的突变破坏了 *VRN2* 基因部分位点的功能，在某些品种中 *ZCCT1* 和 *ZCCT2* 具有多个拷贝，同时认为 *VRN2* 的功能具有加性效应。本研究结果显示，普通小麦的 *VRN2* 有 *ZCCT1* 和 *ZCCT2* 两个基因的转录，*ZCCT1* 大部分编码含有锌指结构和 CCT 功能域的蛋白质，有的不编码锌指结构，*ZCCT2* 编码蛋白质含有 CCT 功能域或 C-反应蛋白。*VRN2* 基因组结构分析发现，*ZCCT1* 基因序列包含 1 个内含子和 2 个外显子，同时其编码的蛋白质也含有锌指结构和 CCT 功能域，但其内含子区域大小和编码区有差异。

研究认为，CCT 功能域与酵母中的 HAP2 相似，HAP2 是 HAP2/HAP3/HAP5 复合体的一个亚基，HAP2/HAP3/HAP5 复合体常常结合于真核基因启动子区的 CCAAT-box 来调节这些基因的表达，一旦 CCT 区域的氨基酸发生突变，基因就会失去调控功能（Wenkel et al.，2006；Ben-Naim，2006；Cai et al.，2007）。在春性小麦中，*VRN2* 基因 CCT 功能域的保守氨基酸发生突变，如小麦中 *ZCCT1* 的 CCT 功能域 35 位点的 R-W 突变、39 位点的 R-C 突变，*ZCCT2* 的 CCT 功能域第 2 位点的 A-E 突变、16 位点的 R-C 突变，使 *VRN2* 失去调控功能，而冬性小麦这些位点是保守的（Yan et al.，2004）。本研究发现，郑麦 9023 和肥麦的 *ZCCT2* 基因 CCT 功能域中均有第 2 位点的 A-E 突变、16 位点的 R-C 突变；郑麦 9023 的 *ZCCT1* 基因 CCT 功能域中有的具有 39 位点的 R-C 突变；另外，肥麦 *ZCCT1* 基因组序列中，其编码区有 35 位点的 R-W 突变，但在 cDNA 克隆序列中没有这一位点的突变，是没有发现还是没有转录，还有待于进一步研究。

2. *VRN2* 基因的表达特性

本研究结果发现，在辽春 10 号基因组中存在 *VRN2* 基因，但该基因在辽春 10 号的发育过程中不表达；新春 2 号、豫麦 18 和郑麦 9023 的 *VRN2* 基因均在其 1 叶期（圆锥期）有表达，而在之后的发育阶段不表达；在冬性小麦中，*VRN2* 基因表达时间较长，但在二棱期后 *VRN2* 不再表达，低温春化能够抑制 *VRN2* 的表达，促进幼穗分化，进而促进发育进程。研究认为，*VRN1* 基因是一开花促进因子（Dubcovsky et al.，1998；Yan et al.，2003），受 *VRN2* 基因的抑制（Yan et al.，2004），*VRN1* 对 *VRN2* 具有上位性（Tranquilli and Dubcovsky，2000）。从 *VRN1* 基因组成及其表达特性分析，辽春 10 号、新春 2 号、豫麦 18 和郑麦 9023 均有显性 *Vrn1* 存在（袁秀云等，2008），*Vrn1* 表达启动在圆锥期，低温春化促进隐性 *vrn1* 的表达，幼穗分化均滞后于 *VRN1* 的表达。在冬性小麦中，由于 *VRN1* 基因全部为隐性（Stelmakh，1998），*vrn1* 表达较晚。按照 Yan 等（2004）的观点解释，春性小麦中显性 *Vrn1* 不受 *VRN2* 基因的抑制，在辽春 10 号中，3 个 *VRN1* 均为显性，*VRN2* 没有抑制位点而不表达；在冬性小麦中 *VRN2* 基因的表达能够结合于隐性 *vrn1* 的调控位点而抑制 *vrn1* 基因的表达，而低温春化抑制了 *VRN2* 的表达，释放了 *VRN2* 对 *VRN1* 的抑制，逐渐促进 *VRN1* 的表达。

我们的研究还发现，新春 2 号、豫麦 18 和郑麦 9023 在低温春化条件下的圆锥期 *VRN2* 仍有表达，说明低温春化促进了 *VRN1* 表达，但不能完全抑制春性小麦中 *VRN2* 的表达；在冬性小麦中，不同品种 *VRN2* 的表达被抑制所要求的低温春化时间不同，半冬性品种（周麦 18 和豫麦 49-198）要求春化 10d 或 20d，冬性品种（京 841 和新冬 18）要求至少 40d，强冬性品种（肥麦）要求至少 50d，且低温春化对 *VRN2* 的抑制作用有一定的限度。结果表明，*VRN2* 的表达是低温需求型小麦自身发育所必需的。在辽春 10 号中，由于其春性最强，不需要低温春化作用，*VRN2* 不必要抑制其幼穗分化启动，*VRN2* 没有表达，而一些具有不同程度春化需求的品种，*VRN2* 都有不同程度的表达。例如，春性品种新春 2 号、豫麦 18 和郑麦 9023 低温春化需求较低，*VRN2* 表达时间较短，而冬性较强的品种，如周麦 18、豫麦 49-198、京 841、新冬 18 和肥麦，因为需要较强的低温需求，所以 *VRN2* 表达时间较长。*VRN2* 的表达通过对 *VRN1* 基因的抑制，延长了冬性小麦的发育进程，使小麦得到充分的低温积累，当 *VRN1* 充分表达，满足了低温需求时，反过来会抑制 *VRN2* 的表达，当幼穗发育到二棱期前后，*VRN2* 的表达停止。

因此推测，*VRN2* 的表达是小麦自身发育所必需的，其在小麦发育前期的表达可以抑制幼穗分化启动而防止生长过快以避免在寒冷季节小麦发生冻害，同时，*VRN2* 基因也受低温春化的抑制；其表达与小麦的营养生长有关，在通过春化阶段后，*VRN2* 基因不再表达。因此 *VRN2* 基因及其表达是冬性小麦发育所必需的，也是小麦进化和适应性的具体体现。

第三节　小麦春化基因 *VRN3* 的克隆与表达特性分析

小麦春化基因 *VRN3* 也是调控小麦发育进程的重要因素，它正向调节 *VRN1* 而促进发育进程，同时又被 *VRN2* 负向调节（Yan et al.，2006）。为探索 *VRN3* 结构特征与表达特性，本研究对不同小麦品种中 *VRN3* 进行了克隆与序列分析，并系统研究了不同小麦品种在不同春化作用条件下 *VRN3* 的动态表达特性。

一、*VRN3* 基因的克隆与序列分析

1. *VRN3* 的 cDNA 克隆与序列分析

以辽春 10 号未春化处理开花期叶片的 cDNA 为模板，以 VRN-3F（5′-ATG GCC GGT AGG GAT AGG G-3′）和 VRN-3R（5′-GCC GTG GGT AGA TCA ATT GTA CAT-3′）为引物进行 RT-PCR，扩增产物为 546bp，与预期结果一致（图 8-46）。测序结果表明，克隆产物为 3 种核酸序列的混合物，经 BLAST 分析显示，这些序列均为小麦的 *FT* 基因，均编码 177 个氨基酸。3 条序列比对分析发现，3 条序列仅有 9 个 SNP 的差异，序列一致性达 99.45%（图 8-47），编码的蛋白质只有 2 个氨基酸的差异。在蛋白质功能域分析中，3 个基因编码的蛋白质均属于磷脂结合蛋白（phospholipid-binding protein，PBP）家族成员（65～87 位点，PS01220），2 个氨基酸的差异不在此 PBP 功能域中，此功能域中氨基酸完全相同（图 8-48）。

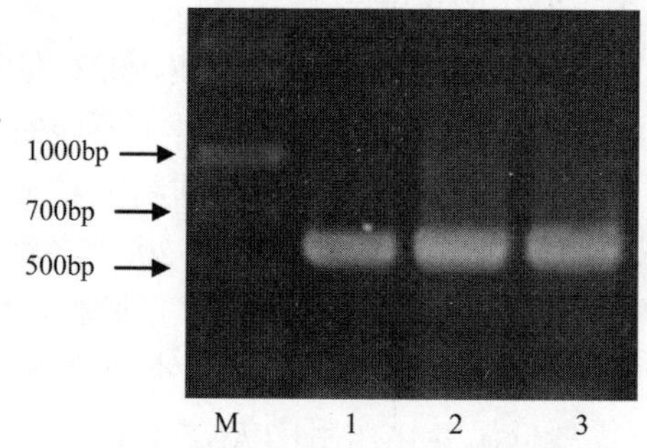

图 8-46　*VRN3* 的 cDNA 克隆

Figure 8-46　Cloning of *VRN3* in cDNA

M. 1kb plus marker；1. 辽春 10 号；2. 郑麦 9023；3. 肥麦

M. 1kb plus marker; 1. Liaochun 10; 2. Zhengmai 9023; 3. Feimai

```
辽春10号-VRN3-1 ATGGCCGGTAGGGATAGGGACCCGCTGGTGGTTGGCAGGGTTGTGGGGGACGTGCTGGAC  60
辽春10号-VRN3-2 ------------------------------------------------------------  60
辽春10号-VRN3-3 ------------------------------------------------------------  60

辽春10号-VRN3-1 CCCTTCGTCCGGGCCACCAACCTCAGGGTGACCTTCGGGAACAGGACCGTGTCCAACGGC  120
辽春10号-VRN3-2 ------A-----A-----------------------------------------------  120
辽春10号-VRN3-3 ------------A-----------------------------------------------  120

辽春10号-VRN3-1 TGCGAGCTCAAGCCGTCCATGGTCGCCCAGCAGCCCAGGGTTGAGGTGGGCGGCAATGAG  180
辽春10号-VRN3-2 ------------------------------------------------------------  180
辽春10号-VRN3-3 ------------------------------------------------------------  180

辽春10号-VRN3-1 ATGAGGACCTTCTACACACTCGTGATGGTAGACCCAGATGCTCCAAGTCCAAGCGATCCC  240
辽春10号-VRN3-2 ------------------------------------------------------------  240
辽春10号-VRN3-3 ------------------------------------------------------------  240

辽春10号-VRN3-1 AACCTTAGGGAGTATCTCCACTGGCTTGTGACAGATATCCCCGGTACAACTGGTGCGTCG  300
辽春10号-VRN3-2 --------------------------------------------------------A--C  300
辽春10号-VRN3-3 ------------------------------------------------------------  300

辽春10号-VRN3-1 TTCGGGCAGGAGGTGATGTGCTACGAGAGCCCTCGTCCGACCATGGGGATCCACCGCTTC  360
```

```
辽春10号-VRN3-2 -----------------------------------------------------T------   360
辽春10号-VRN3-3 ------------------------------------------------------------   360

辽春10号-VRN3-1 GTGCTCGTACTCTTCCAGCAGCTCGGGCGGCAGACGGTGTACGCCCCCGGGTGGCGCCAG   420
辽春10号-VRN3-2 --------G-----------------C--------C--------T---------------   420
辽春10号-VRN3-3 ------------------------------------------------------------   420

辽春10号-VRN3-1 AACTTCAACACCAGGGACTTCGCCGAGCTCTACAACCTCGGCCCGCCTGTCGCCGCCGTC   480
辽春10号-VRN3-2 ------------------------------------------------------------   480
辽春10号-VRN3-3 ------------------------------------------------------------   480

辽春10号-VRN3-1 TACTTCAACTGCCAGCGTGAGGCCGGCTCCGGCGGCAGGAGGATGTACAATTGATCTACC   540
辽春10号-VRN3-2 ------------------------------------------------------------   540
辽春10号-VRN3-3 ------------------------------------------------------------   540

辽春10号-VRN3-1 CACGGC                                                         546
辽春10号-VRN3-2 ------                                                         546
辽春10号-VRN3-3 ------                                                         546
```

图 8-47　辽春 10 号 *VRN3* 基因的序列分析

Figure 8-47　Alignment of nucleotide sequences of *VRN3* in Liaochun 10

```
辽春10号-蛋白质-1 MAGRDRDPLVVGRVVGDVLDPFVRATNLRVTFGNRTVSNGCELKPSMVAQQPRVEVGGNE    60
辽春10号-蛋白质-2 ----------------------I-T-----------------------------------    60
辽春10号-蛋白质-3 ------------------------T-----------------------------------    60
郑麦9023-蛋白质-1 ------------------------T-----------------------------------    60
郑麦9023-蛋白质-2 ------------------------T---------------------T-------------    60
郑麦9023-蛋白质-3 ------------------------T-----------------------------------    60
肥麦-蛋白质-1     ------------------------T-----------------------------------    60
肥麦-蛋白质-2     ------------------------T-----------------------T-----------    60
肥麦-蛋白质-3     ------------------------T-----------------------------------    60

辽春10号-蛋白质-1 MRTFYTLVMVDPDAPSPSDPNLREYLHWLVTDIPGTTGASFGQEVMCYESPRPTMGIHRF   120
辽春10号-蛋白质-2 ------------------------------------------------------------   120
辽春10号-蛋白质-3 ------------------------------------------------------------   120
郑麦9023-蛋白质-1 ------------------------------------------------------------   120
郑麦9023-蛋白质-2 ------------------------------------------------------------   120
郑麦9023-蛋白质-3 --------------------------------T---------------------------   120
肥麦-蛋白质-1     ------------------------------------------------------------   120
肥麦-蛋白质-2     ------------------------------------------------------------   120
肥麦-蛋白质-3     L-----------------------------------------------------------   120

辽春10号-蛋白质-1 VLVLFQQLGRQTVYAPGWRQNFNTRDFAELYNLGPPVAAVYFNCQREAGSGGRRMYN      177
辽春10号-蛋白质-2 ---------------------------------------------------------      177
辽春10号-蛋白质-3 ---------------------------------------------------------      177
郑麦9023-蛋白质-1 ---------------------------------------------------------      177
郑麦9023-蛋白质-2 ---------------------------------------------------------      177
郑麦9023-蛋白质-3 ---------------------------------------------------------      177
肥麦-蛋白质-1     ---------------------------------------------------------      177
肥麦-蛋白质-2     ---------------------------------------------------------      177
肥麦-蛋白质-3     ---------------------------------------------------------      177
```

图 8-48　3 个品种 *VRN3* 基因编码氨基酸的序列比对分析

Figure 8-48　Alignment of amino acids of *VRN3* coding in three wheat varieties

以郑麦 9023 未春化处理开花期叶片的 cDNA 为模板，以 VRN-3F 和 VRN-3R 为引物进行 RT-PCR，扩增产物为 546bp。测序结果表明，克隆产物也为 3 种核酸序列的混合物，经 BLAST 分析显示，这些序列均为小麦的 *FT* 基因，均编码 177 个氨基酸。3 条序列比对分析发现，3 条序列仅有 11 个 SNP 的差异，序列一致性达 99.63%（图 8-49）。编码的蛋白质只有 2 个氨基酸的差异。在蛋白质功能域分析中，3 个基因均编码磷脂结合蛋白功能域，1 个氨基酸的差异不在此功能域中，此功能域中氨基酸完全相同（图 8-48）。

```
郑麦9023-cDNA-VRN3-1 ATGGCCGGTAGGGATAGGGACCCGCTGGTGGTTGGCAGGGTTGTGGGAGACGTGCTGGAC   60
郑麦9023-cDNA-VRN3-2 ------------------------------------------------------------   60
郑麦9023-cDNA-VRN3-3 -----------------------------------------------G------------   60

郑麦9023-cDNA-VRN3-1 CCCTTTGTCCGGACCACCAACCTCAGGGTGACCTTCGGGAACAGGACCGTGTCCAACGGC  120
郑麦9023-cDNA-VRN3-2 ------------------------------------------------------------  120
郑麦9023-cDNA-VRN3-3 -----C------------------------------------------------------  120

郑麦9023-cDNA-VRN3-1 TGCGAGCTCAAGCCGTCCATGGTCGCCCAGCAGCCCAGGGTTGAGGTGGGCGGCAATGAG  180
郑麦9023-cDNA-VRN3-2 ------------------------------------------------------------  180
郑麦9023-cDNA-VRN3-3 -------------------C----------------------------------------  180

郑麦9023-cDNA-VRN3-1 ATGAGGACCTTCTACACACTCGT.....................................  203
郑麦9023-cDNA-VRN3-2 -----------------------.....................................  203
郑麦9023-cDNA-VRN3-3 -----------------------.....................................  203

郑麦9023-cDNA-VRN3-1 ............................................................  203
郑麦9023-cDNA-VRN3-2 ............................................................  203
郑麦9023-cDNA-VRN3-3 ............................................................  203
郑麦9023-cDNA-VRN3-4 ............................................................  203
郑麦9023-cDNA-VRN3-5 ............................................................  203
郑麦9023-cDNA-VRN3-6 ............................................................  203

郑麦9023-cDNA-VRN3-1 ............................................................  203
郑麦9023-cDNA-VRN3-2 ............................................................  203
郑麦9023-cDNA-VRN3-3 ............................................................  203
郑麦9023-cDNA-VRN3-4 ............................................................  203
郑麦9023-cDNA-VRN3-5 ............................................................  203
郑麦9023-cDNA-VRN3-6 ............................................................  203

郑麦9023-cDNA-VRN3-1 ............................................................  203
郑麦9023-cDNA-VRN3-2 ............................................................  203
郑麦9023-cDNA-VRN3-3 ............................................................  203

郑麦9023-cDNA-VRN3-1 ............................................................  203
郑麦9023-cDNA-VRN3-2 ............................................................  203
郑麦9023-cDNA-VRN3-3 ............................................................  203

郑麦9023-cDNA-VRN3-1 ............................................................  203
郑麦9023-cDNA-VRN3-2 ............................................................  203
郑麦9023-cDNA-VRN3-3 ............................................................  203

郑麦9023-cDNA-VRN3-1 ............................................................  203
郑麦9023-cDNA-VRN3-2 ............................................................  203
郑麦9023-cDNA-VRN3-3 ............................................................  203

郑麦9023-cDNA-VRN3-1 ............................................................  203
郑麦9023-cDNA-VRN3-2 ............................................................  203
郑麦9023-cDNA-VRN3-3 ............................................................  203

郑麦9023-cDNA-VRN3-1 ............................................................  203
郑麦9023-cDNA-VRN3-2 ............................................................  203
郑麦9023-cDNA-VRN3-3 ............................................................  203

郑麦9023-cDNA-VRN3-1 .....GATGGTAGACCCAGATGCTCCAAGTCCAAGCGATCCCAACCTTAGGGAGTATCTC  258
郑麦9023-cDNA-VRN3-2 .....-------------------------------------------------------  258
郑麦9023-cDNA-VRN3-3 .....-------------------------------------------------------  258
郑麦9023-cDNA-VRN3-4 CACTGG......................................................  264
郑麦9023-cDNA-VRN3-5 ------......................................................  264
```

```
郑麦9023-cDNA-VRN3-6 ------...................................................    264

郑麦9023-cDNA-VRN3-1 .........................................................CTT    267
郑麦9023-cDNA-VRN3-2 .........................................................---    267
郑麦9023-cDNA-VRN3-3 .........................................................---    267

郑麦9023-cDNA-VRN3-1 GTGACAGATACCCCCGGTACAACTGGTGCCTCGTTCGGGCAGGAAGTGATGTGCTATGAG    327
郑麦9023-cDNA-VRN3-2 ----------T------------------G--------------G-----------C---    327
郑麦9023-cDNA-VRN3-3 ----------T------------------G--------------G-----------C---    327

郑麦9023-cDNA-VRN3-1 AGCCCTCGTCCGACCATGGGGATCCACCGCTTCGTGCTCGTGCTCTTCCAGCAGCTCGGC    387
郑麦9023-cDNA-VRN3-2 -----------------------------------------A-----------------G    387
郑麦9023-cDNA-VRN3-3 -----------------------------------------A-----------------G    387

郑麦9023-cDNA-VRN3-1 CGGCAGACGGTGTACGCCCCCGGGTGGCGCCAGAACTTCAACACCAGGGACTTCGCCGAG    447
郑麦9023-cDNA-VRN3-3 ------------------------------------------------------------    447
郑麦9023-cDNA-VRN3-3 ------------------------------------------------------------    447

郑麦9023-cDNA-VRN3-1 CTCTACAACCTCGGCCCGCCCGTCGCCGCCGTCTACTTCAACTGCCAGCGTGAGGCCGGC    507
郑麦9023-cDNA-VRN3-2 --------------------T---------------------------------------    507
郑麦9023-cDNA-VRN3-3 --------------------T---------------------------------------    507

郑麦9023-cDNA-VRN3-1 TCCGGTGGCAGGAGGATGTACAATTGATCTACCCACGGC                         546
郑麦9023-cDNA-VRN3-2 -----C---------------------------------                         546
郑麦9023-cDNA-VRN3-3 -----C---------------------------------                         546
```

图 8-49　郑麦 9023 *VRN3* 基因的序列分析

Figure 8-49　Alignment of nucleotide sequences of *VRN3* in Zhengmai 9023

以肥麦未春化处理开花期叶片的 cDNA 为模板，以 VRN-3F 和 VRN-3R 为引物进行 RT-PCR，扩增产物为 546bp。克隆产物也为 3 种核酸序列的混合物，经 BLAST 分析显示，这些序列均为小麦的 *FT* 基因，均编码 177 个氨基酸。3 条序列比对分析发现，3 条序列仅有 2 个 SNP 的差异，序列一致性达 99.88%（图 8-50）。编码的蛋白质只有 2 个氨基酸的差异。在蛋白质功能域分析中，3 个基因编码蛋白质均属于磷脂结合蛋白家族成员，1 个氨基酸的差异不在 PBP 功能域中，此功能域中氨基酸完全相同（图 8-48）。

```
肥麦-cDNA-VRN3-1 ATGGCCGGTAGGGATAGGGACCCGCTGGTGGTTGGCAGGGTTGTGGGAGACGTGCTGGACCCCTTTGTCC 70
肥麦-cDNA-VRN3-2 ---------------------------------------------------------------------- 70
肥麦-cDNA-VRN3-3 ---------------------------------------------------------------------- 70

肥麦-cDNA-VRN3-1 GGACCACCAACCTCAGGGTGACCTTCGGGAACAGGACCGTGTCCAACGGCTGCGAGCTCAAGCCGTCCAT 140
肥麦-cDNA-VRN3-2 ---------------------------------------------------------------------- 140
肥麦-cDNA-VRN3-3 ---------------------------------------------------------------------- 140

肥麦-cDNA-VRN3-1 GGTCGCCCAGCAGCCCAGGGTTGAGGTGGGCGGCAATGAGATGAGGACCTTCTACACACTCGTGATGGTA 210
肥麦-cDNA-VRN3-2 ----A----------------------------------------------------------------- 210
肥麦-cDNA-VRN3-3 ----------------------------------------T----------------------------- 210

肥麦-cDNA-VRN3-1 GACCCAGATGCTCCAAGTCCAAGCGATCCCAACCTTAGGGAGTATCTCCACTGGCTTGTGACAGATATCC 280
肥麦-cDNA-VRN3-2 ---------------------------------------------------------------------- 280
肥麦-cDNA-VRN3-3 ---------------------------------------------------------------------- 280

肥麦-cDNA-VRN3-1 CCGGTACAACTGGTGCCTCGTTCGGGCAGGAAGTGATGTGCTATGAGAGCCCTCGTCCGACCATGGGGAT 350
肥麦-cDNA-VRN3-2 ---------------------------------------------------------------------- 350
肥麦-cDNA-VRN3-3 ---------------------------------------------------------------------- 350

肥麦-cDNA-VRN3-1 CCACCGCTTCGTGCTCGTGCTCTTCCAGCAGCTCGGCCGGCAGACGGTGTACGCCCCCGGGTGGCGCCAG 420
肥麦-cDNA-VRN3-2 ---------------------------------------------------------------------- 420
肥麦-cDNA-VRN3-3 ---------------------------------------------------------------------- 420
```

```
肥麦-cDNA-VRN3-1 AACTTCAACACCAGGGACTTCGCCGAGCTCTACAACCTCGGCCCGCCCGTCGCCGCCGTCTACTTCAACT 490
肥麦-cDNA-VRN3-2 ---------------------------------------------------------------------- 490
肥麦-cDNA-VRN3-3 ---------------------------------------------------------------------- 490

肥麦-cDNA-VRN3-1 GCCAGCGTGAGGCCGGCTCCGGTGGCAGGAGGATGTACAATTGATCTACCCACGGC              546
肥麦-cDNA-VRN3-2 --------------------------------------------------------              546
肥麦-cDNA-VRN3-3 --------------------------------------------------------              546
```

图 8-50　肥麦 *VRN3* 基因的序列分析

Figure 8-50　Alignment of nucleotide sequences of *VRN3* in Feimai

3 个品种的 *VRN3* 序列比对结果显示，9 条序列同源性很高，达 99.04%，共有 18 个 SNP 的差异，但 9 条序列中任意 2 条之间均有不同程度的微小差异；在 9 条序列编码的蛋白质氨基酸中，差异位点也均不相同，但所包含的 1 个 PBP 功能域氨基酸均相同。

2. *VRN3* 的基因组克隆与序列分析

以上述 3 个品种未春化处理开花期叶片的基因组 DNA 为模板，以 VRN-3F 和 VRN-3R 为引物进行 RT-PCR，*VRN3* 基因组克隆的结果显示，在辽春 10 号和郑麦 9023 中，PCR 扩增产物有约 1270bp 和 1045bp 2 个大小不同的片段，而在肥麦中只有 1 条约 1043bp 的片段（图 8-51）。测序结果为几种核酸序列的混合物，经 BLAST 和比对分析，几条核酸序列为小麦 *FT*（*VRN3*）基因，均有 3 个外显子和 2 个内含子。在辽春 10 号中，1270bp 和 1045bp 片段各测得 3 条序列，分别命名为辽春 10 号-VRN3-1、辽春 10 号-VRN3-2、辽春 10 号-VRN3-3、辽春 10 号-VRN3-4、辽春 10 号-VRN3-5、辽春 10 号-VRN3-6。其中辽春 10 号-VRN3-1、辽春 10 号-VRN3-2、辽春 10 号-VRN3-3 的第 1 内含子 627bp，第 2 内含子为 97bp，辽春 10 号-VRN3-4、辽春 10 号-VRN3-5、辽春 10 号-VRN3-6 的第 1 内含子约 391bp，第 2 内含子为 108bp（图 8-52）；这两条序列的 3 个外显子长度均为 546bp（图 8-53）。郑麦 9023 中的 *VRN3* 也有 1270bp 和 1045bp 两条序列片段，其编码区大小与辽春 10 号的大小相同，但有一些 SNP 的差异。在肥麦中，只有 1043bp 一条序列，与辽春 10 号和郑麦 9023 的 1045bp 片段相比其第 2 内含子少了 2 个碱基。结果说明，辽春 10 号和郑麦 9023 的 *VRN3* 等位基因相似，在 A、B 和 D 基因组中片段大小不同，具有内含子大小不同的序列，而肥麦的 *VRN3* 等位基因在 A、B 和 D 基因组中片段大小没有差异。

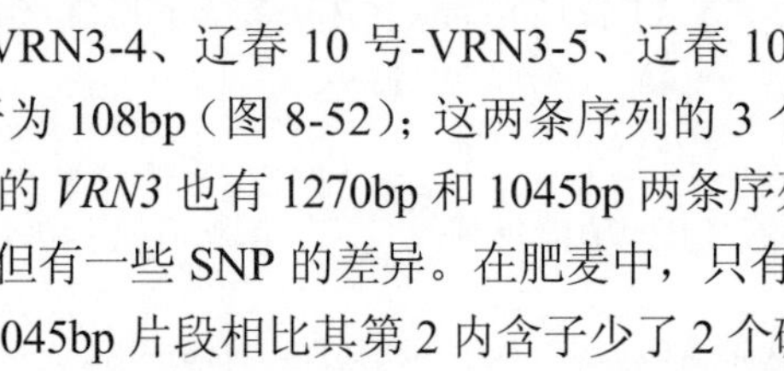

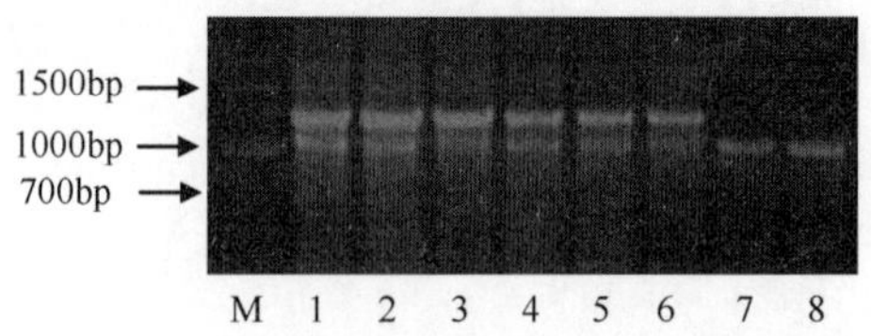

图 8-51　基因组中 *VRN3* 的 PCR 扩增

Figure 8-51　PCR amplification of *VRN3* in genome

M. 1kb plus marker；1～3. 辽春 10 号；4～6. 郑麦 9023；7～8. 肥麦

M. 1kb plus marker; 1-3. Liaochun 10; 4-6. Zhengmai 9023; 7-8. Feimai

二、 *VRN3* 基因的表达特性分析

为探索 *VRN3* 基因在小麦发育过程中的表达特性，研究选用了 9 个春化特性不同的

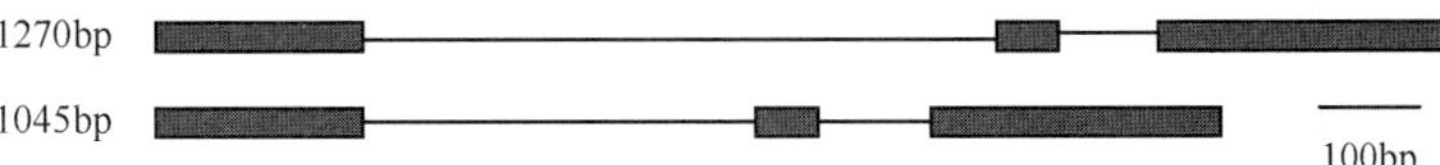

图 8-52 辽春 10 号 *VRN3* 的基因组结构示意图

Figure 8-52 Structure of *VRN3* in genome in Liaochun 10

外显子；—— 内含子

Exon; —— Intron

```
辽春10号-VRN3-1 ATGGCCGGTAGGGATAGGGACCCGCTGGTGGTTGGCAGGGTTGTGGGGGACGTGCTGGACCCCTTCGTCC 70
辽春10号-VRN3-2 ------------------------------------------------------------------A--- 70
辽春10号-VRN3-3 ---------------------------------------------------------------------- 70
辽春10号-VRN3-4 -----------------------------------------------A-----------------T---- 70
辽春10号-VRN3-5 -----------------------------------------------A-----------------T---- 70
辽春10号-VRN3-6 -----------------------------------------------A-----------------T---- 70
郑麦9023-VRN3-1 ---------------------------------------------------------------------- 70
郑麦9023-VRN3-2 -----------------------------------------------A-----------------T---- 70
肥麦-VRN3-1     -----------------------------------------------A-----------------T---- 70

辽春10号-VRN3-1 GGACCGCCAACCTCAGGGTGACCTTCGGGAACAGGACCGTGTCCAACGGCTGCGAGCTCAAGCCGTCCAT 140
辽春10号-VRN3-2 -----A---------------------------------------------------------------- 140
辽春10号-VRN3-3 -----A---------------------------------------------------------------- 140
辽春10号-VRN3-4 -----A---------------------------------------------------------------- 140
辽春10号-VRN3-5 -----A---------------------------------------------------------------- 140
辽春10号-VRN3-6 -----A---------------------------------------------------------------- 140
郑麦9023-VRN3-1 -----A---------------------------------------------------------------C 140
郑麦9023-VRN3-2 -----A---------------------------------------------------------------- 140
肥麦-VRN3-1     -----A---------------------------------------------------------------- 140

辽春10号-VRN3-1 GGTCGCCCAGCAGCCCAGGGTTGAGGTGGGCGGCAATGAGATGAGGACCTTCTACACACTCGTACGTACA 210
辽春10号-VRN3-2 ---------------------------------------------------------------------- 210
辽春10号-VRN3-3 ---------------------------------------------------------------------- 210
辽春10号-VRN3-4 ---------------------------------------------------------------------- 210
辽春10号-VRN3-5 ---------------------------------------------------------------------- 210
辽春10号-VRN3-6 ---------------------------------------------------------------------- 210
郑麦9023-VRN3-1 ---------------------------------------------------------------------- 210
郑麦9023-VRN3-2 ---------------------------------------------------------------------- 210
肥麦-VRN3-1     ---------------------------------------------------------------------- 210

辽春10号-VRN3-1 CAGTCACTATCTAATGCCAATTTAT........CTCTGAAAGTGCTCACCACACGCACATGATCGATCGA 272
辽春10号-VRN3-2 -------------------------........------------------------------------- 272
辽春10号-VRN3-3 -------------------------........------------------------------------- 272
辽春10号-VRN3-4 ------------------T--A---........--------------G---------------------- 272
辽春10号-VRN3-5 ------------------T--A---ATGTTAAG--------------G---------------------- 280
辽春10号-VRN3-6 ------------------T--A---ATGTTAAG--------------G---------------------- 280
郑麦9023-VRN3-1 -------------------------........------------------------------------- 272
郑麦9023-VRN3-2 ------------------T--A---ATGTTAAG--------------G---------------------- 280
肥麦-VRN3-1     ------------------T--A---ATGTTAAG--------------G---------------------- 280

辽春10号-VRN3-1 GCTCGATCTATAGTACGTGAGGGAAATTGATTTTCGATGCTTCTGTTCACA...TGTTTGCCTCAGCAAG 339
辽春10号-VRN3-2 ---------------------------------------------------...---------------- 339
辽春10号-VRN3-3 ---------------------------------------------------...---------------- 339
辽春10号-VRN3-4 ---------------------------------------------------GCA------T--TG---G- 342
辽春10号-VRN3-5 ----T--A-----------T-----GA-----C------------------GCA------T--TG---G- 350
辽春10号-VRN3-6 ----T--A-----------T-----GA-----C------------------GCA------T--TG---G- 350
郑麦9023-VRN3-1 ---------------------------------------------------...---------------- 339
郑麦9023-VRN3-2 ----T--A-----------T-----GA-----C------------------GCA------T--TG---G- 350
肥麦-VRN3-1     ----T--A-----------T-----GA-----C------------------GCA------T--TG---G- 350

辽春10号-VRN3-1 CACATGACTAATGCTCCATCTTGCATATGTCTCTGTG....CCCTCTGGTGTTGATCATGATTTTTCTAT 405
辽春10号-VRN3-2 -------------------------------------....----------------------------- 405
辽春10号-VRN3-3 -------------------------------------....----------------------------- 405
```

```
辽春10号-VRN3-4 -----------------------------G-------CTAG-T----------C-----------.---- 411
辽春10号-VRN3-5 -----------------------------G-------CTAG-T----------C-----------.---- 419
辽春10号-VRN3-6 -----------------------------G-------CTAG-T----------C-----------.---- 419
郑麦9023-VRN3-1 -------------------------------------....----------------------------- 405
郑麦9023-VRN3-2 -----------------------------G-------CTAG-T----------C-----------.---- 419
肥麦-VRN3-1     -----------------------------G-------CTAG-T----------C-----------.---- 419

辽春10号-VRN3-1 GCTTCTTCTATGTTCGGGGAGCATTTATTTTTATGCTTCTCTTGACATGTTTCATGTTTGTCCTAGCAA 475
辽春10号-VRN3-2 ---------------------------------------------------------------------- 475
辽春10号-VRN3-3 ---------------------------------------------------------------------- 475
辽春10号-VRN3-4 -------T-C-A--------A----G-----CG--------G-----------T--------T--G---- 481
辽春10号-VRN3-5 -------T-C-A--------A----G-----CG--------G-----------T--------T--G---- 489
辽春10号-VRN3-6 -------T-C-A--------A----G-----CG--------G-----------T--------T--G---- 489
郑麦9023-VRN3-1 ---------------------------------------------------------------------- 475
郑麦9023-VRN3-2 -------T-C-A--------A----G-----CG--------G-----------T--------T--G---- 489
肥麦-VRN3-1     -------T-C-A--------A----G-----CG--------G-----------T--------T--G---- 489

辽春10号-VRN3-1 GCACACGAGTAATTAAAGCTCGATCTTAAATACTCTCTCCGTCCGAATAAATGTACTTCTAGCTTTTGTC 545
辽春10号-VRN3-2 ---------------------------------------------------------------------- 545
辽春10号-VRN3-3 ---------------------------------------------------------------------- 545
辽春10号-VRN3-4 --------C-----------------------...................................... 513
辽春10号-VRN3-5 --------C-----------------------...................................... 521
辽春10号-VRN3-6 --------C-----------------------...................................... 521
郑麦9023-VRN3-1 ---------------------------------------------------------------------- 545
郑麦9023-VRN3-2 --------C-----------------------...................................... 521
肥麦-VRN3-1     --------C-----------------------...................................... 521

辽春10号-VRN3-1 TTAAGTCAAAGTTTTAAAATTTTGACCAACTTTATAGGAAAAAGTAGCAGCATTTATGACACTAAATTAG 615
辽春10号-VRN3-2 ---------------------------------------------------------------------- 615
辽春10号-VRN3-3 ---------------------------------------------------------------------- 615
辽春10号-VRN3-4 ...................................................................... 513
辽春10号-VRN3-5 ...................................................................... 521
辽春10号-VRN3-6 ...................................................................... 521
郑麦9023-VRN3-1 ---------------------------------------------------------------------- 615
郑麦9023-VRN3-2 ...................................................................... 521
肥麦-VRN3-1     ...................................................................... 521

辽春10号-VRN3-1 TATCACTAGATTCGTTTTGAAATGTATTTTCATAATATATCAATTTGATATTATATATGTTACTACTTAT 685
辽春10号-VRN3-2 ---------------------------------------------------------------------- 685
辽春10号-VRN3-3 ---------------------------------------------------------------------- 685
辽春10号-VRN3-4 ...................................................................... 513
辽春10号-VRN3-5 ...................................................................... 521
辽春10号-VRN3-6 ...................................................................... 521
郑麦9023-VRN3-1 ---------------------------------------------------------------------- 685
郑麦9023-VRN3-2 ...................................................................... 521
肥麦-VRN3-1     ...................................................................... 521

辽春10号-VRN3-1 TTGTATATAGTTGGTCAAAGTTTTAAAACTTTGACTTAGGATAAAAACTAGAAGTACACTTATTCGTGGA 755
辽春10号-VRN3-2 ---------------------------------------------------------------------- 755
辽春10号-VRN3-3 ---------------------------------------------------------------------- 755
辽春10号-VRN3-4 ...................................................................... 513
辽春10号-VRN3-5 ...................................................................... 521
辽春10号-VRN3-6 ...................................................................... 521
郑麦9023-VRN3-1 ---------------------------------------------------------------------- 755
郑麦9023-VRN3-2 ...................................................................... 521
肥麦-VRN3-1     ...................................................................... 521

辽春10号-VRN3-1 CGGAGGGAGTATATGCTTATGTAGGTAGTACTCTCTACTT.........TGATCATGATGTGCACGCGTT 816
辽春10号-VRN3-2 ----------------------------------------.........--------------------- 816
辽春10号-VRN3-3 ----------------------------------------.........--------------------- 816
辽春10号-VRN3-4 ...........----------C-C--------------G-CTCTAGTAT--------------------G 572
辽春10号-VRN3-5 ...........----------C-C--------------G-CTCTAGTAT--------------------G 580
辽春10号-VRN3-6 ...........----------C-C--------------G-CTCTAGTAT--------------------G 580
```

```
郑麦9023-VRN3-1 ----------------------------------------.........--------------------- 816
郑麦9023-VRN3-2 ...........----------C-C--------------G-CTCTAGTAT--------------------- 580
肥麦-VRN3-1     ...........----------C-C--------------G-CTCTAGTAT--------------------G 580

辽春10号-VRN3-1 TACTGCCCGCAGGTGATGGTAGACCCAGATGCTCCAAGTCCAAGCGATCCCAACCTTAGGGAGTATCTCC 886
辽春10号-VRN3-2 ---------------------------------------------------------------------- 886
辽春10号-VRN3-3 ---------------------------------------------------------------------- 886
辽春10号-VRN3-4 ---------------------------------------------------------------------- 642
辽春10号-VRN3-5 ---------------------------------------------------------------------- 650
辽春10号-VRN3-6 ---------------------------------------------------------------------- 650
郑麦9023-VRN3-1 ---------------------------------------------------------------------- 886
郑麦9023-VRN3-2 ---------------------------------------------------------------------- 650
肥麦-VRN3-1     ---------------------------------------------------------------------- 650

辽春10号-VRN3-1 ACTGGTAAGTACTAAATTTGTAACTCAGTTGAATAATTTCTCTGTCCCTAGATATACACACTAGCTCATG 956
辽春10号-VRN3-2 ---------------------------------------------------------------------- 956
辽春10号-VRN3-3 ---------------------------------------------------------------------- 956
辽春10号-VRN3-4 -----------...--------G--------------------T---------------G---------- 709
辽春10号-VRN3-5 -----------...--------G---G----------------T-------------------------- 717
辽春10号-VRN3-6 -----------...--------G--------------------T---------------G---------- 717
郑麦9023-VRN3-1 ---------------------------------------------------------------------- 956
郑麦9023-VRN3-2 -----------...-------------------------------------------------------- 717
肥麦-VRN3-1     -----------...--------G--------------------T-------------------------- 717

辽春10号-VRN3-1 TGTGCGTGTGTGTGT..............CTACATGTGTGTGCAGGCTTGTGACAGATATCCCCGGTACA 1012
辽春10号-VRN3-2 ---------------..............----------------------------------------- 1012
辽春10号-VRN3-3 ---------------..............----------------------------------------- 1012
辽春10号-VRN3-4 ----T----------GCGCGCGTGTGCAT----------------------------------------- 779
辽春10号-VRN3-5 ----T----------GCGCGCGTGTGCAT----------------------------------------- 787
辽春10号-VRN3-6 ----T----------GCGCGCGTGTGCAT----------------------------------------- 787
郑麦9023-VRN3-1 ---------------..............----------------------------------------- 1012
郑麦9023-VRN3-2 ---------------GCGCGCGTGTGCAT----------------------------------------- 787
肥麦-VRN3-1     ----T---------..CGCGCGTGTGCAT----------------------------------------- 785

辽春10号-VRN3-1 ACTGGTGCGTCGTTCGGGCAGGAGGTGATGTGCTACGAGAGCCCTCGTCCGACCATGGGGATCCACCGCT 1082
辽春10号-VRN3-2 --------A--C-----------------------------------------------------T---- 1082
辽春10号-VRN3-3 ---------------------------------------------------------------------- 1082
辽春10号-VRN3-4 --------C--------------A-----------T---------------------------------- 849
辽春10号-VRN3-5 --------C--------------A-----------T---------------------------------- 857
辽春10号-VRN3-6 --------C--------------A-----------T---------------------------------- 857
郑麦9023-VRN3-1 ---------------------------------------------------------------------- 1082
郑麦9023-VRN3-2 ---------------------------------------------------------------------- 857
肥麦-VRN3-1     --------C--------------A-----------T---------------------------------- 855

辽春10号-VRN3-1 TCGTGCTCGTACTCTTCCAGCAGCTCGGGCGGCAGACGGTGTACGCCCCCGGGTGGCGCCAGAACTTCAA 1152
辽春10号-VRN3-2 ----------G-----------------C--------C--------T----------------------- 1152
辽春10号-VRN3-3 ---------------------------------------------------------------------- 1152
辽春10号-VRN3-4 ----------G-----------------C----------------------------------------- 919
辽春10号-VRN3-5 ----------G-----------------C----------------------------------------- 927
辽春10号-VRN3-6 ----------G-----------------C----------------------------------------- 927
郑麦9023-VRN3-1 ---------------------------------------------------------------------- 1152
郑麦9023-VRN3-2 ---------------------------------------------------------------------- 927
肥麦-VRN3-1     ----------G-----------------C----------------------------------------- 925

辽春10号-VRN3-1 CACCAGGGACTTCGCCGAGCTCTACAACCTCGGCCCGCCTGTCGCCGCCGTCTACTTCAACTGCCAGCGT 1222
辽春10号-VRN3-2 ---------------------------------------------------------------------- 1222
辽春10号-VRN3-3 ---------------------------------------------------------------------- 1222
辽春10号-VRN3-4 ---------------------------------------C------------------------------ 989
辽春10号-VRN3-5 ---------------------------------------C------------------------------ 997
辽春10号-VRN3-6 ---------------------------------------C------------------------------ 997
郑麦9023-VRN3-1 ---------------------------------------------------------------------- 1222
郑麦9023-VRN3-2 ---------------G------------------------------------------------------ 997
肥麦-VRN3-1     ---------------------------------------C------------------------------ 995
```

```
辽春10号-VRN3-1 GAGGCCGGCTCCGGCGGCAGGAGGATGTACAATTGATCTACCCACGGC     1270
辽春10号-VRN3-2 ------------------------------------------------     1270
辽春10号-VRN3-3 ------------------------------------------------     1270
辽春10号-VRN3-4 --------------T---------------------------------     1037
辽春10号-VRN3-5 ------------------------------------------------      104
辽春10号-VRN3-6 --------------T---------------------------------      104
郑麦9023-VRN3-1 ------------------------------------------------     1270
郑麦9023-VRN3-2 ------------------------------------------------     1045
肥麦-VRN3-1     --------------T---------------------------------     1043
```

图 8-53　辽春 10 号、郑麦 9023 和肥麦 *VRN3* 的基因组克隆序列比对分析

Figure 8-53　Alignment of nucleotide sequences of *VRN3* in Liaochun 10, Zhengmai 9023 and Feimai

普通小麦（*Triticum aestivum* L.）品种：辽春 10 号（强春性）、新春 2 号（春性）、豫麦 18（弱春性）、郑麦 9023（弱春性）、周麦 18（半冬性）、豫麦 49-198（半冬性）、京 841（冬性）、新冬 18（冬性）、肥麦（强冬性）。将种子萌动后置于 0～2℃冰箱进行春化处理，处理时间分别为：辽春 10 号、新春 2 号、豫麦 18、郑麦 9023、周麦 18 和豫麦 49-198 春化处理 0d、10d、20d、30d，京 841、新冬 18 和肥麦春化处理 0d、10d、20d、30d、40d、50d、60d。春化处理后播种于温室中，温度保持在 13～26℃。分别于小麦的 1 叶期、3 叶期、5 叶期、7 叶期、8 叶期、9 叶期、11 叶期、13 叶期、15 叶期和旗叶的药隔分化期、四分体时期、开花期剪取叶片制备 cDNA 模板，以 VRN-3F（5′-ATG GCC GGT AGG GAT AGG G-3′）和 VRN-3R（5′-GCC GTG GGT AGA TCA ATT GTA CAT-3′）为半定量引物，以 *Actin* 基因为内标，引物序列为：TaAc-1，5′-GTT CCA ATC TAT GAG GGA TAC ACG C-3′；TaAc-2，5′-GAA CCT CCA CTG AGA ACA ACA TTA CC-3′。采用 RT-PCR 技术进行 *VRN3* 基因表达动态分析。

1. 春性小麦 *VRN3* 的表达特性

辽春 10 号在未春化处理和春化处理 10d 条件下，*VRN3* 基因在 1 叶期检测到较低水平的表达，3 叶期表达量增高直到药隔分化期，在春化处理 20d 和 30d 条件下，从 1 叶期开始 *VRN3* 基因就有较高水平的表达，一直持续到药隔分化期（图 8-54）。新春 2 号在 4 种春化处理条件下，*VRN3* 表达呈现相同的趋势：即在 1 叶期均没有检测到表达，但在 3 叶期有较高水平的表达，并一直持续到开花期（图 8-54）。

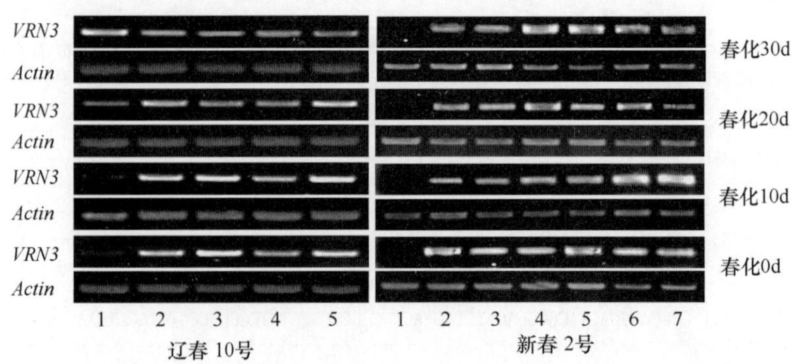

图 8-54　不同春化处理条件下辽春 10 号和新春 2 号 *VRN3* 基因的表达特性

Figure 8-54　Expression of *VRN3* in Liaochun 10 and Xinchun 2 under different vernalization treatments

1. 1 叶期；2. 3 叶期；3. 5 叶期；4. 7 叶期；5. 药隔分化期；6. 四分体时期；7. 开花期

1. 1 leaf stage; 2. 3 leaf stage; 3. 5 leaf stage; 4. 7 leaf stage; 5. Pollencell differentiation; 6. Tetrad differentiation; 7. Flowering stage

豫麦 18 *VRN3* 基因的表达特性研究结果表明，在未春化处理和春化处理 10d 条件下，1 叶期均检测到 *VRN3* 较低水平的表达，并在以后的各时期表达水平呈逐渐增高的趋势，在开花期达到最高。在春化处理 20d 和 30d 条件下，1 叶期 *VRN3* 表达水平较高，以后各时期表达水平逐渐增高，直到开花期（图 8-55）。郑麦 9023 在未春化处理和春化处理 10d 条件下，1 叶期未检测到 *VRN3* 的表达，3 叶期有较低水平的表达，5 叶期表达水平明显增高并持续至开花期；在春化处理 20d 和 30d 条件下，1 叶期也未检测到 *VRN3* 的表达，但在 3 叶期检测到较高水平的表达，5 叶期 *VRN3* 的表达水平也明显增高，并持续至开花期（图 8-55）。

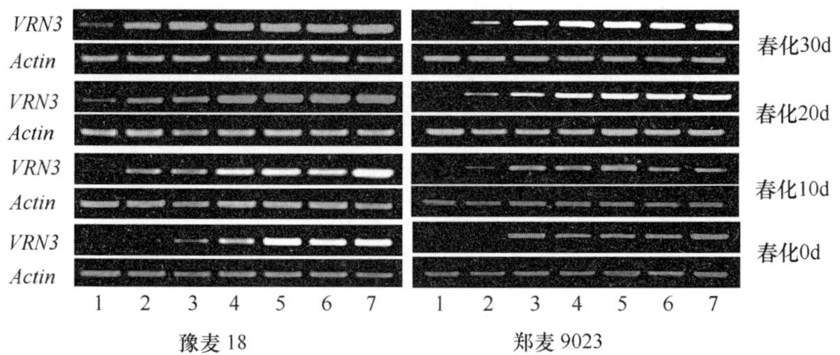

图 8-55　不同春化处理条件下豫麦 18 和郑麦 9023 *VRN3* 基因的表达特性

Figure 8-55　Expression of *VRN3* in Yumai 18 and Zhengmai 9023 under different vernalization treatments

1. 1 叶期；2. 3 叶期；3. 5 叶期；4. 7 叶期；5. 药隔分化期；6. 四分体时期；7. 开花期

1. 1 leaf stage; 2. 3 leaf stage; 3.5 leaf stage; 4. 7 leaf stage; 5. Pollencell differentiation; 6. Tetrad differentiation; 7. Flowering stage

春性小麦 *VRN3* 的表达趋势表明，辽春 10 号和豫麦 18 的 *VRN3* 基因表达较早，随着春化处理时间的延长，*VRN3* 在 1 叶期的表达量增高，说明 *VRN3* 对低温春化有一定的敏感性；而新春 2 号和郑麦 9023 的 *VRN3* 在 1 叶期未检测到表达，在 3 叶期开始表达，并逐渐增高，对低温春化没有明显的敏感性；*VRN3* 的表达在各品种各种低温春化条件下均在开花期达到最高水平。

2. 冬性小麦 *VRN3* 的表达特性

周麦 18 在未春化处理和春化处理 10d 的条件下，1 叶期、3 叶期、5 叶期、7 叶期和 9 叶期均未检测到 *VRN3* 的表达，在药隔分化期、四分体时期和开花期 *VRN3* 有较高水平的表达；在春化处理 20d 和 30d 条件下，1 叶期、3 叶期、5 叶期和 7 叶期没有检测到 *VRN3* 的表达，9 叶期、药隔分化期、四分体时期和开花期 *VRN3* 有较高水平的表达（图 8-56）。豫麦 49-198 在 4 种春化处理条件下，1 叶期、3 叶期、5 叶期和 7 叶期均未检测到 *VRN3* 的表达，而在 9 叶期、药隔分化期、四分体时期和开花期均有较高水平的表达（图 8-56）。

京 841 在未春化处理和春化处理 10d、20d 条件下，1 叶期和 3 叶期均未检测到 *VRN3* 的表达，在 5 叶期 *VRN3* 有较低水平的表达，在以后各发育时期中 *VRN3* 的表达水平逐渐增高，直到开花期。在春化处理 30d、40d、50d 和 60d 条件下，1 叶期也未检测到 *VRN3* 的表达，从 3 叶期开始 *VRN3* 有较低水平的表达，并逐渐增高，直到开花期。新冬 18

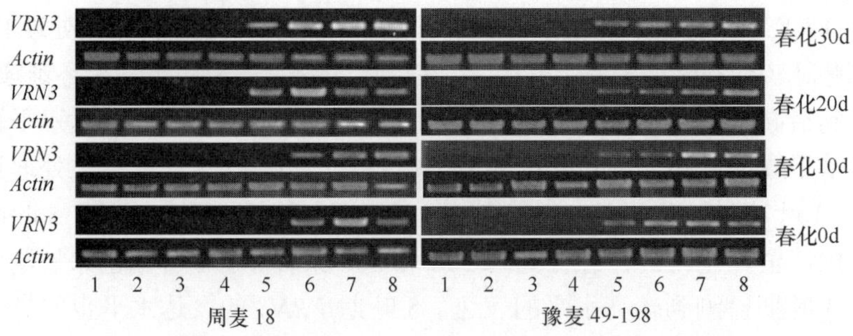

图 8-56　不同春化处理条件下周麦 18 和豫麦 49-198 *VRN3* 基因的表达特性

Figure 8-56　Expression of *VRN3* in Zhoumai 18 and Yumai 49-198 under different vernalization treatments

1. 1 叶期；2. 3 叶期；3. 5 叶期；4. 7 叶期；5. 9 叶期；6. 药隔分化期；7. 四分体时期；8. 开花期

1. 1 leaf stage; 2. 3 leaf stage; 3. 5 leaf stage; 4. 7 leaf stage; 5. 9 leaf stage; 6. Pollencell differentiation; 7. Tetrad differentiation; 8. Flowering stage

的 *VRN3* 基因在不同春化处理条件下的表达特性与京 841 的相似，即在未春化处理和春化处理 10d、20d 条件下，*VRN3* 在 5 叶期开始表达，且表达水平逐渐增高至开花期；在春化处理 30d、40d、50d 和 60d 条件下，*VRN3* 从 3 叶期开始表达，表达水平逐渐增高至开花期。新冬 18 的 *VRN3* 基因表达特性与京 841 相一致（图 8-57）。

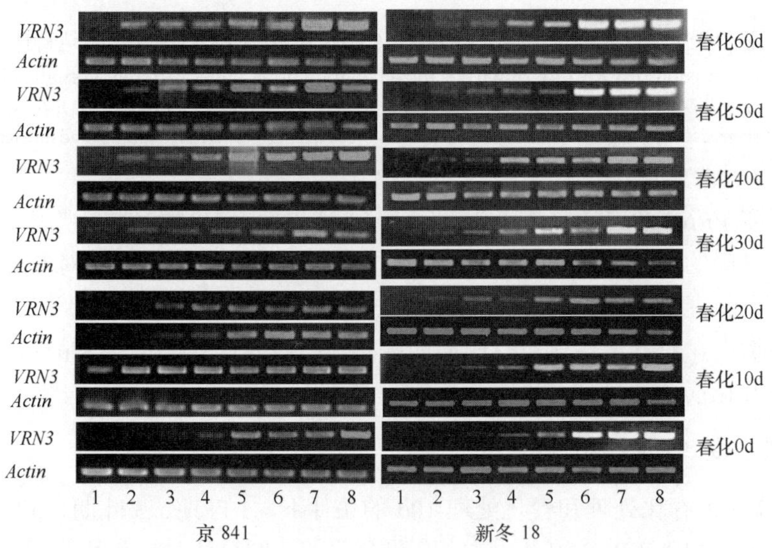

图 8-57　不同春化处理条件下京 841 和新冬 18 *VRN3* 基因的表达特性

Figure 8-57　Expression of *VRN3* in Jing 841 and Xindong 18 under different vernalization treatments

1. 1 叶期；2. 3 叶期；3. 5 叶期；4. 7 叶期；5. 9 叶期；6. 药隔分化期；7. 四分体时期；8. 开花期

1. 1 leaf stage; 2. 3 leaf stage; 3. 5 leaf stage; 4. 7 leaf stage; 5. 9 leaf stage; 6. Pollencell differentiation; 7. Tetrad differentiation; 8. Flowering stage

肥麦在未春化处理条件下，*VRN3* 只在四分体时期和开花期有表达，而在其他时期均未检测到 *VRN3* 的表达；在春化处理 10d 条件下，*VRN3* 在药隔分化期、四分体时期和开花期有较高水平的表达，而其他时期均未表达；在春化处理 20d、30d、40d、50d 和 60d 条件下，*VRN3* 在 13 叶期检测到较高水平的表达，其表达水平在以后的各时期逐渐增高，直到开花期达到最高水平（图 8-58）。

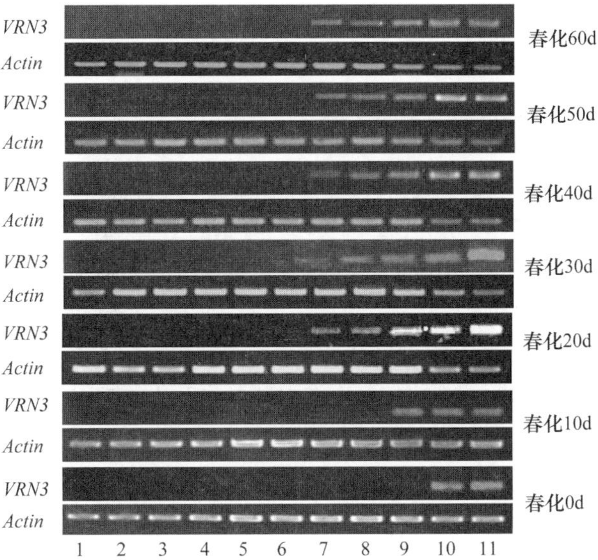

图 8-58 不同春化处理条件下肥麦 *VRN3* 基因的表达特性

Figure 8-58 Expression of *VRN3* in Feimai under different vernalization treatments

1. 1 叶期；2. 3 叶期；3. 5 叶期；4. 7 叶期；5. 9 叶期；6. 11 叶期；7. 13 叶期；8. 15 叶期；9. 药隔分化期；10. 四分体时期；11. 开花期

1. 1 leaf stage; 2. 3 leaf stage; 3. 5 leaf stage; 4. 7 leaf stage; 5. 9 leaf stage; 6. 11 leaf stage; 7. 13 leaf stage; 8. 15 leaf stage; 9. Pollencell differentiation; 10. Tetrad differentiation; 11. Flowering stage

与春性小麦相比，冬性小麦 *VRN3* 的表达普遍较晚，周麦 18 和豫麦 49-198 *VRN3* 的开始表达出现在 9 叶期；周麦 18 *VRN3* 的表达受低温诱导，而豫麦 49-198 *VRN3* 的表达不受低温春化的影响。京 841 和新冬 18 *VRN3* 的表达出现在 3 叶期或者 5 叶期，低温春化条件能诱导其 *VRN3* 的表达；肥麦 *VRN3* 的表达最晚，其 *VRN3* 的表达也受低温诱导。

三、 *VRN3* 基因与低温春化及 3 个基因的互作关系

1. 小麦 *VRN3* 基因的序列特性

Yan 等（2006）认为，早花和晚花品种间 *VRN3* 序列的差异可能在启动子区和第 1 内含子，对拟南芥的 *FT* 基因研究结果表明，其 *FT* 基因的启动子区和第 1 内含子是开花抑制因子的结合位点，开花抑制因子 *FLC* 可直接结合于 *FT* 基因第一内含子的 CarG-box 上，抑制其表达促进开花（Helliwell et al.，2006；Searle et al.，2006），而另有研究认为，另一个基因 *SHORT VEGETATIVE PHASE*（*SVP*）可与 FT 启动子的 CarG-box 直接结合，负向调节 FT 的表达而调节植物开花时间（Lee et al.，2007）。我们对辽春 10 号、郑麦 9023 和肥麦 *VRN3* cDNA 的克隆结果显示，每个品种均克隆到 3 条编码区序列，同源性在 99%以上，推测每个品种的 *VRN3* 存在等位基因或基因家族；在不同品种间 *VRN3* 基因的编码区序列具有较高的保守性，均有相同的 PBP 功能域。其基因组克隆结果进一步表明，*VRN3* 有 3 个外显子和 2 个内含子；在辽春 10 号和郑麦 9023 中，其等位基因或基因家族的内含子大小有差异，而在肥麦中，其 *VRN3* 等位基因或基因家族的

内含子大小相同，推测在春性和冬性小麦间 *VRN3* 等位基因或基因家族序列在内含子区域中的差异可能与发育特性有关。

2. 小麦春化基因 *VRN3* 表达特性分析

已有研究表明，*FT* 基因的表达不但与自身的基因型有关（Yan et al.，2006），而且与春化基因 *VRN1*、*VRN2* 和光周期基因 *PPD* 的表达有密切的关系，*VRN2* 能够通过介导日长抑制 *FT* 基因的表达，但当 *VRN2* 缺失，光周期基因 *PPD* 为隐性时，*FT* 基因在 *VRN1* 为显性的品种中表达水平较高，表现早花，而在光周期基因 *PPD* 为显性时，*FT* 基因表达水平最高，并先于 *VRN1* 的诱导促进开花（Zhang et al.，2008）。根据研究结果，Hemming 等（2008）提出一个假设，*VRN2* 基因可能直接作用于长日途径从而调节 *FT* 基因的表达，*VRN2* 有一个 CCT 功能域，一类作用于 CCAAT 结合因子的区域，可以介导具有CCT功能域的CO类似蛋白和DNA的结合。在拟南芥中，CCAAT结合因子HAP3b 可以在长日下通过作用于 CO 而促进开花（Lee et al.，2007）。因此推测，在麦类作物中，*VRN2* 可能负向作用于 HAP3b 类似因子，通过抑制光周期途径中 *PPD* 的作用来抑制 *FT* 的表达（Zhang et al.，2008）。

在我们的研究材料中，辽春 10 号 3 个 *VRN1* 等位基因全部为显性，为强春性小麦，新春 2 号的 *VRN-A1* 为显性，为春性小麦，豫麦 18 的 *VRN-D1* 为显性，郑麦 9023 的 *VRN-B1* 为显性，二者均为弱春性小麦。从它们的 *VRN3* 表达特性看，辽春 10 号和豫麦 18 *VRN3* 的表达特性非常相似，表达均在 1 叶期（圆锥期）开始，同时受低温诱导，而新春 2 号和郑麦 9023 的 *VRN3* 基因表达均在 3 叶期（幼穗分化启动期）开始，没有明显的低温诱导作用，周麦 18、豫麦 49-198 和肥麦 *VRN1* 的 3 个等位基因均为隐性，其 *VRN3* 的表达均较晚（二棱期后）；尽管新冬 18 *VRN-B1* 为显性，但其 *VRN3* 的表达特性与京 841 的非常相似（均在幼穗分化起始期）。这些结果表明在春性小麦和冬性小麦中 *VRN3* 的表达普遍滞后于 *VRN1* 的表达，因此推测，*VRN3* 可能在幼穗分化过程中通过正向调控 *VRN1* 的表达而促进开花。

3. *VRN3* 的表达特性与低温春化的关系

关于 *VRN3* 是否受低温诱导，一直是人们研究麦类作物春化作用的内容之一。已有研究表明，显性 *VRN3* 基因在小麦中的表达较高，可以减少低温春化需求，表现早花（Yan et al.，2006）；*VRN3* 基因在短日下低温春化不能促进其表达，只有在春化需求满足后在长日下受低温诱导，而同时又通过 *VRN2* 对光周期基因 *PPD* 的影响而抑制其表达，*VRN3* 基因不受低温诱导（Hemming et al.，2008）。Zhang 等（2008）的研究结果表明，中国绝大部分小麦的 *VRN3* 基因型为隐性，在本研究材料中，辽春 10 号为显性，在其启动子区有一个大的反转座子的插入，新春 2 号、豫麦 18、郑麦 9023、周麦 18 等的 *VRN3* 基因为隐性。本研究结果表明，辽春 10 号为强春性品种，不需要低温春化，其 *VRN3* 能被低温诱导，豫麦 18 和郑麦 9023 为弱春性品种，需要较低强度的低温春化，其 *VRN3* 也能被低温诱导，而春性相对豫麦 18 较强的新春 2 号和郑麦 9023 的 *VRN3* 表达较晚，即使在春化 10d、20d 和 30d 条件下，在 1 叶期也未检测到 *VRN3* 的表达，低温春化对新春 2 号 *VRN3* 的表达没有明显的诱导作用。周麦 18、京

841 和肥麦 *VRN3* 的表达能够受低温诱导，但豫麦 49-198 的 *VRN3* 表达没有明显的低温影响，同时 *VRN3* 的表达在周麦 18、豫麦 49-198 和肥麦中是在二棱期之后，而在京 841 中 *VRN3* 的开始表达在幼穗分化起始之前，进一步推断，*VRN3* 主要在幼穗分化和开花中发挥促进作用。

研究认为，*FT* 基因编码蛋白质属于磷脂结合蛋白（PBP）家族成员（Kardailsky et al.，1999），在水稻和拟南芥中存在多个 PBP 成员，在开花控制中起不同作用（Kobayashi et al.，1999；Chardon and Damerval，2005；Danilevskaya et al.，2008）。在大麦 PBP 家族成员中，*HvFT1* 基因在长日下能够促进开花，其蛋白质出现在茎尖分生组织，*HvFT1* 是大麦的 *VRN-H3* 基因，而 *HvFT2* 和 *HvFT4* 基因在发育的晚期阶段表达，只有在短日下促进开花，*HvFT3* 基因对开花的促进作用是间接的，被认定为 *Ppd-H2*（Faure et al.，2007；Kikuchi et al.，2009）。Bonnin 等（2008）通过对 239 个小麦品系 *FT* 基因的研究认为，*FT* 基因在小麦 A 和 D 基因组中存在多态性，其内含子区域与小麦开花时间调控有关，并将 *FT* 基因定位在 A、B 和 D 基因组与开花时间有关的数量位点中，同时认为 *FT* 基因在不同染色体组之间没有上位性。最近的研究表明，在小麦中，TaFT 蛋白可通过介导 bZIP 类转录因子 *TaFDL2* 结合于 *VRN1* 基因的启动子区来促进春化基因 *VRN1* 的表达，而另一个 *TaFT2* 与 *TaFT* 有不同的作用位点，它可介导另一个转录因子 TaFDL13 抑制 *TaFT* 的表达（Li and Dubcovsky，2008）。本研究中 *VRN3* 的表达是小麦中所有等位基因或基因家族的总的表达量，不同品种中 *VRN3* 不同的表达特性是否与它们自身的 *FT* 基因组成有关也有待于进一步研究。

4. 普通小麦中 3 个春化相关基因的互作关系

早期的研究认为，*VRN2* 可直接或间接作用于 *VRN1* 的启动子或第一内含子区域抑制其表达而抑制开花（Yan et al.，2004；Fu et al.，2005；Kane et al.，2007），显性 *Vrn1* 的早期表达和春化作用又可抑制 *VRN2* 的表达，从而释放 *VRN2* 的抑制加速隐性 *vrn1* 的表达（Loukoianov et al.，2005）。在我们的研究中（表 8-1），显性 *Vrn1* 由于不需要低温春化而在小麦发育的早期表达，隐性 *vrn1* 由于需要低温春化过程而表达较晚，*VRN2* 在 3 个 *VRN1* 显性等位基因小麦品种（辽春 10 号）中不表达，而在具有一个 *VRN1* 显性等位基因品种（如新春 2 号、豫麦 18、郑麦 9023）的早期阶段（1 叶期或 3 叶期）表达，且低温春化条件下 *VRN1* 在 1 叶期的表达没有阻止 *VRN2* 的表达，推测 *VRN2* 的表达正是说明了小麦对低温春化的需求，是春化需求型小麦正常发育所必需的。由于辽春 10 号不需要低温春化，*VRN2* 不需要表达，在新春 2 号、豫麦 18 和郑麦 9023 中，由于仍需要一定程度的低温春化，*VRN2* 的表达适应了低温春化的需求，与冬性小麦相比，其低温春化需求较低，因此其表达的时间也较短。在冬性品种中，*VRN1* 基因全部为隐性（除新冬 18 外），有较强的低温春化需求，*VRN2* 的表达时间较长，一直到通过春化作用阶段 *VRN2* 的表达才消失。

VRN3 的表达在春性小麦中与 *VRN1* 的表达同步（辽春 10 号和豫麦 18）或者稍滞后（新春 2 号和郑麦 9023）于 *VRN1* 的表达，在冬性品种周麦 18、豫麦 49-198、新冬 18 和肥麦中，*VRN3* 的表达远远滞后于 *VRN1* 的表达，但是冬性品种京 841 和新冬 18 *VRN3* 的表达又先于 *VRN1* 的表达；在新春 2 号、郑麦 9023、周麦 18、 豫麦 49-198 和肥麦中，

表 8-1 不同小麦品种春化基因的表达与发育进程的关系

Table 8-1 The relationship between expressions of vernalization genes and developing proceeding in wheat varieties

品种	基因	春化 0d						春化 30d					
		1	2	3	4	5	6	1	2	3	4	5	6
辽春 10 号	*VRN1*	+	+	+	+	+	+	+	+	+	+	+	+
	VRN2	−	−	−	−	−	−	−	−	−	−	−	−
	VRN3	−	+	+	+	+	+	−	+	+	+	+	+
新春 2 号	*VRN1*	+	+	+	+	+	+	+	+	+	+	+	+
	VRN2	+	−	−	−	−	−	+	−	−	−	−	−
	VRN3	−	+	+	+	+	+	−	+	+	+	+	+
豫麦 18	*VRN1*	+	+	+	+	+	+	+	+	+	+	+	+
	VRN2	+	+	+	+	−	−	+	−	−	−	−	−
	VRN3	+	+	+	+	+	+	+	+	+	+	+	+
郑麦 9023	*VRN1*	+	+	+	+	+	+	+	+	+	+	+	+
	VRN2	+	−	−	−	−	−	+	−	−	−	−	−
	VRN3	−	+	+	+	+	+	−	+	+	+	+	+
周麦 18	*VRN1*	−	−	−	−	+	+	−	−	−	+	+	+
	VRN2	+	+	+	+	+	−	+	+	+	+	−	−
	VRN3	−	−	−	−	−	+	−	−	−	−	+	+
豫麦 49-198	*VRN1*	−	−	−	+	+	+	−	+	+	+	+	+
	VRN2	+	+	+	+	+	−	+	+	+	+	−	−
	VRN3	−	−	−	−	+	+	−	−	−	−	+	+
京 841	*VRN1*	−	−	+	+	+	+	−	+	+	+	+	+
	VRN2	+	+	+	−	−	−	+	+	+	−	−	−
	VRN3	−	+	+	+	+	+	+	+	+	+	+	+
新冬 18	*VRN1*	−	+	+	+	+	+	+	+	+	+	+	+
	VRN2	+	+	+	−	−	−	+	+	+	−	−	−
	VRN3	−	−	+	+	+	+	−	+	+	+	+	+
肥麦	*VRN1*	−	−	+	+	+	+	−	−	+	+	+	+
	VRN2	+	+	+	+	−	−	+	+	+	+	−	−
	VRN3	−	−	−	−	−	+	−	−	−	−	+	+

注：1. 圆锥期，2. 伸长期，3. 单棱期，4. 二棱期，5. 小花分化期，6. 药隔分化期，“＋”表达，“－”不表达

Note: 1. Meristem, 2. Elongation, 3. Single-ridge, 4. Double-ridge, 5. Floret differentiation, 6. Pollencell differentiation, “＋” Expression, “－” No expression

VRN2 的表达一旦消失，*VRN3* 的表达随后出现。这些结果表明，*VRN2* 对 *VRN1* 和 *VRN3* 具有负向调节作用，*VRN3* 正向调节 *VRN1*。*VRN1* 和 *VRN3* 基因都可受低温诱导而表达，*VRN2* 受低温诱导而被抑制，*VRN1* 和 *VRN3* 基因是生殖生长阶段或开花过程必需的基因，其表达产物在生殖生长中起重要作用。

第四节 小麦春化基因时空表达特性分析

为阐明小麦品种的春化基因在不同器官中的表达特性，本研究选用洛旱 2 号（半冬性）和中国春（春性）2 个小麦品种，分析了 3 个春化基因 *VRN1*、*VRN2* 和 *VRN3* 在小麦的根、茎、叶、花、种子及种子发育和萌发过程中的表达特性，为探讨小麦春化基因的分子调控机制提供了依据。

一、春化基因在种子发育过程中的表达分析

为探明 *VRN1*、*VRN2* 和 *VRN3* 基因在种子发育过程中的表达情况，取洛旱 2 号和中国春小麦在开花后 5d、10d、15d、20d 和花后 30d 不同发育时期的种子，制备 cDNA 作为模板，设计特异性表达引物，如表 8-2 所示，采用半定量反转录聚合酶链反应（semi-qRT-PCR）技术，研究春化基因在种子发育过程中的表达特性。

表 8-2 用于分析小麦春化基因表达的 semi-qRT-PCR 引物

Table 8-2 Semi-qRT-PCR primers for determining the expressions of genes in wheat

基因	引物 1	引物 2
VRN-A1	RTV-A1F： 5′- CCA CCG AGT CAT GTA TGG ACA-3′	RTV-A1R： 5′-GAG CTG GTT TGA GGC TGA GTT-3′
VRN-B1	RTV-B1F： 5′-ACC GAG TCA TGT ATG GAC AAA AT-3′	RTV-B1R： 5′-TCC TCT GCC CTC TCT CCT GA-3′
VRN-D1	RTV-D1F： 5′-CTG AAG GCG AAG GTT GAG ACA-3′	RTV-D1R： 5′-CGC TGG ATG AAT GCT GGT AGC-3′
VRN2	RTV-2F： 5′-CCA TGT CAT GCG GTT TGT G-3'	RTV-2R： 5′-CGC CTC TTC CTC TTC TCC C-3′
VRN3	RTV-3F： 5′- ATG GCC GGT AGG GAT AGG G-3′	RTV-3R： 5′-GCC GTG GGT AGA TCA ATT GTA CAT-3′
Actin	TaAc-1： 5′-GTT CCA ATC TAT GAG GGA TAC ACG C-3′	TaAc-2： 5′-GAA CCT CCA CTG AGA ACA ACA TTA CC-3′

研究结果表明（图 8-59），*VRN1* 和 *VRN3* 在种子形成过程中均有表达，且具有逐渐降低的趋势，*VRN3* 到花后 20d 以后停止表达；*VRN2* 在种子形成过程中没有表达；在中国春与洛旱 2 号种子发育过程中的表达情况相似。*VRN1* 的 3 个等位基因中 *VRN-B1* 的表达在 2 个品种中有一定差异，*VRN-B1* 在洛旱 2 号花后 15d 以后停止表达，而在中国春中持续表达到 30d。可见不论在半冬性小麦还是春性小麦的种子形成过程中，春化基因的表达都没有存在明显差异。

二、春化基因在种子萌发过程中的表达分析

同样采用半定量反转录聚合酶链反应（semi-qRT-PCR）技术检测种子在萌发过程中春化基因的表达特性，结果表明（图 8-60）中国春种子在萌发过程中，*VRN-A1*、*VRN-B1*、*VRN-D1* 和 *VRN3* 基因在种子的胚或胚芽及胚乳中均无表达；*VRN2* 基因在种子萌发 6h、

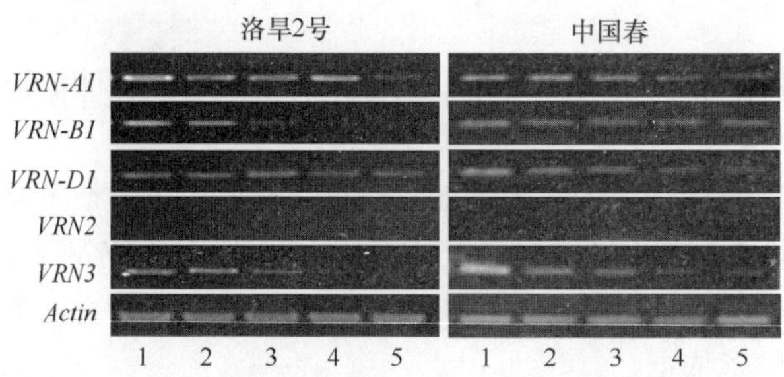

图 8-59 在种子发育过程中春化基因的表达特性

Figure 8-59 Expression characteristics of vernalization genes during seed development

1. 花后 5d 种子；2. 花后 10d 种子；3. 花后 15d 种子；4. 花后 20d 种子；5. 花后 30d 种子

1. 5d seed after anthesis; 2. 10d seed after anthesis; 3. 15d seed after anthesis; 4. 20d seed after anthesis; 5. 30d seed after anthesis

12h、24h 和 48h 的胚中没有检测到表达，而在胚芽中 72h 有微量表达，胚芽中 120h 有较高量的表达。可见种子萌发过程中春化基因 *VRN1* 和 *VRN3* 的转录均无启动，*VRN2* 基因只有在胚芽发生时开始转录，并随着种子萌发其表达逐渐增强。

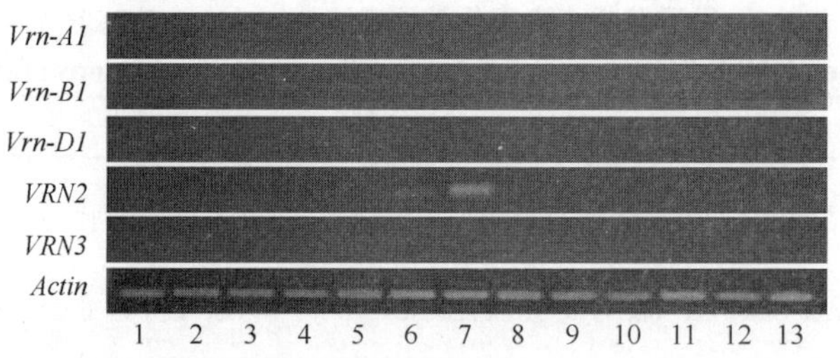

图 8-60 中国春春化基因在种子萌发过程中的表达特性

Figure 8-60 Expression characteristics of vernalization genes during seed germination of Chinese spring

1. 种子；2. 6h 胚；3. 12h 胚；4. 24h 胚；5. 48h 胚；6. 72h 胚芽；7. 120h 胚芽；8. 6h 胚乳；9. 12h 胚乳；10. 24h 胚乳；11. 48h 胚乳；12. 72h 胚乳；13. 120h 胚乳

1. Seed; 2. 6h embryo; 3. 12h embryo; 4. 24h embryo; 5. 48h embryo; 6. 72h germ; 7. 120h germ; 8. 6h endosperm; 9. 12h endosperm; 10. 24h endosperm; 11. 48h endosperm; 12. 72h endosperm; 13. 120h endosperm

与中国春基本相同，洛旱 2 号种子在萌发过程中，*Vrn-A1*、*Vrn-B1*、*Vrn-D1* 和 *VRN3* 基因在种子、胚或胚芽及胚乳中均无检测到表达；*VRN2* 基因只有在 120h 胚芽中有大量表达，在其他萌发时期的胚和胚乳中均无表达（图 8-61）。

三、春化基因在小麦不同组织中的表达分析

同样选用洛旱 2 号（半冬性）和中国春（春性）2 个小麦品种，设计特异性表达引物，如表 8-2 所示，采用半定量反转录聚合酶链反应（semi-qRT-PCR）技术，检测 3 叶期的根、叶及后期的茎秆、旗叶、花药和胚珠中春化基因的表达情况。

结果表明（图 8-62），在中国春中，*VRN-A1* 和 *VRN-D1* 在 3 叶期的叶片和根中均有低水平表达，而 *VRN-B1* 没有检测到表达；在茎秆、旗叶、花药和胚珠中，*VRN-A1*、*VRN-B1* 和 *VRN-D1* 均有较高水平表达，并出现逐渐降低的趋势；*VRN2* 基因只有在 3 叶期的叶中表达，在根、茎秆、旗叶、花药和胚珠中没有检测到表达；*VRN3* 基因在根中没有检测到表达，而在 3 叶期叶片、茎秆、旗叶中表达逐渐增高，在花药和胚珠中又逐渐降低。

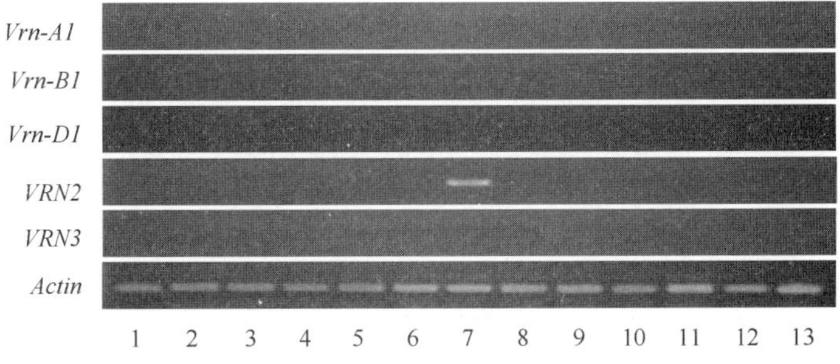

图 8-61　洛旱 2 号春化基因在种子萌发过程中的表达特性

Figure 8-61　Expression characteristics of vernalization genes during seed germination of Luohan 2

1. 种子；2. 6h 胚；3. 12h 胚；4. 24h 胚；5. 48h 胚；6. 72h 胚芽；7. 120h 胚芽；8. 6h 胚乳；9. 12h 胚乳；10. 24h 胚乳；11. 48h 胚乳；12. 72h 胚乳；13. 120h 胚乳

1. Seed; 2. 6h embryo; 3. 12h embryo; 4. 24h embryo; 5. 48h embryo; 6. 72h germ; 7. 120h germ; 8. 6h endosperm; 9. 12h endosperm; 10. 24h endosperm; 11. 48h endosperm; 12. 72h endosperm; 13. 120h endosperm

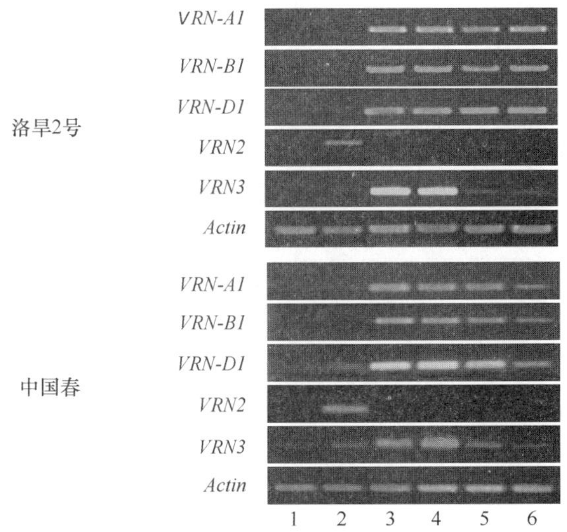

图 8-62　春化基因在小麦不同组织中的表达特性

Figure 8-62　Expression of vernalization genes in wheat tissues

1. 3 叶期根；2. 3 叶期叶；3. 茎秆；4. 旗叶；5. 花药；6. 胚珠

1. Roots in 3 leaf stage; 2. Leaf in 3 leaf stage; 3. Stem; 4. Flag leaf; 5. Anthers; 6. Embryo

洛旱 2 号春化基因在不同器官中表达特性的结果表明，*VRN-A1*、*VRN-B1* 和 *VRN-D1* 3 个基因在 3 叶期的叶片和根中没有检测到表达，在茎秆、旗叶、花药、胚珠中均有大量表达；*VRN2* 基因只在 3 叶期的叶片中有表达，根、茎秆、花药、胚珠和旗叶均无表达；*VRN3* 基因在 3 叶期的叶片和根中也没有表达。可见，*VRN1* 基因在洛旱 2 号小麦生长发育前期的根和叶中均没有表达，而在中国春的生长发育前期的根和叶中有低水平的表达。在生长发育的后期（已经发生营养生长向生殖生长的转变），*VRN1* 在中国春和洛旱 2 号的茎秆、旗叶、花药和胚珠中均有高水平的表达；*VRN2* 只有在生长发育前期的叶片中有表达，在根及生长发育后期的茎秆、旗叶、花药和胚珠中没有表达；*VRN3* 在洛旱 2 号的 3 叶期没有检测到表达，在中国春 3 叶期叶片中则有表达，在二者的茎秆和旗叶中均有高水平的表达，花药和胚珠中的表达逐渐降低。

四、春化基因时空表达特征分析

已有研究表明，*VRN1* 可在叶片和茎尖表达（Yan et al.，2003；Distelfeld et al.，2009）。*VRN1* 还可以在茎秆、花药、胚珠及发育的种子中表达，*VRN1* 在春性品种中国春 3 叶期的根中表达，说明 *VRN1* 基因也可在小麦根中表达；但在半冬性洛旱 2 号 3 叶期的根中不表达，与半冬性品种 *VRN1* 基因在二棱期之前不表达的结果有关；*VRN1* 在干种子及种子萌发过程中没有表达；*VRN3* 除了不在根中表达外，在叶片、茎秆、花药、胚珠及发育种子中的表达趋势与 *VRN1* 的相同。*VRN2* 可在生长发育前期的叶片及萌发 120h 的胚芽中表达，在根、发育后期的叶片、茎秆、发育的种子及幼小胚芽（如 48h 胚芽）中不表达。

从小麦发育阶段分析春化基因的时空表达特性表明，*VRN1* 在洛旱 2 号 3 叶期的叶片和根中没有表达，与 *VRN1* 隐性组成表达较晚的特点有关，而在茎秆和旗叶中，可能是由于大田条件下拔节后已经完成了营养生长向生殖生长的转变，*VRN1* 已经转录表达。在开花授粉后，*VRN1* 的表达逐渐下降，直到形成成熟种子不再表达；*VRN2* 的表达与 *VRN1* 的表达截然不同，在发育早期的叶片中表达，在种子萌发过程中后期的胚芽也表达。而在种子发育过程中，*VRN1* 的表达明显下降，*VRN2* 也不表达，说明 *VRN2* 只有在小麦生长发育前期的胚芽和叶片中表达，而小麦春化发育通过后，*VRN2* 不再表达；*VRN3* 的表达与 *VRN1* 的表达趋势一致，其在茎秆、旗叶、花药、胚珠及发育的种子中表达，可能也是营养生长向生殖生长的转变已经发生的原因。因此，可以进一步证明 *VRN2* 只在小麦营养生长前期的叶片中作用，而 *VRN1* 和 *VRN3* 主要在小麦生殖生长中发挥作用。

春化基因在种子发育与萌发过程中的表达结果也验证了 *VRN2* 只在小麦生长前期即种子萌动期就有表达，而在小麦发育后期即种子发育期不表达；而 *VRN1* 和 *VRN3* 表达情况与 *VRN2* 完全相反，在小麦生长前期即种子萌动期不表达，而在小麦发育后期即种子发育期均有表达。

参 考 文 献

袁秀云, 李永春, 孟凡荣, 等. 2008. 九个春化作用特性不同的小麦品种中 *VRN1* 基因的组成和特性分析. 植物生理学通讯, 44(4): 699-704.

王士英. 1997. 小麦春化进程与植株年龄相关问题的商榷. 作物学报,23(6): 746-752.

Ben-Naim O, Eshed R, Parnis A, et al. 2006. The CCAAT binding factor can mediate interactions between CONSTANS-like proteins and DNA. Plant J, 46: 462-476

Bonnin I, Rousset M, Madur D, et al. 2008. FT genome A and D polymorphisms are associated with the variation of earliness components in hexaploid wheat. Theor Appl Genet,116: 383-394.

Cai X, Ballif J, Endo S, et al. 2007. A putative CCAAT-binding transcription factor is a regulator of flowering timing in Arabidopsis. Plant Physiol,145: 98-105.

Chardon F, Damerval C. 2005. Phylogenomic analysis of the PBP gene family in cereals. J Mol Evol,61: 579-590.

Cockram J, Chiapparino E, Taylor S A, et al. 2007. Haplotype analysis of vernalization loci in European barley germplasm reveals novel VRN-H1 alleles and a predominant winter VRN-H1/VRN-H2 multi-locus haplotype. Theor Appl Genet, 115: 993-1001.

Danilevskaya O N, Meng X, Hou Z, et al. 2008. A genomic and expression compendium of the expanded PBP gene family from maize. Plant Physiol, 146: 250-264.

Distelfeld A, Tranquilli G, Li C, et al. 2009. Genetic and Molecular Characterization of the *VRN2* Loci in Tetraploid Wheat. Plant Physiol, 149: 245-257.

Dubcovsky J, Dvorak J. 2007. Genome plasticity a key factor in the success of polyploid wheat under domestication. Science, 316: 1862-1866.

Dubcovsky J, Loukoianov A, Fu D, et al., 2006. Effect of photoperiod on the regulation of wheat vernalization genes *VRN1* and *VRN2*. Plant Molecular Biology, 60: 469-480.

Dubcovsky J, Chen C, Yan L. 2005. Molecular characterization of the allelic variation at the *VRN-H2* vernalization locus in barley. Mol Breed, 15: 395-407.

Dubcovsky J, Lijavetzky D, Appendino L, et al. 1998. Comparative RFLP mapping of *Triticum monococcum* genes controlling vernalization requirement. Theor Appl Genet, 97: 968-975.

Faure S, Higgins J, Turner A, et al. 2007. The FLOWERING LOCUS T-like gene family in barley(*Hordeum vulgare*). Genetics, 176: 599-609.

Fu D, Szücs P, Yan L, et al. 2005. Large deletions within the first intron in *VRN1* are associated with spring growth habit in barley and wheat. Mol Genet Genomics, 273: 54-65.

Helliwell C A, Wood C C, Robertson M, et al. 2006. The *Arabidopsis* FLC protein interacts directly *in vivo* with *SOC1* and *FT* chromatin and is part of a high-molecular-weight protein complex. Plant J, 46: 183-192.

Hemming M N, Peacock W J, Dennis E S, et al. 2008. Low-temperature and daylength cues are integrated to regulate FLOWERING LOCUS T in barley. Plant Physiol, 147: 355-366.

Kardailsky I, Shukla V K, Ahn J H, et al. 1999. Activation tagging of the floral inducer FT. Science, 286: 1962-1965.

Kane N A, Agharbaoui Z, Diallo A O, et al. 2007. *TaVRT2* represses transcription of the wheat vernalization gene *TaVRN1*. Plant J, 51: 670-680.

Karsai I, Szucs P, Meszaros K, et al. 2005. The Vrn-H2 locus is a major determinant of flowering time in a facultative x winter growth habit barley(*Hordeum vulgare* L.)mapping population. Theor Appl Genet, 110: 1458-1466.

Kikuchi R, Kawahigashi H, Ando T, et al. 2009. Molecular and functional characterization of pbp genes in barley reveal the diversification of their roles in flowering. Plant Physiol, 149: 1341-1353.

Kobayashi Y, Kaya H, Goto K, et al. 1999. A pair of related genes with antagonistic roles in mediating flowering signals. Science, 286: 1960-1962.

Kóti K, Karsai I, Szűcs P, et al. 2006. Validation of the two-gene epistatic model for vernalization response in a winter x spring barley cross. Euphytica, 152: 17-24.

Lee J H, Yoo S J, Park S H, et al. 2007. Role of SVP in the control of flowering time by ambient temperature in *Arabidopsis*. Genes Dev, 21: 397-402.

Li C, Dubcovsky J. 2008. Wheat F T protein regulates VRN1 transcription through interactions with FDL2. Plant J, 55: 543-554.

Loukoianov A, Yan L, Blechl A, et al. 2005. Regulation of VRN1 vernalization genes in normal and transgenic polyploid wheat. Plant Physiol, 138: 2364-2373.

Naim O, Eshed R, Parnis A, et al. 2006. The CCAAT binding factor can mediate interactions between CONSTANS-like proteins and DNA. Plant J, 46: 462-476.

Searle I, He Y, Turck F, et al. 2006. The transcription factor FLC confers a flowering response to vernalization by repressing meristem competence and systemic signaling in *Arabidopsis*. Genes Dev, 20: 898-912.

Sherman J D, Yan L, Talbert L, et al. 2004. A PCR marker for growth habit in common wheat based on allelic variation at the *VRN-A1* gene. Crop Sci, 44: 1832-1838.

Stelmakh A F. 1998. Genetic systems regulating flowering response in wheat. Euphytica, 100: 359-369.

Szucs P, Skinner J S, Karsai I, et al. 2007. Validation of the VRN-H2/VRN-H1 epistatic model in barley reveals that intron length variation in VRN-H1 may account for a continuum of vernalization sensitivity. Mol Genet Genomics, 277: 249-261.

Tranquilli G, Dubcovsky J. 2000. Epistatic interaction between vernalization genes Vrn-Am1 and Vrn-Am2 in diploid wheat. J Hered, 91: 304-306.

Trevaskis B, Bagnall D J, Ellis M H, et al. 2003. MADS box genes control vernalization-induced flowering in cereals. Proc Natl Acad Sci USA, 100: 13099-13104.

von Zitzewitz J, Szucs P, Dubcovsky J, et al. 2005. Molecular and structural haracterization of barley vernalization genes. Plant Mol Biol, 59: 449-467.

Wenkel S, Turck F, Singer K, et al. 2006. CONSTANS and the CCAAT box binding complex share a functionally important domain and interact to regulate flowering of *Arabidopsis*. Plant Cell, 18: 2971-2984.

Yan L, Loukoianov A, Tranquilli G, et al. 2003. Positional cloning of the wheat vernalization gene VRN1. Proc Natl Acad Sci USA, 100: 6263-6268.

Yan L, Loukoianov A, Tranquilli G, et al. 2004. The wheat *VRN2* gene is a flowering repressor down-regulated by vernalization. Science, 303: 1640-1644.

Yan L, Fu D, Li C, et al. 2006. The wheat and barley vernalization gene VRN3 is an orthologue of FT. Proc Natl Acad Sci USA, 103: 19581-19586.

Zhang X K, Xiao Y G, Zhang Y, et al. 2008. Allelic variation at the vernalization genes *Vrn-A1*, *Vrn-B1*, *Vrn-D1*, and *Vrn-B3* in Chinese wheat cultivars and their association with growth habit. Grop Science, 48: 458-470.

第九章　小麦春化响应转录组分析与候选基因发掘

Chapter 9　Analysis of vernalization-responsive transcriptome and candidate genes in wheat

内容提要：为了发掘新的春化相关基因，本研究利用 Illumina 高通量测序技术，对春化响应的转录组进行了深度测序，得到了 69 751 192 raw reads 和 5.78Gb 核苷酸。从辽春 10 号（LC）和京 841（J）两个品种春化（V）和未春化（NV）两个处理及幼芽和二棱期两个时期取样品构建了 8 个数据基因表达谱（DGE），利用 qRT-PCR 技术，验证了基因表达模式与 DGE 的一致性。对 J-NV&J-V 和 LC-NV&LC-V 的比较，得到京 841 特异表达基因 29 498 个，根据功能注释，筛选出 8 类共计 639 个与春化响应相关的候选基因；从这 8 类中挑选差异倍数较高的基因 17 个进行了表达模式分析，再从中挑选下调差异倍数 10 倍以上且长度大于 1000bp 的基因 7 个，分别是 CL8746.Contig1（转录因子）、CL18846.Contig2（锌指蛋白）、Unigene10196、CL12788.Contig3（锌指蛋白）、CL14010.Contig2（春化作用）、Unigene16777（甲基化作用）和 CL176.Contig1（类 CDT1 蛋白），对其进行 cDNA 克隆及动态表达模式和功能分析，结果表明，它们涉及信号转导、细胞生长周期、衰老及防御、DNA 甲基化和有丝分裂，7 个基因均为下调表达趋势，可能涉及多个不同的基因表达调控途径。

利用病毒诱导的基因沉默（VIGS）技术，以大麦条纹花叶病毒（BMSV）为载体，建立了以京 841 为实验材料的小麦 VIGS 基因功能鉴定技术体系，对春化响应的 7 个候选基因的功能进行了验证分析。结果显示，BSMV 重组载体接种后 7 个候选基因比对照均下调表达，从出苗到二棱期生育期最长 66.5d，最短为 59.8d，比对照（85.0d）大大缩短，表明 7 个候选基因对小麦春化发育均有抑制效应，沉默或下调表达后小麦生育进程明显加快。其中春化发育抑制效应最强的 CL14010.Contig2 与已知春化基因 *VER2* 100%相似，克隆 *VER2* 基因的完整 ORF。并分析 8 个品种中 *VER2* 基因的序列表明，春性与冬性品种间有 DNA 和氨基酸序列差异。利用 qRT-PCR 进行春化过程中动态表达模式的分析，*VER2* 基因在春性品种中受到春化作用的诱导上调表达，而在冬性品种中受春化作用抑制而下调表达，与 *VER2* 基因沉默后加速发育的结果一致。

Abstract： In this work, the vernalization-responsive transcriptomes were systematically analyzed by Illumina high-throughput sequencing technology, 69,751,192 raw reads and 5.78Gb nucleotides were obtained. Eight digital gene expression profiles(DGEs)were constructed from Liaochun 10(spring)and Jing 841(winter)of different vernalizations respectively, There are 29, 498 genes specifically expressed in Jing 841 from comparisons of J-NV&J-V and LC- NV&LC-V. 7 genes, CL8746.Contig1(TF: B-box transcription factor), CL18846. Contig2(TF: zinc finger protein), Unigene10196(TF), CL12788.Contig3 (TF: zinc finger protein), CL14010.Contig2(vernalization), Unigene16777(methylation), CL176.Contig1(CD-T1-like protein)with more than 10 times differential expression and longer than 1000bp were cloned. Their function involved in signal transduction, cell cycle, senescence and defense-related, DNA methylation and mitosis. Expression patterns of 7 genes showed the down-regulated trends during the vernalization.

Using VIGS technology and taking the Barley stripe mosaic virus (BSMV) as a carrier to establish VIGS technology system of gene function verification of Jing 841 as experimental material, above 7 genes function were verified. The results indicated that 7 genes from the wheat infected by BSMV showed the down-regulated expression and the longest and shortest days from germination to double-ridge stage were 66.5d and 59.8d respectively shorter than that of control (85.0d). The study showed that the 7 candidate genes have a inhibitory effect in wheat development. Their down-regulated expression can promote the wheat development. The candidate gene, CL14010.Contig2, was highly identical to the vernalizaiton genes *VER2*. Here, its complete ORFs were cloned and sequences analyzed in different wheat varieties. The results showed that *VER2* sequences in eight varieties were highly similar. The expression patterns of *VER2* during vernalization were up-regulated in spring varieties, while down-regulated in winter varieties. The *VER2* was down regulated after vernalized and nonvernalized treatment in Liaochun 10 and Jing 841.

近年来，小麦春化作用分子基础的研究不断深入，研究明确与小麦春化发育密切相关的 3 个基因 *VRN1*、*VRN2*、*VRN3* 的同时，发现小麦品种的春化发育特性与春化基因 *Vrn1* 的显隐性组成密切相关，当 *Vrn-A1*、*Vrn-B1* 和 *Vrn-D1* 均为显性或三者中有一个为显性时，品种的春化发育特性为春性，其春性效应表现为 *Vrn-A1*>*Vrn-B1*>*Vrn-D1*，且 3 个显性 *Vrn1* 等位基因具有春性累加效应；当 *vrn-A1*、*vrn-B1* 和 *vrn-D1* 为隐性时，品种的春化发育特性为半冬性到强冬性（袁秀云等，2008），但冬性强弱的区分仍缺少有力的证据。从另一方面来讲，可能还有新的春化相关基因有待发掘。

为了发掘新的春化相关基因，本研究采用 Illumina 高通量测序技术，对辽春 10 号（春性品种）和京 841（冬性品种）春化和未春化处理不同时期转录组进行了测序，并针对春化前后不同时期构建了 8 个数字基因表达谱以获取更多的春化相关基因。对转录组和表达谱的结果进行生物信息学分析，筛选出春化相关基因。利用 qRT-PCR 进行春化过程中动态表达模式的分析，进一步验证春化相关基因并进行 cDNA 克隆、序列分析和春化过程中的表达分析。利用基于 BSMV 的 VIGS 体系对筛选出的春化相关基因进行了功能验证。

第一节 春化响应的转录组测序及表达谱分析

近年来，高通量测序技术不断发展与完善，在生物学上的应用远远超过了基因组测序，特别是在 RNA 转录组分析方面，已经超越并代替了 Microarray 分析技术。随着第二代测序技术的迅猛发展，在基因组水平上对还没有参考序列的物种进行从头测序（*de novo* sequencing），获得了该物种的参考序列，为后续研究和分子育种奠定了基础，具有高准确性、高通量、高灵敏度和低运行成本等突出优势，可以同时完成传统基因组学研究（测序和注释）及功能基因组学（基因表达及调控，基因功能，蛋白质/核酸相互作用）研究。小麦作为异源六倍体植物，其基因组庞大且互作显著，到目前为止，小麦全基因组测序数据并没有公布，高通量测序技术就成为研究基因表达和转录组首选的实验手段。

本研究采用 Illumina 高通量测序技术，利用 Solexa 测序方法，选用了辽春 10 号（春性）和京 841（冬性）两个小麦品种，进行 30d 春化处理和对照，并在春化处理后当天和二棱期取样。两个品种、两个春化处理和两个取样时间共 8 个处理组合，分别表示为：辽春 10 号春化（LC-V）、辽春 10 号未春化（LC-NV）、辽春 10 号春化二棱期（LC-VDR）、辽春 10 号未春化二棱期（LC-NVDR）、京 841 春化（J-V）、京 841 未春化（J-NV）、京 841 春化二棱期（J-VDR）、京 841 未春化二棱期（J-NVDR）。对 8 个处理分别提取总 RNA，储存在–80℃冰箱；然后反转录 cDNA，并进行转录组测序；对测序数据进行组装、功能注释、功能分类和差异表达基因筛选等，获得春化相关候选基因信息，为进一步筛选春化相关基因和功能验证奠定基础。

一、转录组测序、组装、Unigene 注释及 GO 分类

1. 转录组测序（mRNA-seq）与组装

利用 Illumina 高通量第二代测序技术，对小麦品种辽春 10 号（春性）和京 841（冬性）春化前后 8 个样品进行转录组测序，得到了 69 751 192 个原始数据和 5.78Gb 核苷酸，Q20 百分比（测序错误率，1%）和 GC 百分比分别是 97.42%和 51.78%。短数据组装成 213 862 个 Contig，平均长度为 256nt。得到了 100 506 个平均长度 509nt 的 Unigene（表 9-1，图 9-1）。

表 9-1 转录组输出和组装统计

Table 9-1 Statistics of transcriptome output and assembly

项目	总数	总长度/nt	平均长度/nt
原始数据	69 751 192		
整理数据	64 301 182		
Contig	213 862	54 678 052	256
Unigene	100 506	51 173 794	509

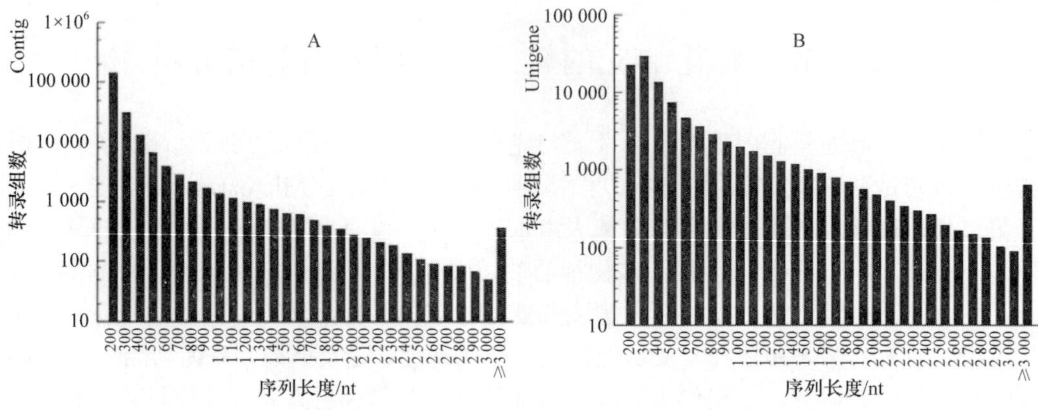

图 9-1 转录组中 Contig（A）和 Unigene（B）的长度分布

Figure 9-1 Length distribution of transcriptome Contig（A）and Unigene（B）

2. Unigene 注释及 GO（gene ontology）分类

在 NCBI 非冗余（NR）数据库、Swiss-Prot/Uniprot、京都百科全书基因和基因组数据库（KEGG）中将 Unigene 进行 BLAST 比对，功能注释信息给出 Unigene 的蛋白质功能注释、COG 功能注释。首先，通过 BLASTX 将 Unigene 序列比对到蛋白质数据库 NR、Swiss-Prot、KEGG 和 COG（E 值<0.000 01），并通过 BLASTN 将 Unigene 比对到核酸数据库 NT（E 值<0.000 01），得到给定 Unigene 具有最高序列相似性的蛋白质，从而得到该 Unigene 的蛋白质功能注释信息，数据库中具有 Unigene 功能注释数分别为：NR 数据库 57 319 个、NT 数据库 67 740 个、SwissProt 数据库 34 537 个、KEGG 数据库 32 021 个、COG 数据库 20 096 个和 GO 数据库 38 062 个。

利用直系同源分类的数据库 COG 进行了查找，将 56 868 个组装的序列归属于大约 25 个 COG 聚类（图 9-2）。“一般功能预测”（7366，12.95%）代表了最大的集合，其次是“功能未知”（5697，10.02%）和“转录”（5335，9.38%）。“RNA 加工和修饰”（163，0.2%）、“胞外结构”（24，0.04%）和“核结构”（5，0.008%）代表了最小的集合。

基于序列同源性 GO（gene ontology）预测基因功能分类，将 100 506 个序列归为 61 个功能集合（图 9-3）。在这些分类中，“细胞过程”、“代谢过程”、“细胞”、“细胞部分”、“细胞膜”、“细胞器”、“连接”和“催化活性”占主导地位，但“碳利用”、“细胞凋亡”、“运动”、“氮利用”、“色素沉着”、“硫利用”、“病毒繁殖”、“胞外基质”、“病毒粒子”、“通道调节活性”和“蛋白质标签”分类中基因数量较少。

首先，我们按 NR、Swiss-Prot、KEGG 和 COG 的优先级顺序将 Unigene 序列与以上蛋白质库做 BLASTX 比对（*E* 值<0.000 01），如果某个 Unigene 序列比对上高优先级数据库中的蛋白质，则不进入下一轮比对，否则自动跟下一个库做比对，如此循环直到跟所有蛋白质库比对完。我们取 BLAST 比对结果中最高的蛋白质确定该 Unigene 的编码区序列，然后根据标准密码子表将编码区序列翻译成氨基酸序列，从而得到该 Unigene 编码区的核酸序列（序列方向 5′→3′）和氨基酸序列。最后，与以上蛋白质库皆比对不上的 Unigene 笔者用软件 ESTScan 预测其编码区，得到其编码区的核酸序列（序列方向 5′→3′）和氨基酸序列（图 9-4）。

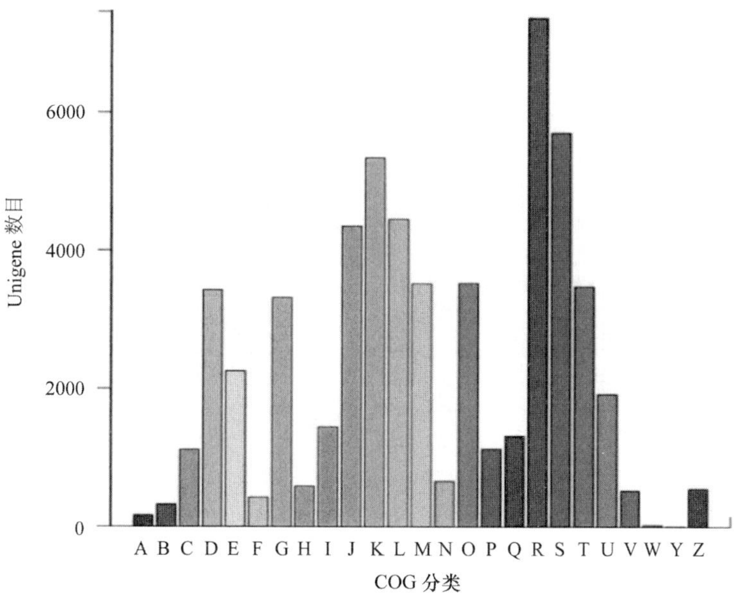

图 9-2　Unigene 的 COG 分类

Figure 9-2　Unigene COG classification

A. RNA 加工和修饰；B. 染色质的结构和动态；C. 能量生产和转换；D. 细胞周期调控/细胞分裂/染色体分离；E. 氨基酸的运输和代谢；F. 核苷酸的运输和代谢；G. 碳水化合物的运输和代谢；H. 辅酶的运输和代谢；I. 脂质的运输和代谢；J. 翻译/核糖体结构和生物合成；K. 转录；L. 复制、重组和修复；M. 细胞壁/膜/胞外被膜；N. 细胞运动；O. 翻译后修饰/蛋白质折叠/分子伴侣；P. 无机盐的运输和代谢；Q. 次生代谢物的生物合成/运输及分解代谢；R. 一般功能预测；S. 功能未知；T. 信号转导机制；U. 细胞内运输/分泌和囊泡运输；V. 防御机制；W. 胞外结构；Y. 核结构；Z. 细胞骨架

A. RNA processing and modification; B. Chromatin structure and dynamics; C. Energy production and conversion; D. Cell cycle control/ cell division/chromosome partitioning; E. Amino acid transport and metabolism; F. Nucleotide transport and metabolism; G. Carbohydrate transport and metabolism; H. Coenzyme transport and metabolism; I. Lipid transport and metabolism; J. Translation, ribosomal structure and biogenesis; K. Transcription; L. Replication, recombination and repair; M. Cell wall/membrane/envelope biogenesis; N. Cell motility; O. Posttranslational modification, protein turnover, chaperones; P. Inorganic ion transport and metabolism; Q. Secondary metabolites biosynthesis, transport and catabolism; R. General function prediction only; S. Function unknown; T. Signal transduction mechanisms; U. Intracellular trafficking, secretion, and vesicular transport; V. Defense mechanisms; W. Extracellular Structures; Y. Nuclear structure; Z. Cytoskeleton

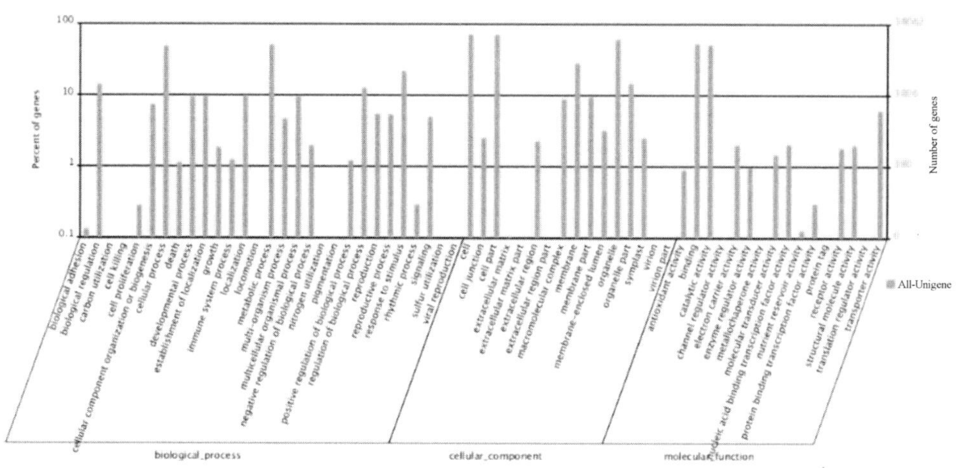

图 9-3　Unigene 的 GO 分类

Figure 9-3　Unigene GO classification

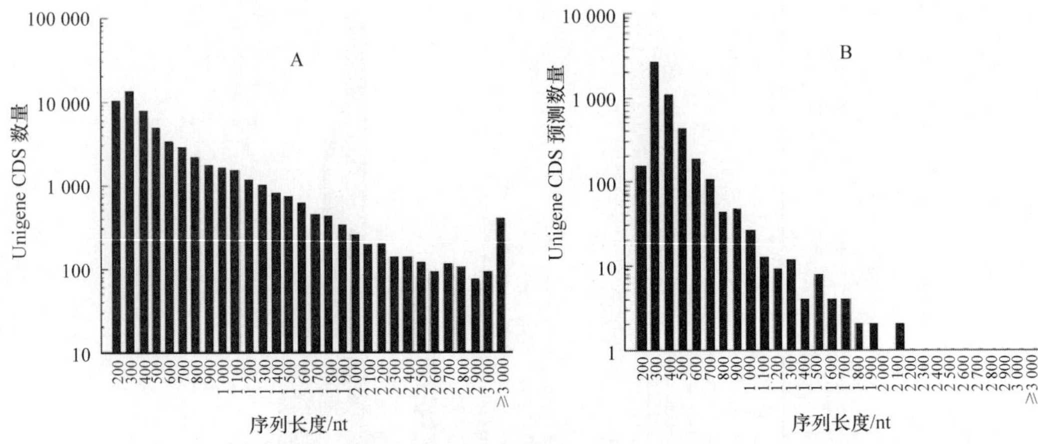

图 9-4 Unigene CDS 长度分布

Figure 9-4 Length distribution of Unigene CDS

A. BLAST 比对 CDS 长度分布；B. ESTscan 预测 CDS 长度分布

A. Length distribution of BLAST CDS; B. Length distribution of ESTscan CDS

二、数据基因表达（DGE）分析

1. 测序质量评估

对从辽春 10 号和京 841 不同处理不同时期的样品中构建的 8 个 DGE 的测序质量进行了评估。总标签（tag）数最少和最多的分别是 J-NVDR（4 662 521）和 J-NV（4 992 881）（表 9-2，图 9-5G，E）。有效标签（clean tag）数量最少和最多的分别是 J-NVDR（4 499 237）

表 9-2 DGE 测序质量评估

Table 9-2 Quality evaluation of DGE（digital gene expression）library sequencing

质量评估		J-NV	J-NVDR	J-V	J-VDR	LC-NV	LC-NVDR	LC-V	LC-VDR
原始数据	总数	4 992 881	4 662 521	4 922 702	4 761 858	4 889 845	4 684 902	4 975 938	4 780 530
	优良标签数	330 439	304 783	343 651	290 178	357 236	291 013	326 858	355 377
有效标签数	总数	4 839 278	4 499 237	4 738 025	4 604 237	4 713 562	4 548 199	4 795 913	459 845
	优良标签数	178 046	142 100	159 399	133 242	182 380	156 397	148 515	174 412
对比到基因的标签	总数	3 622 769	3 239 221	3 036 675	3 331 975	3 567 415	3 528 878	3 463 434	3 334 916
	有效标签数/%	0.75	0.72	0.64	0.72	0.76	0.78	0.72	0.73
	优良标签数	88 377	65 274	64 143	60 001	99 036	85 952	73 686	88 833
	优良标签数/%	0.50	0.46	0.40	0.45	0.54	0.55	0.50	0.51
对比到唯一基因的标签	总数	2 693 929	2 419 302	2 367 155	259 019	2 680 818	2 691 792	2 690 226	2 439 501
	有效标签数/%	0.56	0.54	0.50	0.55	0.57	0.59	0.56	0.53
	优良标签数	66 572	48 986	48 790	44 901	74 811	63 771	55 207	66 080
	优良标签数/%	0.37	0.34	0.31	0.34	0.41	0.41	0.37	0.38
标签对比到的基因	数量	39 009	32 757	31 157	31 180	37 743	35 645	32 664	36 834
	参考基因/%	0.42	0.35	0.34	0.34	0.41	0.38	0.35	0.40
标签对比到的唯一基因	数量	26 068	21 218	20 126	20 002	25 403	23 420	21 087	24 386
	参考基因/%	0.28	0.23	0.22	0.22	0.27	0.25	0.23	0.26

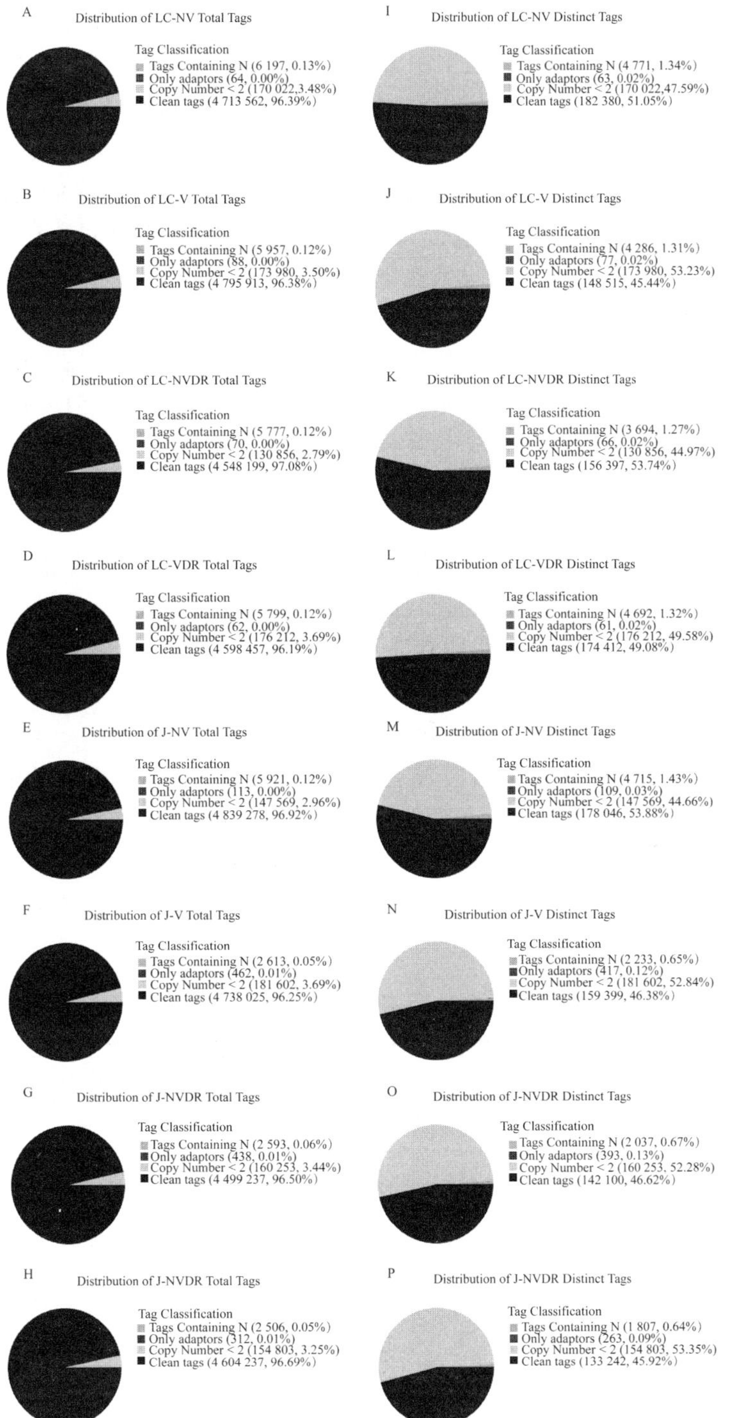

图 9-5　DGE 测序质量评估（另见彩图）

Figure 9-5　Quality evaluation of DGE library sequencing (See Colour figure)

A-H. 总标签在 LC-NV、LC-V、LC-NVDR、LC-VDR、J-NV、J-V、J-NVDR、J-VDR 中的分布；I-P. 优良标签在 LC-NV、LC-V、LC-NVDR、LC-VDR、J-NV、J-V、J-NVDR、J-VDR 中的分布

A-H. The distribution of total tag in LC-NV, LC-V, LC-NVDR, LC-VDR, J-NV, J-V, J-NVDR, J-VDR; I-P. The distribution of distinct tags in LC-NV, LC-V, LC-NVDR, LC-VDR, J-NV, J-V, J-NVDR, J-VDR

和 J-NV（4 839 278）（表 9-2，图 9-5G，E）。有效标签中的优良标签（distinct tag）数最少和最多的分别是 J-VDR（133 242）和 LC-NV（182 380）（表 9-2，图 9-5P，I）。

不均一性是细胞 mRNA 表达的显著特征，少量种类 mRNA 表达丰度极高，而大部分种类 mRNA 表达水平很低甚至极低。有效标签（clean tag）数据中，标签（tag）的拷贝数反映了相应基因的表达量，其分布统计可以从整体上评估数据是否正常。J-VDR 中拷贝数＞100 的总的有效标签数最多（71.11%），但拷贝数在 6～10 的最少（3.31%）（图 9-6H）。LC-NV 拷贝数在＞100 的有效标签最多（63.66%），但拷贝数在 6～10 的最少（4.37%）（图 9-6A）。J-V 中拷贝数在 2～5 的优良有效标签（distinct clean tag）最多（56.69%），但拷贝数在 51～100 的最少，约 3.84%（图 9-6N），LC-NVDR 中拷贝数在 2～5 的优良有效标签最多（62.89%），但拷贝数在 51～100 的最少，约 2.82%（图 9-6K）。

2. 基因表达注释及差异表达基因

根据参考基因数据库，利用软件检索 mRNA 上所有的 CATG 位点，生成 CATG＋17nt 碱基的参考标签数据库。然后将全部有效标签（clean tag）与参考标签数据库比对，允许最多一个碱基错配，对其中对比到唯一基因的标签（unambiguous tag）进行基因注释，统计每个基因对应的原始有效标签数，然后对原始有效标签数做标准化处理，获得标准化的基因表达量，从而更准确、科学地衡量基因的表达水平。

根据数据基因表达差异的显著性来鉴定两样本间差异表达基因（表 9-3）。表 9-3 表明，J-NV&J-V 的差异基因中，显著变化标签最多，共计 54 699 个，唯一标签基因数为 29 888 个，而 LC-NV&LC-VDR 的显著变化标签为 21 573 个，唯一标签基因数最多，共计 112 229 个。在各自唯一标签基因中，J-NV&J-V 的上调和下调基因数均最多，分别为 14 648 个和 15 240 个。

表 9-3 样本间差异表达基因

Table 9-3 Differentially expressed genes between two samples

来源	显著变化标签数	唯一标签基因数	上调基因数	下调基因数
J-NV&J-V	54 699	29 888	14 648	15 240
J-NV&J-VDR	22 501	10 773	990	3 166
J-V&J-VDR	21 740	8 635	1 513	1 091
J-NVDR&J-VDR	5 596	932	330	602
LC-NV&LC-V	15 908	8 116	740	2 078
LC-NV&LC-VDR	21 573	112 229	1 882	1 772
LC-V&LC-VDR	21 425	10 759	2 726	1 184
LC-NVDR&LC-VDR	16 448	2 796	2 101	695
LC-NV&J-NV	17 806	9 602	1 494	1 076
LC-NVDR&J-NVDR	18 788	9 762	1 513	1 091
LC-VDR&J-VDR	17 270	8 641	681	2 180
LC-V&J-V	12 223	4 900	770	675

A Distribution of LC-NV Total Clean Tags
Tag Copy Number
[2,5] (307 472, 6.52%)
[6,10] (205 836, 4.37%)
[11,20] (275 839, 5.85%)
[21,50] (487 958, 10.35%)
[51,100] (435 957, 9.25%)
>100 (3 000 500, 63.60%)

I Distribution of LC-NV Distinct Clean Tags
Tag Copy Number
[2,5] (108 354, 59.41%)
[6,10] (27 101, 14.86%)
[11,20] (18 856, 10.34%)
[21,50] (15 431, 8.46%)
[51,100] (6 209, 3.40%)
>100 (6 429, 3.53%)

B Distribution of LC-V Total Clean Tags
Tag Copy Number
[2,5] (244 419, 5.10%)
[6,10] (171 211, 3.57%)
[11,20] (231 934, 4.84%)
[21,50] (410 742, 8.56%)
[51,100] (390 422, 8.14%)
>100 (3 347 185, 69.79%)

J Distribution of LC-V Distinct Clean Tags
Tag Copy Number
[2,5] (85 680, 57.69%)
[6,10] (22 520, 15.16%)
[11,20] (15 873, 10.69%)
[21,50] (12 971, 8.73%)
[51,100] (5 548, 3.74%)
>100 (5 923, 3.99%)

C Distribution of LC-NVDR Total Clean Tags
Tag Copy Number
[2,5] (277 838, 6.11%)
[6,10] (169 574, 3.73%)
[11,20] (220 361, 4.85%)
[21,50] (359 575, 7.91%)
[51,100] (309 027, 6.79%)
>100 (3 211 824, 70.62%)

K Distribution of LC-NVDR Distinct Clean Tags
Tag Copy Number
[2,5] (98 357, 62.89%)
[6,10] (22 452, 14.36%)
[11,20] (15 100, 9.65%)
[21,50] (11 398, 7.29%)
[51,100] (4 414, 2.82%)
>100 (4 676, 2.99%)

D Distribution of LC-VDR Total Clean Tags
Tag Copy Number
[2,5] (289 501, 6.30%)
[6,10] (194 322, 4.23%)
[11,20] (263 131, 5.72%)
[21,50] (481 629, 10.47%)
[51,100] (467 857, 10.11%)
>100 (2 905 017, 63.17%)

L Distribution of LC-VDR Distinct Clean Tags
Tag Copy Number
[2,5] (102 347, 58.68%)
[6,10] (25 575, 14.66%)
[11,20] (17 978, 10.31%)
[21,50] (15 167, 8.70%)
[51,100] (6 613, 3.79%)
>100 (6 732, 3.86%)

E Distribution of J-NV Total Clean Tags
Tag Copy Number
[2,5] (301 054, 6.22%)
[6,10] (189 541, 3.92%)
[11,20] (253 880, 5.25%)
[21,50] (48 824, 10.08%)
[51,100] (474 621, 9.81%)
>100 (3 132 358, 64.73%)

M Distribution of J-NV Distinct Clean Tags
Tag Copy Number
[2,5] (106 519, 59.83%)
[6,10] (24 997, 14.04%)
[11,20] (17 410, 9.78%)
[21,50] (15 284, 8.58%)
[51,100] (6 776, 3.81%)
>100 (7 060, 3.97%)

F Distribution of J-V Total Clean Tags
Tag Copy Number
[2,5] (258 618, 5.46%)
[6,10] (183 769, 3.88%)
[11,20] (255 707, 5.40%)
[21,50] (459 936, 9.71%)
[51,100] (432 413, 9.13%)
>100 (3 147 582, 66.43%)

N Distribution of J-V Distinct Clean Tags
Tag Copy Number
[2,5] (90 366, 56.69%)
[6,10] (24 195, 15.18%)
[11,20] (17 503, 10.98%)
[21,50] (14 466, 9.08%)
[51,100] (6 114, 3.84%)
>100 (6 755, 4.24%)

G Distribution of J-NVDR Total Clean Tags
Tag Copy Number
[2,5] (228 605, 5.08%)
[6,10] (161 283, 3.58%)
[11,20] (228 118, 5.07%)
[21,50] (431 878, 9.60%)
[51,100] (391 177, 8.69%)
>100 (3 058 176, 67.97%)

O Distribution of J-NVDR Distinct Clean Tags
Tag Copy Number
[2,5] (80 322, 56.52%)
[6,10] (21 195, 14.92%)
[11,20] (15 550, 10.94%)
[21,50] (13 551, 9.54%)
[51,100] (5 552, 3.91%)
>100 (5 930, 4.17%)

H Distribution of J-VDR Total Clean Tags
Tag Copy Number
[2,5] (216 671, 4.71%)
[6,10] (152 493, 3.31%)
[11,20] (213 579, 4.64%)
[21,50] (385 233, 8.37%)
[51,100] (362 137, 7.87%)
>100 (3 274 124, 71.11%)

P Distribution of LC-VDR Distinct Clean Tags
Tag Copy Number
[2,5] (75 934, 56.99%)
[6,10] (20 078, 15.07%)
[11,20] (14 569, 10.93%)
[21,50] (12 144, 9.11%)
[51,100] (5 125, 3.85%)
>100 (5 392, 4.05%)

图 9-6 有效标签拷贝数分布（另见彩图）

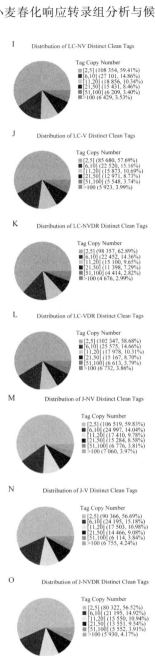

Figure 9-6 Distribution of clean tag copy number (See Colour figure)

A-H. 总标签在 LC-NV、LC-V、LC-NVDR、LC-VDR、J-NV、J-V、J-NVDR、J-VDR 中的分布；I-P. 优良标签在 LC-NV、LC-V、LC-NVDR、LC-VDR、J-NV、J-V、J-NVDR、J-VDR 中的分布

A-H. The distribution of total tag in LC-NV, LC-V, LC-NVDR, LC-VDR, J-NV, J-V, J-NVDR, J-VDR; I-P. The distribution of distinct tags in LC-NV, LC-V, LC-NVDR, LC-VDR, J-NV, J-V, J-NVDR, J-VDR

3. 反义链转录分析

正义反义调控是基因表达调控的一种重要方式。如果测序标签能比对到基因的反义链，则暗示该基因的反义链也包含转录本，该基因可能存在正义反义调控方式。J-NV TPM（+）/TPM（–）<1 和 J-VDR TPM（+）/TPM（–）≥1 分别代表了最大和最小反义转录基因数量（表 9-4），TPM（+）/TPM（–）≥1 和 TPM（+）/TPM（–）<1 的基因中，21%～23%和 32%～35%无 BLAST 匹配，这些基因可能涉及转录后的基因调控。

表 9-4　反义转录本的表达注释

Table 9-4　Expression annotation of antisense transcripts

反义转录本		J-NV	J-NVDR	J-V	J-VDR	LC-NV	LC-NVDR	LC-V	LC-VDR
唯一标签基因数量		16 203.0	12 641.00	12 149.00	11 773.00	15 756.00	14 177.00	12 683.00	15 037.00
TPM（–）	最小	0.41	0.44	0.42	0.43	0.42	0.44	0.42	0.43
	最大	13 559.6	16 304.32	13 249.40	18 601.56	10 426.30	13 958.05	24 666.00	12 420.04
	中值	17.01	18.66	19.33	19.30	16.12	17.00	20.17	16.62
	无效序列/%	32	32	30	31	29	30	30	31
TPM（+）/TPM（–）比	最小	0.00	0.00	0.00	0.00	0.00	0.00	0.00	0.00
	最大	1 208.24	14 175.53	1 051.26	1 744.02	12 682.24	5 804.50	1 641.29	3 462.23
	中值	4.66	6.28	5.08	5.42	5.15	4.63	5.00	5.09
TPM（+）/TPM（–）<1 数量		12 057.00	9 992.00	9 640.00	9 581.00	11 991.00	10 959.00	10 014.00	11 358.00
	无效序列/%	35	34	33	33	32	33	32	34
TPM（+）/TPM（–）≥1 数量		4 126.00	2 649.00	2 507.00	2 190.00	3 763.00	3 216.00	2 667.00	3 677.00
	无效序列/%	23	23	21	23	21	22	21	23

4. gene ontology 功能显著性富集分析

gene ontology（GO）是国际标准化的基因功能分类体系，可提供动态更新的标准词汇表（controlled vocabulary）来全面描述生物体中基因和基因产物的属性。GO 总共有 3 个本体（ontology），分别描述基因的分子功能（molecular function）、所处的细胞位置（cellular component）、参与的生物过程（biological process）。GO 的基本单位是 term（词条、节点），每个词条都对应一个属性。

笔者的 GO 功能分析同时整合了表达模式聚类分析，计算得到的 *P* 值通过 Bonferroni 校正之后，以相关 *P* 值≤0.05 为阈值，满足此条件的 GO term 定义为在差异表达基因中显著富集的 GO term。通过 GO 功能显著性富集分析能确定差异表达基因行使的主要生物学功能。

J-V&J-VDR 中的 DEG 显著富集在结构分子活性（P=1.02×10^{-41}）和质（1.36× 10^{-59}），分别归属于分子功能和细胞位置。LC-NVDR &LC-VDR 中的 DEG 显著富集在前体代谢产物（generation of precursor metabolites）和能量（energy）（P=3.02×10^{-11}），归属于生物过程本体（表 9-5）。差异表达基因通常通过互作发挥其功能。基于途径的分

表 9-5 DEG 的富集通路分析

Table 9-5 Pathway enrichment analysis for DEG

处理间对比（通路数）	富集通路
J-NV vs J-V（8）	Metabolic pathways（Q=4.73e–07）；Ribosome（Q=9.44e–05）；Arginine and proline metabolism（Q=4.40e–04）；Photosynthesis-antenna proteins（Q=6.43e–03）；Nitrogen metabolism（Q=1.92e–02）；Photosynthesis（Q=2.21e–02）；Protein export（Q=2.21e–02）；Ascorbate and aldarate metabolism（Q=3.84e–02）
J-NV vs J-VDR（7）	Ribosome（Q=3.90e–13）；Metabolic pathways（Q=3.87e–09）；Biosynthesis of secondary metabolites（Q=5.60e–07）；Glycine，serine and threonine metabolism（Q=3.76e–03）；Pentose phosphate pathway（Q=2.01e–02）；Citrate cycle（TCA cycle）（Q=3.36e–02）；Photosynthesis-antenna proteins（Q=4.45e–02）
J-V vs J-VDR（18）	Ribosome（Q=2.95e–41）；Metabolic pathways（Q=5.15e–17）；Biosynthesis of secondary metabolites（Q=1.75e–12）；Photosynthesis（Q=1.10e–05）；Photosynthesis-antenna proteins（Q=5.63e–05）；Carotenoid biosynthesis（Q=9.41e–04）；Oxidative phosphorylation（Q=7.13e–03）；Porphyrin and chlorophyll metabolism（Q=7.13e–03）；Lysine biosynthesis（Q=7.92e–03）；Flavone and flavonol biosynthesis（Q=1.32e–02）；Pentose phosphate pathway（Q=1.86e–02）；Fatty acid biosynthesis（Q=2.16e–02）；One carbon pool by folate（Q=2.41e–02）；Carbon fixation in photosynthetic organisms（Q=2.43e–02）；Amino sugar and nucleotide sugar metabolism（Q=2.64e–02）；Glycine，serine and threonine metabolism（Q=2.64e–02）；Peroxisome（Q=2.84e–02）；Vitamin B6 metabolism（Q=2.87e–02）
J-NVDR vs J-VDR（1）	Ribosome（Q=6.23e–34）
LC-NV vs LC-V（13）	Metabolic pathways（Q=5.82e–13）；Pentose phosphate pathway（Q=6.92e–06）；Glutathione metabolism（Q=7.97e–06）；Flavone and flavonol biosynthesis（Q=1.85e–03）；Oxidative phosphorylation（Q=2.00e–03）；Benzoxazinoid biosynthesis（Q=2.89e–03）；Carotenoid biosynthesis（Q=1.08e–02）；Phenylalanine，tyrosine and tryptophan biosynthesis（Q=2.40e–02）；Phenylpropanoid biosynthesis（Q=2.40e–02）；Glycine，serine and threonine metabolism（Q=2.64e–02）；Phagosome（Q=3.30e–02）；Photosynthesis-antenna proteins（Q=3.89e–02）；Biosynthesis of unsaturated fatty acids（Q=4.60e–02）
LC-NV vs LC-VDR（10）	Metabolic pathways（Q=1.28e–12）；Photosynthesis-antenna proteins（Q=5.13e–12）；Biosynthesis of secondary metabolites（Q=1.73e–10）；Biosynthesis of secondary metabolites（Q=3.52e–04）；Ribosome（Q=1.77e–03）；Flavone and flavonol biosynthesis（Q=1.77e–03）；Benzoxazinoid biosynthesis（Q=1.80e–03）；Porphyrin and chlorophyll metabolism（Q=2.04e–03）；Glutathione metabolism（Q=7.29e–03）；Photosynthesis（Q=1.39e–02）
LC-V vs LC-VDR（8）	Photosynthesis-antenna proteins（Q=8.71e–11）；Metabolic pathways（Q=1.58e–10）；Biosynthesis of secondary metabolites（Q=3.09e–05）；Photosynthesis（Q=1.37e–04）；Porphyrin and chlorophyll metabolism（Q=1.60e–03）；Valine，leucine and isoleucine degradation（Q=3.07e–03）；Ribosome（Q=1.19e–02）；Carbon fixation in photosynthetic organisms（Q=1.30e–02）
LC-NVDR vs LC-VDR（11）	Photosynthesis-antenna proteins（Q=3.10e–22）；Metabolic pathways（Q=2.10e–12）；Photosynthesis（Q=2.23e–12）；Selenocompound metabolism（Q=1.33e–03）；Valine，leucine and isoleucine degradation（Q=5.82e–03）；Porphyrin and chlorophyll metabolism（Q=1.00e–02）；Arginine and proline metabolism（Q=1.00e–02）；Glyoxylate and dicarboxylate metabolism（Q=1.31e–02）；Carbon fixation in photosynthetic organisms（Q=3.31e–02）；Vitamin B6 metabolism（Q=3.31e–02）；alpha-Linolenic acid metabolism（Q=4.33e–02）
LC-NV vs J-NV（8）	Metabolic pathways（Q=5.78e–09）；Photosynthesis-antenna proteins（Q=2.07e–04）；Pentose phosphate pathway（Q=1.11e–03）； Arginine and proline metabolism（Q=1.68e–02）；Ether lipid metabolism（Q=2.54e–02）；Valine，leucine and isoleucine degradation（Q=2.54e–02）；Biosynthesis of secondary metabolites（Q=4.51e–02）；Phagosome（Q=4.56e–02）
LC-V vs J-V（9）	Ribosome（Q=4.54e–24）；Photosynthesis-antenna proteins（Q=4.19e–09）；Photosynthesis（Q=4.61e–07）；Metabolic pathways（Q=3.36e–06）；Carbon fixation in photosynthetic organisms（Q=6.63e–04）；Pentose phosphate pathway（Q=7.04e–03）；Carotenoid biosynthesis（Q=9.55e–03）；Glycine，serine and threonine metabolism（Q=9.59e–03）；Amino sugar and nucleotide sugar metabolism（Q=1.76e–02）
LC-NVDR vs J-NVDR（6）	Photosynthesis-antenna proteins（Q=4.55e–21）；Ribosome（Q=5.30e–13）；Photosynthesis（Q=2.81e–09）；Metabolic pathways（Q=5.61e–06）；Vitamin B6 metabolism（Q=3.50e–02）；Carbon fixation in photosynthetic organisms（Q=4.07e–02）
LC-VDRvsJ-VDR（4）	Metabolic pathways（Q=2.44e–08）；Photosynthesis-antenna proteins（Q=3.30e–07）；Valine，leucine and isoleucine degradation（Q=4.84e–03）；Arginine and proline metabolism（Q=2.88e-02）

析有助于更进一步了解基因的生物学功能。共有 33 个途径显著富集基因。前 3 个途径分别是核糖体（ribosome）、光合作用天线蛋白（photosynthesis-antenna protein）和代谢（metabolic）。J-VvsJ-VDR 中有 18 个途径显著富集基因，但 J-NVDR&J-VDR 中仅有 1 个通路显著富集（表 9-5）。

三、数据基因表达谱的 qRT-PCR 验证

为了验证基于春化响应的 DGE 基因表达，研究从 DGE 中挑选出 8 类 24 个春化响应基因，包括 9 个转录因子、7 个甲基化相关基因、2 个开花调控相关基因、2 个春化相关基因、1 个低温响应基因、1 个脱水素基因、1 个冰晶重结晶抑制蛋白和 1 个 ABA 相关基因。这些基因中，9 个转录因子、5 个甲基化相关基因、1 个开花调控相关基因、1 个春化相关基因在京 841 的春化前后样品中下调表达，其余的均为上调。荧光定量引物见表 9-6，表达分析表明，qRT-PCR 的结果与得到的 DGE 相一致（图 9-7）。

表 9-6　qRT-PCR 引物

Table 9-6　Primers for qRT-PCR

基因	上游引物序列	下游引物序列
Unigene1806	GGTTACCTGTGCGGCGATGA	TGGTCCAGGAGCAGGAGAACG
CL18953.Contig2	CCCGGCATTCATGGACAAGC	CCTCTGCCGGATCAGCTTGG
CL1252.Contig1	AGGGAGTCCACGATGCCTTTC	TCCTCGGGAAGAAGGTGAAGA
CL14084.Contig3	TGCTTCCGTTTCTCCATTGTCTT	GAGGAAGCCGCCTTGTGGT
Unigene10595	CAACTGCGTGATGCTCTGAATGAC	GCGTGTTTGGGTGGGATAGCAT
CL8746.Contig1	GATGCTGGACTGGACCGTATTG	GTACCTTCACAGTCTGCAATTGTGA
CL18846.Contig2	GGCAAAGTATCAACCTCTTCTGG	GTTGAGGCAAATTCTGTCGAGTTA
Unigene10196	GTCTCTCTTTTGCTACGGCAGTTT	GCAGCATAGGGACTGCAACTATG
CL12788.Contig3	ACGAAGCCGCTAACGCATC	ATTGTGAAAATATGTGAGGCTCTGG
CL19373.Contig1	TGGTTCGCAGGGTCCATAAGC	AACGTGCCTTCCACCACCAAA
CL17342.Contig2	GGAACAGAGTTGATAATTCTGGGTT	ATAGTTGTTAGAGGCAATGGAGGTGA
Unigene12389	GACTGAGCAACACCAAAAGTACCTG	TAAATGGCGGTCCTCCCTGT
Unigene6399	GACTGAGCAACACCAAAAGTACCTG	TAAATGGCGGTCCTCCCTGT
Unigene2999	GAAAAATCGGATGGAAGAGGAAG	GCATACACCTCTTTCACGCTCTT
CL4360.Contig15	CCTGTTGAAGTCGAGACTCCTGATC	TCCACCGCTCTTGACCGAA
Unigene16777	ATGATGGTCAGGTCCTTGATGTG	TCTTCAGCAACGACCTCACCTA
Unigene8329	GGATCTTATTGACAGGGTATTGGCA	TGTGGCTGGAAGGAGTCGTTGA
Unigene41092	GGACGATCCGTATGACATGGGTG	CCCTTCATACACCTGACCACCATT
CL19305.Contig2	CCTGGTGTATGTTGCGGTTGC	GGTAAATTACTCGTACAGCCATCTCAG
CL14010.Contig2	TAATGGCATCCGCACAAAGGTT	CCCAAAGAACCCGACGATGCT
Unigene3230	CATTTGCGTATCAGTTATTCAGTTGGC	CTTAACTAGAATCGGTGCTTCAACTCA
CL3094.Contig3	CGACACGGGCGAGAAGAAGG	ATACGTGTCGTCGGTGGGCG
CL17784.Contig1	TTCACTGGGTAACAGAAGAACACTCC	TTGTCAGTCACGATATGTTTGTCCC
Unigene5440	CCGCAGATGCTGTTCCCTC	GACAGCGAGGACAAGTTGAGGC

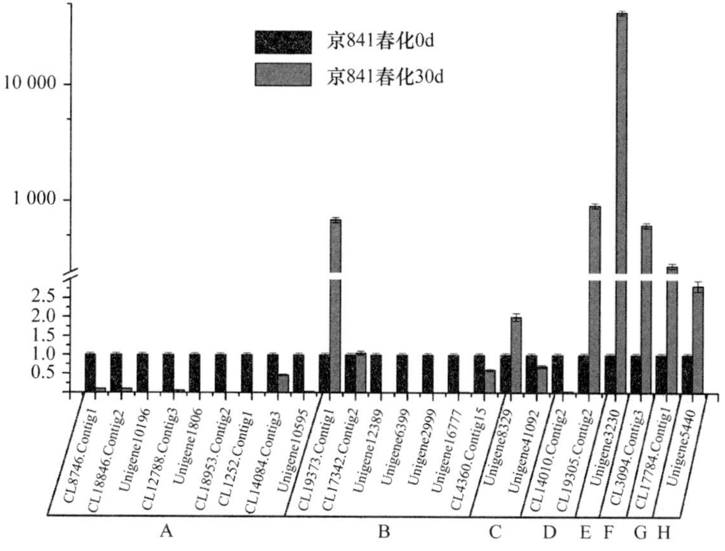

图 9-7　qRT-PCR 验证京 841 DGE 筛选基因

Figure 9-7　Validation of screened genes in Jing 841 DGE by qRT-PCR method

A. 转录因子；B. 甲基化相关基因；C. 开花相关基因；D. 春化相关基因；E. 低温响应基因；F. 脱水素；G. 冰晶重结晶抑制蛋白；H. ABA 相关基因

A. Transcription factors; B. Methylation related genes; C. Flower development related genes; D. Vernalization related gene; E. Cold-responsive gene; F. Dehydrin; G. Ice recrystallization inhibition proteins; H. ABA related gene

综上所述，高通量 mRNA 测序技术是一种快速、高效、低成本的描述 poly（A）转录组的方式。尤其适用于缺少基因组序列的非模式生物的基因测序。至今，小麦的大多数测序工作都基于表达序列标签（expressed sequence tag，EST）测序，公共数据库中报道的标签数量极为有限。本研究利用 RNA-Seq 技术进行了小麦春化响应转录组测序，得到了 69 751 192 个原始数据和 5 787 106 380（5.78Gb）核苷酸，通过从头组装，短数据组装成 213 862 个 Contig，平均长度为 256nt。得到了 100 506 个平均长度 509nt 的 Unigene。在 6 个公共数据库中进行了 BLAST 比对，功能注释信息给出 Unigene 的蛋白质功能注释、COG 功能注释。基于序列同源性，138 062 个序列可以分为 61 个功能集合，56 868 个组装序列归属于 25 个 COG 聚类。

从辽春 10 号和京 841 不同处理不同时期的样品中构建了 8 个 DGE。有效标签数据结果分析表明，得到的 DGE 测序质量合格，有效标签拷贝数分布统计从整体上评估了数据正常。基于差异表达基因的功能注释，筛选出 8 类 639 个春化响应基因，根据春化响应基因的表达差异，分别从这 8 类中挑选差异倍数较高的基因，共计 24 个，利用 qRT-PCR 分析以验证转录组和表达谱数据。这些基因中，5 个甲基化相关基因、9 个转录因子和 1 个开花调控相关基因在京 841 的春化前后样品中下调表达，其余的均为上调。表达分析表明，qRT-PCR 的结果与得到的 DGE 表达形态相一致，转录组和 DGE 的数据结果真实可靠。

第二节　小麦春化相关候选基因的表达模式及序列分析

通过对 J-NV vs J-V 和 LC-NVvsLC-V 的比较，得到京 841 特异表达基因 29 498 个，

根据功能注释，筛选出 8 类共计 639 个与春化响应相关的候选基因；分别从这 8 类中挑选功能注释清楚、差异倍数较高的 17 个基因，包括 6 个转录因子、3 个甲基化相关基因、2 个开花调控相关基因、2 个春化相关基因、1 个低温响应基因、1 个脱水素基因、1 个冰晶重结晶抑制蛋白和 1 个 ABA 相关基因，通过 qRT-PCR 对其在春化过程中的表达模式进行了分析。

一、DGE 中春化相关基因的筛选

基于 DGE 的比较，确定 J-NV&J-V 和 LC-NV&LC-V 对比结果，如图 9-8 所示。图 9-8 中，A1 代表京 841 春化后（J-NV vs J-V）的上调基因；B1 代表辽春 10 号春化后（LC-NV vs LC-V）的上调基因；C1 代表 A1 和 B1 的共同上调基因 97 个；A2 代表 J-NV vs J-V（京 841 春化后）的下调基因；B2 代表 LC-NV vs LC-V（辽春 10 号春化后）的下调基因；C2 代表 A2 和 B2 的共同下调基因 293 个。*VRN1* 基因是已知的春化基因，其出现在共同上调基因集合 C1 中，且表达量较高，这说明 *VRN1* 基因代表的 C1 集合中高表达的基因可能与春化处理相关。

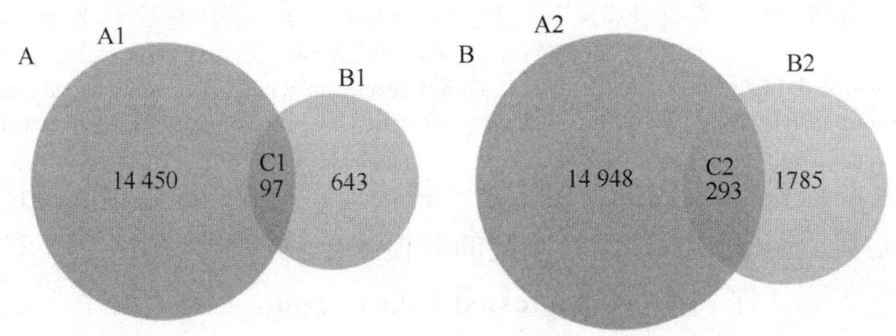

图 9-8 数字表达谱差异表达基因分布

Figure 9-8 The differential expression gene distribution of digital gene expression（DGE）

A. 上调基因；B. 下调基因；A1. 京 841 春化后的上调基因；B1. 辽春 10 号春化后的上调基因；C1. 两品种的共同上调基因；A2. 京 841 春化后的下调基因；B2. 辽春 10 号春化后的下调基因；C2. 两品种的共同下调基因

A. The up-regulated genes; B. The down-regulated genes; A1. The up-regulated genes of J-V; B1. The up-regulate genes of LC-V; C1. The shared genes of J and LC; A2. The down-regulated genes of J-V; B2. The down-regulate genes of LC-V; C2. The shared genes of J and LC

从春性和冬性品种的比较可以看出，京 841 在春化处理前后特异表达的基因，可能代表一类新的春化相关基因（图 9-8B）。从京 841 差异表达的基因中，筛选出了 8 类春化相关基因（表 9-7），包括 14 个开花调控相关基因，2 个低温响应基因，2 个春化基因，10 个冰晶重结晶抑制蛋白，9 个脱水素基因，9 个 ABA 相关基因，307 个转录因子，286 个甲基化相关基因，这些基因都受到了春化诱导。从这 8 类基因中，我们挑选出 16 个基因，再加上 *VRN1* 基因共 17 个基因，通过 qRT-PCR 进行春化过程中动态表达模式的分析。

表 9-7 京 841 中的特异表达基因

Table 9-7 The specific expression genes in Jing 841

基因功能（数量）	基因
开花调控相关基因（14）	**Unigene8329；**Unigene41092；Unigene2726；Unigene602；Unigene37190；Unigene14573；Unigene37055；Unigene10255；CL9334.Contig1；Unigene21938；Unigene23979；Unigene9267；CL8244.Contig2；CL13495.Contig1

续表

基因功能（数量）	基因
春化相关基因（2）	**CL19305.Contig2；**CL14010.Contig2
低温响应基因（2）	**Unigene3230；Unigene3231
ABA 相关基因（9）	**Unigene5440；Unigene11121；CL3584.Contig2；CL5844.Contig3；Unigene10595；Unigene7671；Unigene1776；Unigene13273；CL9020.Contig1
脱水素基因（9）	**CL3094.Contig3；Unigene3380；CL11327.Contig1；Unigene1313；Unigene3238；Unigene69；Unigene11862；Unigene4013；CL15459.Contig2
冰晶重结晶抑制蛋白（10）	**CL17784.Contig1；Unigene5614；Unigene3363；CL7059.Contig1；Unigene4427；Unigene4107；Unigene4238；Unigene9064；CL1666.Contig2；CL17784.Contig6
转录因子（307）*	**Unigene1806；**CL18953.Contig2；CL1252.Contig1；CL14084.Contig3；Unigene10595；**CL8746.Contig1；**CL18846.Contig2；**Unigene10196；**CL12788.Contig3
甲基化相关基因（286）*	**CL19373.Contig1；CL17342.Contig2；**Unigene12389；Unigene6399；Unigene2999；CL4360.Contig15；**Unigene16777

* 仅显示 qRT-PCR 中的基因，**筛选进行 qRT-PCR 的基因

* Genes in qRT-PCR, **Screened genes in qRT-PCR

二、春化相关基因的表达模式分析

从京 841 特异表达基因中（表 9-7）挑选差异倍数较高的基因 17 个，包括 2 个开花调控相关基因（Unigene8329、Unigene41092）、2 个春化基因（CL19305.Contig2、CL14010.Contig2）、1 个低温响应基因（Unigene3230）、1 个脱水素基因（CL3094.Contig3）、1 个冰晶重结晶抑制蛋白（CL17784.Contig1）、1 个 ABA 相关基因（Unigene5440）、3 个甲基化相关基因（CL19373.Contig1、Unigene12389 和 Unigene16777）和 6 个转录因子（Unigene1806、CL18953.Contig2、CL18846.Contig2、Unigene10196、CL12788.Contig3 和 CL8746.Contig1）。对挑选出的 8 类 17 个基因进行了春化过程（春化 0d、6d、12d、18d、24d、30d）中的动态表达模式分析。

1. 开花调控相关基因表达模式分析

分析开花调控相关基因 Unigene8329 和 Unigene41092 表达模式（图 9-9），结果表明，在春化过程中 Unigene8329 基因上调表达，但第 6 天的表达量仅次于 30d 的，24d 后表达稳定增加。而 Unigene41092 基因呈下调表达，但第 6 天的表达量高于 0d 的，随后表达下调。

2. 春化基因表达模式分析

NCBI 比对发现，CL19305.Contig2 与春化基因 *VRN1* 相似度 100%，CL14010.Contig2 与春化基因 *VER2* 相似度 100%，因而其表达模式是典型的春化调控表达模式。分析结果（图 9-10）表明，CL19305.Contig2 在春化中表现出持续上调的趋势，但从 24d 起表达趋于稳定；CL14010.Contig2 在春化中表现出持续下调的趋势。

3. 低温响应基因表达模式分析

Unigene3230 的功能注释为低温响应基因，在春化过程中的表达模式如图 9-11 所示，其在春化中上调表达，且表达峰值在第 6 天，显著高于其他时间，随后表达量降低，但

在 24d 后表达量持续增加。

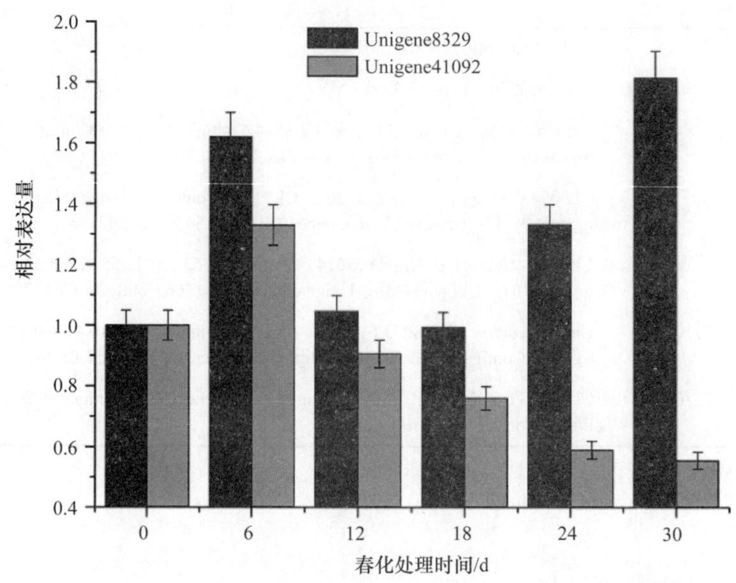

图 9-9　开花调控相关基因表达模式

Figure 9-9　The expression pattern of the flower-related genes

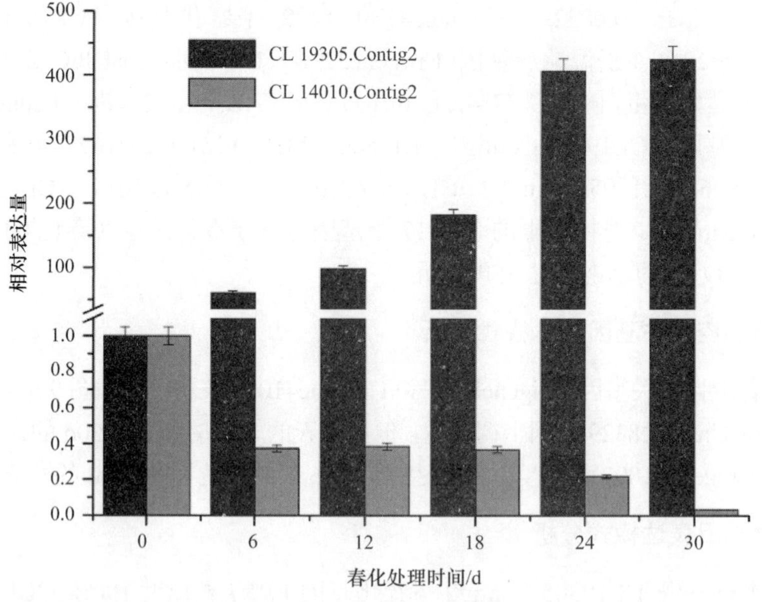

图 9-10　春化基因表达模式

Figure 9-10　The expression pattern of vernalization-related gene

4. 脱水素表达模式分析

CL3094.Contig3 的功能注释为脱水素，在春化过程中的表达模式如图 9-12 所示，其在春化中上调表达，且表达峰值在第 6 天，显著高于其他时间，随后表达量降低，但 18d 后表达量持续增加。

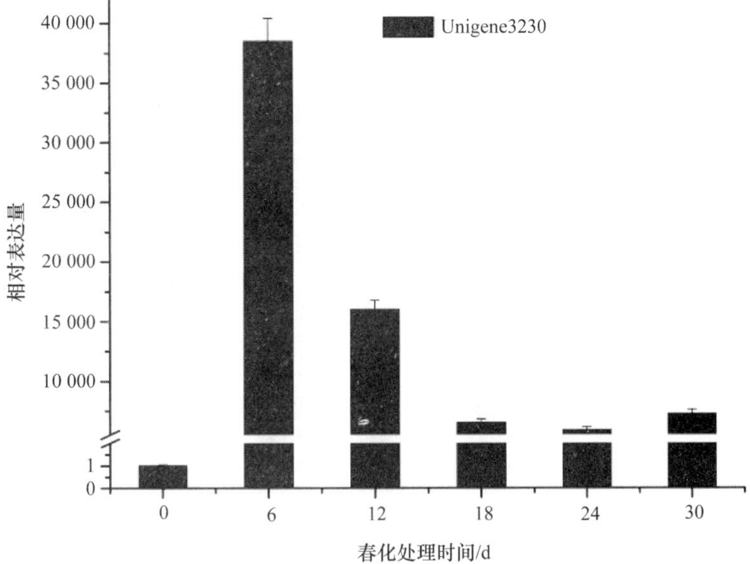

图 9-11　低温响应基因表达模式

Figure 9-11　The expression pattern of cold-responsive gene

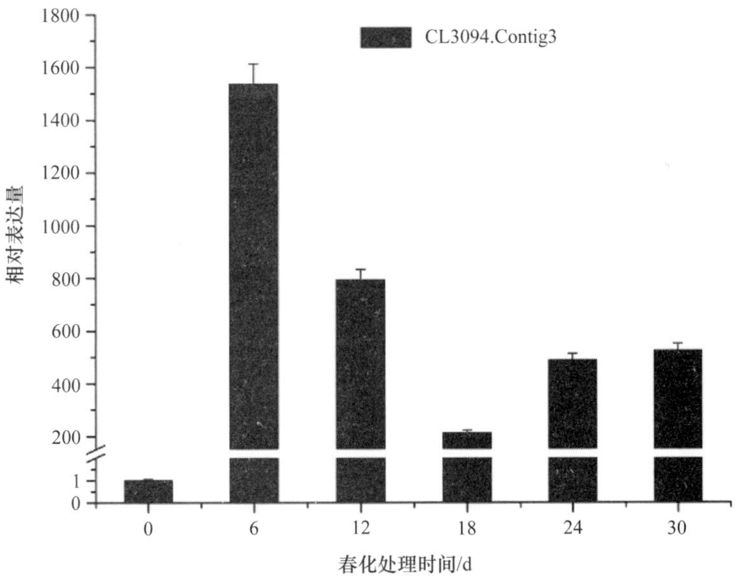

图 9-12　脱水素表达模式

Figure 9-12　The expression pattern of dehydrin

5. 冰晶重结晶抑制蛋白表达模式分析

CL17784.Contig1 的功能注释为冰晶重结晶抑制蛋白，在春化过程中的表达模式如图 9-13 所示，其在春化中上调表达，从 0～6d 表达量显著增加，出现峰值后迅速下调，12d 后再次显著增加，持续到 30d。

6. ABA 相关基因表达模式分析

Unigene5440 的功能注释为 ABA 相关基因，在春化过程中的表达模式如图 9-14 所

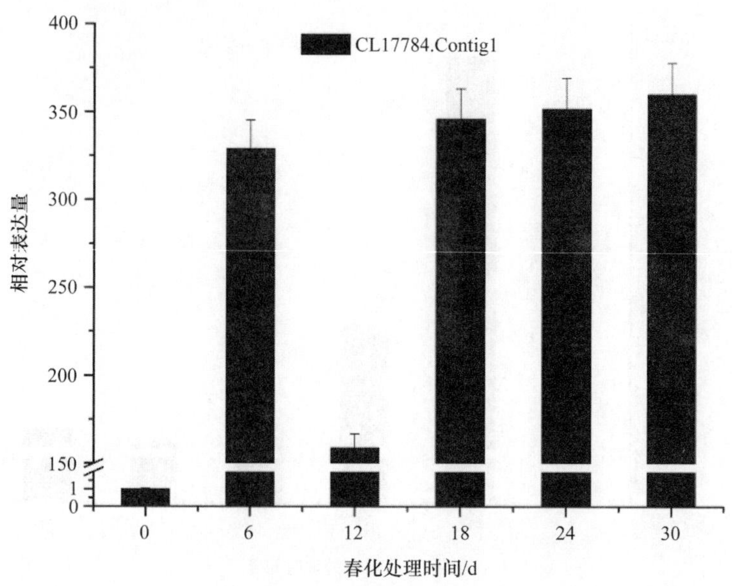

图 9-13　冰晶重结晶抑制蛋白表达模式

Figure 9-13　The expression pattern of ice recrystallization inhibition protein

示，其在春化过程中上调表达，在第 6 天和第 24 天出现双峰，随后表达量有所下降，峰值的表达量显著高于其他时间。

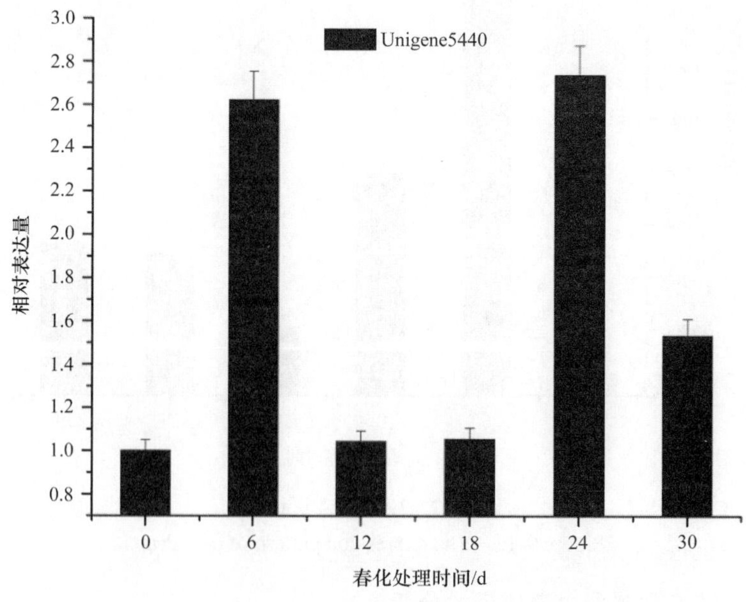

图 9-14　ABA 相关基因表达模式

Figure 9-14　The expression pattern of ABA-related genes

7. 甲基化相关基因表达模式分析

CL19373.Contig1 的功能注释为甲基化相关基因，在春化过程中的表达模式如图 9-15 所示，其在春化过程中上调表达，表达峰值出现在 18d，随后有所下降，30d 的表达量显著低于 18d 和 24d。 Unigene12389 和 Unigene16777 在春化过程中表现出持续稳定下调趋势。

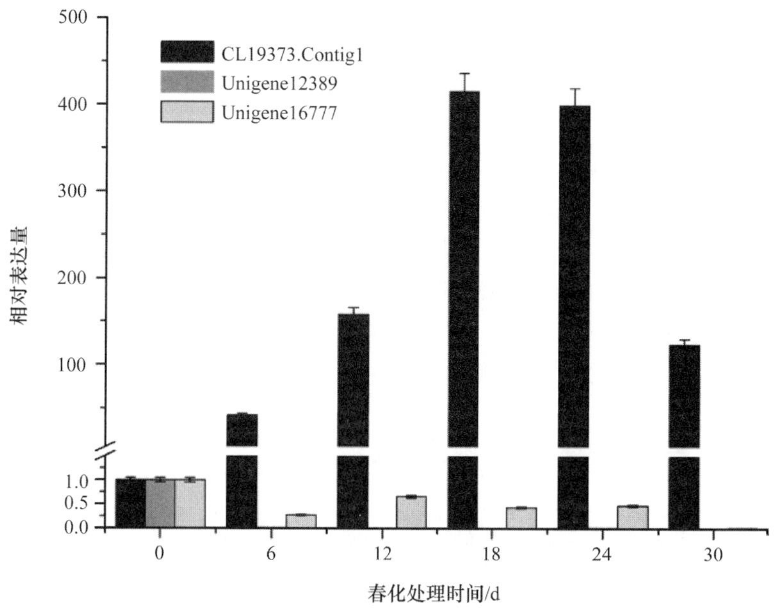

图 9-15　甲基化相关基因表达模式

Figure 9-15　The expression pattern of methylation-related genes

8. 转录因子表达模式分析

转录因子 Unigene1806、CL18953.Contig2、CL18846.Contig2、Unigene10196 和 CL12788.Contig3 在春化过程中表现为持续稳定下调（图 9-16）。 CL8746.Contig1 在春化过程中的表达呈现出先上调后下调的趋势，第 6 天的表达量高于 0d，随后逐渐下调，30d 时低于 0d 的表达水平（图 9-16）。

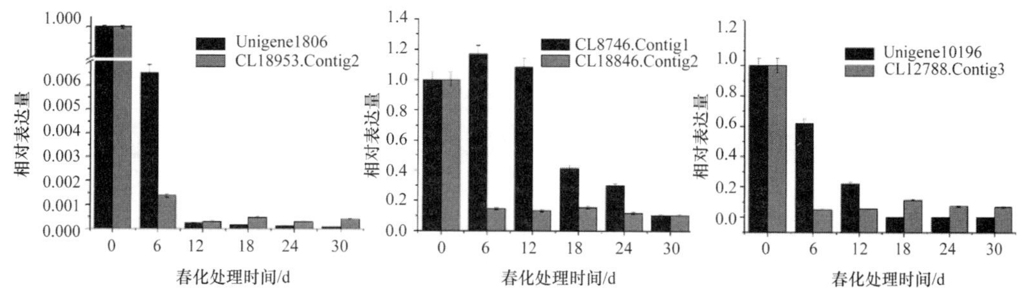

图 9-16　转录因子表达模式

Figure 9-16　The expression pattern of transcription factors

三、春化相关基因的 cDNA 克隆及序列和功能分析

春化相关的 8 类基因中，挑选出下调差异倍数 10 倍以上、长度超过 1000bp 的 6 个基因 CL8746.Contig1（TF：B-box 转录因子）、CL18846.Contig2（TF：锌指蛋白）、

Unigene10196（TF）、CL12788.Contig3（TF：锌指蛋白）、CL14010.Contig2（春化作用）、Unigene16777（甲基化作用），另从 J-NV&J-V 的差异基因中挑选出 1 个下调差异倍数 10 倍以上，长度超过 1000bp 的基因 CL176.Contig1（CDT1-like protein），以未春化京 841 的 cDNA 为模板进行克隆和功能分析。

1. CL8746.Contig1 基因

对 CL8746.Contig1 基因经测序验证，得到长度 763bp 的 cDNA 序列，在 NCBI 上 BLAST 比对后，与 *WCO1*（wheat *CONSTANS1*）相似度为 92%（图 9-17）。*CO* 基因编码一种转录因子，是光周期开花途径中的一个关键基因，可以通过调节开花基因 *FT*（FLOWERING LOCUS T）的表达来控制开花时间。植物通过整合生物钟信号和光信号最终控制开花时间的过程是由 *CO* 基因的转录丰度及 CO 蛋白的稳定性共同决定的，CO 蛋白的表达水平由生物钟和光照共同控制（Hayama and Coupland，2004）。

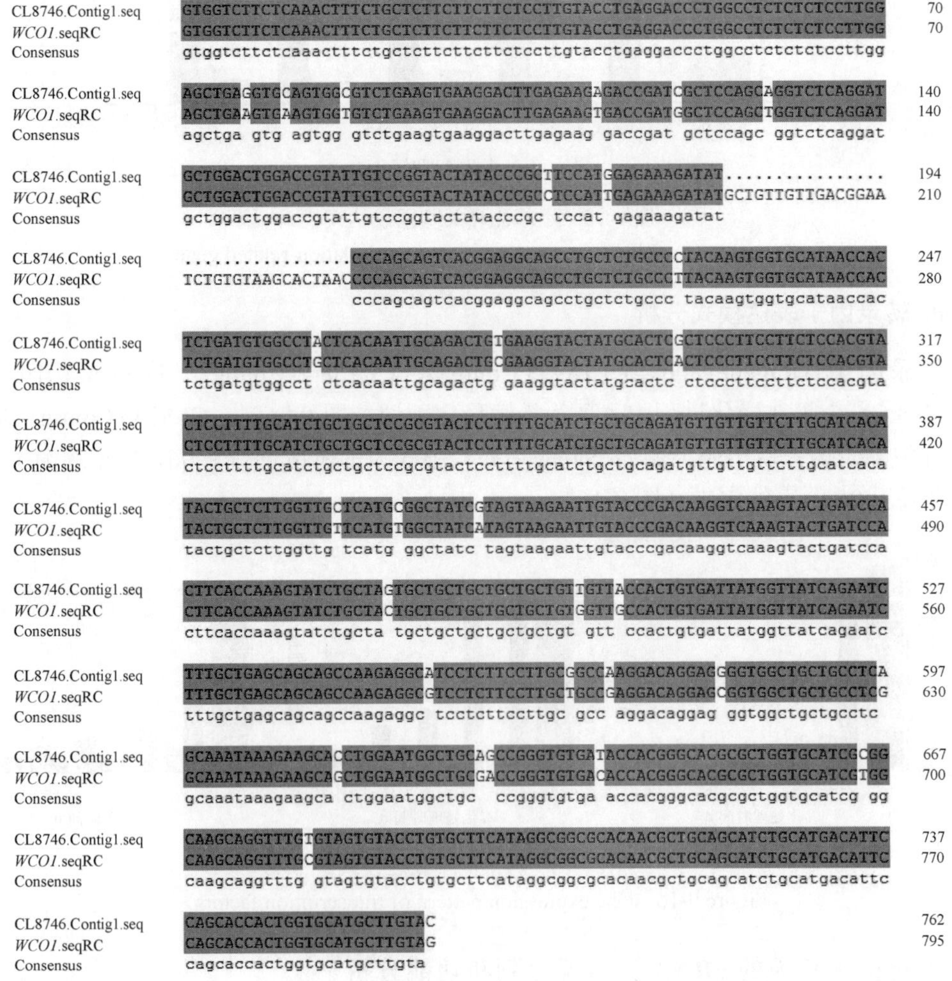

图 9-17　CL8746.Contig1 和 *WCO1* 的 cDNA 核酸序列比对

Figure 9-17　Alignment of cDNA nucleotide sequences of CL8746.Contig1 and *WCO1*

2. CL18846.Contig2 基因

CL18846.Contig2 经测序验证，得到长度 854bp 的 cDNA 序列，在 NCBI 上 BLAST 比对后，与二穗短柄草和水稻中的锌指蛋白（ZPR1）相似度为 87%（图 9-18）。ZPR1 是进化保守的蛋白质，同时存在于细胞质和核质中。细胞周期分析表明，ZPR1 在细胞增殖过程中的亚细胞分布上发生重大变化，并对细胞周期进程有重要影响。ZPR1 在 G_1 期和 G_2/M 期广泛分布于细胞中。而在 S 期重新分配到细胞核中，与运动神经元存活蛋白和组蛋白基因特异转录因子表现出显著的共定位。ZPR1 缺陷导致运动神经元存活蛋白的破坏，从而阻断 S 期的进程，使细胞停留在 G_1 期或 G_2 期，ZPR1 缺陷细胞的转录缺失还导致了组蛋白基因表达的下降（Di Fruscio et al.，1997；Gao et al.，2003；Ye et al.，2003）。

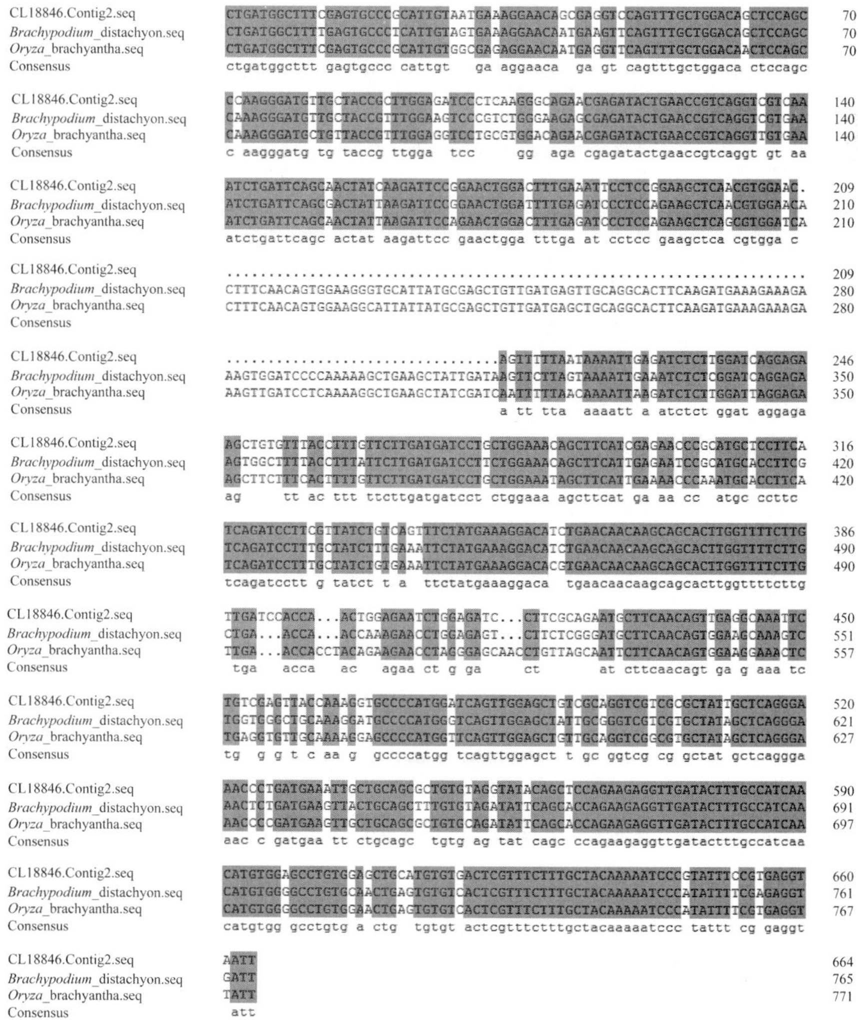

图 9-18　CL18846.Contig2 和锌指蛋白（ZPR1）的 cDNA 核酸序列比对

Figure 9-18　Alignment of cDNA nucleotide sequences of CL18846.Contig2 and ZPR1-like protein

3. Unigene10196 基因

Unigene10196 经测序验证，得到长度 1189bp 的 cDNA 序列，在 NCBI 上 BLAST 比对后，

与水稻（*Oryza sativa*）中的 *WRKY* 转录因子 63（*WRKY*63）相似度为 50%（图 9-19），*WRKY* 转录因子是植物中最大的转录调控家族之一，是许多植物信号网络中不可或缺的部分，在种子发育及衰老调控中发挥着重要作用（Rushton et al.，2010）。拟南芥中 *AtWRKY6* 与衰老和防御相关反应有密切联系（Robatzek and Somssich，2001）。水稻的 *WRKY* 基因编码一类赤霉素信号途径转录抑制因子（Zhang，2004），赤霉素途径是已知的植物开花途径之一。

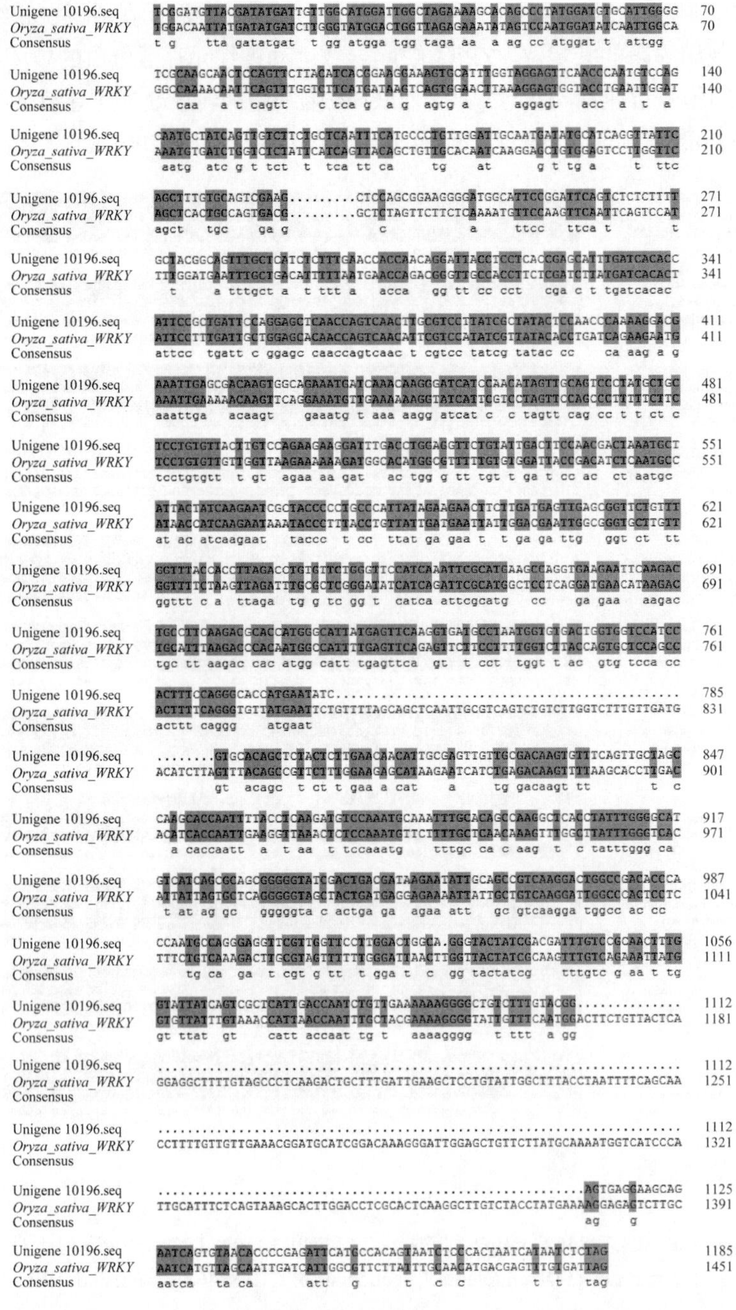

图 9-19　Unigene10196 和 *WRKY* 的 cDNA 核酸序列比对

Figure 9-19　Alignment of cDNA nucleotide sequences of Unigene10196 and *WRKY*

4. CL12788.Contig3 基因

CL12788.Contig3 经测序验证，得到长度 1476bp 的 cDNA 序列，在 NCBI 上 BLAST 比对后，与二穗短柄草和水稻中的锌指蛋白（ZPR1）相似度为 91%（图 9-20）。ZPR1 是进化保守的蛋白质，同时存在于细胞质和核质中。细胞周期分析表明，ZPR1 在细胞增殖过程中的亚细胞分布上发生重大变化，并对细胞周期进程有重要影响。

```
CL12788.Contig3.SEQ                GAGGTGTCCATGTCATTCAAGCCAAGCTCCTCATTCTGCTCCCAACTCCTCTCATAGTCCTCAATGAGTA   70
Brachypodium_distachyon.SEQRC      GATGTGTCCATGTCATTCAAGCCAAGCTCCTCATTTTGCTCCCAGCTCCTCTCGTACTCCTCGATTGTTA   70
Oryza_Brachyantha.SEQRC            GATGTGTCCATGTCATTCAAGCCAAGCTCCTCATTCTGGTCCCAGTTCCTCGCATACTCCTCAATGGTTA   70
Consensus                          ga gtgtccatgtcattcaagccaagctcctcatt tg tccca  tcctc c ta tcctc at   ta

CL12788.Contig3.SEQ                GCTGGCTGCCATCTTCTATCAAATCTGTGGCTGGGCGACAGACGAAGCCGCTAACGCATCATCGATAAT  140
Brachypodium_distachyon.SEQRC      GCTGGTGGTCATCTTCTATTGAATCCGTGGCAGGGGCAACAAACGAAGCCGCCAATGCATCATCAATAAT  140
Oryza_Brachyantha.SEQRC            GCTGGCTGTCATCTTCTATAGAATCTGTAGCTGGAGCAACAAACGAAGCTGCCAATCCATCATCGATGAT  140
Consensus                          gctgg  g catcttctat  aatc gt gc gg gc aca acgaagc gc aa  catcatc at at

CL12788.Contig3.SEQ                TAAGGTCCAGGGCTCTTGTAAACTCAGGAGCTGAAATTACACACTTTGATAATCTTTGCTGGAAATCATC  210
Brachypodium_distachyon.SEQRC      TAAAGTCCAAGGCTCTTGTAAACTTAGAAG.............CTTTGACAATCTCTCCGTGAAACCATC  197
Oryza_Brachyantha.SEQRC            CAAAGTCCATGGCTCTTGTAAACTAAGAAG.............CTTGGATAATCTATCCTTGAAATCCTC  197
Consensus                           aa gtcca ggctcttgtaaact ag ag              ctt ga aatct t c  gaaa c tc

CL12788.Contig3.SEQ                CCATTTCTTTTTCTTCCATTCATTTGTGCTACCACCCAATTGGAACCCATGAACCGCTCCAGAGCCTCA  280
Brachypodium_distachyon.SEQRC      CCATTTCTTCTTCTTCCATTCATGTGTGCTATCACCCAATTGGAATCCATGAACTCTCTCCAGTGCCTCG  267
Oryza_Brachyantha.SEQRC            CCATTTCTTCTTTTTCCATTCCAGTGTGCTATCACCCAACTGGAATCCATGCACTCTCTCCAGAGCCTCA  267
Consensus                          ccatttctt tt ttccattc   tgtgcta cacccaa tggaa ccatg ac c ctccag gcctc

CL12788.Contig3.SEQ                CATATTTTCACAATTAAACCTTCAACTGTCGTGACAATACCACCCAATGTACCCATTGACAGCTCCAACT  350
Brachypodium_distachyon.SEQRC      CATATTTTCACAATTAAACCTTCAACAGTTGTCACCATGCCACCCAGTGTTCCACTTGACAGCTCCAAGT  337
Oryza_Brachyantha.SEQRC            CATATTTTCACAATTAGACCTTCAACTGTTGTAACAATACCACCCAATGTTCCACTTGCTAGCTCCAACT  337
Consensus                          catattttcacaatta accttcaac gt gt ac at ccaccca tgt cc  ttg  agctccaa t

CL12788.Contig3.SEQ                CAAGTTCAGGTACTTTCACAGCGGCAGAATCTGACTTTATGACATCGCGAGAAAGATCTTTTACATTTTG  420
Brachypodium_distachyon.SEQRC      CAAGTTCAGGTACTTGCACCGCAGCTGAATCTGACTTTATTACATCACGACTAAGATCCTTTGCATTTTG  407
Oryza_Brachyantha.SEQRC            CGAGTTCAGGTACTTTCACACCAGCTGAATCTGACTTTATGACATCACGTGTAAGATCTTTTCCATTTTG  407
Consensus                          c agttcaggtactt cac  c gc gaatctgactttat acatc cg   aagatc ttt cattttg

CL12788.Contig3.SEQ                CACATGTAACATAATTTTCTTTCCTTTAGCCGGAATTTCACCGCCAGGCTTCAACTCTGAGTTGCGATAA  490
Brachypodium_distachyon.SEQRC      CACACGTAGAGTAGTTTTCTTTCCTTTAGCTGGGATTTCGCCACCAGGCTTCAGCTCTGAGTTGCGATAA  477
Oryza_Brachyantha.SEQRC            CACATGTAGTGTAATTTTCTTTCCTTTGGCTGGGATTTCACCACCAGGTTTCAACTCTGAGTTGCGATAG  477
Consensus                          caca gta   ta ttttctttccttt gc gg atttc cc ccagg ttca ctctgagttgcgata

CL12788.Contig3.SEQ                CCACACAGGTCACATGAAGCTGCCATAACAATTACCTCACGGAAATACGGGATTTTTGTAGCAAAGAAAC  560
Brachypodium_distachyon.SEQRC      CCACATACGTCACATGTTGTTGCCATAACAATCACCTCTCGAAAATATGGGATTTTTGTAGCAAAGAAAC  547
Oryza_Brachyantha.SEQRC            CCACACATGTCACATGTTGTTGCCATAACAATAACCTCACGAAAATATGGGATTTTTGTAGCAAAGAAAC  547
Consensus                          ccaca a gtcacatg  g tgccataacaat acctc cg aaata gggatttttgtagcaaagaaac

CL12788.Contig3.SEQ                GAGTCACACATGCAGCTCCACAGGCTCCACATGTTGATGGCAAAGTATCAACCTCTTCTGGAGCTGTATA  630
Brachypodium_distachyon.SEQRC      GAGTGACACACTCAGTTGCACAGGCCCCACATGTTGATGGCAAAGTATCAACCTCTTCTGGTGCTGAATA  617
Oryza_Brachyantha.SEQRC            GAGTGACACACTCAGTTCCACAGGCCCCACATGTTGATGGCAAAGTATCAACCTCTTCTGGTGCTGAATA  617
Consensus                          gagt acaca  cag t cacaggc ccacatgttgatggcaaagtatcaacctcttctgg gctg ata

CL12788.Contig3.SEQ                CCTACACAGCGCTGCAGCAATTTCATCAGGGTTTCCCTGAGCAATAGCGCGACGACCTGCGACAGCTCCA  700
Brachypodium_distachyon.SEQRC      TCTACACAAAGCTGCAGTAACTTCATCAGAGTTTCCCTGAGCTATAGCACGACGACCCGCAATAGCTCC.  686
Oryza_Brachyantha.SEQRC            TCTGCACAGCGCTGCAGCAACTTCATCGGGGTTTCCCTGAGCTATAGCACGCCGACCTGCAACAGCTCC.  686
Consensus                           ct caca  gctgcag aa ttcatc g gtttccctgagc atagc cg cgacc gc a agctcc

CL12788.Contig3.SEQ                AACTGATCCATGGGGCACCTTTGGTAACTCGACAGAATTTGCCTCAACTGTTGAAGCATTCTG...CGAA  767
Brachypodium_distachyon.SEQRC      AACTGACCCATGGGGCATCCTTTGCAGCCCACCAGACTTTGCTTCCACTGTTGAAGCATCCCG...AGAA  753
Oryza_Brachyantha.SEQRC            AACTGAACCATGGGGCTCCTTTTGCAACACCTCAGAGTTTCCTTCCACTGTTGAAGAATTGCTAACAGGT  756
Consensus                          aactga ccatggggc  c tt g a c c  caga ttt c tc actgttgaag at        g

CL12788.Contig3.SEQ                GGATCTCCAGATTCTCCAGT..TGGTGGATCAACAAGAAAACCAAGTGCTGCTTGTTGTTCAGATGTCCT  835
Brachypodium_distachyon.SEQRC      GACTCTCCAGGTTCTTTGGT...TGGT..TCAGCAAGAAAACCAAGTGCTGCTTGTTGTTCAGATGTCCT  818
Oryza_Brachyantha.SEQRC            TGCTCCCTAGGTTCTTCTGTAGGTGGT..TCAACAAGAAAACCAAGTGCTGCTTGTTGTTCACGTGTCCT  824
Consensus                             tc c ag ttct   gt    g    tca caagaaaaccaagtgctgcttgttgttca  tgtcct

CL12788.Contig3.SEQ                TTCATAGAAACTGACAGATAACGAAGGATCTGATGAAGGAGCATGCGGGTTCTCGATGAAGCTGTTTCCA  905
Brachypodium_distachyon.SEQRC      TTCATAGAATTTCAAAGATAGCAAAGGATCTGACGAAGGTGCATGCGGATTCTCAATGAAGCTGTTTCCA  888
Oryza_Brachyantha.SEQRC            TTCATAGAATTTCACAGATAGCAAAGGATCTGATGAAGGTGCATTTGGGTTTTCAATGAAGCTATTTCCA  894
Consensus                          ttcatagaa  t a agata c aaggatctga gaagg gcat  gg tt tc atgaagct tttcca

CL12788.Contig3.SEQ                GCAGGATCATCAAGAACAAAGGTAAACACAGCTTCTCCTGATCCAAGAGATCTCAATTTTATTAAAAACT  975
Brachypodium_distachyon.SEQRC      GAAGGATCATCAAGAATAAAGGTAAAAGCCACTTCTCCTGATCCGAGAGATTTCAATTTTACTAAGAACT  958
Oryza_Brachyantha.SEQRC            GCAGGATCATCAAGAACAAAAGTGAAAGAAGCTTCTCCTAATCCAAGAGATCTTAATTTTGTTAAAAATT  964
Consensus                          g aggatcatcaagaa aaa gt aa      cttctcct atcc agagat t aatttt  taa aa t

CL12788.Contig3.SEQ                GTTCAATAGCTTCAGCTTTTGAGGATCCGCTTTCTTTCTTTCATCTTGAAGTGCCTGCAACTCCTCCAC 1045
Brachypodium_distachyon.SEQRC      TATCAATAGCTTCAGCTTTTGGGGATCCACTTTCTTTCTTTCATCTTGAAGTGCCTGCAACTCATCAAC 1028
Oryza_Brachyantha.SEQRC            GATCGATAGCTTCAGCCTTTTGAGGATCAACTTTCTTTCTTTCATCTTGAAGTGCCTGCAGCTCATCAAC 1034
Consensus                            tc atagcttcagc ttttg ggatc  ctttctttctttcatcttgaagtgcctgca ctc tc ac

CL12788.Contig3.SEQ                AGCTCGCATAATAATCCCTTCCACTGTTGAAAGTGTTCCACGTTGAGCTTCCGGAGGAATTTCAAAGTCC 1115
Brachypodium_distachyon.SEQRC      AGCTCGCATAATGCACCCTTCCACTGTTGAAAGTGTTCCACGTTGAGCTTCTGGAGGGATCTCAAAATCC 1098
Oryza_Brachyantha.SEQRC            AGCTCGCATAATAATGCCTTCCACTGTTGAAAGTGATCCACGCTGAGCTTCTGGAGGGATCTCAAAGTCC 1104
Consensus                          agctcgcataat    ccttccactgttgaaagtg tccacg tgagcttc ggagg at tcaaa tcc
```

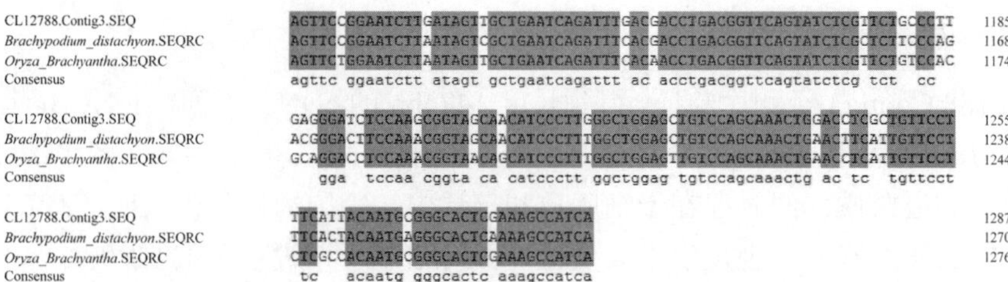

图 9-20 CL12788.Contig3 和锌指蛋白（ZPR1）的 cDNA 核酸序列比对

Figure 9-20 Alignment of cDNA nucleotide sequences of CL12788.Contig3 and ZPR1-like protein

5. CL14010.Contig2 基因

CL14010.Contig2 经测序验证，得到长度 1031bp 的 cDNA 序列，在 NCBI 上 BLAST 比对后，与小麦（*Triticum aestivum*）的 *VER2* 基因相似度为 100%（图 9-21），*VER2* 基因是已知的春化相关基因，在冬小麦的春化信号转导和穗发育中发挥重要作用（Yong et al., 2003）。

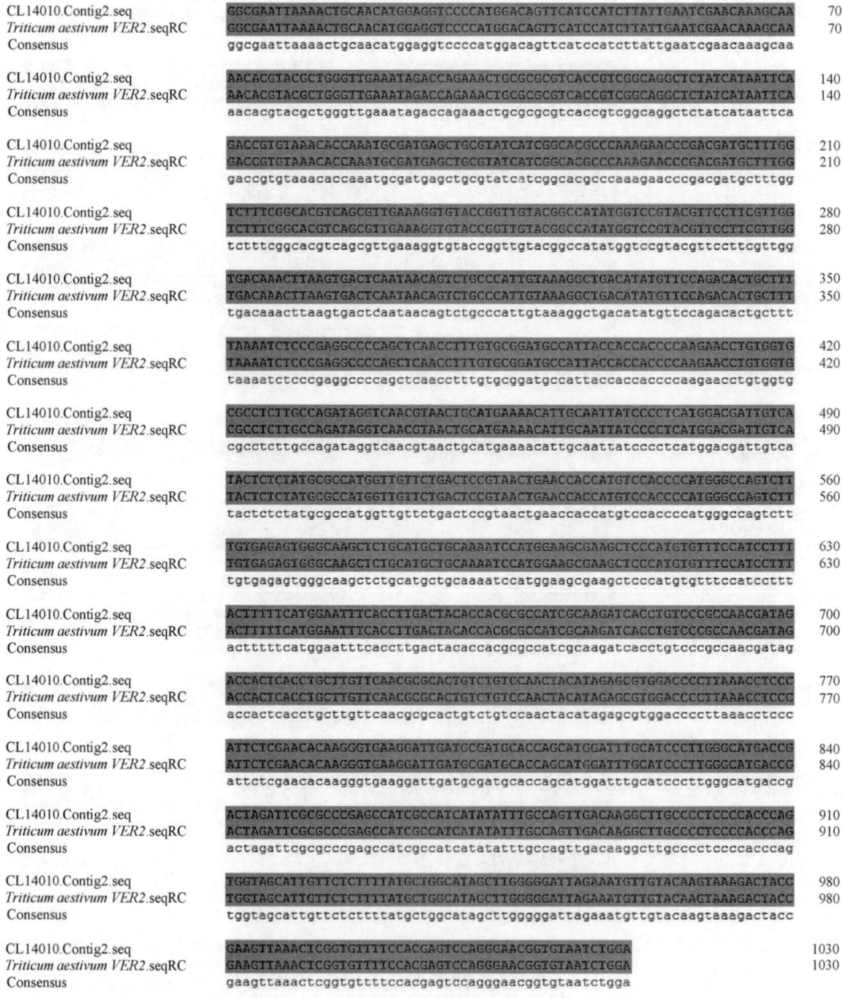

图 9-21 CL14010.Contig2 和 *VER2* 的 cDNA 核酸序列比对

Figure 9-21 Alignment of cDNA nucleotide sequences of CL14010.Contig2 and *VER2*

6. Unigene16777 基因

Unigene16777 经测序验证，得到长度 763bp 的 cDNA 序列，在 NCBI 上 BLAST 比对后，与二穗短柄草（*Brachypodium distachyon*）组蛋白-赖氨酸 *N*-甲基转移酶 ATXR6-like（LOC100822033）相似度为 85%（图 9-22）。目前组蛋白赖氨酸甲基化的功能主要体现在异染色质形成、基因印记和转录调控方面，其在基因表达调控中的作用已经成为表观遗传学研究的热点（张丽和戴勇，2008）。近些年的研究表明，组蛋白赖氨酸甲基化的作用是抑制或者激活基因表达，不仅取决于甲基化位点，还取决于甲基化程度及不同的基因区域。拟南芥中，春化对开花抑制因子 FLOWERING LOCUS C（*FLC*）的下调与 *FLC* 染色体组蛋白修饰的变化有关（Bastow et al.，2004）。组蛋白甲基化和 DNA 甲基化系统可联合作用以建立一种长期沉默，并通过 DNA 复制而传递（盛德乔等，2005）。

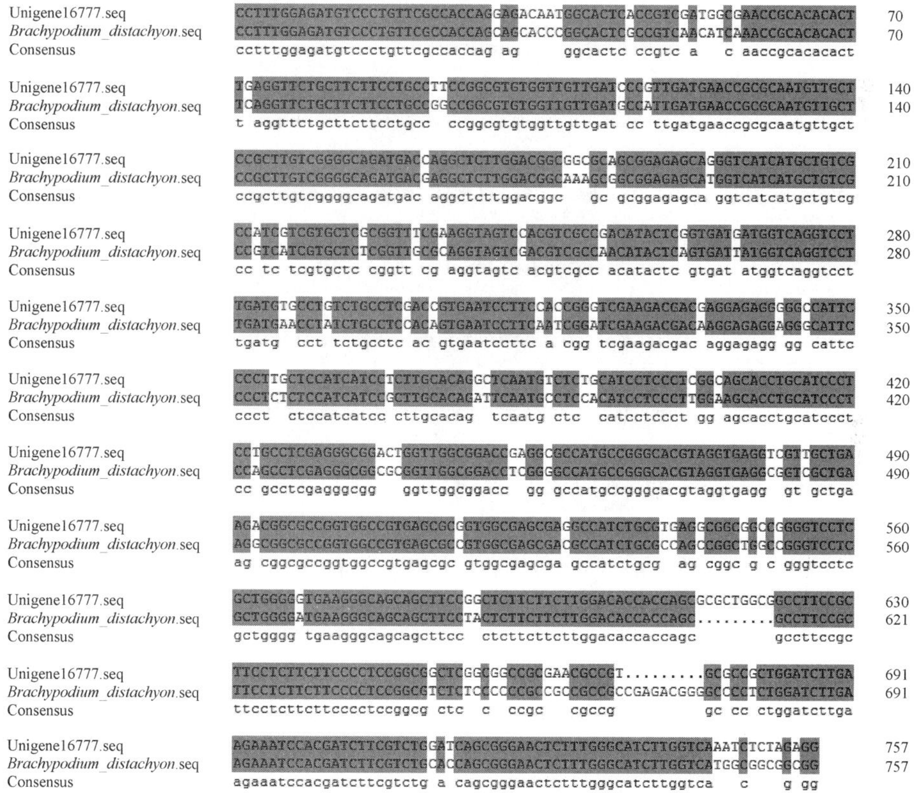

图 9-22　Unigene16777 和 ATXR6-like 蛋白的 cDNA 核酸序列比对

Figure 9-22　Alignment of cDNA nucleotide sequences of Unigene16777 and ATXR6-like protein

7. CL176.Contig1 基因

CL176.Contig1 经测序验证，得到长度 932bp 的 cDNA 序列，在 NCBI 上 BLAST 比对后，与二穗短柄草的 CDT1 蛋白（Cdc10-dependent transcript 1）相似度为 82%（图 9-23）。CDT1 蛋白是一种 DNA 复制必需蛋白，在细胞周期有丝分裂过程中扮演了重要角色（Varma et al.，2012），在真核细胞中确保有丝分裂的完成，从而保证基因组的稳定，其是 DNA 复制起始的关键调控物质。

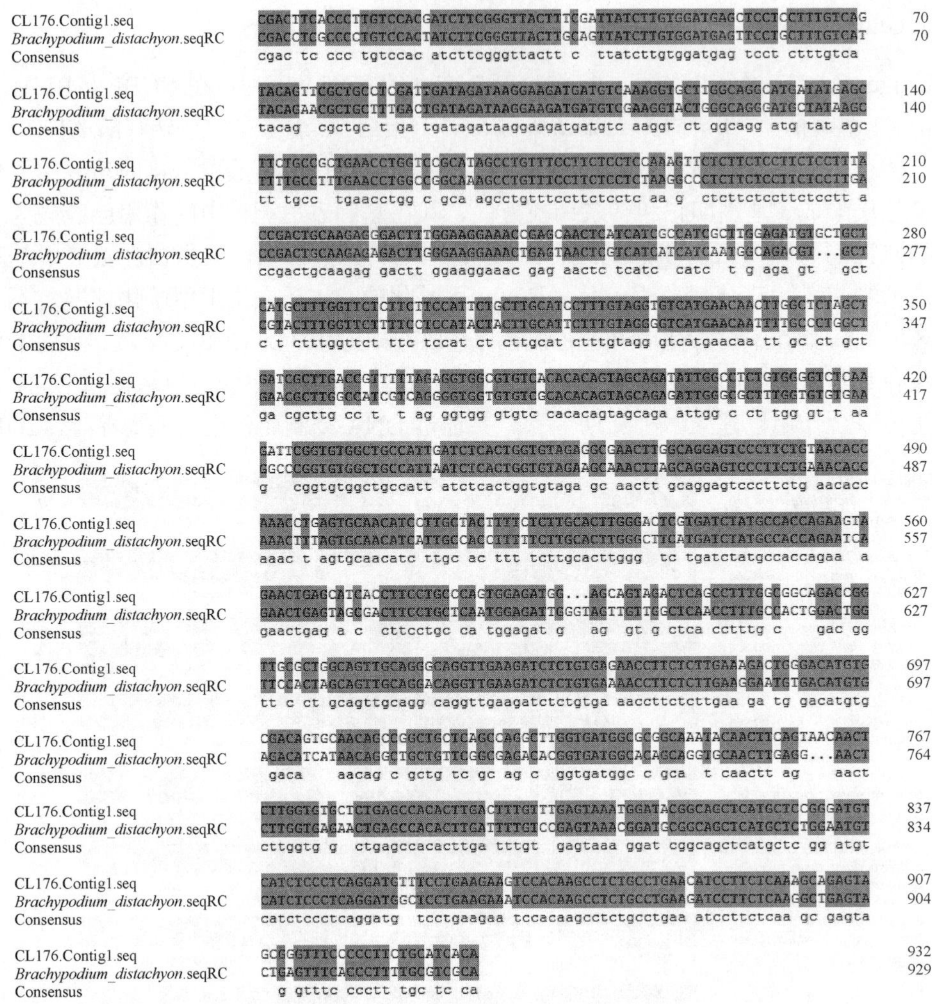

图 9-23　CL176.Contig1 和 CDT1-like 蛋白的 cDNA 核酸序列比对

Figure 9-23　Alignment of cDNA nucleotide sequences of CL176.Contig1 and CDT1-like protein

四、春化相关基因的表达分析

对上述克隆的 7 个基因的表达分析结果如图 9-24 所示。在春化过程中，CL8746.Contig1 在第 6 天上调表达，随后下调表达，30d 时表达量降至最低；CL18846.Contig2、CL12788.Contig3 和 CL14010.Contig2 表达趋势相似，0d 时表达量最高，至 6d 时表达量迅速下降，持续至 30d 降至最低；Unigene10196 表达量 0d 最高，随后下调表达至 18d 时最低，持续至 30d；Unigene16777 和 CL176.Contig1 表达趋势相似，0d 表达量最高，6d、18d 和 30d 下调，12d 和 24d 上调，30d 时表达量降至最低。

综上所述，本研究构建了 8 个 DGE 以筛选差异表达基因，基于差异表达基因的功能注释，筛选出 8 类 639 个春化响应基因，根据春化响应基因的表达差异，挑选出表达差异倍数较高的 17 个基因进行了春化过程中表达模式的分析。第一类 CL19305.Contig2

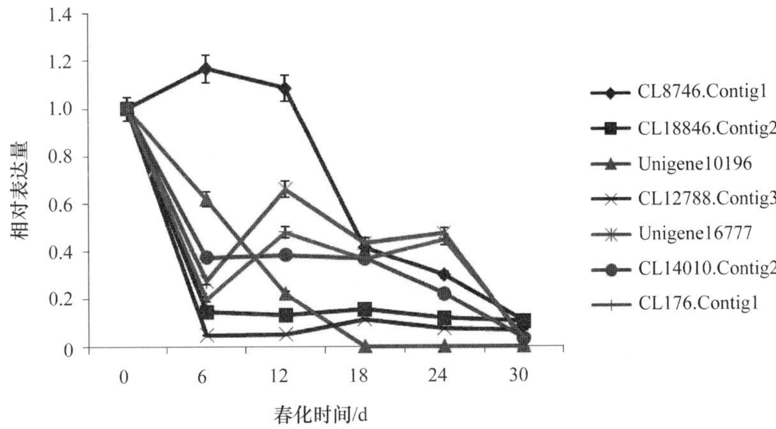

图 9-24　克隆基因的表达分析（另见彩图）

Figure 9-24　The expression analysis of cloned genes (See Colour figure)

基因，与春化基因 *VRN1* 相似度 100%，在春化过程中表现出持续上调，代表了典型的春化调控表达模式。第二类包括开花调控相关基因 Unigene8329、低温响应基因 Unigene3230、脱水素基因 CL3094.Contig3、冰晶重结晶抑制蛋白基因 CL17784.Contig1、ABA 相关基因 Unigene5440 和甲基化相关基因 CL19373.Contig1，在春化中表现出波动上调，出现双峰或单峰。第三类包括春化相关基因 CL14010.Contig2，两个甲基化相关基因 Unigene12389 和 Unigene16777，5 个转录因子 Unigene1806、CL18953.Contig2、CL18846.Contig2、CL12788.Contig3 和 Unigene10196，表现出持续下调的表达模式。第四类包括开花调控相关基因 Unigene41092 和转录因子 CL8746.Contig1，表现出波动下调的模式，出现一个表达峰值。总之，这些基因受到春化的调控，其在春化中的表达模式有所差异，可能涉及多种不同的调控途径。

从这 8 类中挑选下调差异倍数 10 倍以上且长度大于 1000bp 的基因，共计 6 个，另从 J-NV&J-V 的差异基因中挑选出 1 个差异倍数 10 倍以上，长度超过 1000bp 的基因 CL176.Contig1 在京 841 中进行 cDNA 克隆。CL8746.Contig1 与 *WCO1*（wheat *CONSTANS1*）相似度 92%，是光周期开花途径中的一个关键基因；在春化第 6 天上调表达，随后下调，可能是由于春化过程中黑暗培养，无光照条件下，植物不能感受光信号，因而表达下调。CL18846.Contig2 和 CL12788.Contig3 与二穗短柄草和水稻中的锌指蛋白（ZPR1）相似度分别为 87%和 91%。ZPR1 在细胞增殖过程中的亚细胞分布上发生重大变化，并对细胞周期进程有重要影响；在春化过程中表达量显著下调，对春化作用响应敏感。Unigene10196 与水稻（*Oryza sativa*）中的 *WRKY* 转录因子 63（*WRKY63*）相似度为 50%，*WRKY* 转录因子是植物中最大的转录调控家族之一，在种子发育及衰老调控中发挥重要作用（Rushton et al.，2010）；在春化中下调表达，可能激活了被抑制的赤霉素途径进而促进开花。CL14010.Contig2 与小麦（*Triticum aestivum*）的 *VER2* 基因相似度为 100%，在冬小麦的春化信号转导和穗发育中发挥重要作用（Yong et al.，2003）；在春化中下调表达，表明其可能是开花抑制因子，春化作用抑制其表达从而促进开花。Unigene16777 与二穗短柄草（*Brachypodium distachyon*）组蛋白-赖氨酸 *N*-甲基转移酶 ATXR6-like（LOC100822033）相似度为 85%；在春化中下调表达，但在 12d 和 24d 出现两个峰值，随后迅速下降，其表达显示出波动性。CL176.Contig1 与二穗短柄草的 CDT1 蛋白（Cdc10-dependent transcript 1）相似度 82%，CDT1 蛋白是一种 DNA 复制必需蛋白，在细胞周期有丝分裂过程中扮演了重要角色；在春化中下调表达，可能春化过程中温度较低，导致 DNA 复制周期增长，细胞生长、增殖速度缓慢。

第三节　基于基因沉默技术的候选基因功能验证

为了进一步验证上述基因与春化作用的关系，本研究利用病毒诱导的基因沉默（VIGS）技术，以大麦条纹花叶病毒（BSMV）为载体，在京 841 中建立小麦 VIGS 技术体系，对筛选出的 7 个春化响应基因（CL18846.Contig2、CL14010.Contig2、CL12788.Contig3、Unigene16777、CL8746.Contig1、 CL176.Contig1、Unigene10196）构建重组 BSMV-VIGS 载体，对其功能进行验证。研究选用八氢番茄红素脱氢酶（phytoene desaturase，PDS）基因构建 BMSV:PDS 重组载体作为阳性对照，以 BSMV:00 为阴性对照。*PDS* 基因参与类胡萝卜素生物合成途径，BMSV:PDS 重组载体接种叶片后 *PDS* 基因沉默，导致光氧化对叶绿素的快速降解，随后产生可观察的白叶表型，用 SPAD-502 测定 BSMV-VIGS 侵染植株与对照植株叶片的叶绿素含量。

一、候选基因的克隆与转录

根据测序结果，利用引物设计软件 Primer Premier 5.0 分别设计 *Nhe* I 酶切位点（识别位点：GCTAGC）引物进行基因克隆，7 个春化响应基因的 PCR 克隆引物见表 9-8。电泳结果如图 9-25 所示，扩增产物大小与预期相同。

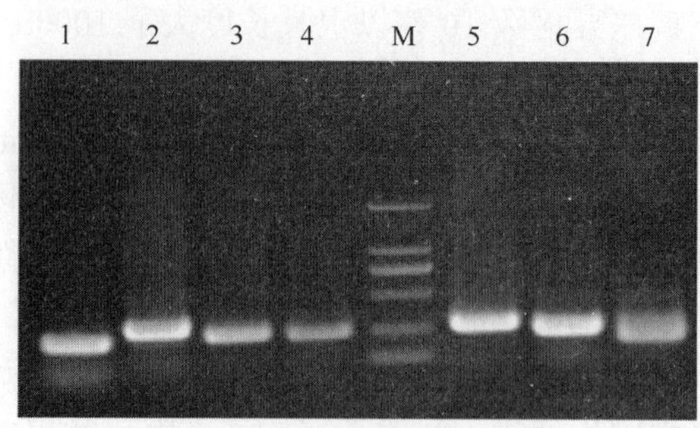

图 9-25　候选基因扩增结果

Figure 9-25　The amplified result of target genes

M. Marker DL2000，从上到下依次为 2000bp、1000bp、750bp、500bp、250bp 和 100bp; 1. CL18846.Contig2; 2. CL14010.Contig2; 3. CL12788.Contig3; 4. Unigene16777; 5. CL8746.Contig1; 6. CL176.Contig1; 7. Unigene10196

克隆得到的片段经回收、连接转化提取质粒后测序，测序结果进行酶切，酶切结果如图 9-26 所示。

按照 Promega 公司的 RiboMAXTM Large Scale RNA Production System –T7 和 Ribo m7G Cap Analog 的说明进行体外转录，反应结束后取 5μL 1%琼脂糖凝胶电泳检测，结果如图 9-27 所示，转录的 RNA 大小与预期相吻合。

表 9-8　PCR 克隆引物

Table 9-8　Primers for PCR clone

基因	上游引物序列	下游引物序列
Unigene10196	AACACGCTAGCAGCATAGGGACT	TCAGTCTCTCGCTAGCTACGGC
CL14010.Contig2	CATCGCAGCTAGCCTTCACCC	CCATGGTTGTGCTAGCTCCGTAA
CL12788.Contig3	AACAGTGCTAGCGATTATTATGCG	TGCTGCTAGCTGTTCAGATGTCC
Unigene16777	AGGCAGCTAGCCACATCAAGG	ACAATGGCTAGCACCGTCGAT
CL8746.Contig1	ATGCTGGGCTAGCCCGTATTG	CGATAGCCGCTAGCGCAACC
CL176.Contig1	GATCTTCGGCTAGCTTTCGATTA	GCGATGATGGCTAGCTCGGTT
CL18846.Contig2	GAAAGCTAGCAGAACAACCTCCC	ACCGCTAGCCCGTGACCAT

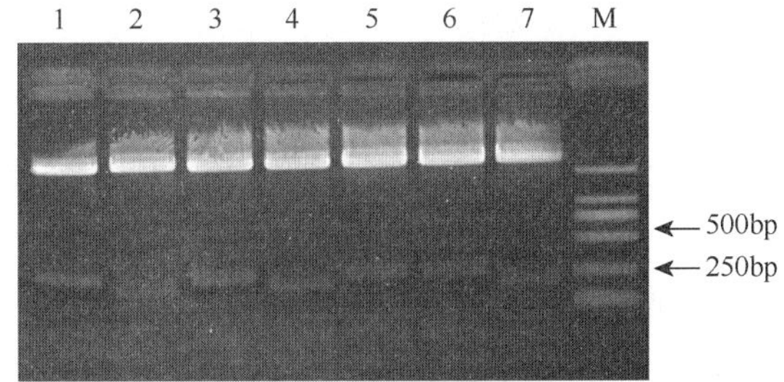

图 9-26　候选基因酶切检测

Figure 9-26　Detection of the target genes

M. marker DL2000; 1. CL12788.Contig3; 2. CL18846.Contig2; 3. Unigene16777; 4. Unigene10196; 5. CL8746.Contig1; 6. CL14010.Contig2; 7. CL176.Contig1

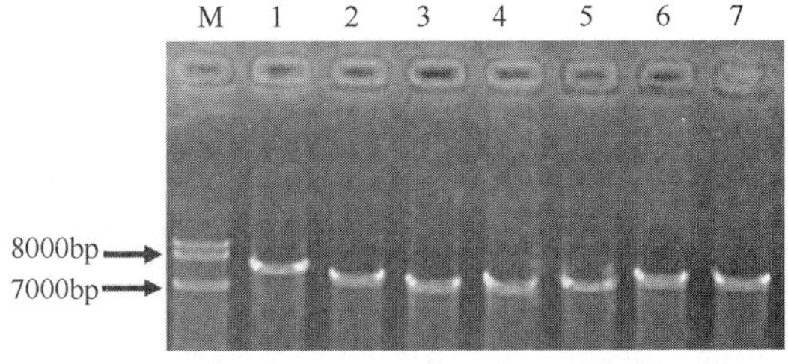

图 9-27　BSMV 体外转录检测

Figure 9-27　Detection of in vitro transcripts of BSMV virus

M. marker 1kb; 1. CL12788.Contig3; 2. CL18846.Contig2; 3. Unigene16777; 4. Unigene10196; 5. CL8746.Contig1; 6. CL14010.Contig2; 7. CL176.Contig1

二、BSMV 重组载体接种后候选基因表达分析

1. BSMV:PDS 重组载体接种后基因表达与表型分析

BSMV 重组载体接种后，每 7d 取样提取 RNA，反转录后荧光定量检测候选基因表达水平，以 BSMV:PDS 为阳性对照，BSMV:00 为阴性对照。

PDS 基因在 BSMV:00 对照中表达稳定，35d 时的表达量略高于其他时期。BSMV:PDS 接种后，*PDS* 基因表达量迅速下调，14d 时降至最小值，随后缓慢回升，35d 时增加量较为明显（图 9-28）。上述结果证明了 BMSV:PDS 重组载体接种叶片后 *PDS* 基因发

生部分沉默，*PDS* 基因表达量明显低于对照。

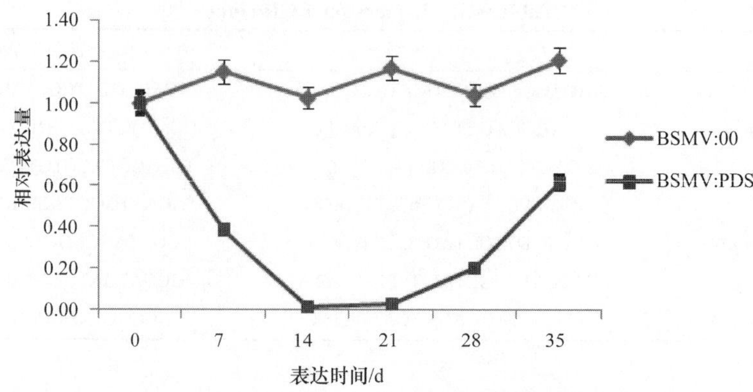

图 9-28 BSMV: PDS 接种后 *PDS* 基因的表达分析

Figure 9-28 Expression analysis of *PDS* after BSMV:PDS inoculation

同时，在接种 BSMV:PDS 后第 5 天，观察小麦植株叶色变化，发现第二片叶开始出现部分失绿，7d 后叶片的光漂白现象较明显（图 9-29A），说明病毒已成功侵染植株叶片。接种后 14d，新叶基部出现白化症状，叶片出现黄绿相间的漂白斑（图 9-29B）。21d 时新叶仍维持光漂白现象（图 9-29C）。28d 后光漂白逐渐消退，但叶片仍有黄斑出现（图 9-29D、E）。接种后第 14 天叶片表型如图 9-30 所示，对照（CK）生长正常，阴性对照 BSMV:00 的叶片出现黄色线状斑，表明 BSMV 对小麦叶片具有侵染性，而接种 BSMV:PDS 的植株叶片表现出明显的条状漂白斑。上述结果证明了 BMSV:PDS 重组载体接种叶片后 *PDS* 基因发生部分沉默，*PDS* 基因表达量明显低于对照，导致光氧化对叶绿素的快速降解，随后产生可观察的白叶表型。

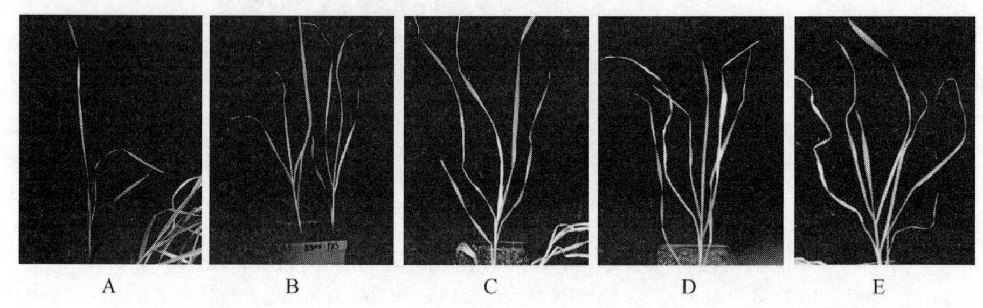

图 9-29 BSMV:PDS 接种后叶片表型（另见彩图）

Figure 9-29 The leaf phenotypes after BSMV:PDS inoculation (See Colour figure)

A. 接种后第 7 天；B. 接种后第 14 天；C. 接种后第 21 天；D. 接种后第 28 天；E. 接种后第 35 天

A. 7d after inoculation; B. 14d after inoculation; C. 21d after inoculation; D. 28d after inoculation; E. 35d after inoculation

2. BSMV 重组载体接种后候选基因的表达分析

为了验证 BSMV 重组载体接种后候选基因变化情况，分别构建了 7 个候选基因的 BSMV 重组载体和 BSMV:00 对照，并在接种后检测了候选基因表达情况。结果表明，候选基因 CL12788.Contig3 在 BSMV:00 对照中表达稳定上调，增量较显著，35d 时达到峰值。而 BSMV:CL12788 接种 7d 后，CL12788.Contig3 基因下调表达，21d 时达到最低，随后缓慢回升（图 9-31）。

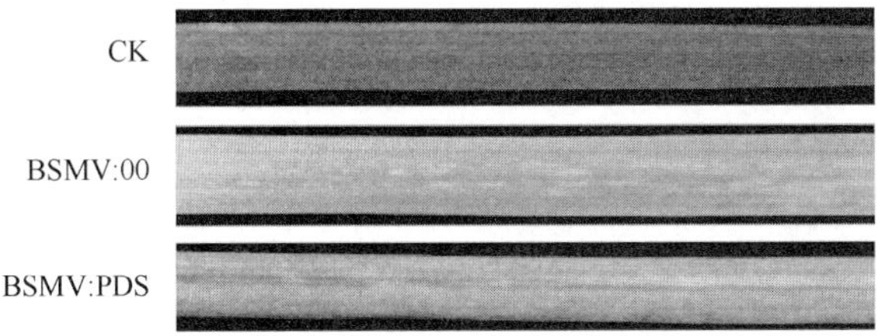

图 9-30　BSMV:PDS 接种后 14d 与对照植株的叶片表型（另见彩图）
Figure 9-30　Leaf phenotype of control and plants after BSMV:PDS inoculation 14d(See Colour figure)

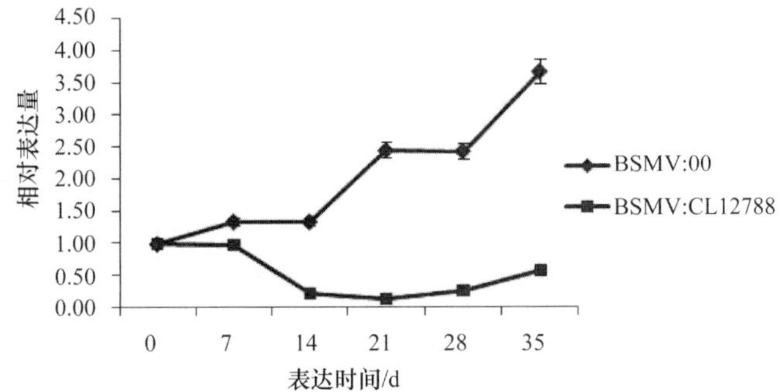

图 9-31　BSMV:CL12788 接种后 CL12788.Contig3 基因的表达分析
Figure 9-31　Expression analysis of CL12788.Contig3 after BSMV:CL12788 inoculation

同样，CL18846.Contig2 在 BSMV:00 对照中稳定表达持续至 21d，随后显著上调，35d 时达到峰值。BSMV:CL18846. Contig2 接种后，CL18846.Contig2 持续下调表达，21d 降至最小，随后缓慢回升（图 9-32）。

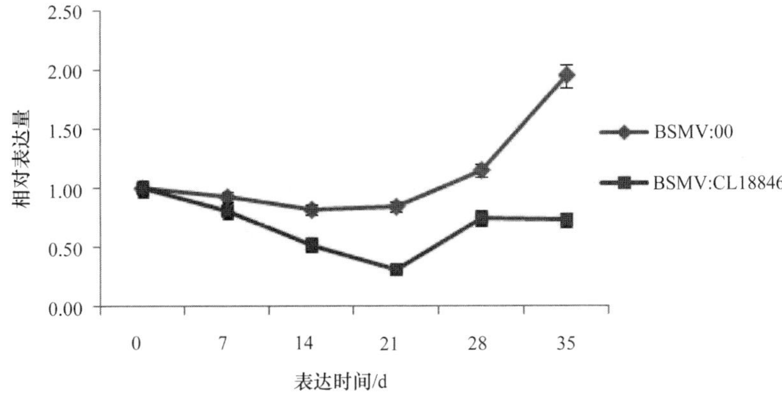

图 9-32　BSMV:CL18846 接种后 CL18846.Contig2 基因的表达分析
Figure 9-32　Expression analysis of CL18846.Contig2 after BSMV:CL18846.Contig2 inoculation

Unigene10196 在 BSMV:00 对照中表达稳定上调，增量不显著，35d 时达到峰值。BSMV:Unigene10196 接种第 7 天，Unigene10196 基因表达量显著减少，持续至 35d（图 9-33）。

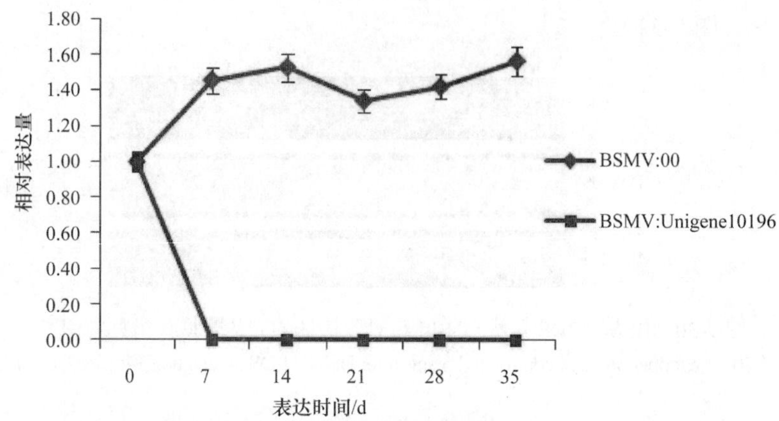

图 9-33 BSMV:Unigene10196 接种后 Unigene10196 基因的表达分析

Figure 9-33 Expression analysis of Unigene10196 after BSMV:Unigene10196 inoculation

CL8746.Contig1 在 BSMV:00 对照中表达呈波动上调，峰值分别出现在 7d 和 35d。BSMV:CL8746.Contig1 接种后 7d 表达量迅速下调，持续至 21d，随后缓慢回升（图 9-34）。

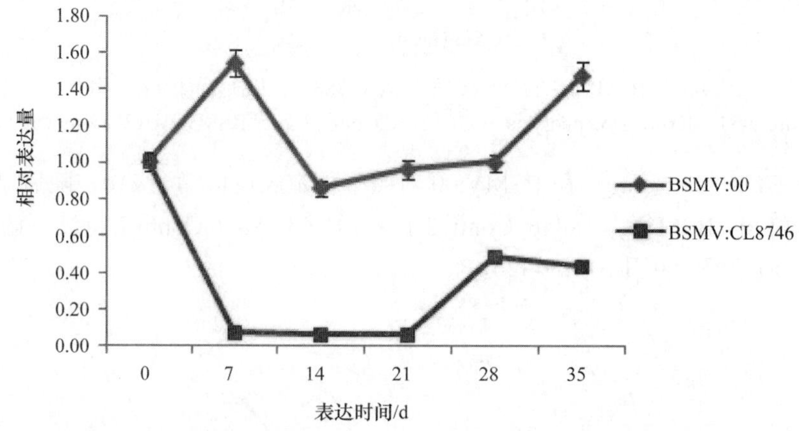

图 9-34 BSMV:CL8746 接种后 CL8746.Contig1 基因的表达分析

Figure 9-34 Expression analysis of CL8746.Contig1 after BSMV:CL8746 inoculation

CL14010.Contig2 在 BSMV:00 对照中表达稳定增加，28d 后略有降低。BSMV:CL14010.Contig2 接种后，CL14010.Contig2 表达呈下调趋势，14d 降至最低值，21d 后表达呈缓慢增加，35d 时基本与接种前持平（图 9-35）。

Unigene16777 在 BSMV:00 对照中表达上调，峰值出现在 21d，随后略有下降。BSMV:Unigene16777 接种后，Unigene16777 表达下调，21d 降至最低值，随后缓慢增加（图 9-36）。

CL176.Contig1 在 BSMV:00 对照中表达显著上调，21d 达到峰值，随后略有下降。BSMV:CL176.Contig1 接种后，CL176.Contig1 表达下调，14d 降至最低值，随后缓慢增加（图 9-37）。

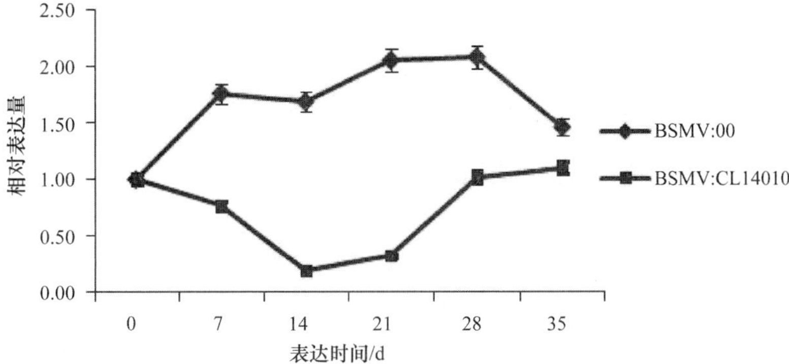

图 9-35　BSMV:CL14010 接种后 CL14010.Contig2 基因的表达分析

Figure 9-35　Expression analysis of CL14010.Contig2 after BSMV:CL14010.Contig2 inoculation

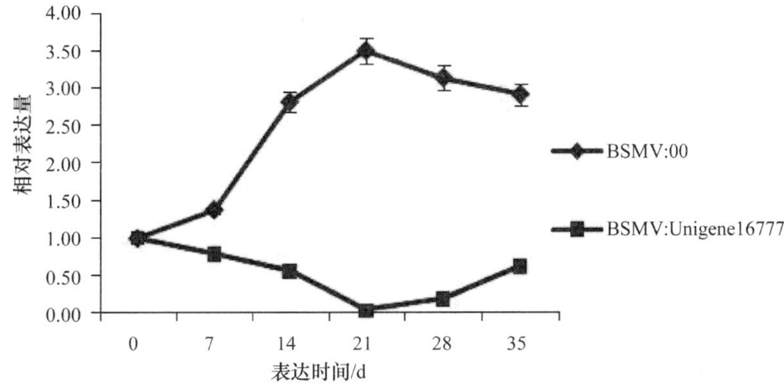

图 9-36　BSMV:Unigene16777 接种后 Unigene16777 基因的表达分析

Figure 9-36　Expression analysis of Unigene16777 after BSMV:Unigene16777 inoculation

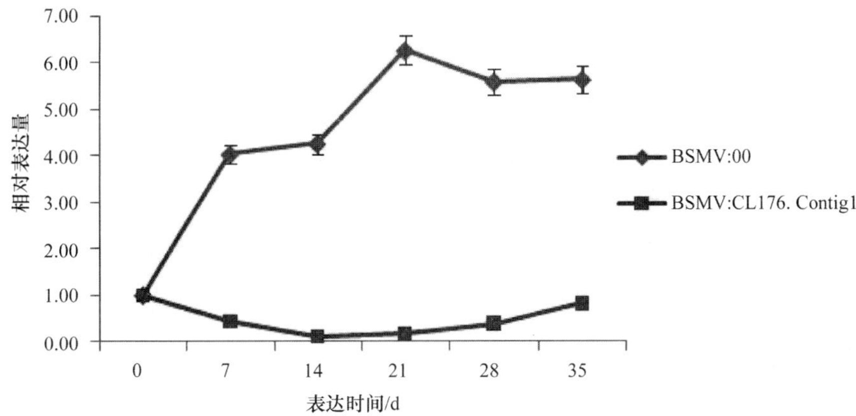

图 9-37　BSMV:CL176 接种后 CL176.Contig1 基因的表达分析

Figure 9-37　Expression analysis of CL176.Contig1 after BSMV:CL176 inoculation

上述结果表明，BSMV 重组载体接种后 7 个候选基因表达均表现明显下调，说明 BSMV 重组载体接种导致候选基因沉默或部分沉默。

3. BSMV 重组载体对植株叶绿素含量的影响

为了解候选基因沉默或部分沉默后植株叶片叶绿素变化，在京 841 品种两叶一心期挑选长势一致的植株进行 BSMV 重组载体接种，接种后的植株叶片均表现出一定的失绿病症，叶绿素含量呈现出下降的趋势（图 9-38）。其中 BSMV:PDS 接种后，叶片叶绿素含量显著降低，4 叶期降至最小值，随后逐渐增加（图 9-38A）。同时阴性对照 BSMV:00 对小麦叶片叶绿素含量也有影响，其叶绿素含量在 4 叶期时降至最低，随后增加并趋于稳定；但影响明显小于 BSMV:PDS 接种。同样，接种 BSMV:CL12788（图 9-38B）、

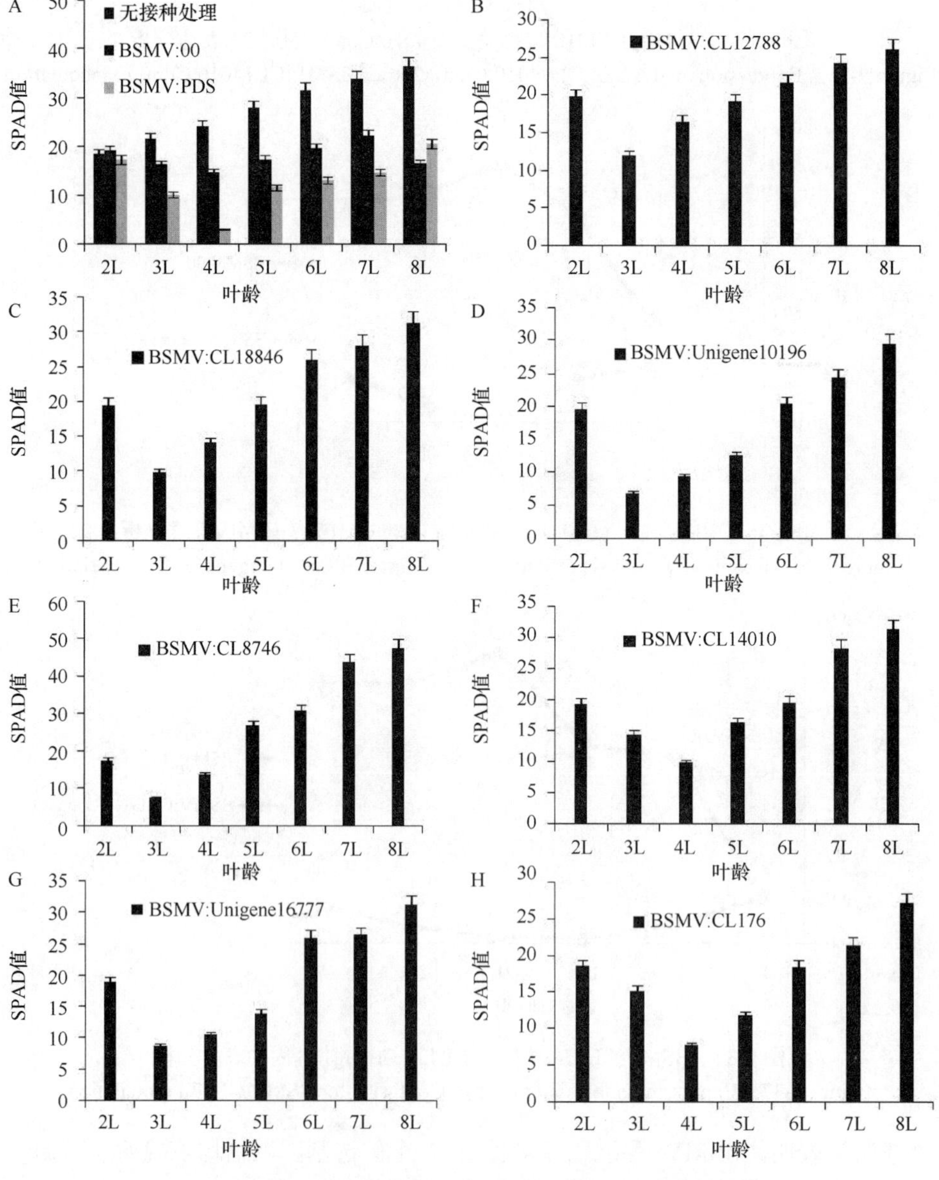

图 9-38 BSMV 重组载体接种后叶绿素含量测定

Figure 9-38 Detection of chlorophyll content after BSMV recombinant vector inoculation

BSMV:CL18846（图 9-38C）、BSMV:Unigene10196（图 9-38D）、BSMV:CL8746（图 9-38E）和 BSMV:Unigene16777（图 9-38G）后，小麦叶片叶绿素含量均比 2 叶期（接种）时有明显下降，在 3 叶期降至最低，随后增加。接种 BSMV:CL14010（图 9-31F）和 BSMV:CL176（图 9-38H）后，叶绿素含量比 2 叶期（接种）时有明显下降，最低值出现在 4 叶期，随后增加。表明 7 个基因的 BSMV 重组载体接种后，基因表达下调对植株叶片叶绿素含量均有明显影响。

三、春化候选基因对小麦发育进程的调控作用

不同生长特性的品种，由于低温春化敏感性不同，幼穗分化进程也有差异，当低温条件不能满足春化时，则需要较长时间的低温积累，单棱期和二棱期延长，进而导致抽穗期推迟，因此，二棱期是小麦通过春化的重要指标。为了确定上述候选基因对小麦进程的影响，调查了 7 个候选基因沉默后小麦从出苗到二棱期天数，见表 9-9。从表 9-9 可以看出，没接种的小麦从出苗到二棱期天数为 85.0d（CK），BSMV:00 和 BSMV:PDS 重组载体接种后，出苗到二棱期天数分别为 83.8d 和 84.3d，与对照没有显著差异。但不同候选基因的 BSMV 重组载体接种后，植株从出苗至二棱期的天数均有不同程度的缩短，差异均达到显著水平，其中 BSMV:CL14010 接种后出苗到二棱期最短为 59.8d，其他在 64～66d，比对照缩短 20d 左右。上述结果表明，这些候选基因沉默或表达下调可以促进幼穗分化进程，并使其提前通过二棱期。进一步证明 7 个基因与小麦的春化密切联系，而且具有抑制小麦春化发育的作用，与在转录组中春化处理后表达下调的结果完全吻合。

表 9-9　不同 BSMV 重组载体接种后出苗至二棱期的天数

Table 9-9　The period from seedling to double-ridge after different BSMV recombinant vector inoculation

BSMV 重组载体	出苗至二棱期天数/d
CK	85.0±0.73 a
BSMV:00	83.8±0.60 a
BSMV:PDS	84.3±0.80 a
BSMV:CL12788	65.0±0.58 bc
BSMV:CL18846	66.5±0.43 b
BSMV:Unigene10196	65.2±0.31 bc
BSMV:CL8746	65.8±0.48 bc
BSMV:CL14010	59.8±0.60 d
BSMV:Unigene16777	64.3±0.42 c
BSMV:CL176	64.8±0.70 bc

注：数据表示为平均值±标准差（N=5），不同的小写字母表示差异显著，$P \leq 0.05$

Note: Data is mean ± standard deviation, Letter is significant difference at 0.05

综上所述，利用 VIGS 技术，以 *PDS* 基因作为阳性对照，*PDS* 基因沉默后叶片出现严重白化的表型，把表型观察和分子水平检测高度结合，反映了监测基因沉默的效力。本研究中构建的携带候选基因片段的重组 BSMV，侵染小麦叶片后，候选

基因的表达呈现出不同程度的下调，表明 BSMV 成功诱导了内源候选基因的沉默。由于阴性对照 BSMV:00 对小麦叶片同样有侵染作用，因此，重组 BSMV 侵染小麦叶片后，叶绿素含量均呈现出先下降后增加的趋势。本研究中构建的 BSMV 重组载体侵染小麦叶片后，对植株的幼穗发育进程有不同程度的影响。空白、阳性和阴性对照之间差异不显著，但与候选基因相比表现出显著的差异。空白对照从出苗到二棱期需要 85.0d，而 BSMV 重组载体接种的植株最长仅需 66.5d，最短为 59.8d，大大缩短了出苗到二棱期的时间。春化响应转录组中筛选的 7 个候选基因，作为春化作用后的下调基因，其沉默或表达下调可以促进幼穗分化进程，表明了其与小麦的春化发育相关且有抑制作用。

第四节　春化基因 *VER2* 的克隆及表达特性分析

根据第三节春化相关基因验证情况，选择对春化发育抑制作用较强的春化相关基因 CL14010.Contig2 进行序列对比，发现 CL14010.Contig2 与 *VER2* 的序列相似度达到 100%，春化基因 *VER2* 编码一个植物凝集素类似蛋白，通过原位杂交发现 *VER2* 定位在茎尖的特定部位，茎尖可能是首要的低温传感器，*VER2* 可能是茎尖和幼叶信号转导模式的中间信号组件，在冬小麦的春化信号转导和幼穗发育过程中发挥重要作用。

本研究选择 8 个春化特性不同小麦品种并进行春化处理，其中辽春 10 号（强春性）、新春 2 号（春性）、郑麦 9023（弱春性）、豫麦 49-198（半冬性）、周麦 18（半冬性）、京 841（冬性）春化处理 30d，新冬 22（冬性）春化处理 40d，肥麦（强冬性）春化处理 60d，以这 8 个小麦品种 cDNA 为模板，克隆 *VER2* 基因的完整 ORF，并分析其序列特征。利用 qRT-PCR 技术，对 *VER2* 基因在 8 个小麦品种春化过程中的表达模式进行动态分析，并对辽春 10 号和京 841 春化和未春化处理后不同叶龄的动态表达分析，以期探索 *VER2* 基因在不同小麦品种中序列特征和表达差异。

一、*VER2* 基因在不同品种中的 cDNA 克隆及序列分析

以 8 个品种春化处理 6d 的 cDNA 为模板，利用克隆引物分别进行 PCR 扩增，产物约为 1056bp，与预期结果一致（图 9-39）。通过测序并对 8 个品种间 *VER2* 基因序列比对分析发现（图 9-40），8 个品种间序列相似度为 95.5%，仅有 4 个 SNP 的差异，第 1

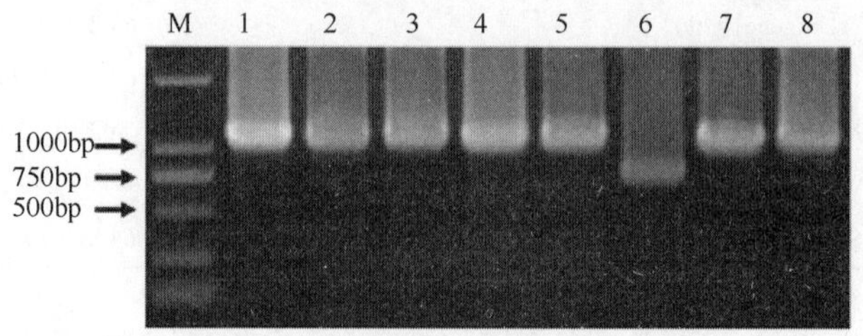

图 9-39　8 个品种中 *VER2* 基因的克隆

Figure 9-39　Cloning of *VER2* in eight wheat varieties

M. DL2000；1. 辽春 10 号；2. 新春 2 号；3. 郑麦 9023；4. 豫麦 49-198；5. 京 841；6. 周麦 18；7. 新冬 22；8. 肥麦

M. DL2000; 1. Liaochun 10; 2. Xinchun 2; 3. Zhengmai 9023; 4. Yumai 49-198; 5. Jing 841; 6. Zhoumai 18; 7. Xindong 22; 8. Feimai

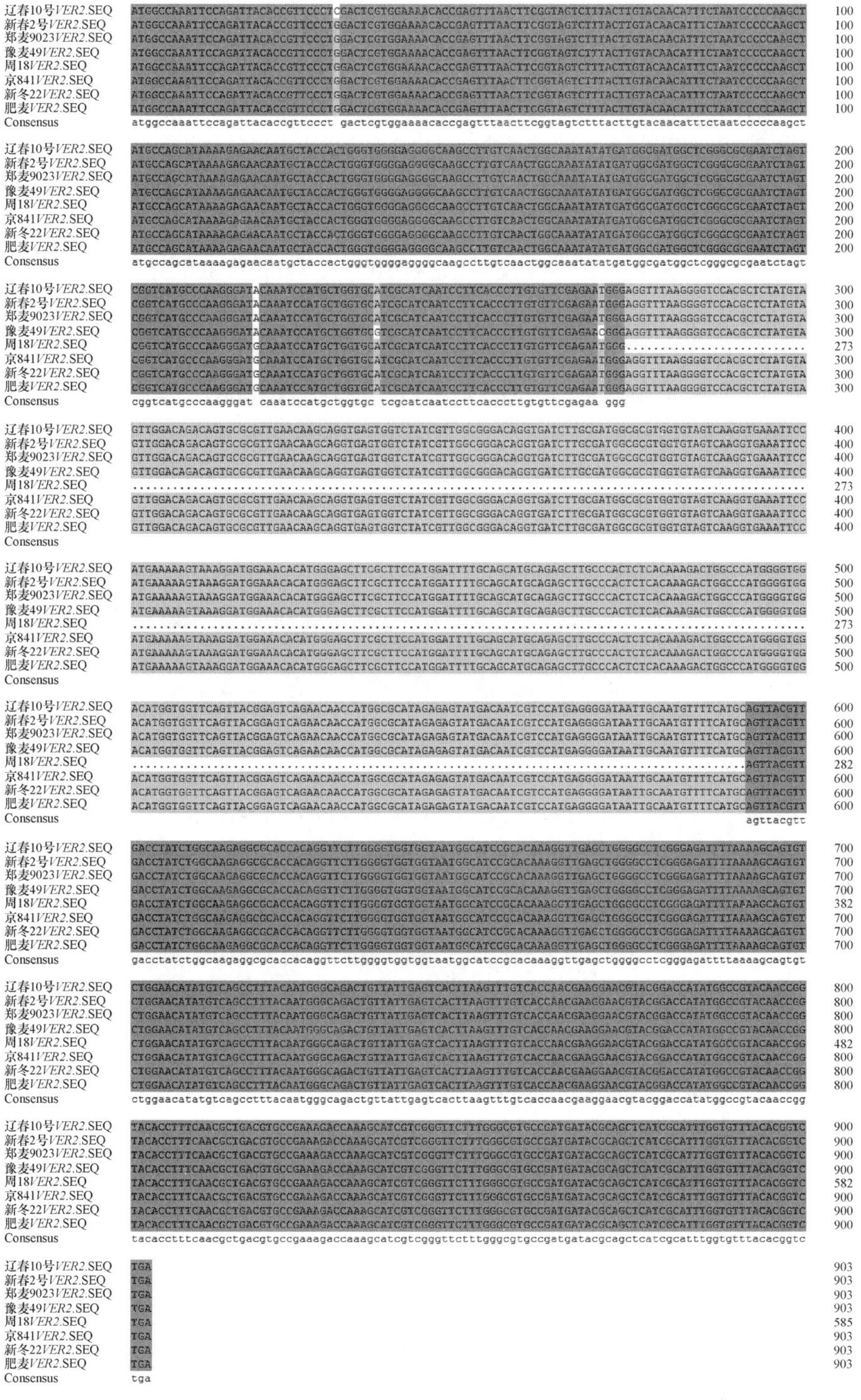

```
辽春10号VER2.SEQ    ATGGCCAAATTCCAGATTACACCGTTCCCTCGACTCGTGGAAAACACCGAGTTTAACTTCGGTAGTCTTTACTTGTACAACATTTCTAATCCCCCAAGCT    100
新春2号VER2.SEQ     ATGGCCAAATTCCAGATTACACCGTTCCCTGGACTCGTGGAAAACACCGAGTTTAACTTCGGTAGTCTTTACTTGTACAACATTTCTAATCCCCCAAGCT    100
郑麦9023VER2.SEQ    ATGGCCAAATTCCAGATTACACCGTTCCCTGGACTCGTGGAAAACACCGAGTTTAACTTCGGTAGTCTTTACTTGTACAACATTTCTAATCCCCCAAGCT    100
豫麦49VER2.SEQ      ATGGCCAAATTCCAGATTACACCGTTCCCTGGACTCGTGGAAAACACCGAGTTTAACTTCGGTAGTCTTTACTTGTACAACATTTCTAATCCCCCAAGCT    100
周18VER2.SEQ        ATGGCCAAATTCCAGATTACACCGTTCCCTGGACTCGTGGAAAACACCGAGTTTAACTTCGGTAGTCTTTACTTGTACAACATTTCTAATCCCCCAAGCT    100
京841VER2.SEQ       ATGGCCAAATTCCAGATTACACCGTTCCCTGGACTCGTGGAAAACACCGAGTTTAACTTCGGTAGTCTTTACTTGTACAACATTTCTAATCCCCCAAGCT    100
新冬22VER2.SEQ      ATGGCCAAATTCCAGATTACACCGTTCCCTGGACTCGTGGAAAACACCGAGTTTAACTTCGGTAGTCTTTACTTGTACAACATTTCTAATCCCCCAAGCT    100
肥麦VER2.SEQ        ATGGCCAAATTCCAGATTACACCGTTCCCTGGACTCGTGGAAAACACCGAGTTTAACTTCGGTAGTCTTTACTTGTACAACATTTCTAATCCCCCAAGCT    100
Consensus           atggccaaattccagattacaccgttccct gactcgtggaaaacaccgagtttaacttcggtagtctttacttgtacaacatttctaatcccccaagct

辽春10号VER2.SEQ    ATGCCAGCATAAAAGAGAACAATGCTACCACTGGGTGGGGAGGGGCAAGCCTTGTCAACTGGCAAATATATGATGGCGATGGCTCGGGCGCGAATCTAGT    200
新春2号VER2.SEQ     ATGCCAGCATAAAAGAGAACAATGCTACCACTGGGTGGGGAGGGGCAAGCCTTGTCAACTGGCAAATATATGATGGCGATGGCTCGGGCGCGAATCTAGT    200
郑麦9023VER2.SEQ    ATGCCAGCATAAAAGAGAACAATGCTACCACTGGGTGGGGAGGGGCAAGCCTTGTCAACTGGCAAATATATGATGGCGATGGCTCGGGCGCGAATCTAGT    200
豫麦49VER2.SEQ      ATGCCAGCATAAAAGAGAACAATGCTACCACTGGGTGGGGAGGGGCAAGCCTTGTCAACTGGCAAATATATGATGGCGATGGCTCGGGCGCGAATCTAGT    200
周18VER2.SEQ        ATGCCAGCATAAAAGAGAACAATGCTACCACTGGGTGGGGAGGGGCAAGCCTTGTCAACTGGCAAATATATGATGGCGATGGCTCGGGCGCGAATCTAGT    200
京841VER2.SEQ       ATGCCAGCATAAAAGAGAACAATGCTACCACTGGGTGGGGAGGGGCAAGCCTTGTCAACTGGCAAATATATGATGGCGATGGCTCGGGCGCGAATCTAGT    200
新冬22VER2.SEQ      ATGCCAGCATAAAAGAGAACAATGCTACCACTGGGTGGGGAGGGGCAAGCCTTGTCAACTGGCAAATATATGATGGCGATGGCTCGGGCGCGAATCTAGT    200
肥麦VER2.SEQ        ATGCCAGCATAAAAGAGAACAATGCTACCACTGGGTGGGGAGGGGCAAGCCTTGTCAACTGGCAAATATATGATGGCGATGGCTCGGGCGCGAATCTAGT    200
Consensus           atgccagcataaaagagaacaatgctaccactgggtggggaggggcaagccttgtcaactggcaaatatatgatggcgatggctcgggcgcgaatctagt

辽春10号VER2.SEQ    CGGTCATGCCCAAGGGATACAAATCCATGCTGGTGCATCGCATCAATCCTTCACCCTTGTGTTCGAGAATGGGAGGTTTAAGGGGTCCACGCTCTATGTA    300
新春2号VER2.SEQ     CGGTCATGCCCAAGGGATACAAATCCATGCTGGTGCATCGCATCAATCCTTCACCCTTGTGTTCGAGAATGGGAGGTTTAAGGGGTCCACGCTCTATGTA    300
郑麦9023VER2.SEQ    CGGTCATGCCCAAGGGATACAAATCCATGCTGGTGCATCGCATCAATCCTTCACCCTTGTGTTCGAGAATGGGAGGTTTAAGGGGTCCACGCTCTATGTA    300
豫麦49VER2.SEQ      CGGTCATGCCCAAGGGATACAAATCCATGCTGGTGCGTCGCATCAATCCTTCACCCTTGTGTTCGAGAACGGGAGGTTTAAGGGGTCCACGCTCTATGTA    300
周18VER2.SEQ        CGGTCATGCCCAAGGGATGCAAATCCATGCTGGTGCATCGCATCAATCCTTCACCCTTGTGTTCGAGAATGGG...........................    273
京841VER2.SEQ       CGGTCATGCCCAAGGGATGCAAATCCATGCTGGTGCATCGCATCAATCCTTCACCCTTGTGTTCGAGAATGGGAGGTTTAAGGGGTCCACGCTCTATGTA    300
新冬22VER2.SEQ      CGGTCATGCCCAAGGGATGCAAATCCATGCTGGTGCATCGCATCAATCCTTCACCCTTGTGTTCGAGAATGGGAGGTTTAAGGGGTCCACGCTCTATGTA    300
肥麦VER2.SEQ        CGGTCATGCCCAAGGGATGCAAATCCATGCTGGTGCATCGCATCAATCCTTCACCCTTGTGTTCGAGAATGGGAGGTTTAAGGGGTCCACGCTCTATGTA    300
Consensus           cggtcatgcccaagggat caaatccatgctggtgc tcgcatcaatccttcacccttgtgttcgagaa ggg

辽春10号VER2.SEQ    GTTGGACAGACAGTGCGCGTTGAACAAGCAGGTGAGTGGTCTATCGTTGGCGGGACAGGTGATCTTGCGATGGCGCGTGGTGTAGTCAAGGTGAAATTCC    400
新春2号VER2.SEQ     GTTGGACAGACAGTGCGCGTTGAACAAGCAGGTGAGTGGTCTATCGTTGGCGGGACAGGTGATCTTGCGATGGCGCGTGGTGTAGTCAAGGTGAAATTCC    400
郑麦9023VER2.SEQ    GTTGGACAGACAGTGCGCGTTGAACAAGCAGGTGAGTGGTCTATCGTTGGCGGGACAGGTGATCTTGCGATGGCGCGTGGTGTAGTCAAGGTGAAATTCC    400
豫麦49VER2.SEQ      GTTGGACAGACAGTGCGCGTTGAACAAGCAGGTGAGTGGTCTATCGTTGGCGGGACAGGTGATCTTGCGATGGCGCGTGGTGTAGTCAAGGTGAAATTCC    400
周18VER2.SEQ        ....................................................................................................    273
京841VER2.SEQ       GTTGGACAGACAGTGCGCGTTGAACAAGCAGGTGAGTGGTCTATCGTTGGCGGGACAGGTGATCTTGCGATGGCGCGTGGTGTAGTCAAGGTGAAATTCC    400
新冬22VER2.SEQ      GTTGGACAGACAGTGCGCGTTGAACAAGCAGGTGAGTGGTCTATCGTTGGCGGGACAGGTGATCTTGCGATGGCGCGTGGTGTAGTCAAGGTGAAATTCC    400
肥麦VER2.SEQ        GTTGGACAGACAGTGCGCGTTGAACAAGCAGGTGAGTGGTCTATCGTTGGCGGGACAGGTGATCTTGCGATGGCGCGTGGTGTAGTCAAGGTGAAATTCC    400
Consensus

辽春10号VER2.SEQ    ATGAAAAAGTAAAGGATGGAAACACATGGGAGCTTCGCTTCCATGGATTTTGCAGCATGCAGAGCTTGCCCACTCTCACAAAGACTGGCCCATGGGGTGG    500
新春2号VER2.SEQ     ATGAAAAAGTAAAGGATGGAAACACATGGGAGCTTCGCTTCCATGGATTTTGCAGCATGCAGAGCTTGCCCACTCTCACAAAGACTGGCCCATGGGGTGG    500
郑麦9023VER2.SEQ    ATGAAAAAGTAAAGGATGGAAACACATGGGAGCTTCGCTTCCATGGATTTTGCAGCATGCAGAGCTTGCCCACTCTCACAAAGACTGGCCCATGGGGTGG    500
豫麦49VER2.SEQ      ATGAAAAAGTAAAGGATGGAAACACATGGGAGCTTCGCTTCCATGGATTTTGCAGCATGCAGAGCTTGCCCACTCTCACAAAGACTGGCCCATGGGGTGG    500
周18VER2.SEQ        ....................................................................................................    273
京841VER2.SEQ       ATGAAAAAGTAAAGGATGGAAACACATGGGAGCTTCGCTTCCATGGATTTTGCAGCATGCAGAGCTTGCCCACTCTCACAAAGACTGGCCCATGGGGTGG    500
新冬22VER2.SEQ      ATGAAAAAGTAAAGGATGGAAACACATGGGAGCTTCGCTTCCATGGATTTTGCAGCATGCAGAGCTTGCCCACTCTCACAAAGACTGGCCCATGGGGTGG    500
肥麦VER2.SEQ        ATGAAAAAGTAAAGGATGGAAACACATGGGAGCTTCGCTTCCATGGATTTTGCAGCATGCAGAGCTTGCCCACTCTCACAAAGACTGGCCCATGGGGTGG    500
Consensus

辽春10号VER2.SEQ    ACATGGTGGTTCAGTTACGGAGTCAGAACAACCATGGCGCATAGAGAGTATGACAATCGTCCATGAGGGGATAATTGCAATGTTTTCATGCAGTTACGTT    600
新春2号VER2.SEQ     ACATGGTGGTTCAGTTACGGAGTCAGAACAACCATGGCGCATAGAGAGTATGACAATCGTCCATGAGGGGATAATTGCAATGTTTTCATGCAGTTACGTT    600
郑麦9023VER2.SEQ    ACATGGTGGTTCAGTTACGGAGTCAGAACAACCATGGCGCATAGAGAGTATGACAATCGTCCATGAGGGGATAATTGCAATGTTTTCATGCAGTTACGTT    600
豫麦49VER2.SEQ      ACATGGTGGTTCAGTTACGGAGTCAGAACAACCATGGCGCATAGAGAGTATGACAATCGTCCATGAGGGGATAATTGCAATGTTTTCATGCAGTTACGTT    600
周18VER2.SEQ        ...........................................................................................AGTTACGTT    282
京841VER2.SEQ       ACATGGTGGTTCAGTTACGGAGTCAGAACAACCATGGCGCATAGAGAGTATGACAATCGTCCATGAGGGGATAATTGCAATGTTTTCATGCAGTTACGTT    600
新冬22VER2.SEQ      ACATGGTGGTTCAGTTACGGAGTCAGAACAACCATGGCGCATAGAGAGTATGACAATCGTCCATGAGGGGATAATTGCAATGTTTTCATGCAGTTACGTT    600
肥麦VER2.SEQ        ACATGGTGGTTCAGTTACGGAGTCAGAACAACCATGGCGCATAGAGAGTATGACAATCGTCCATGAGGGGATAATTGCAATGTTTTCATGCAGTTACGTT    600
Consensus                                                                                                      agttacgtt

辽春10号VER2.SEQ    GACCTATCTGGCAAGAGGCGCACCACAGGTTCTTGGGGTGGTGGTAATGGCATCCGCACAAAGGTTGAGCTGGGGCCTCGGGAGATTTTAAAAGCAGTGT    700
新春2号VER2.SEQ     GACCTATCTGGCAAGAGGCGCACCACAGGTTCTTGGGGTGGTGGTAATGGCATCCGCACAAAGGTTGAGCTGGGGCCTCGGGAGATTTTAAAAGCAGTGT    700
郑麦9023VER2.SEQ    GACCTATCTGGCAAGAGGCGCACCACAGGTTCTTGGGGTGGTGGTAATGGCATCCGCACAAAGGTTGAGCTGGGGCCTCGGGAGATTTTAAAAGCAGTGT    700
豫麦49VER2.SEQ      GACCTATCTGGCAAGAGGCGCACCACAGGTTCTTGGGGTGGTGGTAATGGCATCCGCACAAAGGTTGAGCTGGGGCCTCGGGAGATTTTAAAAGCAGTGT    700
周18VER2.SEQ        GACCTATCTGGCAAGAGGCGCACCACAGGTTCTTGGGGTGGTGGTAATGGCATCCGCACAAAGGTTGAGCTGGGGCCTCGGGAGATTTTAAAAGCAGTGT    382
京841VER2.SEQ       GACCTATCTGGCAAGAGGCGCACCACAGGTTCTTGGGGTGGTGGTAATGGCATCCGCACAAAGGTTGAGCTGGGGCCTCGGGAGATTTTAAAAGCAGTGT    700
新冬22VER2.SEQ      GACCTATCTGGCAAGAGGCGCACCACAGGTTCTTGGGGTGGTGGTAATGGCATCCGCACAAAGGTTGAGCTGGGGCCTCGGGAGATTTTAAAAGCAGTGT    700
肥麦VER2.SEQ        GACCTATCTGGCAAGAGGCGCACCACAGGTTCTTGGGGTGGTGGTAATGGCATCCGCACAAAGGTTGAGCTGGGGCCTCGGGAGATTTTAAAAGCAGTGT    700
Consensus           gacctatctggcaagaggcgcaccacaggttcttggggtggtggtaatggcatccgcacaaaggttgagctggggcctcgggagattttaaaagcagtgt

辽春10号VER2.SEQ    CTGGAACATATGTCAGCCTTTACAATGGGCAGACTGTTATTGAGTCACTTAAGTTTGTCACCAACGAAGGAACGTACGGACCATATGGCCGTACAACCGG    800
新春2号VER2.SEQ     CTGGAACATATGTCAGCCTTTACAATGGGCAGACTGTTATTGAGTCACTTAAGTTTGTCACCAACGAAGGAACGTACGGACCATATGGCCGTACAACCGG    800
郑麦9023VER2.SEQ    CTGGAACATATGTCAGCCTTTACAATGGGCAGACTGTTATTGAGTCACTTAAGTTTGTCACCAACGAAGGAACGTACGGACCATATGGCCGTACAACCGG    800
豫麦49VER2.SEQ      CTGGAACATATGTCAGCCTTTACAATGGGCAGACTGTTATTGAGTCACTTAAGTTTGTCACCAACGAAGGAACGTACGGACCATATGGCCGTACAACCGG    800
周18VER2.SEQ        CTGGAACATATGTCAGCCTTTACAATGGGCAGACTGTTATTGAGTCACTTAAGTTTGTCACCAACGAAGGAACGTACGGACCATATGGCCGTACAACCGG    482
京841VER2.SEQ       CTGGAACATATGTCAGCCTTTACAATGGGCAGACTGTTATTGAGTCACTTAAGTTTGTCACCAACGAAGGAACGTACGGACCATATGGCCGTACAACCGG    800
新冬22VER2.SEQ      CTGGAACATATGTCAGCCTTTACAATGGGCAGACTGTTATTGAGTCACTTAAGTTTGTCACCAACGAAGGAACGTACGGACCATATGGCCGTACAACCGG    800
肥麦VER2.SEQ        CTGGAACATATGTCAGCCTTTACAATGGGCAGACTGTTATTGAGTCACTTAAGTTTGTCACCAACGAAGGAACGTACGGACCATATGGCCGTACAACCGG    800
Consensus           ctggaacatatgtcagcctttacaatgggcagactgttattgagtcacttaagtttgtcaccaacgaaggaacgtacggaccatatggccgtacaaccgg

辽春10号VER2.SEQ    TACACCTTTCAACGCTGACGTGCCGAAAGACCAAAGCATCGTCGGGTTCTTTGGGCGTGCCGATGATACGCAGCTCATCGCATTTGGTGTTTACACGGTC    900
新春2号VER2.SEQ     TACACCTTTCAACGCTGACGTGCCGAAAGACCAAAGCATCGTCGGGTTCTTTGGGCGTGCCGATGATACGCAGCTCATCGCATTTGGTGTTTACACGGTC    900
郑麦9023VER2.SEQ    TACACCTTTCAACGCTGACGTGCCGAAAGACCAAAGCATCGTCGGGTTCTTTGGGCGTGCCGATGATACGCAGCTCATCGCATTTGGTGTTTACACGGTC    900
豫麦49VER2.SEQ      TACACCTTTCAACGCTGACGTGCCGAAAGACCAAAGCATCGTCGGGTTCTTTGGGCGTGCCGATGATACGCAGCTCATCGCATTTGGTGTTTACACGGTC    900
周18VER2.SEQ        TACACCTTTCAACGCTGACGTGCCGAAAGACCAAAGCATCGTCGGGTTCTTTGGGCGTGCCGATGATACGCAGCTCATCGCATTTGGTGTTTACACGGTC    582
京841VER2.SEQ       TACACCTTTCAACGCTGACGTGCCGAAAGACCAAAGCATCGTCGGGTTCTTTGGGCGTGCCGATGATACGCAGCTCATCGCATTTGGTGTTTACACGGTC    900
新冬22VER2.SEQ      TACACCTTTCAACGCTGACGTGCCGAAAGACCAAAGCATCGTCGGGTTCTTTGGGCGTGCCGATGATACGCAGCTCATCGCATTTGGTGTTTACACGGTC    900
肥麦VER2.SEQ        TACACCTTTCAACGCTGACGTGCCGAAAGACCAAAGCATCGTCGGGTTCTTTGGGCGTGCCGATGATACGCAGCTCATCGCATTTGGTGTTTACACGGTC    900
Consensus           tacacctttcaacgctgacgtgccgaaagaccaaagcatcgtcgggttctttgggcgtgccgatgatacgcagctcatcgcatttggtgtttacacggtc

辽春10号VER2.SEQ    TGA    903
新春2号VER2.SEQ     TGA    903
郑麦9023VER2.SEQ    TGA    903
豫麦49VER2.SEQ      TGA    903
周18VER2.SEQ        TGA    585
京841VER2.SEQ       TGA    903
新冬22VER2.SEQ      TGA    903
肥麦VER2.SEQ        TGA    903
Consensus           tga
```

图 9-40　8 个品种 *VER2* 基因 cDNA 序列分析

Figure 9-40　cDNA sequences analysis of *VER2* in eight wheat cultivars

个位点在 31bp 位点，辽春 10 号为 C，其他品种为 G；第二个位点在 219bp 位点，辽春 10 号、新春 2 号、郑麦 9023 和豫麦 49 均为 A，其他品种均为 G；第三个位点在 237bp

位点处，豫麦 49 为 G，其他品种均为 A；第四个位点在 270bp 位点处，豫麦 49 均为 C，其他品种为 T。此外，周 18 在 273bp 位点处有 318bp 碱基序列缺失，PCR 扩增产物约为 585bp。

第 1 和第 2 个 SNP 的差异导致不同品种间 *VER2* 基因编码的蛋白质序列出现不同，而第 3 个和第 4 个 SNP 的差异由于密码子的简并性，其编码的氨基酸相同。8 个品种 *VER2* 基因编码的氨基酸序列如图 9-41 所示，8 个品种间氨基酸序列相似度高达 95.38%，仅在第 11 个和第 73 个氨基酸处存在差异。辽春 10 号在 31bp 的 SNP 导致编码子由“GGA”变为“CGA”，相应的第 11 个氨基酸也由甘氨酸（Gly）变为精氨酸（Arg）。辽春 10 号、新春 2 号、郑麦 9023 和豫麦 49 在 219bp 的 SNP 导致编码子由“ATG”变为“ATA”，相应的第 73 个氨基酸也由蛋氨酸（Met）变化为异亮氨酸（Ile）。强春性品种辽春 10 号在第 11 个和第 73 个氨基酸均有变异，品种新春 2 号和郑麦 9023 及半冬性品种豫麦 49 均为第 73 个氨基酸有变异，其他 4 个冬性品种均无变异，因此推测这些氨基酸的改变与小麦发育特性有关。

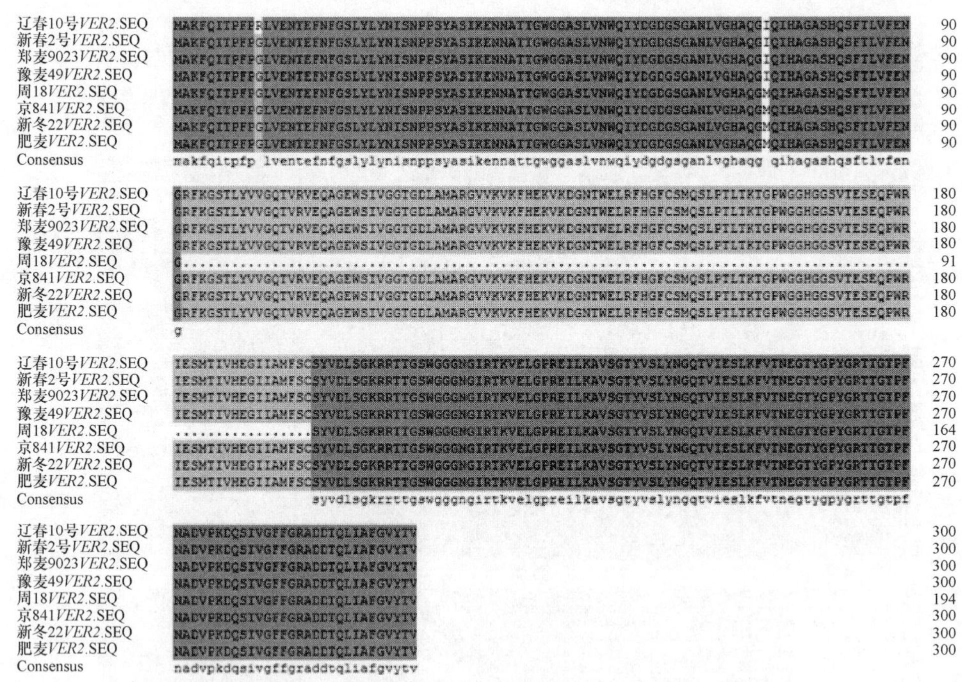

图 9-41　8 个品种 *VER2* 基因氨基酸序列分析

Figure 9-41　Amino acid sequence analysis of *VER2* in eight wheat cultivars

二、春化过程中 *VER2* 基因在不同品种中的表达特性分析

利用 qRT-PCR 技术，以 CACTCACCCATGGCCAAATTCCA 和 CAAAGCACGCACCCAGATACA 为引物，对 *VER2* 基因在 8 个小麦品种春化过程中的表达模式进行动态分析。

1. 辽春 10 号 *VER2* 基因的表达特性

在强春性品种辽春 10 号春化过程中，*VER2* 基因在 2d、6d、16d、20d、26d 和

30d 时表达量增加，表达量最大峰值出现在 26d，其表达模式表现为波动上调的趋势（图 9-42）。

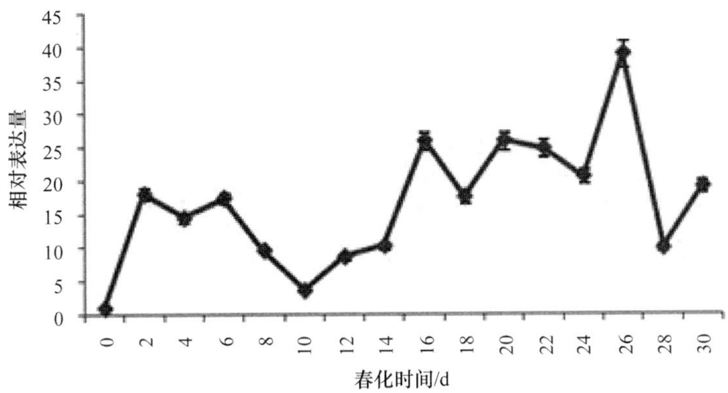

图 9-42　春化过程中辽春 10 号 *VER2* 的表达特性

Figure 9-42　Expression of *VER2* of Liaochun 10 during vernalization

2. 新春 2 号 *VER2* 基因的表达特性

在春性品种新春 2 号春化过程中，*VER2* 基因表达也呈波动上调趋势（图 9-43），其中表达量在 12d、20d 和 30d 时出现峰值，表达量最大峰值出现在 30d。

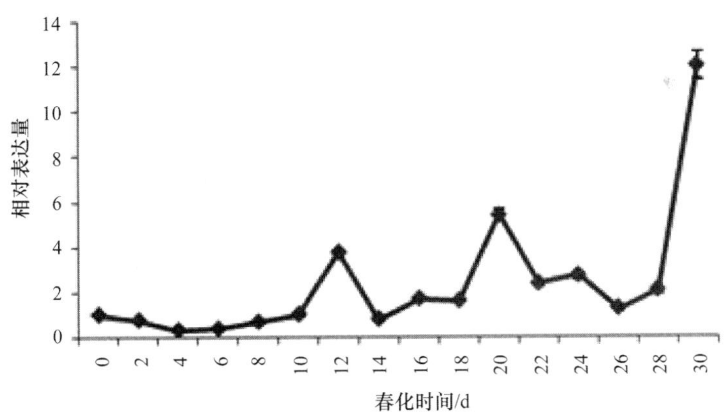

图 9-43　春化过程中新春 2 号 *VER2* 的表达特性

Figure 9-43　Expression of *VER2* in Xinchun 2 during vernalization

3. 郑麦 9023 *VER2* 基因的表达特性

在弱春性品种郑麦 9023 春化过程中，*VER2* 基因表达也呈波动上调趋势（图 9-44），表达量在 4d、12d、20d 和 30d 时出现峰值，最大表达量峰值在春化 20d 出现。

4. 豫麦 49-198 *VER2* 基因的表达特性

豫麦 49-198 为半冬性品种，在其春化过程中 *VER2* 基因的表达呈波动下调趋势（图 9-45），表达量在 2d、8d、16d、20d 和 30d 时出现峰值，最大峰值出现在 20d。

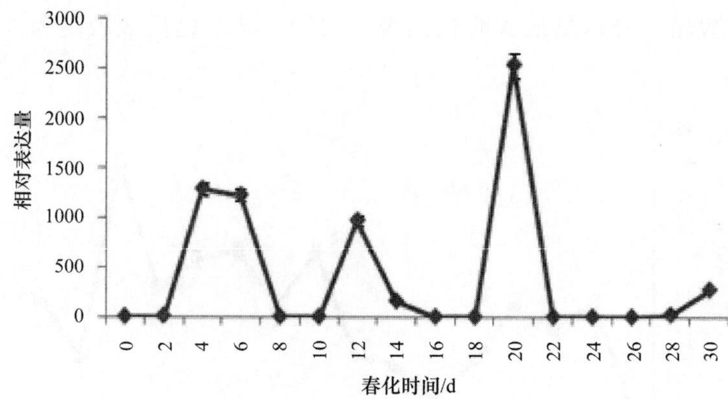

图 9-44 春化过程中郑麦 9023 *VER2* 的表达特性

Figure 9-44 Expression of *VER2* in Zhengmai 9023 during vernalization

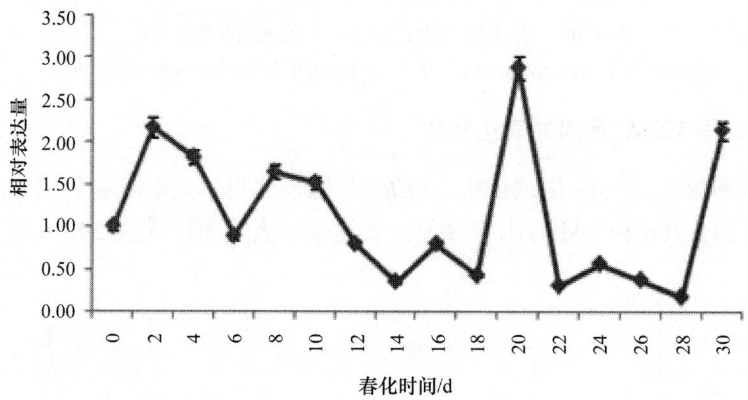

图 9-45 春化过程中豫麦 49-198 *VER2* 的表达特性

Figure 9-45 Expression of *VER2* in Yunmai 49-198 during vernalization

5. 周麦 18 *VER2* 基因的表达特性

周麦 18 为半冬性品种，在春化过程中 VER2 基因表达呈波动下调，结果显示(图 9-46)，其表达量在 6d、14d、18d 和 24d 时出现峰值，14d 时表达量达到最大峰值。

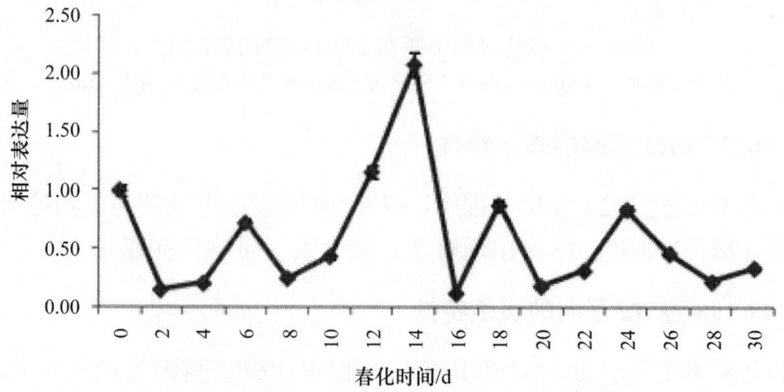

图 9-46 春化过程中周麦 18 *VER2* 的表达特性

Figure 9-46 Expression of *VER2* in Zhoumai 18 during vernalization

6. 京 841 *VER2* 基因的表达特性

京 841 为冬性品种，在春化过程中 *VER2* 基因的表达呈明显的直线下调趋势（图 9-47），在春化前（0d 时）其表达量最高，随春化处理进行其表达量直线下调，在春化处理 30d 时表达量趋于 0。

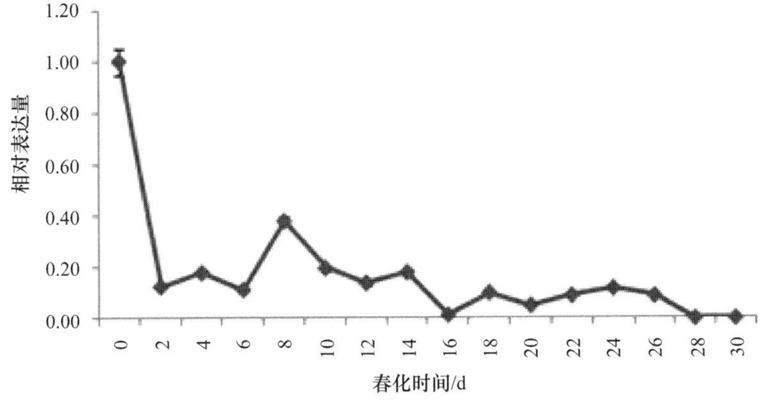

图 9-47　春化过程中京 841 *VER2* 的表达特性

Figure 9-47　Expression of *VER2* in Jing 841 during vernalization

7. 新冬 22 *VER2* 基因的表达特性

新冬 22 为冬性品种，在春化过程中 *VER2* 基因的表达也呈明显的直线下调趋势（图 9-48），在 4d 时 *VER2* 基因表达量最高，此后随春化处理进行其表达量直线下调，在春化处理 26d 时表达量趋于 0。

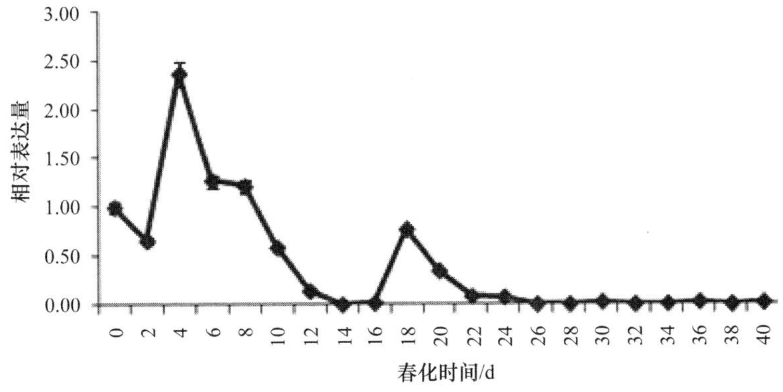

图 9-48　春化过程中新冬 22 *VER2* 的表达特性

Figure 9-48　Expression of *VER2* in Xindong 22 during vernalization

8. 肥麦 *VER2* 基因的表达特性

肥麦为强冬性品种，在春化过程中 *VER2* 基因的表达也呈明显的直线下调趋势（图 9-49），在 4d 时 *VER2* 基因表达量最高，此后虽然在 16d、24d 有表达量增加的小高峰，但随春化处理进行其表达量呈下调趋势，在春化处理 28d 时表达量趋于 0。

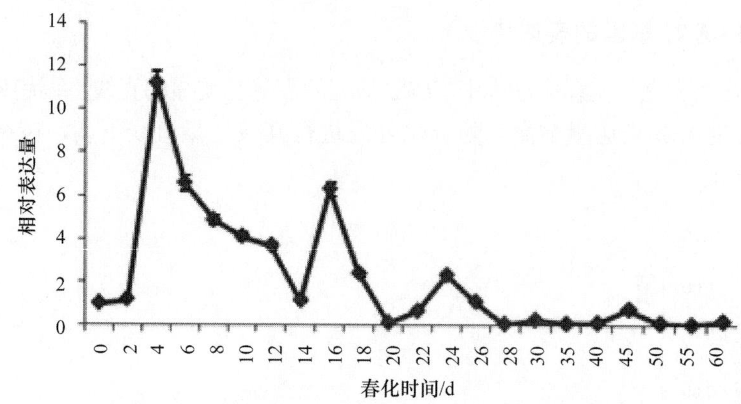

图 9-49　春化过程中肥麦 *VER2* 的表达特性

Figure 9-49　Expression of *VER2* in Feimai during vernalization

对 8 个不同发育特性小麦品种春化过程中 *VER2* 基因表达模式的研究结果表明，春性品种与冬性品种表达模式存在较大差异。受到春化作用的诱导后春性品种 *VER2* 基因表达波动上调，而在冬性品种中，*VER2* 基因春化前表达量较高，随春化处理进行其表达量呈下调趋势，在春化处理到达一定时间后表达量趋于 0。表明春化处理能抑制 *VER2* 基因表达，从而消除 *VER2* 基因对冬性品种春化发育的抑制作用。与上述 CL14010.Contig2（*VER2*）基因沉默后冬性品种提前通过春化发育的结果吻合。

三、不同春化条件下 *VER2* 基因的动态表达分析

为了探索不同春化处理后 *VER2* 基因的动态表达情况，选择辽春 10 号（春性品种）和京 841（冬性品种）进行 30d 春化处理和未春化处理，后转移至 20℃ 16h 光照的人工气候室，当天首次取样，此后根据不同叶龄取样，并立即在液氮中速冻并储存在–80℃冰箱，随后提取 RNA。并记录叶龄和穗分化期。

1. 辽春 10 号 *VER2* 基因的动态表达

在春化处理后辽春 10 号不同叶龄期 *VER2* 的表达结果显示(图 9-50)，1 叶期时 *VER2* 的表达最高，2 叶期时表达最低，3 叶期至 5 叶期维持在较低表达水平，6 叶期时表达有所上调，但仍低于 1 叶期。

在未春化处理条件下，辽春 10 号不同时期的 *VER2* 表达结果（图 9-51）显示，*VER2* 在 4 叶期时表达量达到峰值，其他叶龄期均维持在较低表达水平。

2. 京 841 *VER2* 基因的动态表达

在春化处理后京 841 不同叶龄期 *VER2* 的表达结果显示（图 9-52），1 叶期时 *VER2* 的表达最高，2 叶期迅速下降，3 叶期表达增加，4 叶期再次下调，表达持续至 6 叶期，7 叶期时达到最低值。

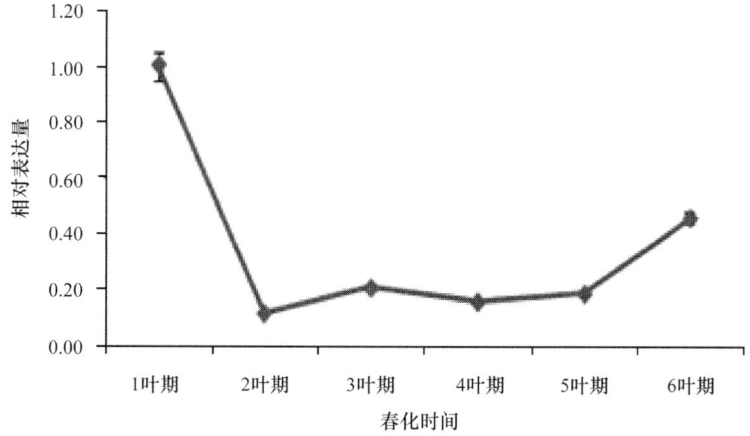

图 9-50　*VER2* 在春化后辽春 10 号不同时期的表达特性

Figure 9-50　Expression of *VER2* in different stages of Liaochun 10 after vernalization

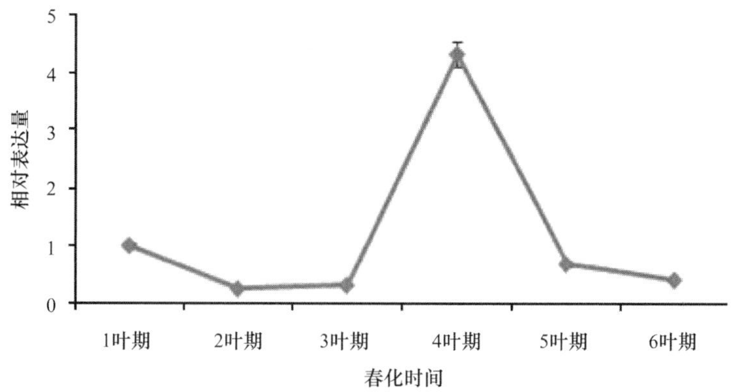

图 9-51　*VER2* 在未春化辽春 10 号不同时期的表达特性

Figure 9-51　Expression of *VER2* in different stages of Liaochun 10 under nonvernalization

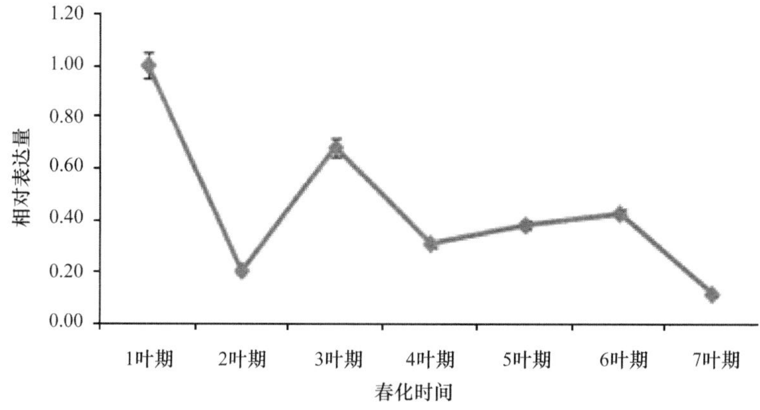

图 9-52　*VER2* 在春化后京 841 不同时期的表达特性

Figure 9-52　Expression of *VER2* in different stages of Jing 841 after vernalization

在未春化处理条件下，京 841 不同时期的 *VER2* 表达结果显示（图 9-53），1 叶期时 *VER2* 的表达最高，此后 *VER2* 表达量持续下调至 11 叶期。

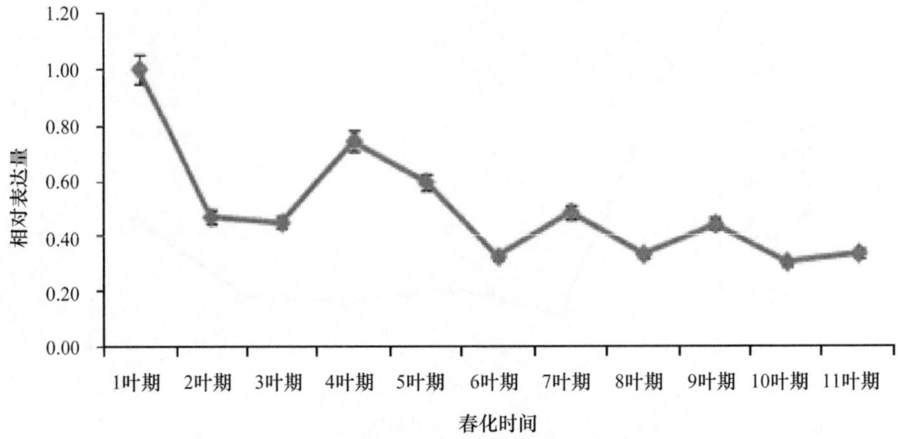

图 9-53 *VER2* 在未春化京 841 不同时期的表达特性

Figure 9-53 Expression of *VER2* in different stages of Jing 841 under nonvernalization

上述研究结果表明，在冬性品种中，*VER2* 基因春化前表达量较高，春化处理后其表达量呈下调趋势，在未春化处理中 *VER2* 基因表达量也呈下调趋势，但过程较春化处理缓慢。表明春化处理能加速抑制 *VER2* 基因的表达，从而消除 *VER2* 基因对冬性品种春化发育的抑制作用。

参 考 文 献

盛德乔, 张业, 沈珝琲. 2005. 组蛋白赖氨酸甲基化在表观遗传调控中的作用. 医学分子生物学杂志, 2: 34-37.

袁秀云, 李永春, 孟凡荣, 等. 2008. 九个春化作用特性不同的小麦品种中 VRN1 基因的组成和特性分析. 植物生理学通讯,44: 699-704.

张丽, 戴勇. 2008. 组蛋白赖氨酸甲基化与去甲基化. 医学分子生物学杂志,5: 273-277.

Bastow R, Mylne J S, Lister C, et al. 2004. Vernalization requires epigenetic silencing of FLC by histone methylation. Nature,427: 164-167.

Di Fruscio M, Weiher H, Vanderhyden B C, et al. 1997. Proviral inactivation of the Npat gene of Mpv 20 mice results in early embryonic arrest. Molecular and Cellular Biology, 17: 4080-4086.

Gao G, Bracken A P, Burkard K, et al. 2003. NPAT expression is regulated by E2F and is essential for cell cycle progression. Molecular and Cellular Biology,23: 2821-2833.

Hang Z L, Xie Z, Zou X, et al. 2004. A rice WRKY gene encodes a transcriptional repressor of the gibberellin signaling pathway in aleurone cells. Plant Physiology, 134: 1500-1513.

Hayama R, Coupland G. 2004. The molecular basis of diversity in the photoperiodic flowering responses of *Arabidopsis* and rice. Plant Physiology,135: 677-684.

Robatzek S, Somssich I E. 2001. A new member of the *Arabidopsis* WRKY transcription factor family, AtWRKY6, is associated with both senescence-and defence-related processes. The Plant Journal,28: 123-133.

Rushton P J, Somssich I E, Ringler P, et al. 2010. WRKY transcription factors. Trends in Plant Science,15: 247-258.

Varma D, Chandrasekaran S, Sundin L J, et al. 2012. Recruitment of the human Cdt1 replication licensing protein by the loop domain of Hec1 is required for stable kinetochore-microtubule attachment. Nature Cell Biology,14: 593-603.

Ye X, Wei Y, Nalepa G, et al. 2003. The cyclin E/Cdk2 substrate p220NPAT is required for S-phase entry, histone gene expression, and Cajal body maintenance in human somatic cells. Molecular and Cellular Biology,23: 8586-8600.

Yong W D, Xu Y Y, Xu W Z, et al. 2003. Vernalization-induced flowering in wheat is mediated by a lectin-like gene VER2. Planta,217: 261-270.

Zhang Z L, Xie Z, Zou X, et al. 2004. A rice WRKY gene encodes a transcriptional repressor of the gibberellin signaling pathway in aleurone cells. Plant Physiology, 134: 1500-1513.

第十章　小麦光周期相关基因与转录组分析

Chapter 10　Wheat photoperiod-related genes and transcriptome analysis

内容提要：小麦光周期反应决定抽穗开花时间，是小麦重要发育特性之一，对小麦的生态分布、产量、品质有重要影响。本章分析了来自我国不同生态区的8个小麦品种光周期反应特性，发现宁春36、新冬18和肥麦对光周期敏感，辽春10号、豫麦18、华南T2003、京841对光周期不敏感，其中京841不敏感性较弱，绵麦37表现弱敏感。对8个小麦品种携带光周期基因*Ppd-1*等位差异分析表明，宁春36、新冬18和肥麦3个光周期敏感品种，均为*Ppd-A1b/Ppd-B1b/Ppd-D1b*基因型；辽春10号、京841、豫麦18、华南T2003和绵麦37光周期不敏感或弱敏感品种，均为*Ppd-A1b/Ppd-B1b/Ppd-D1a*基因型。8个品种的*Ppd-A1*和*Ppd-B1*位点均属于光周期敏感类型，不同品种光敏性差异主要由*Ppd-D1*等位类型差异决定，*Ppd-D1b*为野生敏感基因型，*Ppd-D1a*为突变不敏感基因型。对*Ppd-1*基因编码区序列分析表明，A组和B组品种间一致性也非常高，即使存在点突变，也没有影响到功能蛋白；D基因组中发现2个新的突变：宁春36和肥麦*Ppd-D1* cDNA分别存在点突变和5bp序列缺失，均导致翻译提前终止和预期蛋白CCT功能域缺失；宁春36 *Ppd-D1*第七外显子出现8bp插入序列，与其他品种存在较大差别。辽春10号序列存在A/G点突变，导致CCT功能域氨基酸（谷氨酸/甘氨酸）的改变。进一步说明了D基因组是光周期调控响应的重要等位基因。

进一步分析*Ppd-D1*基因节律表达特性表明：在6h光照条件下，宁春36和肥麦品种中*Ppd-D1b*基因在3h时达到表达高峰，其他时间表达量很低。辽春10号和京841中*Ppd-D1a*基因在光照开始前后表达量最高，其他时间保持在中等水平。辽春10号和京841植株中开花相关基因*TaGI*和*TaCO*表达量低于宁春36和肥麦，而*TaFT*表达量升高。推测辽春10号和京841植株中*Ppd-D1a*突变基因异常表达，导致*TaGI*和*TaCO*表达量降低，从而上调*TaFT*的表达，促使植株短日照下正常开花。

采用Illumina/Solexa基因测序技术，构建了辽春10号和京841光周期发育转录组文库，得到了93 003条Unigene序列，比对到了72 455条同源信息。基因功能分析注释到56 868条COG蛋白质功能定义，涉及COG功能的25个类别；GO功能定义有38 062个，包括GO三大功能分类内的61个功能亚类；另外有32 021个转录物共注释到127个通路信息。分析了数字基因表达谱差异，两个品种不同光周期条件下差异表达基因数量分别达到2495个和2346个。在短光照和长光照条件下，两个品种之间差异表达基因数量分别为1772个和

3455个，其中上调基因和下调基因分别涉及GO功能分类的38个和34个亚类别，差异表达基因的通路功能富集通路主要是光合天线蛋白、核糖体、光合作用产物和次生代谢产物的生物合成等，这将为揭示小麦光周期发育的分子调控机制提供重要的信息。

Abstract: Photoperiodic response of wheat, one of the important development characters, has an important influence on heading and flowering time and ecological distribution. Based on the analysis of photoperiodic development characteristics of 8 wheat varieties from different ecological areas in artificial conditions, Ningchun 36, Xindong 18 and Feimai were very sensitive to photoperiod. Liaochun 10, Yumai 18, Huanan T2003 and Jing 841 were insensitive to photoperiod, Mianmai 37 had the weak sensitivity to photoperiod. The analysis of allelic variations of *Ppd-1* gene showed that Ningchun 36, Xindong 18 and Feimai were *Ppd-A1b/Ppd-B1b/Ppd-D1b* genotype. Liaochun 10, Yumai 18, Huanan T2003, Jing 841 and Mianmai 37 insensitive or weakly sensitive to photoperiod, which were *Ppd-A1b/Ppd-B1b/Ppd-D1a* genotype. The 8 varieties belonged to the sensitive type to photoperiod at *Ppd-A1* and *Ppd-B1* loci. So the allelic variations at *Ppd-D1* locus determined the difference of photoperiod sensitivity. The wild *Ppd-D1b* belonged to the sensitive type to photoperiod and the mutational *Ppd-D1a* to the insensitive type. The analysis of coding area of *Ppd-1* gene showed that the sequence of A-genome and B-genome had several point-mutations among the varieties, but not affecting the proteins or its functional domain. Two mutations were found in the D-genome. The *Ppd-D1* gene of Ningchun 36 and Feimai presented a point-mutation and a 5bp deletion, resulting in the premature termination of protein translation and the CCT domain deletion of predicted protein. Liaochun 10 had an A/G base mutation, which changed glutamic acid to glycine in CCT functional domain. So the *Ppd-D1* was an important allelic gene in photoperiod responses.

The rhythm expression characters of *Ppd-D1* gene and photoperiodic flowering pathway key gene were analyzed in different photoperiodic conditions. The result showed that, in 6h photoperiodic condition, the expression of *Ppd-D1b* gene in Ningchun 36 and Feimai reached to the greatest in 3h illumination, and maintained lower in other period. The gene expression rhythm of *Ppd-D1a* in Liaochun 10 and Jing 841 was abnormal, presenting the highest expression level in the beginning of illumination, and maintaining the mid-level in other period. The expression of *TaGI* and *TaCO* in Liaochun 10 and Jing 841 with *Ppd-D1a* gene was lower than that in Ningchun 36 and Feimai. While the expression of *TaFT* was higher. It was infered that the abnormal expression of mutational *Ppd-D1a* resulted in the low expression of *TaGI* and *TaCO* and high expression of *FT* and normal flowering under the short photoperiod.

The transcriptome library of photoperiodic development in Liaochun 10 and Jing 841 was constructed. Their digital gene expression profiles were analyzed by Illumina/Solexa gene sequencing technology. 93,003 Unigene sequences were obtained, 72,455 of which annotated homologous information by alignment in public protein database. Gene function analysis showed that 56,868 COG protein functions were annotated for all the Unigenes, of which 25 COG function categories were involved. With all the unigenes a total of 38,062 GO functions were definited, which were grouped into 61 functional subsets included in the three functional classifications. Additional another 32,021 Unigenes were assigned to 127 Pathway. The digital gene expression differences were analyzed and the results showed that the number of differentially expressed genes from Jing 841 and Liaochun 10 between different photoperiod were 2,495 and 2,346 respectively and from 6h and 16h photoperiod between 2 varieties were 1,772 and 3,455 respectively. The GO functional classification related to up-regulated genes and down regulated expressed genes were involved in 34 and 38 subcategories between two varieties differentially. The enriched pathway of those differentially expressed genes mainly accumulated in functions such as photosynthesis-antenna proteins, ribosome, photosynthesis and biosynthesis of secondary metabolites. The results would provide important information for the molecular mechanism and regulation research of wheat photoperiodic development.

小麦品种光周期反应是小麦重要的发育特性之一，影响着小麦的生态分布、生育进程与开花结实。研究小麦光周期反应的遗传基础，揭示小麦光周期相关基因及其调控网络，对改良小麦光周期发育特性、人工控制小麦生育进程、扩大小麦品种利用区域、提高品种利用效率等具有重要的理论与实践意义。自 2007 年 Beales 等首次通过同源克隆技术成功地克隆了六倍体小麦 *Ppd-1* 基因以来，前人对 *Ppd-1* 基因的序列特征、基本功能和分布状况等都有了较系统的研究，为小麦光周期发育特性的分子调控研究奠定了重要的基础。本研究选择了我国不同生态区的代表小麦品种，开展了供试品种光周期反应特性的研究；对光敏性不同品种携带 *Ppd-1* 等位基因序列特征和开花相关基因的表达特性进行了分析，揭示了小麦光周期发育特性与基因型的对应关系。

第一节　小麦品种光周期发育特性

为了确定小麦品种的光周期发育特性，本研究从全国不同小麦生态区选择了 8 个小麦品种：辽春 10 号（东北春麦区）、宁春 36（西北春麦区）、绵麦 37（西南冬麦区）、豫麦 18（黄淮冬麦区）、华南 T2003（华南冬麦区）、京 841（北部冬麦区）、新冬 18（新疆冬麦区）和肥麦（青藏冬麦区）。根据各品种冬春性的强弱，分别对肥麦进行 0～2℃ 60d 春化处理，新冬 18 和京 841 进行 40d、其余品种 20d 的春化处理，春化处理完成后移入人工气候室进行光周期处理，包括 3 个光周期：6h 光照/18h 黑暗（SD）、12h 光照/12h 黑暗（MD）和 24h 光照/0h 黑暗（LD），人工气候室温度控制在 20℃，光照强度 8300lx。每个处理每 5d 取 3 株幼苗，利用双目解剖镜观察穗分化进程，记录小麦生育期。分析不同区域小麦品种光周期反应特性，比较发育进程，确定不同品种光周期反应类型。

一、不同光照条件下品种苗穗期差异

1. 不同光照条件下品种苗穗期的变异分析

研究对 8 个小麦品种在 6h（SD）、12h（MD）和 24h（LD）3 种光周期条件下的苗穗期（从出苗到抽穗的天数）进行统计分析，结果（表 10-1）显示，在 LD 光周期条件下，8 个品种苗穗期比较接近，为 37～44.7d，最短的品种是辽春 10 号，为 37d，与最长京 841 苗穗期 44.7d 虽然差异极显著，但仅差 7.7d；在 MD 光周期条件下，8 个品种苗穗期大幅度延长，平均值由 LD 光周期的 39.6d 增加到 71.8d，品种之间的苗穗期差距也加大，苗穗期最短的品种是辽春 10 号，为 54.3d，最长的品种是肥麦，历时 111d；在 SD 光照条件下，8 个品种苗穗期进一步大幅度延长，平均值由 MD 光周期的 71.8d 增加到 144.1d，苗穗期延长 1 倍，品种之间的苗穗期差距也进一步加大，苗穗期最短的豫麦 18、辽春 10 号 70 多天，与苗穗期最长的肥麦、宁春 36（均达到 209d），相差近 2 倍，豫麦 18、辽春 10 号和华南 T2003 3 个品种间苗穗期差异不显著，肥麦、宁春 36、新冬 18 和绵麦 37 4 个品种间苗穗期差异不显著，但它们的苗穗期极显著长于京 841，京 841 的苗穗期又极显著长于豫麦 18、辽春 10 号和华南 T2003 这 3 个品种。

表 10-1　不同光照条件下 8 个品种苗穗期变异

Table 10-1　SH period variations of eight varieties under different photoperiods

品种名称	苗穗期/d			平均/d	变异系数/%			
	LD	MD	SD		LD/MD/SD	SD/LD	SD/MD	MD/LD
辽春 10 号	37.0dC	54.3eE	75.3dC	55.5eE	28.2fF	48.2dC	22.8eE	26.8deDE
宁春 36	40.0bcBC	82.7bB	209.0aA	110.6bAB	64.9abAB	96.0aA	61.3bB	47.9bB
新冬 18	40.7bB	82.3bB	198.3aA	107.1bB	62.1bcBC	93.1Aa	58.2bB	47.9bB
京 841	44.7aA	70.3cC	117.0cB	77.3dD	38.7dD	63.3bB	35.2dCD	31.6cC
豫麦 18	40.0bcBC	59.7dD	71.3dC	57.0eE	22.7gF	39.8dC	12.6fF	27.9deCDE
绵麦 37	37.7cdBC	58.3dD	184.7bA	93.6cC	69.5aA	93.5aA	73.5aA	30.4cdCD
华南 T2003	39.0bcdBC	55.7eE	88.3dC	61.0eE	33.6eDE	54.8cC	32.1dD	24.9eE
肥麦	37.3cdBC	111.0aA	209.0aA	119.1aA	59.0cC	98.6aA	43.3dD	70.2aA
平均	39.6	71.8	144.1					

注：大写表示 $P<0.01$ 差异极显著，小写表示 $P<0.05$ 差异显著。LD，24h 长光照/0h 黑暗；MD，12h 光照/12h 黑暗；SD，6h 短光照/18h 黑暗

Note: Capital letters. the significant difference at $P<0.01$, Lower-case letters. the significant difference at $P<0.05$ level. LD. 24h light and 0h dark, MD. 12h light and 12h dark, SD. 6h light and 18h dark

对各品种在 6h 和 24h 光周期条件下苗穗期长短作图（图 10-1），由图 10-1 可以看出，8 个品种明显分为 2 组，第一组为肥麦、宁春 36、新冬 18 和绵麦 37，在短光照条件下苗穗期长达 180d 以上，6h 和 24h 光周期条件下苗穗期差值较大；第二组为豫麦 18、辽春 10 号、华南 T2003 和京 841，在短光照条件下苗穗期多在 100d 以下，6h 和 24h 光周期条件下苗穗期差值较小。

进一步分析不同光周期条件下各品种苗穗期变异系数表明，在 LD/MD/SD 3 种光周期条件下各品种之间变异系数差异显著，第二组 4 个品种（辽春 10 号、京 841、豫麦

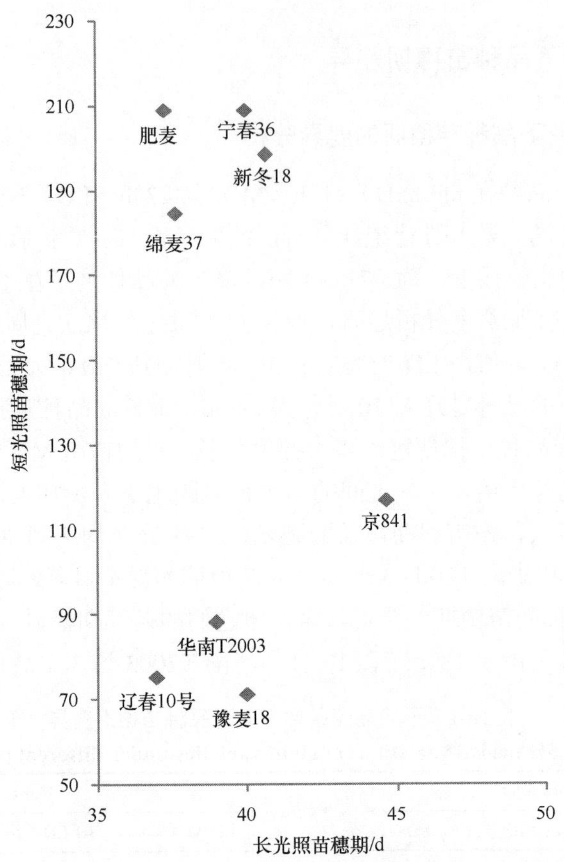

图 10-1 长光照和短光照下各品种苗穗期

Figure 10-1 SH periods of eight varieties under LD and SD photoperiods

长光照. 24h 光照；短光照. 6h 光照/18h 黑暗

LD. 24h of light, SD. 6h of light and 18h dark

18 和华南 T2003）变异系数较小，均低于 40%，其中豫麦 18 的变异系数最小，仅 22.7%；第一组 4 个品种（肥麦、宁春 36、绵麦 37 和新冬 18）变异系数较大，基本在 60%以上，绵麦 37 最大，为 69.5%。在 SD/LD 两种光周期条件下，第一组 4 个品种变异系数明显加大，均在 93%以上，最大的肥麦达 98.6%；第二组 4 个品种也有增加，达 39.8%～63.3%。进一步分析短光照到中光照、中光照到长光照的变异系数发现，第一组 4 个品种中肥麦中光照到长光照（MD/LD）的变异系数（70.2%）远大于短光照到中光照（SD/MD）的变异系数（43.3%），其余 3 个品种则相反；第二组 4 个品种中豫麦 18 MD/LD 的变异系数（27.9%）大于 SD/MD 的变异系数（12.6%），其余 3 个品种 MD/LD 和 SD/MD 的变异系数差异不大。上述结果表明，第一组 4 个品种（肥麦、宁春 36、绵麦 37 和新冬 18）对光照反应敏感，其中肥麦主要是 MD/LD 敏感，其余 3 个品种则是 SD/MD 敏感。第二组 4 个品种（辽春 10 号、京 841、豫麦 18 和华南 T2003）对光照反应不敏感，其中豫麦 18 主要是 SD/MD 不敏感。

2. 不同品种苗穗期与光周期线性回归分析

为了进一步明确不同品种苗穗期与光周期的量化关系，对各品种在不同光照条件下苗穗期差异进行回归分析（表 10-2），从各个品种的回归方程可以看出，所有方程的一次项系数均为负值，说明不同品种随着光照时数的增加，苗穗期均缩短，但缩短幅度有所不同。其中，辽春 10 号、豫麦 18、华南 T2003 和京 841 一次项的系数较小，绝对值均小于 4，表明随着光照时数增加，苗穗期缓慢缩短，日长增加 1h 苗穗期缩短在 4d 以下，这些品种对日长增加反应不敏感；而宁春 36、新冬 18 和肥麦 3 个品种的一次项系数值在 8 以上，表明随着光照时数增加，苗穗期快速缩短，日长增加 1h 苗穗期缩短在 8d 以上，这些品种对光周期反应敏感；绵麦 37 一次项系数处于上述两类品种之间（−7.247），其光周期反应敏感性也属中等水平。

表 10-2　不同品种光照时数（x）和苗穗期（y）的回归分析

Table 10-2　The regression analysis of photoperiod (x) and SH period (y) of different varieties

品种名称	回归方程	回归系数
辽春 10 号	$y=-2.032x+83.995$	R=0.961
宁春 36	$y=-8.556x+230.335$	R=0.892
新冬 18	$y=-8.004x+219.16$	R=0.890
京 841	$y=-3.75x+129.83$	R=0.933
豫麦 18	$y=-1.726x+81.165$	R=0.999
绵麦 37	$y=-7.247x+195$	R=0.930
华南 T2003	$y=-2.548x+96.665$	R=0.834
肥麦	$y=-9.952x+254.835$	R=0.962

二、不同光周期条件下品种开花期差异

1. 不同光周期条件下品种苗花期差异分析

调查不同光周期条件下小麦品种的苗花期（从出苗到开花的天数）的变异情况，见表 10-3。表 10-3 显示，在 LD 条件下，8 个品种开花时间差异不大，苗花期在 44～47.7d。在 MD 光周期条件下，8 个品种苗花期大幅度延长，平均值由 LD 光周期的 45d 增加到 76.6d，品种之间的苗花期差距也加大，苗花期最短的品种是辽春 10 号，为 60d，最长的品种是肥麦，历时 113.7 天；在 SD 光照条件下，8 个品种苗穗期进一步大幅度延长，平均值由 MD 光周期的 76.6d 增加到 170.7d 以上，品种之间的苗花期差距也进一步加大，苗花期最短的豫麦 18、辽春 10 号 80 多天，苗花期最长的肥麦、宁春 36、新冬 18 和绵麦 37 4 个品种 245d 还没有开花，相差 2 倍以上，极显著长于其他 4 个品种，京 841 苗花期 123.7d 极显著长于华南 T2003，华南 T2003 又极显著长于豫麦 18 和辽春 10 号。

各品种苗穗期变异系数表明（表 10-3），在 LD/MD/SD 3 种光周期条件下各品种之间变异系数差异显著，第二组 4 个品种（辽春 10 号、京 841、豫麦 18 和华南 T2003）变异系数较小，均低于 40%，其中豫麦 18 的变异系数最小，仅 21.8%；第一组 4 个品种（肥麦、宁春 36、绵麦 37 和新冬 18）变异系数较大，基本在 60%以上，绵麦 37 最大，大于 76.9%。在 SD/LD 两种光周期条件下，第一组 4 个品种变异系数明显加大，均

在 97%以上；第二组 4 个品种也有增加，达 37.9%～62.7%。进一步分析短光照到中光照、中光照到长光照的变异系数发现，第一组除肥麦外另 3 个品种均为 SD/MD 的变异系数大于 MD/LD 的变异系数；第二组 4 个品种中豫麦 18 MD/LD 的变异系数（23.7%）大于 SD/MD 的变异系数（14.9%），华南 T2003 相反，SD/MD 的变异系数（33.9%）大于 MD/LD 的变异系数(22.5%)，其余两个品种 MD/LD 和 SD/MD 的变异系数差异不大。上述结果表明，第一组 4 个品种（肥麦、宁春 36、绵麦 37 和新冬 18）对光照反应敏感，主要是 SD/MD 敏感；第二组 4 个品种（辽春 10 号、京 841、豫麦 18 和华南 T2003）对光照反应不敏感，其中豫麦 18 主要是 SD/MD 不敏感。

表 10-3　不同光照条件下品种苗花期差异

Table 10-3　The flowering stage variations of eight varieties under different photoperiods

品种名称	苗花期/d			平均/d	变异系数/%			
	LD	MD	SD		LD/MD/SD	SD/LD	SD/MD	MD/LD
辽春 10 号	44.0cB	60.0eE	82.3dD	62.1fF	25.3fF	42.8dD	22.1eE	21.8eE
宁春 36	44.0cB	87.0bB	＞245.0aA	125.3bB	＞68.9bB	＞98.4aA	＞67.3bB	46.4bB
新冬 18	45.7bcAB	88.3bB	＞245.0aA	126.30bB	＞67.8bB	＞97.0aA	＞66.5bB	45.0bB
京 841	47.7aA	74.7cC	123.7bB	82.0dD	38.4dD	62.7bB	34.9dD	31.2cC
豫麦 18	46.3abA	65.0dD	80.3dD	63.8fEF	21.8gF	37.9eD	14.9fF	23.7eDE
绵麦 37	44.0cB	63.7dD	＞245.0aA	117.5cC	＞76.9aA	＞98.4aA	＞83.1aA	25.8dD
华南 T2003	44.0cB	60.7eE	99.0cC	67.9eE	33.9eE	54.4cC	33.9dD	22.5eE
肥麦	44.0cB	113.7aA	＞245.0aA	134.2aA	＞62.1cC	＞98.4aA	＞51.8cC	62.5aA
平均	45.0	76.6	＞96.3					

注：大写表示 $P<0.01$ 差异极显著，小写表示 $P<0.05$ 差异显著。LD，24h 光照/0h 黑暗；MD，12h 光照/12h 黑暗；SD，6h 光照/18h 黑暗

Note: Capital letters. the significant difference at $P<0.01$, Lower-case letters. the significant difference at $P<0.05$ level. LD. 24h light and 0h dark; MD. 12h light and 12h dark; SD. 6h light and 18h dark

2. 不同光周期条件下品种穗花期差异分析

在不同光周期条件下苗穗期和苗花期分析的基础上，进一步分析不同品种穗花期（抽穗至开花经历的时间）（表 10-4），结果表明，在 LD 和 MD 条件下，各品种穗花期差异较小，均在 3～7d。在 SD 光周期条件下第二组 4 个品种（辽春 10 号、京 841、豫麦 18 和华南 T2003）穗花期差异也较小，均在 6.7～9.7d。而第一组 4 个品种（肥麦、宁春 36、绵麦 37 和新冬 18）穗花期长达 36d 以上没能开花，其中绵麦 37 的穗花期长达 60d 以上还没能开花。考察不同光周期条件下穗花期变异系数，第一组 4 个品种与短光周期相关的变异系数均在 100%左右，短光周期下均不能开花。第二组 4 个品种不同光周期条件下穗花期都在 10d 以下，其变异系数均较小，均能正常开花。上述结果表明，光周期对各品种苗穗期、苗花期和穗花期的效应一致，均有长光促进发育、短光延迟发育的趋势；但品种间有明显差异，辽春 10 号、京 841、豫麦 18 和华南 T2003 对光周期不敏感，各种光长下均能开花，肥麦、宁春 36、绵麦 37 和新冬 18 对光周期敏感，短光下不能开花。

表 10-4 不同光照条件下品种穗花期差异

Table 10-4 The period variations from heading to flowering of eight varieties under different photoperiods

品种名称	抽穗到开花经历的时间/d			平均/d	变异系数/%			
	LD	MD	SD		LD/MD/SD	SD/LD	SD/MD	MD/LD
辽春 10 号	7.0aA	5.7abA	7.00cC	6.6cC	9.7bB	0.0cD	15.1bB	15.1bAB
宁春 36	4.0cdBC	4.3bAB	＞36.0bB	＞14.8bB	＞101aA	＞113.1aA	＞111.1aA	5.2bB
新冬 18	5.0bcABC	6.0aA	＞46.7abAB	＞19.2abAB	＞98.6aA	＞112.1aA	＞106.8aA	13.7bAB
京 841	3.0dC	4.4bAB	6.7cC	4.7cC	33.4bB	57.5bBC	30.0bB	27.7abAB
豫麦 18	6.3abAB	5.3abA	9.0cC	6.9cC	21.3bB	22.2bcCD	33.4bB	12.1bB
绵麦 37	6.3abAB	5.4abA	＞60.3aA	＞24.0aA	＞107aA	＞114.6aA	＞118.4aA	12.1bB
华南 T2003	5.0bcABC	5.3abA	9.7cC	7.0cC	38.1bB	50.1bC	50.1bB	0.0bB
肥麦	6.7abA	3.7bBA	＞36.0bB	＞15.5bB	＞98.4aA	＞97.3aAB	＞122.0aA	59.7aA
平均	5.41	5.01	＞26.43					

注：大写表示 P＜0.01 差异极显著，小写表示 P＜0.05 差异显著。LD，24h 光照/0h 黑暗；MD，12h 光照/12h 黑暗；SD，6h 光照/18h 黑暗

Note: Capital letters. the significant difference at P＜0.01, Lower-case letters. the significant difference at P＜0.05 level. LD. 24h light and 0h dark; MD. 12h light and 12h dark; SD. 6h light and 18h dark

三、不同光周期条件下品种幼穗分化进程差异

光周期不仅影响小麦的抽穗、开花时间，也影响小麦幼穗分化进程。为了分析光周期对小麦幼穗分化进程的影响，本研究对不同光照条件下 8 个小麦品种幼穗分化进程，包括幼穗分化圆锥期、单棱期、二棱期和雌雄蕊分化时期进行了系统观察，分析结果见图 10-2。

从图 10-2 结果可以看出，辽春 10 号（图 10-2A）在圆锥期和单棱期发育阶段，随着光照时间延长，发育进程加快。在二棱期发育阶段，SD 条件对发育进程产生抑制作用，MD 和 LD 条件下二棱期持续时间相同。在雌雄蕊分化阶段，3 种光照条件下发育进程一致。豫麦 18（图 10-2E）和华南 T2003（图 10-2G）幼穗分化进程对 3 种光周期的反应与辽春 10 号类似：SD 条件下前 3 个发育时期均受到不同程度的抑制，在雌雄蕊分化期 3 种光周期条件下发育进程相同，MD 条件只对二棱期之前发育产生抑制作用。宁春 36（图 10-2B）各个发育时期均随着光照时间缩短发育进程变慢，而且随着幼穗分化进程推进，短光照抑制作用逐渐增强，尤其是在 SD 条件下各分化时期均受到强烈抑制。肥麦（图 10-2H）和新冬 18（图 10-2C）幼穗分化进程对 3 种光周期的反应与宁春 36 相似，但宁春 36 在 SD 条件下，单棱期受到的抑制作用相对较弱些。京 841（图 10-2D）和绵麦 37（图 10-2F）两个品种幼穗发育进程对 3 种光周期的反应趋势相似，在 SD 条件下各发育时期受到强烈抑制，而且随着发育进程推进，抑制作用增强。在 MD 和 LD 条件下，穗圆锥期和单棱期两个时期发育进程有不同差异，但是二棱期之后分化进程没有差异。

上述结果表明，辽春 10 号、豫麦 18 和华南 T2003 3 个品种虽然 SD 对二棱期有较大抑制，对单棱期有影响，但对雌雄蕊分化没有影响；SD 对京 841 各发育期有一定影响；另外 4 个品种幼穗发育的各个时期都受到不同程度抑制，而且随着发育进程推进，

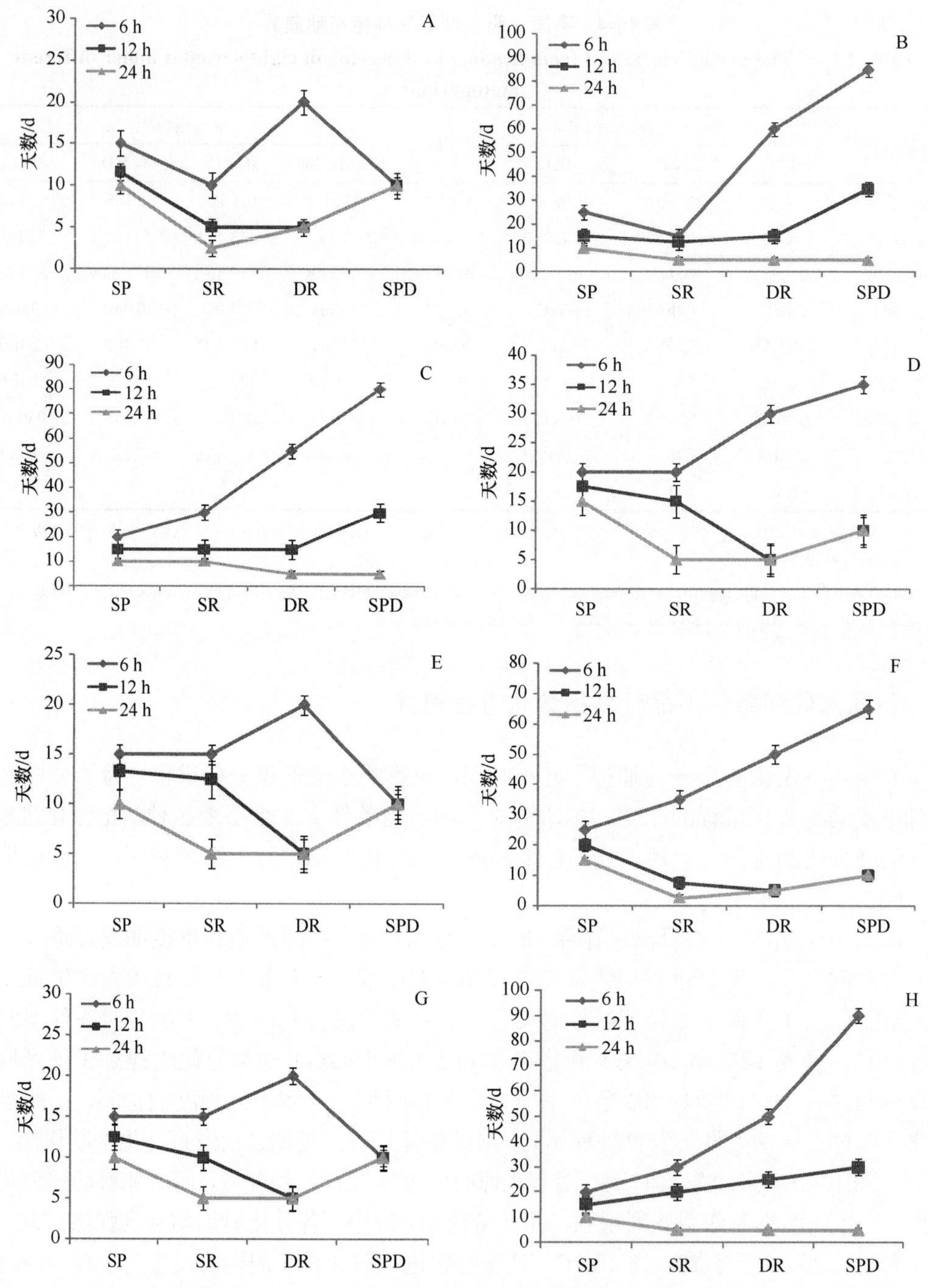

图 10-2　8 个品种在不同光周期条件下幼穗分化进程差异

Figure 10-2　Variation of spike differentiation in eight varieties under different photoperiods

SP. 圆锥期；SR. 单棱期；DR. 二棱期；SPD. 雌雄蕊分化期；A. 辽春 10 号；B. 宁春 36；C. 新冬 18；D. 京 841；E. 豫麦 18；F. 绵麦 37；G.华南 T2003；H. 肥麦

SP. Spikelet primordium; SR. Single-ridge; DR. Double-ridge; SPD. Stamen and pistil differentiation; A. Liaochun 10; B. Ningchun 36; C. Xindong 18; D. Jing 841; E. Yumai 18; F. Mianmai 37; G. Huanan T2003; H. Feimai

抑制作用增强。其中，幼穗发育时间最长的品种是宁春 36，其次是肥麦与新冬 18。在 MD 条件下，各品种幼穗发育受到抑制情况可分两类：一是宁春 36、新冬 18 和肥麦 4

个发育时期均受抑制，二是另外5个品种在圆锥期和单棱期发育受到抑制，其他时期与LD条件下没有差异。所有品种中辽春10号、豫麦18和华南T2003发育进程最快，与SD条件下相比，主要缩短了单棱期和二棱期的发育时间。在LD条件下，各品种幼穗分化进程都很快，每个时期持续时间最长不超过10d，尤其是辽春10号和绵麦37单棱期持续时间分别还不到5d。其中以宁春36、肥麦和辽春10号发育进程最快。与SD条件下相比，宁春36、新冬18、京841、绵麦37和肥麦各个发育时间均大幅度缩短，且随着穗分化期推进长光促进穗发育的效应越加明显。

综合上述研究结果，宁春36、新冬18和肥麦为光周期反应敏感型品种，它们分别来自于西北春麦区、新疆冬麦区和青藏冬麦区，均属于高纬度高海拔地区（青藏冬麦区海拔在2600～4100m），小麦生育期内平均日照时间为13～15h，长期的生态适应也决定了它们具有光周期敏感的特性；辽春10号、豫麦18、华南T2003和京841为光周期反应不敏感或弱敏感型品种，其中豫麦18、华南T2003和京841分别来自于黄淮冬麦区、华南冬麦区和北部冬麦区，属于低纬度或中纬度，小麦生育期内平均日照时间为11～12h，对光照要求不严格；而辽春10号来自于东北春麦区，表现对光照时间要求不严格。8个品种中比较特殊的是绵麦37，适宜种植区域为四川盆地低丘陵及平坝地区，小麦生育期内平均日照时数11～12h，对长光照要求不严格，为弱敏感品种。

第二节　小麦光周期基因 *Ppd-1* 的等位类型与序列特征

光周期反应特性是小麦重要的遗传特性，受光周期相关基因 *Ppd-1* 控制，它位于第二染色体组上，包括 *Ppd-A1*、*Ppd-B1* 和 *Ppd-D1* 3个同源等位基因（Laurie et al.，1995；Snape et al.，2001）。隐性等位类型（野生型）控制光周期敏感性（PS），被记作 *Ppd-A1b*、*Ppd-B1b*、*Ppd-D1b*，携带隐性基因的小麦长日照条件促进其开花，短日照条件延迟其开花。显性等位类型（突变型）对应光周期不敏感性（PI），被记作 *Ppd-A1a*、*Ppd-B1a* 和 *Ppd-D1a*，携带显性基因的小麦（突变类型）短光照条件对其开花无明显抑制（McIntosh et al.，2003）。

克隆小麦光周期反应基因经序列分析显示，小麦 *Ppd-1* 基因由8个外显子组成，与拟南芥 *PRR7* 同源，属于 *PRR* 基因家族（Laurie，1997；Börner et al.，1998；Beales et al.，2007）。基因编码区上游启动子区的序列插入和缺失是导致 *Ppd-1a* 突变的主要原因。在六倍体小麦中 *Ppd-D1a* 启动子区存在2089bp的大片段缺失突变，*Ppd-B1a* 启动子区存在308bp插入突变，*Ppd-A1a* 启动子区存在1085bp缺失突变。另外，在四倍体小麦 *Ppd-A1a* 的启动子区也存在两种缺失突变：1027bp序列缺失突变（GS-100类型）和1117bp缺失突变（GS-105类型）。六倍体小麦中光周期不敏感1085bp缺失类型被定名为 *Ppd-A1a.1*，四倍体小麦中发现的两种光周期不敏感缺失类型（1027bp和1117bp）分别被定名为 *Ppd-A1a.2* 和 *Ppd-A1a.3*，对应的等位类型检测标记已经被开发（Beales et al.，2007；Wilhelm et al.，2009；Nishida et al.，2013）。

我国不同小麦生态区小麦品种的生态类型不同，光周期反应存在差异。本研究将对来自不同小麦主产区的8个光敏性不同小麦品种的 *Ppd-1* 启动子区的等位差异进行PCR检测，分析光敏性不同品种的等位差异类型，为进一步明确我国普通小麦的光周期特性的基因组成奠定了基础。

一、不同小麦品种 *Ppd-1* 基因等位类型分析

为确定不同小麦品种的光周期等位基因差异类型，设计各等位基因特异性引物和 PCR 参数，见表 10-5，以不同小麦品种 DNA 为模板，利用特异性引物进行 PCR 扩增，以确定光周期等位基因的变异类型。

表 10-5　小麦 *Ppd-D1*、*Ppd-B1* 和 *Ppd-A1* 等位基因类型分析引物

Table 10-5　Primers for *Ppd-D1*, *Ppd-B1* and *Ppd-A1* allelic types in wheat

检测目标	引物名称	引物序列（5′→3′）	退火温度/℃	延伸时间	扩增产物/bp	等位基因类型
Ppd-D1 启动子区 2089bp 缺失	Ppd-D1_F Ppd-D1_R1 Ppd-D1_R2	acgcctcccactacactg gttggttcaaacagagagc cactggtggtagctgagatt	54	30s	414 288	*Ppd-D1b* *Ppd-D1a*
Ppd-B1 启动子区 308bp 插入	TaPpd-B1proF1 TaPpd-B1int1R1	acactagggctggtcgaaga ccgagccagtgcaaattaac	64	1min	1292 1600	*Ppd-B1b* *Ppd-B1a*
Ppd-A1 启动区 1085bp 缺失	TaPpd-A1prodelF TaPpd-A1prodelR3 TaPpd-A1prodelR2	cgtactccctccgtttcttt aatttacggggaccaaatacc gttggggtcgtttggtggtg	57	30s	299 338	*Ppd-A1b* *Ppd-A1a*
Ppd-A1 启动子区 1117bp 或 1027bp 缺失	durum_Ag5del_F2 durum_Ag5del_R2	cgtcacccatgcactctgtt ctggctccaagaggaaacac	55	30s	452	*Ppd-A1b*
	durum_Ag5del_F1 durum_Ag5del_R2	gtatgcgattcgcctgaagt ctggctccaagaggaaacac	55	30s	380 290	*Ppd-A1a*

1. 不同小麦品种 *Ppd-D1* 基因等位类型分析

根据 Beales 等（2007）的研究结果，用 Ppd-D1-F1+R1+R2 引物扩增，如果扩增产物为 288bp 大小片段，则说明启动子区有 2089bp 缺失突变，植株携带 *Ppd-D1a* 等位类型，对光周期表现不敏感；如果扩增产物为 414bp 大小片段，表明启动子区序列完整无缺失，植株携带 *Ppd-D1b* 等位类型，对光周期表现敏感。通过对各品种 *Ppd-D1* 等位基因检测发现（图 10-3），在参加试验的 8 个品种中，宁春 36、新冬 18 和肥麦 3 个品种扩增出 414bp 产物，其他品种均扩增出 288bp 产物。说明宁春 36、新冬 18 和肥麦 3 个品种 *Ppd-D1* 基因启动子区序列完整，携带 *Ppd-D1b* 等位基因，对光周期敏感。而其他 5 个品种启动子区均存在 2089bp 大片段缺失，携带 *Ppd-D1a* 等位基因，对光周期不敏感。*Ppd-D1* 基因等位变异类型研究结果与品种表现型完全一致。

2. 不同小麦品种 *Ppd-B1* 基因等位类型分析

根据 Nishida 等（2013）的研究，用 TaPpd-B1proF1 和 TaPpd-B1int1R1 作为前后引物扩增，如果扩增产物为 1600bp 片段，则 *Ppd-B1* 基因为显性，基因启动子区存在 308bp 插入突变，表现光周期不敏感，属于 *Ppd-B1a* 类型；如果扩增产物为 1292bp 片段，则 *Ppd-B1* 基因为隐性，表现光周期敏感，属于 *Ppd-B1b* 类型。通过 PCR 扩增结果发现，在所有参加试验的 8 个品种中均扩增到大概 1292bp 片段（图 10-4），表明 8 个品种均携带 *Ppd-B1b* 等位类型，B 位点为光周期敏感类型。

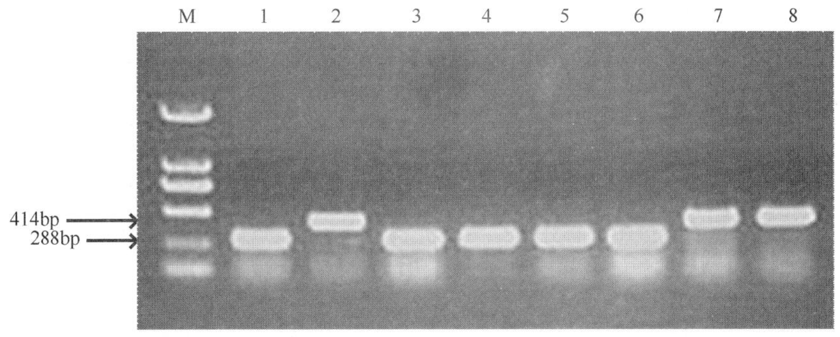

图 10-3　不同品种 *Ppd-D1* 等位基因差异分析

Figure 10-3　The differences analysis between *Ppd-D1* alleles of different varieties

1. 辽春 10 号；2. 宁春 36；3. 绵麦 37；4. 豫麦 18；5. 华南 T2003；6. 京 841；7. 新冬 18；8. 肥麦；M. DNA marker2000

1. Liaochun 10; 2. Ningchun 36; 3. Mianmai 37; 4. Yumai 18; 5. Huanan T2003; 6. Jing 841; 7. Xindong 18; 8. Feimai; M. DNA marker2000

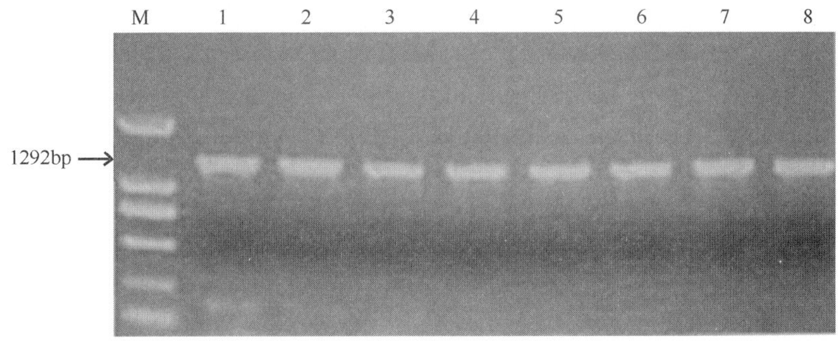

图 10-4　各品种 *Ppd-B1* 等位基因差异分析

Figure 10-4　The differences analysis between *Ppd-B1* alleles of different varieties

1. 辽春 10 号；2. 宁春 36；3. 绵麦 37；4. 豫麦 18；5. 华南 T2003；6. 京 841；7. 新冬 18；8. 肥麦；M.DNA marker2000

1. Liaochun 10; 2. Ningchun 36; 3. Mianmai 37; 4. Yumai 18; 5. Huanan T2003; 6. Jing 841; 7. Xindong 18; 8. Feimai; M. DNA marker2000

3. 不同小麦品种 *Ppd-A1* 基因等位类型分析

根据已有研究结果，在四倍体小麦中，如果用 durum_Ag5del_F2+durum_Ag5del_R2 或 durum_Ag5del_F1+durum_Ag5del_R2 引物扩增出 452bp 产物，说明 *Ppd-A1* 基因启动子序列完整，则植株表现光周期敏感；如果扩增出 290bp 产物，说明序列中存在 1117bp 缺失；若扩增出 380bp 产物，说明序列中存在 1027bp 缺失，两种缺失类型植株均表现光周期不敏感（Wilhelm et al.，2009）。在六倍体小麦中，用 TaPpd-A1prodelF 作前引物，TaPpd-A1prodelR3 和 TaPpd-A1prodelR2 分别作后引物，如果扩增产物为 338bp 产物，则说明 *Ppd-A1* 基因启动子序列中存在 1085bp 缺失，表现光周期不敏感，属于 *Ppd-A1a* 类型；如果扩增到 299bp 产物，说明 *Ppd-A1* 基因启动子序列完整，表现光周期敏感，属于 *Ppd-A1b* 类型（Nishida et al.，2013）。 用上述引物分别对参加试验的品种进行了 PCR 检测，结果所有品种均扩增到 452bp（图 10-5A）和 299bp（图 10-5B）产物。说明 8 个品种启动子区没有序列缺失突变，均携带 *Ppd-A1b* 等位类型，A 位点为光周期敏感类型。

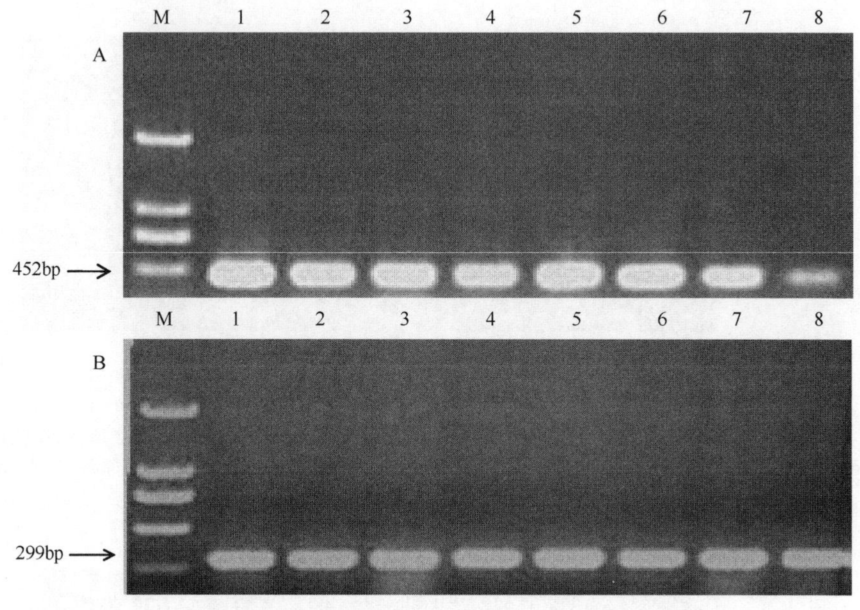

图 10-5 各品种 *Ppd-A1* 等位基因差异分析

Figure 10-5 The differences analysis between *Ppd-A1* alleles of different varieties

1. 辽春 10 号；2. 宁春 36；3. 绵麦 37；4. 豫麦 18；5. 华南 T2003；6. 京 841；7. 新冬 18；8. 肥麦；M.DNA marker2000

1. Liaochun 10; 2. Ningchun 36; 3. Mianmai 37; 4. Yumai 18; 5. Huanan T2003; 6. Jing 841; 7. Xindong 18; 8. Feimai; M. DNA marker2000

上述研究结果表明，来自不同麦区的 8 个小麦品种中，宁春 36、新冬 18 和肥麦 3 个品种携带 *Ppd-D1b* 基因，其余 5 个品种携带 *Ppd-D1a* 基因，而 8 个品种全部携带 *Ppd-A1b* 和 *Ppd-B1b* 基因。因此，宁春 36、新冬 18 和肥麦 3 个品种的基因型相同，均为 *Ppd-A1b/Ppd-B1b/Ppd-D1b* 基因型；其余辽春 10 号、京 841、豫麦 18、绵麦 37 和华南 T2003 品种为 *Ppd-A1b/Ppd-B1b/Ppd-D1a* 基因型。这与不同麦区小麦品种光周期敏感性的结果完全一致，宁春 36、新冬 18 和肥麦 3 个品种对光周期敏感，而其余 5 个品种对光周期不敏感或弱敏感，光周期不敏感特性主要由 *Ppd-D1a* 基因决定。

二、不同小麦品种 *Ppd-1* 基因 cDNA 序列特征分析

为了进一步了解光敏性不同小麦品种光周期基因的 cDNA 序列特征，研究选择了 4 个光周期反应特性不同的普通小麦品种辽春 10 号、宁春 36、京 841 和肥麦，其中辽春 10 号和京 841 携带 *Ppd-A1a/Ppd-B1a/Ppd-D1a* 等位基因，宁春 36 和肥麦携带 *Ppd-A1a/Ppd-B1a/Ppd-D1b* 等位基因。取各品种自然条件下生长 1～2 周、两叶一心期幼叶，分别提取基因组 DNA 和总 RNA，根据 GenBank 中小麦 *Ppd-1* 基因序列分别设计 A、B、D 基因组特异性扩增引物（表 10-6），分别进行 *Ppd-A1*、*Ppd-B1*、*Ppd-D1* cDNA 编码区特异性扩增，cDNA 产物连接 T 载体，选阳性克隆进行测序，所有测得序列与 NCBI 数据库进行 BLAST 比对分析，确定基因组特异性，以期进一步明确普通小麦光周期反应特性与 *Ppd-1* 基因序列特性之间的关系。

表 10-6　小麦 *Ppd-D1*、*Ppd-B1* 和 *Ppd-A1* 序列分析引物

Table 10-6　Primers for *Ppd-D1*, *Ppd-B1* and *Ppd-A1* sequence analysis in wheat

扩增目标	引物名称	引物序列（5′→3′）	退火温度/℃	片段大小/kb	参考序列
Ppd-D1 cDNA	*Ppd-A1*cF *Ppd-A1*cR	aacgaccccaacgtgt caagaatcagctgtctaaatag	58	2.3	DQ885753
Ppd-B1 cDNA	BgF1 BqR1	agacgattcattccgctcc atgaggaccgtctctgaatg	58	2.3	DQ885753
Ppd-A1 cDNA	*Ppd-D1*cF *Ppd-D1*cR	tcaaccaccaaaggaccccaaca attccaggagatgagacgagatgc	57	2.2	DQ885766
Ppd-D1 gDNA	*Ppd-A1*gF *Ppd-A1*gR	ccttcgctcattccaggctct cgtcgttgcgattattgctgtt	58	3.5	DQ885753
Ppd-B1 gDNA	*Ppd-B1*gF *Ppd-B1*gR	cgtctgctctgttcctgcc gaatcagctgtctaaatagtac	56	3.5	DQ885757
Ppd-A1 gDNA	*Ppd-D1*gF *Ppd-D1*gR	cctcaccgtcaaccaccaaag gggcacctatctccaactcctt	57	3.5	DQ885766

1. 不同小麦品种 *Ppd-A1* cDNA 序列差异分析

对 4 个品种 *Ppd-A1* cDNA 扩增序列分析显示，序列均包括起始密码子到终止密码子的完整编码框（图 10-6），其中 700bp 之前序列高度保守，在 4 个品种中序列一致性达到 100%。700bp 之后序列之间存在 26 个 SNP 点突变，而且这 26 个点突变是京 841 特有的突变，其中一个在 CCT 编码区，但是没有影响到预期的蛋白质（图 10-7）。除此之外，京 841 还出现 3 处 3 碱基突变，1 处属于插入突变，1 处突变与肥麦共有。

另外，辽春 10 号和宁春 36 在 770bp 处出现 42bp 缺失序列，宁春 36 在 1185bp 位置出现 82bp 的插入序列，42bp 序列缺失导致辽春 10 号和宁春 36 预期蛋白质少了 14 个氨基酸，而宁春 36 在插入片段序列中出现终止密码子（图 10-6 方框处），导致翻译提前终止，预期蛋白质 CCT 功能域缺失（图 10-7）。

2. 不同小麦品种 *Ppd-B1* cDNA 序列差异分析

4 个品种 *Ppd-B1* cDNA 扩增序列分析显示，序列均包括起始密码子到终止密码子的完整编码框（图 10-8）。不同品种之间序列比对分析发现，不同品种 *Ppd-B1* cDNA 序列一致性非常高。与其他品种相比，宁春 36 在 616bp 处发生一个点突变，导致预期蛋白质由天冬氨酸变为天冬酰胺（D/N）。京 841 出现一个 3 碱基缺失突变，导致预期蛋白质丙氨酸位点缺失（图 10-9）。宁春 36 存在一个 3 碱基缺失，但是缺失部位序列翻译提前终止了。除此之外，4 个品种 cDNA 序列完全一致。辽春 10 号序列和肥麦的 2 条序列在 774bp 处也出现 42bp 的缺失，导致预期蛋白质少了 14 个氨基酸。宁春 36 3 条序列均没有在该位置出现 42bp 缺失，而且其中的第三条序列在 42bp 序列后插入 105bp 序列，但是在插入序列中出现终止密码子（图 10-8，方框 1），导致翻译提前终止，预期蛋白 CCT 功能域缺失（图 10-9）。

另外，肥麦的第二条序列和宁春 36 的第一条序列在同一位置（大概 1200bp 处）均出现 82bp 插入片段，但是两条序列均在插入序列中出现终止密码子（图 10-8，方框 2、3），导致翻译提前终止，预期蛋白质 CCT 功能域缺失（图 10-9）。在辽春 10 号中未发现片段缺失与插入。

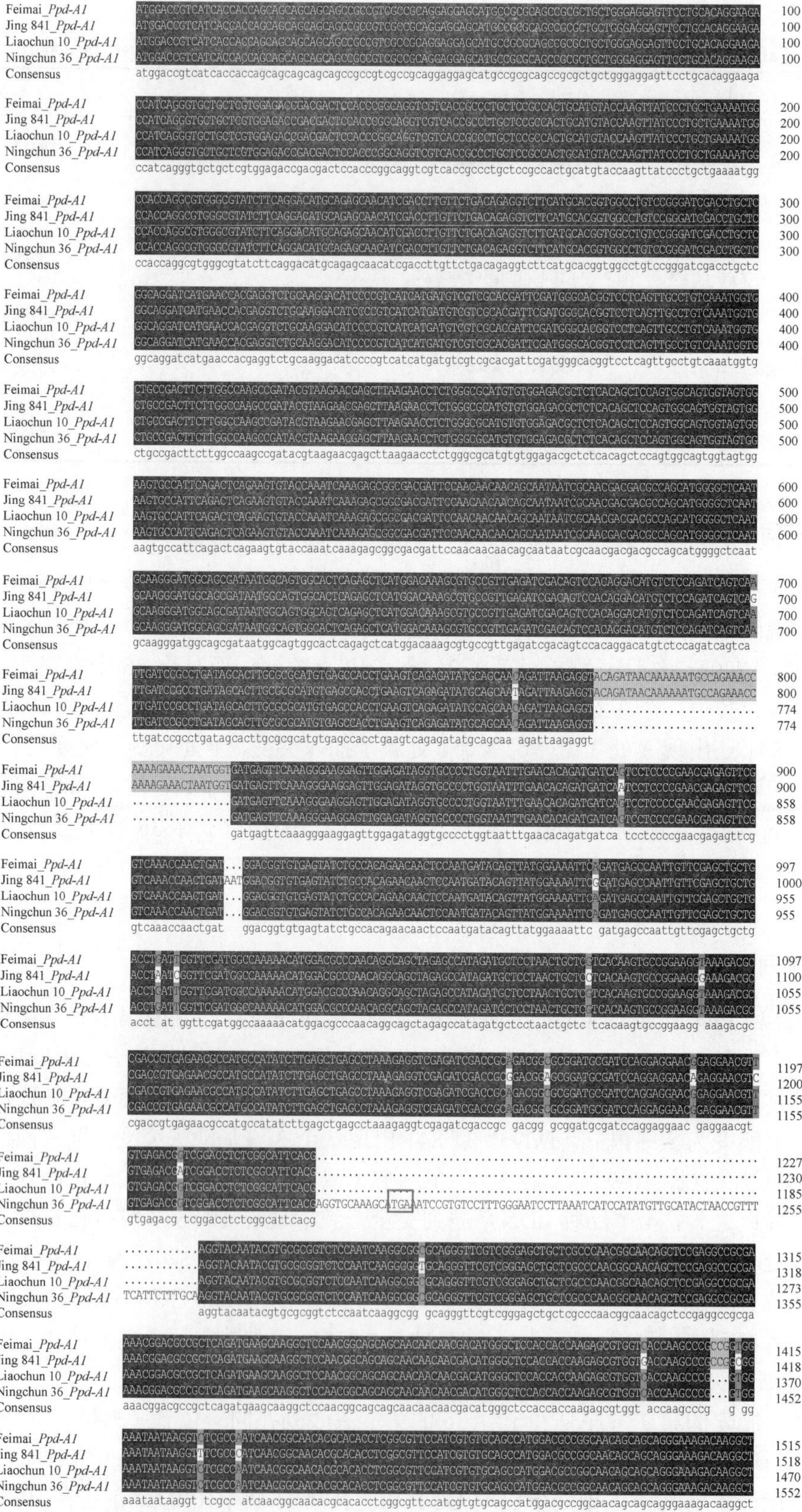

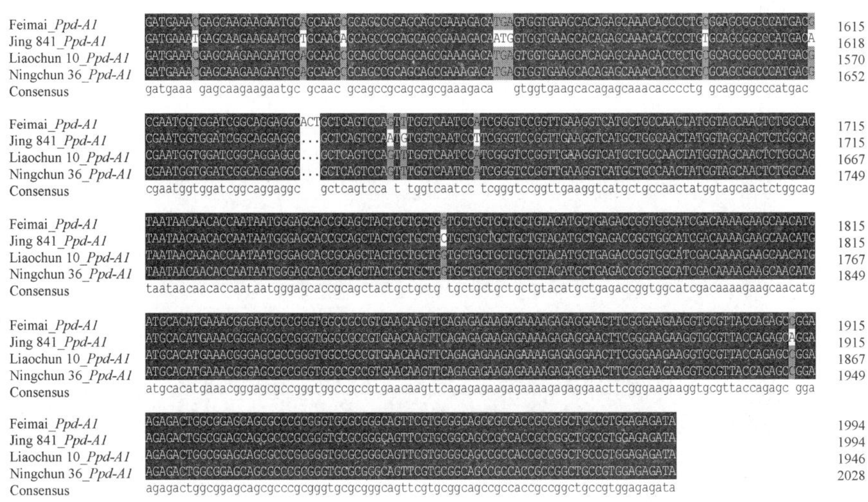

图 10-6　4 个品种 *Ppd-A1* cDNA 序列对比

Figure 10-6　Alignment of nucleotide sequences of *Ppd-A1* cDNA in four wheat varieties

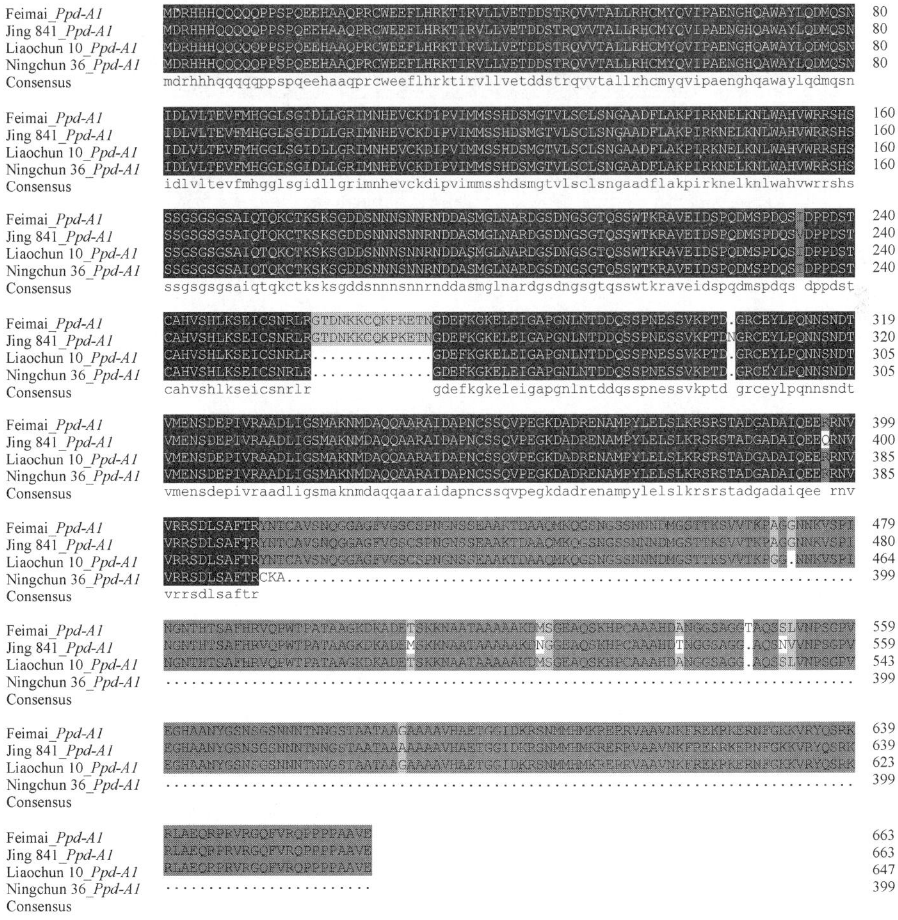

图 10-7　4 个品种 *Ppd-A1* cDNA 预期蛋白序列

Figure 10-7　Alignment of expected protein sequences of *Ppd-A1* cDNA in four wheat varieties

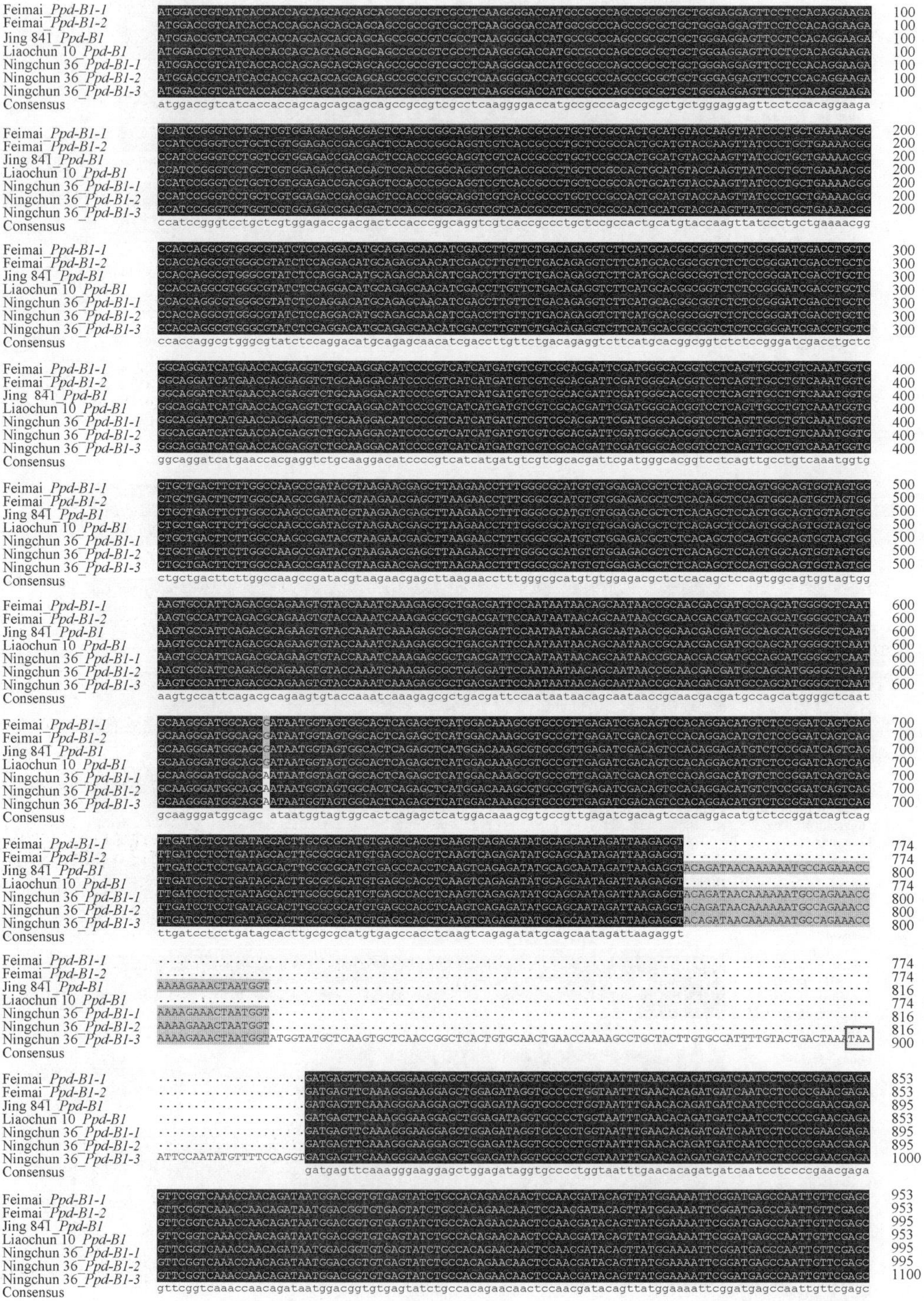

```
Feimai_Ppd-B1-1        ATGGACCGTCATCACCACCAGCAGCAGCAGCAGCCGCCGTCGCCTCAAGGGGACCATGCCGCCCAGCCGCGCTGCTGGGAGGAGTTCCTCCACAGGAAGA   100
Feimai_Ppd-B1-2        ATGGACCGTCATCACCACCAGCAGCAGCAGCAGCCGCCGTCGCCTCAAGGGGACCATGCCGCCCAGCCGCGCTGCTGGGAGGAGTTCCTCCACAGGAAGA   100
Jing 841_Ppd-B1        ATGGACCGTCATCACCACCAGCAGCAGCAGCAGCCGCCGTCGCCTCAAGGGGACCATGCCGCCCAGCCGCGCTGCTGGGAGGAGTTCCTCCACAGGAAGA   100
Liaochun 10_Ppd-B1     ATGGACCGTCATCACCACCAGCAGCAGCAGCAGCCGCCGTCGCCTCAAGGGGACCATGCCGCCCAGCCGCGCTGCTGGGAGGAGTTCCTCCACAGGAAGA   100
Ningchun 36_Ppd-B1-1   ATGGACCGTCATCACCACCAGCAGCAGCAGCAGCCGCCGTCGCCTCAAGGGGACCATGCCGCCCAGCCGCGCTGCTGGGAGGAGTTCCTCCACAGGAAGA   100
Ningchun 36_Ppd-B1-2   ATGGACCGTCATCACCACCAGCAGCAGCAGCAGCCGCCGTCGCCTCAAGGGGACCATGCCGCCCAGCCGCGCTGCTGGGAGGAGTTCCTCCACAGGAAGA   100
Ningchun 36_Ppd-B1-3   ATGGACCGTCATCACCACCAGCAGCAGCAGCAGCCGCCGTCGCCTCAAGGGGACCATGCCGCCCAGCCGCGCTGCTGGGAGGAGTTCCTCCACAGGAAGA   100
Consensus              atggaccgtcatcaccaccagcagcagcagcagccgccgtcgcctcaaggggaccatgccgcccagccgcgctgctgggaggagttcctccacaggaaga

Feimai_Ppd-B1-1        CCATCCGGGTCCTGCTCGTGGAGACCGACGACTCCACCCGGCAGGTCGTCACCGCCCTGCTCCGCCACTGCATGTACCAAGTTATCCCTGCTGAAAACGG   200
Feimai_Ppd-B1-2        CCATCCGGGTCCTGCTCGTGGAGACCGACGACTCCACCCGGCAGGTCGTCACCGCCCTGCTCCGCCACTGCATGTACCAAGTTATCCCTGCTGAAAACGG   200
Jing 841_Ppd-B1        CCATCCGGGTCCTGCTCGTGGAGACCGACGACTCCACCCGGCAGGTCGTCACCGCCCTGCTCCGCCACTGCATGTACCAAGTTATCCCTGCTGAAAACGG   200
Liaochun 10_Ppd-B1     CCATCCGGGTCCTGCTCGTGGAGACCGACGACTCCACCCGGCAGGTCGTCACCGCCCTGCTCCGCCACTGCATGTACCAAGTTATCCCTGCTGAAAACGG   200
Ningchun 36_Ppd-B1-1   CCATCCGGGTCCTGCTCGTGGAGACCGACGACTCCACCCGGCAGGTCGTCACCGCCCTGCTCCGCCACTGCATGTACCAAGTTATCCCTGCTGAAAACGG   200
Ningchun 36_Ppd-B1-2   CCATCCGGGTCCTGCTCGTGGAGACCGACGACTCCACCCGGCAGGTCGTCACCGCCCTGCTCCGCCACTGCATGTACCAAGTTATCCCTGCTGAAAACGG   200
Ningchun 36_Ppd-B1-3   CCATCCGGGTCCTGCTCGTGGAGACCGACGACTCCACCCGGCAGGTCGTCACCGCCCTGCTCCGCCACTGCATGTACCAAGTTATCCCTGCTGAAAACGG   200
Consensus              ccatccgggtcctgctcgtggagaccgacgactccacccggcaggtcgtcaccgccctgctccgccactgcatgtaccaagttatccctgctgaaaacgg

Feimai_Ppd-B1-1        CCACCAGGCGTGGGCGTATCTCCAGGACATGCAGAGCAACATCGACCTTGTTCTGACAGAGGTCTTCATGCACGGCGGTCTCTCCGGGATCGACCTGCTC   300
Feimai_Ppd-B1-2        CCACCAGGCGTGGGCGTATCTCCAGGACATGCAGAGCAACATCGACCTTGTTCTGACAGAGGTCTTCATGCACGGCGGTCTCTCCGGGATCGACCTGCTC   300
Jing 841_Ppd-B1        CCACCAGGCGTGGGCGTATCTCCAGGACATGCAGAGCAACATCGACCTTGTTCTGACAGAGGTCTTCATGCACGGCGGTCTCTCCGGGATCGACCTGCTC   300
Liaochun 10_Ppd-B1     CCACCAGGCGTGGGCGTATCTCCAGGACATGCAGAGCAACATCGACCTTGTTCTGACAGAGGTCTTCATGCACGGCGGTCTCTCCGGGATCGACCTGCTC   300
Ningchun 36_Ppd-B1-1   CCACCAGGCGTGGGCGTATCTCCAGGACATGCAGAGCAACATCGACCTTGTTCTGACAGAGGTCTTCATGCACGGCGGTCTCTCCGGGATCGACCTGCTC   300
Ningchun 36_Ppd-B1-2   CCACCAGGCGTGGGCGTATCTCCAGGACATGCAGAGCAACATCGACCTTGTTCTGACAGAGGTCTTCATGCACGGCGGTCTCTCCGGGATCGACCTGCTC   300
Ningchun 36_Ppd-B1-3   CCACCAGGCGTGGGCGTATCTCCAGGACATGCAGAGCAACATCGACCTTGTTCTGACAGAGGTCTTCATGCACGGCGGTCTCTCCGGGATCGACCTGCTC   300
Consensus              ccaccaggcgtgggcgtatctccaggacatgcagagcaacatcgaccttgttctgacagaggtcttcatgcacggcggtctctccgggatcgacctgctc

Feimai_Ppd-B1-1        GGCAGGATCATGAACCACGAGGTCTGCAAGGACATCCCCGTCATCATGATGTCGTCGCACGATTCGATGGGCACGGTCCTCAGTTGCCTGTCAAATGGTG   400
Feimai_Ppd-B1-2        GGCAGGATCATGAACCACGAGGTCTGCAAGGACATCCCCGTCATCATGATGTCGTCGCACGATTCGATGGGCACGGTCCTCAGTTGCCTGTCAAATGGTG   400
Jing 841_Ppd-B1        GGCAGGATCATGAACCACGAGGTCTGCAAGGACATCCCCGTCATCATGATGTCGTCGCACGATTCGATGGGCACGGTCCTCAGTTGCCTGTCAAATGGTG   400
Liaochun 10_Ppd-B1     GGCAGGATCATGAACCACGAGGTCTGCAAGGACATCCCCGTCATCATGATGTCGTCGCACGATTCGATGGGCACGGTCCTCAGTTGCCTGTCAAATGGTG   400
Ningchun 36_Ppd-B1-1   GGCAGGATCATGAACCACGAGGTCTGCAAGGACATCCCCGTCATCATGATGTCGTCGCACGATTCGATGGGCACGGTCCTCAGTTGCCTGTCAAATGGTG   400
Ningchun 36_Ppd-B1-2   GGCAGGATCATGAACCACGAGGTCTGCAAGGACATCCCCGTCATCATGATGTCGTCGCACGATTCGATGGGCACGGTCCTCAGTTGCCTGTCAAATGGTG   400
Ningchun 36_Ppd-B1-3   GGCAGGATCATGAACCACGAGGTCTGCAAGGACATCCCCGTCATCATGATGTCGTCGCACGATTCGATGGGCACGGTCCTCAGTTGCCTGTCAAATGGTG   400
Consensus              ggcaggatcatgaaccacgaggtctgcaaggacatccccgtcatcatgatgtcgtcgcacgattcgatgggcacggtcctcagttgcctgtcaaatggtg

Feimai_Ppd-B1-1        CTGCTGACTTCTTGGCCAAGCCGATACGTAAGAACGAGCTTAAGAACCTTTGGGCGCATGTGTGGAGACGCTCTCACAGCTCCAGTGGCAGTGGTAGTGG   500
Feimai_Ppd-B1-2        CTGCTGACTTCTTGGCCAAGCCGATACGTAAGAACGAGCTTAAGAACCTTTGGGCGCATGTGTGGAGACGCTCTCACAGCTCCAGTGGCAGTGGTAGTGG   500
Jing 841_Ppd-B1        CTGCTGACTTCTTGGCCAAGCCGATACGTAAGAACGAGCTTAAGAACCTTTGGGCGCATGTGTGGAGACGCTCTCACAGCTCCAGTGGCAGTGGTAGTGG   500
Liaochun 10_Ppd-B1     CTGCTGACTTCTTGGCCAAGCCGATACGTAAGAACGAGCTTAAGAACCTTTGGGCGCATGTGTGGAGACGCTCTCACAGCTCCAGTGGCAGTGGTAGTGG   500
Ningchun 36_Ppd-B1-1   CTGCTGACTTCTTGGCCAAGCCGATACGTAAGAACGAGCTTAAGAACCTTTGGGCGCATGTGTGGAGACGCTCTCACAGCTCCAGTGGCAGTGGTAGTGG   500
Ningchun 36_Ppd-B1-2   CTGCTGACTTCTTGGCCAAGCCGATACGTAAGAACGAGCTTAAGAACCTTTGGGCGCATGTGTGGAGACGCTCTCACAGCTCCAGTGGCAGTGGTAGTGG   500
Ningchun 36_Ppd-B1-3   CTGCTGACTTCTTGGCCAAGCCGATACGTAAGAACGAGCTTAAGAACCTTTGGGCGCATGTGTGGAGACGCTCTCACAGCTCCAGTGGCAGTGGTAGTGG   500
Consensus              ctgctgacttcttggccaagccgatacgtaagaacgagcttaagaacctttgggcgcatgtgtggagacgctctcacagctccagtggcagtggtagtgg

Feimai_Ppd-B1-1        AAGTGCCATTCAGACGCAGAAGTGTACCAAATCAAAGAGCGCTGACGATTCCAATAATAACAGCAATAACCGCAACGACGATGCCAGCATGGGGCTCAAT   600
Feimai_Ppd-B1-2        AAGTGCCATTCAGACGCAGAAGTGTACCAAATCAAAGAGCGCTGACGATTCCAATAATAACAGCAATAACCGCAACGACGATGCCAGCATGGGGCTCAAT   600
Jing 841_Ppd-B1        AAGTGCCATTCAGACGCAGAAGTGTACCAAATCAAAGAGCGCTGACGATTCCAATAATAACAGCAATAACCGCAACGACGATGCCAGCATGGGGCTCAAT   600
Liaochun 10_Ppd-B1     AAGTGCCATTCAGACGCAGAAGTGTACCAAATCAAAGAGCGCTGACGATTCCAATAATAACAGCAATAACCGCAACGACGATGCCAGCATGGGGCTCAAT   600
Ningchun 36_Ppd-B1-1   AAGTGCCATTCAGACGCAGAAGTGTACCAAATCAAAGAGCGCTGACGATTCCAATAATAACAGCAATAACCGCAACGACGATGCCAGCATGGGGCTCAAT   600
Ningchun 36_Ppd-B1-2   AAGTGCCATTCAGACGCAGAAGTGTACCAAATCAAAGAGCGCTGACGATTCCAATAATAACAGCAATAACCGCAACGACGATGCCAGCATGGGGCTCAAT   600
Ningchun 36_Ppd-B1-3   AAGTGCCATTCAGACGCAGAAGTGTACCAAATCAAAGAGCGCTGACGATTCCAATAATAACAGCAATAACCGCAACGACGATGCCAGCATGGGGCTCAAT   600
Consensus              aagtgccattcagacgcagaagtgtaccaaatcaaagagcgctgacgattccaataataacagcaataaccgcaacgacgatgccagcatggggctcaat

Feimai_Ppd-B1-1        GCAAGGGATGGCAGCGATAATGGTAGTGGCACTCAGAGCTCATGGACAAAGCGTGCCGTTGAGATCGACAGTCCACAGGACATGTCTCCGGATCAGTCAG   700
Feimai_Ppd-B1-2        GCAAGGGATGGCAGCGATAATGGTAGTGGCACTCAGAGCTCATGGACAAAGCGTGCCGTTGAGATCGACAGTCCACAGGACATGTCTCCGGATCAGTCAG   700
Jing 841_Ppd-B1        GCAAGGGATGGCAGCGATAATGGTAGTGGCACTCAGAGCTCATGGACAAAGCGTGCCGTTGAGATCGACAGTCCACAGGACATGTCTCCGGATCAGTCAG   700
Liaochun 10_Ppd-B1     GCAAGGGATGGCAGCGATAATGGTAGTGGCACTCAGAGCTCATGGACAAAGCGTGCCGTTGAGATCGACAGTCCACAGGACATGTCTCCGGATCAGTCAG   700
Ningchun 36_Ppd-B1-1   GCAAGGGATGGCAGCAATAATGGTAGTGGCACTCAGAGCTCATGGACAAAGCGTGCCGTTGAGATCGACAGTCCACAGGACATGTCTCCGGATCAGTCAG   700
Ningchun 36_Ppd-B1-2   GCAAGGGATGGCAGCAATAATGGTAGTGGCACTCAGAGCTCATGGACAAAGCGTGCCGTTGAGATCGACAGTCCACAGGACATGTCTCCGGATCAGTCAG   700
Ningchun 36_Ppd-B1-3   GCAAGGGATGGCAGCAATAATGGTAGTGGCACTCAGAGCTCATGGACAAAGCGTGCCGTTGAGATCGACAGTCCACAGGACATGTCTCCGGATCAGTCAG   700
Consensus              gcaagggatggcagc ataatggtagtggcactcagagctcatggacaaagcgtgccgttgagatcgacagtccacaggacatgtctccggatcagtcag

Feimai_Ppd-B1-1        TTGATCCTCCTGATAGCACTTGCGCGCATGTGAGCCACCTCAAGTCAGAGATATGCAGCAATAGATTAAGAGGT..........................   774
Feimai_Ppd-B1-2        TTGATCCTCCTGATAGCACTTGCGCGCATGTGAGCCACCTCAAGTCAGAGATATGCAGCAATAGATTAAGAGGT..........................   774
Jing 841_Ppd-B1        TTGATCCTCCTGATAGCACTTGCGCGCATGTGAGCCACCTCAAGTCAGAGATATGCAGCAATAGATTAAGAGGTACAGATAACAAAAAATGCCAGAAACC   800
Liaochun 10_Ppd-B1     TTGATCCTCCTGATAGCACTTGCGCGCATGTGAGCCACCTCAAGTCAGAGATATGCAGCAATAGATTAAGAGGT..........................   774
Ningchun 36_Ppd-B1-1   TTGATCCTCCTGATAGCACTTGCGCGCATGTGAGCCACCTCAAGTCAGAGATATGCAGCAATAGATTAAGAGGTACAGATAACAAAAAATGCCAGAAACC   800
Ningchun 36_Ppd-B1-2   TTGATCCTCCTGATAGCACTTGCGCGCATGTGAGCCACCTCAAGTCAGAGATATGCAGCAATAGATTAAGAGGTACAGATAACAAAAAATGCCAGAAACC   800
Ningchun 36_Ppd-B1-3   TTGATCCTCCTGATAGCACTTGCGCGCATGTGAGCCACCTCAAGTCAGAGATATGCAGCAATAGATTAAGAGGTACAGATAACAAAAAATGCCAGAAACC   800
Consensus              ttgatcctcctgatagcacttgcgcgcatgtgagccacctcaagtcagagatatgcagcaatagattaagaggt

Feimai_Ppd-B1-1        ....................................................................................................   774
Feimai_Ppd-B1-2        ....................................................................................................   774
Jing 841_Ppd-B1        AAAAGAAACTAATGGT....................................................................................   816
Liaochun 10_Ppd-B1     ....................................................................................................   774
Ningchun 36_Ppd-B1-1   AAAAGAAACTAATGGT....................................................................................   816
Ningchun 36_Ppd-B1-2   AAAAGAAACTAATGGT....................................................................................   816
Ningchun 36_Ppd-B1-3   AAAAGAAACTAATGGTATGGTATGCTCAAGTGCTCAACCGGCTCACTGTGCAACTGAACCAAAAGCCTGCTACTTGTGCCATTTTGTACTGACTAAATAA   900
Consensus

Feimai_Ppd-B1-1        .....................GATGAGTTCAAAGGGAAGGAGCTGGAGATAGGTGCCCCTGGTAATTTGAACACAGATGATCAATCCTCCCCGAACGAGA   853
Feimai_Ppd-B1-2        .....................GATGAGTTCAAAGGGAAGGAGCTGGAGATAGGTGCCCCTGGTAATTTGAACACAGATGATCAATCCTCCCCGAACGAGA   853
Jing 841_Ppd-B1        .....................GATGAGTTCAAAGGGAAGGAGCTGGAGATAGGTGCCCCTGGTAATTTGAACACAGATGATCAATCCTCCCCGAACGAGA   895
Liaochun 10_Ppd-B1     .....................GATGAGTTCAAAGGGAAGGAGCTGGAGATAGGTGCCCCTGGTAATTTGAACACAGATGATCAATCCTCCCCGAACGAGA   853
Ningchun 36_Ppd-B1-1   .....................GATGAGTTCAAAGGGAAGGAGCTGGAGATAGGTGCCCCTGGTAATTTGAACACAGATGATCAATCCTCCCCGAACGAGA   895
Ningchun 36_Ppd-B1-2   .....................GATGAGTTCAAAGGGAAGGAGCTGGAGATAGGTGCCCCTGGTAATTTGAACACAGATGATCAATCCTCCCCGAACGAGA   895
Ningchun 36_Ppd-B1-3   ATTCCAATATGTTTTCCAGGTGATGAGTTCAAAGGGAAGGAGCTGGAGATAGGTGCCCCTGGTAATTTGAACACAGATGATCAATCCTCCCCGAACGAGA   1000
Consensus                                   gatgagttcaaagggaaggagctggagataggtgcccctggtaatttgaacacagatgatcaatcctccccgaacgaga

Feimai_Ppd-B1-1        GTTCGGTCAAACCAACAGATAATGGACGGTGTGAGTATCTGCCACAGAACAACTCCAACGATACAGTTATGGAAAATTCGGATGAGCCAATTGTTCGAGC   953
Feimai_Ppd-B1-2        GTTCGGTCAAACCAACAGATAATGGACGGTGTGAGTATCTGCCACAGAACAACTCCAACGATACAGTTATGGAAAATTCGGATGAGCCAATTGTTCGAGC   953
Jing 841_Ppd-B1        GTTCGGTCAAACCAACAGATAATGGACGGTGTGAGTATCTGCCACAGAACAACTCCAACGATACAGTTATGGAAAATTCGGATGAGCCAATTGTTCGAGC   995
Liaochun 10_Ppd-B1     GTTCGGTCAAACCAACAGATAATGGACGGTGTGAGTATCTGCCACAGAACAACTCCAACGATACAGTTATGGAAAATTCGGATGAGCCAATTGTTCGAGC   953
Ningchun 36_Ppd-B1-1   GTTCGGTCAAACCAACAGATAATGGACGGTGTGAGTATCTGCCACAGAACAACTCCAACGATACAGTTATGGAAAATTCGGATGAGCCAATTGTTCGAGC   995
Ningchun 36_Ppd-B1-2   GTTCGGTCAAACCAACAGATAATGGACGGTGTGAGTATCTGCCACAGAACAACTCCAACGATACAGTTATGGAAAATTCGGATGAGCCAATTGTTCGAGC   995
Ningchun 36_Ppd-B1-3   GTTCGGTCAAACCAACAGATAATGGACGGTGTGAGTATCTGCCACAGAACAACTCCAACGATACAGTTATGGAAAATTCGGATGAGCCAATTGTTCGAGC   1100
Consensus              gttcggtcaaaccaacagataatggacggtgtgagtatctgccacagaacaactccaacgatacagttatggaaaattcggatgagccaattgttcgagc
```

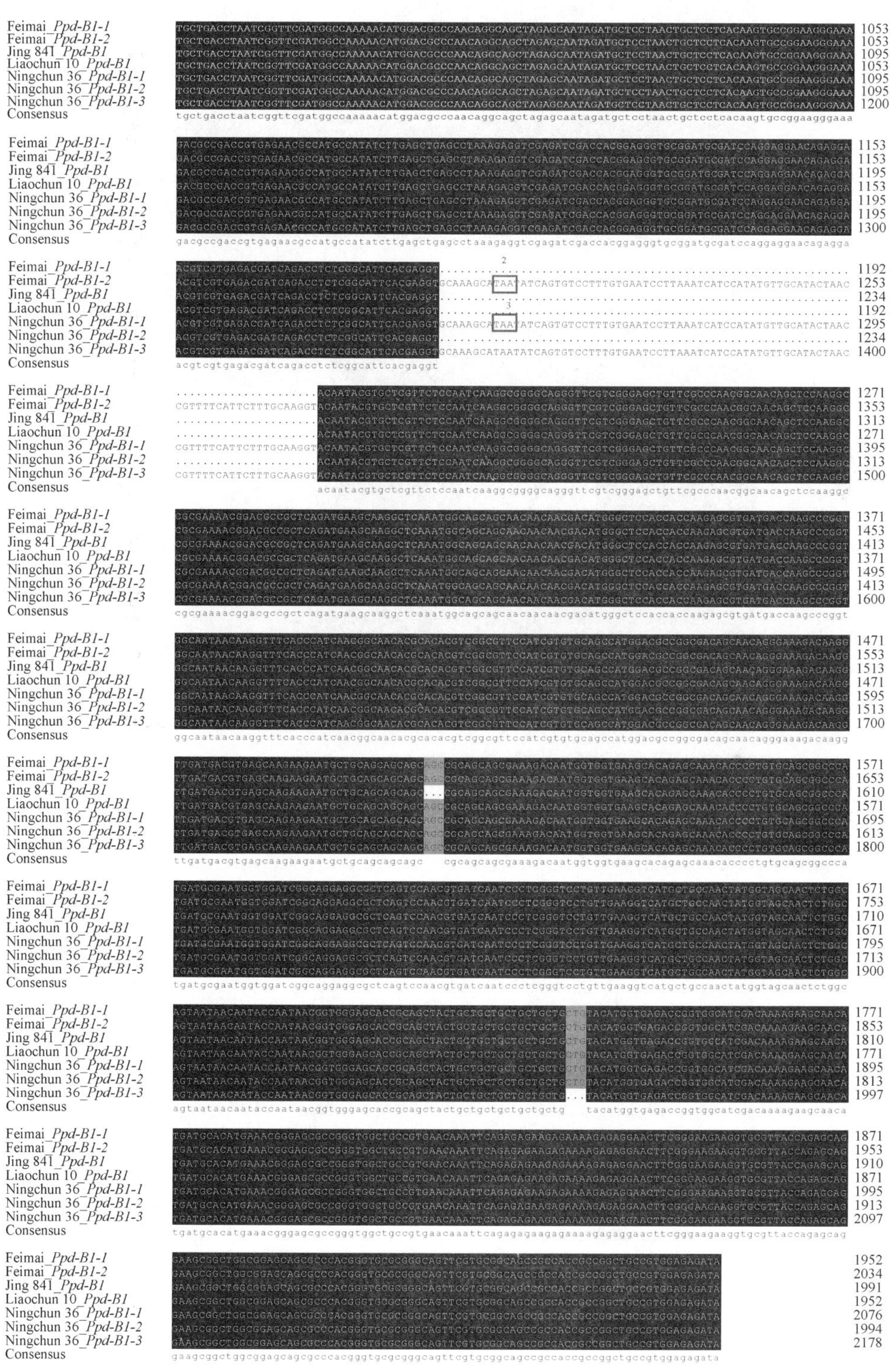

图 10-8　4 个品种 *Ppd-B1* cDNA 序列对比

Figure 10-8　Alignment of nucleotide sequences of *Ppd-B1* cDNA in four wheat varieties

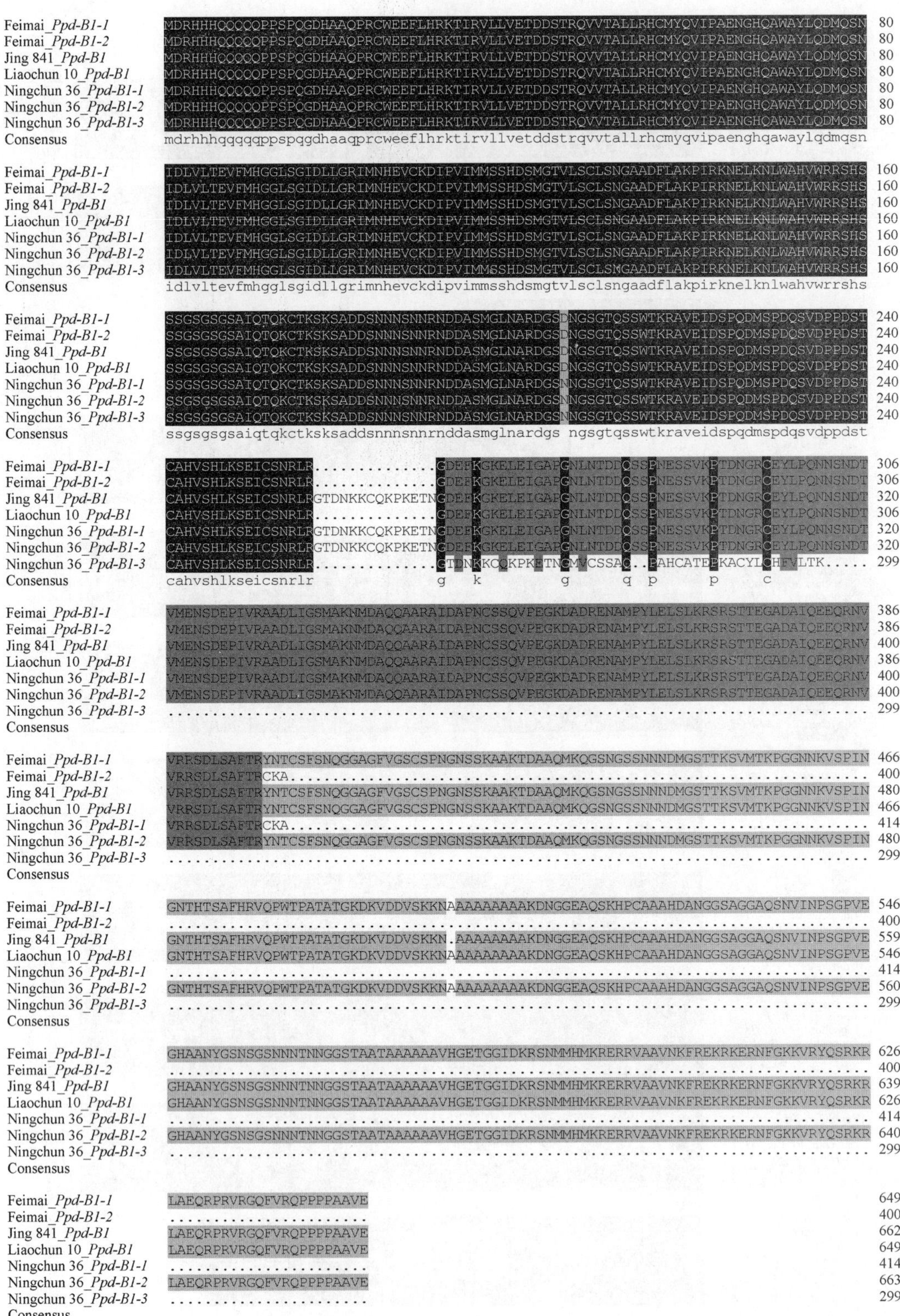

图 10-9 4 个品种 *Ppd-B1* cDNA 预期蛋白质序列

Figure 10-9 Alignment of expected protein sequences of *Ppd-B1* cDNA in four wheat varieties

3. 不同小麦品种 *Ppd-D1* cDNA 序列差异分析

不同品种 *Ppd-D1* cDNA 序列比对情况见图 10-10。

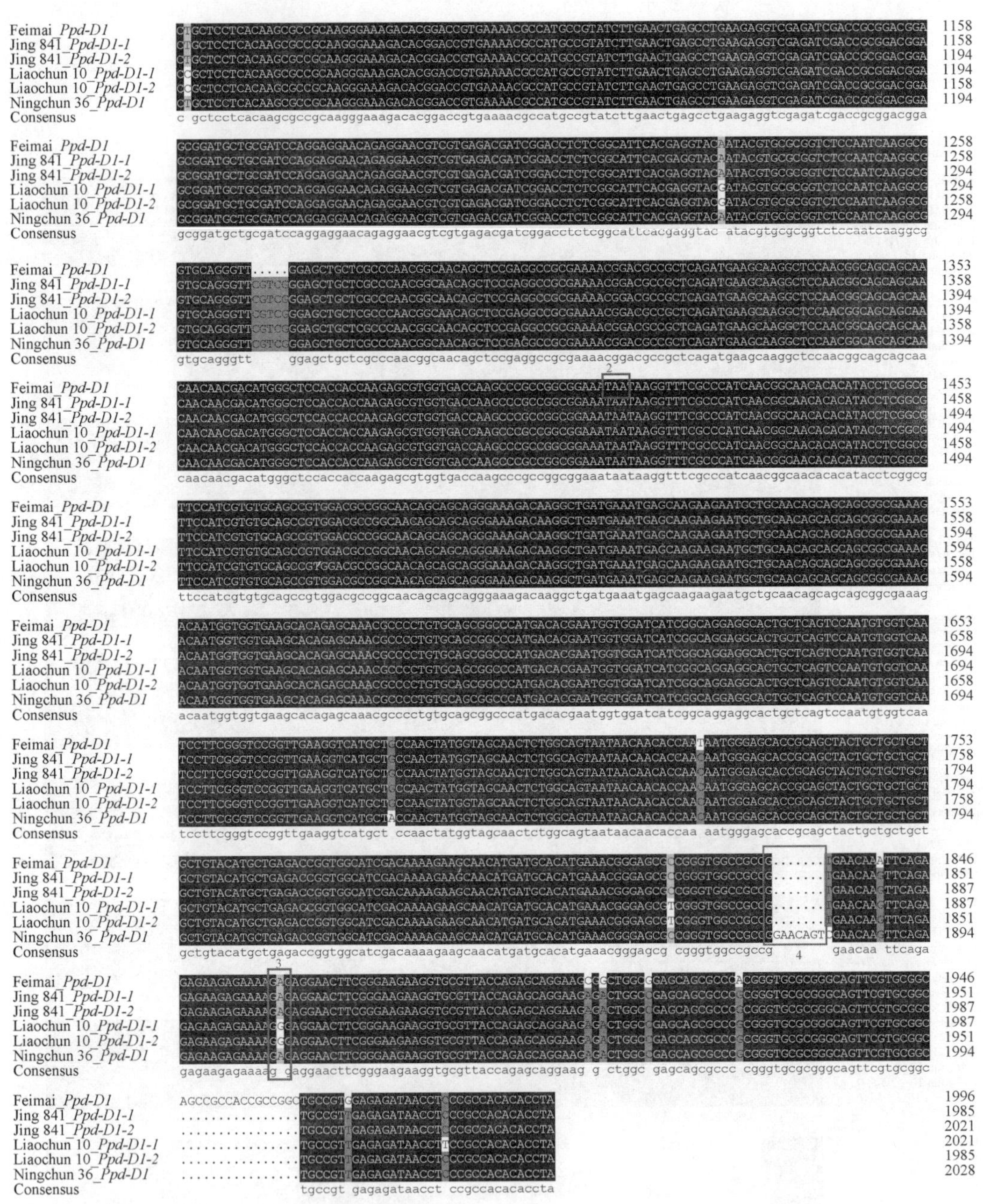

图 10-10　4 个品种 *Ppd-D1* cDNA 序列对比

Figure 10-10　Alignment of part nucleotide sequences of *Ppd-D1* cDNA in four wheat varieties

与 *Ppd-A1* 一样，4 个品种 *Ppd-D1* cDNA 序列在 700bp 之前高度保守，序列完全一致。在其他不同位置出现 14 个 SNP 点突变，其中肥麦独有的 SNP 7 个，辽春 10 号独有的 SNP 4 个，宁春 36 独有的 SNP 2 个。其中宁春 36 在 1020bp 位置的 C/T 转换（图 10-10，方框 1），导致出现终止密码子，翻译提前终止，预期蛋白质缺失 CCT 功能域（图 10-11）。而且宁春 36 在 *Ppd-D1* cDNA 的 1870bp 后出现 16bp 插入序列（图 10-10，方框 4），但是插入序列发生在翻译终止密码子之后，该插入序列在其他品种中未发现。肥麦在 1268bp 处出现 5bp 序列缺失突变，导致下游 1400bp 左右位置出现终止密码子（图 10-10，方框 2），翻译提前终止，预期蛋白质缺失 CCT 功能域（图 10-11）。特别重要的是，辽春 10 号在 1865bp 处有一个 A/G 点突变（图 10-10，方框 3），导致翻译的蛋白质发生谷氨酸/甘氨酸（E/G）转换，该编码的蛋白质在 CCT 功能域。

与 *Ppd-A1* 和 *Ppd-A1* 一样，在 *Ppd-D1* cDNA 序列大概 800bp 处，肥麦、京 841 和辽春 10 号均存在 42bp 片段缺失，导致预期蛋白质 14 个氨基酸的差异。

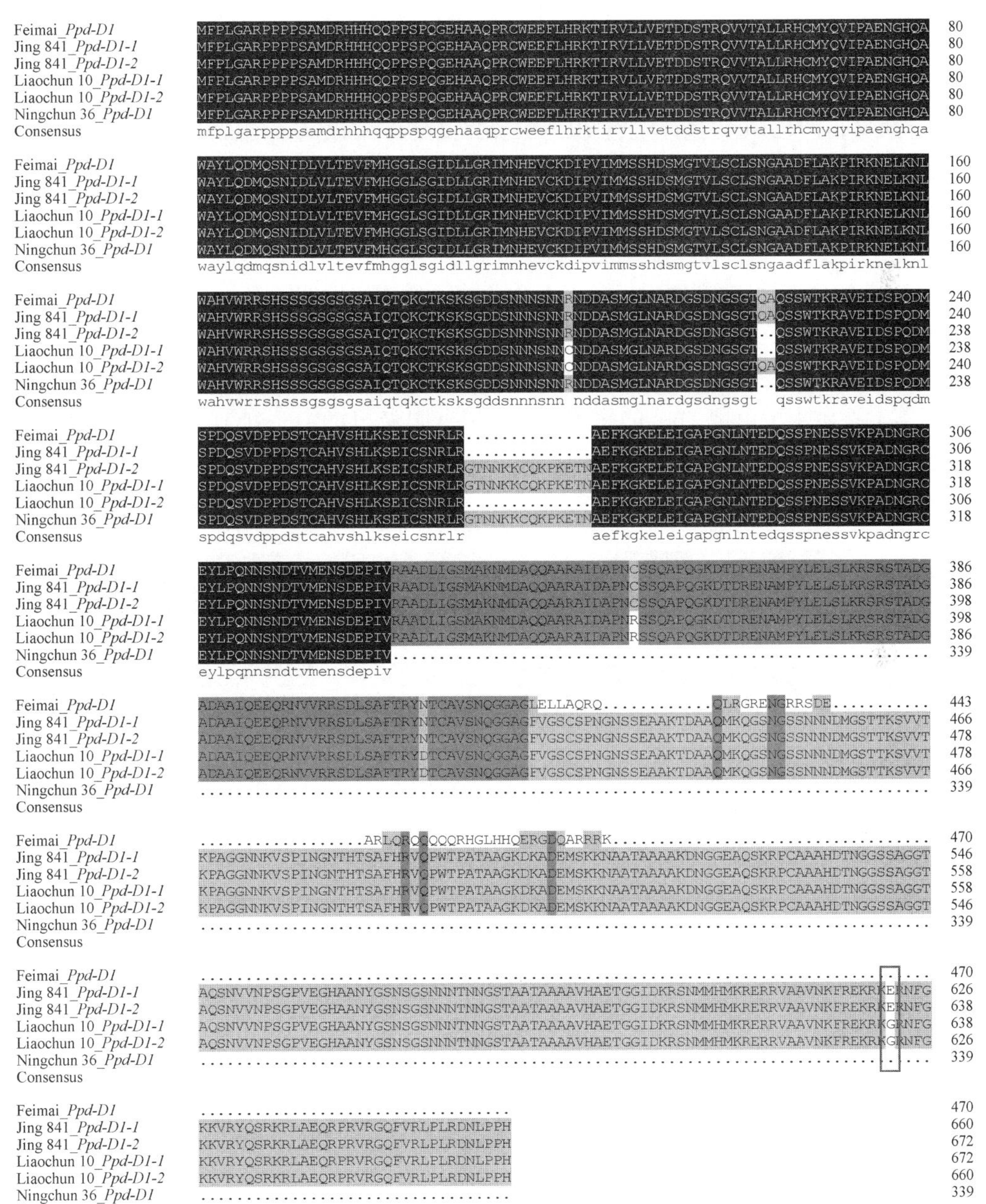

图 10-11 4 个品种 *Ppd-D1* cDNA 预期蛋白质序列

Figure 10-11 Alignment of expected protein sequences of *Ppd-D1* cDNA in four wheat varieties

三、不同小麦品种 *Ppd-1* 基因组序列特征与系统进化分析

1. *Ppd-1* 基因组序列特征分析

为了进一步了解光敏性不同小麦品种光周期基因组的序列特征，研究选择了 4 个光周期反应特性不同的普通小麦品种辽春 10 号、宁春 36、京 841 和肥麦，取各品种自然条件下生长 1～2 周、两叶一心期幼叶，分别提取基因组 DNA 和总 RNA，根据 GenBank 中小麦 *Ppd-1* 基因序列分别设计 A、B、D 基因组特异性扩增引物（表 10-6），分别进行 *Ppd-A1*、*Ppd-B1*、*Ppd-D1* 基因组编码区特异性扩增，对基因组扩增 PCR 产物进行测序，所有测得序列与 NCBI 数据库进行 BLAST 比对分析，确定基因组特异性。

对 *Ppd-A1* 基因组序列分析发现，京 841 序列比较特殊，出现大量的点突变，包含内含子和外显子，其中在第四内含子位置出现插入突变和序列突变，但是没有影响到编码序列。其他 3 个品种序列一致性很高，只是个别点突变，没有大片段的差异。

对 *Ppd-B1* 基因组序列比对发现，4 个品种序列一致性非常高，只有个别的点突变。

对 *Ppd-D1* 基因组序列比对发现（图 10-12 方框），品种之间的序列一致性也很高，不同品种序列之间没有大片段缺失与插入突变，出现个别点突变和小片段差异。其中，在肥麦第七外显子上出现 5bp 的序列缺失，根据肥麦 cDNA 序列 16bp 缺失推测在第八外显子上应该存在 16bp 缺失(但是由于基因组序列最后 200 多 bp 没有测到，无法判断)。除此之外，在宁春 36 第七外显子上发现 8bp 插入序列，在其他品种上没有发现。

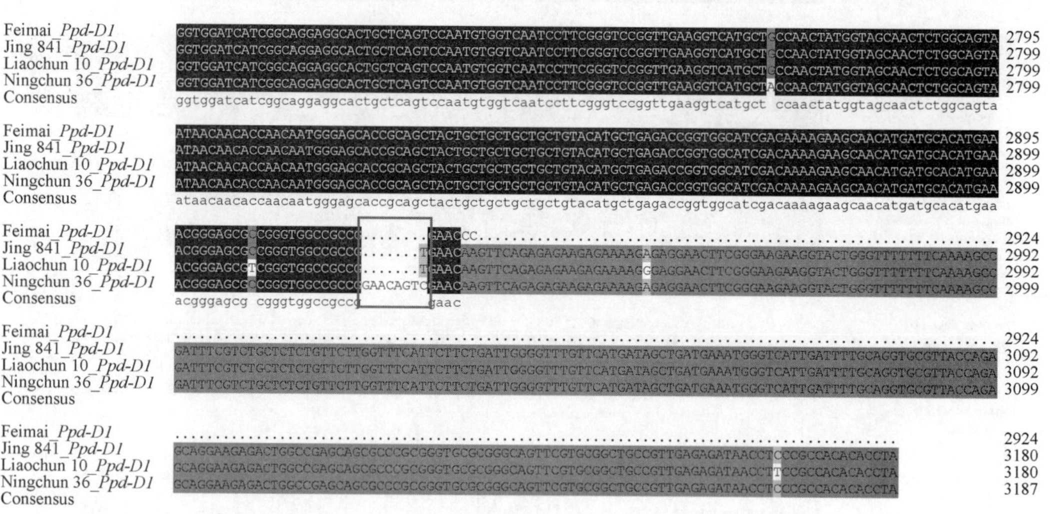

图 10-12 4 个品种 *Ppd-D1* 基因组部分序列对比

Figure 10-12 Alignment of part nucleotide sequences of *Ppd-D1* in four wheat varieties

2. 系统进化分析

采用 Neighbor-Joining 方法，根据 4 个品种 *Ppd-A1*、*Ppd-B1* 和 *Ppd-D1* 基因组序列构建系统进化树，结果发现（图 10-13），B 染色体组 4 个品种的同源性非常高，几乎没有差异；A 染色体组中辽春 10 号、肥麦和宁春 36 的同源性较高，与京 841 之间存在一定差异，

但差异比较小；D 染色体组 4 个品种间存在差异，其中 2 个 *Ppd-D1b* 品种（宁春 36 和肥麦）的亲缘关系更近一些，其次是辽春 10 号，京 841 的同源性最低。从系统发育树还可以看出，A 组和 B 组间的亲缘关系更近一些，D 组与它们的亲缘关系稍远一些。结果也进一步说明了不同品种 *Ppd-D1* 基因的差异更大，对品种光周期敏感性的调控作用更强。

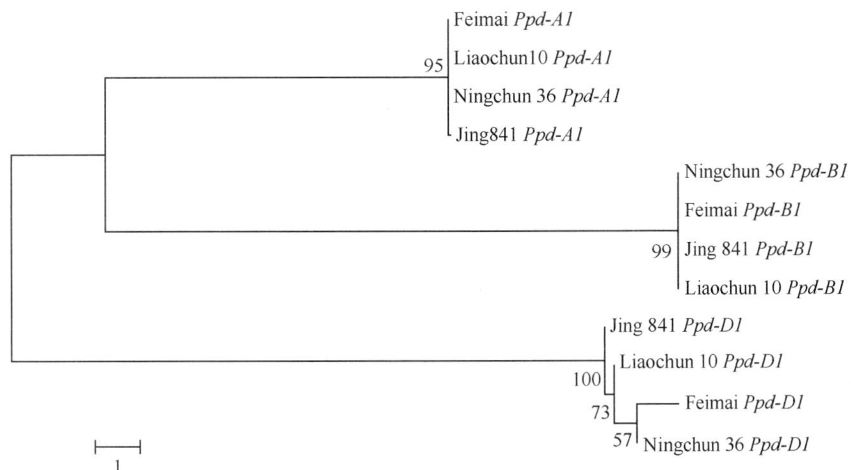

图 10-13　4 个品种 *Ppd-1* 系统发育树

Figure 10-13　Phylogenetic tree of *Ppd-1* among four wheat varieties

上述结果表明，*Ppd-1* 基因 cDNA 序列在品种之间高度保守。*Ppd-A1* cDNA 和 *Ppd-B1* cDNA 序列分别存在点突变，但功能域不受影响；辽春 10 号光周期反应不敏感，*Ppd-D1* cDNA 序列存在一个 A/G 点突变，导致 CCT 功能域编码氨基酸的改变，推测这一突变与光周期不敏感性相关。宁春 36 属于春性光周期敏感品种，在 *Ppd-D1* 第七外显子上存在 8bp 插入序列，推测插入序列与光周期敏感强度相关。*Ppd-1* 基因组序列在 A 组和 B 组品种间一致性也非常高，但 *Ppd-D1* 基因组序列品种间存在差异，进一步说明了 D 基因组是光周期调控响应的重要遗传基础。系统发育树分析显示，*Ppd-A1* 与 *Ppd-B1* 的亲缘关系较近，*Ppd-D1* 亲缘关系较远，而且 4 个品种之间的同源性也不同，宁春 36 和肥麦两个光周期敏感品种 *Ppd-D1b* 亲缘关系最近，也佐证了小麦品种光周期敏感性在系统进化关系中的密切程度。

第三节　小麦光周期相关基因的表达特性

为了揭示小麦光周期相关基因的表达特性及调控开花的分子机制，本试验以光敏性不同的辽春 10 号、宁春 36、京 841 和肥麦 4 个普通六倍体小麦为材料，在智能光照培养箱内，设置 6h 光照/18h 黑暗（SD）和 12h 光照/12h 黑暗（MD）两种光周期处理，培养箱光照强度 8300lx，温度设定为 20℃。研究以总 RNA 反转录的 cDNA 为模版，采用荧光定量 PCR 检测技术，设计特异性 PCR 引物（表 10-7），在 24h 周期内每 3h 取一次样，分析各品种在不同光周期条件下 *Ppd-D1* 基因及光周期开花途径相关基因的节律表达特性。

表 10-7　荧光定量 PCR 引物

Table 10-7　Primer information of target genes for quantitative RT-PCR

检测目标	引物名称	引物序列（5′→3′）	产物大小/bp	引物来源
2D *PRR* gene	Hv*PRR72*_F2 Ta*PRR72*_DgR2	gatgaacatgaaacggg gtctaaatagtaggtactagg	209	Beales 等（2007）
TaGI	*GI*_F *GI*_R	caattgccacaccaagtgcta tgatgaattcagaggtaacaaacca	497	Beales 等（2007）
TaCO 1	HvCO1MidF1 HvCO1MidR1	ggggcagagcaggctgcctc tggcttctctctccttggagc	207	Beales 等（2007）
TaFT1	HvHd3a_F2 HvHd3a-R2	ccaaccttagagagtatctccact ccctggtgttgaagttctgg	155	Beales 等（2007）
TaActin	TaActin-F TaActin-R	caatctatgagggatacacgc tggtagaacctccactgagaa	430	本研究

一、不同品种 *Ppd-D1* 节律表达特性分析

不同光周期条件下，对各品种 *Ppd-D1* 基因昼夜节律的表达分析表明：在 6h 光照条件下（图 10-14A、C），宁春 36 与肥麦（携带 *Ppd-D1b* 基因）分别在 3h 时达到表达高峰，此后表达量持续降低，到 9h 即无光照时，表达量降低到接近零的水平并持续到 24h，与其他光周期敏感野生类型品种的表达模式一致。辽春 10 号与京 841（携带 *Ppd-D1a*）表达模式与上述节律完全相反，表达出现两个高峰，一个小高峰在 18h 时（黑暗阶段），一个大高峰在 24h 时（黑暗与光照交错处），表达模式与携带 *Ppd-A1a* 的 GS100 类型相似（Wilhelm et al.，2009）。

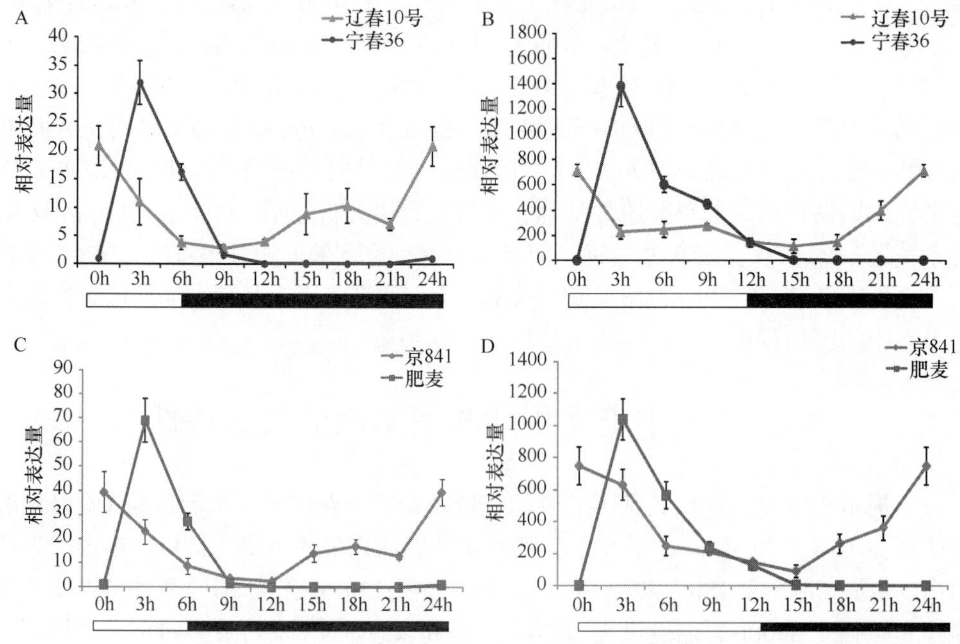

图 10-14　SD 和 MD 条件下不同小麦品种 *Ppd-D1* 节律表达

Figure 10-14　The *Ppd-D1* expression profiles in the different varieties under SD and MD conditions

无色条带. 光照阶段；黑色条带. 黑暗阶段；SD. 6h 光照/d；MD. 12h 光照/d

Open bars. Light time; Closed bars. Dark time; SD. 6h light /d; MD. 12h light/d

与6h相比，在12h光照条件下（图10-14B、D），宁春36与肥麦表达高峰时间仍在3h，但表达量显著提高，宁春36提高了40多倍，肥麦提高了15倍以上；同时由于光照时间延长，表达量下降速度减缓，15h之后表达量才下降到非常低的水平。辽春10号与京841表达模式也与6h光照条件下的趋势一致，但18h的小高峰消失为单峰模式，同时表达水平普遍提高，光照结束时提高最多，辽春10号提高了30多倍，京841提高了20多倍。

两种光周期条件下，辽春10号和京841的表达量变化受光照影响较小，高峰值也低；而宁春36和肥麦的表达量变化受光照影响大，高峰值也高，表达量的变化也反映了品种对光周期反应的敏感性。

二、不同品种 *TaGI* 节律表达特性分析

GI 是光周期开花途径重要基因之一，在拟南芥中，该基因调节昼夜节律，且在整合生物钟和 *CO* 表达模式中发挥重要功能，并促进长日照条件下 *FT* 诱导（Mizoguchi et al.，2005）。长光照时，拟南芥 *GI* 的表达高峰出现在光照8～10h，黎明时最低；从长光照转移到短光照时，表达有所降低（Fowler et al.，1999）。研究表明，*TaGI* 本身没有表现出昼夜节律性，在幼苗叶片中表达呈现节律性是由光周期和生物钟调控的（Zhao et al.，2005）。

在6h光照条件与12h光照条件下，对4个小麦品种 *TaGI* 表达情况进行分析，结果表明（图10-15），*TaGI* 表达高峰出现时间均在6h，6h光照条件下（图10-15A、C）4个品种的表达量相近，辽春10号和京841（携带 *Ppd-D1a*）与宁春36和肥麦（携带

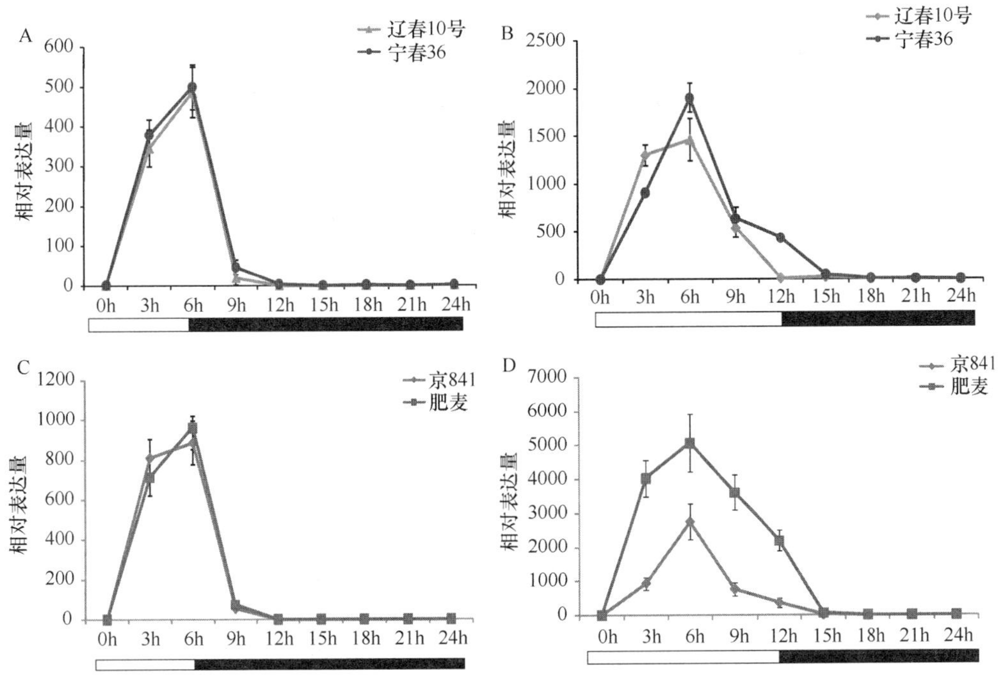

图10-15　SD和MD条件下不同小麦品种 *TaGI* 节律表达

Figure 10-15　The *TaGI* expression profiles in the different varieties under SD and MD conditions

无色条带. 光照阶段；黑色条带. 黑暗阶段；SD. 6h 光照/d；MD. 12h 光照/d

Open bars. Light time; Closed bars. Dark time; SD. 6h light /d; MD. 12h light/d

Ppd-D1b）相比，表达量稍低；与 6h 光照条件下表达量相比，在 12h 光照条件下（图 10-15B、D）4 个品种的表达量有所提高，而且宁春 36 和肥麦提高的幅度更大，宁春 36 提高了近 2 倍，肥麦提高了近 5 倍。从结果可以看出，携带 *Ppd-D1a* 品种在 12h 光照条件下 *TaGI* 表达量低于携带 *Ppd-D1b* 品种，也表明携带 *Ppd-D1b* 的品种表达量受光照影响大。

三、不同品种 *TaCO* 节律表达特性分析

在光周期开花途径中，生物节律钟和光照环境因子的整合发生在 *CO* 水平，*CO* 表达上调促进 *FT* 表达，进而促进植物开花。*CO* 表达水平均呈现昼夜节律性，表达特性（尤其是峰期和数量）对拟南芥感受光周期至关重要（Samach et al.，2000）。在长日照条件下，*CO* 显示出双相表达模式，表达高峰在傍晚和夜间；在短日照条件下，*CO* 在白天不表达（Suárez-López et al.，2001）。因此，CO 蛋白短光照时在夜间降解，长光照时在白天集聚从而激活开花转录因子 *FT*，诱导开花。

对不同小麦品种 *TaCO* 基因昼夜节律表达分析发现，在 6h 光照条件下（图 10-16A、C），4 个品种的表达量在光照开始时均下调，3h 时下降到最低，然后逐步上调。辽春 10 号表达高峰出现在 9h 时，宁春 36 表达高峰出现在 12h 时，而且宁春 36 表达量高于辽春 10 号。京 841 表达高峰出现在 12h 时，肥麦表达高峰出现在 15h 时，肥麦表达量高于京 841。肥麦和宁春 36 表达高峰时间比辽春 10 号和京 841 推迟 3h。4 个品种的表达高峰均出现在黑暗阶段，与拟南芥短光条件下表达模式一致。

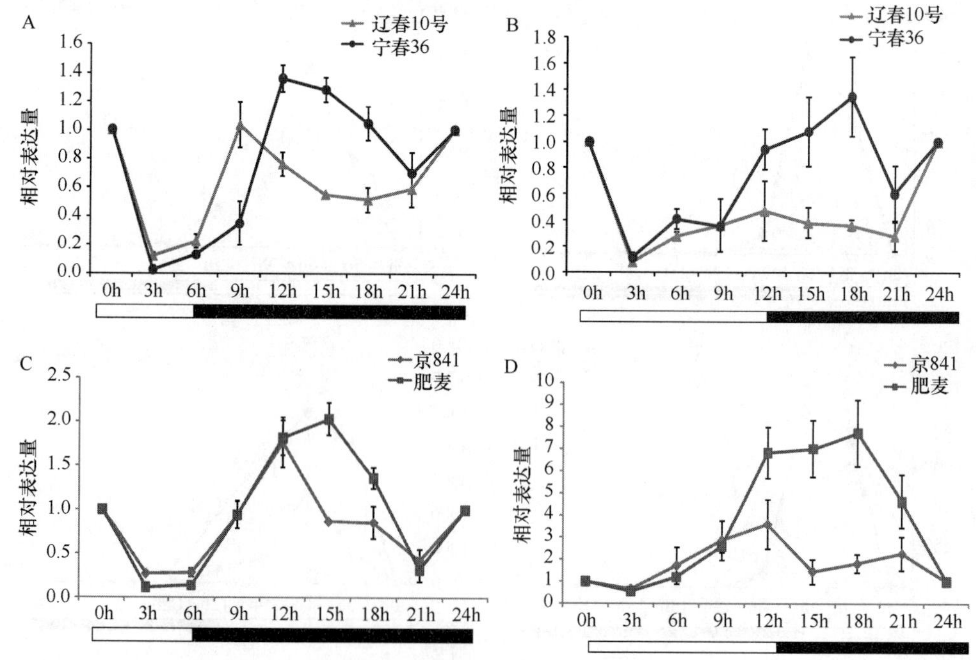

图 10-16 SD 和 MD 条件下不同小麦品种 *TaCO* 节律表达

Figure 10-16 The *TaCO* expression profiles in the different varieties under SD and MD conditions

无色条带. 光照阶段；黑色条带. 黑暗阶段；SD. 6h 光照/d; MD. 12h 光照/d

Open bars. Light time; Closed bars. Dark time; SD. 6h light /d; MD. 12h light/d

在 12h 光照条件下（图 10-16B、D），在光照开始时 4 个品种的表达量也下调，3h 时下降到最低，但是肥麦和京 841 下调幅度较小。京 841 表达高峰均出现在 12h 时，与拟南芥野生型长光条件下表达模式一致。辽春 10 号在 12h 也出现表达高峰，但是没有光照开始时表达量高。宁春 36 和肥麦表达高峰均出现在 18h 时，而且表达丰度比较高。

通过比较发现，在 6h 光照条件下，4 个品种 *TaCO* 表达高峰均出现在黑暗阶段，携带 *Ppd-D1b* 的品种表达高峰比携带 *Ppd-D1a* 的品种晚 3h，并且表达丰度较高。在 12h 光照条件时，携带 *Ppd-D1a* 的辽春 10 号和京 841 在光照结束时达到高峰，而携带 *Ppd-D1b* 的宁春 36 与肥麦表达高峰均出现在黑暗阶段，比 *Ppd-D1a* 品种推迟了 6h，并且表达丰度比较高。

四、不同品种 *TaFT* 节律表达特性分析

FT 是一个关键的成花因子，融合几个开花途径的信号。FT 蛋白在叶维管组织产生，由韧皮部转运到茎尖分生组织。在茎顶端分生组织，*FT* 激活某些转录激活因子，驱动开花促进基因表达从而启动营养分生组织转化为生殖分生组织。在长光照条件下（16h 光照/ 8h 黑暗），*FT* 在光照早期表达较低，在光照结束前增加，并且在黑暗中迅速下降。

对不同小麦品种 *TaFT* 基因昼夜节律表达分析发现，在 6h 光照条件下（图 10-17A、C），4 个品种 *TaFT* 在光照阶段表达量都非常低，辽春 10 号和京 841 在 12h 和 18h 时分别出现两个表达高峰，而宁春 36 和肥麦表达量持续很低。

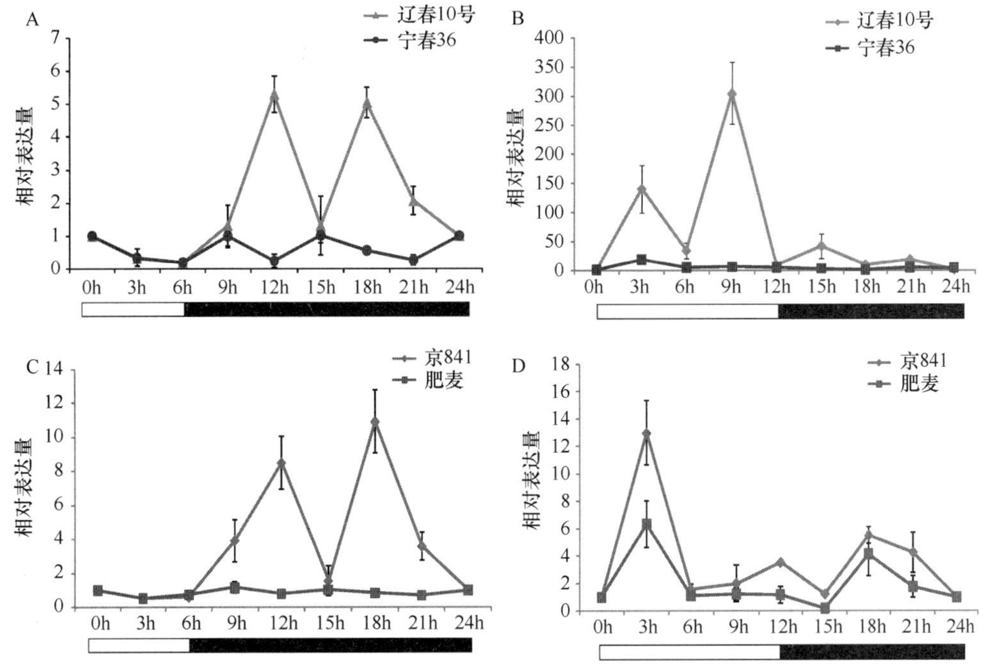

图 10-17　SD 和 MD 条件下不同品种 *TaFT* 节律表达

Figure 10-17　The *TaFT* expression profiles in the different varieties under SD and MD conditions

无色条带. 光照阶段；黑色条带. 黑暗阶段；SD. 6h 光照/d；MD. 12h 光照/d

Open bars. Light time; Closed bars. Dark time; SD. 6h light /d; MD. 12h light/d

在 12h 光照条件下（图 10-17B、D），辽春 10 号 *TaFT* 基因表达模式发生变化，表达高峰从黑暗阶段转变到光照阶段，在 3h 时出现一个表达小高峰，在 9h 时出现一个表达大高峰，而且表达量与 6h 相比提高 50 多倍。与辽春 10 号相比，宁春 36 的表达量相对较低，但是与 6h 光照条件时相比，宁春 36 在 3h 时出现一个较小表达高峰。在 12h 光照条件下，京 841 表达高峰也从黑暗阶段转移到了光照阶段，在 3h 时出现一个表达高峰，在 18h 时出现一个表达小高峰，表达丰度与 6h 相比变化不大。肥麦表达模式与京 841 相同，但是表达量较低。

从结果可以看出，在 6h 短光照条件下和 12h 中等光照条件下，*Ppd-D1a* 品种 *TaFT* 基因表达模式不同，6h 光照条件下表达高峰在黑暗阶段，12h 光照条件下表达高峰在光照阶段。在 12h 光照条件下，辽春 10 号出现两个表达高峰，京 841 出现一个表达高峰，而且辽春 10 号的表达量比京 841 高将近 40 倍。

研究表明，小麦 *Ppd-1* 基因属于拟南芥 *PRR7* 的同源基因，光周期不敏感突变 *Ppd-D1a* 主要由启动子区 2089bp 大片段缺失引起。本试验中对六倍体小麦 *Ppd-1* 基因节律表达分析表明，宁春 36 和肥麦携带 *Ppd-D1b*（野生型）表达与拟南芥 *PRR7* 表达模式相同，昼夜节律表达高峰出现在光照 3h 时，其他时间表达量很低（Beales et al.，2007）。在本试验中，在 6h 光照条件下和 12h 光照条件下，携带 *Ppd-D1a* 基因型的辽春 10 号和京 841 的表达模式相同，在光照开始前后表达量最高，一天中其他时间保持在中等水平持续表达。与 GS100 类型 *Ppd-A1a* 表达模式相一致（Wilhelm et al.，2009）。

目前研究表明，小麦中 *Ppd-1* 主要通过调控 *TaCO* 的表达实现对 *CO-FT* 开花途径的调控。本试验发现，在 6h 光照条件下，4 个品种 *TaCO* 的表达高峰均出现在夜晚，而在 12h 光照条件下，辽春 10 号和京 841 表达高峰出现在光照结束时，表达下调，与拟南芥 *CO* 基因在长光照条件下的表达模式一致。在 6h 和 12h 光照条件下，4 个品种 *TaGI* 表达高峰出现时间均在 6h 光照时，此后表达下调；推测突变基因 *Ppd-D1a* 异常表达，导致 *TaCO* 和 *TaGI* 表达下调，同时 *TaFT* 表达量升高，促进植株在短日照条件下正常开花。

第四节　小麦光周期响应转录组文库构建与基因表达谱差异分析

为了进一步发掘小麦光周期相关基因，揭示小麦光周期发育的分子调控机制，本研究采用 Illumina/Solexa 基因测序技术对京 841 和辽春 10 号 2 个携带光周期不敏感等位基因 *Ppd-D1a* 的小麦品种进行光周期发育转录组文库构建和数字基因表达谱差异分析。2 个小麦品种分别进行 30d（0～5℃）的春化处理和不同光周期处理（表 10-8），分别提取定植 2 周叶片的总 RNA，合成转录组 cDNA，用 Illumina HiSeq™ 2000 进行测序。将 Unigene 序列通过 BLASTX 比对到蛋白质数据库 NR、Swiss-Prot、KEGG 和 COG（E 值＜1×10^{-5}），并通过 BLASTN 比对到核酸数据库 NT（E 值＜1×10^{-5}），得到与给定 Unigene 具有序列相似性的蛋白质，并获得小麦 Unigene 的蛋白质功能注释信息。根据 NR 注释信息得到 GO 功能注释，对差异 Unigene 进行 GO 功能与通路分析，比较评价差异表达基因，了解差异表达基因的生物学功能。

表 10-8　试验材料处理及编号

Table 10-8　The varieties and experimental treatments

材料编号	材料名称	春化情况	光周期	取样时期
LCV	辽春 10 号	春化	遮光	定植时
JV	京 841	春化	遮光	定植时
VLC-LP	辽春 10 号	春化	16h 光/8h 暗	定植 2 周
VJ-LP	京 841	春化	16h 光/8h 暗	定植 2 周
VLC-SP	辽春 10 号	春化	6h 光/18h 暗	定植 2 周
VJ-SP	京 841	春化	6h 光/18h 暗	定植 2 周
LC-NV	辽春 10 号	未春化	遮光	定植时
J-NV	京 841	未春化	遮光	定植时
NVLC-LP	辽春 10 号	未春化	16h 光/8h 暗	定植 2 周
NVJ-LP	京 841	未春化	16h 光/8h 暗	定植 2 周
NVLC-SP	辽春 10 号	未春化	6h 光/18h 暗	定植 2 周
NVJ-SP	京 841	未春化	6h 光/18h 暗	定植 2 周

注：V，春化；NV，未春化

Note: V, Vernalization；NV, Nonvernalization

一、转录组测序数据分析

对小麦不同光周期处理的 12 个样品进行转录组测序，共得到 7.55Gb 的原始数据，通过去除测序接头序列、冗余序列和质量差的序列，共得到 6.94Gb 的有效转录组数据，质量 *Q*20 以上序列占 97.42%，碱基 G 和 C 数占总碱基数的比例为 51.78%。对总数据进行 scaffold 组装，共得到 Coting 总数量为 196 415 个，总长度为 50.62Mb，平均长度为 258bp。对得到的 Coting 的长度分布统计分析显示（图 10-18），Coting 长度的分布范围

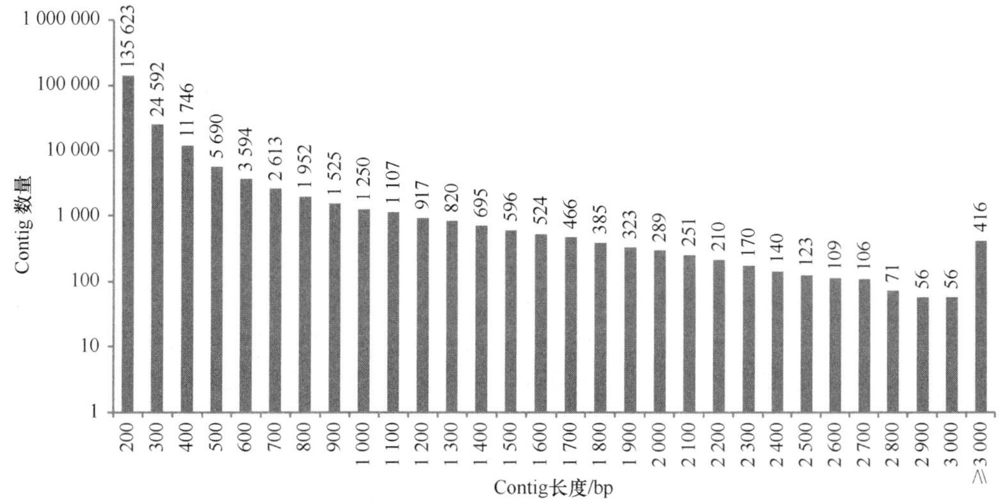

图 10-18　转录组 Contig 长度分布

Figure 10-18　Distribution of transcriptome Contig length

比较广，在 200bp 到 3000bp 范围内依次分布，长度在 200bp 的占比最大，占 69.0%，其次是 300bp 和 400bp，分别占 12.5%和 5.9%。长度在 3000bp 的数量最少，只有 56 个。长度在 3000bp 以上的 Coting 一共有 416 个。

通过 paired-end reads 对获得的 Contig 序列进行 scaffold 组装，共得到 Unigene 93 003 条，Unigene 总长度约 49.3Mb，平均长度 550bp，N50 长度为 898bp。在所有得到的 Unigene 中，长度在 200bp 到 3000bp 范围内依次分布，其中长度在 300bp 的分布最多，占比 25.6%。其次是 200bp 和 400bp，分别占 22.22%和 13.97%。长度大于 3000bp 的 Unigene 一共有 815 条，占 Unigene 总数的 0.9%（图 10-19）。

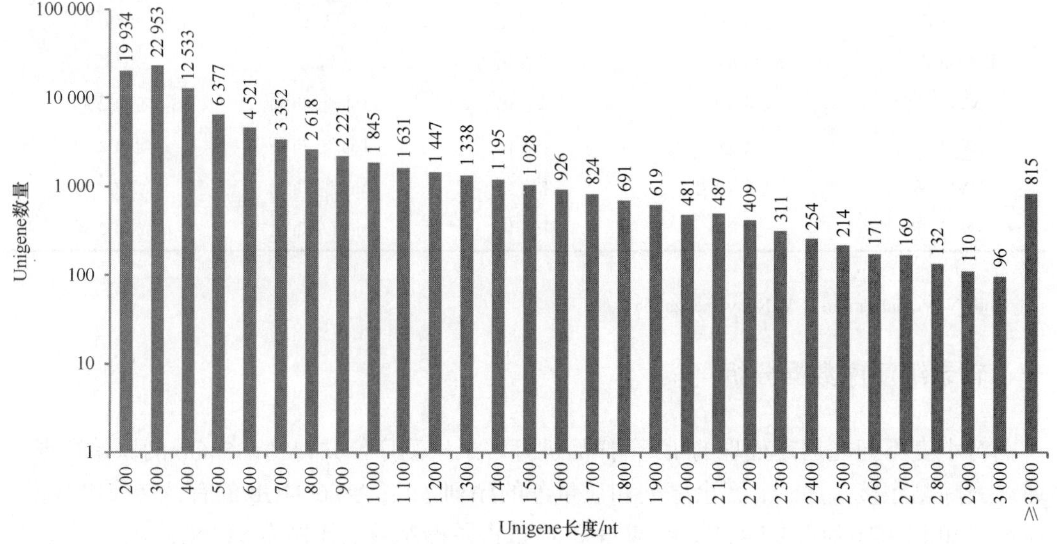

图 10-19　转录组长度分布

Figure 10-19　Distribution of transcriptome Unigene length

二、转录物功能注释与分类

对所有组装完成的 93 003 条 Unigene，首先通过 BLASTX 与 NR、NT、SwissProt、KEGG 等蛋白质数据库进行同源性比对。结果显示共有 72 455 条 Unigene 序列具有同源比对信息，占组装序列的 77.9%。

1. 转录组 COG 功能分析

利用 COG 及 gene ontology（GO）功能注释体系对具有同源序列的 72 455 条序列进行比对及功能注释（E 值$<1\times10^{-5}$），共有 56 868 条转录物在 COG 功能分析中具有具体的蛋白质功能注释，占所有组装序列的 61.14%，涉及 COG 功能的 25 个类别（图 10-20）。

其中具有一般功能基因的转录物所占比例最大，共 7366 条，占所有注释到 COG 功能基因的 12.95%；其次为功能未知的转录物，占 10.02%；第三是具有转录功能的转录物，共有 5335 条，占 9.38%；具有翻译、核糖体结构与生物合成功能和复制、重组与修复功能的转录物分别占 7.65%（4350 条）和 7.82%（4448 条）。另外，在转录组中，具有细胞周期调控与分裂，染色体重排功能（6.02%），胞壁/膜生物发生功能（6.18%），蛋白质翻译后修饰与转运、分子伴侣功能（6.19%），以及信号转导机制功能（6.11%）的转录物也比较多，数量均在 3500 条左右。转录组中的序列功能还集中涉及能量产生与转化（1.96%），氨基酸运输与代谢（3.96%），碳水化合物运输与代谢（5.83%），脂类运输与代谢(2.53%)，无机离子运输与代谢(1.97%)，次生产物合成、运输及代谢(2.31%)，胞内分泌与膜泡运输（3.38%）等多个过程。

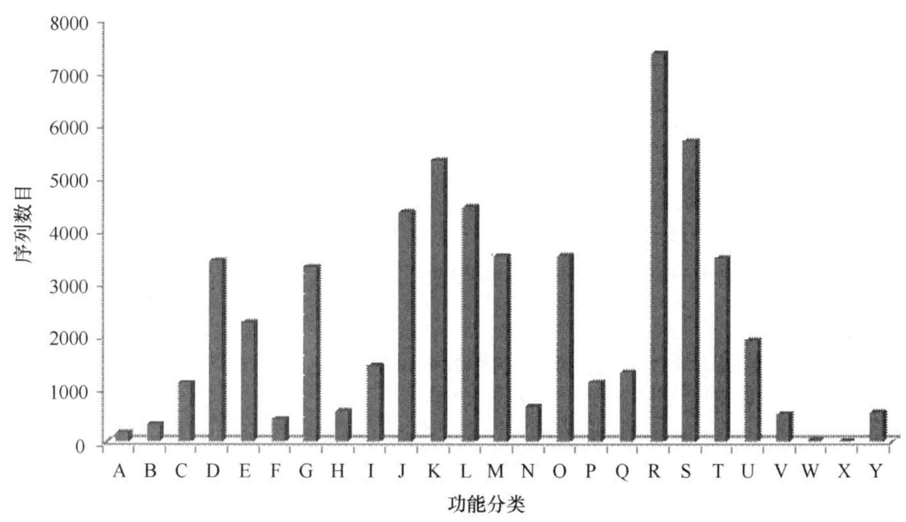

图 10-20　小麦转录组 25 种 COG 功能分类

Figure 10-20　Twenty-five types of COG function classification of the wheat transcriptomes

A. RNA 加工与修饰；B. 染色质结构与变化；C. 能量产生与转化；D. 细胞周期调控与分裂，染色体重排；E. 氨基酸运输与代谢；F. 核苷酸运输与代谢；G. 碳水化合物运输与代谢；H. 辅酶运输与代谢；I. 脂类运输与代谢；J. 翻译、核糖体结构与生物合成；K. 转录；L. 复制、重组与修复；M. 胞壁/膜生物发生；N. 细胞运动；O. 蛋白质翻译后修饰与转运、分子伴侣；P. 无机离子运输与代谢；Q. 次生产物合成、运输及代谢；R. 一般功能基因；S. 功能未知；T. 信号转导机制；U. 胞内分泌与膜泡运输；V. 防御机制；W. 细胞外结构；X. 核酸结构；Y. 细胞骨架

A. RNA processing and modification; B. Chromatin structure and dynamics; C. Energy production and conversion; D. Cell cycle control, cell division, chromosome partitioning; E. Amino acid transport and metabolism; F. Nucleotide transport and metabolism; G. Carbohydrate transport and metabolism; H. Coenzyme transport and metabolism; I. Lipid transport and metabolism; J. Translation, ribosomal structure and biogenesis; K. Transcription; L. Replication, recombination and repair; M. Cell wall/membrane/envelope biogenesis; N. Cell motility; O. Posttranslational modification, protein turnover, chaperones; P. Inorganic ion transport and metabolism; Q. Secondary metabolites biosynthesis, transport and catabolism; R. General function prediction only; S. Function unknown; T. Signal transduction mechanisms; U. Intracellular trafficking, secretion, and vesicular transport; V. Defense mechanisms; W. Extracellular structures; X. Nuclear structure; Y. Cytoskeleton

2. 转录组 GO 功能分析

在 GO 功能分类体系中，共有 38 062 个 Unigene 具有具体的功能定义，占总转录物数量的 40.93%，共得到 125 070 条 GO 功能注释，平均每个 Unigene 序列具有 3.29 个功能注释。注释到生物学过程、分子功能和细胞组分三大类功能分类，三大类功能又可以细分为 61 个功能亚类，其中在生物学过程中注释到的功能亚类最多，有 29 个；细胞组分和生物学过程也分别注释到 16 个亚类（图 10-21）。

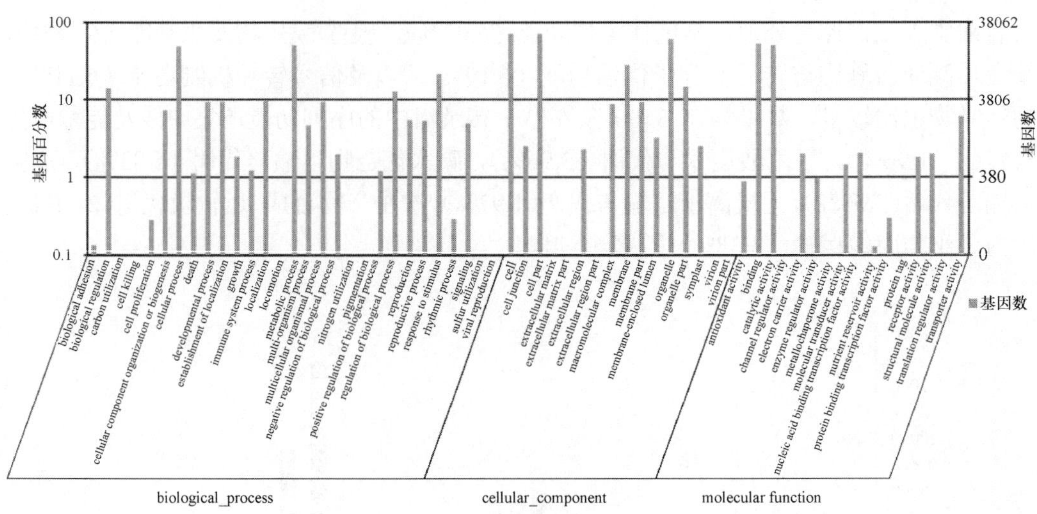

图 10-21　小麦转录组的 61 种 GO 功能分类

Figure 10-21　61 types of gene ontology classification of the wheat transcriptomes

biological process. 生物学过程；cellular component. 细胞组分；molecular function. 分子功能；biological adhesion. 生物黏附；biological regulation. 生物调节；carbon utilization. 碳利用；cell killing. 细胞伤害；cell proliferation. 细胞增殖；cellular component organization or biogenesis. 细胞成分组织或生物合成；cellular process. 细胞过程；death. 死亡；developmental process. 发育过程；establishment of localization. 定位建成；growth.生长；immune system process. 免疫系统过程；localization. 定位；locomotion. 运动力；metabolic process. 代谢过程；multi-organism process. 多/有机体过程；multicellular organismal process. 多细胞有机体过程；negative regulation of biological process. 生物过程负调控；nitrogen utilization. 氮利用；pigmentation. 色素形成；positive regulation of biological process. 生物过程正调控；regulation of biological process. 生物过程调控；reproduction. 复制；reproductive process. 复制过程；response to stimulus. 刺激反应；rhythmic process. 节律性过程；signaling. 信号传递；sulfur utilization. 硫利用；viral reproduction. 病毒复制；cell. 细胞；cell junction. 细胞连接；cell part. 细胞部分；extracellular matrix. 细胞外基质；extracellular matrix part. 细胞外基质部分；extracellular region. 胞外区；extracellular region part. 胞外区部分；macromolecular complex. 大分子复合物；membrane. 膜；membrane part. 膜部分；membrane-enclosed lumen. 膜附着；organelle. 细胞器；organelle part. 细胞器部分；symplast. 共质体；virion. 病毒体；virion part. 病毒体部分；antioxidant activity. 抗氧化活性；binding. 蛋白质结合；catalytic activity. 催化活性；channel regulator activity. 通道调节活性；electron carrier activity. 电子载体活性；enzyme regulator activity. 酶调节器活性；metallochaperone activity. 金属伴侣活性；molecular transducer activity. 分子传感；nucleic acid binding transcription factor activity. 核酸结合的转录因子活性；nutrient reservoir activity. 营养库活性；protein binding transcription factor activity. 蛋白质结合转录因子活性；protein tag. 蛋白质标签；receptor activity. 受体活性；structural molecule activity. 结构分子活性；translation regulator activity. 翻译调节活性；transporter activity. 转录调节活性

3. 转录组代谢通路分析

利用 KEGG 数据库信息，进一步得到转录组 Unigene 的通路注释，研究基因在生物学上的复杂行为。通过通路分析发现，一共有 32 021 个转录物具有通路注释信息，分布到 127 个代谢通路中（图 10-22）。有 6 个通路注释到的基因数量占所有注释到通路的基因比例在 10%以上，主要在代谢途径，有 9080 个 Unigene，在所有注释到代谢通路的 Unigene 中占 28.36%；其次是 RNA 转运（12.72%）、次生代谢产物的生物合成（10.67%）、mRNA 监视途径（10.31%）、甘油磷脂的代谢（10.24%）和细胞内噬作用（10.15%）。其他代谢通路注释到的基因比例在 0.01%～9.41%，其中注释到的基因比例在 0.1%～1%的通路最多，有 81 个；注释到的基因比例在 1%～10%的有 26 个通路，比例在 0.1%以下的有 14 个通路。

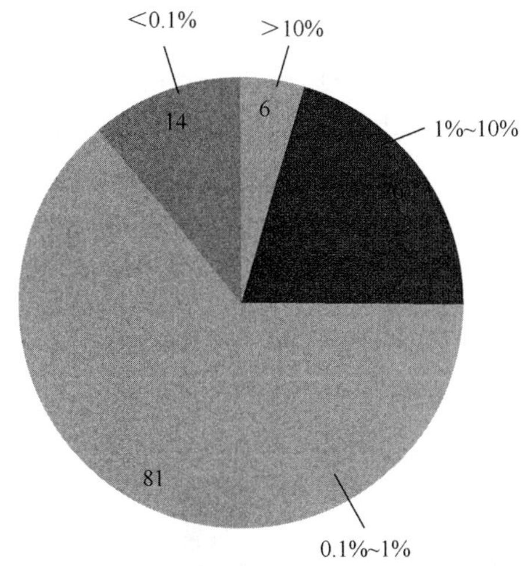

图 10-22　小麦转录组代谢通路数量及注释基因比例分布

Figure 10-22　Pathway number of wheat transcriptomes and proportion of annotated genes

三、DGE 差异表达基因与功能分析

1. DGE 测序质量评估

对两个小麦品种的 4 个处理进行数字基因表达谱分析（表 10-9），每个表达谱分别得到了约 4.57M、4.64M、4.70M 和 4.76M 的有效标签数，比对到基因组的标签数占 71%以上，每个表达谱比对到唯一基因的标签数均不低于 50%。

表 10-9　DGE 测序质量评估

Table 10-9　Assessment of the DGE sequencing quality

样品	原始标签总数	有效标签总数	比对到基因的标签总数（数量/百分比）	比对到唯一基因的标签数（数量/百分比）	拷贝数>100 的标签数（数量/百分比）
VJ-LP	4 719 634	4 574 697	3 257 877（71.2%）	2 473 830（54.1%）	3 307 780（72.3%）
VJ-SP	4 808 059	4 640 894	3 443 918（74.2%）	2 599 651（56.0%）	3 216 018（69.3%）
VLC-LP	4 880 304	4 704 700	3 448 339（73.3%）	2 511 283（53.4%）	3 144 262（66.8%）
VLC-SP	4 918 893	4 760 414	3 487 185（73.3%）	2 638 973（55.4%）	3 369 945（70.8%）

注：V，春化；J，京 841；LC，辽春 10 号；LP，16h 光照/8h 黑暗；SP，6h 光照/18h 黑暗

Note: V, Vernalization; J, Jing 841; LC, Liaochun 10; LP, 16h light/8h dark; SP, 6h light/18h dark

对每个表达谱中 Tag 拷贝数的分布情况进行统计，发现每个表达谱 100 个拷贝数以上的 Tag 数占总有效 Tag 数的比例最多，均不低于 65%。

2. DGE 表达量及差异表达基因分析

参照标准化方法，对每个 DGE 原始 Clean Tag 数进行标准化处理，得到标准化的基因表达量 TPM 值，对基因表达丰度进行分析。在 4 个基因表达谱中，表达的基因数量均在 20 000 个左右，其中表达谱 VLC-LP 中最多，有 23 028 个，表达谱 VJ-LP 中最少，有 19 310 个。每个表达谱中基因的表达量分布范围也比较大，在 TPM 值大于 2 万和小于 1 的范围内广泛分布。

根据数字基因表达谱差异基因检测方法，对不同表达谱之间表达基因的表达量进行对比分析，按照 FDR≤0.001 且基因表达倍数差异在 2 倍及以上（$|\log_2 Ratio| \geq 1$）为差异表达基因的标准进行差异表达基因筛选。结果表明，京 841 长短光周期条件下差异表达的基因有 2495 个，其中与短光照条件相比，在长光照条件下上调的基因有 622 个，下调的基因有 1873 个（图 10-23：VJ-SP/VJ-LP）；辽春 10 号长短光周期条件下差异表达的基因有 2436 个，与短光照条件相比，在长光照条件下上调的基因有 1600 个，下调的基因有 836 个（图 10-23：VLC-SP/VLC-LP）。

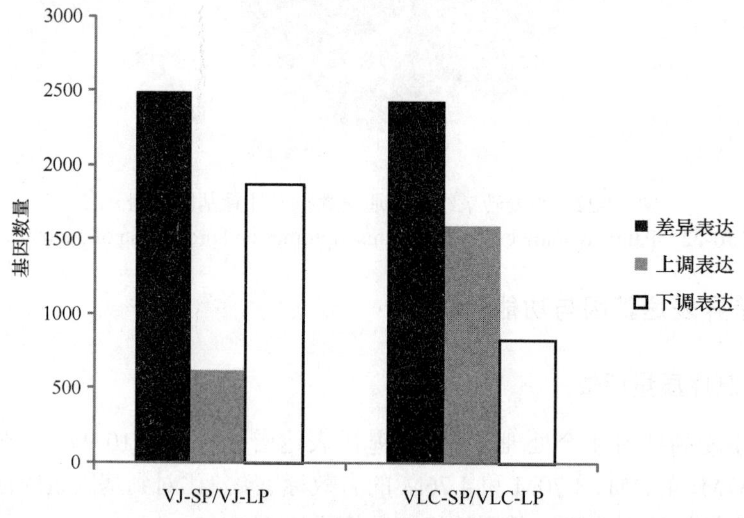

图 10-23　2 个品种长短光周期的差异表达基因

Figure 10-23　The differentially expressed genes of 2 varieties between long and short photoperiods

另外，对不同光照条件下辽春 10 号与京 841 基因表达的差异情况也进行了分析。在短光周期条件下，两个品种之间差异表达基因的数量有 1772 个，与辽春 10 号相比，京 841 有 1004 个基因表达量上调，有 768 个基因表达量下调（图 10-24：VLC-SP/VJ-SP）。在长光周期条件下，两个品种之间差异表达基因的数量有 3455 个，与辽春 10 号相比，京 841 有 655 个基因表达量上调，有 2800 个基因表达量下调（图 10-24：VLC-LP/VJ-LP）。

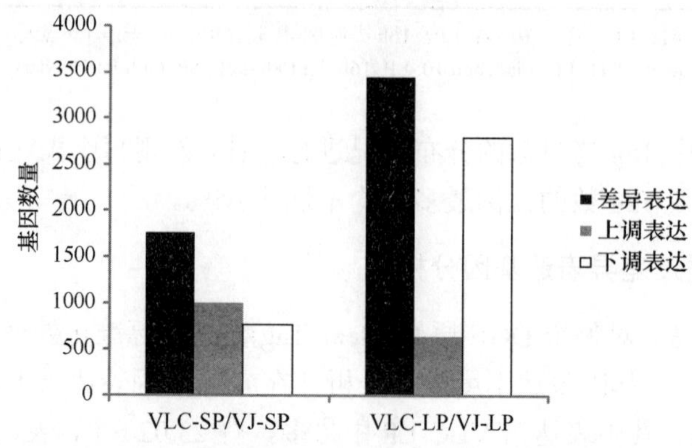

图 10-24　长短光周期下 2 个品种差异表达基因

Figure 10-24　The differentially expressed genes between 2 varieties under long and short photoperiods

结果发现，两个品种在长短光周期条件下差异表达基因的数量接近，但上调和下调基因的数量差别很大，在长光照条件下，辽春 10 号上调的基因多，京 841 下调的基因多，而在短光照条件下正好相反。两个品种在长光照条件下差异表达基因的数量远远大于短光照条件下的数量，而且京 841 下调的基因数量比例较大。

3. DGE 差异表达基因 GO 功能分类

分别对辽春 10 号和京 841 两个品种在长光照和短光照条件下差异表达基因进一步筛选，选择$|\log_2 \text{Ratio}| \geqslant 1$且在两种光周期条件下差异表达有特异性的基因进行分析。在 VJ-LP/ VJ-SP 差异表达基因中筛选到特异差异表达基因 1687 条，其中上调基因 1335 条，下调基因 352 条；VLC-LP/VLC-SP 差异表达基因中筛选到特异差异表达基因 1675 条，其中上调基因 377 条，下调基因 1298 条。对两个品种长短光周期条件表达谱上调特异表达基因的 GO 功能分类分析发现，京 841 特异上调基因一共注释到 392 个 GO 功能，而辽春 10 号特异上调基因一共注释到 167 个 GO 功能，涉及 GO 功能分类的三大类别（细胞组分、分子功能和生物学过程）的 38 个亚类别（图 10-25）。

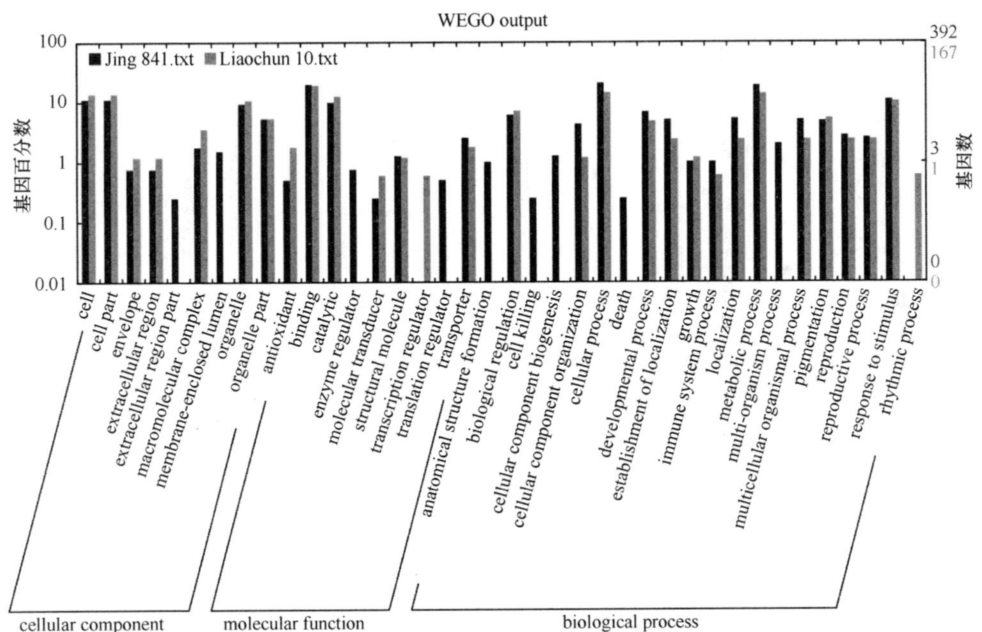

图 10-25　VJ-SP/VJ-LP 与 VLC-SP/VLC-LP 上调特异表达基因 GO 功能分类比较

Figure 10-25　GO classification comparison of special up-expressed genes of VJ-SP/VJ-LP and VLC-SP/VLC-LP

cellular component. 细胞组分；molecular function. 分子功能；biological process. 生物学过程；cell. 细胞；cell part. 细胞部分；envelope. 胞膜；extracellular region. 胞外区；extracellular region part. 胞外区部分；macromolecular complex. 大分子复合物；membrane-enclosed lumen. 膜附着；organelle. 细胞器；organelle part. 细胞器部分；antioxidant. 抗氧化；binding. 蛋白质结合；catalytic. 催化活性；enzyme regulator. 酶调节器；molecular transducer. 分子传感；structural molecule. 结构分子；transcription regulator activity. 转录调节；translation regulator. 翻译调节；transporter. 转录调节；anatomical structure formation. 解剖结构形成；biological regulation. 生物调节；cell killing. 细胞伤害；cellular component biogenesis. 细胞成分生物合成；cellular component organization. 细胞成分组织；cellular process. 细胞过程；death. 死亡；developmental process. 发育过程；establishment of localization. 定位建成；growth. 生长；immune system process. 免疫系统过程；localization. 定位；metabolic process. 代谢过程；multi-organism process. 多/有机体过程；multicellular organismal process. 多细胞有机体过程；pigmentation. 色素形成；reproduction. 复制；reproductive process. 复制过程；response to stimulus. 刺激反应；rhythmic process. 节律性过程

特异表达基因的 GO 功能类别差异在 3 种 GO 功能分类中都存在，其中在“细胞组分”功能类别下，辽春 10 号特异表达的基因在胞外区部分（extracellular region part）和膜附着（membrane-enclosed lumen）基本不存在功能亚类。在“分子功能”类别下，京 841 特异表达基因在酶调节器（enzyme regulator）亚类具有功能，辽春 10 号没有，而在转录调节（transcription regulator）亚类下辽春 10 号特异表达基因具有功能，京 841 没有。在“生物学功能”类别下，功能差别的类别最多。京 841 在解剖结构形成（anatomical structure formation）、细胞伤害（cell killing）、细胞成分生物合成（cellular component biogenesis）、死亡（death）和多细胞有机体过程（multicellular organismal process）几个亚类均具有功能，而辽春 10 号没有；在节律性过程（rhythmic process）亚类，辽春 10 号具有功能，京 841 没有。

两个品种短光周期条件表达谱与长光周期条件表达谱相比下调的特异表达基因的 GO 功能分类分析发现，京 841 特异下调基因一共注释到 165 个 GO 功能，而辽春 10 号特异下调基因一共注释到 388 个 GO 功能，涉及 GO 功能分类的三大类别的 34 个亚类别（图 10-26）。其中在胞外区部分（extracellular region part）、酶调节器（enzyme regulator）、

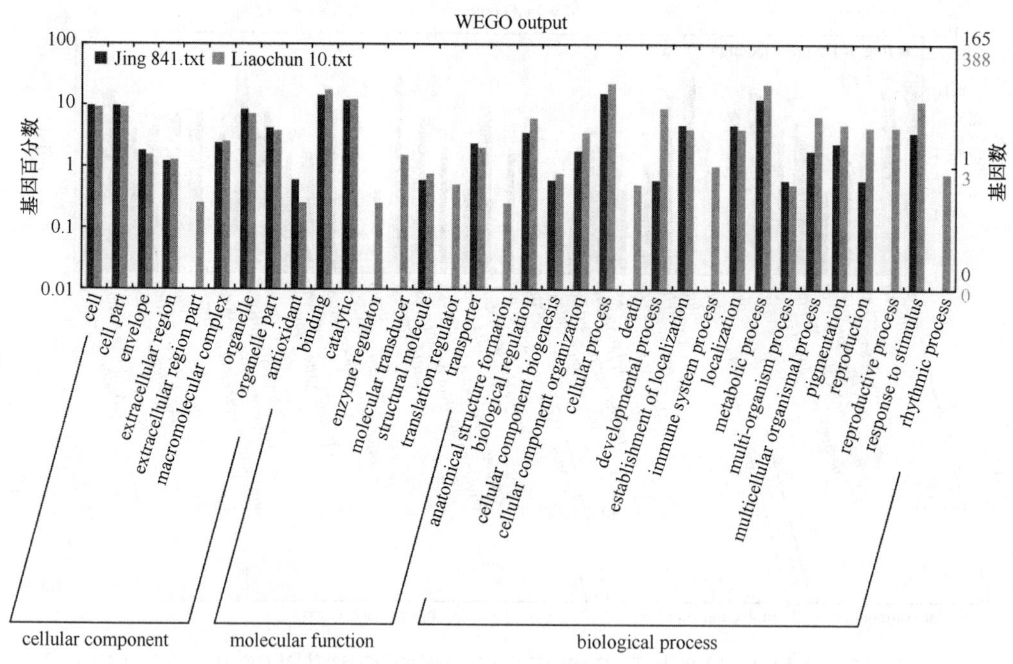

图 10-26 VJ-SP/VJ-LP 与 VLC-SP/VLC-LP 下调特异表达基因 GO 功能分类比较

Figure 10-26 GO classification comparison of special down-expressed genes of VJ-SP/VJ-LP and VLC-SP/VLC-LP

cellular component. 细胞组分；molecular function. 分子功能；biological process. 生物学过程；cell. 细胞；cell part. 细胞部分；envelope. 胞膜；extracellular region. 胞外区；extracellular region part. 胞外区部分；macromolecular complex. 大分子复合物；organelle. 细胞器；organelle part. 细胞器部分；antioxidant. 抗氧化；binding. 蛋白质结合；catalytic. 催化活性；enzyme regulator. 酶调节器；molecular transducer. 分子传感；structural molecule. 结构分子；translation regulator. 翻译调节；transporter. 转录调节；anatomical structure formation. 解剖结构形成；biological regulation. 生物调节；cellular component biogenesis. 细胞成分生物合成；cellular component organization. 细胞成分组织；cellular process. 细胞过程；death. 死亡；developmental process. 发育过程；establishment of localization. 定位建成；immune system process. 免疫系统过程；localization. 定位；metabolic process. 代谢过程；multi-organism process. 多/有机体过程；multicellular organismal process. 多细胞有机体过程；pigmentation. 色素形成；reproduction. 复制；reproductive process. 复制过程；response to stimulus. 刺激反应；rhythmic process. 节律性过程

分子传感（molecular transducer）、翻译调节（translation regulator）、死亡（death）、解剖结构形成（anatomical structure formation）、免疫系统过程（immune system process）、复制（reproductive process）和节律性过程（rhythmic process）亚类别中，辽春 10 号特异表达的基因均具有功能，而京 841 在这些类别中均没有注释到功能。

4. DGE 差异表达基因通路富集分析

在生物体内，不同基因相互协调行使其生物学功能，通过通路显著性富集能确定差异表达基因参与的最主要生化代谢途径和信号转导途径。根据 KEGG 公共数据库（Kanehisa et al.，2008）信息，应用超几何检验得到 Q 值≤0.05 的通路确定为在差异表达基因中。通过通路显著性富集分析，结果显示，在 VJ-SP/VJ-LP、VLC-SP/VLC-LP、VLC-SP/VJ-SP 和 VLC-LP/VJ-LP 表达谱比较中差异表达基因的代谢通路主要富集在 18 个通路中（表 10-10）。其中，差异表达基因通路富集比较普遍的是“光合天线蛋白”、“代谢途径”、“核糖体”3 个通路，在 3 种表达谱差异基因中共同存在；其次是“光合作用”、“次生代谢产物的生物合成”、“甘油酯代谢”3 个通路，在两个表达谱差异表达基因共同富集。只在 VLC-SP/VLC-LP 表达谱中富集的通路有“丁酸代谢”、“半乳糖代谢”、“氨基糖和核苷酸糖代谢”、“倍半萜类的生物合成”、“果糖和甘露糖代谢”；只在 VLC-SP/VJ-SP 表达谱中富集的通路有“硒化合物的代谢”、“维生素 B6 代谢”、“单萜的合成”和“精氨酸和脯氨酸代谢”，只在 VLC-LP/VJ-LP 表达谱中富集的通路有“咖啡因代谢”、“氮素代谢”、“缬氨酸，亮氨酸和异亮氨酸降解”。其中，VJ-SP/VJ-LP 差异表达基因通路富集最特殊，只注释到了一个“核糖体”富集通路。其他 3 组表达谱差异表达基因注释到的富集通路比较多，数量比较接近。

表 10-10 差异表达基因富集通路分析

Table 10-10 Analysis of enrichment pathway of differentially expressed genes

代谢通路	基因数量（百分比）			
	VJ-SP/VJ-LP	VLC-SP/VLC-LP	VLC-SP/VJ-SP	VLC-LP/VJ-LP
光合天线蛋白	—	19（1.89%）	7（1.0%）	20（1.35%）
代谢途径	—	297（29.49%）	192（27.39%）	420（28.26%）
核糖体	90（8.24%）	—	35（4.99%）	66（4.44%）
光合作用	—	14（1.39%）	—	17（1.14%）
咖啡因代谢	—	—	—	3（0.2%）
缬氨酸，亮氨酸和异亮氨酸降解	—	—	—	16（1.08%）
氮素代谢	—	—	—	16（1.08%）
甘油酯代谢	—	18（1.79%）	—	22（1.48%）
次生代谢产物的生物合成	—	184（18.27%）	134（19.12%）	—
精氨酸和脯氨酸代谢	—	—	14（2.0%）	—
维生素 B6 代谢	—	—	6（0.86%）	—
单萜的合成	—	—	3（0.43%）	—
硒化合物的代谢	—	—	6（0.86%）	—
丁酸代谢	—	11（1.09%）	—	—
半乳糖代谢	—	20（1.99%）	—	—
氨基糖和核苷酸糖代谢	—	26（2.58%）	—	—
倍半萜类的生物合成	—	3（0.3%）	—	—
果糖和甘露糖代谢	—	14（1.39%）	—	—

注：“—”未检测到富集

Note：“—” Not detected enrichment

近年来，高通量测序技术的迅猛发展给生物基因组学的研究带来了深刻的影响。本研究通过 Illumina/Solexa 基因测序技术对来自不同处理条件下的 12 份差异小麦材料进行转录组文库构建，对两个小麦品种京 841 与辽春 10 号长短光周期条件下基因表达情况进行数字基因表达谱分析，发现长光周期条件下京 841 下调的基因数量多，辽春 10 号上调的基因数量多；上调基因和下调基因分类分别涉及 GO 功能分类的 38 个和 34 个亚类，功能差异最大的主要集中在细胞组分类别中的胞外区部分、膜附着亚类；分子功能类别中的酶调节器、转录调节、分子传感和翻译调节亚类别；生物学功能类别下功能差别最多，包括解剖结构形成、免疫系统过程、复制和节律性过程等亚类。差异表达基因的通路功能富集主要是光合天线蛋白、核糖体、光合作用和次生代谢产物的生物合成等。

参 考 文 献

Beales J, Turner A, Griffiths S, et al. 2007. A *Pseudo-Response Regulator* is misexpressed in the photoperiod insensitive *Ppd-D1a* mutant of wheat (*Triticum aestivum* L.). Theor Appl Genet, 115: 721-733.

Börner A, Korzun V, Worland A J. 1998. Comparative genetic mapping of loci affecting plant height and development in cereals. Euphytica, 100: 245-248.

Fowler S, Lee K,Onouchi H, et al. 1999, *GIGANTEA*: a circadian clock-controlled gene that regulates photoperiodic flowering in Arabidopsis and encodes a protein with several possible membrane-spanning domains. The EMBO Journal, 17(18):4679-4688.

Kanehisa M, Araki M, Goto S, et al. 2008. KEGG for linking genomes to life and the environment. Nucleic Acids Res (Database issue), 36: D480-4.

Laurie D A. 1997. Comparative genetics of flowering time in cereals.Plant Mol Biol, 35: 167-177.

Laurie D A, Pratchett N, Snape J W, et al. 1995. RFLP mapping of five major genes and eight quantitative trait loci controlling flowering time in a winter x spring barley (*Hordeum vulgare* L.) cross. Genome, 38: 575-585.

McIntosh R A, Yamazaki Y, Devos K M, et al. 2003. Catalogue of gene symbols for wheat. http://wheat.pw.usda.gov/ggpages/wgc/2003 [2016-2-17].

Mizoguchi T, Wrigh L, Fujiwara S, et al. 2005. Distinct roles of *GIGANTEA* in promoting flowering and regulating circadian rhythms in *Arabidopsis*. Plant Cell, 17(8): 2255-2270.

Nishida H, Yoshida T, Kawakami K, et al. 2013. Structural variation in the 5′ upstream region of photoperiod-insensitive alleles *Ppd-A1a* and *Ppd-B1a* identified in hexaploid wheat (*Triticum aestivum* L.) and their effect on heading time. Mol Breeding, 31: 27-37.

Samach A, Onouchi H, Gold S E, et al. 2000. Distinct roles of *CONSTANS* target genes in reproductive development of *Arabidopsis*. Science, 288: 1613-1616.

Snape J W, Butterworth K, Whitechurch E, et al. 2001.Waiting for fine times: genetics of flowering time in wheat. Euphytica, 119: 185-190.

Suárez-López P, Wheatley K, Robson F, et al. 2001. *CONSTANS* mediates between the circadian clock and the control of flowering in *Arabidopsis*. Nature, 410(6832): 1116-20.

Wilhelm E P, Turner A S, Laurie D A. 2009. Photoperiod insensitive *Ppd-A1* a mutations in tetraploid wheat (*Triticum durum* Desf.). Theor Appl Genet, 118: 285-294.

Zhao X Y, Liu M S, Li J R, et al. 2005.The wheat *TaGI1*, involved in photoperiodic flowering, encodes an *Arabidopsis GI* ortholog. Plant Molecular Biology, 58: 53-64.

附录 1　本团队发表论文目录（以发表时间为序）

Appendix 1　Publications by authors

1. 苗果园, 张云亭, 侯跃生, 尹钧, 王士英, 李焕章. 1988. 小麦温光发育类型的研究. 北京农学院学报, l7(2): 8-17
2. 苗果园, 张云亭, 侯跃生, 尹钧, 王士英. 1990. 小麦发育温光效应的模拟研究. 华北农学报, 15(5): 15-23
3. 尹钧, 苗果园, 张云亭, 侯跃生, 王士英. 1990. 山西小麦光温区划//金善宝. 小麦生态研究. 杭州: 浙江科学技术出版社: 427-438
4. 苗果园, 张云亭, 侯跃生, 尹钧, 王士英. 1990. 不同品种春化特性与田间周年播种的反应//金善宝. 小麦生态研究. 杭州: 浙江科学技术出版社: 179-187
5. 苗果园, 张云亭, 侯跃生, 尹钧, 王士英. 1990. 小麦不同类型品种温光发育效应的模拟与分析//金善宝. 小麦生态研究. 杭州: 浙江科学技术出版社: 218-226
6. 尹钧, 苗果园. 1992.山西省小麦气候生产潜力的评价. 山西农业大学学报, 12(3): 189-193
7. 苗果园, 张云亭, 侯跃生, 尹钧, 王士英. 1992. 小麦品种温光效应与主茎叶数的关系. 作物学报, 18(5): 322-329
8. 苗果园, 张云亭, 侯跃生, 尹钧, 王士英. 1993. 中国小麦品种温光生态区划. 华北农学报, 8(2): 33-39
9. 苗果园, 张云亭, 侯跃生, 尹钧, 王士英. 1993. 光温互作对不同生态型小麦品种发育效应的研究. Ⅰ品种最长最短苗穗期及温光敏感性分析. 作物学报, 19(6): 489-496
10. 苗果园, 张云亭, 侯跃生, 尹钧, 王士英. 1994. 光温互作对不同生态型小麦品种发育效应的研究. Ⅱ温光对品种苗穗期作用力及回归分析. 作物学报, 20(2): 136-143
11. 王圆荣, 尹钧. 1997. 小麦温光研究进展. 麦类作物, 3: 51-55
12. 任江萍, 潘登奎, 尹钧. 1999. 冬小麦幼苗春化期间过氧化物酶和酯酶的变化研究//全国科技教育学术研究优秀论文选. 北京: 中国华侨出版社
13. 任江萍, 潘登奎, 尹钧. 1999. 小麦春化过程中蛋白质变化的研究. 山西农业大学学报, 19(4): 298-301
14. 尹钧, 曹卫星. 2000. 英美澳中小麦温光发育特性的研究. 麦类作物学报, 20(1): 34-38
15. 尹钧, 曹卫星. 2000. 中外小麦品种温光互作效应的比较研究. 华北农学报, 15(2): 72-76
16. 尹钧, 王圆荣, 任江萍. 2000. 英美澳中小麦品种温光效应与主茎叶数关系. 山西农业大学学报, 20(1): 1-4
17. 尹钧, 郝树明. 2000. 山西小麦的高产潜力与开发对策. 小麦研究, 21(1): 1-3
18. 董爱香, 任江萍, 尹钧. 2000. 小麦春化相关特异性 PCR 扩增体系的建立. 山西农业大学学报, 20(3): 205-207
19. 尹钧, 董爱香, 任江萍, 李永春, 王爱萍. 2000. 小麦春化基因分子标记的研究. 华北农学报, 15(专刊): 13-16
20. 尹钧, 董爱香, 任江萍. 2001. 小麦春化发育机制的初步研究. 遗传, 21(1): 62
21. 尹钧, 任江萍, 潘登魁, 董爱香. 2002. 小麦春化发育相关蛋白质同工酶的研究. 麦类作物学报, 22(1): 33-38
22. 尹钧, 杨宗渠, 周冉, 李金才. 2005. 河南省小麦品种春化发育特性的研究. 河南省小麦育种科技专家论坛文集: 34-40

23. 尹钧, 杨宗渠, 李金才, 周冉, 谷冬燕. 2006. 黄淮麦区代表性小麦品种春化发育特性的研究. 第12次全国小麦栽培学术讨论会论文集. 山东
24. 杨宗渠, 尹钧*, 周冉, 李金才. 2006. 黄淮麦区不同小麦基因型的春化发育特性研究. 麦类作物学报, 26(2): 82-85(*通讯作者)
25. 杨宗渠, 尹钧*, 谷冬艳, 周冉, 任江萍, 李永春, 李金才. 2007. 不同发育特性小麦品种叶片与小穗原基分化同步关系的研究. 核农学报, 21(6): 550-556(*通讯作者)
26. 谷冬艳, 尹钧*, 刘建国, 杨宗渠, 李金才, 屈会娟. 2007. 播期对不同穗型小麦品种群体动态及部分光合性能的影响. 安徽农学通报, 13(7): 123-127(*通讯作者)
27. 周冉, 尹钧*, 杨宗渠. 2007. 播期对两类小麦品种物质生产和光合性能的影响. 中国农学通报, 23(4): 148-153(*通讯作者)
28. 杨宗渠, 尹钧*, 周冉, 谷冬艳, 李永春, 任江萍, 李金才. 2008. 冬前积温和春化处理对不同春化发育特性小麦品种幼穗分化的效应, 核农学报, 22(4): 503-507(*通讯作者)
29. 袁秀云, 李永春, 孟凡荣, 闫延涛, 尹钧*. 2008. 九个春化作用特性不同的小麦品种中 VRN1 基因的组成和特性分析. 植物生理学通讯, 44(4): 699-704(*通讯作者)
30. 尹钧. 2008. 中国气候资源变化与小麦增产技术途径. 第十三次全国小麦栽培科学学术研讨会大会主题报告. 扬州
31. 何丽, 尹钧, 周苏玫, 张春丽. 2008. 不同筋型小麦籽粒的物质积累特性及其播期调节效应. 华北农学报, 23(2): 17-20
32. 袁秀云, 李永春, 闫延涛, 李磊, 尹钧*. 2008. 小麦春化发育的分子调控机理研究进展. 西北植物学报, 28(7): 1486-1490 (*通讯作者)
33. 刘万代, 陈现勇, 尹钧*, 杜沛鑫. 2009. 播期和密度对冬小麦豫麦 49-198 群体性状和产量的影响. 麦类作物学报, 29(3): 464-469 (*通讯作者)
34. Li Y, Meng F, Yin J*, Liu H, Si Z, Ni Z, Sun Q, Ren J, Niu H. 2008. Isolation and comparative expression analysis of six MBD genes in wheat. Biochim Biophys Acta, 1779(2): 90-98 (*通讯作者)
35. 袁秀云, 李永春, 孟凡荣, 闫延涛, 尹钧*. 2009. 郑麦 9023 中春化基因 VRN1 的组成及表达. 作物学报, 35(5): 848-854 (*通讯作者)
36. 袁秀云, 李永春, 孟凡荣, 任江萍, 牛洪斌, 尹钧*. 2009. 黄淮麦区21个小麦品种中春化基因VRN1的组成分析. 麦类作物学报, 29(5): 760-765(*通讯作者)
37. 杨宗渠, 尹钧*, 任江萍, 李永春, 袁秀云. 2009. 春化处理对小麦生育期及幼穗分化效应的基因型差异. 西北农学报, 18(3): 84-89(*通讯作者)
38. 李巧云, 尹钧*, 刘万代. 2009. 黄淮麦区半冬性小麦冬前壮苗指标的确定. 河南农业科学, (12): 35-38(*通讯作者)
39. Yuan X Y, Li Y C, Meng F R, Wang X, Yin J*. 2010. Spatiotemporal expression patterns of three vernalization genes in wheat. Chin J Biotech, 26(11): 1539-1545(*通讯作者)
40. 孟凡荣, 李占英, 凌娜, 王潇, 司志飞, 尹钧, 李永春. 2010. TaMBD2 基因 cDNA 全长克隆及其在小麦叶片和种子中的表达. 麦类作物学报, 30(1): 6-10
41. 李如意, 李巧云, 尹钧*, 刘万代, 杜沛鑫. 2010. 水分处理对半冬性小麦光合特性和产量的影响. 河南农业科学, (6): 9-12(*通讯作者)
42. 闫延涛, 李永春, 孟凡荣, 李金华, 尹钧*. 2010. 4 个春性基因型小麦品种与'京 841'杂交 F1 代的表型分析. 植物生理学通讯, 46(7): 714-718(*通讯作者)
43. 李巧云, 尹钧*, 刘万代, 李磊, 周苏玫. 2010. 河南省弱冬性小麦冬前壮苗叶龄指标的确定. 河南农业科学, 10: 19-22(*通讯作者)
44. 李巧云, 年力, 刘万代, 李磊, 周苏玫, 尹钧*. 2010. 冬前积温对河南省小麦冬前生长发育的影响. 中国农业气象, 31(4): 563-569(*通讯作者)
45. 李巧云, 李磊, 刘万代, 周苏玫, 尹钧*. 2010. 河南省小麦产量及产量构成因素的变化规律分析.

河南农业科学, 40(4): 38-40 (*通讯作者)

46. 周苏玫, 张春丽, 尹钧*, 何丽. 2010. 不同类型弱春性小麦品种灌浆期的源库效应. 西北农业学报, 19(2): 65-69(*通讯作者)
47. 袁秀云, 李永春, 尹钧*. 2010. 低温积累与光周期对小麦发育特性调控的分子机理研究进展. 中国农学通报, 26(3): 55-58(*通讯作者)
48. 张甲元, 周苏玫, 尹钧, 刘万代, 李巧云. 2011. 适期晚播对弱春性小麦籽粒灌浆期光合性能的影响. 麦类作物学报, 31(3): 535-539
49. Li Q Y, Yin J*, Liu W D, Zhou S M, Li L, Niu J S, Niu H B, Ma Y. 2012. Determination of optimum growing degree-days (GDD) range before winter for wheat cultivars with different growth characteristics in North China Plain. Journal of Integrative Agriculture, 11(3): 405-415(*通讯作者)
50. Li Q Y, Li L, Niu J S, Yin J*. 2012. Temperature impacts on wheat growth and yield in the North China Plain.African Journal of Biotechnology, 11(37): 8992-9000(*通讯作者)
51. Meng F R, Li Y C, Yin J, Liu H, Chen X J, Ni Z F, Sun Q X. 2012. Ananlysis DNA methylation during the germination of wheat seeds. Biologia Plantarum, 50(2): 269-275
52. 金芬芬, 朱灿灿, 王翔, 李磊, 卫丽, 尹钧*. 2012. 调控小麦春化发育特性的相关基因研究进展. 河南农业科学, 12: 1-6(*通讯作者)
53. 马丽娟. 王翔, 卫丽, 冯雅岚, 任江萍, 尹钧*. 2012. 不同发育特性小麦品种春化基因 VRN2 的序列分析. 麦类作物学报, 32(4): 603-609(*通讯作者)
54. 石珊珊, 周苏玫, 尹钧, 李巧云, 张甲元, 程铭正, 张春丽. 2013. 高产水平下水肥耦合对小麦旗叶光合特性及产量的影响. 麦类作物学报, 33(3): 549-554
55. 杨宗渠, 尹飞, 王翔, 李永春, 任江萍, 尹钧*. 2014. 冬前积温对小麦光能利用率的调控效应. 核农学报, 28(8): 1489-1496(*通讯作者)
56. 郭总总, 王翔, 卫丽, 白润英, 曹云, 郭创, 尹钧*. 2014. 黄淮麦区小麦春化基因组成的多态性分布研究. 河南农业大学学报, (3): 255-262(*通讯作者)
57. 曹玲珑, 李冬兵, 熊大斌, 邓利, 牛洪斌, 姜玉梅, 尹钧*. 2014. 小麦冷休克蛋白基因 TaCSP 的克隆机表达分析. 麦类作物学报, 34(10): 1327-1333(*通讯作者)
58. Feng Y L, Wang K T, Ma C, Zhao Y Y, Yin J*. 2015. Virus-induced gene silencing-based functional verification of six genes associated with vernalization in wheat. Biochemical and Biophysical Research Communications, 458(4): 928-933(*通讯作者)
59. 白瑞英, 王翔, 王静轩, 郭创, 曹云, 尹钧*. 2015. 光周期基因在我国小麦品种中的多态性分布. 华北农学报, 30(3): 170-174(*通讯作者)
60. 尹钧, 王翔, 任江萍, 李永春, 牛洪斌, 李磊, 苗果园. 2015.小麦春化和光周期发育与分子基础. 第七届全国小麦遗传育种学术研讨会论文集, 11: 18-21
61. Zhao Y Y, Wang X, Wei L, Wang J X, Yin J*. 2016. Characterization of *Ppd-D1* alleles on the developmental traits and rhythmic expression of photoperiod genes in Common Wheat. Journal of Integrative Agriculture, 15(3): 502-511(*通讯作者)
62. 尹钧. 2016. 小麦温光发育研究进展 I. 春化和光周期发育规律. 麦类作物学报, 36(6): 681-688
63. 尹钧, 王翔, 李磊, 尹飞, 任江萍, 李永春, 卫丽, 牛洪斌. 2016. 小麦温光发育特性与分子基础. 第十七届全国小麦栽培学术研讨会论文集, 2016.8.23.武汉
64. 王翔, 尹钧*. 2017. 小麦温光发育研究进展 II. 春化和光周期发育的分子基础. 麦类作物学报, 37(12): (*通讯作者)
65. 王圆荣(硕士研究生), 尹钧(导师). 1997. 小麦品种温光发育生态研究. 硕士学位论文
66. 任江萍(硕士研究生), 尹钧(导师). 1998. 冬小麦春化特异蛋白及其功能的研究. 硕士学位论文
67. 尹钧(博士研究生), 曹卫星(导师). 1999. 小麦温光发育特性与春化机理研究. 博士学位论文
68. 董爱香(硕士研究生), 尹钧(导师). 1999. 小麦春化基因分子标记的研究. 硕士学位论文
69. 杨宗渠(博士研究生), 尹钧(导师). 2007. 黄淮麦区小麦品种春化发育特性与冬前积温的调控效应

研究. 博士学位论文
70. 周冉(硕士研究生), 尹钧(导师). 2007. 冬前积温对两类小麦幼穗分化、群体发育和光合性能的影响. 硕士学位论文
71. 谷冬艳(硕士研究生), 尹钧(导师). 2007. 黄淮麦区小麦春化发育特性与播期效应研究. 硕士学位论文
72. 袁秀云(博士研究生), 尹钧(导师). 2009. 小麦春化基因的克隆与表达特性研究. 博士学位论文
73. 孟凡荣(博士后), 尹钧(导师). 2009. 小麦甲基结合蛋白基因的克隆及其在春化发育过程中的功能分析. 博士后报告
74. 李磊(硕士研究生), 尹钧(导师). 2009. 河南省不同纬度地区气候资源变化、小麦生产潜力及利用分析. 硕士学位论文
75. 张春丽(硕士研究生), 周苏玫, 尹钧(导师). 2009. 丰产栽培条件下不同类型小麦生育特性和产量及播期调控效应. 硕士学位论文
76. 王翔(博士后), 景蕊莲, 尹钧(导师). 2010. 小麦温光反应的分子生物学研究. 博士后报告
77. 阎延涛(硕士研究生), 尹钧(导师). 2010. 普通小麦中春化基因 *VRN1* 及甲基转移酶基因的克隆及表达. 硕士学位论文
78. 李如意(硕士研究生), 尹钧(导师). 2010. 不同水分处理对小麦群体质量、光合特性和产量调控效应. 硕士学位论文
79. 年力(硕士研究生), 尹钧(导师). 2011. 水肥耦合对半冬性小麦生长发育及产量的调控效应. 硕士学位论文
80. 马丽娟(硕士研究生), 尹钧(导师). 2012. 普通小麦春化基因 *VRN2* 的克隆及表达特性分析. 硕士学位论文
81. 郭总总(硕士研究生), 尹钧(导师). 2014. 中国小麦春化基因显隐性分布及新等位变异 *Vrn-D1c* 的发现. 硕士学位论文
82. 冯雅岚(博士研究生), 尹钧(导师). 2015. 普通小麦春化转录组分析及相关基因功能研究. 博士学位论文
83. 赵永英(博士研究生), 尹钧(导师). 2015. 普通小麦光周期反应特性与相关基因序列及表达分析. 博士学位论文
84. 白润英(硕士研究生), 尹钧(导师). 2015. 中国小麦品种光周期基因显隐性分布及光周期相关基因的研究. 硕士学位论文

附录 2　索　　引

Appendix 2　Index

R

S

T

U

V

W

X

Y

Z

彩　　图

Colour figures

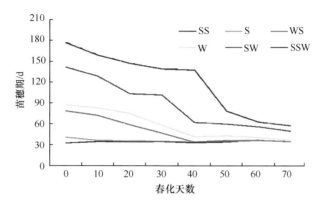

图 2-2　不同春化条件下 6 个类型品种苗穗期变化

Figure 2-2　SH period variation of six types under different vernalizations

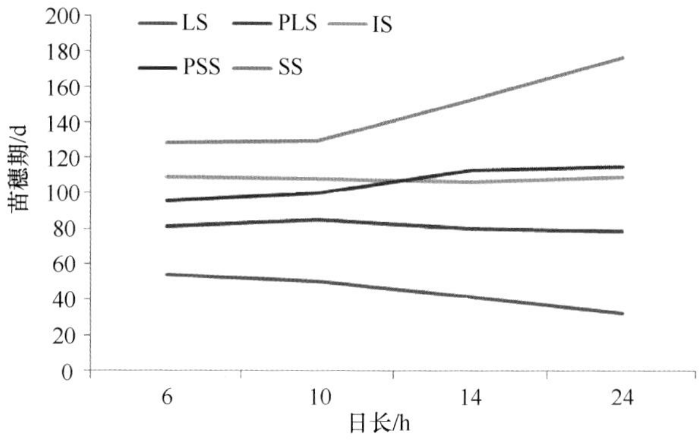

图 3-1　5 个光反应类型品种苗穗期随日长变化情况

Figure 3-1　SH period variation of five types under different photoperiods

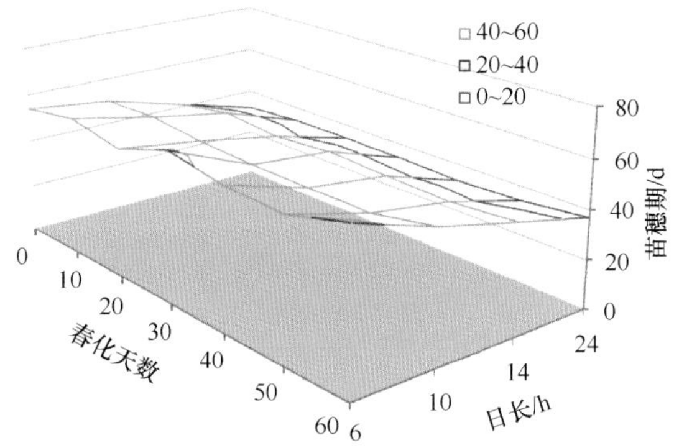

图 3-2　辽春 6 号不同温光条件下苗穗期变化

Figure 3-2　SH periods of Liaochun 6 under different vernalizations and photoperiods

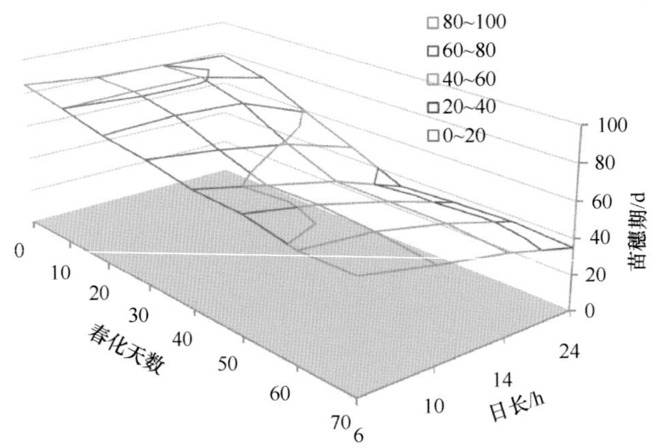

图 3-3 丰产 3 号不同温光条件下苗穗期变化

Figure 3-3 SH periods of Fengchan 3 under different vernalizations and photoperiods

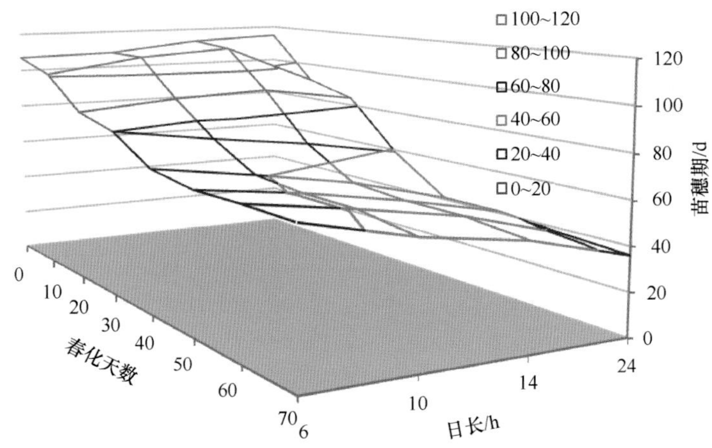

图 3-4 农大 139 不同温光条件下苗穗期变化

Figure 3-4 SH periods of Nongda139 under different vernalizations and photoperiods

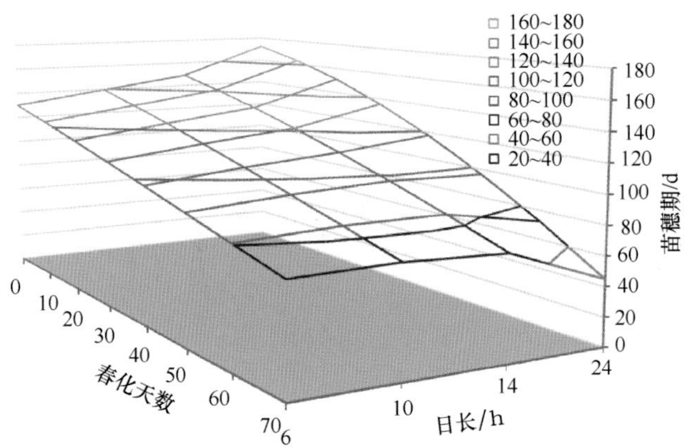

图 3-5 肥麦不同温光条件下苗穗期变化

Figure 3-5 SH periods of Feimai under different vernalizations and photoperiods

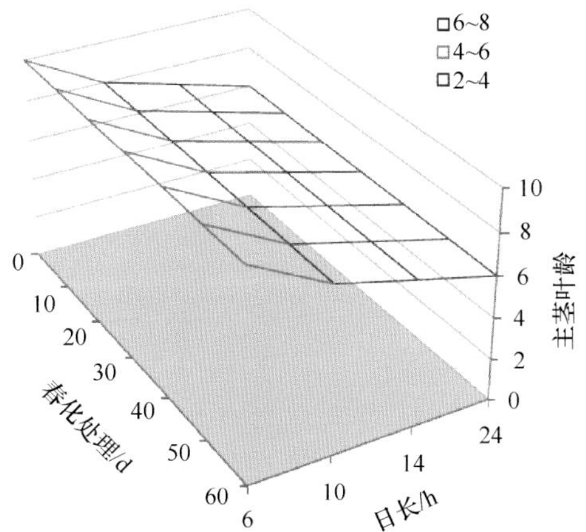

图 4-1　辽春 6 号不同温光条件下主茎叶龄变化
Figure 4-1　The leaf number change of Liaochun 6 under different vernalizations and photoperiods

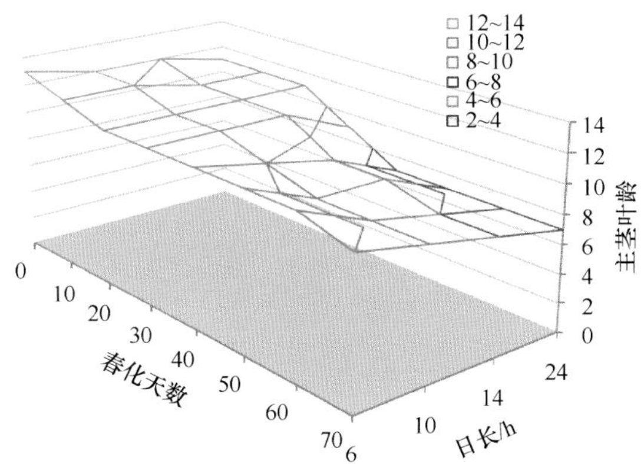

图 4-2　丰产 3 号不同温光条件下主茎叶龄变化
Figure 4-2　The leaf number change of Fengchan 3 under different vernalizations and photoperiods

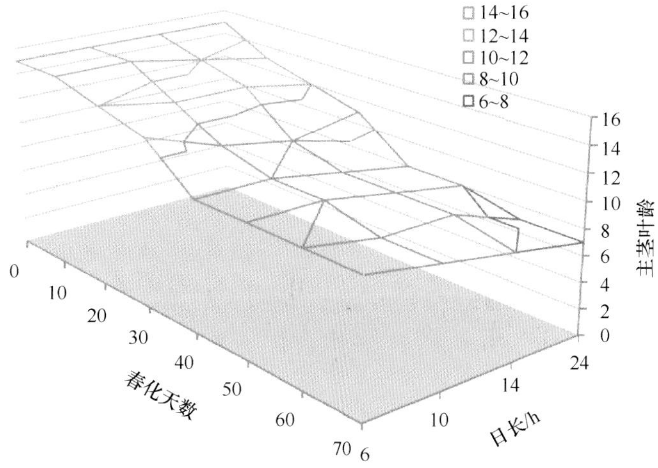

图 4-3　农大 139 不同温光条件下主茎叶龄变化
Figure 4-3　The leaf number change of Nongda 139 under different vernalizations and photoperiods

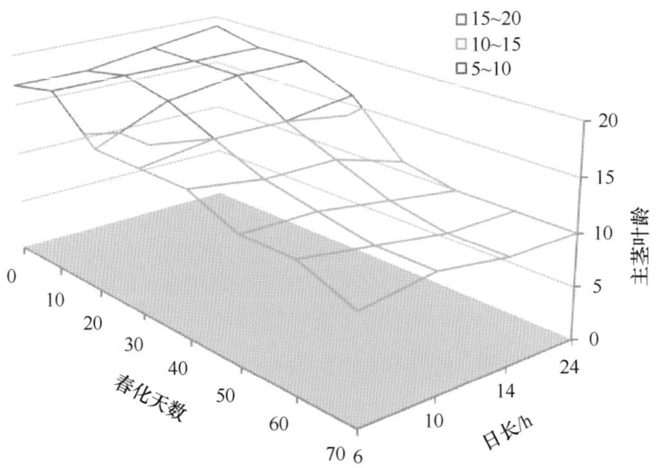

图 4-4　肥麦不同温光条件下主茎叶龄变化

Figure 4-4　The leaf number change of Feimai under different vernalizations and photoperiods

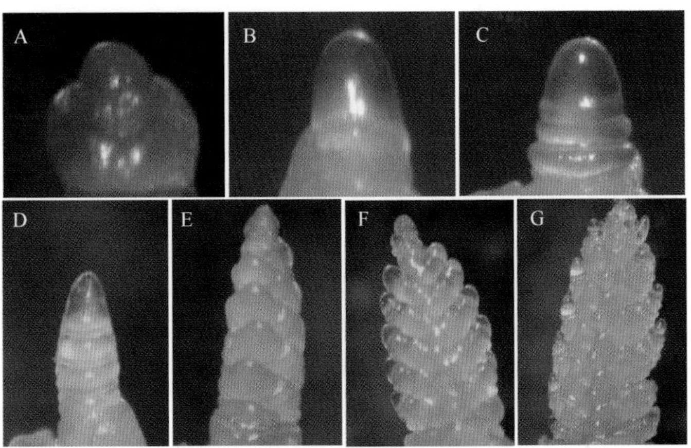

图 4-5　小麦幼穗分化进程

Figure 4-5　The differentiation proceeding of wheat young era

A. 圆锥期；B. 伸长期；C. 单棱期；D. 二棱期；E. 护颖分化期；F. 小花分化期；G. 雌雄蕊分化期

A. Meristem; B. Elongation; C. Single-ridge; D. Double-ridge; E. Glumellule differentiation; F. Floret differentiation; G. Pistillate and staminate differentiation

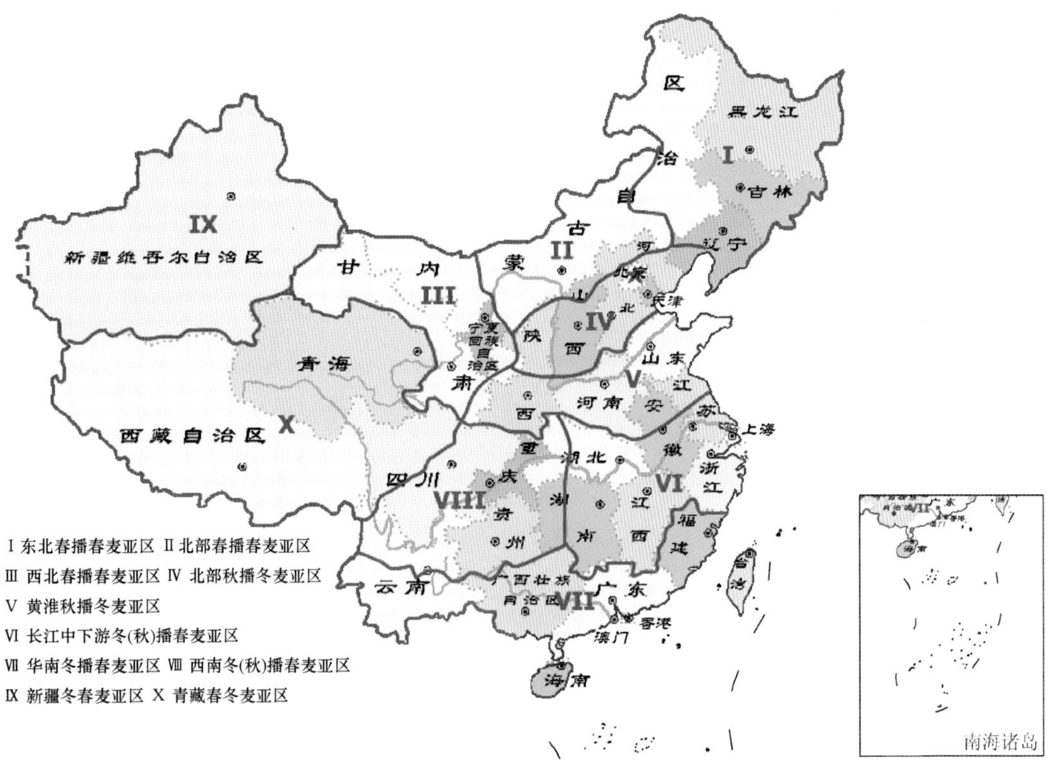

图 5-4 中国小麦种植生态区划

Figure 5-4 The ecological regionalization of wheat in China

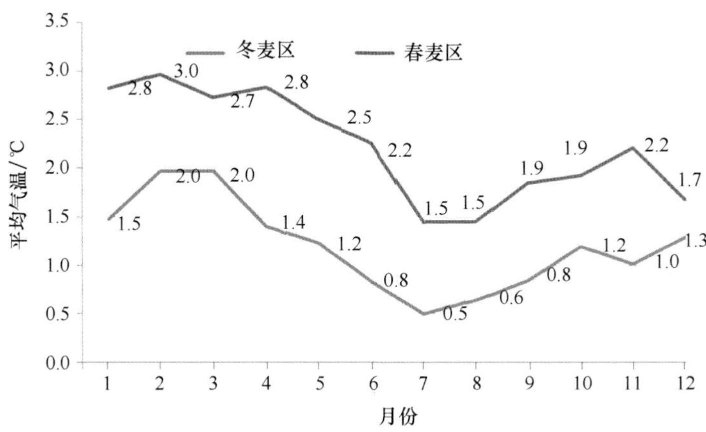

图 6-2 20 世纪 50 年代与 21 世纪冬春麦区各月平均气温（℃）差异比较

Figure 6-2 The variation of monthly average temperature (℃) in winter and spring wheat regions

图中红字代表小麦生育期温度；资料来源为国家气象信息中心气象资料室

Red digital is the temperature in wheat growth period. Data source: Meteorological Data Section, National Meteorologic Information Center

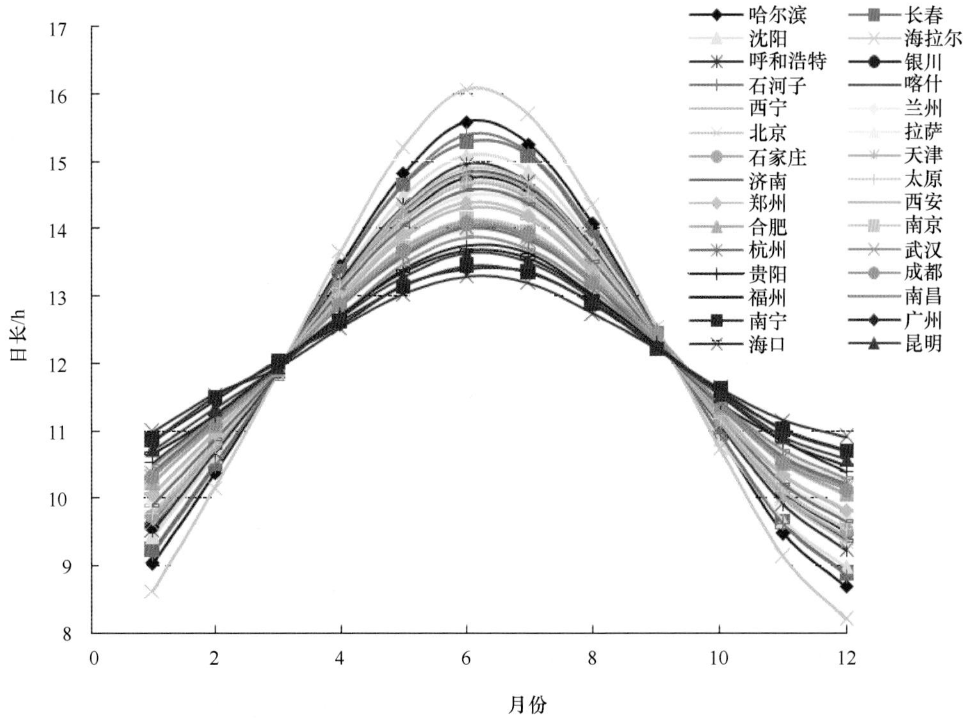

图 6-3　不同地区全年各月日长变化规律

Figure 6-3　The day length variation of different regions

资料来源：国家气象信息中心气象资料室

Data source: Meteorological Data Section, National Meteorologic Information Center

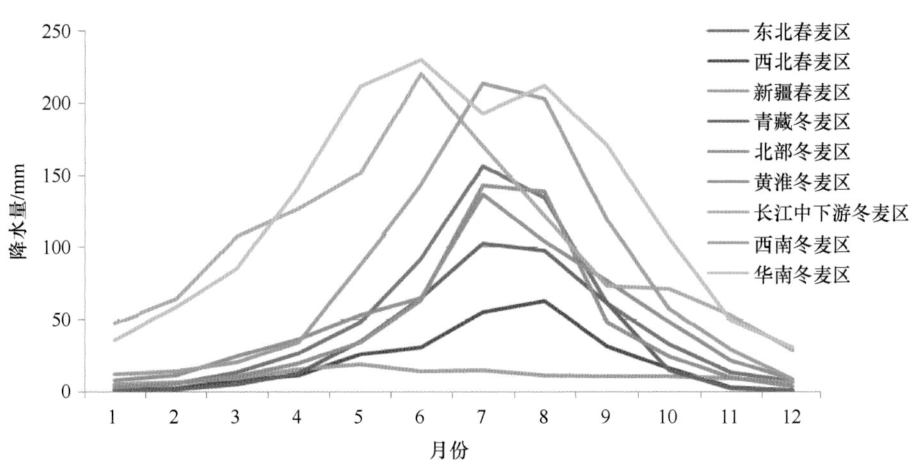

图 6-4　全国不同麦区各月平均降水量

Figure 6-4　The monthly precipitation of different wheat regions

资料来源：国家气象信息中心气象资料室

Data source: Meteorological Data Section, National Meteorologic Information Center

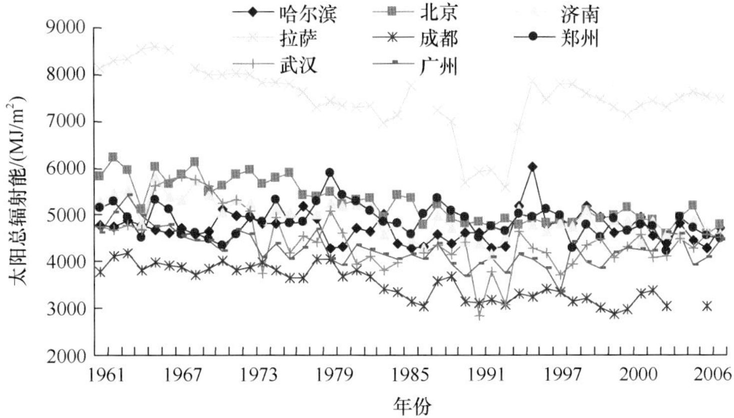

图 6-5 全国代表地区年均太阳总辐射能动态变化

Figure 6-5 The variation of total solar radiation in different regions

资料来源：国家气象信息中心气象资料室

Data source: Meteorological Data Section, National Meteorologic Information Center

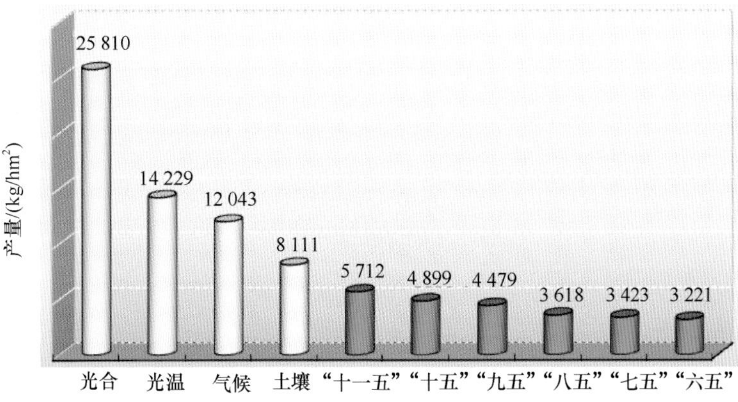

图 6-6 不同时期河南小麦生产潜力与生产水平比较（kg/hm²）

Figure 6-6 The wheat potential productivity and yields of different times in Henan (kg/hm²)

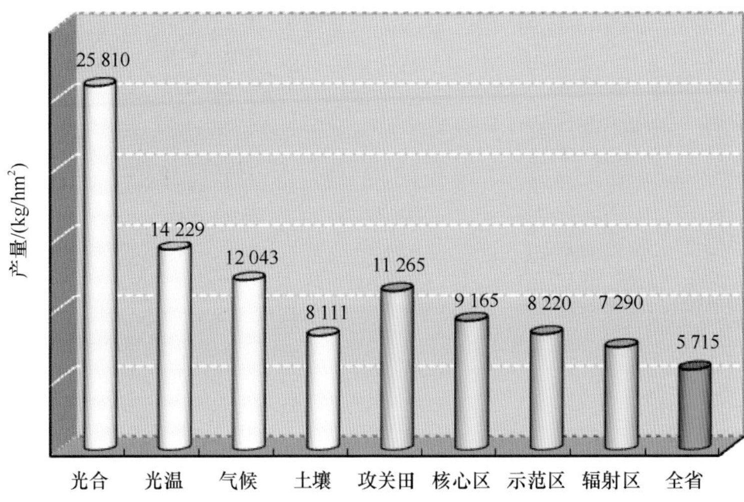

图 6-7 河南小麦生产潜力与项目区产量水平比较（kg/hm²）

Figure 6-7 The wheat potential productivity and yields of project field in Henan (kg/hm²)

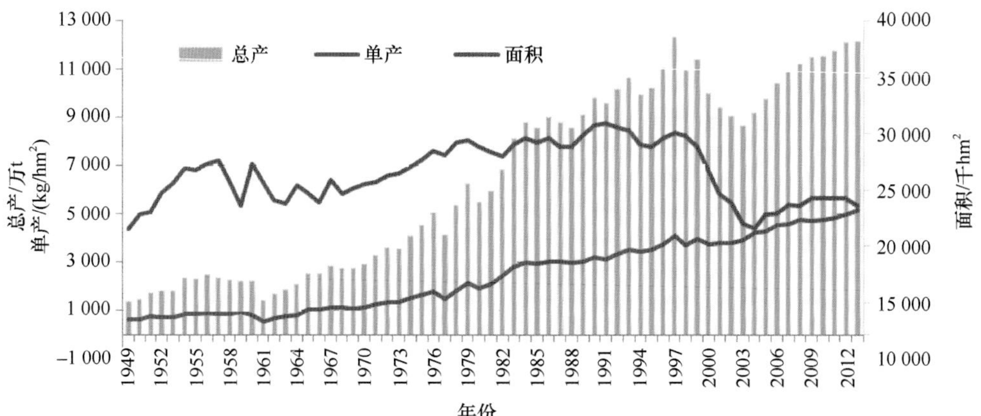

图 6-11 中国小麦面积、单产、总产变化（1949～2013 年）

Figure 6-11 The variation in sown area, yield per unit and total yield of wheat in China (1949-2013)

数据来源：中国作物数据库

Data source: Crop database in China

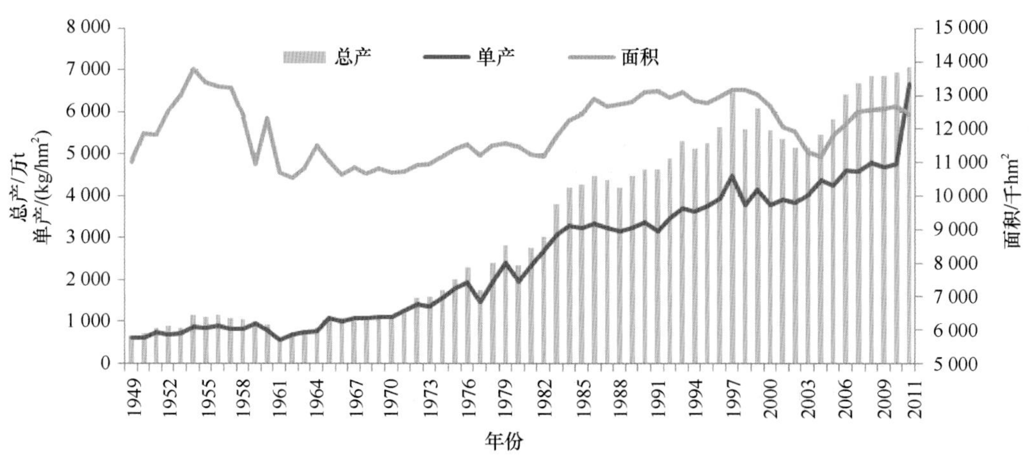

图 6-12 黄淮冬麦区小麦面积、单产、总产变化（1949～2011 年）

Figure 6-12 The variation in sown area, yield per unit and total yield of Huanghuai wheat region (1949-2011)

资料来源：中国作物数据库

Data source: Crop database in China

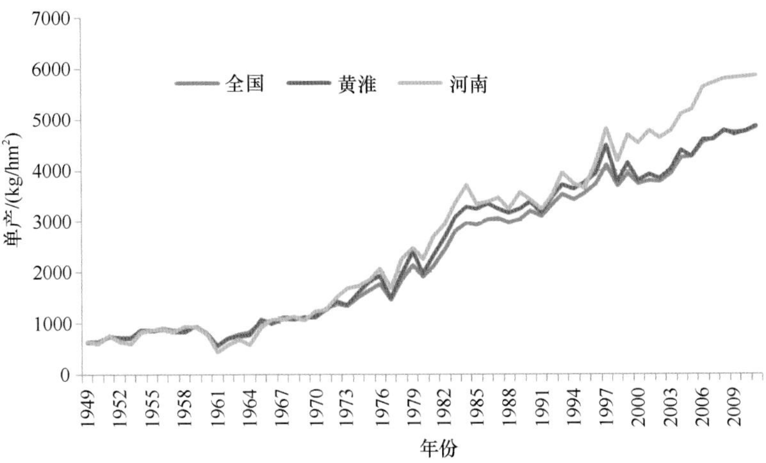

图 6-13　新中国成立 60 年来全国、黄淮与河南省小麦单产变化比较

Figure 6-13　The comparison of wheat yield per unit between Henan, Huanghuai region and whole country

资料来源：中国作物数据库

Data source: Crop database in China

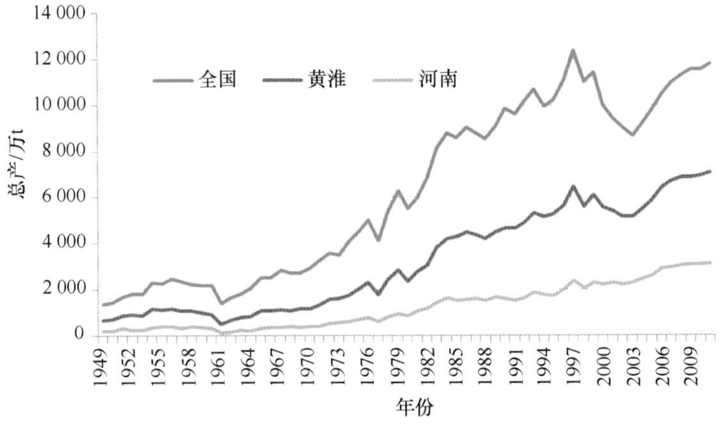

图 6-14　新中国成立 60 年来全国、黄淮与河南省小麦总产变化比较

Figure 6-14　The comparison of wheat total yield between Henan, Huanghuai region and whole country

资料来源：中国作物数据库

Data source: Crop database in China

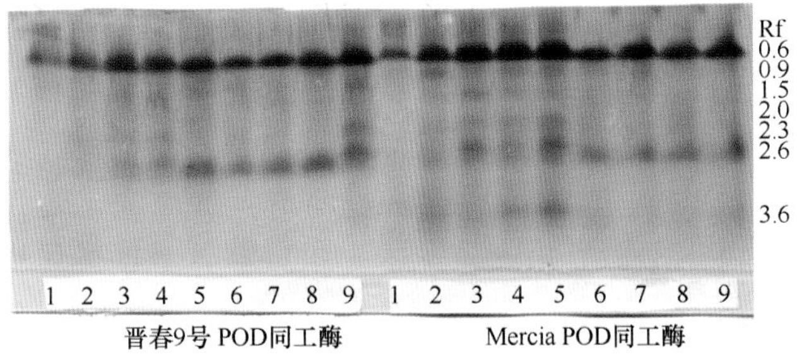

图 7-2　晋春 9 号和 Mercia 春化、脱春化幼芽中过氧化物酶谱

Figure 7-2　Peroxidase (POD) isoenzyme of wheat seedling from Jinchun 9 and Mercia during vernalization and devernalization

1～5 分别为 0d、15d、30d、45d、60d 春化处理；6～9 分别为各春化处理后的脱春化处理（5d 35℃）

1-5: 0d, 15d, 30d, 45d, 60d vernalization, 6-9: Devernalizations of 15d, 30d, 45d, 60d vernalization (5d 35℃)

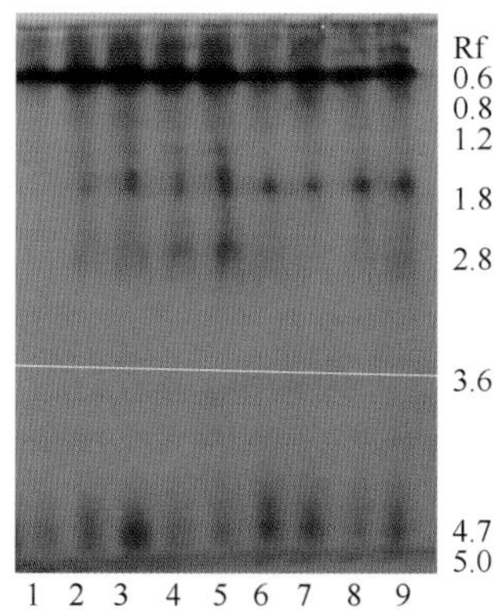

图 7-3　京 841 春化、脱春化幼芽中过氧化物酶同工酶谱

Figure 7-3　Peroxidase (POD) isoenzyme of wheat seedling from Jing 841 during vernalization and devernalization

1～5 分别为 0d、15d、30d、45d、60d 春化处理；6～9 分别为各春化处理后的脱春化处理（5d 35℃）

1-5: 0d, 15d, 30d, 45d, 60d vernalization, 6-9: Devernalizations of 15d, 30d, 45d, 60d vernalization (5d 35℃)

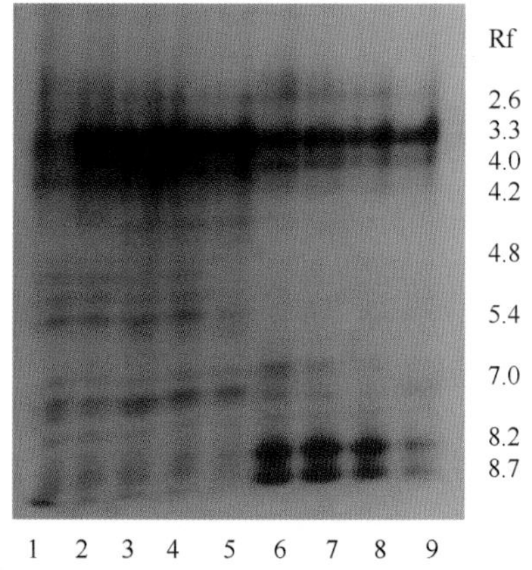

图 7-5　Mercia 春化、脱春化酯酶同工酶模式图

Figure 7-5　Model figure of esterase isoenzyme of wheat seedling from Mercia during vernalization and devernalization

1～5 分别为 0d、15d、30d、45d、60d 春化处理。6～9 分别为各春化处理后的脱春化处理（5d 35℃）

1-5: 0d, 15d, 30d, 45d, 60d vernalization. 6-9: Devernalizations of 15d, 30d, 45d, 60d vernalization (5d 35℃)

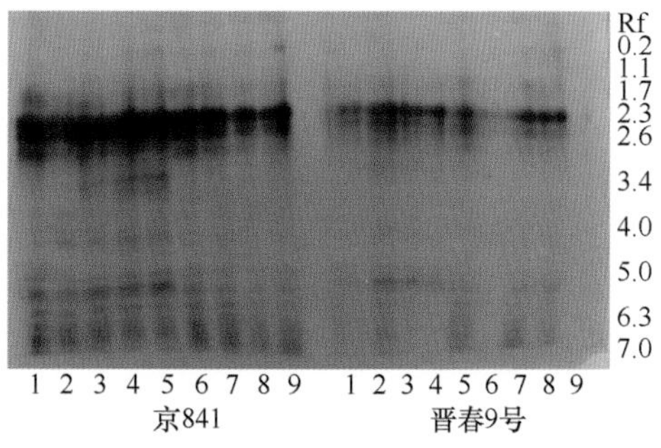

图 7-6　京 841 春化、脱春化酯酶同工酶谱

Figure 7-6　Esterase isoenzyme of wheat seedling from Jing 841 and Jinchun 9 during vernalization and devernalization

1～5 分别为 0d、15d、30d、45d、60d 春化处理；6～9 分别为各春化处理后的脱春化处理（5d 35℃）

1-5: 0d, 15d, 30d, 45d, 60d vernalization. 6-9: Devernalizations of 15d, 30d, 45d, 60d vernalization (5d 35℃)

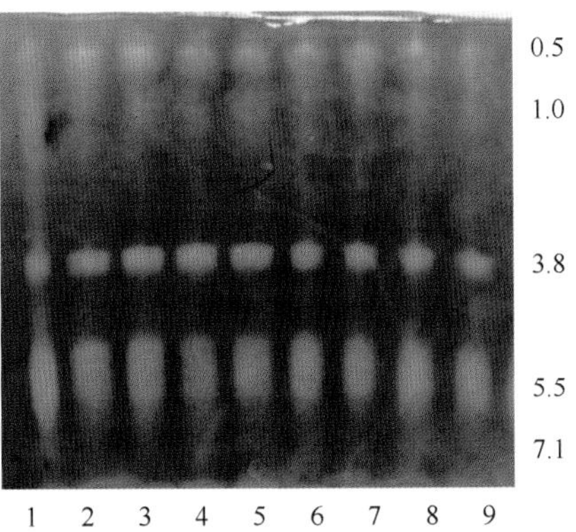

图 7-8　小麦春化、脱春化 SOD 同工酶谱模式图

Figure 7-8　Model figure of SOD isoenzyme of wheat during vernalization and devernalization

1～5 分别为 0d、15d、30d、45d、60d 春化处理；6～9 分别为各春化处理后的脱春化处理（5d 35℃）

1-5: 0d, 15d, 30d, 45d, 60d vernalization. 6-9: Devernalizations of 15d, 30d, 45d, 60d vernalization (5d 35℃)

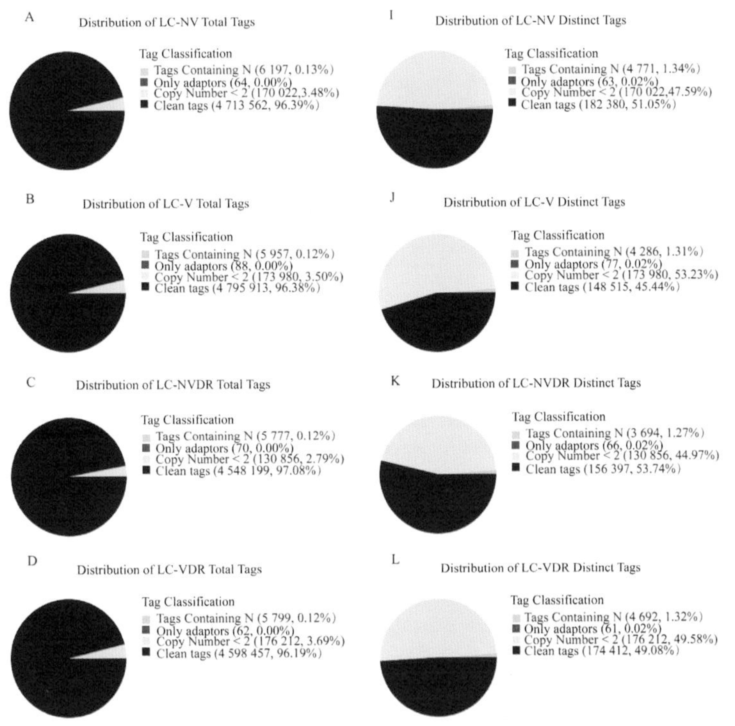

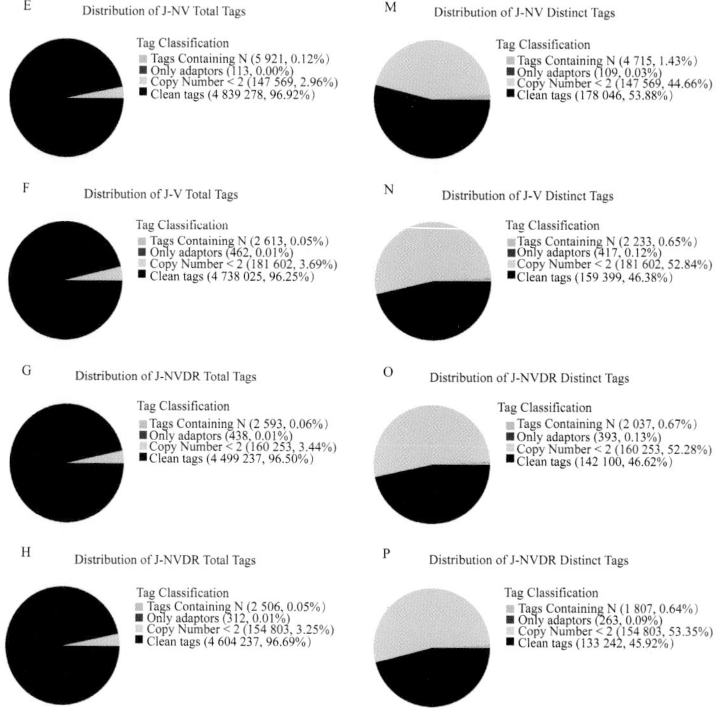

图 9-5　DGE 测序质量评估

Figure 9-5　Quality evaluation of DGE library sequencing

A-H. 总标签在 LC-NV、LC-V、LC-NVDR、LC-VDR、J-NV、J-V、J-NVDR、J-VDR 中的分布；I-P. 优良标签在 LC-NV、LC-V、LC-NVDR、LC-VDR、J-NV、J-V、J-NVDR、J-VDR 中的分布

A-H. The distribution of total tag in LC-NV, LC-V, LC-NVDR, LC-VDR, J-NV, J-V, J-NVDR, J-VDR; I-P. The distribution of distinct tags in LC-NV, LC-V, LC-NVDR, LC-VDR, J-NV, J-V, J-NVDR, J-VDR

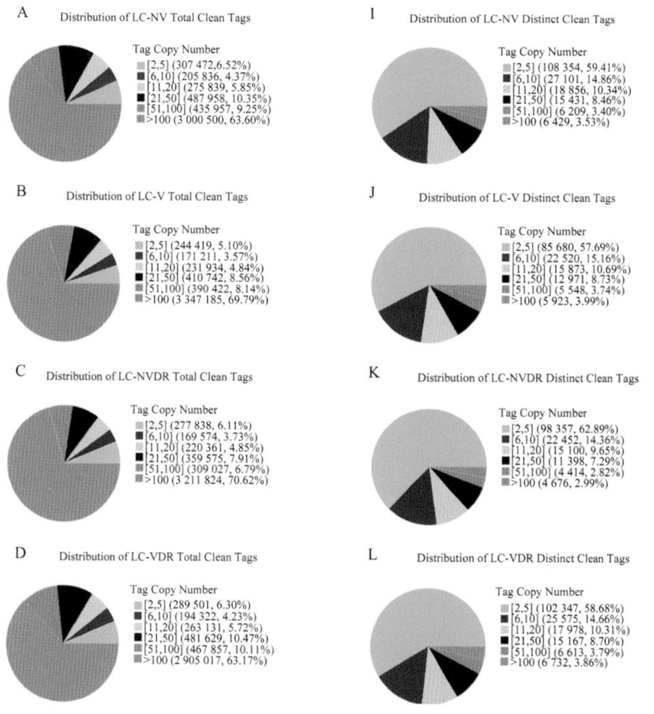

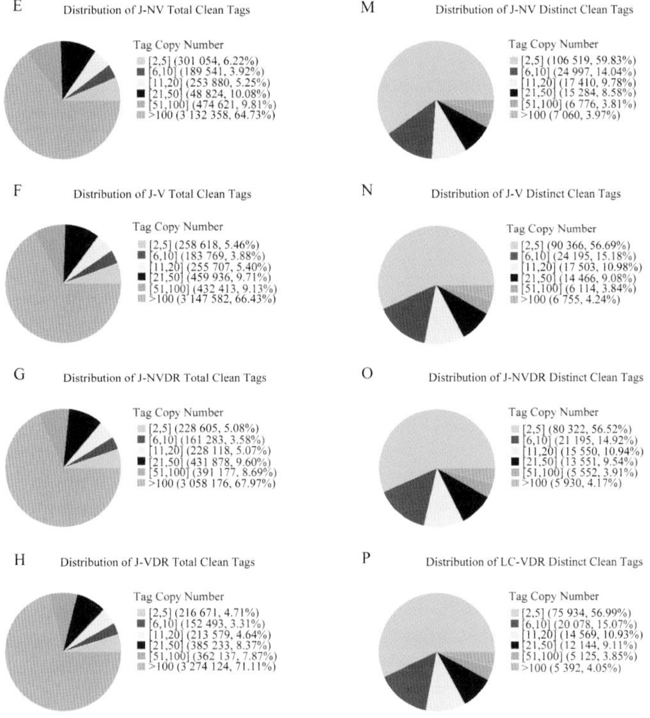

图 9-6　有效标签拷贝数分布

Figure 9-6　Distribution of clean tag copy number

A-H. 总标签在 LC-NV、LC-V、LC-NVDR、LC-VDR、J-NV、J-V、J-NVDR、J-VDR 中的分布；I-P. 优良标签在 LC-NV、LC-V、LC-NVDR、LC-VDR、J-NV、J-V、J-NVDR、J-VDR 中的分布

A-H. The distribution of total tag in LC-NV, LC-V, LC-NVDR, LC-VDR, J-NV, J-V, J-NVDR, J-VDR; I-P. The distribution of distinct tags in LC-NV, LC-V, LC-NVDR, LC-VDR, J-NV, J-V, J-NVDR, J-VDR

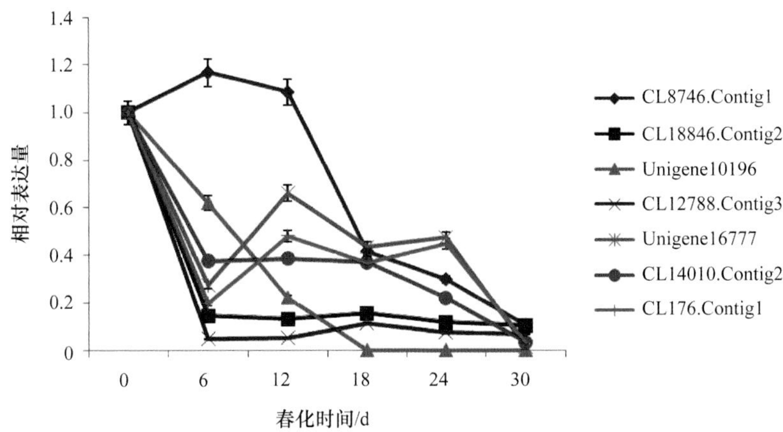

图 9-24　克隆基因的表达分析

Figure 9-24　The expression analysis of cloned genes

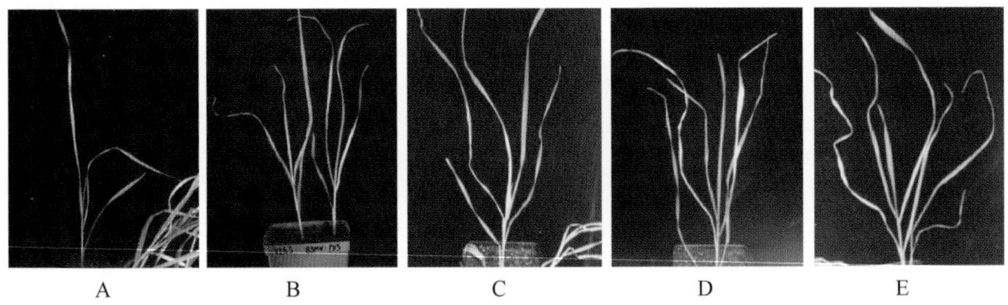

图 9-29　BSMV: PDS 接种后叶片表型

Figure 9-29　The leaf phenotypes after BSMV: PDS inoculation

A. 接种后第 7 天；B. 接种后第 14 天；C. 接种后第 21 天；D. 接种后第 28 天；E. 接种后第 35 天

A. 7d after inoculation; B. 14d after inoculation; C. 21d after inoculation; D. 28d after inoculation; E. 35d after inoculation

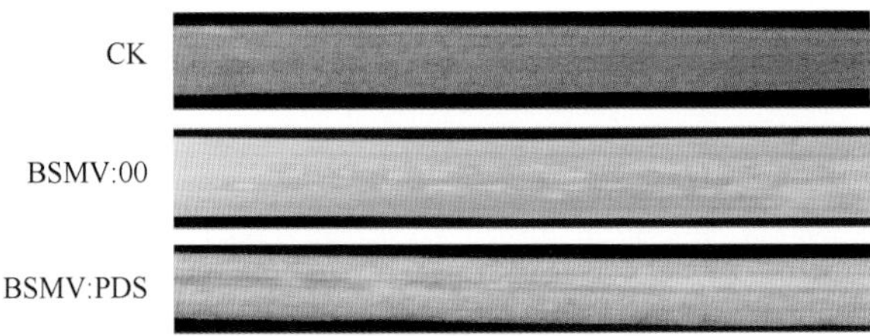

图 9-30　BSMV: PDS 接种后 14d 与对照植株的叶片表型

Figure 9-30　Leaf phenotype of control and plants after BSMV: PDS inoculation 14d

小麦温光发育研究图版

Photographs of wheat thermo-photoperiod development

图 1　李焕章教授（1911—2001）在观察小麦生态试验（1987）

Figure 1　Prof. Huanzhang Li (1911–2001) was investigating wheat ecological experiment (1987)

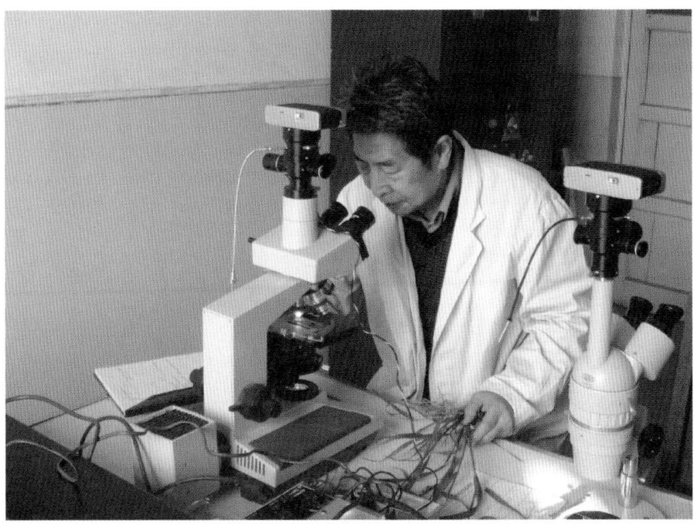

图 2　苗果园教授在观察小麦幼穗发育（1989）

Figure 2　Prof. Guoyuan Miao was investigating wheat young era differentiation (1989)

图 3　尹钧教授与高志强教授在人工气候室调查小麦生长情况（1994）

Figure 3　Prof. Jun Yin and Zhiqiang Gao were investigating wheat growth in artificial chamber (1994)

图 4　尹钧教授在做春化基因分子检测（2005）
Figure 4　Prof. Jun Yin was analyzing vernalization-related genes by PCR (2005)

图 5　1995 年（上图）和 2005 年（下图）温室小麦生长情况
Figure 5　The wheat growth in greenhouse in 1995 (above) and 2005 (below)

图 6　全国不同类型小麦品种田间表现（左图，1987 年，山西，太谷；右图，2015 年，河南，郑州）
Figure 6　The wheat variety growth in the field (Left，1987，Taigu，Shanxi；Right，2015，Zhengzhou，Henan)

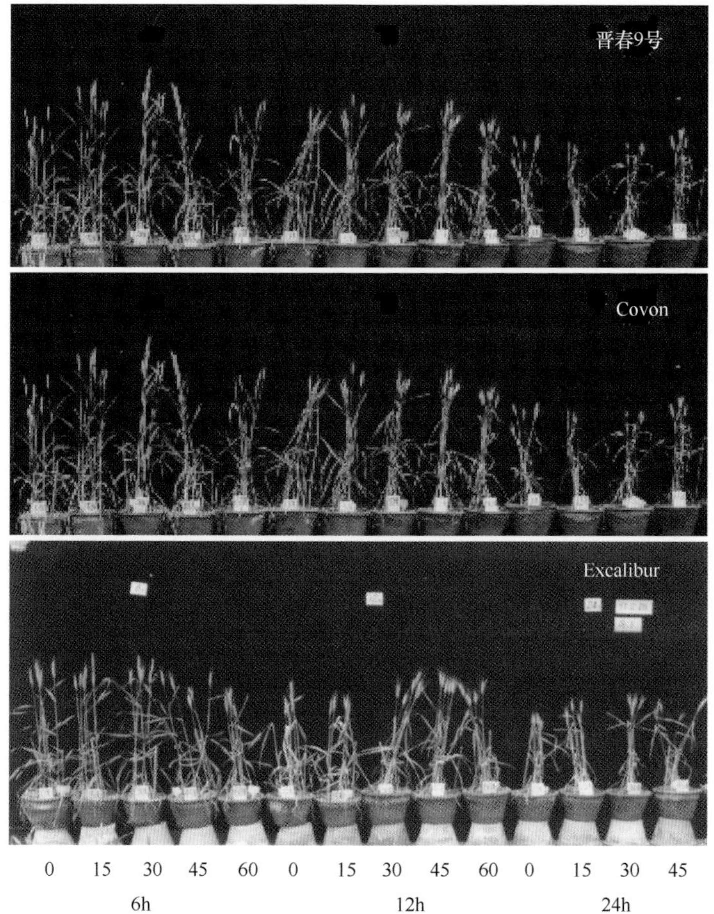

图 7　不同春化（0～60d）和光周期（6～24h）条件下春性小麦品种的生长状况（1995）
Figure 7　Springness varieties growth under the different vernalizations (0-60d) and photoperiods (6-24h) (1995)

Covon (英国); Excalibur (澳大利亚)
Covon (UK); Excalibur (Australia)

图 8　不同春化（0～60d）和光周期（6～24h）条件下冬性小麦品种的生长状况（1995）

Figure 8　Wenterness varieties growth under the different vernalizations (0-60d) and photoperiods (6-24h) (1995)

Mercia (英国); Cardinal (美国)

Mercia (UK); Cardinal (USA)

图 9　在 0～60d 春化处理条件下 9 个不同类型小麦品种的生长状况（2014）

Figure 9　The growth situation of 9 wheat varieties under 0-60d vernalizations (2014)

1. 0d; 2. 10d; 3. 20d; 4. 30d; 5. 40d; 6. 50d; 7.60d

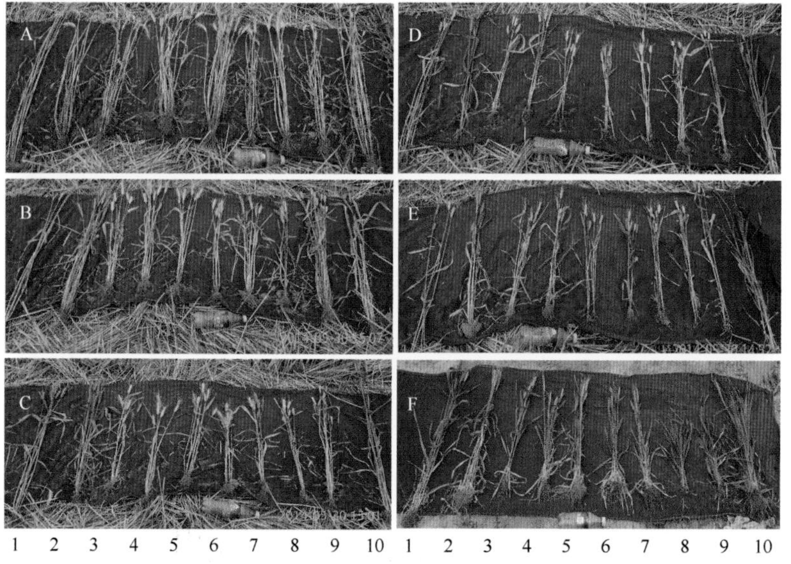

图 10　全国代表性小麦品种分期播种的田间表现（河南，郑州，2014～2015）

Figure 10　The growing situation of different varieties at different sown dates in 2014-2015

A. 2014 年 10 月 15 日播种；B. 2014 年 11 月 15 日播种；C. 2014 年 12 月 15 日播种；D. 2015 年 1 月 15 日播种；E. 2015 年 2 月 15 日播种；F. 2015 年 3 月 15 日播种；1. 辽春 10 号，2. 新春 2，3. 郑麦 9023，4. 豫麦 50，5. 豫麦 18，6. 郑麦 9962，7. 平安 6 号，8. 周麦 18，9. 京 841，10. 肥麦

A, B, C, D, E, F are sown dates in fifth Oct. 2014, Nov. 2014, Dec. 2014, January. 2015, Feb. 2015, March. 2015 respectively; 1. Liaochun 10, 2. Xinchun 2, 3. Zhengmai 9023, 4. Yumai 50, 5. Yumai 18, 6. Zhengmai 9962, 7. Ping’an 6, 8. Zhoumai 18, 9. Jing 841, 10. Feimai